航天科学与工程教材丛书

战术与战略导弹制导原理

许　志　张　迁　张　皓　杨垣鑫　编著

科学出版社
北　京

内 容 简 介

本书全面系统地对战术与战略导弹制导系统进行介绍，包括自寻的制导系统、视线制导系统、火箭主动段制导系统、滑翔再入飞行器制导系统和飞行器组合导航原理等，有助于读者清晰全面地了解战术与战略导弹的制导系统，而不局限于制导律。本书所提制导系统针对飞行器导引、导航、环境干扰引起的偏差，给出多约束条件下飞行器的最优制导指令，可以让读者深刻认识导航、制导、控制之间的关系，更好地做到理论与工程相结合。

本书适合高等学校航空航天类专业高年级本科生和研究生使用，也可作为相关研究院所和工程单位的参考书。

图书在版编目（CIP）数据

战术与战略导弹制导原理 / 许志等编著. —北京：科学出版社，2023.11
(航天科学与工程教材丛书)
ISBN 978-7-03-074234-6

Ⅰ. ①战… Ⅱ. ①许… Ⅲ. ①战术导弹-导弹制导②战略导弹-导弹制导 Ⅳ. ①TJ765.3

中国版本图书馆 CIP 数据核字（2022）第 235636 号

责任编辑：宋无汗 / 责任校对：高辰雷
责任印制：吴兆东 / 封面设计：陈 敬

科学出版社 出版
北京东黄城根北街 16 号
邮政编码：100717
http://www.sciencep.com
固安县铭成印刷有限公司印刷
科学出版社发行 各地新华书店经销
*
2023 年 11 月第 一 版 开本：787×1092 1/16
2024 年 5 月第二次印刷 印张：21 1/4
字数：504 000

定价：120.00 元

（如有印装质量问题，我社负责调换）

前　言

对于航空航天领域“制导、导航和控制(GNC)”的区别和联系，不同的工程师有不同的理解。编者对“制导、导航和控制”的简单理解是制导告诉人们要去哪里以及要实现该目标如何规划机动序列指令，导航告诉人们当前在哪里，控制是高品质跟踪制导指令。针对战术与战略导弹两类对象，编者结合国内外文献和已有研究工作，定义导航为“精确确定飞行器位置和速度的能力”，而制导是指飞行器从当前位置和速度出发，在满足各种过程/终端约束条件下，为达到任务目标而确定其飞行轨迹需要采取的机动序列(机动序列可以是姿态、过载、开关机等)，以引导飞行器飞行。机动序列实现的目标既可以是全局性能最优，也可以是局部性能最优，但过程约束和终端约束条件是首先要满足的，因此制导问题本质上是解决质心动力学问题。

制导必须具备以下特性：首先，制导指令必须在箭上实时生成，因此其制导算法必须具备实时性； 其次，制导指令都是根据当前实际轨迹状态确定的，并能够在线对偏差不断进行闭环修正，因此制导本质上是闭环的；最后，制导算法必须在考虑各种偏差和干扰条件下具有收敛性。

为了提高射程、打击精度和突防能力，当前战术与战略导弹采用的多种制导模式复合应用越来越广泛。因此，本书围绕几种典型的战术与战略制导体制展开，主要分为三个部分：第一部分为基于探测弹目相对信息的自寻的制导和视线制导技术；第二部分为以高精度导航为基础的自主制导技术；第三部分为高精度导航技术。

本书第 1～6 章由许志、张皓、杨垣鑫、刘大禹撰写，第 7～10 章由张迁、杨垣鑫、马宗占、刘家宁撰写，第 11 和 12 章由许志、张源、刘大禹、李睿撰写。全书由许志统稿，张源校对，高宇、吴笑坤、赵珂迪、岳向航、侯杰绘制了书中的插图。

在本书撰写过程中，阅读和参考了大量的文献资料，在此向所有参考文献的作者表示诚挚的谢意。

由于作者的水平有限，书中难免存在不足之处，恳请广大读者批评指正。

许　志

2023 年 4 月于西安

目　　录

第1章

绪　论

战术导弹通常是指攻击运动目标的导弹和攻击固定目标的近程导弹。远程弹道导弹与战术导弹的区别主要在于：远程弹道导弹通常采用威力大的核弹头，其杀伤半径较大，而战术导弹通常采用常规弹头，杀伤半径小，要求命中精度高；远程弹道导弹往往不进行全程控制，制导的目的是如何根据目标坐标选择关机方程使落点偏差最小，而战术导弹则是全程控制的，根据所测得的导弹和目标的信息进行导引，以拦截目标；远程弹道导弹射程远，微小的干扰因素会引起较大的落点偏差，故对地球形状、旋转、引力、气象等因素的影响都要严格细致地加以考虑，而战术导弹射程小，可以将地球看成是不旋转的圆球，甚至可当成平面来考虑；远程弹道导弹的控制和导航系统均安装在弹上，往往采用全自主制导，而战术导弹有可能所有仪表都安装在弹上(如自动瞄准弹)，但也有可能分别安装在弹上和弹外(地面、舰艇上、飞机或卫星上，如遥控弹)；远程弹道导弹攻击已知的地面固定或者准静止目标，其弹道基本上在射面内或射面附近，而战术导弹的弹道取决于目标运动规律和发射点的位置，往往是空间运动[1]。

可以看出战术与战略导弹制导系统是一个完整的精度闭合系统，对导弹攻击精度起到决定性作用。对于寻的制导导弹，其制导系统一般包括：导引头(搜索目标、锁定目标、跟踪目标、测量弹目相对信息)、制导计算机(包括制导滤波、导引律也称制导律)等几个环节；对于自主制导的远程战略导弹主动段，其制导系统主要包括：导航(位置和速度确定)和制导计算机(导引)两个环节。

制导系统是精确制导武器的必备系统，在制导武器系统中占据极为重要的地位，在很大程度上决定制导武器的制导精度或命中概率，也是精确制导武器区别于普通武器最本质之处。

为了使制导武器能有效地杀伤或摧毁目标，制导系统须具备如下功能：在常见环境及干扰情况下，将导弹导引至能有效地杀伤目标作用距离之内，使制导精度满足战术指标。这需要设计性能良好的制导系统，因为目标是随机运动的，目前还缺少相应弹上制导设备对目标的机动进行较好的探测，这在本质上决定了制导系统属于“被动”工作状态，只能依据自身的能力去抑制目标机动带来的影响；在很宽的投弹包络内，不仅要确保导弹姿态控制稳定，而且为了完成攻击任务，还需要设计较大带宽的姿态控制系统；环境因素：制导系统要克服不同地域、季节变化、环境变化、天气变化、大气扰动等因素对其不利的影响；敌方干扰：随着科学技术的进步，敌方会实施各种各样的电磁干扰、红外干扰、诱饵和欺骗等，并且这些干扰、诱饵和欺骗越来越多样化，能高效地保护目标，制导系统需要在硬件和软件(算法)方面针对现有或预期的干扰与诱饵进行相应的升级[2]。

1.1 制导系统的定义

制导武器的制导系统通常有广义和狭义上的定义。

1.1.1 广义定义

1. 系统定义

广义制导系统既称为制导控制系统，也称为飞行控制系统，是制导武器系统的“中枢神经”，一般指将武器导向目标的弹上设备、电气系统和制导控制软件的总称。广义上制导系统也可理解为引导和控制导弹按一定规律攻击目标的技术和方法的总称。

2. 系统组成

制导武器的制导控制系统由弹上硬件和软件组成，由于制导体制及类型的不同，各制导系统的硬件设备也相差极大。弹上硬件包括导引头、惯性测量单元、执行机构、弹载计算机、卫星接收装置、大气测量系统、供电设备、弹上电缆等。软件通常由火控解算模块、导引律模块、姿态控制模块、制导控制流程时序模块、导航模块、执行机构控制模块、导引头输出数据处理模块与大气测量系统模块等组成。

3. 系统功能及工作流程

广义制导系统制导控制回路简图如图 1-1 所示，从结构上可分为导引回路和姿态控制回路(简称控制回路或姿控回路)两部分，即对应导引功能和姿态控制功能(简称姿控功能)。导引功能：通过制导装置测量导弹相对目标或制导站的各种信息，据此选择合适的导引律，优化导引系数，计算得到导引指令。姿控功能：姿控系统根据导引系统输入的导引指令及被控对象的频率特性，选择合适的控制回路结构，计算得到控制器参数，生成姿控指令。导弹执行机构响应姿控指令，偏转舵面以操纵导弹，迅速而准确地执行导引系统发出的导引指令，控制导弹飞向目标[3]。

广义制导系统的功能和工作流程总结如下：

(1) 利用弹上或制导站的制导设备测量目标和导弹的飞行参数，并进行相应的转换处理，使其适合于所采用的导引律；

(2) 考虑制导设备输出信息的特性及其他因素，选择合适的导引律，并优化其系数，形成导引指令；

(3) 根据导引指令的类型以及被控对象的频率特性等，确定合适的控制回路结构，据此计算或优化控制器参数，生成三通道执行机构指令；

(4) 根据执行机构指令和伺服控制被控对象的频率特性确定伺服控制回路的结构，据此计算或优化控制器参数，基于执行机构指令与响应计算得到电机驱动指令；

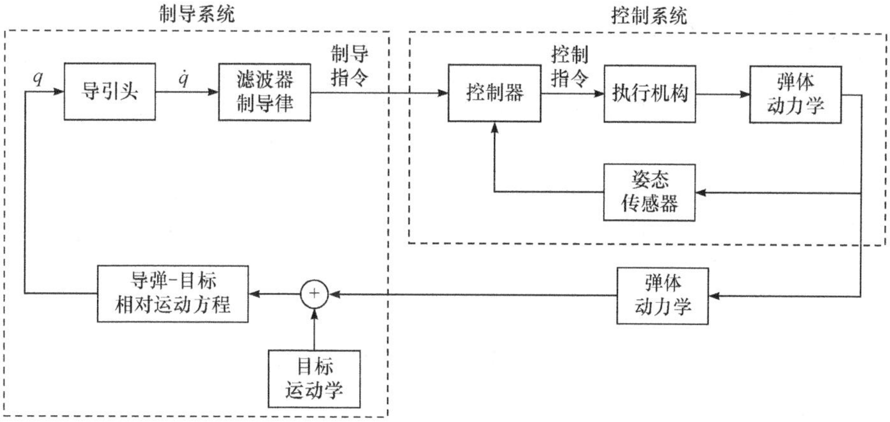

图 1-1　广义制导系统制导控制回路简图

(5) 电机驱动指令经数模转换后，成为模拟信号，经功放模块后，驱动三通道的舵面偏转，或驱动二维矢量发动机的推力方向偏转，或控制弹体姿控发动机工作等；

(6) 经执行机构操作后，导弹姿态响应导引指令，引导导弹攻击目标。

1.1.2　狭义定义

狭义上的制导系统常称为导引系统，是指广义制导系统中的导引功能部分，即通过制导装置确定导弹相对目标或制导站的各种信息(如位置信息、视线角速度、视线角、相对速度等)，据此信息按照设定的导引方法形成导引指令(如角度指令、弹体过载指令)，以供姿控系统使用。

导引系统由制导硬件和相应的软件构成，硬件指完成导引工作的弹上导引设备及配套设备的总和，对于现代数字控制导弹来说，主要由导引头及附属的电源模块、弹载计算机、弹上电缆网等组成；软件主要由导引头输出信号处理模块(包括数据解析、异常处理、数据滤波等)、制导时序模块、坐标转换模块和导引律模块等组成。其中，导引头和导引律模块分别是制导系统硬件和软件的核心。

1. 导引头

除卫星无线电制导、遥控制导和自主制导之外，空地制导武器制导系统大多由导引头感受导弹-目标相对运动。导引头按是否配有伺服机构，可分为捷联型导引头和框架型导引头，其中捷联型导引头测量弹目视线角度信息，经坐标转换得到所需惯性坐标系下的视线角度信息或角速度信息；框架型导引头测量纵向平面和水平面内的视线角速度，经低通滤波器或卡尔曼滤波器处理输出弹目视线角速度等信息。导引头输出信息一般需要经过异常值剔除、滤波处理、坐标转换之后才能应用于制导律算法，形成最终的制导指令。

2. 导引律

导引律(也称为导引规律)是在惯性空间基于导引设备探测的弹目相对运行信息，导引制导武器飞行并拦截目标的算法。导引律是制导武器系统设计的重要内容之一，是影响制导武器综合性能的最直接、最重要的因素之一。采用不同的导引律，对应着不同的飞行弹道特性和运动参数。导引弹道的设计任务主要是依据弹上制导设备，选择合适的导引律，以最佳弹道(特别是末段的弹道特性)攻击目标。导引律不仅影响制导武器的弹道特性，而且会直接影响整个制导系统的繁简程度和导弹的脱靶量。因此，导引律的选择和导引弹道的设计，为导引系统的设计提供了重要的依据和必要的技术支撑。说明一下，本章对制导系统的描述以狭义定义的制导系统为主，有关姿态控制部分将在其后的专门章节中介绍。

1.2 制导系统的分类

根据空地导弹弹上制导设备是否配备导引头或按照制导体制的不同，制导系统可分为自主制导系统、遥控制导系统、自动寻的制导系统和复合制导系统等，如图 1-2 所示。非自动寻的制导指弹上设备不配备导引头，不能利用目标辐射或反射的电磁信号信息进行制导，按是否接收外来的无线电信号可分为三类：自主制导、遥控制导和卫星制导[4]。

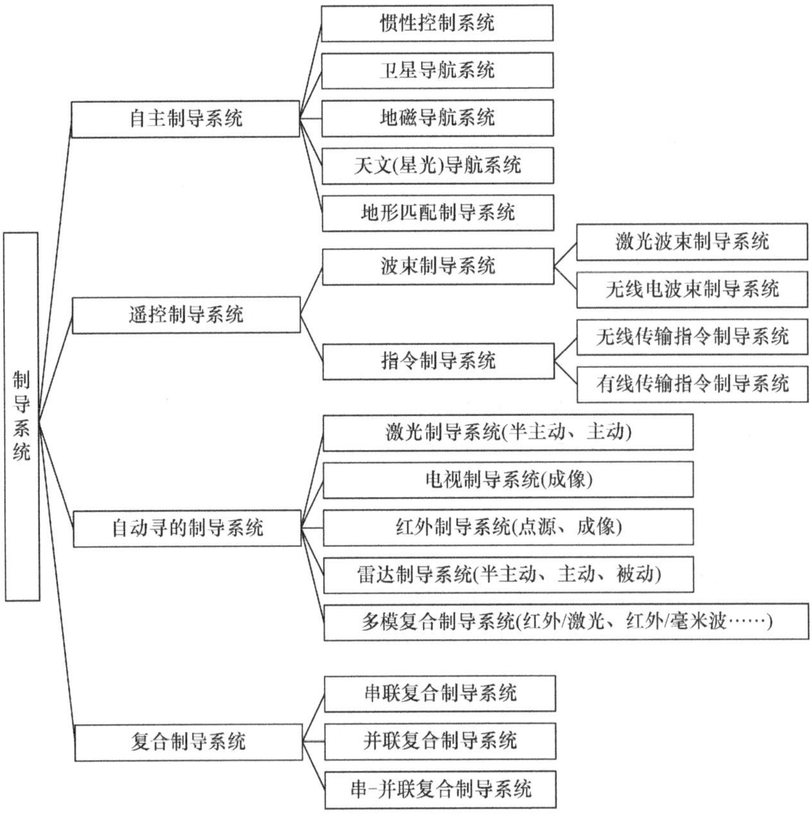

图 1-2 制导系统

1.2.1 自主制导

自主制导指弹上制导系统不与目标及制导站发生电磁信号交互，此类制导一般事先装定目标点信息及规划好飞行程序弹道(方案弹道)，利用弹上量测设备实时测量得到弹体的加速度和角速度信息或地貌特征的地理信息，经弹载计算机软件处理得到弹体的导航数据(包括位置、速度、姿态)或地形匹配参数，再与程序弹道的相应参数进行比较，产生制导指令，控制弹体质心按规划好的程序弹道飞行，直至攻击目标。

自主制导的优点是在飞行过程中不与外界发生电磁信号交互，抗干扰性好，不易被敌方发现，制导作用距离远；缺点是只能攻击静止目标，制导精度一般。自主制导的优缺点决定其在一般情况下作为制导武器的初制导段或中制导段使用。另外高性能惯性制导也可用于制导武器全程制导，低精度惯性制导通常与卫星无线电制导、地形匹配制导等组成复合制导，用于攻击静止目标。

1. 惯性制导

惯性制导(原理简图如图 1-3 所示)是利用弹上的惯性测量装置(包括线加速度计和角速度陀螺)测量弹体的加速度信息和角速度信息，在弹体初始位置、速度和姿态已知的情况下(通过地面初始自主式对准或空中传递对准得到)，通过导航解算得到弹体的实时位置、速度信息，再与程序弹道参数进行比较，经过校正网络得到控制指令，控制弹体沿规划好的程序弹道飞行。根据惯性测量单元在弹上的安装方式，可分为平台式惯性制导和捷联式惯性制导两种。

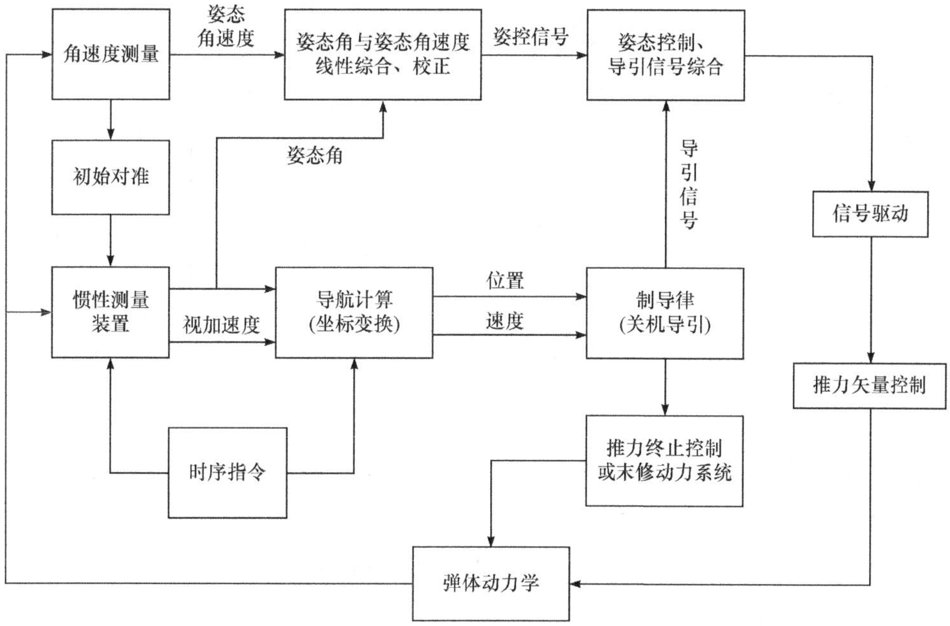

图 1-3 惯性制导原理简图

惯性制导的优点是抗干扰性强、隐蔽性能好、不受气象条件限制。其缺点：①需要高精度的初始对准；②制导误差随飞行时间而累积，因此工作时间较长的惯性制导系统，常用其他制导方式来修正其积累的误差。惯性制导的优缺点决定了其一般作为制导武器的初制导和中制导，或者与其他制导模式组成复合制导。若只依赖惯性制导，则只能用于攻击固定目标或者准静止目标。

2. 地形匹配制导

地形匹配制导是利用地形的高度信息进行制导，也称为地形等高线匹配制导。地形匹配制导需要预先用侦察卫星、无人机或其他侦查手段，测绘出导弹预定飞行航迹的地形高度数据并制成数字地图，存储在弹载计算机的地形匹配数据库中，在数字地图中将待飞行区域划分为 $N \times M$ 个网格，存储着每个网格的平均相对高度值，如图 1-4 所示。将弹载无线电高度表和气压高度表实时测量的地面相对高度和海拔数据与弹载计算机中的高程数字地图做比较，用最优匹配方法确定测得的地形剖面的地理位置，即确定导弹的地理位置，解算得到导弹当前位置偏离预定位置的纵向偏差和横向偏差，即确定导弹实际飞行弹道与规划弹道之间的偏差。在此基础上，算出修正弹道偏差的指令，弹上控制系统执行指令，控制导弹沿预定的飞行航迹飞向目标。

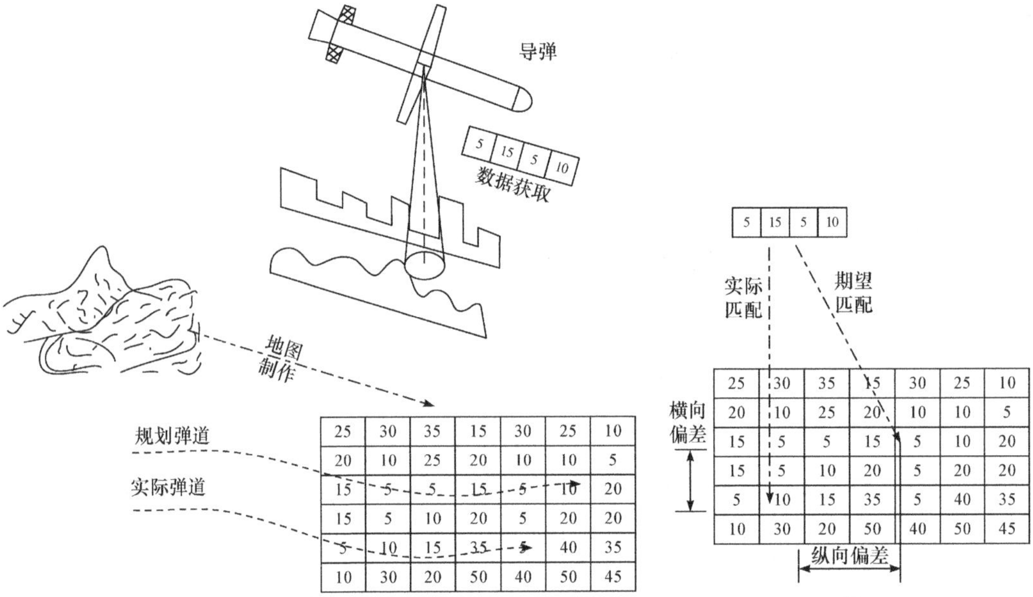

(a) (b)

图 1-4 地形匹配制导示意图

地形匹配制导特点：数字地图的方格越小，制导精度越高；地形越复杂，精度越高；不需连续使用，只需选择若干定位区。如图 1-5 所示，其中在起飞点和终端各设置一个修正地图，在中间弹道根据需要设置若干个修正地图。

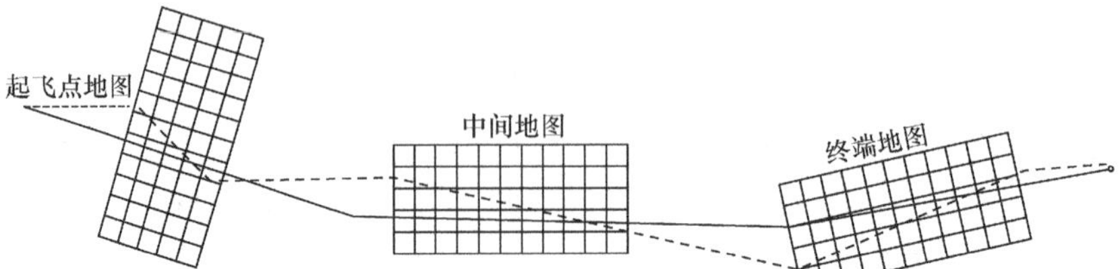

图 1-5 地形匹配制导修正示意图

地形匹配制导优点：精度较高，不受气象条件的影响；自主匹配，不受外界干扰；可自由规划飞行弹道，避开敌方防空区域；导弹可以以很低的高度(地面防空雷达的探测盲区)飞行，在很大程度上降低导弹被拦截的可能。

地形匹配制导缺点：在地形起伏比较明显的路线上才能起作用，在平坦的地区或水面上飞行不能使用；需要专业人员根据地形的特性规划出飞行弹道，增加了工作量和武器使用的不便性；需要预先基于侦察卫星、无人机或其他侦查手段，测绘数字地图；需要定期更新地形数字地图，以免因为地形、季节等因素变化而使原先的数字地图信息过时而失效。

通常情况下，惯性制导与地形匹配制导组成复合制导，如图 1-6 所示，全程飞行用惯性制导，在预定的若干个飞行段，用地形匹配制导修正惯性制导的误差，同时利用地形匹配可以修正弹上陀螺零位漂移和加速度计的零位误差，提高随后的惯性制导精度。早期开发的远程巡航导弹大多使用惯性/地形匹配复合制导。

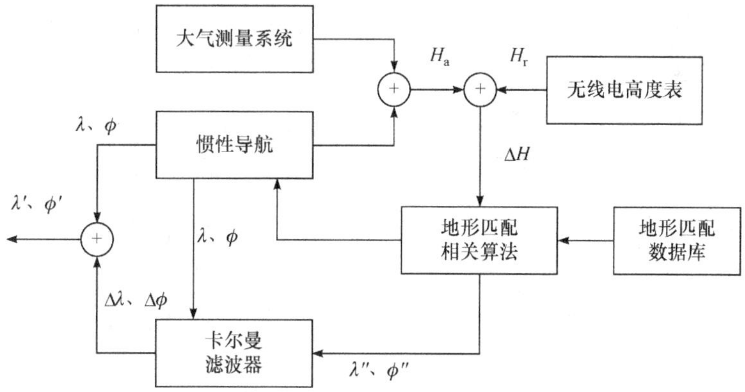

图 1-6 惯性/地形匹配复合制导简图

惯性/地形匹配复合制导简要说明如下：

(1) 导弹发射后，由弹载惯性导航系统和大气测量系统组合输出导弹相对于海平面的高度 H_a，由无线电高度表测量出相对于地面的高度 H_r，两者做差计算得到地面相对于海平面的高度 ΔH；

(2) 将惯性导航输出的经度 λ 和纬度 ϕ，地面的海拔及地形匹配数据库代入地形匹配相关算法，则得到地形匹配的输出 λ' 和 ϕ'；

(3) 将惯性导航输出的经度和纬度与地形匹配相关输出 λ'' 和 ϕ'' 做差，经卡尔曼滤波器输出经度修正量 $\Delta\lambda$ 和纬度修正量 $\Delta\phi$；

(4) 对惯性导航输出进行修正，得到惯性/地形匹配复合制导的输出量经度、纬度和高度。

3. 景象匹配制导

景象匹配制导是利用景象信息进行制导，也称为景象匹配区域相关器(SMAC)制导，又称为数字景象匹配区域相关器制导，多用于巡航导弹的末制导，是利用弹载景象匹配区域相关器获取目标区域景物图像数字地图(称为灰度数字地图)，将其与预存的参考图像(灰度数字参考地图)进行相关处理，从而确定导弹相对于目标的位置，如图 1-7 所示。实现这种制导，需在巡航导弹发射前预先在被攻击的目标附近选择地貌光学特征明显的地区作为景象匹配区，并把景象匹配区分成若干正方形小单元，通过侦查获得景象匹配区，包括目标本身在内的光学图像，把每个单元的平均光强度换算成相应的数值，构成反映景象匹配区各单元光线强弱的数字式景象地图，并存储在导弹的制导计算机中。当导弹飞临目标上空时，弹上的电视摄像机开始工作，实拍地面上的景物图像，经过实时数字化处理后，形成数字景象地图，与弹上预存储的数字景象地图进行比较，确定导弹是否偏离预定的航线。如有偏离，制导系统会发出控制指令，修改导弹飞行轨迹。

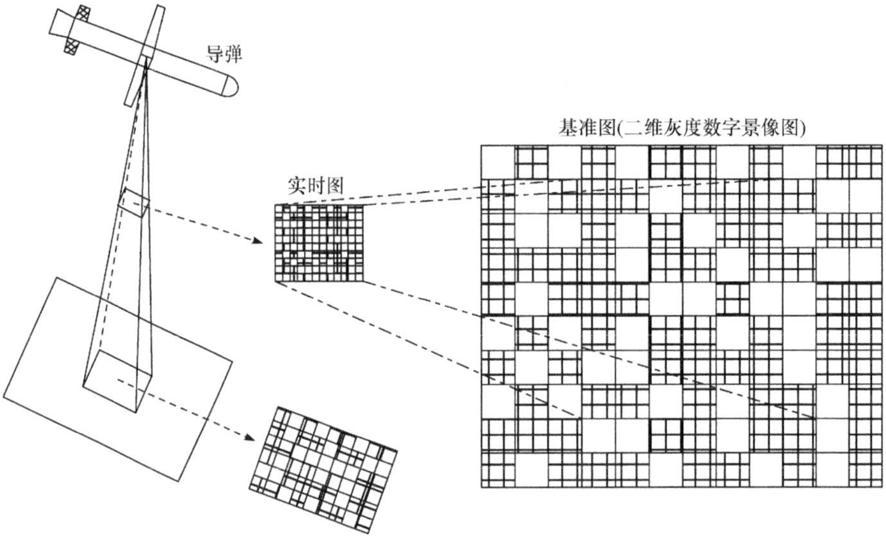

图 1-7 景象匹配示意图和基准图(二维灰度数字景象图)

景象匹配制导是以区域地形为匹配特征，是二维匹配，同样要求区域地形有所区分，大多用作空地导弹的末制导。相较于一维地形匹配，景象匹配制导的制导精度大幅提高，可达到米级。

1.2.2 遥控制导

遥控制导指载机上照射设备(也称制导站或引导站)发出制导波束(雷达和激光束)自动跟踪照射目标，弹上制导设备探测到导弹偏离波束中心的距离和方向，据此产生制导指令，控制系统响应制导指令，控制弹体沿波束中心线飞行以攻击目标。

遥控制导基于载机照射设备照射目标产生制导指令，其优点：弹上设备简单，成本低；制导精度较高；可打击移动目标。其缺点：照射信号受环境因素影响大，在恶劣天气使用受限；制导精度随作用距离增加而降低，而且容易受干扰；载机需要始终照射目标，容易受攻击。

遥控制导常用于攻击移动目标，在地(舰)空导弹和空空导弹上应用较多，也可用于空地制导武器。遥控制导按其结构和导引方法可分为指令制导、波束制导、卫星无线电制导等，空地制导武器大都采用指令制导和波束制导。

1. 指令制导

指令制导是由载机的量测设备同时测量导弹和目标的坐标信息，根据导引法生成制导指令，再由导引站发送制导指令给导弹，控制导弹飞向目标的一种制导。按作用形式可分为有线指令制导、无线电指令制导，有线指令制导大都用于早期反坦克导弹。

指令制导设备由弹上指令接收装置和弹外制导站组成，制导站测出导弹和目标的运动参数，根据选定的导引方法，计算出弹道校正量，以指令形式发送给导弹。弹上指令接收装置接收指令并转换成导引信号，控制导弹攻击目标。

指令制导系统一般由装在制导站的跟踪测量装置、指令形成装置、指令传输装置、装在导弹上的指令接收和变换装置与弹上控制装置 5 个部分组成。

(1) 跟踪测量装置：用于测量目标和导弹的瞬时位置或其他运动参数(速度、角速度等)，一般基于雷达或电视摄像等。

(2) 指令形成装置：对目标和导弹的运动参数进行比较计算，形成指令信号。在早期反坦克制导采用光学瞄准器或电视摄像器的系统中，依靠操作手跟踪测量和发出指令。

(3) 指令传输装置：一般可采用无线或有线的方式将指令传送给导弹，采用有线光缆时，其作用距离受限，一般不超过 5km。

(4) 指令接收和变换装置：导弹接收制导站发来的信号并加以变换、放大(为了抗干扰和便于传送，指令在传输过程中常编成密码形式)，再将其变换为控制系统可执行的信号。

(5) 弹上控制装置：由惯性器件、计算机和执行机构组成，按指令驱动执行机构调整导弹飞行姿态以飞向目标。

工程上比较成熟的指令制导主要有雷达指令制导和电视指令制导。雷达指令制导由目标跟踪雷达和导弹跟踪雷达分别对目标和导弹的运动参数进行观测，并将这些参数送入制导计算机，根据选定的导引方法，计算导引修正量，通过发送设备发送给导弹，弹上指令接收设备形成导引信号，控制导弹攻击目标。雷达指令制导作用距离远，弹上设备简单，但导引精度随导弹飞行距离的增加而降低，且易受干扰。电视指令制导是利用弹上电视摄像机获取目标信息，由导引站产生指令控制导弹飞向目标的制导，可见光摄像机装在导弹头部摄取目标和背景的图像，通过无线电发送至载机制导站，在载机火控显示屏上显示目标信号。由目标信号在显示屏的位置可反映目标和导弹的相对位置。若图像偏离显示屏中心，其偏差量在制导计算机中形成导引指令，发送给导弹，弹上接收机接收导引指令控制导弹攻击目标。电视指令制导的优点是能清楚识别目标和选择目标，导引精度不受导弹飞行距离的影响；缺点是受气象条件的影响较大，且易受干扰。

2. 波束制导

波束制导又称驾波制导，由制导站发射波束照射并自动跟踪目标，弹上导引装置自动识别导弹偏离波束中心线的方向及距离，据此形成制导指令，控制导弹沿波束中心线飞向目标。波束制导主要有雷达波束制导和激光波束制导两种。

(1) 雷达波束制导是利用导引站发射雷达波束照射目标，并自动跟踪目标，弹上导引装置能自动识别导弹偏离波束中心线的方向及距离，据此采用三点法，形成制导指令，由姿控系统响应指令，操作执行机构，纠正和消除偏差量，使弹体沿着波束中心线(等强信号线)飞向目标。

雷达波束制导按布站模式可分为单雷达波束制导和双雷达波束制导。空地制导武器大多采用基于圆锥扫描雷达的单雷达波束制导，雷达发射天线辐射“笔状”的旋转波束，使波束的最强方向偏离天线一个小角度，当波束绕天线光轴旋转时，在波束旋转中心线上的各点信号强度不随波束旋转而改变，即为波束的等强信号线。在波束制导中，导弹进入雷达波束后，导弹上的制导设备会检测到导弹相对于等强信号线的角度偏差，形成偏差信号，与基准信号做差比较，即形成制导指令。

采用波束制导需要导引雷达自动跟踪目标，即导引雷达发射信号后，通过天线收发开关转换至接收状态。这样接收目标回波信号，经过信号处理，输出给目标跟踪装置，跟踪装置驱动天线，使等强信号线跟踪目标的运动。

采用雷达波束制导的导弹上导引设备简单，载机照射及跟踪目标之后，可在一个波束中间导引几发制导武器去攻击同一目标。雷达波束制导的缺点：①导引精度随飞行距离增加而降低，如图 1-8 所示，为了提高制导精度，需要采用较窄的波束，但增加了控制导弹进入雷达波束的难度，而且即使进入雷达波束，当姿态控制不好或受扰动时，导弹也容易出波束；②抗干扰性和隐蔽性较差；③载机导引站需实时照射及跟踪目标，本身机动受到限制，因此易受到敌方防空力量的攻击。

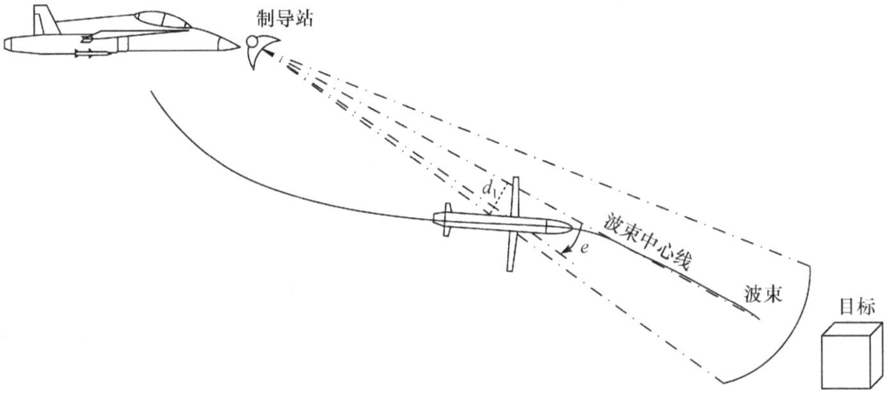

图 1-8　雷达波束制导误差图

(2) 激光波束制导是利用载机制导站(激光照射器)发射一束定向激光束照射并跟踪目标，安装在导弹尾部的弹载接收机接收反射的激光，弹载计算机经信号处理判断导弹偏离波束中心线的距离和方向，依据导引律产生制导指令，姿控系统控制导弹沿波束中心线飞向目标。

激光波束制导设备由弹载制导设备和制导站设备组成，如图 1-9 所示。制导站设备由目标瞄准器、激光器和导引光束形成装置组成，其中目标瞄准器为一般的光学望远镜，通过自动跟踪方式使激光器产生的光束对准目标并跟踪目标。在激光波束中飞行的导弹，弹体尾部装有 4 个“十”字形配置的激光接收器。当导弹在激光波束中心线飞行时，4 个接收器接收到的能量相同，导引装置不形成导引信号。当导弹偏离激光波束中心线时，4 个接收器接收到的能量不一样，从而测出导弹与激光波束中心线的偏差，采用三点法形成制导指令，控制导弹飞回激光波束中心，直至命中目标。

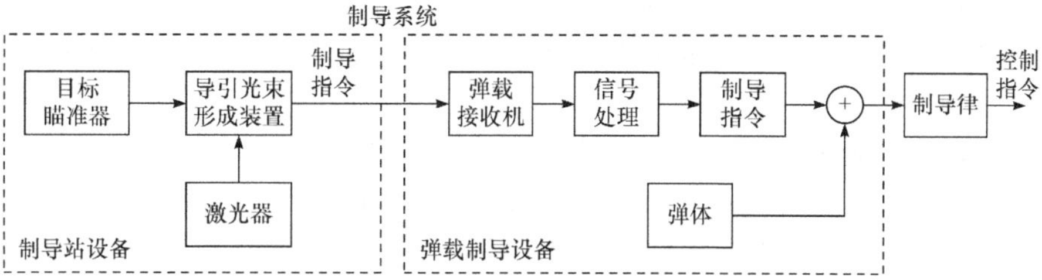

图 1-9 激光波束制导系统框图

由于激光波束具有发散角小，方向性强，单色性好，强度高的特点，故激光波束制导系统的优点为目标分辨率高，制导精度高，且导引精度受导弹飞行距离变化的影响较小；不易受干扰；结构简单，成本较低；可以与其他寻的系统兼容。其缺点为激光波束易被吸收和散射，对某些目标的攻击，其效果较差；受战场环境和气象条件(云、雾、雨、雪等)的影响大；容易受自身发动机燃烧喷射烟雾的干扰，一般要求采用无烟或少烟燃烧剂的固体发动机；探测距离有限，只能用于近距离攻击，典型攻击距离为 3～10km；激光照射器在攻击目标过程中需一直照射目标，故载机容易受敌方攻击。

3. 卫星无线电制导

卫星无线电制导在工程上也称为卫星制导，弹上卫星接收装置接收导航卫星发过来的无线电信号，经解码获得导航电文，解算得到弹体的位置、速度等信息。通常卫星制导与弹上的惯性导航系统组合成卫星/惯性复合制导系统，即由复合制导系统实时解算得到弹体位置、速度和姿态等信息，再基于已装订的目标位置信息，计算得到弹目视线角速度，经修正比例导引法形成制导指令，由弹上姿态控制系统响应制导指令直至击中目标。

目前已经投入使用或正处于研发阶段的全球卫星导航系统有美国的 GPS、俄罗斯的 GLONASS、欧洲的 Galileo，中国的 BD-2/BD-3。下面以美国的 GPS 为例，简要地介绍卫星导航系统的组成、精度等。

采用卫星无线电制导可避免对地形匹配制导的依赖，缩短制定攻击任务所需时间，另外卫星无线电制导可在全天候、全天时条件下使用，大大拓宽了使用条件。

卫星无线电制导的优点：弹上设备简单且成本低；可将卫星导航芯片(纽扣大小)集成在弹载计算机上，减小了制导设备的体积和质量；导航精度不随时间提高。

卫星无线电制导的缺点：单接收天线无线电制导只能输出载体位置和速度信息，不能输出姿态信息；输出信息更新率较低，很难直接获得实时信号；导航无线电信号长距离传输，接收机收到的信号很弱，很容易受干扰。

卫星无线电制导的优缺点决定了其不能作为单一的制导设备，一般情况下，常与惯性制导组合形成复合制导，利用两者各自的优点进行制导解算，可实时解算得到弹体的位置、速度、姿态信息，用于攻击静止目标。

1.2.3 自动寻的制导

自动寻的制导常简称为自寻的制导或自动导引，弹上制导设备探测目标辐射或反射的电磁信号，测量目标-导弹之间的相对运动关系，据此形成制导指令，导引导弹攻击目标。

自寻的制导比较适合攻击短距离目标，具备“发射后不管”能力，即要求弹上制导设备具有探测、识别、跟踪及锁定目标的能力。自寻的制导精度受探测距离的影响较小，但探测距离较近(被动雷达自寻的制导除外)，常用作空地制导武器的末制导。这种制导方式按接收电磁信号波长不同，可分为(微波)雷达寻的制导(波长：10～1000mm)、毫米波寻的制导(波长：1～10mm)、红外寻的制导(波长：0.78～14μm)、电视寻的制导(波长：0.38～0.78μm)和激光寻的制导(波长：1.06μm 或 10.6μm)；按弹上安装的制导系统或探测信号的来源不同，可分为主动式寻的制导、半主动式寻的制导和被动式寻的制导。

1. 主动式寻的制导

主动式寻的制导的弹上制导系统装备主动式导引头，由其发出电磁波对目标进行照射，接收机接收到目标反射回来的电磁信号，测量得到目标-导弹之间的相对运动关系，依据制导律产生制导指令，控制导弹按制导指令飞向目标。

主动式寻的制导的优点：具备“发射后不管”能力，发射后就不再需要任何外界的操纵，完全独立自主工作；制导精度随着弹目距离的减小而提高。

主动式寻的制导的缺点：额外增加了制导系统的质量、体积和成本；弹上设备复杂；探测距离受限于发射机的功率和目标的反射信号特性，探测距离比较近；暴露自身的电磁信号，不具有隐身功能，而信号容易受干扰，容易被对方战术导弹拦截。

基于目前的技术发展，主动式寻的制导只能采用无线电波和毫米波信号。

2. 半主动式寻的制导

半主动式寻的制导载机或地面制导站对目标进行电磁照射(通常为激光或无线电波)，弹上接收机接收目标反射的电磁信号，测量得到目标-导弹之间的相对位置及其运动参数，按选定的导引方法产生制导指令，姿控系统基于制导指令生成姿控指令，操纵导弹飞向目标。

半主动式寻的制导的优点：可以采用较大功率的发射机对目标进行照射，探测距离优于主动式寻的制导；导弹自身不发射电磁信号，隐蔽性较好；制导精度随着弹目距离减小而提高；与主动式寻的制导相比，弹上设备简单，导弹成本较低。

半主动式寻的制导的缺点：在攻击目标的过程中，需要载机上的照射设备连续照射目标，导致载机容易受攻击。

半主动式寻的制导大多利用激光和无线电波等信号。

3. 被动式寻的制导

被动式寻的制导的弹上制导系统只安装接收设备，接收目标本身辐射或反射的电磁信号，据此信号确定导弹-目标之间的相对运动关系，依据制导律生成制导指令，导引导弹攻击目标。

被动式寻的制导的优点：不需要载机或导弹导引头对目标进行电磁照射；弹上只安装接收设备，制导设备简单，成本较低。

被动式寻的制导的缺点：探测距离较短(被动雷达制导除外)；可用于被动式寻的的信号较少，主要为无线电波、可见光或红外信号；对目标的依赖性较大，抗干扰性较差；对于基于无线电被动式寻的制导的导弹，当目标关闭发射无线电波时，无法继续进行制导。

目前用于被动式寻的制导的信号有可见光、红外信号和雷达信号。

1.2.4 复合制导

随着光电干扰技术、隐身技术、反辐射技术和伪装技术等快速发展，战场环境越来越复杂化及恶劣化，单一的制导模式或体制受制于各自弱点，很难取得很好的打击效果。例如，自主制导中惯性制导的误差随着时间的增加而累积；自主制导不能反映目标的运动特性，故自主制导通常用作导弹的初制导和中制导；随着作用距离的增加，遥控制导设备角度偏差导致位置误差随之变大；随着导弹接近目标，自寻的制导设备的测量角精度随之提高，即制导误差越来越小；激光半主动制导的制导精度高，但受环境因素影响较大，作用距离近，而毫米波的制导精度一般，但其穿透雨雾、雾霾的能力较强；被动反辐射制导随着敌方雷达关机及雷达诱饵技术的提升，单依靠被动反辐射制导击中敌方雷达的概率几乎降至零。故在实际应用中，常将各种制导体制和方式进行组合，在其中某段(初始段、中段和末段)或几段中采用多种制导体制和方法，并称其为复合制导(又称组合制导)。复合制导是一种取长补短的办法，其目的是增大制导距离，提高制导精度和抗干扰能力。采用复合制导后，弹上设备体积增大，成本增加，系统复杂度由于元器件增多将大幅提高，系统可靠度降低。目前复合制导朝着小型化、低成本化、高可靠性等方向发展。

在制导过程中，根据复合方式不同，可分为串联复合制导、并联复合制导和串并联复合制导三种。串联复合制导是在飞行弹道不同阶段采用不同制导体制和模式，其主要目的是增大导弹射程的同时确保制导精度，通常在截获目标后，根据合适的判据进入末制导。采用串联复合制导方式，当制导体制转换时，制导量大小或制导指令都可能发生跳变，需设计合理的中末制导交接班过程，以保证弹道的平滑过渡。并联复合制导在整个飞行弹道或某段飞行弹道同时采用两种或两种以上制导方式，以便在各种环境和干扰条件下，提高制导精度。串并联复合制导是在飞行过程中，既有串联方式又有并联方式的复合制导方式。

复合制导体制和形式多种多样，已开发出各种不同组合的复合制导，复合制导的使用效果取决于多模导引头的性能和复合导引律的先进性。

1. 多模导引头

多模导引头是指导引头同时装有两种或两种以上探测器，按一定的方式组合协调工作，不同探测器同时工作或分时工作。按结构实现不同，多模导引头大致分为两种：分离式，每模采用独立的光学/天线和探测器；共孔径式，采用同一个光学/天线，探测器分开布置。在工程上，现在开发比较成熟的是双模导引头。

双模导引头是将两个波段或两个体制的末制导技术应用于同一个导引头中，主要包括：紫外/红外导引头、红外双色导引头、被动反辐射/红外成像导引头、微波主动雷达/被动反辐射导引头、双波段雷达导引头、毫米波/红外成像导引头、主动雷达/红外成像导引头、主动雷达/电视成像导引头、红外成像/激光导引头等多种类型。下面简要介绍几种比较成熟的双模导引头。

毫米波/红外成像导引头：导引头采用主动毫米波，由于波长较长，其穿透烟雾能力强，可以在有雾天气下使用，但相对于红外制导而言，其制导信号品质一般，而红外制导精度高，但是受环境因素影响较大，探测距离较近，其成像受季节、气候、天气、阳光照射、目标与背景之间的热辐射差等因素的影响。因此在工程上将这两种制导体制组合，使其既具备红外制导精度高的特点，又具备毫米波制导穿透烟雾能力强，可全天候工作的特点。此复合制导已应用于小型的中近程空地导弹，如AGM-114“地狱之火”导弹在后续开发的型号采用毫米波/红外复合制导。

被动反辐射/红外成像导引头：被动反辐射导引头的特点是制导探测距离远，但制导信号品质较差，噪声大，测角误差较大(特别是低频段雷达信号，如 L 波段和 S 波段信号)，抗干扰能力差等，而红外制导精度高，但是受环境影响因素大，探测距离较近等。因此在工程上将两者结合，可以兼顾制导精度和探测距离，而且在目标雷达关机时，按目标雷达开机时的雷达信号估计目标的大致位置进行制导，当弹目距离小于红外探测距离时，切换至红外导引模式，可以实现对关机的目标雷达进行高精度打击。

另外随着技术的发展，根据战场需求变化，各国正在研发或已研发出了三模导引头，比较典型和成熟的三模导引头主要有毫米波/雷达/红外制导复合三模导引头、毫米波雷达/激光半主动/红外成像制导复合三模导引头。在工程技术实现上，三模导引头并不是三种体制的探测器或信息处理系统的简单叠加，而是在弹载计算机的控制下通过几种探测器的协调工作，充分利用探测器获取多维的目标特征信息进行数据融合处理，提取制导有关的信号，完成干扰模式下的目标识别、对抗场景分析判断等任务，实现在复杂目标环境下以及敌方各种干扰的情况下对目标进行识别及跟踪，达到多种制导体制相互弥补的目的，大幅提高武器系统的抗干扰能力、全天候作战能力、自主作战能力及作战使用灵活性。

2. 复合导引律

对于中远射程或远射程空地制导武器，为了兼顾射程和末制导精度，通常采用复合导引律。常用的复合导引律有程序制导/寻的末制导、指令制导/寻的末制导、波束制导/寻的末制导等，由于寻的末制导具有较高的制导精度，故在制导弹道末段都采用寻的末制导。

参考文献

[1] 王明光. 空地导弹制导控制系统设计[上][M]. 北京: 中国宇航出版社, 2019.
[2] 程国采. 战术导弹导引方法[M]. 北京: 国防工业出版社, 1996.
[3] 祁载康. 战术导弹制导控制系统设计[M]. 北京: 中国宇航出版社, 2018.
[4] GEORGE M S. 导弹制导与控制系统[M]. 张天光, 王丽霞, 宋振锋, 等, 译. 北京: 国防工业出版社, 2010.

第 2 章

导航与制导的理论基础

为方便理解本书内容，本章系统介绍飞行器导航与制导理论的物理和数学知识，包括地球环境模型、坐标系转换、滤波理论、最优控制理论等，这些基础知识贯穿全书。

2.1 地球形状及引力模型

飞行器相对于地球的运动状态、飞行轨迹是研究飞行器的关键参数，这些参数与地球的运动规律及形状密切相关，必须对其有一定的认识。地球作为围绕太阳运动的行星，它既有绕太阳的转动(公转)，也有绕自身轴的转动(自转)。地球绕太阳公转的周期为 365.25636 个平太阳日，地球自转角速度为 $\omega_e = 7.292115 \times 10^{-5}\,\text{rad/s}$ [1-2]。

2.1.1 地球形状

地球形状复杂。地球自转使其成为一个两极间距离小于赤道直径的扁球体，可用旋转椭球体(参考椭球体[1-2])来描述，其表面称为参考椭球面，如图 2-1 所示。

在地心赤道坐标系内，参考椭球面方程表示为

$$\frac{x_E^2}{a_E^2} + \frac{y_E^2}{a_E^2} + \frac{z_E^2}{b_E^2} = 1 \tag{2-1}$$

显然，其椭圆满足的方程是

$$\frac{x_E^2}{a_E^2} + \frac{y_E^2}{a_E^2} = 1 \tag{2-2}$$

式中，a_E 为地球的长半轴，$a_E = 6378137\text{m}$；b_E 为地球的短半轴，$b_E = 6356752.3\text{m}$，并记

$$e^2 = \frac{a_E^2 - b_E^2}{a_E^2}, \quad e'^2 = \frac{a_E^2 - b_E^2}{b_E^2} \tag{2-3}$$

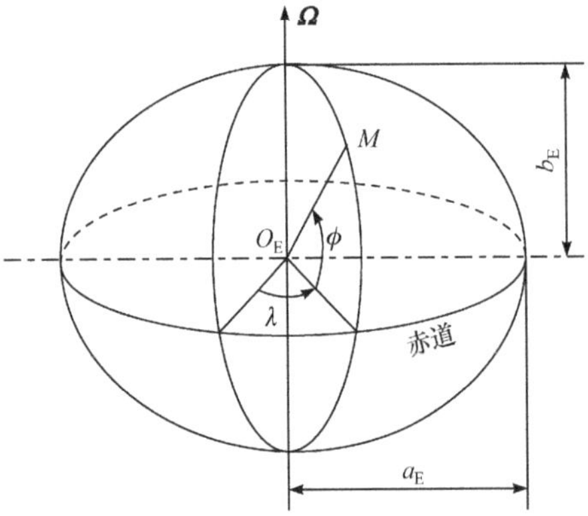

图 2-1　地球形状示意图

式中，e^2 为参考椭球体的第一偏心率；e'^2 为参考椭球体的第二偏心率。过地轴的任一平面与旋转椭球面的截线称为地球子午椭圆，地

球子午椭圆的方程如方程(2-3)所示。地球表面任一点的地心纬度ϕ可由式(2-4)确定:

$$\phi = \arctan\left(\frac{x_E}{y_E}\right) \tag{2-4}$$

过椭球上任一点的参考椭球面的法线与赤道平面的夹角称为该点的地理纬度，记为B。北半球地理纬度为正，南半球地理纬度为负。根据椭圆几何理论知识，可得

$$\tan B = \frac{a_E^2}{b_E^2}\cdot\frac{x_E}{y_E} = \frac{a_E^2}{b_E^2}\tan\phi$$

也可写为

$$\tan B = \frac{1}{1-e^2}\tan\phi \tag{2-5}$$

地球表面上任一点M可用经度λ、地心纬度ϕ和地球半径R表示。经度定义为过M点的子午面与过格林尼治皇家天文台的零子午面间的二面角，由零子午面向东为正，向西为负。显然有$-180° \leqslant \lambda \leqslant 180°$。地心纬度定义为过$M$点的地球半径与赤道平面的夹角，北半球为正，南半球为负，显然$-90° \leqslant \phi \leqslant 90°$。

根据椭圆方程可导出:

$$R = a_E \Big/ \sqrt{1+e'^2\sin^2\phi} \tag{2-6}$$

或近似取:

$$R = a_E\left[1-\frac{e'^2}{2}\sin^2\phi+\frac{3}{8}(e'^2\sin^2\phi)^2\right] \tag{2-7}$$

2.1.2　地理纬度与地心纬度之差

地球表面任一点处的地理纬度与地心纬度之差μ定义为

$$\mu = B-\phi \tag{2-8}$$

因为通常是已知B求ϕ或μ，所以只有式(2-8)尚不能确定ϕ，需求出μ的另一表达式。

在图 2-2 上M点附近取一个微弧段$\overset{\frown}{MM'}$，见图 2-3，因为$\overset{\frown}{MM'}$是微弧段，所以可视为直线段$\overline{MM'}$，M'点对应地心纬度$\phi+\Delta\phi$，对应地球半径$R+\Delta R$，$\overline{MM'}$垂直于当地法线$\overline{MN}$，过M'点作$\overline{M'D}\perp\overline{O_E M}$，显然，$\angle MM'D=\mu$。

另外，由$\triangle MM'D$有

$$\tan\angle MM'D = \tan\mu = \frac{\overline{MD}}{\overline{M'D}}$$

式中，$\overline{MD}=-\Delta R$；$\overline{M'D}=R\Delta\phi$。因此有

$$\tan\mu = -\frac{\Delta R}{R\Delta\phi}$$

当$\Delta\phi\to$无穷小时，

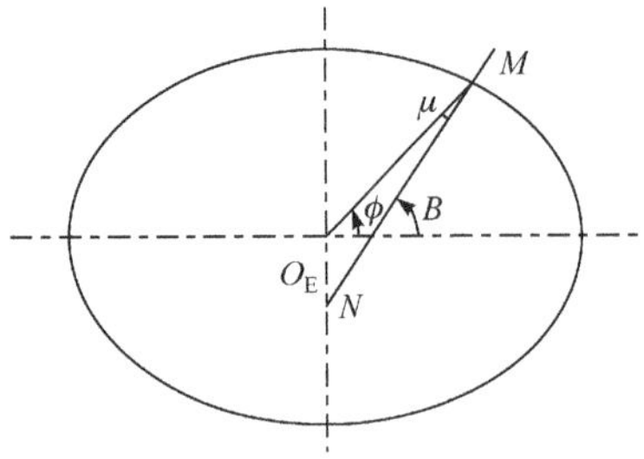

图 2-2 地心纬度和地理纬度关系图

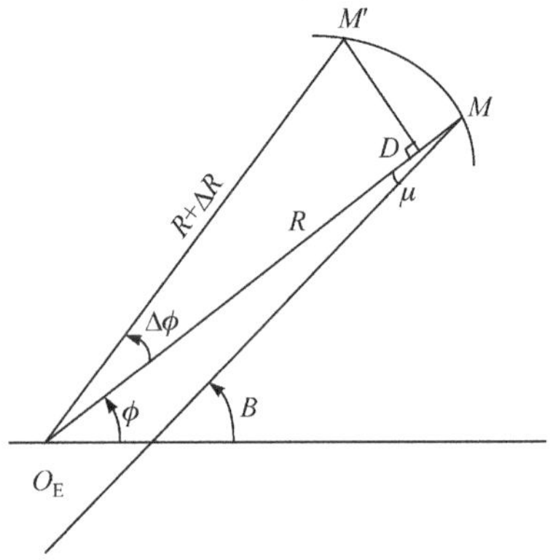

图 2-3 地心纬度和地理纬度之差几何关系图

$$\tan\mu = -\frac{1}{R}\frac{\Delta R}{\Delta\phi} \tag{2-9}$$

将式(2-6)对ϕ求导数，可得

$$\frac{\Delta R}{\Delta\phi} = -\frac{R^3}{2a_E^2}e'^2\sin(2\phi) \tag{2-10}$$

将式(2-10)代入式(2-9)，可得

$$\mu = \frac{e'^2\sin(2\phi)}{2(1+e'^2\sin^2\phi)} \tag{2-11}$$

近似取：

$$\mu = \frac{e'^2}{2}\sin(2\phi)\times(1-e'^2\sin^2\phi) \tag{2-12}$$

并可导得

$$\mu = \frac{e'^2}{2}\sin(2B)\times(1-e'^2\cos^2 B) \tag{2-13}$$

2.1.3 地心纬度和地心矢径的确定

在制导计算中往往采用地心坐标系描述目标的位置，而实际作战时给定的是目标的地理纬度B_T和高程h_T，因此需要给出由B_T和h_T确定目标点的地心纬度ϕ_T和地心矢径r_T的计算公式[2]。

在图 2-4 中，T点的高程为h_T、地理纬度为B_T，T点在地球表面的投影点为T'，则T'点对应的地心矢径为R_T，地理纬度与地心纬度差μ'可先由式(2-13)确定，然后由式(2-8)确定ϕ_T，由式(2-6)确定R_T。由图 2-4 的几何关系可得

$$r_T = (h_T + R_T\cos\mu')/\cos(B_T - \phi_T) \tag{2-14}$$

$$\tan(B_T-\phi_T)=R_T\sin\mu'/(h_T+R_T\cos\mu')=\tan\mu'\Big/\left(1+\frac{h_T}{R_T\cos\mu'}\right) \tag{2-15}$$

由式(2-15)近似有

$$\phi_T=B_T-\mu'\left(1-\frac{h_T}{R_T}+\frac{h_T^2}{R_T^2}\right) \tag{2-16}$$

将式(2-16)代入式(2-14)，可近似推导得

$$r_T=R_T+h_T-\frac{\mu'^2}{2}h_T \tag{2-17}$$

当 $h_T<10\text{km}$ 时，$\frac{\mu'^2}{2}h_T<0.25\text{m}$，可用

$$\begin{cases}\phi_T=B_T-\mu'\left(1-\frac{h_T}{R_T}\right)\\ r_T=R_T+h_T\end{cases} \tag{2-18}$$

计算 ϕ_T 和 r_T。

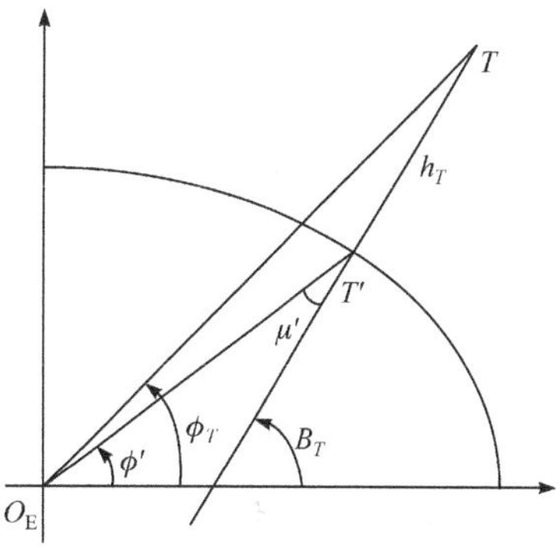

图 2-4　地球外任一点的地心纬度和地心矢径几何关系图

2.1.4　地心角和球面方位角

在大地测量中，采用大地线距离、大地线方位角来描述旋转椭球体表面上两点间的关系位置，但大地线距离、大地线方位角计算复杂且精度不易保证。在弹道计算中，描述旋转椭球体表面上两点间的关系位置，作者提出用两点间的地心角和球面方位角分别代替大地线距离和大地线方位角的方法。该方法既简化了计算，又保证了精度[2]。

首先，将给定的发射点 M、目标点 T 的坐标写为地心球坐标 $(\lambda_M,\phi_M,\gamma_M)$、$(\lambda_T,\phi_T,\gamma_T)$，再以地心为球心做一个单位球，见图 2-5，可以在球上标出 M、T 两点的位置，并记 $\lambda_{MT}=\lambda_T-\lambda_M$，大圆弧 $\widehat{MT}$ 的球面方位角为 $\hat{\alpha}$，则对于球面三角形 $\triangle MNT$，根据球面三角形正弦定理，有

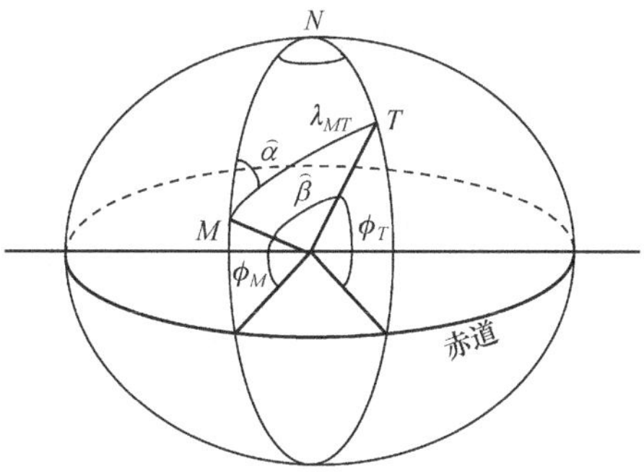

图 2-5　发射点 M 和目标点 T 的球面关系位置图

$$\sin\hat{\alpha}=\frac{\sin\lambda_{MT}}{\sin\beta}\cos\phi_T \tag{2-19}$$

根据球面三角形的余弦定理:

$$\sin\hat{\alpha}=\left(\sin\phi_T-\cos\hat{\beta}\sin\phi_M\right)\Big/\left(\cos\phi_M\sin\hat{\beta}\right) \tag{2-20}$$

当导弹的射程不超过 20000km 时，$\hat{\beta}$ 可按式(2-21)计算:

$$\hat{\beta}=\arccos\left(\cos\hat{\beta}\right) \tag{2-21}$$

当 $|\sin\hat{\alpha}|\leqslant|\cos\hat{\alpha}|$ 时，

$$\widehat{\alpha}=\begin{cases}\arcsin(\sin\widehat{\alpha}) & (\cos\widehat{\alpha}\geqslant 0)\\ \pi\cdot\operatorname{sgn}(\sin\widehat{\alpha})-\arcsin(\sin\widehat{\alpha}) & (\cos\widehat{\alpha}<0)\end{cases} \tag{2-22}$$

当$|\sin\widehat{\alpha}|>|\cos\widehat{\alpha}|$时，

$$\widehat{\alpha}=\operatorname{sgn}(\sin\widehat{\alpha})\arccos(\cos\widehat{\alpha}) \tag{2-23}$$

同样，若已知M点的坐标(λ_M,ϕ_M)，M点到T点的球面方位角和地心角也可以求出T点的坐标(λ_T,ϕ_T)。两点间的距离可近似用球面距离来描述，取：

$$L=\overline{R}\widehat{\beta} \tag{2-24}$$

式中，$\overline{R}$是地球的平均半径。

2.1.5 引力和重力

假设地球外一个质量为m的质点相对于地球是静止的，该质点受到地球的引力为$m\boldsymbol{g}$，另由于地球自身在以$\boldsymbol{\omega}_e$角速度旋转，故该质点还受到随同地球旋转而引起的离心惯性力，将该质点所受的引力和离心惯性力之和称为该质点所受的重力，记为$m\boldsymbol{g}'$并满足：

$$m\boldsymbol{g}'=m\boldsymbol{g}+m\boldsymbol{a}_e' \tag{2-25}$$

式中，$\boldsymbol{a}_e'=-\boldsymbol{\omega}_e\times(\boldsymbol{\omega}_e\times\boldsymbol{r})$为离心加速度。空间一点的离心惯性加速度$\boldsymbol{a}_e'$，是在该点与地轴组成的子午面内并与地轴垂直指向球外。将其分解到$\boldsymbol{r}^0$及ϕ^0方向，其大小分别记为a_{er}'和$a_{e\phi}'$，则可得

$$\begin{cases}a_{er}'=r\omega_e^2\cos^2\phi\\ a_{e\phi}'=-r\omega_e^2\sin\phi\cos\phi\end{cases} \tag{2-26}$$

对于一个保守力场，场外一个单位质点受到该力场的作用力称为场强，记作$\boldsymbol{F}$，它是矢量场。场强$\boldsymbol{F}$与该质点在此力场中所具有的势函数U，有如下关系：

$$\boldsymbol{F}=\operatorname{grad}U \tag{2-27}$$

式中，势函数U为一个标量函数，又称引力位。地球对球外质点的引力场为一个保守力场，若设地球为一个均质圆球，可认为地球质量M集中于地球中心，则地球对球外距地心为r的一个单位质点的势函数为

$$U=\frac{fM}{r} \tag{2-28}$$

式中，f为万有引力常数，记$\mu=fM$为地球引力系数。由式(2-27)可得地球对距球心r处一个单位质点的场强为

$$\boldsymbol{g}=-\frac{\mu}{r^2}\boldsymbol{r}^0 \tag{2-29}$$

场强$\boldsymbol{g}$又称为单位质点在地球引力场中所具有的引力加速度矢量。实际地球为一个形状复杂的非均质物体，要求其对地球外一点的势函数，则需对整个地球进行积分来获

得，即

$$U = f\int_M \frac{\mathrm{d}m}{\rho} \tag{2-30}$$

式中，$\mathrm{d}m$ 为地球单元体积的质量；ρ 为 $\mathrm{d}m$ 至空间所研究的一点的距离。为了精确地求出势函数，则必须已知地球表面的形状和地球内部的密度分布，才能计算该积分值，目前还是很难做到的。可以通过球函数展开式得到地球引力位的标准表达式：

$$\begin{aligned} U = &\frac{\mu}{r} - \frac{\mu}{r}\sum_{n=2}^{\infty}\left[\left(\frac{a_e}{r}\right)^n J_n P_n(\sin\phi)\right] \\ &+\frac{\mu}{r}\sum_{n=2}^{\infty}\sum_{m=1}^{n}\left\{\left(\frac{a_e}{r}\right)^n [C_{nm}\cos(m\lambda) + S_{nm}\sin(m\lambda)]P_{nm}(\sin\phi)\right\} \end{aligned} \tag{2-31}$$

式中，a_e 为地球赤道平均半径；ϕ、λ 分别为地心纬度和经度；J_n 为带谐系数，且 $J_n = -C_{n0}$；C_{nm}、S_{nm} 中的 $n \neq m$ 时，为田谐系数，$n = m$ 时，为扇谐系数；$P_n(\sin\phi)$ 为勒让德函数；$P_{nm}(\sin\phi)$ 为缔合勒让德函数。在弹道设计和计算中，为了方便还可近似取式(2-31)中 J_2 为止的引力位作为正常引力位，即

$$U = \frac{\mu}{r}\left[1 + \frac{J_2}{2}\left(\frac{a_e}{r}\right)^2(1 - 3\sin^2\phi)\right] \tag{2-32}$$

有了势函数后即可根据式(2-27)求取单位质量质点受地球引力作用的引力加速度矢量 $\boldsymbol{g}$。由式(2-32)可见正常引力位仅与观测点的距离 r 和地心纬度 ϕ 有关，因此，引力加速度矢量 $\boldsymbol{g}$ 总是在地球地轴与所考察的空间点构成的平面内，该平面与包含 r 在内的子午面重合。对于位于 p 点的单位质量质点而言，为计算该点的引力加速度矢量，作过 p 点的子午面且 r 的单位矢量为 $\boldsymbol{r}^0$，并在此子午面内垂直 $O_E P$ 且指向 ϕ 增加方向的单位矢量为 $\boldsymbol{\phi}^0$，则引力加速度矢量 $\boldsymbol{g}$ 在 $\boldsymbol{r}^0$ 和 $\boldsymbol{\phi}^0$ 方向的投影分别为(令 $J = 3J_2/2$)

$$\begin{cases} g_r = -\dfrac{\mu}{r^2}\left[1 + J\left(\dfrac{a_e}{r}\right)^2(1 - 3\sin^2\phi)\right] \\ g_\phi = -\dfrac{\mu}{r^2}J\left(\dfrac{a_e}{r}\right)^2\sin 2\phi \end{cases} \tag{2-33}$$

2.2　常用坐标系定义及其转换

2.2.1　常用坐标系定义

为了方便问题的分析，本节介绍几个常用坐标系的定义[1-2]。

1. 地心惯性坐标系 $Ox_c y_c z_c$

空间中保持静止或匀速直线运动的坐标系称为惯性系，所有的惯性传感器在测量轴

方向产生的都是惯性系下的测量结果。例如，可以认为陀螺仪的测量角速度即为载体相对于地心惯性坐标系(ECI)的旋转角速度。地心惯性坐标系原点位于地球质心 O 处，Ox_c 轴在赤道平面内指向春分点，Oz_c 轴沿地球转轴方向指向协议地极，Oy_c 轴与 Ox_c 轴、Oz_c 轴构成右手坐标系，如图 2-6 所示。

2. 地心地固坐标系 $Ox_I y_I z_I$

地心地固坐标系(ECEF)和地心惯性坐标系有着相同的原点和 Z 轴定义，但是地心地固坐标系与地球保持同步旋转，转动角速度为 $\boldsymbol{\omega}_{ie}$。地心地固坐标系原点位于地球质心处，Ox_I 轴穿过本初子午线与赤道面的交点，Oz_I 轴沿地球自转轴方向指向协议地极，Oy_I 轴在赤道平面内且与 Ox_I 轴、Oz_I 轴构成右手坐标系，如图 2-7 所示。

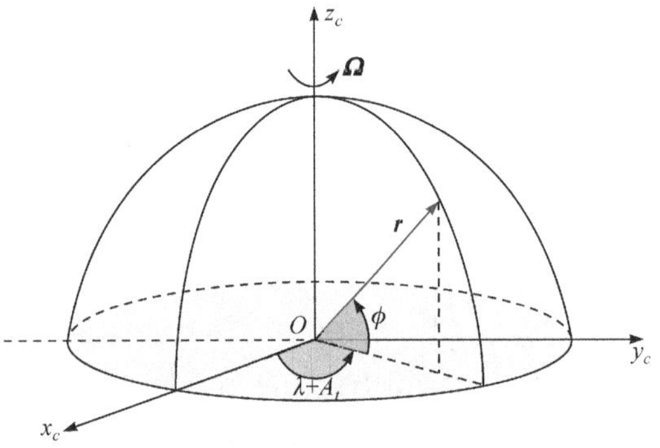

图 2-6 地心惯性坐标系

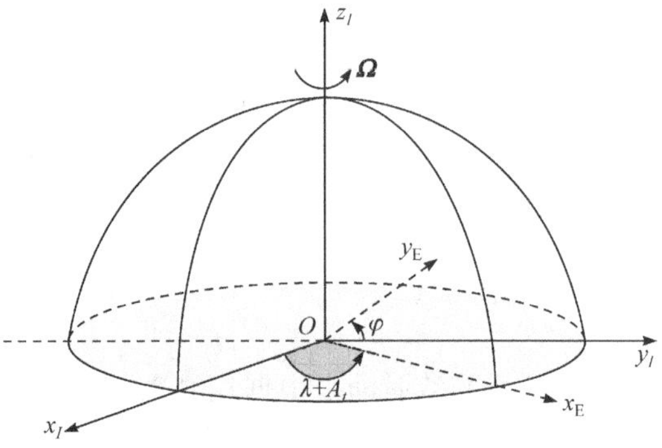

图 2-7 地心地固坐标系

3. 当地地理坐标系 $Ox_g y_g z_g$

当地地理坐标系用于表示飞行器位于或接近地球表面时的姿态和速度，也称为当地水平坐标系。该坐标系原点位于运载体质心 O 处，Ox_g 轴、Oy_g 轴分别指向东向、北向，Oz_g 轴满足右手定则，方向与地球椭球面垂直指向上方。

4. 理想导航坐标系 $Ox_n y_n z_n$

理想导航坐标系是用于导航解算的参考坐标系，也称为计算坐标系，可根据具体需求选择不同的坐标系。在本节中，如无特别说明，均采用“东-北-天”形式的当地地理坐标系作为导航坐标系。在传递对准过程中，通常认为载机平台的惯组误差很小，可以忽略不计，则载机的导航坐标系即为理想导航坐标系。

5. 载体坐标系 $Ox_b y_b z_b$

在大多数应用中，惯性器件的敏感轴与其移动平台的体轴重合，这些轴组成的即是载体坐标系。载体坐标系原点与运载体质心 O 重合，Ox_b 轴沿飞机横轴指向载体右侧，Oy_b 轴沿飞机纵轴指向正前方，Oz_b 轴垂直于 Ox_b 轴与 Oy_b 轴，构成右手坐标系指向运载体上方。

6. 飞机机体坐标系 $Ox_{b_m}y_{b_m}z_{b_m}$

飞机机体坐标系属于载体坐标系的一种，坐标系原点位于飞机质心 O 处，Ox_{b_m} 轴沿飞机横轴向右，Oy_{b_m} 轴沿飞机纵轴向前，Oz_{b_m} 轴沿飞机立轴向上。$Ox_{b_m}y_{b_m}z_{b_m}$ 系与 $Ox_ny_nz_n$ 系之间的转换矩阵可以由飞机的三个姿态角求得。

7. 导弹弹体坐标系 b_s

导弹弹体坐标系的定义与飞机机体坐标系类似，定义为右、前、上坐标系。

8. 导弹计算导航坐标系 n'

导弹计算导航坐标系是弹载惯导系统在进行惯导解算时使用的参考坐标系。当弹载惯导系统使用“东-北-天”系进行惯导解算时，理想情况下 n' 系与 n 系是重合的，但实际情况下 n' 系与 n 系并不重合，两个坐标系之间的夹角即为待估计的传递对准失准角 $\boldsymbol{\phi}$。

2.2.2　常用坐标系间转换

1. 地心惯性坐标系与地心地固坐标系的转换关系

由于地球的自转，地心惯性坐标系 c 和地心地固坐标系 I 之间的角速度矢量表示在 I 系下为

$$\boldsymbol{\omega}_{ie}^{e}=\begin{bmatrix}0 & 0 & \omega_{ie}\end{bmatrix}^{\mathrm{T}} \tag{2-34}$$

式中，ω_{ie} 是地球自转角速度。根据国际天文学会(IAU)提供的数据，地球自转角速度 $\omega_{ie}\approx 7.292115\times10^{-5}\,\mathrm{rad/s}$。

因此 c 系到 I 系的转换只需绕 z 轴旋转一次，旋转的角度为 $\omega_{ie}t$，其中 t 为间隔时间。旋转矩阵为

$$\boldsymbol{C}_c^I=\begin{bmatrix}\cos(\omega_{ie}t) & \sin(\omega_{ie}t) & 0\\ -\sin(\omega_{ie}t) & \cos(\omega_{ie}t) & 0\\ 0 & 0 & 1\end{bmatrix} \tag{2-35}$$

反之，从 I 系到 c 系的转换可以通过转换矩阵 $\boldsymbol{C}_I^c$ 实现，又因为转换矩阵正交，所以有

$$\boldsymbol{C}_I^c=\left(\boldsymbol{C}_c^I\right)^{-1}=\left(\boldsymbol{C}_c^I\right)^{\mathrm{T}} \tag{2-36}$$

2. 当地地理坐标系与地心地固坐标系的转换关系

设地球表面附近一点 A，A 点的位置在当地地理坐标系下可以描述为 $\begin{bmatrix}L & \lambda & h\end{bmatrix}^{\mathrm{T}}$，其中 L 代表 A 点的地理纬度，λ 代表 A 点的地理经度，h 代表高度。地球表面 A 点的位置如图 2-8 所示。

要将此时的地心地固坐标系 I 和当地地理坐标系 g 对齐，首先需要将 g 系绕其 x 轴旋转 $(L-90)$ 度，然后绕其旋转后坐标系的 z 轴旋转 $(-90-\lambda)$ 度。因此 g 系至 I 系的转换矩

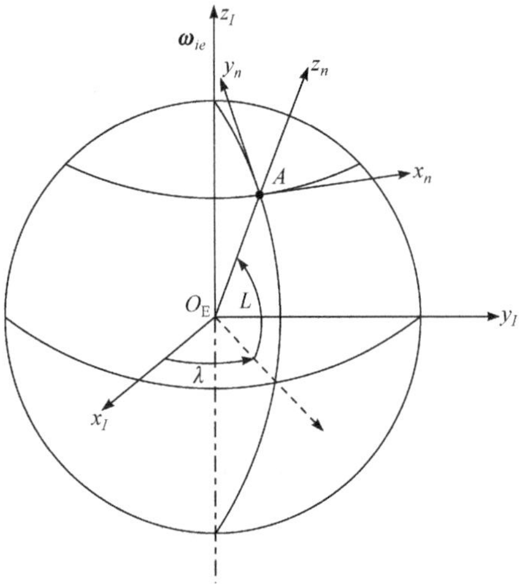

图 2-8 地球表面 A 点的位置示意图

阵为

$$\begin{aligned}C_g^I&=C_z(-\lambda-90)C_x(\varphi-90)\\&=\begin{bmatrix}-\sin\lambda & -\sin L\cos\lambda & \cos L\cos\lambda\\ \cos\lambda & -\sin L\sin\lambda & \cos L\sin\lambda\\ 0 & \cos L & \sin L\end{bmatrix}\end{aligned} \tag{2-37}$$

I 系至 g 系的变换为

$$C_I^g=\left(C_g^I\right)^{-1}=\left(C_g^I\right)^{\mathrm{T}} \tag{2-38}$$

3. 理想导航坐标系与飞机机体坐标系的转换关系

理想导航坐标系 n 与飞机机体坐标系 b_m 之间的相对关系，可以用一组欧拉角来描述。设运载体的俯仰角为 θ，滚转角为 γ，航向角为 ψ (习惯上以北偏东为正)，并选取当地地理坐标系"东-北-天"系作为惯性导航解算的导航坐标系，即 x_n、y_n、z_n 分别指向东、北、天向。因此，n 系与 b_m 系可以由上述三个姿态角来描述，旋转关系如图 2-9 所示。

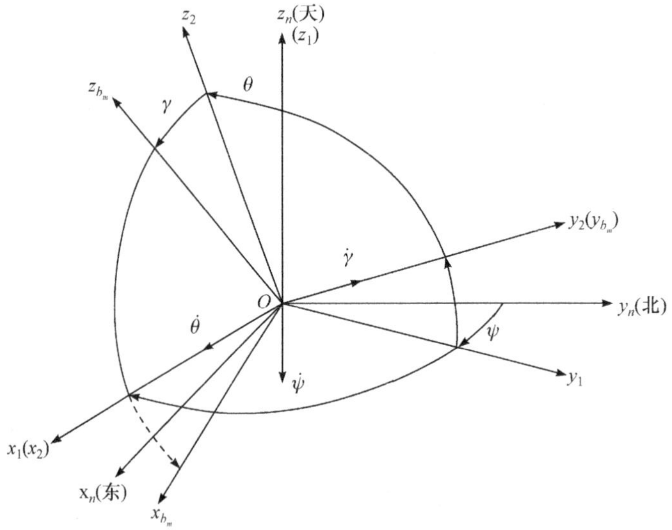

图 2-9 n 系与 b_m 系的旋转关系

通过 3-1-2 的旋转顺序，可以将理想导航坐标系 n 旋转至飞机机体坐标系 b_m，具体旋转顺序如下：

$$Ox_ny_nz_n\xrightarrow{\text{绕}O_{z_n}\text{旋转}-\psi\text{角}}Ox_1y_1z_1\xrightarrow{\text{绕}O_{x_1}\text{旋转}\theta\text{角}}Ox_2y_2z_2\xrightarrow{\text{绕}O_{y_2}\text{旋转}\gamma\text{角}}Ox_{b_m}y_{b_m}z_{b_m}$$

每次旋转所对应的转换矩阵分别为

$$C_n^1=\begin{bmatrix}\cos\psi & -\sin\psi & 0\\ \sin\psi & \cos\psi & 0\\ 0 & 0 & 1\end{bmatrix},\quad C_1^2=\begin{bmatrix}1 & 0 & 0\\ 0 & \cos\theta & \sin\theta\\ 0 & -\sin\theta & \cos\theta\end{bmatrix},\quad C_2^{b_m}=\begin{bmatrix}\cos\gamma & 0 & -\sin\gamma\\ 0 & 1 & 0\\ \sin\gamma & 0 & \cos\gamma\end{bmatrix}$$

通过矩阵的连乘运算，可获得理想导航坐标系 n 到飞机机体坐标系 b_m 的转换矩阵：

$$\begin{aligned}C_n^{b_m}&=C_2^{b_m}C_1^2C_n^1=\begin{bmatrix}\cos\gamma & 0 & -\sin\gamma\\ 0 & 1 & 0\\ \sin\gamma & 0 & \cos\gamma\end{bmatrix}\begin{bmatrix}1 & 0 & 0\\ 0 & \cos\theta & \sin\theta\\ 0 & -\sin\theta & \cos\theta\end{bmatrix}\begin{bmatrix}\cos\psi & -\sin\psi & 0\\ \sin\psi & \cos\psi & 0\\ 0 & 0 & 1\end{bmatrix}\\ &=\begin{bmatrix}\cos\gamma\cos\psi+\sin\gamma\sin\psi\sin\theta & -\cos\gamma\sin\psi+\sin\gamma\cos\psi\sin\theta & -\sin\gamma\cos\theta\\ \sin\psi\cos\theta & \cos\psi\cos\theta & \sin\theta\\ \sin\gamma\cos\psi-\cos\gamma\sin\psi\sin\theta & -\sin\gamma\sin\psi-\cos\gamma\cos\psi\sin\theta & \cos\gamma\cos\theta\end{bmatrix}\end{aligned}\tag{2-39}$$

式中，$C_n^{b_m}$ 与旋转次序有关，即当 θ 、γ 、ψ 不都为小角度时，对应于不同的旋转次序。载体坐标系的最终空间位置是不同的，这就是常说的有限转动的不可交换性。

记载机的姿态矩阵为

$$C_{b_m}^n=\left(C_n^{b_m}\right)^{-1}=\left(C_n^{b_m}\right)^{\mathrm{T}}\tag{2-40}$$

4. 理想导航坐标系与导弹计算导航坐标系的转换关系

理想导航坐标系 n 与导弹计算导航坐标系 n' 之间的误差角即为传递对准过程需要估计的失准角，定义为 $\boldsymbol{\phi}=\begin{bmatrix}\phi_{\mathrm{E}} & \phi_{\mathrm{N}} & \phi_{\mathrm{U}}\end{bmatrix}^{\mathrm{T}}$，通常姿态失准角是一个小角度[1]。

通过对上文 $C_n^{b_m}$ 矩阵中的三角函数取近似值，并且忽略二阶及以上小量，可以得到姿态小角度条件下的坐标转换矩阵为

$$C_n^{b_m}=\begin{bmatrix}1 & -\psi & -\gamma\\ \psi & 1 & \theta\\ \gamma & -\theta & 1\end{bmatrix}\tag{2-41}$$

对比式(2-41)，在姿态失准角是小角度的条件下，可以获得 n 系与 n' 系的转移矩阵：

$$C_n^{n'}=\begin{bmatrix}1 & \phi_{\mathrm{U}} & -\phi_{\mathrm{N}}\\ -\phi_{\mathrm{U}} & 1 & \phi_{\mathrm{E}}\\ \phi_{\mathrm{N}} & -\phi_{\mathrm{E}} & 1\end{bmatrix}\tag{2-42}$$

5. 飞机机体坐标系与导弹弹体坐标系的转换关系

通常认为在理想情况下，飞机机体坐标系 b_m 与导弹弹体坐标系 b_s 的三轴指向方向一致，即弹体水平安装在机翼上，初始滚转角为 0°。在实际情况中，由于安装工艺的误差，导弹弹体坐标系与飞机机体坐标系之间始终存在初始的物理安装误差角，定义为

$$\boldsymbol{u}=\begin{bmatrix}u_x & u_y & u_z\end{bmatrix}^{\mathrm{T}}\tag{2-43}$$

式中，$\boldsymbol{u}$ 为一个小角度，同理可得到飞机机体坐标系 b_m 与导弹弹体坐标系 b_s 的转移矩阵：

$$C_{b_s}^{b_m}=\begin{bmatrix}1 & u_z & -u_y\\ -u_z & 1 & u_x\\ u_y & -u_x & 1\end{bmatrix} \tag{2-44}$$

若考虑机翼气动变形引起的弹性变形角$\boldsymbol{\theta}$，可定义一个总的安装误差角$\boldsymbol{\lambda}$，其中

$$\boldsymbol{\lambda}=\boldsymbol{u}+\boldsymbol{\theta} \tag{2-45}$$

则b_m系与b_s系的转移矩阵变化为

$$C_{b_s}^{b_m}=\begin{bmatrix}1 & \lambda_z & -\lambda_y\\ -\lambda_z & 1 & \lambda_x\\ \lambda_y & -\lambda_x & 1\end{bmatrix}=\begin{bmatrix}1 & u_z+\theta_z & -(u_y+\theta_y)\\ -(u_z+\theta_z) & 1 & u_x+\theta_x\\ u_y+\theta_y & -(u_x+\theta_x) & 1\end{bmatrix} \tag{2-46}$$

2.3 滤波算法

2.3.1 经典滤波器

1. 滤波器的分类

经典滤波器从功能上可分为四种，即低通(LP)滤波器、高通(HP)滤波器、带通(BP)滤波器、带阻(BS)滤波器，当然，每一种又有模拟滤波器(AF)和数字滤波器(DF)两种形式。图 2-10 分别给出了四种滤波器的理想幅频响应。图 2-10 中滤波器的幅频特性都是理想情况，在实际上是不可能实现的。例如，对低通滤波器，它们的抽样响应$h(n)$(或冲激响应$h(t)$)是 sin 函数，从$-\infty$至$+\infty$有值，一是无限长，二是非因果。在实际工作中，设计出的滤波器都是在某些准则下对理想滤波器的近似，但这保证了滤波器是物理可实现的，且是稳定的。

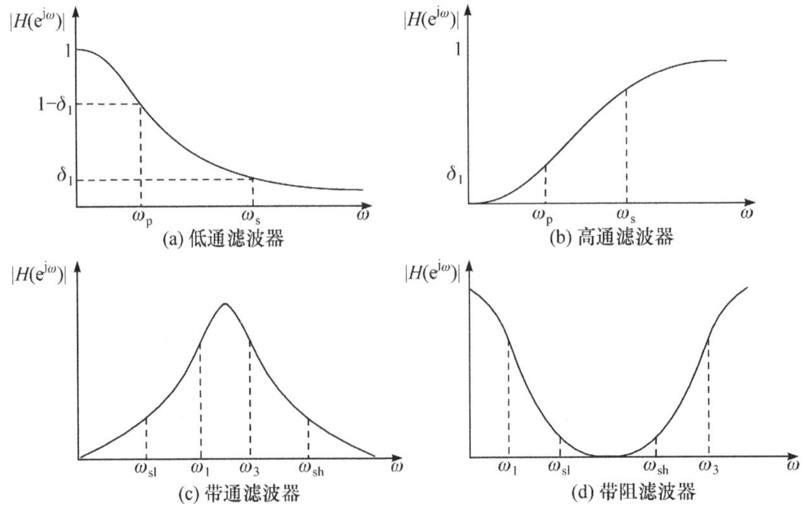

图 2-10 四种滤波器的技术要求

对数字滤波器，从实现方法上，有无限冲激响应(IIR)滤波器和有限冲激响应(FIR)滤波器之分，其转移函数分别是

$$H(z)=\frac{\sum_{r=0}^{M}b_r z^{-r}}{1+\sum_{k=1}^{N}a_k z^{-k}} \tag{2-47}$$

$$H(z)=\sum_{n=0}^{N-1}h(n)z^{-n} \tag{2-48}$$

这两类滤波器无论是在性能上，还是在设计方法上都有着很大的区别。FIR 滤波器可以对给定的频率特性直接进行设计，而 IIR 滤波器目前最通用的方法是利用已经很成熟的模拟滤波器的设计方法来进行设计。模拟滤波器的设计方法又有 Butterworth 滤波器，Chebyshev(Ⅰ型、Ⅱ型)滤波器、椭圆滤波器等不同的设计方法。

2. 滤波器的技术要求

理想滤波器物理上是不可实现的，不可实现的根本原因是从一个频率带到另一个频率带之间的突变。为了在物理上可实现，一个带到另一个带之间应设置一个过渡带，且在通带和止带内也不应该严格为 1 或 0，应给以较小的容限。图 2-10 是四种数字滤波器的技术要求，仅在图 2-10(a)中给出的 δ_1 是通带的容限，但具体技术指标往往由通常允许的最大衰减和阻带应达到的最小衰减给出。

通带和阻带的衰减 a_{p} 和 a_{s} 分别定义为

$$a_{\mathrm{p}}=20\lg\frac{\left|H\left(\mathrm{e}^{\mathrm{j}0}\right)\right|}{\left|H\left(\mathrm{e}^{\mathrm{j}\omega_{\mathrm{p}}}\right)\right|}=-20\lg\left|H\left(\mathrm{e}^{\mathrm{j}\omega_{\mathrm{p}}}\right)\right| \tag{2-49}$$

$$a_{\mathrm{s}}=20\lg\frac{\left|H\left(\mathrm{e}^{\mathrm{j}0}\right)\right|}{\left|H\left(\mathrm{e}^{\mathrm{j}\omega_{\mathrm{s}}}\right)\right|}=-20\lg\left|H\left(\mathrm{e}^{\mathrm{j}\omega_{\mathrm{s}}}\right)\right| \tag{2-50}$$

式(2-49)和式(2-50)中均假定 $\left|H(\mathrm{e}^{\mathrm{j}0})\right|$ 已被归一化为 1。例如，当 $\left|H(\mathrm{e}^{\mathrm{j}\omega})\right|$ 在 ω 处下降为 0.707，$a_{\mathrm{p}}=3\mathrm{dB}$ 在 ω_{s} 处降到 0.01 时，$a_{\mathrm{s}}=40\mathrm{dB}$。

由于在 DF 中 ω 是用弧度表示的，而实际上给出的频率往往是 f，单位为 Hz，因此在数字滤波器的设计中还应给出抽样频率 f_{s}。

不论是 IIR 滤波器，还是 FIR 滤波器，其设计都包括三个步骤：

(1) 给出所需要的滤波器的技术指标；

(2) 设计一个 $H(z)$ 使其逼近所需要的技术指标；

(3) 实现所设计的 $H(z)$。

前已指出，目前 IIR 数字滤波器设计的最通用的方法是借助于模拟滤波器的设计方法。模拟滤波器设计已经有了一套相当成熟的方法，它不但有完整的设计公式，而且有

较为完整的图表供查询。因此，充分利用这些已有的资源将会给数字滤波器的设计带来很大方便。IIR 数字滤波器的设计步骤：

(1) 按一定规则将给出的数字滤波器的技术指标转换为模拟低通滤波器的技术指标。

(2) 根据转换后的技术指标设计模拟低通滤波器 $G(s)$。

(3) 按一定规则将 $G(s)$ 转换成 $H(z)$。

若所设计的数字滤波器是低通的，那么上述设计工作可以结束，若所设计的数字滤波器是高通、带通或带阻数字滤波器，那么还有步骤(4)。

(4) 将高通、带通或带阻数字滤波器的技术指标先转化为低通模拟滤波器的技术指标，然后按上述步骤(2)设计出低通滤波器 $G(s)$，再将 $G(s)$ 转换为所需的 $H(z)$。

2.3.2 离散型线性卡尔曼滤波

卡尔曼滤波是一种线性、无偏、以误差方差最小为估计准则的最优估计算法。1960年，美籍匈牙利数学家卡尔曼(Kalman)首先把状态空间分析法引入滤波理论中，对状态和噪声进行了完美的统一描述，从而在时域上得到了新的递推滤波算法，这就是卡尔曼滤波算法。卡尔曼滤波器具有许多特点：①它的数学模型是一阶的，连续系统是一阶微分方程，离散系统是一阶差分方程，特别适合计算机处理；②由于采用了状态转移矩阵来描述实际的动态系统，在许多工程领域中可使用；③卡尔曼滤波器的每次运算只要求前一时刻的估计数据和当前时刻的测量数据，不必存储大量的历史数据，大大降低了对计算机存储和运算能力的要求。正是由于卡尔曼滤波器具有既完美又精确的数学递推形式和很大的实用效能，因而在航天、航空、通信、船舶、地震预报、生物医学工程等领域都得到了广泛的应用。

1. 随机系统状态空间模型

给定随机系统状态空间模型：

$$\begin{cases} \boldsymbol{X}_k = \boldsymbol{\Phi}_{k/k-1}\boldsymbol{X}_{k-1} + \boldsymbol{\Gamma}_{k/k-1}\boldsymbol{W}_{k-1} \\ \boldsymbol{Z}_k = \boldsymbol{H}_k\boldsymbol{X}_k + \boldsymbol{V}_k \end{cases} \tag{2-51}$$

式中，$\boldsymbol{X}_k$ 是 $n\times 1$ 维的状态向量；$\boldsymbol{Z}_k$ 是 $m\times 1$ 维的量测向量；$\boldsymbol{\Phi}_{k/k-1}$、$\boldsymbol{\Gamma}_{k/k-1}$、$\boldsymbol{H}_k$ 是已知的系统结构参数，分别为 $n\times n$ 维的状态一步转移矩阵、$n\times l$ 维的系统噪声分配矩阵、$m\times n$ 维的量测矩阵，为简洁可将 $\boldsymbol{\Gamma}_{k/k-1}$ 简记为 $\boldsymbol{\Gamma}_{k-1}$；$\boldsymbol{W}_{k-1}$ 是 $l\times 1$ 维的系统噪声向量；$\boldsymbol{V}_k$ 是 $m\times 1$ 维的量测噪声向量。$\boldsymbol{W}_{k-1}$ 和 $\boldsymbol{V}_k$ 都是零均值的高斯白噪声向量序列(服从正态分布)，且它们之间互不相关，即满足：

$$\begin{cases} E\left[\boldsymbol{W}_k\right] = \boldsymbol{0}, E\left[\boldsymbol{W}_k\boldsymbol{W}_j^{\mathrm{T}}\right] = \boldsymbol{Q}_k\delta_{kj} \\ E\left[\boldsymbol{V}_k\right] = \boldsymbol{0}, E\left[\boldsymbol{V}_k\boldsymbol{V}_j^{\mathrm{T}}\right] = \boldsymbol{R}_k\delta_{kj} \\ E\left[\boldsymbol{W}_k\boldsymbol{V}_j^{\mathrm{T}}\right] = \boldsymbol{0} \end{cases} \tag{2-52}$$

卡尔曼滤波状态空间模型中对于噪声要求的基本假设，一般要求 $\boldsymbol{Q}_k$ 是半正定的且 $\boldsymbol{R}_k$ 是正定的，即 $\boldsymbol{Q}_k \geqslant 0$ 且 $\boldsymbol{R}_k > 0$ 。显然，如果 $\boldsymbol{Q}_k$ 不可逆，则总可以通过重新构造合适的噪声 $\boldsymbol{W}'_{k-1}$ 及噪声分配阵 $\boldsymbol{\Gamma}'_{k-1}$ ，使得 $\boldsymbol{\Gamma}'_{k-1}\boldsymbol{W}'_{k-1} = \boldsymbol{\Gamma}_{k-1}\boldsymbol{W}_{k-1}$ 和 $E[\boldsymbol{W}'_k\boldsymbol{W}'^{\mathrm{T}}_j] = \boldsymbol{Q}'_k\delta_{kj}$ ，并保证 $\boldsymbol{Q}'_k$ 是正定的。

2. 卡尔曼滤波基本方程组

卡尔曼滤波基本方程组如下。

(1) 滤波方程：

$$\boldsymbol{X}_k = \boldsymbol{X}_{k|k-1} + \boldsymbol{K}_k(\boldsymbol{Z}_k - \boldsymbol{H}_k\boldsymbol{\Phi}_{k,k-1}\hat{\boldsymbol{X}}_{k-1}) \tag{2-53}$$

(2) 预测方程：

$$\boldsymbol{X}_{k|k-1} = \boldsymbol{\Phi}_{k,k-1}\hat{\boldsymbol{X}}_{k-1} \tag{2-54}$$

(3) 预测误差方差矩阵方程：

$$\boldsymbol{P}_{k|k-1} = \boldsymbol{\Phi}_{k,k-1}\boldsymbol{P}_{k-1}\boldsymbol{\Phi}^{\mathrm{T}}_{k,k-1} + \boldsymbol{\Gamma}_{k-1}\boldsymbol{Q}_{k-1}\boldsymbol{\Gamma}^{\mathrm{T}}_{k-1} \tag{2-55}$$

(4) 增益方程：

形式一为

$$\boldsymbol{K}_k = \boldsymbol{P}_{k|k-1}\boldsymbol{H}^{\mathrm{T}}_k\left(\boldsymbol{H}_k\boldsymbol{P}_{k|k-1}\boldsymbol{H}^{\mathrm{T}}_k + \boldsymbol{R}_k\right)^{-1} \tag{2-56}$$

形式二为

$$\boldsymbol{K}_k = \boldsymbol{P}_k\boldsymbol{H}^{\mathrm{T}}_k\boldsymbol{R}^{-1}_k \tag{2-57}$$

(5) 估计误差方差矩阵方程：

形式一为

$$\boldsymbol{P}_k = \left(\boldsymbol{I} - \boldsymbol{K}_k\boldsymbol{H}_k\right)\boldsymbol{P}_{k|k-1}\left(\boldsymbol{I} - \boldsymbol{K}_k\boldsymbol{H}_k\right)^{\mathrm{T}} + \boldsymbol{K}_k\boldsymbol{R}_k\boldsymbol{K}^{\mathrm{T}}_k \tag{2-58}$$

形式二为

$$\boldsymbol{P}_k = \left(\boldsymbol{I} - \boldsymbol{K}_k\boldsymbol{H}_k\right)\boldsymbol{P}_{k|k-1} \tag{2-59}$$

式(2-53)～式(2-59)中， $\boldsymbol{X}_k$ 为最优滤波(最优估计)状态向量，它使用 k 时刻的量测值经过滤波得到同一时刻的状态向量的最优滤波值，是 n 维随机向量； $\boldsymbol{X}_{k|k-1}$ 为由 $\hat{\boldsymbol{X}}_{k-1}$ 用状态模型推算获得的 k 时刻的预测状态向量； $\boldsymbol{K}_k$ 为 $n \times m$ 维增益矩阵($m \leqslant n$)； $\boldsymbol{P}_{k|k-1}$ 为由 $k-1$ 时刻转移至 k 时刻的预测误差方差矩阵，为 $m \times n$ 维对称矩阵； $\boldsymbol{P}_k$ 为滤波误差方差矩阵(估计误差方差矩阵)； $\boldsymbol{I}$ 为 $n \times n$ 维单位矩阵。

两种形式的 $\boldsymbol{K}_k$ 与 $\boldsymbol{P}_k$ 可以互相推出，是等效的。形式一适合滤波运算，当完全不了解状态的初始统计特性时，可认为滤波误差为无穷大，即 $\boldsymbol{P}_0 = \infty \cdot \boldsymbol{I}$ ，这时方程组中的滤波增益矩阵 $\boldsymbol{K}_k$ 无法确定。形式二适合理论分析。

比较两种形式的估计误差方差矩阵方程可知：

$$\boldsymbol{P}_k = \left(\boldsymbol{I} - \boldsymbol{K}_k\boldsymbol{H}_k\right)\boldsymbol{P}_{k|k-1}$$

这一形式是两个矩阵之差，因为计算机存在截断误差，滤波过程中容易失去对称正定性。形式一的 $\boldsymbol{P}_k$ 式虽然冗长些，但它是两个对称正定矩阵之和，能保证正定对称性，且其不仅适用于最优滤波，也适用于次优滤波，因此滤波运算中通常采用 $\boldsymbol{P}_k$ 的形式一。卡尔曼滤波的解算过程分为两个计算循环。

3. 滤波方程的解算

滤波方程的解算完全由实时输入的量测向量 $\boldsymbol{Z}_k$ 控制，必须在线解算，通常按以下步骤进行。

(1) 计算当前状态的预测向量 $\hat{\boldsymbol{X}}_{k|k-1}$：

$$\hat{\boldsymbol{X}}_{k|k-1} = \boldsymbol{\Phi}_{k,k-1}\hat{\boldsymbol{X}}_{k-1} \tag{2-60}$$

式中，$\hat{\boldsymbol{X}}_{k-1}$ 为存储在计算机中的上一次的估计向量；$\boldsymbol{\Phi}_{k,k-1}$ 为 $k-1$ 至 k 时刻的状态转移矩阵。当构成状态转移矩阵的参数(如航向、航速和滤波周期)发生变化时，需重新计算。

(2) 求“新息” $\boldsymbol{\varepsilon}_k$。“新息” $\boldsymbol{\varepsilon}_k$ 反映当前量测带来的新信息：

$$\boldsymbol{\varepsilon}_k = \boldsymbol{Z}_k - \boldsymbol{H}_k\hat{\boldsymbol{X}}_{k|k-1} \tag{2-61}$$

式中，$\boldsymbol{Z}_k$ 为当前得到的量测向量；$\boldsymbol{H}_k\hat{\boldsymbol{X}}_{k|k-1}$ 为预测的量测向量。

(3) 求当前滤波向量：

$$\hat{\boldsymbol{X}}_k = \hat{\boldsymbol{X}}_{k|k-1} + \boldsymbol{K}_k\boldsymbol{\varepsilon}_k \tag{2-62}$$

该式表明 $\hat{\boldsymbol{X}}_k$ 是经过“预测＋修正”获得的。

(4) 将 $\hat{\boldsymbol{X}}_k$ 存入计算机，在 $k+1$ 时刻得到新的量测向量 $\boldsymbol{Z}_{k+1}$ 后，重复以上计算步骤时，用 $\hat{\boldsymbol{X}}_k$ 作为状态向量的初始向量。

从上面的计算步骤可以看出，卡尔曼滤波器以不断“预测+修正”的递推方式进行解算。在这里，预测和滤波的相互作用是很明显的，它们中的任何一个可由另一个得到。也就是说，由滤波向量可以得到预测状态向量：

$$\hat{\boldsymbol{X}}_{k|k-1} = \boldsymbol{\Phi}_{k,k-1}\hat{\boldsymbol{X}}_{k-1} \tag{2-63}$$

又由预测状态向量可以得到滤波向量：

$$\boldsymbol{X}_k = \boldsymbol{X}_{k|k-1} + \boldsymbol{K}_k(\boldsymbol{Z}_k - \boldsymbol{H}_k\hat{\boldsymbol{X}}_{k|k-1}) \tag{2-64}$$

由此可见，卡尔曼滤波器不必存储以前时刻的量测数据，从而使得计算机容量大大减小，这给实时计算机处理带来很大方便。

当然，还有一个初始状态的问题是当 $k=0$ 时，$\boldsymbol{X}_k = \hat{\boldsymbol{X}}_0$ 需要人为给定，如载体的位置、航向、速度等的初始值，可由载体运动规律获得状态向量的平均值，即

$$\hat{\boldsymbol{X}}_0 = E\{\boldsymbol{X}_0\} = \boldsymbol{m}_{X_0} \tag{2-65}$$

式中，$\boldsymbol{m}_{X_0}$ 为 $k=0$ 时状态 $\boldsymbol{X}_0$ 的均值。如果选择的初始状态误差大，那么非稳定周期会比较长，进入稳态就比较慢。当然，也可以用第一次量测值作为初始状态 $\boldsymbol{X}_0$。

4. 增益矩阵的计算

增益矩阵与实际量测向量 $\boldsymbol{Z}_k$ 无关，可以离线事先解算好，存储待用。可按以下步骤求解增益矩阵 $\boldsymbol{K}_k$。

(1) 根据上次的估计误差方差矩阵 $\boldsymbol{P}_{k-1}$ 和系统干扰方差矩阵 $\boldsymbol{Q}_{k-1}$，求解预测误差方差矩阵 $\boldsymbol{P}_{k|k-1}$：

$$\boldsymbol{P}_{k|k-1}=\boldsymbol{\Phi}_{k,k-1}\boldsymbol{P}_{k-1}\boldsymbol{\Phi}_{k,k-1}^{\mathrm{T}}+\boldsymbol{\Gamma}_{k-1}\boldsymbol{Q}_{k-1}\boldsymbol{\Gamma}_{k-1}^{\mathrm{T}} \tag{2-66}$$

(2) 将 $\boldsymbol{P}_{k|k-1}$ 和量测噪声方差矩阵 $\boldsymbol{R}_k$ 代入增益方程，求解增益矩阵 $\boldsymbol{K}_k$:

$$\boldsymbol{K}_k=\boldsymbol{P}_{k|k-1}\boldsymbol{H}_k^{\mathrm{T}}\left(\boldsymbol{H}_k\boldsymbol{P}_{k|k-1}\boldsymbol{H}_k^{\mathrm{T}}+\boldsymbol{R}_k\right)^{-1} \tag{2-67}$$

(3) 将 $\boldsymbol{K}_k$ 代入估计误差矩阵方程，求解估计误差方差矩阵 $\boldsymbol{P}_k$：

$$\boldsymbol{P}_k=\left(\boldsymbol{I}-\boldsymbol{K}_k\boldsymbol{H}_k\right)\boldsymbol{P}_{k|k-1}\left(\boldsymbol{I}-\boldsymbol{K}_k\boldsymbol{H}_k\right)^{\mathrm{T}}+\boldsymbol{K}_k\boldsymbol{R}_k\boldsymbol{K}_k^{\mathrm{T}} \tag{2-68}$$

将 $\boldsymbol{P}_k$ 存入计算机，在 $k+1$ 时刻利用它重复以上三步计算，如此一直递推下去。

计算预测误差方差矩阵 $\boldsymbol{P}_{k|k-1}$ 和估计误差方差矩阵 $\boldsymbol{P}_k$ 时，除为了求解增益矩阵 $\boldsymbol{K}_k$ 外，还可以根据它们的主对角线元素了解预测向量和估计向量各分量的精度情况。也就是说，这两个方差矩阵在一定条件下可以反映滤波器的精度性能。

在计算估计误差方差矩阵时，同样有一个初始方差矩阵的选择问题。当 $k=0$ 时，$\boldsymbol{P}_0$ 也需要人为给定，设 $k=0$ 时的状态为 $\boldsymbol{X}_0$，估计状态为 $\hat{\boldsymbol{X}}_0$，则估计误差为 $\tilde{\boldsymbol{X}}_0=\boldsymbol{X}_0-\hat{\boldsymbol{X}}_0=\boldsymbol{X}_0-\boldsymbol{m}_{X_0}$。

由方差定义可知，$k=0$ 时刻的滤波估计误差方差矩阵 $\boldsymbol{P}_0$ 为

$$\boldsymbol{P}_0=E\left(\tilde{\boldsymbol{X}}_0\tilde{\boldsymbol{X}}_0^{\mathrm{T}}\right)=E\left[\left(\boldsymbol{X}_0-\boldsymbol{m}_{X_0}\right)\left(\boldsymbol{X}_0-\boldsymbol{m}_{X_0}\right)^{\mathrm{T}}\right]=\boldsymbol{P}_{X_0}$$

该式说明，由于 $k=0$ 时刻的估计误差方差矩阵未进行量测，$\boldsymbol{P}_0$ 无法用卡尔曼滤波方程求解，但可以由通过其他手段得到的该时刻的状态估计误差方差矩阵 $\boldsymbol{P}_{X_0}$ 给出。

2.3.3 非线性卡尔曼滤波

1. 扩展卡尔曼滤波

卡尔曼滤波理论最初只适用于线性系统，Bucy 等提出并研究了适用于非线性领域的扩展卡尔曼滤波器，并首先应用于阿波罗计划的导航系统和 C-5A 飞机的多模式导航系统中，使其成为目前工程中应用最广泛的滤波器之一。扩展卡尔曼滤波(EKF)的基本思想是将非线性系统展开成泰勒级数，得到非线性系统的线性化模型，再利用卡尔曼滤波递推方程进行系统的状态估计。

常用的系统模型线性化方法有两种，分别是围绕标称值的线性化方法和围绕最优估计值的线性化方法。标称值是指状态方程没有噪声干扰时推算出来的理想状态向量值。此时状态方程所对应的状态轨迹称为标称轨迹，该轨迹上任意一点所对应的状态向量值都是标称值。用围绕最优估计值的线性化方法所得的模型进行的卡尔曼滤波称为扩展卡

尔曼滤波，相应的滤波器称为扩展卡尔曼滤波器。

1) 围绕最优估计值 $\hat{\boldsymbol{X}}_k$ 线性化

根据非线性最优估计问题的离散化随机非线性系统模型：

$$\left.\begin{aligned}\boldsymbol{X}_{k+1}&=f\left(\boldsymbol{X}_k,k\right)+\boldsymbol{\Gamma}_k\boldsymbol{W}_k\\\boldsymbol{Z}_{k+1}&=h\left(\boldsymbol{X}_{k+1},k+1\right)+\boldsymbol{V}_{k+1}\end{aligned}\right\}\tag{2-69}$$

可得系统的最优估值状态方程和量测方程为

$$\left.\begin{aligned}\hat{\boldsymbol{X}}_{k+1}&=f\left(\hat{\boldsymbol{X}}_k,k\right)\\\hat{\boldsymbol{Z}}_{k+1}&=h\left(\hat{\boldsymbol{X}}_{k+1},k+1\right)\end{aligned}\right\}\tag{2-70}$$

式中，$f(\hat{\boldsymbol{X}}_k,k)$ 的含义是 $k+1$ 时刻的状态预测值，既是时间 t (即 k)的非线性函数，又是 k 时刻状态最优估值 $\hat{\boldsymbol{X}}_k$ 的非线性函数；$h(\hat{\boldsymbol{X}}_{k+1},k+1)$ 的含义也是类同的。

令系统标称状态与最优估值之间的偏差为

$$\left.\begin{aligned}\delta\boldsymbol{X}_{k+1}&=\boldsymbol{X}_{k+1}-\hat{\boldsymbol{X}}_{k+1}\\\delta\boldsymbol{Z}_{k+1}&=\boldsymbol{Z}_{k+1}-\hat{\boldsymbol{Z}}_{k+1}\end{aligned}\right\}\tag{2-71}$$

将状态方程和量测方程在估值附近进行一阶泰勒级数展开，有

$$\boldsymbol{X}_{k+1}=f\left(\hat{\boldsymbol{X}}_k,k\right)+\left.\frac{\partial f\left(\boldsymbol{X}_k,k\right)}{\partial\boldsymbol{X}_k^{\mathrm{T}}}\right|_{\boldsymbol{X}_k=\hat{\boldsymbol{X}}_k}\cdot\delta\boldsymbol{X}_k+\boldsymbol{\Gamma}_k\boldsymbol{W}_k\tag{2-72}$$

$$\boldsymbol{Z}_{k+1}=h\left(\hat{\boldsymbol{X}}_{k+1},k+1\right)+\left.\frac{\partial h\left(\boldsymbol{X}_{k+1},k+1\right)}{\partial\boldsymbol{X}_{k+1}^{\mathrm{T}}}\right|_{\boldsymbol{X}_{k+1}=\hat{\boldsymbol{X}}_{k+1}}\cdot\delta\boldsymbol{X}_{k+1}+\boldsymbol{V}_{k+1}\tag{2-73}$$

$$\delta\boldsymbol{X}_{k+1}=\left.\frac{\partial f\left(\boldsymbol{X}_k,k\right)}{\partial\boldsymbol{X}_k^{\mathrm{T}}}\right|_{\boldsymbol{X}_{k+1}=\hat{\boldsymbol{X}}_{k+1}}\cdot\delta\boldsymbol{X}_k+\boldsymbol{\Gamma}_k\boldsymbol{W}_k\tag{2-74}$$

将式(2-73)和式(2-74)分别代入式(2-72)，得

$$\delta\boldsymbol{Z}_{k+1}=\left.\frac{\partial h\left(\boldsymbol{X}_{k+1},k+1\right)}{\partial\boldsymbol{X}_{k+1}^{\mathrm{T}}}\right|_{\boldsymbol{X}_{k+1}=\hat{\boldsymbol{X}}_{k+1}}\cdot\delta\boldsymbol{X}_{k+1}+\boldsymbol{V}_{k+1}\tag{2-75}$$

式中，$\boldsymbol{X}_k$ 为 n 维状态向量；$f(\boldsymbol{X}_k,k)$ 为 n 维状态向量的函数；$\partial f\left(\boldsymbol{X}_k,k\right)/\partial\boldsymbol{X}_k^{\mathrm{T}}$ 为偏导数，结果为 $n\times n$ 维矩阵，用符号 $\boldsymbol{\Phi}_{k+1,k}$ 表示；同理 $\partial h\left(\boldsymbol{X}_{k+1},k+1\right)/\partial\boldsymbol{X}_{k+1}^{\mathrm{T}}$ 可用 $\boldsymbol{H}_{k+1}$ 表示。式(2-74)和式(2-75)可简写为标准差分方程表达式：

$$\left.\begin{aligned}\delta\boldsymbol{X}_{k+1}&=\boldsymbol{\Phi}_{k+1,k}\delta\boldsymbol{X}_k+\boldsymbol{\Gamma}_k\boldsymbol{W}_k\\\delta\boldsymbol{Z}_{k+1}&=\boldsymbol{H}_{k+1}\delta\boldsymbol{X}_{k+1}+\boldsymbol{V}_{k+1}\end{aligned}\right\}\tag{2-76}$$

由此建立了非线性系统误差状态的线性方程，仿照卡尔曼滤波基本方程，即可推导出误差状态 $\delta\boldsymbol{X}_{k+1}$ 的卡尔曼滤波方程为

$$\left.\begin{aligned}&\delta\hat{\boldsymbol{X}}_{k+1|k}=\boldsymbol{\Phi}_{k+1,k}\delta\hat{\boldsymbol{X}}_{k}\\&\delta\hat{\boldsymbol{X}}_{k+1}=\delta\hat{\boldsymbol{X}}_{k+1k}+\boldsymbol{K}_{k+1}\left(\delta\boldsymbol{Z}_{k+1}-\boldsymbol{H}_{k+1}\delta\hat{\boldsymbol{X}}_{k+1|k}\right)\\&\boldsymbol{K}_{k+1}=\boldsymbol{P}_{k+1|k}\boldsymbol{H}_{k+1}^{\mathrm{T}}\left(\boldsymbol{H}_{k+1}\boldsymbol{P}_{k+1|k}\boldsymbol{H}_{k+1}^{\mathrm{T}}+\boldsymbol{R}_{k+1}\right)^{-1}\\&\boldsymbol{P}_{k+1|k}=\boldsymbol{\Phi}_{k+1,k}\boldsymbol{P}_{k}\boldsymbol{\Phi}_{k+1,k}^{\mathrm{T}}+\boldsymbol{\Gamma}_{k}\boldsymbol{Q}_{k}\boldsymbol{\Gamma}_{k}^{\mathrm{T}}\\&\boldsymbol{P}_{k+1}=\left(\boldsymbol{I}-\boldsymbol{K}_{k+1}\boldsymbol{H}_{k+1}\right)\boldsymbol{P}_{k+1}\left(\boldsymbol{I}-\boldsymbol{K}_{k+1}\boldsymbol{H}_{k+1}\right)^{\mathrm{T}}+\boldsymbol{K}_{k+1}\boldsymbol{R}_{k+1}\boldsymbol{K}_{k+1}^{\mathrm{T}}\end{aligned}\right\}\tag{2-77}$$

但是，由于每次递推计算下一时刻的状态最优估计值和标称状态值时，其初始值均采用状态最优估计的初始值，所以初始时刻的状态偏差最优估计恒等于零，即 $\delta\boldsymbol{X}_{k+1}=0$，因此，预测值也等于零。对应扩展卡尔曼滤波方程为

$$\left.\begin{aligned}&\hat{\boldsymbol{X}}_{k+1|k}=\hat{\boldsymbol{X}}_{k+1}=f\left(\hat{\boldsymbol{X}}_{k},k\right)+\boldsymbol{\Gamma}_{k}\boldsymbol{W}_{k}\\&\hat{\boldsymbol{X}}_{k+1}=\hat{\boldsymbol{X}}_{k+1|k}+\boldsymbol{K}_{k+1}\left(\boldsymbol{Z}_{k+1}-h\left(\hat{\boldsymbol{X}}_{k+1|k},k+1\right)\right)\\&\boldsymbol{K}_{k+1}=\boldsymbol{P}_{k+1|k}\boldsymbol{H}_{k+1}^{\mathrm{T}}\left(\boldsymbol{H}_{k+1}\boldsymbol{P}_{k+1|k}\boldsymbol{H}_{k+1}^{\mathrm{T}}+\boldsymbol{R}_{k+1}\right)^{-1}\\&\boldsymbol{P}_{k+1k}=\boldsymbol{\Phi}_{k+1,k}\boldsymbol{P}_{k}\boldsymbol{\Phi}_{k+1,k}^{\mathrm{T}}+\boldsymbol{\Gamma}_{k}\boldsymbol{Q}_{k}\boldsymbol{\Gamma}_{k}^{\mathrm{T}}\\&\boldsymbol{P}_{k+1}=\left(\boldsymbol{I}-\boldsymbol{K}_{k+1}\boldsymbol{H}_{k+1}\right)\boldsymbol{P}_{k+1|k}\left(\boldsymbol{I}-\boldsymbol{K}_{k+1}\boldsymbol{H}_{k+1}\right)^{\mathrm{T}}+\boldsymbol{K}_{k+1}\boldsymbol{R}_{k+1}\boldsymbol{K}_{k+1}^{\mathrm{T}}\end{aligned}\right\}\tag{2-78}$$

2) EKF 特性分析

EKF 虽然保留了卡尔曼滤波(KF)的高效计算迭代形式，但也存在许多问题：当线性近似能较好逼近误差传播特性时，递推中只容许较小的误差存在，否则非线性误差将导致一阶近似出现偏差以及协方差更新的不连续性，使得滤波器性能下降，甚至引起滤波发散；描述系统状态和观测方程导数的 Jacobian 矩阵(式中的 $\boldsymbol{\Phi}$ 、$\boldsymbol{H}$ 阵)必须存在，否则运算很难执行，不过实际系统未必满足此要求；Jacobian 矩阵多为人工推导得到，用户使用时必须证实矩阵的准确性和正确性，而且转化为程序代码时非常容易出现编码输入错误等人为故障，导致计算失效，引起诸多不便。

EKF 对 Jacobian 矩阵必须存在的要求限制了其在非连续可微系统中的使用，而被估计状态仍然采用高斯分布的近似，则使其对于非高斯系统无能为力。

2. 无迹卡尔曼滤波

1) 基本原理

无迹滤波(unscented filtering，UF)是一种典型的非线性变换估计方法。在施加非线性变换之后，仍采用标准卡尔曼滤波，因此也称为无迹卡尔曼滤波(unscented Kalman filtering，UKF)。UKF 和 EKF 都将被估变量假设为高斯随机变量，二者的基本区别在于系统动力学递推高斯随机变量的方式不一样。EKF 通过非线性系统的一阶线性化方程解析递推，本着“对高斯分布的近似比对非线性函数的近似更简单”的思想，Julier 提出利用采样点递推高斯随机变量的设想，是 UKF 的 Unscented 变换(unscented transformation，UT)的核心所在，通过一种非线性变换(U 变换(Unscented 变换))来进行非线性模型的状态与误差协方差的递推和更新。

与 EKF 不同，UKF 不是对非线性模型做近似，而是对状态的概率密度函数做近似。首先选择有限个近似高斯分布离散点(称为 Sigma 点，用σ表示)，它们的均值为$\bar{x}$，方差为P_x。对每个σ点施以非线性变换(经过非线性系统的状态方程和量测方程传播后)，得到一簇变换后的点，将它们的均值和方差经过加权处理，可求出非线性系统状态估值的均值和协方差。

2) 算法流程

考虑非线性离散时间系统的状态方程和量测方程分别为

$$\boldsymbol{X}_{k+1}=\boldsymbol{F}\left(\boldsymbol{X}_k,\boldsymbol{U}_k,\boldsymbol{W}_k\right) \tag{2-79}$$

$$\boldsymbol{Y}_k=\boldsymbol{H}\left(\boldsymbol{X}_k,\boldsymbol{V}_k\right) \tag{2-80}$$

式中，$\boldsymbol{X}_k$为状态量；$\boldsymbol{U}_k$为控制量；$\boldsymbol{Y}_k$为观测量；$\boldsymbol{W}_k$为系统噪声；$\boldsymbol{V}_k$为量测噪声。假设状态模型$\boldsymbol{F}$和量测模型$\boldsymbol{H}$是已知的。

假设n维状态量$\boldsymbol{X}$的均值为$\bar{\boldsymbol{X}}$，方差阵为$\boldsymbol{P}_X$。UKF 方法的$2n+1$个 Sigma 点可以计算如下：

$$\left.\begin{aligned}&\boldsymbol{\chi}_0=\bar{\boldsymbol{X}}\\&\boldsymbol{\chi}_i=\bar{\boldsymbol{X}}+\left(\sqrt{(n+\lambda)\boldsymbol{P}_X}\right)_i,\quad i=1,2,\cdots,n\\&\boldsymbol{\chi}_i=\bar{\boldsymbol{X}}-\left(\sqrt{(n+\lambda)\boldsymbol{P}_X}\right)_{i-L},\quad i=n+1,n+2,\cdots,2n\end{aligned}\right\} \tag{2-81}$$

式中，比例因子$\lambda=\alpha^2(n+\kappa)-n$。常量$\alpha$决定 Sigma 点沿均值$\bar{\boldsymbol{X}}$的分布，通常取为一小正数(如$10^{-4}\leqslant\alpha\leqslant1$)。常量$\kappa$为另一个比例因子，通常在参数估计时取为$3-n$，状态估计时设为 0。对高斯分布，比例因子最优值为 2。$\left(\sqrt{(n+\lambda)\boldsymbol{P}_X}\right)_i$为$(n+\lambda)\boldsymbol{P}_X$的平方根矩阵的第$i$列(如通过下三角 Cholesky 分解求得)。

完整的 UKF 算法可以归纳如下。

已知初始条件：

$$\left.\begin{aligned}&\hat{\boldsymbol{X}}_0=E\left[\boldsymbol{X}_0\right]\\&\boldsymbol{P}_0=E\left[\left(\boldsymbol{X}_0-\hat{\boldsymbol{X}}_0\right)\left(\boldsymbol{X}_0-\hat{\boldsymbol{X}}_0\right)^{\mathrm{T}}\right]\end{aligned}\right\} \tag{2-82}$$

对于所有的$k\in\{1,2,\cdots,\infty\}$，计算 Sigma 点：

$$\left.\begin{aligned}&\boldsymbol{\chi}_{k-1}=\left[\hat{\boldsymbol{X}}_{k-1}\quad \hat{\boldsymbol{X}}_{k-1}+\gamma\sqrt{\boldsymbol{P}_{k-1}}\quad \hat{\boldsymbol{X}}_{k-1}-\gamma\sqrt{\boldsymbol{P}_{k-1}}\right]^{\mathrm{T}}\\&\gamma=\sqrt{n+\lambda}\end{aligned}\right\} \tag{2-83}$$

时间更新方程：

$$\boldsymbol{\chi}^*_{k|k-1}=\boldsymbol{F}\left(\boldsymbol{\chi}_{k-1},\boldsymbol{U}_{k-1}\right) \tag{2-84}$$

$$\hat{\boldsymbol{X}}_k=\sum_{i=0}^{2n}W_i^{(m)}\boldsymbol{\chi}^*_{i,k|k-1} \tag{2-85}$$

$$\boldsymbol{P}_{\bar{k}} = \sum_{i=0}^{2n} W_i^{(c)} \left(\boldsymbol{\chi}_{ik|k-1}^{*} - \hat{\boldsymbol{X}}_{\bar{k}} \right) \left(\boldsymbol{\chi}_{ik|k-1}^{*} - \hat{\boldsymbol{X}}_{\bar{K}} \right)^{\mathrm{T}} + \boldsymbol{R}^{W} \tag{2-86}$$

计算增广 Sigma 点：

$$\boldsymbol{\chi}_{k|k-1} = \left[\boldsymbol{\chi}_{0k|k-1}^{*} \quad \boldsymbol{\chi}_{0k|k-1}^{*} + \gamma\sqrt{\boldsymbol{R}^{W}} \quad \boldsymbol{\chi}_{0k|k-1}^{*} + \gamma\sqrt{\boldsymbol{R}^{W}} \right]^{\mathrm{T}} \tag{2-87}$$

$$\boldsymbol{\gamma}_{k|k-1} = \boldsymbol{H}\left(\boldsymbol{\chi}_{k|k-1} \right) \tag{2-88}$$

$$\hat{\boldsymbol{Y}}_{\bar{k}} = \sum_{i=0}^{2n} W_i^{(m)} \boldsymbol{\gamma}_{ik|k-1} \tag{2-89}$$

量测更新方程：

$$\boldsymbol{P}_{\tilde{\boldsymbol{Y}}_k \tilde{\boldsymbol{Y}}_k} = \sum_{i=0}^{2n} W_i^{(c)} \left(\boldsymbol{\gamma}_{ik|k-1} - \hat{\boldsymbol{Y}}_{\bar{k}} \right) \left(\boldsymbol{\gamma}_{ik|k-1} - \hat{\boldsymbol{Y}}_{\bar{k}} \right)^{\mathrm{T}} + \boldsymbol{R}^{V} \tag{2-90}$$

$$\boldsymbol{P}_{\boldsymbol{X}_k \boldsymbol{Y}_k} = \sum_{i=0}^{2n} W_i^{(c)} \left(\boldsymbol{X}_{ik|k-1} - \boldsymbol{X}_{\bar{k}} \right) \left(\boldsymbol{\gamma}_{ik|k-1} - \boldsymbol{Y}_{\bar{k}} \right)^{\mathrm{T}} \tag{2-91}$$

$$\boldsymbol{K}_k = \boldsymbol{P}_{\boldsymbol{X}_k \boldsymbol{Y}_k} \boldsymbol{P}_{\tilde{\boldsymbol{Y}}_k \tilde{\boldsymbol{Y}}_k}^{-1} \tag{2-92}$$

$$\hat{\boldsymbol{X}}_k = \hat{\boldsymbol{X}}_{\bar{k}} + \boldsymbol{K}_k \left(\boldsymbol{Y}_k - \hat{\boldsymbol{Y}}_{\bar{k}} \right) \tag{2-93}$$

$$\boldsymbol{P}_k = \boldsymbol{P}_{\bar{k}} - \boldsymbol{K}_k \boldsymbol{P}_{\tilde{\boldsymbol{Y}}_k \tilde{r}_k} \boldsymbol{K}_k^{\mathrm{T}} \tag{2-94}$$

重复上述计算过程直到结果收敛。

式(2-87)和式(2-90)中，$\boldsymbol{R}^{W}$ 为系统噪声方差阵；$\boldsymbol{R}^{V}$ 为量测噪声方差阵。权重 $\boldsymbol{W}_i$ 可按式(2-95)计算：

$$\left.\begin{aligned} & W_0^{(m)} = \frac{\lambda}{n+\lambda} \\ & W_0^{(c)} = \frac{\lambda}{n+\lambda} + 1 - \alpha^2 + \beta \\ & W_i^{(m)} = W_i^{(c)} = \frac{1}{2(n+\lambda)}, \quad i = 1,2,\cdots,2n \end{aligned}\right\} \tag{2-95}$$

3) 特性分析

在 UKF 算法中，通过使用一个精心选定的采样点(Sigma 点)集近似高斯随机变量的真实均值和方差，利用均值和协方差表示概率密度函数，实现对状态变量先验分布的模拟。将这些点施以 Unscented 变换，得到一簇变换后的点，对应的均值和方差经过加权处理，逼近系统状态估值的后验均值和方差。

在实际应用中，同 EKF 相比，UKF 具有无须对非线性系统线性化，无须计算 Jacobian 矩阵或者 Hessians 矩阵；和 EKF 方法相同的算法结构，计算量同 EKF 相当；任何 Sigma 点集都可以使变换后的均值和协方差达到二阶精确；算法可近似非连续估计；对于线性系统，UKF 和 EKF 具有同样的估计性能，而对于非线性系统，UT 对后验均值和方差的逼近精度高于线性化方法，UKF 比 EKF 的估计效果更好等特点。

UKF 从表面上看似乎与后面介绍的粒子滤波同属 Monte-Carlo 方法，但二者有区别。首先，Sigma 点不是随机抽取的，它有确定的含义(有给定的均值和方差)，因此状态变量的一阶矩才能被这些数量有限的 Sigma 点俘获；其次，Sigma 点的加权方式与粒子滤波中样本点的分配方式不一样，它不是通常意义上的加权，而是一种“广义”加权，其权系数不一定都为正，不一定分布在[0，1]区间。因此虽然 U 变换也需要采样，但不能将其理解为通常的抽样统计。近年来，UKF 在航天测控、航天器和航空器导航领域得到了广泛应用。

2.4 最优控制理论基础

最优控制是现代控制理论的核心，最优控制研究的主要问题是根据已建立的被控对象的数学模型，选择一个容许的控制率，使得被控对象按预定要求进行，并使给定的某一性能指标达到极小值(或极大值)。从数学观点来看，最优控制研究的问题是求解一类带有约束条件的泛函极值问题，属于变分法的范畴。例如，1969 年美国“阿波罗 11 号”实现了人类历史上的首次载人登月飞行，任务要求登月舱在月球表面实现软着陆，即登月舱到达月球表面的速度为零，并在登月过程中，选择登月舱发动机推力的最优控制律，使燃料消耗最少，以便宇航员完成月球考察任务后，登月舱有足够的燃料离开月球与母船会合，从而安全返回地球。由于登月舱发动机的最大推力是有限的，因而这是一个控制有闭集约束的最小燃耗控制问题[3]。

2.4.1 最优控制问题

任何一个最优控制问题，归纳起来均应包括如下方面内容。

1. 系统数学模型

被控系统的数学模型通常用定义在$\left[t_0,t_\mathrm{f}\right]$上的状态方程来表示，其矢量式为

$$\dot{\boldsymbol{x}}(t)=\boldsymbol{f}[\boldsymbol{x}(t),\boldsymbol{u}(t),t],\quad \boldsymbol{x}\left(t_0\right)=\boldsymbol{x}_0 \tag{2-96}$$

式中，$\boldsymbol{x}(t)\in\boldsymbol{R}^n$为状态向量；$\boldsymbol{u}(t)\in\boldsymbol{R}^m$为控制向量，且在$\left[t_0,t_\mathrm{f}\right]$上分段连续；$\boldsymbol{f}[\cdot]\in\boldsymbol{R}^n$为连续向量函数，且对$\boldsymbol{x}(t)$和$t$连续可微。

2. 边界条件与目标集

动态系统的运动方程是系统从状态空间的一个状态到另一个状态的转移，其运动轨迹在状态空间中形成轨迹$\boldsymbol{x}(t)$。为了确定要求的轨迹$\boldsymbol{x}(t)$，需要确定轨线的两点边界值。因此，要求确定初态$\boldsymbol{x}(t_0)$和末态$\boldsymbol{x}(t_\mathrm{f})$，这是求解状态方程(2-96)必须的边界条件。

在最优控制问题中，初始时刻t_0和初始状态$\boldsymbol{x}(t_0)$通常是已知的，但是末端时刻t_f和末端状态$\boldsymbol{x}(t_\mathrm{f})$则视具体控制问题而异。一般说来，末端时刻$t_\mathrm{f}$可以固定，也可以自由；末端状态$\boldsymbol{x}(t_\mathrm{f})$可以固定，也可以自由，或者部分固定、部分自由。对于t_f和$\boldsymbol{x}(t_\mathrm{f})$的要

求，通常用如下目标集加以概括，即

$$\psi=\left[\boldsymbol{x}(t_{\mathrm{f}}),t_{\mathrm{f}}\right]=0 \tag{2-97}$$

式中，$\psi[\cdot]\in\boldsymbol{R}^r$ 为连续可微向量函数，$r\leqslant n$。

3. 容许控制

在属于闭集的控制中，控制向量 $\boldsymbol{u}(t)$ 的取值范围称为控制域，以 $\boldsymbol{\Omega}$ 标志。由于 $\boldsymbol{u}(t)$ 可以在 $\boldsymbol{\Omega}$ 的边界上取值，故凡属集合 $\boldsymbol{\Omega}$ 且分段连续的控制向量，称为容许控制，以 $\boldsymbol{u}(t)\in\boldsymbol{\Omega}$ 标志。

4. 性能指标

性能指标是衡量系统在不同控制向量作用下工作优良度的标准。在状态空间中，可以采用不同的控制向量函数(性能指标)实现使系统由已知初态到要求的末态(或目标集)的转移。性能指标的内容与形式取决于最优控制问题所要完成的任务。不同的最优控制问题，有不同的性能指标，其一般形式可以归纳为

$$J=\varphi\left[\boldsymbol{x}(t_{\mathrm{f}}),t_{\mathrm{f}}\right]+\int_{t_0}^{t_{\mathrm{f}}}L[\boldsymbol{x}(t),\boldsymbol{u}(t),t]\mathrm{d}t \tag{2-98}$$

式中，$\varphi[\cdot]$ 和 $L[\cdot]$ 为连续可微的标量函数。式(2-98)中的 $\varphi\left[\boldsymbol{x}(t_{\mathrm{f}}),t_{\mathrm{f}}\right]$ 称为末值项，$\int_{t_0}^{t_{\mathrm{f}}}L[\boldsymbol{x}(t),\boldsymbol{u}(t),t]\mathrm{d}t$ 称为过程项，两者均有具体的物理含义。

根据最优控制问题的基本组成，可以概括最优控制问题的一般提法为在满足系统方程(2-96)的约束条件下，在容许控制域 $\boldsymbol{\Omega}$ 中确定一个最优控制律 $\boldsymbol{u}^*(t)$，使系统状态 $\boldsymbol{x}(t)$ 从已知初态 $\boldsymbol{x}_0$ 转移到要求的目标集(2-97)，并使性能指标(2-98)达到极值。通常，最优控制问题可用下列泛函形式表示

$$\begin{aligned}
&\min_{\boldsymbol{u}(t)\in\boldsymbol{\Omega}} J=\varphi\left[\boldsymbol{x}(t_{\mathrm{f}}),t_{\mathrm{f}}\right]+\int_{t_0}^{t_{\mathrm{f}}}L[\boldsymbol{x}(t),\boldsymbol{u}(t),t]\mathrm{d}t\\
&\text{s.t.}\quad \dot{\boldsymbol{x}}(t)=f[\boldsymbol{x}(t),\boldsymbol{u}(t),t],\quad \boldsymbol{x}(t_0)=\boldsymbol{x}_0\\
&\qquad\qquad \psi\left[\boldsymbol{x}(t_{\mathrm{f}}),t_{\mathrm{f}}\right]=0
\end{aligned}$$

例如，在真空中飞行的运载火箭，其任务是将一定质量的卫星或航天飞行器推进到预定的入轨高度和飞行速度，并在飞行过程中选择发动机推力和飞行程序角为最优控制规律，使推进剂消耗最少，因而这也是一个控制变量有约束、入轨点有约束的最优控制问题。若运载火箭的水平速度为 $u(t)$，垂直速度为 $v(t)$，飞行高度为 $h(t)$，沿地球表面的航程为 $l(t)$，角为 $\varphi(t)$，发动机推力为 $P(t)$，地心到运载火箭质心的距离为 $r(t)$，地球平均半径为 R，地球重力加速度 $g=g_0R^2/r^2$，发动机比冲为 I_{sp}，则在曲面坐标系内建立的火箭质心运动方程为

$$\begin{cases} \dfrac{\mathrm{d}u}{\mathrm{d}t} = \dfrac{P}{m}\cos\varphi - \dfrac{uv}{r} \\ \dfrac{\mathrm{d}v}{\mathrm{d}t} = \dfrac{P}{m}\sin\varphi - g + \dfrac{u^2}{r} \\ \dfrac{\mathrm{d}l}{\mathrm{d}t} = u\dfrac{R}{r} \\ \dfrac{\mathrm{d}h}{\mathrm{d}t} = v \\ \dfrac{\mathrm{d}m}{\mathrm{d}t} = -\dfrac{P}{I_{sp}} \end{cases}$$

边界条件:

初始条件(当 $t = t_0$ 时) $h(t_0) = h_0, u(t_0) = u_0, v(t_0) = v_0, l(t_0) = l_0, m(t_0) = m_0$;

末端条件(当 $t = t_f$ 时) $h(t_f) = h_f$，轨道周期 $T = T^*$。

控制约束俯仰角 φ 和发动机推力 P 是控制函数，且不能超过极限值，其控制区域为

$$0 \leqslant P(t) \leqslant P_{max}$$

$$\varphi(t) \leqslant \varphi_{max}$$

性能指标寻求 $\varphi(t)$ 和 $P(t)$ 使运载火箭进入预定轨道的运载能力最大，即推进剂消耗最小，其性能指标函数为 $J = m(t_f)$。

2.4.2 最优控制的应用类型

最优控制在航天、航空及工业过程控制等许多领域得到了广泛应用，因而难以详尽归纳最优控制在工程实践中的应用类型。由于最优控制的应用类型与性能指标的形式密切相关，因而可按性能指标的数学形式进行区分。性能指标按其数学形式有如下三类[3]。

1. 积分型性能指标

数学描述为

$$J = \int_{t_0}^{t_f} L[\boldsymbol{x}(t), \boldsymbol{u}(t), t]\mathrm{d}t \tag{2-99}$$

积分型性能指标表示在整个控制过程中，系统的状态及控制应该满足的要求。采用积分型性能指标的最优控制系统，又可分为最小时间控制、最少燃料消耗控制和最少能量控制应用类型。

(1) 最小时间控制:

$$J = \int_{t_0}^{t_f} \mathrm{d}t = t_f - t_0 \tag{2-100}$$

最小时间控制是最优控制中常见的应用类型之一。它表示要求设计一个快速控制律，使系统在最短时间内由已知初态 $\boldsymbol{x}(t_0)$ 转移到要求的末态 $\boldsymbol{x}(t_f)$。例如，导弹拦截器的轨道转移就属于此类问题。

(2) 最少燃料消耗控制：

$$J=\int_{t_0}^{t_j}\sum_{j=1}^{m}\left|u_j(t)\right|\mathrm{d}t \tag{2-101}$$

式中，$\sum_{j=1}^{m}\left|u_j(t)\right|$ 表示燃料消耗。这是航天工程中常遇到的重要问题之一。由于航天器所能携带的燃料有限，希望航天器在轨道转移时消耗的燃料尽可能地少。登月舱软着陆控制和弹道导弹最佳弹道倾角控制等问题都属于此类问题。

(3) 最少能量控制：

$$J=\int_{t_0}^{t_\mathrm{f}}\boldsymbol{u}^\mathrm{T}(t)\boldsymbol{u}(t)\mathrm{d}t \tag{2-102}$$

对于一个能量有限的物理系统，如通信卫星上的太阳能电池，为了使系统在有限的能源条件下保证正常工作，就需要对控制过程中消耗的能量进行约束。显然，式(2-102)中的 $\boldsymbol{u}^\mathrm{T}(t)\boldsymbol{u}(t)$ 表示与消耗的功率成正比的控制能量。

2. 末值型性能指标

数学描述为

$$J=\varphi\left[\boldsymbol{x}\left(t_\mathrm{f}\right),t_\mathrm{f}\right] \tag{2-103}$$

式中，末端时刻 t_f 可以固定，也可以自由。末值型性能指标只表示在控制过程结束后，对系统末态 $\boldsymbol{x}\left(t_\mathrm{f}\right)$ 的要求，如要求导弹的脱靶量最小等，而对控制过程中的系统状态和控制不作任何要求。

3. 复合型性能指标

性能指标的数学描述如式(2-98)所示，性能指标是最一般的性能指标形式，表示对整个控制过程和末端状态都有要求。采用复合型性能指标的最优控制系统，主要有以下两种应用类型。

(1) 状态调节器：

$$J=\frac{1}{2}\boldsymbol{x}^\mathrm{T}\left(t_\mathrm{f}\right)\boldsymbol{F}\boldsymbol{x}\left(t_\mathrm{f}\right)+\frac{1}{2}\int_{t_0}^{t_\mathrm{f}}\left[\boldsymbol{x}^\mathrm{T}(t)\boldsymbol{Q}\boldsymbol{x}(t)+\boldsymbol{u}^\mathrm{T}(t)\boldsymbol{R}\boldsymbol{u}(t)\right]\mathrm{d}t \tag{2-104}$$

式中，$\boldsymbol{F}=\boldsymbol{F}^\mathrm{T}\geqslant 0$、$\boldsymbol{Q}=\boldsymbol{Q}^\mathrm{T}\geqslant 0$ 和 $\boldsymbol{R}=\boldsymbol{R}^\mathrm{T}\geqslant 0$ 为加权矩阵。为了便于设计，加权矩阵 $\boldsymbol{F}$、$\boldsymbol{Q}$ 和 $\boldsymbol{R}$ 通常取为对角阵。性能指标式(2-104)表示对于运行在某一平稳状态的线性控制系统，在系统受扰动偏离原平衡状态时，控制律 $\boldsymbol{u}^*(t)$ 使系统恢复到原平衡状态附近时所要求的性能。其中，$\boldsymbol{x}^\mathrm{T}(t)\boldsymbol{Q}\boldsymbol{x}(t)$ 表示控制过程中的状态偏差，$\boldsymbol{u}^\mathrm{T}(t)\boldsymbol{R}\boldsymbol{u}(t)$ 表示控制过程中消耗的控制能量，$\boldsymbol{x}^\mathrm{T}\left(t_\mathrm{f}\right)\boldsymbol{F}\boldsymbol{x}\left(t_\mathrm{f}\right)$ 表示控制过程结束时的末态偏差，$1/2$ 是为了便于进行二次型函数运算而加入的标量因子。采用式(2-104)作为性能指标的线性控制系统有许多种，如导弹的横滚控制回路就属于状态调节器范畴。

(2) 输出跟踪系统：

$$J=\frac{1}{2}\boldsymbol{e}^{\mathrm{T}}\left(t_{\mathrm{f}}\right)\boldsymbol{F}\boldsymbol{e}\left(t_{\mathrm{f}}\right)+\frac{1}{2}\int_{t_0}^{t_{\mathrm{f}}}\left[\boldsymbol{e}^{\mathrm{T}}(t)\boldsymbol{Q}\boldsymbol{e}(t)+\boldsymbol{u}^{\mathrm{T}}(t)\boldsymbol{R}\boldsymbol{u}(t)\right]\mathrm{d}t \tag{2-105}$$

式中，$\boldsymbol{e}(t)=\boldsymbol{z}(t)-\boldsymbol{y}(t)$ 为跟踪误差，$\boldsymbol{z}(t)$ 为理想输出向量，与实际输出向量 $\boldsymbol{y}(t)$ 同维；加权矩阵 $\boldsymbol{F}$ 、$\boldsymbol{Q}$ 和 $\boldsymbol{R}$ 的要求同式(2-104)。式(2-105)中各组成部分的物理意义与性能指标式(2-104)类似。许多实际控制系统，如飞机、导弹及航天器的指令信号跟踪、模型跟踪控制系统中的状态或输出跟踪等，均采用式(2-105)形式的性能指标。

2.4.3 最优控制的研究方法

当系统数学模型、约束条件及性能指标确定后，求解最优控制问题的主要方法有以下两类[3]。

1. 解析法

解析法适用于性能指标及约束条件有明显解析表达式的情况。一般先用求导方法或变分法求出最优控制的必要条件，得到一组方程或不等式，然后求解这组方程或不等式，得到最优控制的解析解。解析法大致又可分成两类，当控制无约束时，采用经典微分法或经典变分法；当控制有约束时，采用极小值原理或动态规划。如果系统是线性的，性能指标是二次型形式的，则可采用调节器理论求解。

2. 数值计算法

若性能指标比较复杂，或无法用变量显函数表示，则可以采用数值计算法(如直接搜索法)，经过若干次迭代，搜索到最优点。

2.4.4 最优控制中的变分法

当系统的数学模型由向量微分方程来描述，性能指标由泛函来表示时，确定控制无约束时的最优解问题，就成为在微分方程约束下求泛函的条件极值问题，其数学基础为经典变分理论。

1. 泛函与变分

泛函可以理解为“函数的函数”，它是一个标量，其值由函数的选取而定。在最优控制问题中，如果取如下形式的积分型性能指标：

$$J=\int_{t_0}^{t_{\mathrm{f}}}L\left[\boldsymbol{x}(t),\dot{\boldsymbol{x}}(t),t\right]\mathrm{d}t \tag{2-106}$$

则 J 的数值取决于 n 维向量函数 $\boldsymbol{x}(t)$，故式(2-106)为泛函，常称为积分型指标泛函[3]。

在用变分法求解最优控制问题时，要求指标泛函 $J[\boldsymbol{x}]$ 为线性连续泛函，以使得 $J[\boldsymbol{x}]$ 在任一点上的值均可用该点附近的泛函值任意逼近。在有限维线性空间上，任何线性泛函都是连续的。研究泛函的极值问题，需要采用变分法。泛函的变分与函数的微分，其定义式几乎完全相同。为了研究泛函的变分，应先研究状态变量的变分。

1) 泛函变分的定义

设 $J[\boldsymbol{x}]$ 是线性赋范空间 $\boldsymbol{R}$ 上的连续泛函，若其增量可表示为

$$\Delta J[\boldsymbol{x}]=J[\boldsymbol{x}+\delta\boldsymbol{x}]-J[\boldsymbol{x}]=L[\boldsymbol{x},\delta\boldsymbol{x}]+r[\boldsymbol{x},\delta\boldsymbol{x}] \tag{2-107}$$

式中，$L[\boldsymbol{x},\delta\boldsymbol{x}]$ 是关于 $\delta\boldsymbol{x}$ 的线性连续泛函；$r[\boldsymbol{x},\delta\boldsymbol{x}]$ 是关于 $\delta\boldsymbol{x}$ 的高阶无穷小，则

$$\delta J=L[\boldsymbol{x},\delta\boldsymbol{x}]$$

称为泛函 $J[\boldsymbol{x}]$ 的变分。

上述定义表明，泛函变分就是泛函增量的线性主部。当一个泛函具有变分时，称该泛函可微。如同函数的微分一样，泛函的变分可以利用求导的方法来确定。

2) 泛函变分的求法

定理 2-1　设 $J[\boldsymbol{x}]$ 是线性赋范空间 $\boldsymbol{R}^n$ 上的连续泛函，若在 $\boldsymbol{x}=\boldsymbol{x}_0$ 处 $J[\boldsymbol{x}]$ 可微，其中 $\boldsymbol{x},\boldsymbol{x}_0\in\boldsymbol{R}^n$，则 $J[\boldsymbol{x}]$ 的变分为

$$\delta J[\boldsymbol{x}_0,\delta\boldsymbol{x}]=\frac{\partial}{\partial\varepsilon}J[\boldsymbol{x}_0+\varepsilon\delta\boldsymbol{x}]\Big|_{\varepsilon=0},\quad 0\leqslant\varepsilon\leqslant1 \tag{2-108}$$

证明　因在 $\boldsymbol{x}_0$ 处 $J[\boldsymbol{x}]$ 可微，故必在 $\boldsymbol{x}_0$ 处存在变分。因为 $J[\boldsymbol{x}]$ 连续，所以 $J[\boldsymbol{x}]$ 的增量为

$$\Delta J=J[\boldsymbol{x}_0+\varepsilon\delta\boldsymbol{x}]-J[\boldsymbol{x}_0]=L[\boldsymbol{x}_0,\varepsilon\delta\boldsymbol{x}]+r[\boldsymbol{x}_0,\varepsilon\delta\boldsymbol{x}]$$

由于 $L[\boldsymbol{x}_0,\varepsilon\delta\boldsymbol{x}]$ 是 $\varepsilon\delta\boldsymbol{x}$ 的线性连续泛函，故

$$L[\boldsymbol{x}_0,\varepsilon\delta\boldsymbol{x}]=\varepsilon L[\boldsymbol{x}_0,\delta\boldsymbol{x}]$$

又因 $r[\boldsymbol{x}_0,\varepsilon\delta\boldsymbol{x}]$ 是 $\varepsilon\delta\boldsymbol{x}$ 的高阶无穷小，故

$$\lim_{\varepsilon\to0}\frac{r[\boldsymbol{x}_0,\varepsilon\delta\boldsymbol{x}]}{\varepsilon}=0$$

于是

$$\begin{aligned}\frac{\partial}{\partial\varepsilon}J[\boldsymbol{x}_0+\varepsilon\delta\boldsymbol{x}]\Big|_{\varepsilon=0}&=\lim_{\varepsilon\to0}\frac{J[\boldsymbol{x}_0+\varepsilon\delta\boldsymbol{x}]-J[\boldsymbol{x}_0]}{\varepsilon}\\&=\lim_{\varepsilon\to0}\frac{1}{\varepsilon}\left\{L[\boldsymbol{x}_0,\varepsilon\delta\boldsymbol{x}]+r[\boldsymbol{x}_0,\varepsilon\delta\boldsymbol{x}]\right\}=\delta J[\boldsymbol{x}_0,\delta\boldsymbol{x}]\end{aligned}$$

3) 泛函变分的规则

由变分定义可以看出，泛函的变分是一种线性映射，因而其运算规则类似于函数的线性运算。设 L_1 和 L_2 是函数 $\boldsymbol{x}$、$\dot{\boldsymbol{x}}$ 和 t 的函数，则有如下变分规则：

$$\delta(L_1+L_2)=\delta L_1+\delta L_2$$

$$\delta(L_1L_2)=L_1\delta L_2+L_2\delta L_1$$

$$\delta\int_a^b L[\boldsymbol{x},\dot{\boldsymbol{x}},t]\mathrm{d}t=\int_a^b\delta L[\boldsymbol{x},\dot{\boldsymbol{x}},t]\mathrm{d}t$$

$$\delta\frac{\mathrm{d}\boldsymbol{x}}{\mathrm{d}t}=\frac{\mathrm{d}}{\mathrm{d}t}\delta\boldsymbol{x}$$

例 2-1 已知连续泛函为

$$J=\int_{t_0}^{t_\mathrm{f}}L(\boldsymbol{x},\dot{\boldsymbol{x}},t)\mathrm{d}t$$

式中，$\boldsymbol{x}$ 和 $\dot{\boldsymbol{x}}$ 为标量函数。试求泛函变分 δJ 。

解 根据定理 2-1 可得

$$\begin{aligned}\delta J&=\frac{\partial}{\partial\varepsilon}\int_{t_0}^{t_\mathrm{f}}L(x+\varepsilon\delta x,\dot{x}+\varepsilon\delta\dot{x},t)\mathrm{d}t\Big|_{\varepsilon=0}\\&=\int_{t_0}^{t_\mathrm{f}}\left[\frac{\partial L}{\partial x}\frac{\partial(x+\varepsilon\delta x)}{\partial\varepsilon}+\frac{\partial L}{\partial\dot{x}}\frac{\partial(\dot{x}+\varepsilon\delta\dot{x})}{\partial\varepsilon}\right]\Bigg|_{\varepsilon=0}\mathrm{d}t\\&=\int_{t_0}^{t_\mathrm{f}}\left(\frac{\partial L}{\partial x}\delta x+\frac{\partial L}{\partial\dot{x}}\delta\dot{x}\right)\mathrm{d}t\end{aligned}$$

4) 泛函的极值及其必要条件

泛函极值和达到极值的条件与函数类同。泛函极值的定义是设 $J[\boldsymbol{x}]$ 是线性赋范空间 $\boldsymbol{R}^n$ 上某个子集 $\boldsymbol{D}$ 中的线性连续泛函，点 $\boldsymbol{x}_0\in\boldsymbol{D}$ ，若存在某一正数 σ 以及集合：

$$U(\boldsymbol{x}_0,\sigma)=\left\{\boldsymbol{x}\,\middle\|\,\|\boldsymbol{x}-\boldsymbol{x}_0\|<\sigma,\boldsymbol{x}\in\boldsymbol{R}^n\right\}$$

在 $\boldsymbol{x}\in U(\boldsymbol{x}_0,\sigma)\subset\boldsymbol{D}$ 时，均有

$$\Delta J[\boldsymbol{x}]=J[\boldsymbol{x}]-J[\boldsymbol{x}_0]\geqslant 0 \tag{2-109}$$

或者

$$\Delta J[\boldsymbol{x}]=J[\boldsymbol{x}]-J[\boldsymbol{x}_0]\leqslant 0 \tag{2-110}$$

则称泛函 $J[\boldsymbol{x}]$ 在 $\boldsymbol{x}=\boldsymbol{x}_0$ 处达到极小值(或极大值)。

定理 2-2 设 $J[\boldsymbol{x}]$ 是在线性赋范空间 $\boldsymbol{R}^n$ 上某个子集 $\boldsymbol{D}$ 中定义的可微泛函，且在 $\boldsymbol{x}=\boldsymbol{x}_0$ 处达到极值，则泛函 $J[\boldsymbol{x}]$ 在 $\boldsymbol{x}=\boldsymbol{x}_0$ 处必有

$$\delta J[\boldsymbol{x}_0,\delta x]=0 \tag{2-111}$$

即泛函一次变分为零是泛函达到极值的必要条件。

2. 欧拉方程

欧拉方程即欧拉-拉格朗日方程，是无约束泛函极值及有约束泛函极值的必要条件。在推导欧拉方程的过程中，应用了式(2-111)所示的泛函极值的必要条件，并且为了便于讨论，假定 t_0 和 t_f 给定，且初态 $\boldsymbol{x}(t_0)$ 和末态 $\boldsymbol{x}(t_\mathrm{f})$ 为两端固定的情况。

1) 无约束泛函极值的必要条件

定理 2-3 设有如下泛函极值问题：

$$\min_{x(t)}J[\boldsymbol{x}(t)]=\int_{t_0}^{t_\mathrm{f}}L(\boldsymbol{x}(t),\dot{\boldsymbol{x}}(t),t)\mathrm{d}t$$

其中，$(\boldsymbol{x}(t),\dot{\boldsymbol{x}}(t),t)$ 和 $\boldsymbol{x}(t)$ 在 $[t_0,t_f]$ 上连续可微，t_0 和 t_f 给定，且已知 $\boldsymbol{x}(t_0)=\boldsymbol{x}_0$，$\boldsymbol{x}(t_f)=\boldsymbol{x}_f$，$\boldsymbol{x}(t)\in\boldsymbol{R}^n$，则极值轨线 $\boldsymbol{x}^*(t)$ 满足欧拉方程：

$$\frac{\partial L}{\partial \boldsymbol{x}}-\frac{\mathrm{d}}{\mathrm{d}t}\frac{\partial L}{\partial \dot{\boldsymbol{x}}}=0 \tag{2-112}$$

及横截条件：

$$\left(\frac{\partial L}{\partial \dot{\boldsymbol{x}}}\right)^{\mathrm{T}}\Bigg|_{t_f}\delta\boldsymbol{x}(t_f)-\left(\frac{\partial L}{\partial \dot{\boldsymbol{x}}}\right)^{\mathrm{T}}\Bigg|_{t_0}\delta\boldsymbol{x}(t_0)=0 \tag{2-113}$$

在一般情况下，欧拉方程是一个时变二阶非线性微分方程，求解时所需的两点边界值由横截条件(2-113)提供。在两端固定情况下，由于 $\delta\boldsymbol{x}(t_0)=0$ 和 $\delta\boldsymbol{x}(t_f)=0$，因此其横截条件变为已知边界条件 $\boldsymbol{x}(t_0)=\boldsymbol{x}_0$ 和 $\boldsymbol{x}(t_f)=\boldsymbol{x}_f$。

应当指出，欧拉方程是泛函极值的必要条件，而不是充分必要条件。在处理实际泛函极值问题时，可从实际问题的性质出发，判断泛函极值的存在性，并直接利用欧拉方程求出极值轨线 $\boldsymbol{x}^*(t)$。

例 2-2　设有泛函：

$$J[\boldsymbol{x}]=\int_0^{\pi/2}\left[\dot{x}^2(t)-x^2(t)\right]\mathrm{d}t$$

已知边界条件为 $x(0)=0$，$x(\pi/2)=2$，求使泛函达到极值的极值轨线 $x^*(t)$。

解　令 $L(x,\dot{x})=\dot{x}^2-x^2$，因

$$\frac{\partial L}{\partial x}=-2x,\frac{\partial L}{\partial \dot{x}}=2\dot{x},\frac{\mathrm{d}}{\mathrm{d}t}\frac{\partial L}{\partial \dot{x}}=2\ddot{x}$$

故由欧拉方程(2-112)得

$$\ddot{x}(t)+x(t)=0$$

其通解为

$$x^*(t)=c_1\cos t+c_2\sin t$$

分别将已知边界条件 $x(0)=0$ 和 $x(\pi/2)=2$ 代入，可求出 $c_1=0$，$c_2=2$。于是求出极值轨线，即

$$x^*(t)=2\sin t$$

2) 有等式约束泛函极值的必要条件

在求解实际系统的最优控制问题时，要求使指标泛函取极值的极值轨线同时满足系统的运动微分方程式。因此，控制系统的最优控制问题，要求确定在微分方程式约束条件下的泛函极值问题，即条件极值变分问题。

在讨论条件极值变分问题时，如果能够利用拉格朗日乘子法，将有等式约束的泛函条件极值问题化为无等式约束的泛函极值问题，那么就可以利用上述定理导出有约束泛函极值的必要条件。为了方便讨论问题，仍然考虑最简单的两端点固定的情况。

定理 2-4 设有条件泛函极值问题：

$$\min_{x(t)} J[\boldsymbol{x}]=\int_{t_0}^{t_f} g(\boldsymbol{x},\dot{\boldsymbol{x}},t)\mathrm{d}t$$
$$\text{s.t.}\quad \boldsymbol{f}(\boldsymbol{x},\dot{\boldsymbol{x}},t)=0$$

式中，$\boldsymbol{f}(\boldsymbol{x},\dot{\boldsymbol{x}},t)=0$ 为系统运动微分方程；$(\boldsymbol{x},\dot{\boldsymbol{x}},t)$ 和 $\boldsymbol{x}$ 在 $\left[t_0,t_f\right]$ 上连续可微；$\boldsymbol{x}$，$\dot{\boldsymbol{x}}$，$\boldsymbol{f}(\cdot)\in \boldsymbol{R}^n$；$t_0$ 和 t_f 给定。

已知 $\boldsymbol{x}\left(t_0\right)=x_0$，$\boldsymbol{x}\left(t_f\right)=\boldsymbol{x}_f$，且令

$$L(\boldsymbol{x},\dot{\boldsymbol{x}},\lambda,t)=g(\boldsymbol{x},\dot{\boldsymbol{x}},t)+\boldsymbol{\lambda}^{\mathrm{T}}(t)\boldsymbol{f}(\boldsymbol{x},\dot{\boldsymbol{x}},t) \tag{2-114}$$

为拉格朗日函数，$\lambda(t)\in \boldsymbol{R}^n$ 为待定拉格朗日乘子，则极值轨线 $\boldsymbol{x}^*(t)$ 满足如下欧拉方程及相应的横截条件：

$$\frac{\partial L}{\partial \boldsymbol{x}}-\frac{\mathrm{d}}{\mathrm{d}t}\frac{\partial L}{\partial \dot{\boldsymbol{x}}}=0 \tag{2-115}$$

$$\left(\frac{\partial L}{\partial \dot{\boldsymbol{x}}}\right)^{\mathrm{T}}\Bigg|_{t_f}\delta\boldsymbol{x}\left(t_f\right)-\left(\frac{\partial L}{\partial \dot{\boldsymbol{x}}}\right)^{\mathrm{T}}\Bigg|_{t_0}\delta\boldsymbol{x}\left(t_0\right)=0 \tag{2-116}$$

构造的广义泛函为

$$\begin{aligned} J_a[\boldsymbol{x}]&=\int_{t_0}^{t_f}\left[g(\boldsymbol{x},\dot{\boldsymbol{x}},t)+\boldsymbol{\lambda}^{\mathrm{T}}(t)\boldsymbol{f}(\boldsymbol{x},\dot{\boldsymbol{x}},t)\right]\mathrm{d}t\\ &=\int_{t_0}^{t_f}[\boldsymbol{L}(\boldsymbol{x},\dot{\boldsymbol{x}},t)]\mathrm{d}t \end{aligned} \tag{2-117}$$

这样一来，就将原性能泛函的条件极值问题转化为广义泛函的无等式约束泛函极值问题。

与定理 2-3 情况相同，在两端固定情况下，该定理的横截条件退化为已知的两点边界条件。

例 2-3 设人造地球卫星姿态控制系统的状态方程为

$$\dot{\boldsymbol{x}}(t)=\begin{bmatrix}0 & 1\\ 0 & 0\end{bmatrix}\boldsymbol{x}(t)+\begin{bmatrix}0\\ 1\end{bmatrix}\boldsymbol{u}(t)$$

指标泛函取

$$J=\frac{1}{2}\int_0^2 u^2(t)\mathrm{d}t$$

边界条件为

$$\boldsymbol{x}(0)=\begin{bmatrix}1\\ 1\end{bmatrix},\quad \boldsymbol{x}(2)=\begin{bmatrix}0\\ 0\end{bmatrix}$$

试求使指标泛函取极值的极值轨线 $\boldsymbol{x}^*(t)$ 和极值控制 $\boldsymbol{u}^*(t)$。

解 本例为有等式约束泛函极值问题。由题意令

$$g=\frac{1}{2}u^2,\quad \lambda^{\mathrm{T}}=\begin{bmatrix}\lambda_1 & \lambda_2\end{bmatrix}$$

$$f=\begin{bmatrix}f_1\\f_2\end{bmatrix}=\begin{bmatrix}x_2-\dot{x}_1\\u-\dot{x}_2\end{bmatrix}$$

故由拉格朗日标量函数式(2-114)得

$$L=g+\boldsymbol{\lambda}^{\mathrm{T}}\boldsymbol{f}=\frac{1}{2}u^2+\lambda_1\left(x_2-\dot{x}_1\right)+\lambda_2\left(u-\dot{x}_2\right)$$

由欧拉方程(2-115)得

$$\frac{\partial L}{\partial x_1}-\frac{\mathrm{d}}{\mathrm{d}t}\frac{\partial L}{\partial \dot{x}_1}=\dot{\lambda}_1=0$$

$$\frac{\partial L}{\partial x_2}-\frac{\mathrm{d}}{\mathrm{d}t}\frac{\partial L}{\partial \dot{x}_2}=\lambda_1+\dot{\lambda}_2=0$$

$$\frac{\partial L}{\partial u}-\frac{\mathrm{d}}{\mathrm{d}t}\frac{\partial L}{\partial \dot{u}}=u+\lambda_2=0$$

积分得

$$\lambda_1=a$$

$$\lambda_2=-at+b$$

$$u=at-b$$

式中，a、b为待定常数。

由状态约束方程得

$$\dot{x}_2=u=at-b$$

$$\dot{x}_1=x_2=\frac{1}{2}at^2-bt+c$$

积分得

$$x_2=\frac{1}{2}at^2-bt+c$$

$$x_1=\frac{1}{6}at^3-\frac{1}{2}bt^2+ct+d$$

式中，常数c、d待定。

将已知边界条件$x_1(0)=1$、$x_2(0)=1$、$x_1(2)=0$、$x_2(2)=0$代入上式，可求得

$$a=3,b=3.5,c=d=1$$

于是极值轨线：

$$x_1^*(t)=0.5t^3-1.75t^2+t+1$$

$$x_2^*(t)=1.5t^2-3.5t+1$$

极值控制：

$$u^*(t)=3t-3.5$$

3. 横截条件

从前面的讨论中可以看出，在求解欧拉方程时，需要由横截条件提供两点边界值。

然而，前面研究的两端均为固定，且初始时刻t_0和末端时刻t_f同时固定的情况，这是一种简单的情况。在实际工程问题中，初始时刻t_0和初始状态$\boldsymbol{x}(t_0)$往往是固定的，但末端时刻t_f可以固定，也可以自由；末端状态$\boldsymbol{x}(t_f)$可以固定，可以自由，也可以受约束。下面分别讨论t_f固定和t_f自由时的各种横截条件，而且同时看出，在不同横截条件情况下，欧拉方程的形式总是不变的。

1) 末端时刻固定时的横截条件

当t_f固定时，由泛函极值的必要条件可知，横截条件的一般表达式为式(2-113)。在$\boldsymbol{x}(t_0)=\boldsymbol{x}_0$固定情况下，因$\delta\boldsymbol{x}(t_0)=0$，故横截条件及边界条件的一般形式为

$$\left.\left(\frac{\partial L}{\partial \dot{\boldsymbol{x}}}\right)^{\mathrm{T}}\right|_{t_f}\delta\boldsymbol{x}(t_f)=0,\quad \boldsymbol{x}(t_0)=\boldsymbol{x}_0 \tag{2-118}$$

显然，当末端状态$\boldsymbol{x}(t_f)=\boldsymbol{x}_f$固定时，因末端状态变分$\delta\boldsymbol{x}(t_f)=0$，故横截条件及边界条件式(2-118)退化为边界条件：

$$\boldsymbol{x}(t_f)=\boldsymbol{x}_f,\quad \boldsymbol{x}(t_0)=\boldsymbol{x}_0 \tag{2-119}$$

当末端状态$\boldsymbol{x}(t_f)$自由时，因为末端状态变分$\delta\boldsymbol{x}(t_f)\neq 0$，所以横截条件及边界条件式(2-118)变成

$$\left.\left(\frac{\partial L}{\partial \dot{\boldsymbol{x}}}\right)^{\mathrm{T}}\right|_{t_f}=0,\quad \boldsymbol{x}(t_0)=\boldsymbol{x}_0 \tag{2-120}$$

2) 末端时刻自由时的横截条件

t_f自由和$\boldsymbol{x}(t_f)$自由或受约束情况，属于变动端点情况。在变动端点问题中，可以证明极值仅在欧拉方程的解$\boldsymbol{x}=\boldsymbol{x}(t,c_1,c_2)$上达到，其中，待定系数$c_1$、$c_2$由横截条件确定。因此，泛函极值由$\boldsymbol{x}(t,c_1,c_2)$一类函数确定。

经过推导可得末端时刻自由时的泛函变分为

$$\delta J=\int_{t_0}^{t_f}\left(\frac{\partial L}{\partial \boldsymbol{x}}-\frac{\mathrm{d}}{\mathrm{d}t}\frac{\partial L}{\partial \dot{\boldsymbol{x}}}\right)^{\mathrm{T}}\delta\boldsymbol{x}\,\mathrm{d}t+\left(\frac{\partial L}{\partial \dot{\boldsymbol{x}}}\right)^{\mathrm{T}}\delta\boldsymbol{x}\Big|_{t_0}^{t_f}+L\left(\boldsymbol{x}^*,\dot{\boldsymbol{x}}^*,t\right)\Big|_{t_f}\delta t_f \tag{2-121}$$

欲使$\delta J=0$，同时又考虑$\delta\boldsymbol{x}(t_0)=0$时，则必须使欧拉方程：

$$\frac{\partial L}{\partial \boldsymbol{x}}-\frac{\mathrm{d}}{\mathrm{d}t}\frac{\partial L}{\partial \dot{\boldsymbol{x}}}=0 \tag{2-122}$$

横截条件及边界条件：

$$\left.\left(\frac{\partial L}{\partial \dot{\boldsymbol{x}}}\right)^{\mathrm{T}}\right|_{t_f}\delta\boldsymbol{x}(t_f)+L\left(\boldsymbol{x},\dot{\boldsymbol{x}}^*,t\right)\Big|_{t_f}\delta t_f=0,\quad \boldsymbol{x}(t_0)=\boldsymbol{x}_0 \tag{2-123}$$

式(2-122)和式(2-123)为末端时刻自由、末端状态变动时泛函极值的必要条件。与式(2-112)和式(2-113)比较可知：t_f自由、末端变动时的欧拉方程(2-121)的形式，与t_f固定、末端固定时的欧拉方程(2-112)完全相同，这一结论同样适用于有等式约束的泛函极值问题；t_f自由、末端变动时的横截条件及边界条件式(2-123)，包含了t_f固定、末端固

定时的横截条件式(2-113)，因为在 t_f 固定的情况下必有 $\delta t_f = 0$。

3) 末端时刻自由、末端状态变动时的横截条件

当末端 $\boldsymbol{x}(t_f)$ 自由时，存在近似关系式：

$$\delta \boldsymbol{x}(t_f) = \delta \boldsymbol{x}_f - \dot{\boldsymbol{x}}(t_f)\delta t_f \tag{2-124}$$

将式(2-124)代入式(2-123)，整理得

$$\begin{cases} \left(\dfrac{\partial L}{\partial \dot{\boldsymbol{x}}}\right)^{\mathrm{T}}\Bigg|_{t_f} \delta \boldsymbol{x}_f + \left[L\left(\boldsymbol{x}^*, \dot{\boldsymbol{x}}^*, t\right) - \dot{\boldsymbol{x}}^{\mathrm{T}}(t)\dfrac{\partial L}{\partial t}\right]\Bigg|_{t_f} \delta t_f = 0 \\ \boldsymbol{x}(t_0) = \boldsymbol{x}_0 \end{cases} \tag{2-125}$$

因为 $\delta \boldsymbol{x}_f$ 和 δt_f 均任意，故 t_f 自由、$\boldsymbol{x}(t_f)$ 自由时的横截条件和边界条件为

$$\begin{cases} \boldsymbol{x}(t_0) = x_0 \\ \left(\dfrac{\partial L}{\partial \dot{\boldsymbol{x}}}\right)^{\mathrm{T}}\Bigg|_{t_f} = 0 \\ \left[L\left(\boldsymbol{x}^*, \dot{\boldsymbol{x}}^*, t\right) - \dot{\boldsymbol{x}}^{\mathrm{T}}\dfrac{\partial L}{\partial \dot{\boldsymbol{x}}}\right]\Bigg|_{t_f} = 0 \end{cases} \tag{2-126}$$

末端受约束时设末端约束方程为

$$\boldsymbol{x}(t_f) = \boldsymbol{c}(t_f)$$

此时，$\delta \boldsymbol{x}_f$ 不能任意，若

$$\delta \boldsymbol{x}_f = \dot{\boldsymbol{c}}(t_f)\delta t_f \tag{2-127}$$

将式(2-127)代入式(2-125)，整理得

$$\begin{cases} \boldsymbol{x}(t_0) = \boldsymbol{x}_0 \\ \left[L\left(\boldsymbol{x}^*, \dot{\boldsymbol{x}}^*, t\right) - (\dot{\boldsymbol{c}} - \dot{\boldsymbol{x}})^{\mathrm{T}}\dfrac{\partial L}{\partial \dot{\boldsymbol{x}}}\right]\Bigg|_{t_f} \delta t_f = 0 \end{cases}$$

因为 δt_f 任意，故 t_f 自由、$\boldsymbol{x}(t_f)$ 受约束时的横截条件和边界条件为

$$\begin{cases} \boldsymbol{x}(t_0) = \boldsymbol{x}_0 \\ \boldsymbol{x}(t_f) = \boldsymbol{c}(t_f) \\ \left[L\left(\boldsymbol{x}^*, \dot{\boldsymbol{x}}^*, t\right) + (\dot{\boldsymbol{c}} - \dot{\boldsymbol{x}})^{\mathrm{T}}\dfrac{\partial L}{\partial \dot{\boldsymbol{x}}}\right]\Bigg|_{t_f} = 0 \end{cases} \tag{2-128}$$

2.4.5　变分法解最优控制问题

在控制向量不受约束，并且是时间的连续函数情况下，可用变分法导出最优控制解的必要条件[3]。在变分法问题中，以复合型指标泛函、末端受约束的情况最有代表性[4]。

设系统状态方程为

$$\dot{\boldsymbol{x}}(t) = \boldsymbol{f}(\boldsymbol{x}, \boldsymbol{u}, t), \quad \boldsymbol{x}(t_0) = \boldsymbol{x}_0 \tag{2-129}$$

性能指标函数为

$$J=\varphi\left[\boldsymbol{x}\left(t_{\mathrm{f}}\right),t_{\mathrm{f}}\right]+\int_{t_0}^{t_{\mathrm{f}}}L(\boldsymbol{x},\boldsymbol{u},t)\mathrm{d}t \tag{2-130}$$

式中，$\boldsymbol{x}\in\boldsymbol{R}^n$，$\boldsymbol{u}\in\boldsymbol{R}^m$，无约束，且在$\left[t_0,t_{\mathrm{f}}\right]$上连续。在$\left[t_0,t_{\mathrm{f}}\right]$上，向量$\boldsymbol{f}(\cdot)$、标量函数$\varphi(\cdot)$和$L(\cdot)$连续可微；末端时刻$t_{\mathrm{f}}$可以给定，也可以自由；末端状态$\boldsymbol{x}(t_{\mathrm{f}})$受约束，其要求的目标集为

$$\psi\left[\boldsymbol{x}\left(t_{\mathrm{f}}\right),t_{\mathrm{f}}\right]=0 \tag{2-131}$$

式中，$\psi\in\boldsymbol{R}^r$，$r\leqslant n$。最优控制问题是确定最优控制$\boldsymbol{u}^*(t)$和最优轨线$\boldsymbol{x}^*(t)$，使系统状态方程(2-129)由已知初态$\boldsymbol{x}_0$转移到要求的目标集(2-131)，并使给定的性能指标函数(2-130)达到极值。

显然，上述问题是一个由等式约束的泛函极值问题，可以采用拉格朗日乘子法，把有约束泛函极值问题化为无约束泛函极值问题。构造哈密顿函数：

$$H(\boldsymbol{x},\boldsymbol{u},\boldsymbol{\lambda},t)=L(\boldsymbol{x},\boldsymbol{u},t)+\boldsymbol{\lambda}^{\mathrm{T}}(t)\boldsymbol{f}(\boldsymbol{x},\boldsymbol{u},t) \tag{2-132}$$

式中，$\boldsymbol{\lambda}\in\boldsymbol{R}^n$为拉格朗日乘子向量，则最优解的必要条件可以分别讨论如下。

1. 末端时刻固定时的最优解

1) 广义泛函极值的必要条件

当t_{f}固定时，引入拉格朗日乘子向量$\boldsymbol{\lambda}(t)\in\boldsymbol{R}^n$，$\boldsymbol{\gamma}\in\boldsymbol{R}^r$，构造如下广义泛函：

$$\begin{aligned}J_a&=\varphi\left[\boldsymbol{x}\left(t_{\mathrm{f}}\right)\right]+\boldsymbol{\gamma}^{\mathrm{T}}\boldsymbol{\psi}\left[\boldsymbol{x}\left(t_{\mathrm{f}}\right)\right]+\int_{t_0}^{t_{\mathrm{f}}}\left\{L(\boldsymbol{x},\boldsymbol{u},t)+\boldsymbol{\lambda}^{\mathrm{T}}[\boldsymbol{f}(\boldsymbol{x},\boldsymbol{u},t)-\dot{\boldsymbol{x}}(t)]\right\}\mathrm{d}t\\&=\varphi\left[\boldsymbol{x}\left(t_{\mathrm{f}}\right)\right]+\boldsymbol{\gamma}^{\mathrm{T}}\boldsymbol{\psi}\left[\boldsymbol{x}\left(t_{\mathrm{f}}\right)\right]+\int_{t_0}^{t_{\mathrm{f}}}\left[H(\boldsymbol{x},\boldsymbol{u},\boldsymbol{\lambda},t)-\boldsymbol{\lambda}^{\mathrm{T}}(t)\dot{\boldsymbol{x}}(t)\right]\mathrm{d}t\end{aligned}$$

由于分部积分：

$$-\int_{t_0}^{t_{\mathrm{f}}}\boldsymbol{\lambda}^{\mathrm{T}}(t)\dot{\boldsymbol{x}}(t)\mathrm{d}t=-\boldsymbol{\lambda}^{\mathrm{T}}(t)\boldsymbol{x}(t)\Big|_{t_0}^{t_{\mathrm{f}}}+\int_{t_0}^{t_{\mathrm{f}}}\dot{\boldsymbol{\lambda}}^{\mathrm{T}}(t)\boldsymbol{x}(t)\mathrm{d}t$$

故广义泛函可表示为

$$\begin{aligned}J_a=&\varphi\left[\boldsymbol{x}\left(t_{\mathrm{f}}\right)\right]+\boldsymbol{\gamma}^{\mathrm{T}}\boldsymbol{\psi}\left[\boldsymbol{x}\left(t_{\mathrm{f}}\right)\right]-\dot{\boldsymbol{\lambda}}^{\mathrm{T}}\left(t_{\mathrm{f}}\right)\boldsymbol{x}\left(t_{\mathrm{f}}\right)+\boldsymbol{\lambda}^{\mathrm{T}}\left(t_0\right)\boldsymbol{x}\left(t_0\right)\\&+\int_{t_0}^{t_{\mathrm{f}}}\left[H(\boldsymbol{x},\boldsymbol{u},\boldsymbol{\lambda},t)-\dot{\boldsymbol{\lambda}}^{\mathrm{T}}(t)\boldsymbol{x}(t)\right]\mathrm{d}t\end{aligned} \tag{2-133}$$

对广义泛函(2-133)取一次变分，注意到待定乘子向量$\boldsymbol{\lambda}(t)$和$\boldsymbol{\gamma}$不变分，以及$\delta\boldsymbol{x}(t_0)=0$，可得

$$\begin{aligned}\delta J_a=&\delta\boldsymbol{x}^{\mathrm{T}}\left(t_{\mathrm{f}}\right)\left[\frac{\partial\varphi}{\partial\boldsymbol{x}\left(t_{\mathrm{f}}\right)}+\frac{\partial\boldsymbol{\psi}^{\mathrm{T}}}{\partial\boldsymbol{x}\left(t_{\mathrm{f}}\right)}\boldsymbol{\gamma}-\boldsymbol{\lambda}\left(t_{\mathrm{f}}\right)\right]\\&+\int_{t_0}^{t_{\mathrm{f}}}\left[\left(\frac{\partial H}{\partial\boldsymbol{x}}+\dot{\boldsymbol{\lambda}}\right)^{\mathrm{T}}\delta\boldsymbol{x}+\left(\frac{\partial H}{\partial\boldsymbol{u}}\right)^{\mathrm{T}}\delta\boldsymbol{u}\right]\mathrm{d}t\end{aligned} \tag{2-134}$$

根据泛函极值的必要条件，令式(2-134)为零，考虑到变分 $\delta \boldsymbol{x}$ 、$\delta \boldsymbol{u}$ 和 $\delta \boldsymbol{x}(t_\mathrm{f})$ 的任意性及变分定理，得如下广义泛函取极值的必要条件。

欧拉方程：

$$\dot{\boldsymbol{\lambda}}(t) = -\frac{\partial H}{\partial \boldsymbol{x}} \tag{2-135}$$

$$\frac{\partial H}{\partial \boldsymbol{u}} = 0 \tag{2-136}$$

横截条件：

$$\boldsymbol{\lambda}(t_\mathrm{f}) = \frac{\partial \varphi}{\partial \boldsymbol{x}(t_\mathrm{f})} + \frac{\partial \boldsymbol{\psi}^\mathrm{T}}{\partial \boldsymbol{x}(t_\mathrm{f})}\boldsymbol{\gamma} \tag{2-137}$$

由哈密顿函数(2-132)，则得

$$\dot{\boldsymbol{x}}(t) = \frac{\partial H}{\partial \boldsymbol{\lambda}} = \boldsymbol{f}(\boldsymbol{x},\boldsymbol{u},t) \tag{2-138}$$

方程(2-135)与方程(2-138)右端都是哈密顿的适当导数，故将方程(2-135)和方程(2-138)称为正则方程。因为方程(2-138)是状态方程，故称方程(2-135)为协态方程或共轭方程，相应的乘子向量 $\boldsymbol{\lambda}(t)$ 称为协态向量或共轭向量。

正则方程(2-135)和正则方程(2-138)是 $2n$ 个一阶微分方程组，初始条件 $\boldsymbol{x}(t_0) = \boldsymbol{x}_0$ 和横截条件(2-137)正好为正则方程提供 $2n$ 个边界条件。根据对 $\boldsymbol{f}(\cdot)$ 、$\boldsymbol{\varphi}(\cdot)$ 和 $L(\cdot)$ 的连续性和可微性假设，正则方程可以唯一确定状态向量 $\boldsymbol{x}(t)$ 和共轭向量 $\boldsymbol{\lambda}(t)$ 。

对于确定的 $\boldsymbol{x}(t)$ 和 $\boldsymbol{\lambda}(t)$ ，哈密顿函数 $H(\cdot)$ 是控制向量 $\boldsymbol{u}(t)$ 的函数。式(2-136)表明，最优控制 $\boldsymbol{u}^*(t)$ 使哈密顿函数 $H(\cdot)$ 取极值，因此式(2-136)通常称为极值条件或控制方程。由极值条件(2-136)，可以确定最优控制 $\boldsymbol{u}^*(t)$ 与最优轨线 $\boldsymbol{x}^*(t)$ 和协态向量 $\boldsymbol{\lambda}^*(t)$ 之间的关系。

应当指出，正则方程(2-135)、正则方程(2-138)与极值条件(2-136)，形成变量间相互耦合的方程组，其边界条件由初始条件、横截条件(2-137)和目标集(2-131)提供，其中目标集(2-131)用于联合确定待定的拉格朗日乘子向量 $\boldsymbol{\gamma}$ 。

上述讨论，可以归纳为如下定理。为便于书写，今后凡不至于混淆之处，均省略“*”号。

定理 2-5　对于如下最优控制问题：

$$\begin{gathered}\min_{u(t)} J = \boldsymbol{\varphi}[\boldsymbol{x}(t)] + \int_{t_0}^{t_\mathrm{f}} \boldsymbol{L}(\boldsymbol{x},\boldsymbol{u},t)\mathrm{d}t \\ \text{s.t.}\quad \dot{\boldsymbol{x}}(t) = \boldsymbol{f}(\boldsymbol{x},\boldsymbol{u},t),\quad \boldsymbol{x}(t_0) = \boldsymbol{x}_0 \\ \psi\left[\boldsymbol{x}(t_\mathrm{f})\right] = 0\end{gathered}$$

式中，$\boldsymbol{x} \in \boldsymbol{R}^n$ ，$\boldsymbol{u} \in \boldsymbol{R}^m$ 为无约束，且在 $[t_0,t_\mathrm{f}]$ 上连续；$\psi \in \boldsymbol{R}^r$ ，$r \leqslant n$ ；在 $[t_0,t_\mathrm{f}]$ 上，$\boldsymbol{f}(\cdot)$ 、$\psi(\cdot)$ 、$\varphi(\cdot)$ 和 $\boldsymbol{L}(\cdot)$ 连续且可微；t_f 固定。最优解的必要条件如下。

$\boldsymbol{x}(t)$ 和 $\boldsymbol{\lambda}(t)$ 分别满足正则方程(2-135)和正则方程(2-138)，即

$$\dot{\boldsymbol{x}}(t)=\frac{\partial H(\boldsymbol{x},\boldsymbol{u},\boldsymbol{\lambda},t)}{\partial \boldsymbol{\lambda}},\quad \dot{\boldsymbol{\lambda}}(t)=-\frac{\partial H(\boldsymbol{x},\boldsymbol{u},\boldsymbol{\lambda},t)}{\partial \boldsymbol{x}}$$

其中，哈密顿函数式(2-132)为

$$H(\boldsymbol{x},\boldsymbol{u},\boldsymbol{\lambda},t)=L(\boldsymbol{x},\boldsymbol{u},t)+\boldsymbol{\lambda}^{\mathrm{T}}(t)\boldsymbol{f}(\boldsymbol{x},\boldsymbol{u},t)$$

边界条件和横截条件：

$$\boldsymbol{x}(t_0)=\boldsymbol{x}_0,\quad \boldsymbol{\psi}\left[\boldsymbol{x}(t_{\mathrm{f}})\right]=0$$

$$\boldsymbol{\lambda}(t_{\mathrm{f}})=\frac{\partial \varphi}{\partial \boldsymbol{x}(t_{\mathrm{f}})}+\frac{\partial \boldsymbol{\psi}^{\mathrm{T}}}{\partial \boldsymbol{x}(t_{\mathrm{f}})}\boldsymbol{\gamma}$$

极值条件：

$$\frac{\partial H}{\partial \boldsymbol{u}}=0$$

定理 2-5 是 t_{f} 固定、末端 $\boldsymbol{x}(t_{\mathrm{f}})$ 受约束时泛函极值的必要条件，通过适当修改，其结论也适用于末端自由和末端固定时的情况。

2) 末端 $\boldsymbol{x}(t_{\mathrm{f}})$ 自由时泛函极值的必要条件

当末端时刻 t_{f} 固定、末端 $\boldsymbol{x}(t_{\mathrm{f}})$ 自由时，由于不存在目标集(2-131)，因此在定理 2-5 的结论中，删除向量 $\boldsymbol{\psi}\left[\boldsymbol{x}(t_{\mathrm{f}})\right]$，则 t_{f} 固定、$\boldsymbol{x}(t_{\mathrm{f}})$ 自由时泛函极值的必要条件如下。

正则方程：

$$\dot{\boldsymbol{x}}=\frac{\partial H}{\partial \boldsymbol{\lambda}},\quad \dot{\boldsymbol{\lambda}}=-\frac{\partial H}{\partial \boldsymbol{x}}$$

边界条件和横截条件：

$$\boldsymbol{x}(t_0)=\boldsymbol{x}_0,\quad \boldsymbol{\lambda}(t_{\mathrm{f}})=\frac{\partial \varphi}{\partial \boldsymbol{x}(t_{\mathrm{f}})}$$

极值条件：

$$\frac{\partial H}{\partial \boldsymbol{u}}=0$$

3) 末端 $\boldsymbol{x}(t_{\mathrm{f}})$ 固定时泛函极值的必要条件

当末端时刻 t_{f} 固定、末端 $\boldsymbol{x}(t_{\mathrm{f}})=\boldsymbol{x}_{\mathrm{f}}$ 时，由于 $\delta\boldsymbol{x}(t_0)=0$ 及 $\delta\boldsymbol{x}(t_{\mathrm{f}})=0$，广义泛函 J_a 的一次变分式(2-134)变成

$$\delta J_a=\int_{t_0}^{t_{\mathrm{f}}}\left[\left(\frac{\partial H}{\partial \boldsymbol{x}}+\dot{\boldsymbol{\lambda}}\right)^{\mathrm{T}}\delta\boldsymbol{x}+\left(\frac{\partial H}{\partial \boldsymbol{u}}\right)^{\mathrm{T}}\delta\boldsymbol{u}\right]\mathrm{d}t \tag{2-139}$$

式中，$\partial\boldsymbol{x}$ 是任意的，但容许控制变分 $\partial\boldsymbol{u}$ 不再是完全任意的，必须满足某些限制条件。卡尔曼曾经论证若系统完全可控，同样可以导出 $\partial H/\partial\boldsymbol{u}=0$ 的极值条件。因此，在系统

可控条件下，令式(2-139)为 0 得

$$\dot{\boldsymbol{\lambda}}(t)=-\frac{\partial H}{\partial \boldsymbol{x}},\quad \frac{\partial H}{\partial \boldsymbol{u}}=0$$

应当特别注意的是，因为 $\delta \boldsymbol{x}(t_{\mathrm{f}})=0$ ，所以横截条件(2-137)不成立，也不可能是 $\boldsymbol{\lambda}(t_{\mathrm{f}})=\partial\varphi/\partial\boldsymbol{x}(t_{\mathrm{f}})$ ；当 $\varphi(\cdot)=0$ 时，$\boldsymbol{\lambda}(t_{\mathrm{f}})=0$ 也不成立。此时，已知的 $\boldsymbol{x}(t_0)=\boldsymbol{x}_0$ 和 $\boldsymbol{x}(t_{\mathrm{f}})=\boldsymbol{x}_{\mathrm{f}}$ ，就是求解正则方程的两端边界条件，故该情况下泛函极值的必要条件如下。

正则方程：

$$\dot{\boldsymbol{x}}=\frac{\partial H}{\partial \boldsymbol{\lambda}},\quad \dot{\boldsymbol{\lambda}}=-\frac{\partial H}{\partial \boldsymbol{x}}$$

边界条件：

$$\boldsymbol{x}(t_0)=\boldsymbol{x}_0,\quad \boldsymbol{x}(t_{\mathrm{f}})=\boldsymbol{x}_{\mathrm{f}}$$

极值条件：

$$\frac{\partial H}{\partial \boldsymbol{u}}=0$$

例 2-4　设系统方程为

$$\dot{x}_1(t)=x_2(t),\quad \dot{x}_2(t)=u(t)$$

求已知初态 $x_1(0)=0$ 和 $x_2(0)=0$ ，在 $x_2(0)=0$ 时转移到目标集(末端约束)：

$$x_1(t)+x_2(t)=1$$

且使性能指标：

$$J=\frac{1}{2}\int_0^1 u^2(t)\mathrm{d}t$$

为最小的最优控制 $u^*(t)$ 和相应的最优轨线 $x^*(t)$ 。

解　本例为控制无约束，属积分型性能指标、t_{f} 固定、末端受约束的泛函极值问题，可用变分法求解。由题意得

$$\varphi\left[\boldsymbol{x}(t_{\mathrm{f}})\right]=0,\quad L(\cdot)=\frac{1}{2}u^2$$

$$\psi\left[\boldsymbol{x}(t_{\mathrm{f}})\right]=x_1(1)+x_2(1)-1$$

构造哈密顿函数(2-132)，得

$$H=\frac{1}{2}u^2+\lambda_1 x_2+\lambda_2 u$$

由正则方程(2-135)得

$$\dot{\lambda}_1=-\frac{\partial H}{\partial x_1}=0,\quad \lambda_1(t)=c_1,\quad \dot{\lambda}_2=-\frac{\partial H}{\partial x_2}=-\lambda_1,\quad \lambda_2(t)=-c_1 t+c_2$$

由极值条件(2-136)得

$$\frac{\partial H}{\partial u}=u+\lambda_2=0,\quad u(t)=-\lambda_2(t)=c_1 t-c_2$$

由状态方程得

$$\begin{cases}\dot{x}_2=u=c_1 t-c_2\\ \dot{x}_1=x_2=\dfrac{1}{2}c_1 t^2-c_2 t+c_3\end{cases}\tag{2-140}$$

积分式(2-140):

$$\begin{cases}x_2(t)=\dfrac{1}{2}c_1 t^2-c_2 t+c_3\\ x_1=\dfrac{1}{6}c_1 t^3-\dfrac{1}{2}c_2 t^2+c_3 t+c_4\end{cases}$$

根据已知初态 $x_1(0)-x_2(0)=0$，求出

$$c_3=c_4=0$$

再由目标集条件 $x_1(1)+x_2(1)-1=0$，求得

$$4c_1-9c_2=6$$

根据横截条件(2-137):

$$\lambda_1(1)=\frac{\partial\psi}{\partial x_1(1)}\gamma=\gamma,\quad \lambda_2(1)=\frac{\partial\psi}{\partial x_2(1)}\gamma=\gamma$$

得到 $\lambda_1(1)=\lambda_2(1)$，故有 $c_1=\dfrac{1}{2}c$。于是解出：

$$c_1=-\frac{3}{7},\quad c_2=-\frac{6}{7}$$

从而，本例最优解为

$$u^*(t)=-\frac{3}{7}(t-2)$$

$$x_1^*(t)=-\frac{1}{14}t^2(t-6)$$

$$x_2^*(t)=-\frac{3}{14}t(t-4)$$

2. 末端时刻自由时的最优解

当 t 自由时，末端状态又可分为受约束、自由和固定三种情况。其中，以复合型性能指标、末端受约束的泛函极值问题最具一般性，所得到的结果可以方便地推广到末端时刻自由和末端时刻固定情况。末端时刻自由时所讨论的问题，除 t 自由外，其余与末端时刻固定时所讨论的内容相同[3]。

定理 2-6 对于最优控制问题：

$$\min_{u(t)} J=\varphi\left[\boldsymbol{x}\left(t_{\mathrm{f}}\right),t_{\mathrm{f}}\right]+\int_{t_0}^{t_{\mathrm{f}}} L(\boldsymbol{x},\boldsymbol{u},t)\mathrm{d}t$$

$$\text{s.t.}\quad \dot{\boldsymbol{x}}(t)=\boldsymbol{f}(\boldsymbol{x},\boldsymbol{u},t),\quad \boldsymbol{x}\left(t_0\right)=\boldsymbol{x}_0$$

$$\psi\left[\boldsymbol{x}\left(t_{\mathrm{f}}\right),t_{\mathrm{f}}\right]=0$$

式中，t_{f} 自由，其余假设同定理 2-5，则最优解的必要条件如下。

$\boldsymbol{x}(t)$ 和 $\boldsymbol{\lambda}(t)$ 满足正则方程：

$$\dot{\boldsymbol{x}}(t)=\frac{\partial H(\boldsymbol{x},\boldsymbol{u},\boldsymbol{\lambda},t)}{\partial \boldsymbol{\lambda}},\quad \dot{\boldsymbol{\lambda}}(t)=-\frac{\partial H(\boldsymbol{x},\boldsymbol{u},\boldsymbol{\lambda},t)}{\partial \boldsymbol{x}}$$

式中，$H(\boldsymbol{x},\boldsymbol{u},\boldsymbol{\lambda},t)=L(\boldsymbol{x},\boldsymbol{u},t)+\boldsymbol{\lambda}^{\mathrm{T}}(t)\boldsymbol{f}(\boldsymbol{x},\boldsymbol{u},t)$。

边界条件与横截条件：

$$\boldsymbol{x}\left(t_0\right)=\boldsymbol{x}_0$$

$$\psi\left[\boldsymbol{x}\left(t_{\mathrm{f}}\right)\right]=0$$

$$\boldsymbol{\lambda}\left(t_{\mathrm{f}}\right)=\frac{\partial \varphi}{\partial \boldsymbol{x}\left(t_{\mathrm{f}}\right)}+\frac{\partial \boldsymbol{\psi}^{\mathrm{T}}}{\partial \boldsymbol{x}\left(t_{\mathrm{f}}\right)}\boldsymbol{\gamma}$$

极值条件：

$$\frac{\partial H}{\partial \boldsymbol{u}}=0$$

在最优轨线末端哈密顿函数变化律：

$$H\left(t_{\mathrm{f}}\right)=-\frac{\partial \varphi}{\partial t_{\mathrm{f}}}-\boldsymbol{\gamma}^{\mathrm{T}}\frac{\partial \psi}{\partial t_{\mathrm{f}}} \tag{2-141}$$

该定理可采用定理 2-5 和末端时刻自由时横截条件的求证方法得到证明。

将本定理与定理 2-5 相比可见最优解必要条件的前三项，即正则方程、边界条件与横截条件、极值条件是完全相同的，差别仅是定理 2-6 多了“在最优轨线末端哈密顿变化律”这一必要条件。

定理 2-6 的结论同样可方便地推广至末端自由和末端固定的情况，其注意事项与时刻固定时最优解的情况相同。

例 2-5　设一阶系统方程为

$$\dot{x}(t)=u(t)$$

已知 $x(0)=1$，末端时刻 t_{f} 未给定，要求 $x\left(t_{\mathrm{f}}\right)=0$，试求使性能指标：

$$J=t_{\mathrm{f}}+\frac{1}{2}\int_0^{t_{\mathrm{f}}} u^2(t)\mathrm{d}t$$

为最小的最优控制 $u^*(t)$，以及相应的最优轨线 $x^*(t)$、最优末端时刻 t_{f}^*、最小性能指标 J^*。

解　本例为复合型性能指标、t_{f} 自由、末端固定、控制无约束的泛函极值问题。

由已知的系统方程知，系统是可控的。由哈密顿函数(2-132)得

$$H=\frac{1}{2}u^2+\lambda u$$

因 $\dot{\lambda}(t)=\dfrac{\partial H}{\partial x}=0$，故 $\lambda(t)=a=\text{const}$。再由

$$\frac{\partial H}{\partial u}=u+\lambda=0,\quad \frac{\partial^2 H}{\partial u^2}=1>0$$

$$u^*(t)=-\lambda(t)=-a$$

可使 $H=\min$。由状态方程：

$$\dot{x}(t)=u=-a,\quad \int_{x(0)}^{x(t)}\mathrm{d}x=-\int_0^t a\mathrm{d}t$$

代入 $x(0)=1$，解出

$$x^*(t)=1-at$$

利用已知末态条件：

$$x(t_{\mathrm{f}})=1-at_{\mathrm{f}}=0$$

求出 $t_{\mathrm{f}}=1/a$，最后，根据 H 变化律条件：

$$H(t_{\mathrm{f}})=-\frac{\partial\varphi}{\partial t_{\mathrm{f}}}=-1,\quad \frac{1}{2}u^2(t_{\mathrm{f}})+\lambda(t_{\mathrm{f}})u(t_{\mathrm{f}})=-1$$

求得

$$\frac{1}{2}a^2-a^2=-1,\quad a=\sqrt{2}$$

于是，本例最优解为

$$u^*=-\sqrt{2},\quad x^*(t)=1-\sqrt{2}t,\quad t_{\mathrm{f}}^*=\sqrt{2}/2,\quad J^*=\sqrt{2}$$

2.4.6 极小值原理

应用经典变分法求解最优控制问题，要求控制变量不受任何约束，而且哈密顿函数对控制向量连续可微。但在实际工程问题中，控制变量往往受到一定的限制。例如，采用空气舵作为控制机构的地空战术导弹，容许的最大舵偏转角一般不超过 ±20°；采用燃气舵和摆动发动机或摆动喷管作为控制机构的弹道导弹，容许的摆动角也不能超过某一最大容许值的限制。因此这就使得导弹的控制力和控制力矩受到一定的制约，容许控制集合形成一个有界闭集，在容许控制集合边界上，若控制量的变分 δu 不能任意，最优控制的必要条件 $\dfrac{\partial H}{\partial \boldsymbol{u}}=0$ 就不能成立[3]。

为了解决控制有约束的变分问题，庞特里亚金提出并证明了极小值原理，其结论与经典变分法有许多相似之处，能够应用于控制变量受边界限制的情况，并且不要求哈密顿函数对控制向量连续可微，而只要求哈密顿函数取极小值，因而获得了广泛应用。

1. 连续系统的极小值原理

为方便阐述，先研究定常系统、末值型性能指标、末端自由时的极小值原理，然后将所得结果推广到时变系统。系统方程和性能指标不明显含时间 t 的系统称为定常系统，或称自治系统，而方程和性能指标明显含时间 t 的系统则称时变系统，或称非自由系统。

1) 末端自由时的极小值原理

定理 2-7　对于如下定常系统、末值型性能指标、末端自由、控制受约束的最优控制问题：

$$\begin{cases}\min\limits_{u(t)\in\Omega} J(\boldsymbol{u}(t))=\varphi\left[\boldsymbol{x}\left(t_{\mathrm{f}}\right)\right] \\ \text{s.t.} \quad \dot{\boldsymbol{x}}(t)=f(\boldsymbol{x},\boldsymbol{u}(t)), \quad \boldsymbol{x}\left(t_0\right)=\boldsymbol{x}_0\end{cases} \tag{2-142}$$

式中，$\boldsymbol{x}(t)\in\boldsymbol{R}^n$；$\boldsymbol{u}(t)\in\Omega\subset\boldsymbol{R}^m$，为任意分段连续函数，$\Omega$ 为容许控制域；末端状态 $\boldsymbol{x}(t_{\mathrm{f}})$ 自由，末端时刻 t_{f} 自由或固定。假设向量函数 $f(\boldsymbol{x},\boldsymbol{u})$ 和标量函数 $\varphi(\boldsymbol{x})$ 都是其自变量的连续可微函数，在有界集上，函数 $f(\boldsymbol{x},\boldsymbol{u})$ 对变量 $\boldsymbol{x}$ 满足利普希茨条件：

$$\left|\boldsymbol{f}\left(\boldsymbol{x}^1,\boldsymbol{u}\right)-\boldsymbol{f}\left(\boldsymbol{x}^2,\boldsymbol{u}\right)\right|\leqslant a\left|\boldsymbol{x}^1-\boldsymbol{x}^2\right|, \quad a>0 \tag{2-143}$$

则对于最优解 $\boldsymbol{u}^*(t)$、t_{f}^* 和 $\boldsymbol{x}^*(t)$，必存在非零的 $\boldsymbol{\lambda}(t)\in\boldsymbol{R}^n$，使下列必要条件成立。

正则方程：

$$\dot{\boldsymbol{x}}(t)=\frac{\partial H}{\partial\boldsymbol{\lambda}}, \quad \dot{\boldsymbol{\lambda}}=-\frac{\partial H}{\partial\boldsymbol{x}} \tag{2-144}$$

式中，哈密顿函数：

$$H(\boldsymbol{x},\boldsymbol{u},\boldsymbol{\lambda})=\boldsymbol{\lambda}^{\mathrm{T}}(t)\boldsymbol{f}(\boldsymbol{x},u) \tag{2-145}$$

边界条件与横截条件：

$$\boldsymbol{x}(t_0)=\boldsymbol{x}_0, \quad \boldsymbol{\lambda}(t_{\mathrm{f}})=\frac{\partial\varphi}{\partial\boldsymbol{x}(t_{\mathrm{f}})} \tag{2-146}$$

极小值条件：

$$H\left(\boldsymbol{x}^*,\boldsymbol{u}^*,\boldsymbol{\lambda}\right)=\min_{u\in\Omega}H\left(\boldsymbol{x}^*,\boldsymbol{u},\boldsymbol{\lambda}\right) \tag{2-147}$$

或者

$$H\left[\boldsymbol{x}^*(t),\boldsymbol{u}^*(t),\boldsymbol{\lambda}(t)\right]\leqslant \underset{u(t)\in\Omega}{H}\left[\boldsymbol{x}^*(t),\boldsymbol{u}(t),\boldsymbol{\lambda}(t)\right]$$

式(2-147)表示，对所有 $t\in\left[t_0,t_{\mathrm{f}}\right]$ 取 Ω 中所有点，使 H 为绝对极小值的 $\boldsymbol{u}(t)=\boldsymbol{u}^*(t)$。沿最优轨线哈密顿函数变化律($t_{\mathrm{f}}$ 自由时用)为

$$H\left[\boldsymbol{x}^*\left(t_{\mathrm{f}}^*\right),\boldsymbol{u}^*\left(t_{\mathrm{f}}^*\right),\boldsymbol{\lambda}\left(t_{\mathrm{f}}^*\right)\right]=0 \tag{2-148}$$

与经典变分法相比，极小值原理的重要意义为容许控制条件放宽；极小值条件对通常的控制约束均适用；最优控制使哈密顿函数取全局极小值。当满足经典变分法的应用

条件时，其极值条件$\partial H/\partial \boldsymbol{u}=0$是极小值原理中极小值条件$H^{*}=\min\limits_{u\in\Omega}H$的一种特例；极小值原理不要求哈密顿函数对控制向量具有可微性，因而扩大了应用范围；极小值原理给出的是最优解的必要充分条件。如果由实际工程问题的物理意义可以判定解是存在的，而由极小值原理求出的控制又是唯一的，那么该控制为要求的最优控制。实际遇到的工程问题往往属于这种情况。该定理的形式还可推广到定常系统、积分型性能指标的问题。

例 2-6 设系统方程及初始条件为

$$\dot{x}_1(t)=-x_1(t)+u(t),\quad x_1(0)=1$$
$$\dot{x}_2(t)=x_1(t),\quad x_2(0)=0$$

式中，$|u(t)|\leqslant 1$。若系统末态$x(t_{\mathrm{f}})$自由，试求$u^{*}(t)$使性能指标：

$$J=x_2(1)=\min$$

解 本例为定常系统、末值型性能指标、末端自由、t_{f}固定、控制受约束的最优控制问题[3]。由题意和哈密顿函数可知：

$$\varphi\left[\boldsymbol{x}(t_{\mathrm{f}})\right]=x_2(1),\quad t_{\mathrm{f}}=1$$

$$H(\boldsymbol{x},u,\lambda)=\lambda_1(-x_1+u)+\lambda_2x_1=(\lambda_2-\lambda_1)x_1+\lambda_1u$$

由协态方程：

$$\dot{\lambda}_1=-\frac{\partial H}{\partial x_1}=\lambda_1-\lambda_2$$

$$\dot{\lambda}_2=-\frac{\partial H}{\partial x_2}=0$$

积分得

$$\begin{cases}\lambda_1(t)=c_1\mathrm{e}^{t}+c_2\\ \lambda_2(t)=c_2\end{cases}$$

式中，c_1、c_1为待定常数。

由横截条件知：

$$\begin{cases}\lambda_1(t_{\mathrm{f}})=\dfrac{\partial\varphi}{\partial x_1(1)}=0\\ \lambda_2(t_{\mathrm{f}})=\dfrac{\partial\varphi}{\partial x_2(1)}=1\end{cases}$$

解出待定常数$c_1=-\mathrm{e}^{-1},c_2=1$，故有

$$\lambda_1(t)=1-\mathrm{e}^{t-1}$$

由极值条件知，由于哈密顿函数H是u的线性函数，根据极小值原理，要使H绝对值极小，就相当于使性能指标极小，即要求λ_1和u极小。又因$|u|\leqslant 1$，故取

$$u^*(t)=-\operatorname{sgn}\left(\lambda_1\right)=\begin{cases}-1, & \lambda_1>0 \\ 1, & \lambda_1<0\end{cases}$$

易知：

$$\lambda_1(t)=1-\mathrm{e}^{t-1}>0, \quad \forall t\in[0,1)$$
$$\lambda_1(t)=0, \quad t=1$$

故所求最优控制：

$$u^*(t)=\begin{cases}-1, & \forall t\in[0,1) \\ 0, & t=1\end{cases}$$

定理 2-7 适用定常系统、末值型性能指标、末端自由时的极小值原理，但许多常见的最优控制问题可以化为这种形式，如时变系统。

定理 2-8 对于如下定常系统、积分型性能指标、末端自由、控制受约束的最优控制问题：

$$\begin{cases}\min\limits_{u(t)\in\Omega} J(u)=\int_{t_0}^{t_\mathrm{f}} L(\boldsymbol{x},\boldsymbol{u})\mathrm{d}t \\ \text{s.t.} \quad \dot{\boldsymbol{x}}(t)=\boldsymbol{f}(\boldsymbol{x},\boldsymbol{u}), \quad \boldsymbol{x}\left(t_0\right)=\boldsymbol{x}_0\end{cases}$$

式中，t_f 固定或自由，其他内容如定理 2-7，则最优解的必要条件如下。

正则方程：

$$\dot{\boldsymbol{x}}(t)=\frac{\partial H}{\partial \boldsymbol{\lambda}}, \quad \dot{\boldsymbol{\lambda}}(t)=-\frac{\partial H}{\partial \boldsymbol{x}}$$

式中，哈密顿函数：

$$H(\boldsymbol{x},\boldsymbol{u},\boldsymbol{\lambda})=L(\boldsymbol{x},\boldsymbol{u})+\boldsymbol{\lambda}^\mathrm{T}(t)\boldsymbol{f}(\boldsymbol{x},\boldsymbol{u}) \tag{2-149}$$

边界条件与横截条件：

$$\boldsymbol{x}\left(t_0\right)=\boldsymbol{x}_0, \quad \boldsymbol{\lambda}\left(t_\mathrm{f}\right)=0$$

极小值条件：

$$H\left(\boldsymbol{x}^*,\boldsymbol{u}^*,\boldsymbol{\lambda}\right)=\min_{u\in\Omega} H\left(\boldsymbol{x}^*,\boldsymbol{u},\boldsymbol{\lambda}\right)$$

沿最优轨线哈密顿函数变化律(t_f 自由时)为

$$H\left[\boldsymbol{x}^*\left(t_\mathrm{f}^*\right),\boldsymbol{u}^*\left(t_\mathrm{f}^*\right),\lambda\left(t_\mathrm{f}^*\right)\right]=0$$

可以证明定理 2-8 与定理 2-7 中除哈密顿函数和横截条件不同外，其他内容均相同。这是因为定理 2-8 中的积分型性能指标不但改变了哈密顿函数的形式，也影响了横截条件表达式。应当指出，不论是复合型性能指标，还是积分型性能指标，或是末值型性能指标，其哈密顿函数的统一形式应为

$$H(\boldsymbol{x},\boldsymbol{u},\boldsymbol{\lambda})=L(\boldsymbol{x},\boldsymbol{u})+\boldsymbol{\lambda}^\mathrm{T}(t)\boldsymbol{f}(\boldsymbol{x},\boldsymbol{u})$$

这一规定，对时变系统同样适用。

例 2-7 设一阶系统方程为

$$\dot{x}(t)=x(t)-u(t),\quad x(0)=5$$

式中，控制约束 $0.5\leqslant u(t)\leqslant 1$。试求使性能指标[3]：

$$J=\int_0^1[x(t)+u(t)]\mathrm{d}t$$

为极小值的最优控制 $u^*(t)$ 及最优轨线 $x^*(t)$。

解 本例为定常系统、积分型性能指标、t_{f} 固定、末端自由、控制受约束的最优控制问题。由哈密顿函数(2-149)得

$$H=x+u+\lambda(x-u)=x(1+\lambda)+u(1-\lambda)$$

由于 H 是 u 的线性函数，根据极小值原理，使 H 绝对值极小就相当于使性能指标极小，因此 $u(1-\lambda)$ 要求极小。因 u 的取值上限为 1，下限为 0.5，故应取：

$$u^*(t)=\begin{cases}1, & \lambda>1\\ 0.5, & \lambda<1\end{cases}$$

由协态方程：

$$\dot{\lambda}(t)=-\frac{\partial H}{\partial x}=-(1+\lambda)$$

其解为 $\lambda(t)=c\mathrm{e}^{-t}-1$，其中常数 c 待定。

由横截条件：

$$\lambda(1)=c\mathrm{e}^{-1}-1=0$$

求出 $c=\mathrm{e}$，于是

$$\lambda(t)=\mathrm{e}^{1-t}-1$$

显然，当 $\lambda(t_{\mathrm{s}})=1$ 时，$u^*(t)$ 产生切换，其中 t_{s} 为切换时间。令 $\lambda(t_{\mathrm{s}})=\mathrm{e}^{1-t_{\mathrm{s}}}-1=1$，得 $t_{\mathrm{s}}=0.307$，故最优控制：

$$u^*(t)=\begin{cases}1, & 0\leqslant t<0.307\\ 0.5, & 0.307\leqslant t\leqslant 1\end{cases}$$

将 $u^*(t)$ 代入状态方程，有

$$\dot{x}(t)=\begin{cases}x(t)-1, & 0\leqslant t<0.307\\ x(t)-0.5, & 0.307\leqslant t\leqslant 1\end{cases}$$

解得

$$x(t)=\begin{cases}c_1\mathrm{e}^t+1, & 0\leqslant t<0.307\\ c_2\mathrm{e}^t+0.5, & 0.307\leqslant t\leqslant 1\end{cases}$$

代入 $x(0)=5$，求出 $c_1=4$，因而

$$x^*(t)=4\mathrm{e}^t+1,\quad 0\leqslant t<0.307 \tag{2-150}$$

在式(2-150)中，令 $t=0.307$，可以求出 $0.307\leqslant t\leqslant 1$ 时 $x(t)$ 的初始状态 $x(0.307)=6.44$，从而求得 $c_2=4.37$。于是最优轨线为

$$x^*(t)=\begin{cases}4\mathrm{e}^t+1, & 0\leqslant t<0.307\\ 4.37\mathrm{e}^t+0.5, & 0.307\leqslant t\leqslant 1\end{cases}$$

定理 2-9　对于如下时变系统、末值型性能指标、末端自由、控制受约束的最优控制问题：

$$\begin{cases}\min\limits_{u(t)\in\Omega} J(u)=\varphi\left[\boldsymbol{x}\left(t_{\mathrm{f}}\right),t_{\mathrm{f}}\right]\\ \text{s.t.}\quad \dot{\boldsymbol{x}}(t)=\boldsymbol{f}(\boldsymbol{x},\boldsymbol{u},t),\quad \boldsymbol{x}\left(t_0\right)=\boldsymbol{x}_0\end{cases}$$

式中，t_{f} 固定或自由，假设同定理 2-7，则最优解的必要条件如下。

正则方程：

$$\dot{\boldsymbol{x}}(t)=\frac{\partial H}{\partial \boldsymbol{\lambda}},\quad \dot{\boldsymbol{\lambda}}(t)=-\frac{\partial H}{\partial \boldsymbol{x}}$$

式中，哈密顿函数：

$$H(\boldsymbol{x},\boldsymbol{u},\boldsymbol{\lambda},t)=\boldsymbol{\lambda}^{\mathrm{T}}(t)\boldsymbol{f}(\boldsymbol{x},\boldsymbol{u},t)$$

边界条件与横截条件：

$$\boldsymbol{x}\left(t_0\right)=\boldsymbol{x}_0,\quad \boldsymbol{\lambda}\left(t_{\mathrm{f}}\right)=\frac{\partial\varphi}{\partial\boldsymbol{x}\left(t_{\mathrm{f}}\right)}$$

极小值条件：

$$H\left(\boldsymbol{x}^*,\boldsymbol{u}^*,\boldsymbol{\lambda},t\right)=\min_{u(t)\in\Omega} H\left(\boldsymbol{x}^*,\boldsymbol{u},\boldsymbol{\lambda},t\right)$$

沿最优轨线哈密顿函数变化律(t_{f} 自由时)为

$$H\left[\boldsymbol{x}^*\left(t_{\mathrm{f}}^*\right),\boldsymbol{u}^*\left(t_{\mathrm{f}}^*\right),\boldsymbol{\lambda}\left(t_{\mathrm{f}}^*\right),t_{\mathrm{f}}^*\right]=-\frac{\partial\varphi\left[\boldsymbol{x}^*\left(t_{\mathrm{f}}^*\right),t_{\mathrm{f}}^*\right]}{\partial t_{\mathrm{f}}}$$

比较定理 2-9 与定理 2-7 可见，时变系统并不影响极小值原理中的正则方程、横截条件和极小值条件，但却改变了哈密顿函数沿最优轨线的变化律。

2) 末端约束时的极小值原理

对于具有目标集约束条件的最优控制问题，需要把极小值原理的原始形式推广到末端受约束时的最优控制问题。

定理 2-10　对于定常系统、末值型性能指标、末端受约束、控制也受约束的最优控制问题：

$$\begin{cases}\min\limits_{u(t)\in\Omega} J(\boldsymbol{u})=\varphi\left[\boldsymbol{x}\left(t_{\mathrm{f}}\right)\right]\\ \text{s.t.}\quad \dot{\boldsymbol{x}}(t)=\boldsymbol{f}(\boldsymbol{x},\boldsymbol{u}),\quad \boldsymbol{x}\left(t_0\right)=\boldsymbol{x}_0\\ \boldsymbol{\psi}\left[\boldsymbol{x}\left(t_{\mathrm{f}}\right)\right]=0\end{cases}$$

式中，t_f 固定或自由；$\psi(\cdot)\in\boldsymbol{R}^T$，$T\leqslant n$，在 $[t_0,t_f]$ 上连续可微；其余假设同定理 2-7。因此，必存在非零常向量 $\boldsymbol{\gamma}\in\boldsymbol{R}^r$ 和 $\boldsymbol{\lambda}(t)\in\boldsymbol{R}^n$，使最优解满足如下必要条件。

正则方程：

$$\dot{\boldsymbol{x}}(t)=\frac{\partial H}{\partial\boldsymbol{\lambda}},\quad \dot{\boldsymbol{\lambda}}(t)=-\frac{\partial H}{\partial\boldsymbol{x}}$$

式中，哈密顿函数：

$$H(\boldsymbol{x},\boldsymbol{u},\boldsymbol{\lambda})=\boldsymbol{\lambda}^{\mathrm{T}}(t)\boldsymbol{f}(\boldsymbol{x},\boldsymbol{u})$$

边界条件与横截条件：

$$\boldsymbol{x}(t_0)=\boldsymbol{x}_0,\quad \psi\left[\boldsymbol{x}(t_f)\right]=0$$

$$\boldsymbol{\lambda}(t_f)=\frac{\partial\varphi}{\partial\boldsymbol{x}(t_f)}+\frac{\partial\boldsymbol{\psi}^{\mathrm{T}}}{\partial\boldsymbol{x}(t_1)}\boldsymbol{\gamma}$$

极小值条件：

$$H\left(\boldsymbol{x}^*,\boldsymbol{u}^*,\boldsymbol{\lambda}\right)=\min_{u\in\Omega}H\left(\boldsymbol{x}^*,\boldsymbol{u}^*,\boldsymbol{\lambda}\right)$$

沿最优轨线哈密顿函数变化律(t_f 自由时)为

$$H\left[\boldsymbol{x}^*\left(t_f^*\right),\boldsymbol{u}^*\left(t_j^*\right),\boldsymbol{\lambda}\left(t_f^*\right)\right]=0$$

与定理 2-7 比较，定理 2-10 中除横截条件与定理 2-7 的形式不同外，其他结论均是相同的。同时也不难证明，上述定理也可以推广到时变系统。

定理 2-11 对于时变系统、末值型性能指标、末端受约束、控制也受约束的最优控制问题：

$$\begin{cases}\min\limits_{u(t)\in\Omega} J(\boldsymbol{u})=\varphi\left[\boldsymbol{x}(t_f),t_f\right]\\ \text{s.t.}\quad \dot{\boldsymbol{x}}(t)=\boldsymbol{f}(\boldsymbol{x},\boldsymbol{u},t),\quad \boldsymbol{x}(t_0)=\boldsymbol{x}_0\\ \psi\left[\boldsymbol{x}(t_f),t_f\right]=0\end{cases}$$

式中，t_f 固定或自由，假设条件同定理 2-10。因此，必存在 r 维非零常向量 $\boldsymbol{\gamma}$ 和 n 维向量 $\boldsymbol{\lambda}(t)$，使最优解满足如下必要条件。

正则方程：

$$\dot{\boldsymbol{x}}(t)=\frac{\partial H}{\partial\lambda},\quad \dot{\boldsymbol{\lambda}}(t)=-\frac{\partial H}{\partial\boldsymbol{x}}$$

式中，哈密顿函数：

$$H(\boldsymbol{x},\boldsymbol{u},\boldsymbol{\lambda},t)=\boldsymbol{\lambda}^{\mathrm{T}}(t)\boldsymbol{f}(\boldsymbol{x},\boldsymbol{u},t)$$

边界条件与横截条件：

$$\boldsymbol{x}(t_0)=\boldsymbol{x}_0,\quad \psi\left[\boldsymbol{x}(t_f),t_f\right]=0$$

$$\boldsymbol{\lambda}(t_{\mathrm{f}})=\frac{\partial\varphi}{\partial\boldsymbol{x}(t_{\mathrm{f}})}+\frac{\partial\boldsymbol{\psi}^{\mathrm{T}}}{\partial\boldsymbol{x}(t_{\mathrm{f}})}\boldsymbol{\gamma}$$

极小值条件：

$$H(\boldsymbol{x}^*,\boldsymbol{u}^*,\boldsymbol{\lambda},t)=\min_{\underline{u}\in\Omega}H(\boldsymbol{x}^*,\boldsymbol{u},\boldsymbol{\lambda},t)$$

沿最优轨线哈密顿函数变化律(t_{f} 自由时用)为

$$H\left[\boldsymbol{x}^*(t_{\mathrm{f}}^*),\boldsymbol{u}^*(t_{\mathrm{f}}^*),\boldsymbol{\lambda}(t_{\mathrm{f}}^*),t_{\mathrm{f}}^*\right]=-\frac{\partial\varphi}{\partial t_{\mathrm{f}}}-\boldsymbol{\gamma}^{\mathrm{T}}\frac{\partial\boldsymbol{\psi}}{\partial t_{\mathrm{f}}}$$

上述定理与定理 2-9 比较知，两定理中除横截条件和沿最优轨线哈密顿函数变化规律不同外，其他结论皆相同，而与定理 2-10 比较，两定理中仅有沿最优轨线哈密顿函数变化律不同。该定理可仿定理 2-10 的证明方法加以证明。

例 2-8　设宇宙飞船登月舱的质量为 $m(t)$，高度为 $h(t)$，垂直速度为 $\upsilon(t)$，发动机推力为 $P(t)$，月球表面重力加速度为常数 g，登月舱的结构质量为 M_k，燃料的总质量为 M_r。已知登月舱的状态方程为[3]

$$\dot{h}(t)=\upsilon(t),\quad h(0)=h_0$$

$$\dot{\upsilon}(t)=\frac{P(t)}{m(t)}-g,\quad \upsilon(0)=\upsilon_0$$

$$\dot{m}(t)=-kP(t),\quad m(0)=M_k+M_r$$

要求登月舱在月球表面实现软着陆，即目标集为

$$\psi_1=h(t_{\mathrm{f}})=0,\quad \psi_2=\upsilon(t_{\mathrm{f}})=0$$

发动机推力 $P(t)$ 的约束为

$$P(t)\in\Omega,\quad \Omega=\{P(t)\,|0\leqslant P(t)\leqslant\alpha\},\quad \forall t\in[0,t_{\mathrm{f}}]$$

试确定最优控制 $P^*(t)$，使登月舱由已知初态转移到要求的目标集，并使登月舱燃料消耗为

$$J=-m(t_{\mathrm{f}})=\min$$

解　本例为时变系统、末值型性能指标、t_{f} 自由、末端受约束、控制也受约束的最优控制问题。构造哈密顿函数：

$$H=\lambda_1(t)\upsilon+\lambda_2(t)\left(\frac{P}{m}-g\right)-\lambda_3(t)kP=\lambda_1(t)\upsilon-\lambda_2(t)g+\left(\frac{\lambda_2(t)}{m}-k\lambda_3(t)\right)P$$

式中，$\lambda_1(t)$、$\lambda_2(t)$ 和 $\lambda_3(t)$ 都为共轭函数。根据题意：

$$\varphi=-m(t_{\mathrm{f}})$$

由协态方程：

$$\dot{\lambda}_1(t) = -\frac{\partial H}{\partial h} = 0$$

$$\dot{\lambda}_2(t) = -\frac{\partial H}{\partial \upsilon} = -\lambda_1(t)$$

$$\dot{\lambda}_3(t) = -\frac{\partial H}{\partial m} = \frac{\lambda_2(t)P(t)}{m^2(t)}$$

由横截条件：

$$\lambda_1(t_f) = \frac{\partial \varphi}{\partial h(t_f)} + \frac{\partial \psi_1}{\partial h(t_f)}\gamma_1 = \gamma_1$$

$$\lambda_2(t_f) = \frac{\partial \varphi}{\partial \upsilon(t_f)} + \frac{\partial \psi_2}{\partial \upsilon(t_f)}\gamma_2 = \gamma_2$$

$$\lambda_3(t_f) = \frac{\partial \varphi}{\partial m(t_f)} = -1$$

式中，γ_1和γ_2为待定的拉格朗日乘子。

由极小值条件，H 相对 $p^*(t)$ 取绝对极小值，因此最优控制：

$$p^*(t) = \begin{cases} \alpha, & \dfrac{\lambda_2}{m} - k\lambda_3 < 0 \\ 0, & \dfrac{\lambda_2}{m} - k\lambda_3 > 0 \end{cases}$$

上述结果表明，只有当登月舱发动机推力在其最大值和零值之间进行开关控制，才有可能在软着陆的同时保证登月舱的燃料消耗最少。

2. 最小时间控制

最小时间控制和最小能量控制是利用极小值原理求最优解的典型控制类型。最小时间控制问题，又称时间最优控制问题，它要求在容许控制范围内寻求最优控制，使系统以最短的时间从任意状态转移到要求的目标集。一般来说，求非线性系统和任意目标集的时间最优控制问题的解析解十分困难，这里仅考虑线性定常系统且目标集为状态空间原点，即末端固定时的时间最优控制问题。

设线性定常系统：

$$\dot{\boldsymbol{x}}(t) = \boldsymbol{A}\boldsymbol{x}(t) + \boldsymbol{B}\boldsymbol{u}(t) \tag{2-151}$$

是完全可控的，$\boldsymbol{x}(t) \in \boldsymbol{R}^n$，$\boldsymbol{A}$、$\boldsymbol{B}$ 为维数适当的常阵。求满足下列不等式约束的容许控制：

$$|u_j(t)| \leqslant 1, \quad j = 1, 2, \cdots, m$$

使系统(2-151)从已知初态 $\boldsymbol{x}(0) = \boldsymbol{x}_0$ 转移到 $\boldsymbol{x}(t_f) = 0$，并使性能指标：

$$J = \int_0^{t_f} \mathrm{d}t \tag{2-152}$$

极小，其中 t_f 自由。

在求解之前，应首先判断问题是否可用极小值原理求解。可以证明，只有当系统(2-151)正常时，才能应用极小值原理求得最优解。

对于系统(2-151)，构造哈密顿函数：

$$H(\boldsymbol{x},\boldsymbol{u},\lambda)=1+\boldsymbol{\lambda}^{\mathrm{T}}\boldsymbol{Ax}+\boldsymbol{\lambda}^{\mathrm{T}}\boldsymbol{Bu}$$

根据极小值条件 $H^*=\min\limits_{u\in\Omega}H$，有

$$1+\boldsymbol{\lambda}^{\mathrm{T}}\boldsymbol{Ax}^*(t)+\boldsymbol{\lambda}^{\mathrm{T}}(t)\boldsymbol{Bu}^*(t)=\min_{|u_j|\leqslant 1}\left\{1+\boldsymbol{\lambda}^{\mathrm{T}}(t)\boldsymbol{Ax}^*(t)+\boldsymbol{\lambda}^{\mathrm{T}}(t)\boldsymbol{Bu}(t)\right\} \tag{2-153}$$

式(2-153)又可表示为

$$\boldsymbol{\lambda}^{\mathrm{T}}(t)\boldsymbol{Bu}^*(t)=\min_{|u_j|\leqslant 1}\left\{\boldsymbol{\lambda}^{\mathrm{T}}(t)\boldsymbol{Bu}(t)\right\} \tag{2-154}$$

设

$$\boldsymbol{B}=\begin{bmatrix}b_1 & b_2 & \cdots & b_m\end{bmatrix} \tag{2-155}$$

$$g_j(t)=\boldsymbol{\lambda}^{\mathrm{T}}(t)\boldsymbol{b}_j \tag{2-156}$$

式中，$\boldsymbol{b}_j\in\boldsymbol{R}^n$，$j=1,2,\cdots,m$，则式(2-154)可用下列符号函数表示

$$u_j^*(t)=-\operatorname{sgn}\left\{g_j(t)\right\}=\begin{cases}+1, & g_j(t)<0\\ -1, & g_j(t)>0\\ \text{不定}, & g_j(t)=0\end{cases} \tag{2-157}$$

显见，若 $g_j(t)\neq 0$，$\forall t\in[0,t_f]$，则可用极小值原理确定 $u_j^*(t), j=1,2,\cdots,m$。这种情况称为正常(平凡)情况，相应的系统(2-151)称为正常系统。

若 $g_j(t)=0$，$\forall t\in[t_1,t_2]\subset[0,t_f]$，则因 $u_j^*(t)$ 不定，无法应用极小值原理确定 $u_j^*(t)$，只能取满足约束条件 $|u_j^*(t)|\leqslant 1$ 的任意值。这种情况称为奇异(非平凡)情况，相应的系统(2-151)称为奇异系统。

定理 2-12　若系统(2-151)为正常系统，则最优解的必要条件如下。

正则方程：

$$\dot{\boldsymbol{x}}(t)=\frac{\partial H}{\partial\lambda}=\boldsymbol{Ax}(t)+\boldsymbol{Bu}(t)$$

$$\dot{\boldsymbol{\lambda}}(t)=-\frac{\partial H}{\partial\boldsymbol{x}}=-\boldsymbol{A}^{\mathrm{T}}\boldsymbol{\lambda}(t)$$

式中，哈密顿函数：

$$H(\boldsymbol{x},\boldsymbol{u},\lambda)=1+\boldsymbol{\lambda}^{\mathrm{T}}(t)[\boldsymbol{Ax}(t)+\boldsymbol{Bu}(t)]$$

边界条件：

$$\boldsymbol{x}(0)=\boldsymbol{x}_0,\quad \boldsymbol{x}(t_f)=0$$

极小值条件：

$$u_j^*(t) = -\mathrm{sgn}\left(\boldsymbol{b}_j^{\mathrm{T}}\boldsymbol{\lambda}\right) = \begin{cases} +1, & \boldsymbol{b}_j^{\mathrm{T}}\boldsymbol{\lambda} < 0 \\ -1, & \boldsymbol{b}_j^{\mathrm{T}}\boldsymbol{\lambda} > 0 \end{cases} \quad j = 1, 2, \cdots, m$$

式中，$\boldsymbol{b}_j \in \boldsymbol{R}^n$ 为矩阵 $\boldsymbol{B}$ 的列向量。

沿最优轨线 H 变化律为

$$H^*\left(t_{\mathrm{f}}^*\right) = 0$$

例 2-9 设系统状态方程为

$$\dot{x}_1(t) = x_2(t), \quad \dot{x}_2(t) = u(t)$$

边界条件为

$$x_1(0) = x_{10}, \quad x_2(0) = x_{20}, \quad x_1\left(t_{\mathrm{f}}\right) = x_2\left(t_{\mathrm{f}}\right) = 0$$

控制变量的不等式约束为 $|u(t)| \leqslant 1$，性能指标：

$$J = \int_0^{t_{\mathrm{f}}} \mathrm{d}t = t_{\mathrm{f}}$$

求最优控制 $u^*(t)$ ，使 J 极小。

解 本例为二次积分模型的最小时间控制问题。不难验证，系统可控，因而正常，故时间最优控制必为Bang-Bang控制，可用极小值原理求解。构造哈密顿函数：

$$H = 1 + \lambda_1 x_2 + \lambda_2 u$$

由定理 2-12 知，最优控制：

$$u^*(t) = -\mathrm{sgn}\{\lambda_2(t)\} = \begin{cases} +1, & \lambda_2(t) < 0 \\ -1, & \lambda_2(t) > 0 \end{cases}$$

由协态方程：

$$\dot{\lambda}_1(t) = -\frac{\partial H}{\partial x_1} = 0, \quad \lambda_1(t) = c_1$$

$$\dot{\lambda}_2(t) = -\frac{\partial H}{\partial x_2} = -\lambda_1(t), \quad \lambda_2(t) = -c_1 t + c_2$$

式中，c_1、c_2 为待定常数。

若令 $u^*(t) = 1$，状态方程及其解为

$$\dot{x}_2(t) = 1, \qquad x_2(t) = t + x_{20}$$

$$\dot{x}_1(t) = t + x_{20}, \quad x_1(t) = \frac{1}{2}t^2 + x_{20}t + x_{10}$$

在解 $\{x_1(t), x_2(t)\}$ 中，消去 t，求得相应的最优轨线方程：

$$x_1(t) = \frac{1}{2}x_2^2(t) + \left(x_{10} - \frac{1}{2}x_{20}^2\right) \tag{2-158}$$

方程(2-158)表示一簇抛物线，由于 $x_2(t)=t+x_{20}$，故 $x_2(t)$ 随 t 增大而增大。显然，满足末态要求的最优轨线表示为

$$\gamma_+=\left\{(x_1,x_2)\middle|x_1=\frac{1}{2}x_2^2,x_2\leqslant 0\right\}$$

若令 $u^*(t)=-1$，状态方程及其解为

$$\dot{x}_2(t)=-1,\qquad x_2(t)=-t+x_{20}$$
$$\dot{x}_1(t)=-t+x_{20},\quad x_1(t)=-\frac{1}{2}t^2+x_{20}t+x_{10}$$

相应的最优轨线方程为

$$x_1=-\frac{1}{2}x_2^2+\left(x_{10}+\frac{1}{2}x_{20}\right) \tag{2-159}$$

方程(2-159)也描绘了一簇抛物线。显然满足末态要求的最优轨线可以表示为

$$\gamma_-=\left\{(x_1,x_2)\middle|x_1=-\frac{1}{2}x_2^2,x_2\geqslant 0\right\}$$

3. 最小能量控制

最小能量控制也是极小值原理获得成功应用的一个重要方面。最小能量控制问题是指在有限时间的控制过程中，要求控制系统的能量消耗最小。

设线性定常系统的状态方程为

$$\dot{\boldsymbol{x}}(t)=\boldsymbol{A}\boldsymbol{x}(t)+\boldsymbol{B}\boldsymbol{u}(t),\quad \boldsymbol{x}(t_0)=\boldsymbol{x}_0$$

式中，$\boldsymbol{x}(t)\in\boldsymbol{R}^n$；$\boldsymbol{u}(t)\in\boldsymbol{R}^m$，控制约束 $|u_j(t)|\leqslant M,M>0,j=1,2,\cdots,m$；末端状态 $\boldsymbol{x}(t_\mathrm{f})=\boldsymbol{x}_\mathrm{f}$，$t_\mathrm{f}$ 给定。要求确定最优控制 $\boldsymbol{u}^*(t)$，使性能指标为极小：

$$J=\int_{t_0}^{t_\mathrm{f}}\boldsymbol{u}^\mathrm{T}(t)\boldsymbol{u}(t)\mathrm{d}t=\int_{t_0}^{t_\mathrm{f}}\left[\sum_{j=1}^{m}u_j^2(t)\right]\mathrm{d}t \tag{2-160}$$

上述最小能量控制问题可用极小值原理求解。构造哈密顿函数：

$$J=\int_{t_0}^{t_\mathrm{f}}\boldsymbol{u}^\mathrm{T}(t)\boldsymbol{u}(t)\mathrm{d}t=\int_{t_0}^{t_\mathrm{f}}\left[\sum_{j=1}^{m}u_j^2(t)\right]\mathrm{d}t$$

$$H=\sum_{j=1}^{m}u_j^2(t)+\boldsymbol{u}^\mathrm{T}(t)\boldsymbol{B}^\mathrm{T}\lambda(t)+\boldsymbol{x}^\mathrm{T}(t)\boldsymbol{A}^\mathrm{T}\lambda(t) \tag{2-161}$$

定义开关向量函数：

$$\boldsymbol{s}(t)=\boldsymbol{B}^\mathrm{T}\lambda(t)=\begin{bmatrix}s_1(t) & s_2(t) & \cdots & s_m(t)\end{bmatrix}^\mathrm{T} \tag{2-162}$$

由协态方程：

$$\dot{\lambda}(t)=-\frac{\partial H}{\partial \boldsymbol{x}}=-\boldsymbol{A}^\mathrm{T}\lambda(t)$$

解得

$$\lambda(t)=e^{-A^{T}t}\lambda(t_0)$$

因为

$$\boldsymbol{B}=\begin{bmatrix}b_1 & b_2 & \cdots & b_m\end{bmatrix},\quad b_j\in\boldsymbol{R}^n,\quad j=1,2,\cdots,m$$

故可求得开关向量函数：

$$s(t)=\boldsymbol{B}^{\mathrm{T}}\boldsymbol{\lambda}(t)=\boldsymbol{B}^{\mathrm{T}}e^{-A^{T}t}\boldsymbol{\lambda}(t_0) \tag{2-163}$$

其分量：

$$s_j(t)=\boldsymbol{b}_j^{\mathrm{T}}e^{-A^{T}t}\boldsymbol{\lambda}(t_0),\quad j=1,2,\cdots,m \tag{2-164}$$

由于

$$\boldsymbol{u}^{\mathrm{T}}(t)\boldsymbol{B}^{\mathrm{T}}\lambda(t)=\boldsymbol{u}^{\mathrm{T}}(t)s(t)=\sum_{j=1}^{m}u_j(t)s_j(t) \tag{2-165}$$

将式(2-165)代入式(2-161)，哈密顿函数可以表示为

$$H=\sum_{j=1}^{m}\left[u_j^2(t)+u_j(t)s_j(t)\right]+\boldsymbol{x}^{\mathrm{T}}(t)\boldsymbol{A}^{\mathrm{T}}\lambda(t)$$

由极小值条件知，$u^*(t)$应使H为极小，即$u_j(t)$应使H函数中$u_j^2(t)+u_j(t)s_j(t)$为极小。若$u_j(t)$无约束，可令

$$\frac{\partial}{\partial u_j(t)}\left[u_j^2(t)+u_j(t)s_j(t)\right]=0$$

得

$$u_j^*(t)=-\frac{1}{2}s_j(t),\quad j=1,2,\cdots,m \tag{2-166}$$

式(2-166)表明，在$u_j(t)$无约束条件时，最优控制与开关函数$s_j(t)$成正比。但是，$u_j(t)$是有约束的，要求$|u_j(t)|\leqslant M$，因此式(2-166)仅在$|u_j(t)|\leqslant 2M$范围内成立。当$|s_j(t)|>2M$时，最优控制为

$$u_j^*(t)=-M\operatorname{sgn}\{s_j(t)\} \tag{2-167}$$

最后，线性定常系统最小能量控制的最优控制律可以归纳如下：

$$u_j^*(t)=\begin{cases}-\dfrac{1}{2}s_j(t), & |s_j(t)|\leqslant 2M\\ -M\operatorname{sgn}\{s_j(t)\}, & |s_j(t)|>2M\end{cases} \tag{2-168}$$

例 2-10 设系统状态方程为

$$\dot{x}_1(t)=x_2(t),\quad \dot{x}_2(t)=u(t)$$

边界条件：

$$x_1(0)=x_2(0)=0,\quad x_1(t_\mathrm{f})=x_2(t_\mathrm{f})=\frac{1}{4}$$

控制约束 $|u(t)|\leqslant 1$，末端时刻 t_f 自由。试确定最优控制 $u^*(t)$，使性能指标：

$$J=\int_0^{t_\mathrm{f}}u^2(t)\mathrm{d}t=\min$$

解　本例为系统定常、末端固定、t_f 自由的最小能量控制问题。构造哈密顿函数：

$$H=u^2+\lambda_1x_2+\lambda_2u=\left(u+\frac{1}{2}\lambda_2\right)^2+\lambda_1x_2-\frac{1}{4}\lambda_2^2$$

由极小值条件知

$$u^*(t)=\begin{cases}+1, & \lambda_2(t)<-2\\ -\dfrac{1}{2}\lambda_2(t), & |\lambda_2(t)|\leqslant 2\\ -1, & \lambda_2(t)>2\end{cases}$$

由协态方程：

$$\dot{\lambda}_1(t)=-\frac{\partial H}{\partial x_1}=0,\quad \lambda_1(t)=c_1$$

$$\dot{\lambda}_2(t)=-\frac{\partial H}{\partial x_2}=-\lambda_1(t),\quad \lambda_2(t)=-c_1t+c_2$$

式中，c_1、c_2 为待定常数。

因为末端固定，不能由横截条件确定 c_1 和 c_2，需采用试探法。通常，最小能量控制问题的控制量较小，可首选线性最优控制函数，即

$$u^*(t)=-\frac{1}{2}\lambda_2(t)=\frac{1}{2}(c_1t-c_2)\tag{2-169}$$

将式(2-169)代入状态方程，有 $\dot{x}_2(t)=u=\frac{1}{2}(c_1t-c_2)$。

解得 $x_2(t)=\frac{1}{4}c_1t^2-\frac{1}{2}c_2t+c_3$、$\dot{x}_1(t)=x_2(t)=\frac{1}{4}c_1t^2-\frac{1}{2}c_2t+c_3$、$x_1(t)=\frac{1}{12}c_1t^3-\frac{1}{4}c_2t^2+c_3t+c_4$。

根据初始条件 $x_1(0)=x_2(0)=0$，可得

$$c_3=c_4=0$$

根据末态条件，得

$$x_1(t_\mathrm{f})=\frac{c_1}{12}t_\mathrm{f}^3-\frac{c_2}{4}t_\mathrm{f}^2=\frac{1}{4}$$

$$x_2(t_\mathrm{f})=\frac{c_1}{4}t_\mathrm{f}^2-\frac{c_2}{2}t_\mathrm{f}=\frac{1}{4}$$

根据H沿最优轨线变化律，有

$$H(t_f)=u^2(t_f)+\lambda_1(t_f)x_2(t_f)+\lambda_2(t_f)u(t_f)=0$$

代入$u(t_f)$ 、$x_2(t_f)$、$\lambda_1(t_f)$和$\lambda_2(t_f)$表达式，得

$$c_1-(c_2-c_1t_f)^2=0$$

联立求解，可得

$$c_1=\frac{3(t_f-2)}{t_f^3}=\frac{1}{9},\quad c_2=\frac{t_f-3}{t_f^2}=0,\quad t_f=3$$

此时，最优控制：

$$u^*(t)=\frac{1}{2}(c_1t-c_2)=\frac{t}{18}$$

显然，应校验在$[0,t_f]$区间上，是否满足$|u(t)|\leqslant 1$的约束条件。经校验，$u(t_f)=\frac{t_f}{18}=\frac{1}{6}<1$，$\lambda_2(t_f)-c_1t_f=-\frac{1}{3}$，满足$|u(t)|\leqslant 1$及$|\lambda_2(t)|\leqslant 2$的条件，故所做选择是正确的，最后得最优轨线：

$$x_1^*(t)=\frac{1}{108}t^3,\quad x_2^*(t)=\frac{1}{36}t^2$$

共轭函数：

$$\lambda_1(t)=\frac{1}{9},\quad \lambda_2(t)=-\frac{1}{9}t$$

最优性能指标：

$$J^*=\int_0^3\left[u^*(t)\right]^2\mathrm{d}t=\frac{1}{36}$$

2.4.7 线性二次型问题的最优控制

如果所研究的系统是线性的，且性能指标为状态变量和控制变量的二次型函数，则最优控制问题称为线性二次型问题。线性二次型问题的最优解具有统一的解析表达式，且可导致一个简单的线性状态反馈控制律，易于构成闭环最优反馈控制，便于工程实现，因而在实际工程问题中得到了广泛应用。

1. 线性二次型问题

设线性时变系统的状态方程为

$$\begin{cases}\dot{\boldsymbol{x}}(t)=\boldsymbol{A}(t)\boldsymbol{x}(t)+\boldsymbol{B}(t)\boldsymbol{u}(t), & \boldsymbol{x}(t_0)=\boldsymbol{x}_0\\ \boldsymbol{y}(t)=\boldsymbol{C}(t)\boldsymbol{x}(t)\end{cases}\tag{2-170}$$

性能指标式(2-105)为

$$J=\frac{1}{2}\boldsymbol{e}^{\mathrm{T}}\left(t_{\mathrm{f}}\right)\boldsymbol{F}(t)\boldsymbol{e}\left(t_{\mathrm{f}}\right)+\frac{1}{2}\int_{t_0}^{t_{\mathrm{f}}}\left[\boldsymbol{e}^{\mathrm{T}}(t)\boldsymbol{Q}(t)\boldsymbol{e}(t)+\boldsymbol{u}^{\mathrm{T}}(t)\boldsymbol{R}(t)\boldsymbol{u}(t)\right]\mathrm{d}t \tag{2-171}$$

式中，$\boldsymbol{x}(t)\in\boldsymbol{R}^n$；$\boldsymbol{u}(t)\in\boldsymbol{R}^m$，无约束；$\boldsymbol{y}(t)\in\boldsymbol{R}^l$ 为实际输出向量，$0<l\leqslant m\leqslant n$；输出误差向量 $\boldsymbol{e}(t)=\boldsymbol{z}(t)-\boldsymbol{y}(t)$，$\boldsymbol{z}(t)\in\boldsymbol{R}^l$ 为理想输出向量；$\boldsymbol{A}(t)$、$\boldsymbol{B}(t)$、$\boldsymbol{C}(t)$ 为维数适当的时变矩阵，其各元连续且有界；权阵 $\boldsymbol{F}(t)=\boldsymbol{F}^{\mathrm{T}}(t)\geqslant 0$，$\boldsymbol{Q}(t)=\boldsymbol{Q}^{\mathrm{T}}(t)\geqslant 0$，$\boldsymbol{R}(t)=\boldsymbol{R}^{\mathrm{T}}(t)>0$；$t_0$ 和 t_{f} 固定。要求确定最优控制 $\boldsymbol{u}^*(t)$，使性能指标式(2-171)极小。

在今后的讨论中，若非特别指出，以上假设始终满足。为了便于工程应用，式(2-171)中的权阵 $\boldsymbol{F}(t)$、$\boldsymbol{Q}(t)$ 和 $\boldsymbol{R}(t)$ 多取为对角阵，其对称性自然满足。

1) 二次型性能指标的物理意义

在二次型性能指标式(2-171)中，各项都有明确的物理含义，可分述如下。

(1) 末值项 $\frac{1}{2}\boldsymbol{e}^{\mathrm{T}}\left(t_{\mathrm{f}}\right)\boldsymbol{F}\boldsymbol{e}\left(t_{\mathrm{f}}\right)$。

若取 $\boldsymbol{F}=\mathrm{diag}\left(f_1,f_2,\cdots,f_l\right)$，则有

$$\frac{1}{2}\boldsymbol{e}^{\mathrm{T}}\left(t_{\mathrm{f}}\right)\boldsymbol{F}\boldsymbol{e}\left(t_{\mathrm{f}}\right)=\frac{1}{2}\sum_{i=1}^{l}f_i e_i^2\left(t_{\mathrm{f}}\right) \tag{2-172}$$

式(2-172)表明，末值项是末态跟踪误差向量 $\boldsymbol{e}\left(t_{\mathrm{f}}\right)$ 与希望的零向量之间的距离加权平方和。式中，系数 $1/2$ 是为了便于运算，$e_i\left(t_{\mathrm{f}}\right)$ 为 $\boldsymbol{e}\left(t_{\mathrm{f}}\right)$ 的变量。由此可见，末值项的物理含义是表示在控制过程结束后，对系统末态跟踪误差的要求。

(2) 积分项 $\frac{1}{2}\int_{t_0}^{t_{\mathrm{f}}}\boldsymbol{e}^{\mathrm{T}}(t)\boldsymbol{Q}(t)\boldsymbol{e}(t)\mathrm{d}t$。

若取 $\boldsymbol{Q}=\mathrm{diag}\left\{q_1(t),q_2(t),\cdots,q_l(t)\right\}$，则有

$$\frac{1}{2}\int_{t_0}^{t_{\mathrm{f}}}\boldsymbol{e}^{\mathrm{T}}(t)\boldsymbol{Q}(t)\boldsymbol{e}(t)\mathrm{d}t=\frac{1}{2}\int_{t_0}^{t_{\mathrm{f}}}\sum_{i=1}^{l}q_i(t)e_i^2(t)\mathrm{d}t \tag{2-173}$$

式(2-173)表明，该积分项表示在系统控制过程中，对系统动态跟踪误差加权平方和的积分要求，是系统在控制过程中动态跟踪误差的总度量，几何上以面积大小表示。该积分项与末值项反映了系统的控制效果。

(3) 积分项 $\frac{1}{2}\int_{t_0}^{t_{\mathrm{f}}}\boldsymbol{u}^{\mathrm{T}}(t)\boldsymbol{R}(t)u(t)\mathrm{d}t$。

若取 $\boldsymbol{R}(t)=\mathrm{diag}\left\{r_1(t),r_2(t),\cdots,r_m(t)\right\}$，则有

$$\frac{1}{2}\int_{t_0}^{t_{\mathrm{f}}}\boldsymbol{u}^{\mathrm{T}}(t)\boldsymbol{R}(t)\boldsymbol{u}(t)\mathrm{d}t=\frac{1}{2}\int_{t_0}^{t_{\mathrm{f}}}\sum_{i=1}^{m}r_i(t)u_i^2(t)\mathrm{d}t \tag{2-174}$$

因为控制信号的大小往往正比于作用力或力矩，所以式(2-174)表明，该积分项定量地刻画了在整个控制过程中所消耗的控制能量。

上述分析表明，二次型性能指标式(2-171)极小的物理意义是使系统在整个控制过程中的动态跟踪误差与控制能量消耗，以及控制过程结束时的末端跟踪偏差综合最优。

从性能指标的物理意义可知，式(2-171)中权阵 $\boldsymbol{F}(t)$、$\boldsymbol{Q}(t)$ 和 $\boldsymbol{R}(t)$ 都必须至少取为非

负矩阵，不能取为负定矩阵，否则式(2-171)的数学描述就会违背物理现实和最优控制问题的本质。至于要求权矩阵 $\boldsymbol{R}(t)$ 正定，那是由于最优控制律的需要，以保证最优解存在。

2) 线性二次型最优控制问题的类型

(1) 状态调节器问题。在系统状态方程(2-170)和二次型性能指标式(2-171)中，如果 $\boldsymbol{C}(t)=\boldsymbol{I},\ \boldsymbol{z}(t)=0$，则有

$$\boldsymbol{e}(t)=-\boldsymbol{y}(t)=-\boldsymbol{x}(t)$$

那么二次型性能指标式(2-171)演变为

$$J=\frac{1}{2}\boldsymbol{x}^{\mathrm{T}}(t_{\mathrm{f}})\boldsymbol{F}\boldsymbol{x}(t_{\mathrm{f}})+\frac{1}{2}\int_{t_0}^{t_{\mathrm{f}}}\left[\boldsymbol{x}^{\mathrm{T}}(t)\boldsymbol{Q}(t)\boldsymbol{x}(t)+\boldsymbol{u}^{\mathrm{T}}(t)\boldsymbol{R}(t)\boldsymbol{u}(t)\right]\mathrm{d}t \tag{2-175}$$

这时，线性二次型最优控制问题为当系统状态方程(2-170)受扰偏离原零平衡状态时，要求产生一个控制向量，使系统状态 $\boldsymbol{x}(t)$ 恢复到原平衡状态附近，并使性能指标式(2-175)极小。因而将该问题称为状态调节器问题。

(2) 输出调节器问题。对于系统状态方程(2-170)和二次型性能指标式(2-171)，如果理想输出向量 $\boldsymbol{z}(t)=0$，则有 $\boldsymbol{e}(t)=-\boldsymbol{y}(t)$，二次型性能指标式(2-171)演变为

$$J=\frac{1}{2}\boldsymbol{y}^{\mathrm{T}}(t_{\mathrm{f}})\boldsymbol{F}\boldsymbol{y}(t_{\mathrm{f}})+\frac{1}{2}\int_{t_0}^{t_{\mathrm{f}}}\left[\boldsymbol{y}^{\mathrm{T}}(t)\boldsymbol{Q}(t)\boldsymbol{y}(t)+\boldsymbol{u}^{\mathrm{T}}(t)\boldsymbol{R}(t)\boldsymbol{u}(t)\right]\mathrm{d}t \tag{2-176}$$

这时，线性二次型最优控制问题为当系统状态方程(2-170)受扰偏离原输出平衡状态时，要求产生一个控制向量，使系统输出 $\boldsymbol{y}(t)$ 保持在原零平衡状态附近，并使性能指标式(2-176)极小。因而将这一问题称为输出调节器问题。

(3) 输出跟踪系统问题。对于系统状态方程(2-170)和二次型性能指标式(2-171)，其中 $\boldsymbol{C}(t)\neq\boldsymbol{I}$，$\boldsymbol{z}(t)\neq 0$，则线性二次型最优控制问题归结为当理想输出向量 $\boldsymbol{z}(t)$ 作用于系统时，要求系统产生一个控制向量，使系统实际输出向量 $\boldsymbol{y}(t)$ 始终跟踪 $\boldsymbol{z}(t)$ 的变化，并使二次型性能指标式(2-171)极小。因而这一类线性二次型最优控制问题称为输出跟踪系统问题。

此外，根据不同的出发点，线性二次型最优控制问题还有其他的分类方法。例如，根据末端时刻 t_{f} 是有限的还是无限的，可以分为有限时间线性二次型问题和无限时间线性二次型问题；根据被控系统是连续的还是离散的，可以分为线性连续系统二次型最优控制问题和线性离散系统二次型最优控制问题。由于线性离散二次型最优控制问题的研究方法原则上是线性连续二次型最优控制方法的平行推广，因此仅讨论连续系统的线性二次型最优控制问题。

2. 有限时间时变状态调节器

当末端时刻 t_{f} 有限时，有限时间时变状态调节器问题可以描述如下。设线性时变系统状态方程为

$$\dot{\boldsymbol{x}}(t)=\boldsymbol{A}(t)\boldsymbol{x}(t)+\boldsymbol{B}(t)\boldsymbol{u}(t),\quad \boldsymbol{x}(t_0)=\boldsymbol{x}_0 \tag{2-177}$$

式中，$\boldsymbol{x}(t)\in\boldsymbol{R}^n$；$\boldsymbol{u}(t)\in\boldsymbol{R}^m$，无约束；矩阵 $\boldsymbol{A}(t)$ 与 $\boldsymbol{B}(t)$ 维数适当，其各元在 $[t_0,t_f]$ 上连续且有界。要求确定最优控制 $\boldsymbol{u}^*(t)$，使性能指标式(2-175)极小。其中，权阵 $\boldsymbol{F}=\boldsymbol{F}^{\mathrm{T}}\geqslant 0$，$\boldsymbol{Q}(t)=\boldsymbol{Q}^{\mathrm{T}}(t)\geqslant 0$，$\boldsymbol{R}(t)=\boldsymbol{R}^{\mathrm{T}}(t)>0$，其各元在 $[t_0,t_f]$ 上均连续且有界；末端状态 $\boldsymbol{x}(t_f)$ 自由；末端时刻 t_f 给定且有限。

1) 最优解的充分必要条件

定理 2-13　上述问题最优控制的充分必要条件为

$$\boldsymbol{u}^*(t)=-\boldsymbol{R}^{-1}(t)\boldsymbol{B}^{\mathrm{T}}(t)\boldsymbol{P}(t)\boldsymbol{x}(t) \tag{2-178}$$

最优性能指标：

$$J^*=\frac{1}{2}\boldsymbol{x}^{\mathrm{T}}(t_0)\boldsymbol{P}(t_0)\boldsymbol{x}(t_0) \tag{2-179}$$

式中，$\boldsymbol{P}(t)$ 为 $n\times n$ 维对称非负矩阵，满足下列里卡蒂方程：

$$-\dot{\boldsymbol{P}}(t)=\boldsymbol{P}(t)\boldsymbol{A}(t)+\boldsymbol{A}^{\mathrm{T}}(t)\boldsymbol{P}(t)-\boldsymbol{P}(t)\boldsymbol{B}(t)\boldsymbol{R}^{-1}\boldsymbol{B}^{\mathrm{T}}(t)\boldsymbol{P}(t)+\boldsymbol{Q}(t) \tag{2-180}$$

其边界条件：

$$\boldsymbol{P}(t_f)=\boldsymbol{F} \tag{2-181}$$

而最优轨迹 $\dot{\boldsymbol{x}}(t)$ 是下列线性向量微分方程的解：

$$\dot{\boldsymbol{x}}(t)=\left[\boldsymbol{A}(t)-\boldsymbol{B}(t)\boldsymbol{R}^{-1}\boldsymbol{B}^{\mathrm{T}}(t)\boldsymbol{P}(t)\right]\boldsymbol{x}(t),\quad \boldsymbol{x}(t_0)=\boldsymbol{x}_0 \tag{2-182}$$

证明必要性，若 $\boldsymbol{u}^*(t)$ 为最优控制，因 $\boldsymbol{u}^*(t)$ 最优，故必满足极小值原理。由式(2-149)构造哈密顿函数为

$$H=\frac{1}{2}\boldsymbol{x}^{\mathrm{T}}\boldsymbol{Q}\boldsymbol{x}+\frac{1}{2}\boldsymbol{u}^{\mathrm{T}}\boldsymbol{R}\boldsymbol{u}+\boldsymbol{\lambda}^{\mathrm{T}}\boldsymbol{A}\boldsymbol{x}+\boldsymbol{\lambda}^{\mathrm{T}}\boldsymbol{B}\boldsymbol{u}$$

由极值条件得

$$\frac{\partial H}{\partial \boldsymbol{u}}=\boldsymbol{R}\boldsymbol{u}+\boldsymbol{B}^{\mathrm{T}}\boldsymbol{\lambda}=0,\quad \frac{\partial^2 H}{\partial \boldsymbol{u}^2}=\boldsymbol{R}>0$$

故最优控制向量：

$$\boldsymbol{u}^*(t)=-\boldsymbol{R}^{-1}\boldsymbol{B}^{\mathrm{T}}\boldsymbol{\lambda}(t) \tag{2-183}$$

可使哈密顿函数极小。

再由系统状态方程(2-177)和式(2-183)得

$$\dot{\boldsymbol{x}}(t)=\frac{\partial H}{\partial \boldsymbol{\lambda}}=\boldsymbol{A}(t)\boldsymbol{x}(t)-\boldsymbol{B}(t)\boldsymbol{R}^{-1}\boldsymbol{B}^{\mathrm{T}}(t)\boldsymbol{\lambda}(t) \tag{2-184}$$

$$\dot{\boldsymbol{\lambda}}(t)=-\frac{\partial H}{\partial \boldsymbol{x}}=-\boldsymbol{Q}(t)\boldsymbol{x}(t)-\boldsymbol{A}^{\mathrm{T}}(t)\boldsymbol{\lambda}(t) \tag{2-185}$$

因末端状态 $\boldsymbol{x}(t_f)$ 自由，所以横截条件为

$$\boldsymbol{\lambda}(t_f)=\frac{\partial}{\partial \boldsymbol{x}(t_f)}\left[\frac{1}{2}\boldsymbol{x}^{\mathrm{T}}(t_f)\boldsymbol{F}\boldsymbol{x}(t_f)\right]=\boldsymbol{F}\boldsymbol{x}(t_f) \tag{2-186}$$

由于$\boldsymbol{\lambda}(t_f)$与$\boldsymbol{x}(t_f)$存在线性关系，且正则方程又是线性的，因此可以假设：

$$\boldsymbol{\lambda}(t)=\boldsymbol{P}(t)\boldsymbol{x}(t),\quad \forall t\in[t_0,t_f] \tag{2-187}$$

式中，矩阵$\boldsymbol{P}(t)$待定。

对式(2-187)求导：

$$\dot{\boldsymbol{\lambda}}(t_f)=\dot{\boldsymbol{P}}(t)\boldsymbol{x}(t)+\boldsymbol{P}(t)\dot{\boldsymbol{x}}(t) \tag{2-188}$$

且将式(2-184)和式(2-187)代入式(2-188)，有

$$\dot{\boldsymbol{\lambda}}(t)=\left[\dot{\boldsymbol{P}}(t)+\boldsymbol{P}(t)\boldsymbol{A}(t)-\boldsymbol{P}(t)\boldsymbol{B}(t)\boldsymbol{R}^{-1}(t)\boldsymbol{B}^{\mathrm{T}}(t)\boldsymbol{P}(t)\right]\boldsymbol{x}(t) \tag{2-189}$$

再将式(2-187)代入式(2-185)，则又有

$$\dot{\boldsymbol{\lambda}}(t)=-\left[\boldsymbol{Q}(t)+\boldsymbol{A}^{\mathrm{T}}(t)\boldsymbol{P}(t)\right]\boldsymbol{x}(t) \tag{2-190}$$

比较式(2-190)和式(2-189)，立即证得里卡蒂方程(2-180)成立。

在式(2-187)中，令$t=t_f$，有

$$\boldsymbol{\lambda}(t_f)=\boldsymbol{P}(t_f)\boldsymbol{x}(t_f) \tag{2-191}$$

式(2-191)与横截条件(2-186)比较，证得里卡蒂方程的边界条件(2-181)成立。

因$\boldsymbol{P}(t)$可解，将式(2-187)代入式(2-183)，证得$\boldsymbol{u}^*(t)$表达式(2-178)成立。显然，将式(2-178)代入式(2-177)，可得式(2-182)最优闭环系统方程，且其解必为最优轨线$\boldsymbol{x}^*(t)$。关于最优控制的充分性及最优性能指标式(2-179)的正确性这里不再加以证明。在上述定理的证明过程中，应用了里卡蒂方程解的有关性质，需要加以说明。

2) 里卡蒂方程解的若干性质

在式(2-178)中，令反馈增益矩阵：

$$\boldsymbol{K}(t)=\boldsymbol{R}^{-1}(t)\boldsymbol{B}^{\mathrm{T}}(t)\boldsymbol{P}(t)$$

则最优控制可表示为

$$\boldsymbol{u}^*(t)=-\boldsymbol{K}(t)\boldsymbol{x}(t) \tag{2-192}$$

将式(2-192)代入式(2-177)，得最优闭环系统方程：

$$\dot{\boldsymbol{x}}(t)=[\boldsymbol{A}(t)-\boldsymbol{B}(t)\boldsymbol{K}(t)]\boldsymbol{x}(t),\quad \boldsymbol{x}(t_0)=\boldsymbol{x}_0$$

因为矩阵$\boldsymbol{A}(t)$、$\boldsymbol{B}(t)$和$\boldsymbol{R}(t)$已知，故闭环系统的性质与$\boldsymbol{K}(t)$密切相关，而$\boldsymbol{K}(t)$的性质又取决于里卡蒂方程(2-180)在边界条件(2-181)下的解$\boldsymbol{P}(t)$。

$\boldsymbol{P}(t)$是唯一的。 矩阵$\boldsymbol{P}(t)$是里卡蒂方程(2-180)在边界条件(2-181)下的解。方程(2-180)实质上是$n(n+1)/2$个非线性标量微分方程组，当$\boldsymbol{A}(t)$、$\boldsymbol{B}(t)$、$\boldsymbol{R}(t)$和$\boldsymbol{Q}(t)$满足上述问题的假设条件时，根据微分方程理论中解的存在性与唯一性定理知，在区间$[t_0,t_f]$上，$\boldsymbol{P}(t)$唯一存在。

$\boldsymbol{P}(t)$ 是对称的。若矩阵 $\boldsymbol{P}(t)$ 是里卡蒂方程(2-180)及其边界条件(2-181)的唯一解，则 $\boldsymbol{P}(t)=\boldsymbol{P}^{\mathrm{T}}(t)$。

$\boldsymbol{P}(t)$ 是非负的。若矩阵 $\boldsymbol{P}(t)$ 是里卡蒂方程(2-180)及其边界条件(2-181)的唯一解，则

$$\boldsymbol{P}(t)\geqslant 0,\quad \forall t\in\left[t_0,t_{\mathrm{f}}\right] \tag{2-193}$$

定理 2-14　若问题(2-177)有最优控制解，该解必满足定理 2-13 的结论，且是唯一的，即

$$\boldsymbol{u}^*(t)=-\boldsymbol{R}^{-1}(t)\boldsymbol{B}^{\mathrm{T}}(t)\boldsymbol{P}(t)\boldsymbol{x}(t) \tag{2-194}$$

例 2-11　设系统状态方程为

$$\dot{x}_1(t)=x_2(t),\quad \dot{x}_2(t)=u(t)$$

初始条件为 $x_1(0)=1,x_2(0)=0$，性能指标：

$$J=\frac{1}{2}\int_0^{t_{\mathrm{f}}}\left[x_1^2(t)+u^2(t)\right]\mathrm{d}t$$

式中，t_{f} 为某一给定值。试求最优控制 $u^*(t)$，使 $J=\min$。

解　本例为有限时间状态调节器问题。由题意得

$$\boldsymbol{A}=\begin{bmatrix}0&1\\0&0\end{bmatrix},\quad \boldsymbol{B}=\begin{bmatrix}0\\1\end{bmatrix},\quad \boldsymbol{F}=0,\quad \boldsymbol{Q}=\begin{bmatrix}1&0\\0&0\end{bmatrix},\quad \boldsymbol{R}=1$$

由里卡蒂方程(2-180)和边界条件(2-181)得

$$-\dot{\boldsymbol{P}}=\boldsymbol{PA}+\boldsymbol{A}^{\mathrm{T}}\boldsymbol{P}-\boldsymbol{PBR}^{-1}\boldsymbol{B}^{\mathrm{T}}\boldsymbol{P}+\boldsymbol{Q},\quad \boldsymbol{P}\left(t_{\mathrm{f}}\right)=\boldsymbol{F}$$

代入相应的 $\boldsymbol{A}$、$\boldsymbol{B}$、$\boldsymbol{Q}$、$\boldsymbol{R}$、$\boldsymbol{F}$，并令矩阵：

$$\boldsymbol{P}(t)=\begin{bmatrix}P_{11}&P_{12}\\P_{12}&P_{22}\end{bmatrix}$$

可得下列微分方程组及相应的边界条件：

$$\begin{aligned}&\dot{P}_{11}(t)=-1+P_{12}^2(t), && P_{11}\left(t_{\mathrm{f}}\right)=0\\&\dot{P}_{12}(t)=-P_{11}(t)+P_{12}(t)P_{22}(t), && P_{12}\left(t_{\mathrm{f}}\right)=0\\&\dot{P}_{22}(t)=-2P_{12}(t)+P_{22}^2(t), && P_{22}\left(t_{\mathrm{f}}\right)=0\end{aligned}$$

利用计算机逆时间方向求解上述方程组，可以得到 $\boldsymbol{P}(t)$，$t\in\left[0,t_{\mathrm{f}}\right]$。

由最优控制充分必要条件式(2-194)，且将有关参数代入得

$$\boldsymbol{u}^*(t)=-\boldsymbol{R}^{-1}\boldsymbol{B}^{\mathrm{T}}\boldsymbol{Px}(t)=-P_{12}x_1(t)-P_{22x_2}(t)$$

式中，P_{12}、P_{22} 是时间 t 的函数。由于 P_{12}、P_{22} 都是时变的，因此在设计系统时，需要计算出它们的值，并存储在计算机内，以便实现控制时调用。

对于上述结论，最优控制式(2-178)是一个线性状态反馈控制律，便于实现闭环最优控制。里卡蒂方程(2-180)为非线性矩阵微分方程，通常只能采用计算机逆时间方向求数值解。由于里卡蒂方程与状态及控制变量无关，因而在定常系统情况下，可以独立算出

$P(t)$。只要时间区间$[t_0,t_f]$是有限的，里卡蒂方程的解$P(t)$就是时变的，最优反馈系统将成为线性时变系统，即使矩阵A、B、Q和R都是常值矩阵，求出$P(t)$仍然是时变的。

3. 有限时间时变输出调节器

对于一个工程实际系统，当工作于调节器状态时，总是希望系统一旦受扰偏离原输出平衡状态时，系统的实际输出能最优地恢复到原输出平衡状态或其邻近，这样的问题，即为输出调节器问题。由于输出调节器问题可以转化为等效的状态调节器问题，因此可以把状态调节器的主要结果方便地转化为输出调节器的最优解。

如果系统是线性时变的，末端时刻t_f是有限的，则这样的输出调节器成为有限时间时变输出调节器，其最优解由如下定理给出。

定理 2-15 设线性时变系统动态方程为式(2-170)，性能指标为式(2-176)。其中，$x(t)\in R^n$；$u(t)\in R^m$，无约束；$y(t)\in R^l$，$0<l\leqslant m\leqslant n$；矩阵$A(t)$、$B(t)$和$C(t)$维数适当，其各元在$[t_0,t_f]$上连续且有界；权阵$F=F^T\geqslant 0$，$Q(t)=Q^T(t)\geqslant 0$，$R(t)=R^T(t)>0$，其各元在$[t_0,t_f]$上连续且有界，$t_f$固定，则存在使$J=\min$唯一的最优控制：

$$u^*(t)=-R^{-1}(t)B^TP(t)x(t) \tag{2-195}$$

最优性能指标：

$$J^*=\frac{1}{2}x^T(t_0)P(t_0)x(x_0) \tag{2-196}$$

最优轨迹$x^*(t)$满足下列线性向量微分方程：

$$\dot{x}(t)=\left[A(t)-B(t)R^{-1}(t)B^T(t)P(t)\right]x(t),\quad x(t_0)=x_0 \tag{2-197}$$

式中，$P(t)$为对称非负定矩阵，是里卡蒂方程：

$$-\dot{P}(t)=P(t)A(t)+A^T(t)P(t)-P(t)B(t)R^{-1}(t)B^T(t)P(t)+C^T(t)Q(t)C(t) \tag{2-198}$$

在边界条件：

$$P(t_f)=C^T(t_f)FC(t_f) \tag{2-199}$$

下的唯一解。

对于上述结论，需要说明：比较定理 2-15 与定理 2-13 可见，有限时间时变输出调节器的最优解与有限时间时变状态调节器的最优解，具有相同的最优控制与最优性能指标表达式，仅在里卡蒂方程及其边界条件的形式上有微小的差别。最优输出调节器的最优控制函数并不是输出向量$y(t)$的线性函数，而仍然是状态变量$x(t)$的线性函数，表明构成最优控制系统，需要全部状态信息反馈。

4. 有限时间时变输出跟踪系统

输出跟踪系统问题就是要求确定最优控制律，使系统的实际输出$y(t)$，在给定时间区间$[t_0,t_f]$上尽可能地逼近理想输出$z(t)$，并使给定的性能指标极小。如果系统是线性时变的，末端时刻t_f是有限的，则为有限时间时变输出跟踪系统问题。

定理 2-16　设线性时变系统状态方程(2-170)，性能指标如式(2-171)所示，其中$\boldsymbol{x}(t)\in\boldsymbol{R}^n$；$\boldsymbol{u}(t)\in\boldsymbol{R}^m$，无约束；$\boldsymbol{y}(t)\in\boldsymbol{R}^l$，$0<l\leqslant m\leqslant n$；输出误差向量$\boldsymbol{e}(t)=\boldsymbol{z}(t)-\boldsymbol{y}(t)$，$\boldsymbol{z}(t)\in\boldsymbol{R}^l$为理想输出向量；矩阵$\boldsymbol{A}(t)$、$\boldsymbol{B}(t)$、$\boldsymbol{C}(t)$、$\boldsymbol{Q}(t)$和$\boldsymbol{R}(t)$维数适当，且在$[t_0,t_f]$上连续有界，$t_f$固定；权阵$\boldsymbol{F}=\boldsymbol{F}^{\mathrm{T}}\geqslant 0$，$\boldsymbol{Q}(t)=\boldsymbol{Q}^{\mathrm{T}}(t)\geqslant 0$，$\boldsymbol{R}(t)=\boldsymbol{R}^{\mathrm{T}}(t)>0$。因此，使性能指标式(2-171)为极小的最优解如下。

(1) 最优控制：

$$\boldsymbol{u}^*(t)=-\boldsymbol{R}^{-1}(t)\boldsymbol{B}^{\mathrm{T}}(t)[\boldsymbol{P}(t)\boldsymbol{x}(t)-\boldsymbol{g}(t)] \tag{2-200}$$

式中，$\boldsymbol{P}(t)$为$n\times n$维对称非负定实矩阵，是里卡蒂方程：

$$-\dot{\boldsymbol{P}}(t)=\boldsymbol{P}(t)\boldsymbol{A}(t)+\boldsymbol{A}^{\mathrm{T}}(t)\boldsymbol{P}(t)-\boldsymbol{P}(t)\boldsymbol{B}(t)\boldsymbol{R}^{-1}(t)\boldsymbol{B}^{\mathrm{T}}(t)\boldsymbol{P}(t)+\boldsymbol{C}^{\mathrm{T}}(t)\boldsymbol{Q}(t)\boldsymbol{C}(t) \tag{2-201}$$

及其边界条件：

$$\boldsymbol{P}(t_f)=\boldsymbol{C}^{\mathrm{T}}(t_f)\boldsymbol{F}\boldsymbol{C}(t_f) \tag{2-202}$$

的唯一解；$\boldsymbol{g}(t)$为n维伴随向量，满足向量微分方程：

$$-\dot{\boldsymbol{g}}(t)=\left[\boldsymbol{A}(t)-\boldsymbol{B}(t)\boldsymbol{R}^{-1}\boldsymbol{B}^{\mathrm{T}}(t)\boldsymbol{P}(t)\right]^{\mathrm{T}}\boldsymbol{g}(t)+\boldsymbol{C}^{\mathrm{T}}\boldsymbol{Q}(t)\boldsymbol{z}(t) \tag{2-203}$$

及其边界条件：

$$\boldsymbol{g}(t_f)=\boldsymbol{C}^{\mathrm{T}}(t_f)\boldsymbol{F}\boldsymbol{z}(t_f) \tag{2-204}$$

(2) 最优性能指标：

$$J^*=\frac{1}{2}\boldsymbol{x}^{\mathrm{T}}(t_0)\boldsymbol{P}(t_0)\boldsymbol{x}(t_0)-\boldsymbol{g}^{\mathrm{T}}(t_0)\boldsymbol{x}(t_0)+\boldsymbol{\varphi}(t_0) \tag{2-205}$$

函数$\boldsymbol{\varphi}(t)$满足下列微分方程及边界条件：

$$\dot{\boldsymbol{\varphi}}(t)=-\frac{1}{2}\boldsymbol{z}^{\mathrm{T}}(t)\boldsymbol{Q}(t)\boldsymbol{z}(t)\boldsymbol{\varphi}(t)-\boldsymbol{g}^{\mathrm{T}}(t)\boldsymbol{B}(t)\boldsymbol{R}^{-1}(t)\boldsymbol{B}^{\mathrm{T}}(t)\boldsymbol{g}(t) \tag{2-206}$$

$$\boldsymbol{\varphi}(t_f)=\boldsymbol{z}^{\mathrm{T}}(t_f)\boldsymbol{F}\boldsymbol{z}(t_f) \tag{2-207}$$

(3) 最优轨线：

最优跟踪闭环系统为

$$\dot{\boldsymbol{x}}(t)=\left[\boldsymbol{A}(t)-\boldsymbol{B}(t)\boldsymbol{R}^{-1}(t)\boldsymbol{B}^{\mathrm{T}}(t)P(t)\right]\boldsymbol{x}(t)+\boldsymbol{B}(t)\boldsymbol{R}^{-1}(t)\boldsymbol{B}^{\mathrm{T}}(t)\boldsymbol{g}(t) \tag{2-208}$$

在初始条件$\boldsymbol{x}(t_0)=\boldsymbol{x}_0$下的解为最优轨线$\boldsymbol{x}^*(t)$。

对上述定理的结论，将定理 2-16 中的里卡蒂方程(2-201)和边界条件(2-202)，与定理 2-15 中的里卡蒂方程(2-198)和边界条件(2-199)进行比较可知，二者完全相同，表明最优输出跟踪系统与最优输出调节器具有相同的反馈结构，而与理想输出$z(t)$无关。比较定理 2-16 中的式(2-208)与定理 2-15 中的式(2-197)也可发现，最优输出跟踪闭环系统与最优输出调节器闭环系统的特征值完全相等，二者的区别仅在于跟踪系统中多了一个与伴随向量 $\boldsymbol{g}(t)$ 有关的输入项，形成了跟踪系统中的前馈控制项。由定理 2-16 中的伴随方程(2-203)可见，求解伴随向量 $\boldsymbol{g}(t)$ 需要理想输出 $\boldsymbol{z}(t)$ 的全部信息，从而使输出跟踪系统最优控制 $\boldsymbol{u}^*(t)$ 的现在值与理想输出 $\boldsymbol{z}(t)$ 的将来值有关。在许多工程实际问题中，这往往是做不到的。为了便于设计输出跟踪系统，往往假定理想输出 $\boldsymbol{z}(t)$ 的元为典型外作用函数，如单位阶跃、单位斜坡或单位加速度函数等。

参考文献

[1] 许志, 张迁, 唐硕. 固体火箭自主制导理论[M]. 北京: 中国宇航出版社, 2020.

[2] 陈世年, 李连仲, 王京武.控制系统设计[M]. 北京: 中国宇航出版社, 1996.

[3] 程国采. 弹道导弹制导方法与最优控制[M]. 长沙: 国防科技大学出版社, 1987.

[4] 肖龙旭, 王顺宏, 魏诗卉. 地地弹道导弹制导技术与命中精度[M]. 北京: 国防工业出版社, 2009.

第 3 章

自寻的制导算法

本章将讨论自寻的制导系统，其借助一个目标导引头和一台弹上计算机将导弹引导至目标。根据导弹和目标的相对运动关系，导引方法可分为以下几种：

(1) 按导弹速度向量与目标线(又称视线，即导弹-目标连线)的相对位置分为追踪法(导弹速度向量与视线重合，即导弹速度方向始终指向目标)和常值前置角法(导弹速度向量超前视线一个常值角度)；

(2) 按目标线在空间的变化规律分为平行接近法(目标线在空间平行移动)和比例导引法(导弹速度矢量的转动角速度与目标线的转动角速度成比例)；

(3) 按导弹纵轴与目标线的相对位置分为直接法(两者重合)和常值方位角法(纵轴超前一个常值角度)。

导引弹道的特性主要取决于导引方法和目标运动特性。对于某种确定的导引方法，导引弹道的研究内容包括弹道过载、导弹飞行速度、飞行时间、射程和脱靶量等，这些参数将直接影响导弹的命中精度[1]。

在导弹和制导系统初步设计阶段，为简化起见，通常采用运动学分析方法研究导引弹道。导引弹道的运动学分析方法假设导弹、目标视为质点；制导系统理想工作；导弹速度是已知函数；目标的运动规律是已知的；导弹、目标始终在同一个平面内运动。该平面称为攻击平面，它可能是水平面、铅垂平面或倾斜平面[2]。

3.1 拦截必要性条件分析

考虑图 3-1 所示的交战几何关系，其中 $\boldsymbol{r}_{\mathrm{m}}$ 和 $\boldsymbol{r}_{\mathrm{t}}$ 是导弹和目标相对于惯性坐标系的位置矢量。因此，定义目标相对于导弹的相对位置矢量 $\boldsymbol{r}$ ，如式(3-1)所示：

$$\boldsymbol{r} = \boldsymbol{r}_{\mathrm{t}} - \boldsymbol{r}_{\mathrm{m}} \tag{3-1}$$

相对位置矢量可以表示为 $\boldsymbol{r} = R\boldsymbol{i}_r$ ，其中 $R = \|\boldsymbol{r}\|$ 为弹目距离， $\boldsymbol{i}_r$ 为沿 $\boldsymbol{r}$ 方向的单位矢量(将 $\boldsymbol{i}_r$ 称为视线(line of sight，LOS)的单位向量)。对相对位置矢量 $\boldsymbol{r} = R\boldsymbol{i}_r$ 相对于惯性坐标系求导，得到相对速度 $\boldsymbol{V}$ 的表达式：

$$\boldsymbol{V} = \frac{\mathrm{d}}{\mathrm{d}t}\boldsymbol{r} = \dot{R}\boldsymbol{i}_r + R\frac{\mathrm{d}}{\mathrm{d}t}\boldsymbol{i}_r \tag{3-2}$$

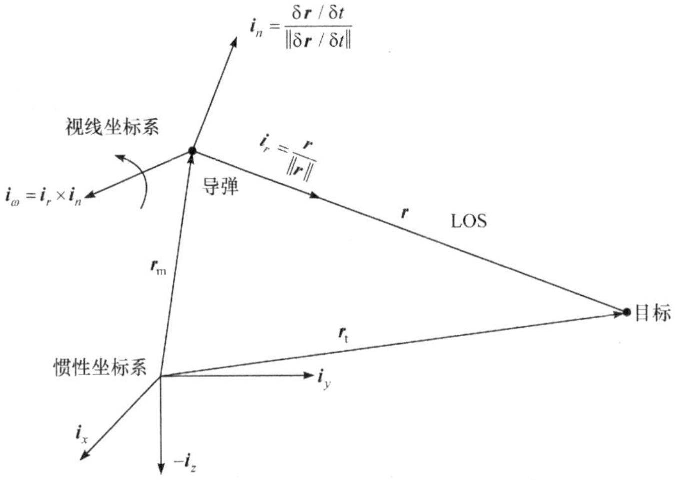

图 3-1 交战几何关系示意图

从式(3-2)中，可以看到相对位置矢量的变化率(相对速度)包含两部分，接近速度 $\dot{R}$ 和视线角速度变化率 $R\frac{\mathrm{d}}{\mathrm{d}t}\boldsymbol{i}_r$。用式(3-3)中给出的向量 $\boldsymbol{n}$ 来定义 LOS 方向上的变化：

$$\boldsymbol{n}=\frac{\mathrm{d}}{\mathrm{d}t}\boldsymbol{i}_r \tag{3-3}$$

在视线坐标系中，视线角速度矢量率垂直于视线方向，定义视线围绕矢量 $\boldsymbol{i}_\omega$ 旋转。因此定义第二个单位向量 $\boldsymbol{i}_n$，表示 $\boldsymbol{n}$ 的方向：

$$\boldsymbol{i}_n=\frac{\dfrac{\mathrm{d}\boldsymbol{r}}{\mathrm{d}t}}{\left\|\dfrac{\mathrm{d}\boldsymbol{r}}{\mathrm{d}t}\right\|}=\frac{\boldsymbol{n}}{\|\boldsymbol{n}\|} \tag{3-4}$$

最后，按照右手螺旋定则定义第三个单位向量 $\boldsymbol{i}_\omega$，其定义式如下：

$$\boldsymbol{i}_\omega=\boldsymbol{i}_r\times\boldsymbol{i}_n \tag{3-5}$$

一般来说，视线坐标系相对于惯性参考坐标系的角速度为 $\dot{\boldsymbol{\varphi}}=\dot{\phi}_r\boldsymbol{i}_r+\dot{\phi}_n\boldsymbol{i}_n+\dot{\phi}_\omega\boldsymbol{i}_\omega$，其中角速度分量如式(3-6)表示

$$\begin{cases}\dot{\phi}_r=\dot{\boldsymbol{\varphi}}\cdot\boldsymbol{i}_r\\ \dot{\phi}_n=\dot{\boldsymbol{\varphi}}\cdot\boldsymbol{i}_n\\ \dot{\phi}_\omega=\dot{\boldsymbol{\varphi}}\cdot\boldsymbol{i}_\omega\end{cases} \tag{3-6}$$

因此，式(3-3)可改写为

$$\boldsymbol{n}=\frac{\delta}{\delta t}\boldsymbol{i}_r+\dot{\boldsymbol{\varphi}}\times\boldsymbol{i}_r \tag{3-7}$$

式中，$\frac{\delta}{\delta t}\boldsymbol{i}_r$ 表示 LOS 单位向量相对于旋转坐标系的时间导数；$\dot{\boldsymbol{\varphi}}$ 表示旋转坐标系相对于

惯性坐标系的角速度。前者等于 0，即 LOS 单位向量为常数。因此 LOS 变化率和相应的单位向量可简化为以下形式：

$$\begin{cases} \boldsymbol{n} = \dot{\boldsymbol{\varphi}} \times \boldsymbol{i}_r \\ \boldsymbol{i}_n = \dfrac{\dot{\boldsymbol{\varphi}} \times \boldsymbol{i}_r}{\left\| \dot{\boldsymbol{\varphi}} \times \boldsymbol{i}_r \right\|} \end{cases} \tag{3-8}$$

根据式(3-2)，相对速度表达式如下：

$$\boldsymbol{V} = \dot{R}\boldsymbol{i}_r + R\left(\dot{\boldsymbol{\varphi}} \times \boldsymbol{i}_r\right) \tag{3-9}$$

典型的制导导弹控制变量是加速度。因此对式(3-9)求导，利用式(3-8)可以得到相对加速度的表达式：

$$\begin{aligned} \frac{\mathrm{d}}{\mathrm{d}t}\boldsymbol{V} &= \ddot{R}\boldsymbol{i}_r + \dot{R}\frac{\mathrm{d}}{\mathrm{d}t}\boldsymbol{i}_r + \dot{R}\left(\dot{\boldsymbol{\varphi}} \times \boldsymbol{i}_r\right) + R\left(\ddot{\boldsymbol{\varphi}} \times \boldsymbol{i}_r\right) + R\left(\dot{\boldsymbol{\varphi}} \times \frac{\mathrm{d}}{\mathrm{d}t}\boldsymbol{i}_r\right) \\ &= \ddot{R}\boldsymbol{i}_r + 2\dot{R}\left(\dot{\boldsymbol{\varphi}} \times \boldsymbol{i}_r\right) + R\left(\ddot{\boldsymbol{\varphi}} \times \boldsymbol{i}_r\right) + R\left[\dot{\boldsymbol{\varphi}} \times \left(\dot{\boldsymbol{\varphi}} \times \boldsymbol{i}_r\right)\right] \end{aligned} \tag{3-10}$$

接下来，使用式(3-6)中 $\dot{\boldsymbol{\varphi}}$ 的定义，且 $\boldsymbol{i}_r = \begin{bmatrix}1 & 0 & 0\end{bmatrix}^{\mathrm{T}}$，$\dot{\boldsymbol{\varphi}} \times \boldsymbol{i}_r = \boldsymbol{n}$，可得如下关系式：

$$\dot{\boldsymbol{\varphi}} \times \boldsymbol{i}_r = \det\begin{vmatrix} \boldsymbol{i}_r & \boldsymbol{i}_n & \boldsymbol{i}_\omega \\ \dot{\phi}_r & \dot{\phi}_n & \dot{\phi}_\omega \\ 1 & 0 & 0 \end{vmatrix} = \dot{\phi}_\omega \boldsymbol{i}_n - \dot{\phi}_n \boldsymbol{i}_\omega \tag{3-11}$$

式中，$\det|\cdot|$ 表示一个矩阵的行列式，由式(3-3)可知，$\boldsymbol{n}$ 没有沿着 $\boldsymbol{i}_\omega$ 的分量，因此 $\dot{\phi}_n = 0$，可得到以下结果：

$$\dot{\boldsymbol{\varphi}} \times \boldsymbol{i}_r = \dot{\phi}_\omega \boldsymbol{i}_n \tag{3-12}$$

在式(3-12)中，$\dot{\phi}_\omega = \|\boldsymbol{n}\|$。使用式(3-12)，方程中的其他叉乘项结果如下：

$$\begin{cases} \dot{\boldsymbol{\varphi}} \times \left(\dot{\boldsymbol{\varphi}} \times \boldsymbol{i}_r\right) = -\dot{\phi}_\omega^2 \boldsymbol{i}_r + \dot{\phi}_r \dot{\phi}_\omega \boldsymbol{i}_\omega \\ \ddot{\boldsymbol{\varphi}} \times \boldsymbol{i}_r = \ddot{\phi}_\omega \boldsymbol{i}_n \end{cases} \tag{3-13}$$

将式(3-12)和式(3-13)代入式(3-10)中，得到所需的相对加速度表达式为

$$\frac{\mathrm{d}^2}{\mathrm{d}t^2}\boldsymbol{r} = \boldsymbol{a}_{\mathrm{t}} - \boldsymbol{a}_{\mathrm{m}} = \left(\ddot{R} - R\dot{\phi}_\omega^2\right)\boldsymbol{i}_r + \left(2\dot{R}\dot{\phi}_\omega + R\ddot{\phi}_\omega\right)\boldsymbol{i}_n + \left(R\dot{\phi}_\omega\dot{\phi}_r\right)\boldsymbol{i}_\omega \tag{3-14}$$

式(3-14)中在视线坐标系中的相对加速度分量可以表示为

$$\begin{cases} (\boldsymbol{a}_{\mathrm{t}} - \boldsymbol{a}_{\mathrm{m}}) \cdot \boldsymbol{i}_r = \ddot{R} - R\dot{\phi}_\omega^2 \\ (\boldsymbol{a}_{\mathrm{t}} - \boldsymbol{a}_{\mathrm{m}}) \cdot \boldsymbol{i}_n = 2\dot{R}\dot{\phi}_\omega + R\ddot{\phi}_\omega \\ (\boldsymbol{a}_{\mathrm{t}} - \boldsymbol{a}_{\mathrm{m}}) \cdot \boldsymbol{i}_\omega = R\dot{\phi}_\omega\dot{\phi}_r \end{cases} \tag{3-15}$$

首先从方程(3-15)中的各部分中寻找实现拦截的充分条件。观察第一部分，实现拦截的充分条件如下：

(1) LOS 变化率为零($\dot{\phi}_\omega = 0$)；

(2) 拦截器沿 LOS 的加速能力大于或等于目标沿 LOS 的加速度($\boldsymbol{a}_{\mathrm{m}} \cdot \boldsymbol{i}_r \geqslant \boldsymbol{a}_{\mathrm{t}} \cdot \boldsymbol{i}_r$)；

(3) 沿 LOS 的初始相对速度为负($\dot{R}(0) < 0$)。

此时，导弹到目标的距离 R 将随时间线性 $(\boldsymbol{a}_\mathrm{t}-\boldsymbol{a}_\mathrm{m})\cdot\boldsymbol{i}_r=0$ 或二次 $(\boldsymbol{a}_\mathrm{t}-\boldsymbol{a}_\mathrm{m})\cdot\boldsymbol{i}_r<0$ 减小，并最终通过零。

3.2 自动瞄准的相对运动方程

研究相对运动方程，常采用极坐标 (r,q) 系统来表示导弹与目标的相对位置，如图 3-2 所示。r 表示导弹与目标之间的相对距离，当导弹命中目标时 $r=0$。导弹和目标的连线 $\overline{MT}$ 称为目标瞄准线，简称目标线或瞄准线。q 表示目标瞄准线与攻击平面内某一基准线 $\overline{Mx}$ 之间的夹角，称为目标线方位角，简称视角，从基准线逆时针转向目标线为正。σ_m、σ_t 分别表示导弹速度向量、目标速度向量与基准线之间的夹角，从基准线逆时针转向速度向量为正。当攻击平面为铅垂平面时，σ 就是弹道倾角 θ；当攻击平面与水平面时，σ 就是弹道偏角 ψ_V。ε_m、ε_t 分别表示导弹速度向量、目标速度向量与目标线之间的夹角，称为导弹前置角和目标前置角。速度矢量逆时针转到目标线时，前置角为正。

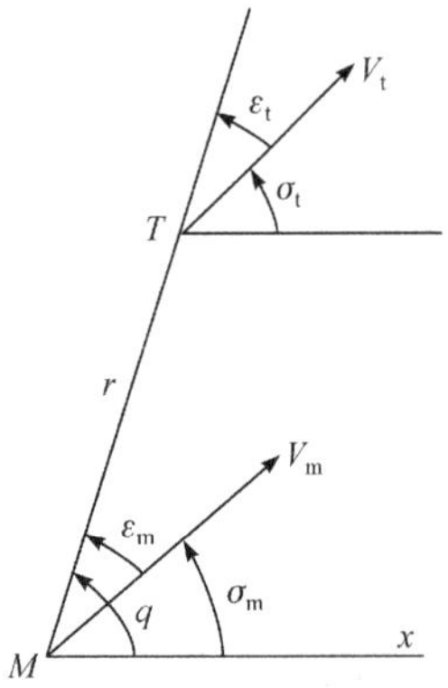

图 3-2 导弹与目标的相对位置

由图 3-2 可见，导弹速度向量 $\boldsymbol{V}_\mathrm{m}$ 在目标线上的分量 $V_\mathrm{m}\cos\varepsilon_\mathrm{m}$，是指向目标的，它使相对距离 r 缩短，而目标速度向量 $\boldsymbol{V}_\mathrm{t}$ 在目标线上的分量 $V_\mathrm{t}\cos\varepsilon_\mathrm{t}$，则背离导弹，它使 r 增大。$\mathrm{d}r/\mathrm{d}t$ 为导弹到目标的距离变化率。显然，相对距离 r 的变化率 $\mathrm{d}r/\mathrm{d}t$ 等于目标速度向量和导弹速度向量在目标线上分量的代数和，即

$$\frac{\mathrm{d}r}{\mathrm{d}t}=V_\mathrm{t}\cos\varepsilon_\mathrm{t}-V_\mathrm{m}\cos\varepsilon_\mathrm{m} \tag{3-16}$$

$\mathrm{d}q/\mathrm{d}t$ 表示目标线的旋转角速度。显然，导弹速度向量 $\boldsymbol{V}_m$ 在垂直于目标线方向上的分量 $V_m\sin\varepsilon_\mathrm{m}$，使目标线逆时针旋转，$q$ 角增大；目标速度向量 $\boldsymbol{V}_\mathrm{t}$ 在垂直于目标线方向上的分量 $V_\mathrm{t}\sin\varepsilon_\mathrm{t}$，使目标线顺时针旋转，$q$ 角减小。由理论力学可知，目标线的旋转角速度 $\mathrm{d}q/\mathrm{d}t$ 等于导弹速度向量和目标速度向量在垂直于目标线方向上分量的代数和除以相对距离 r，即

$$\frac{\mathrm{d}q}{\mathrm{d}t}=\frac{1}{r}(V_\mathrm{m}\sin\varepsilon_\mathrm{m}-V_\mathrm{t}\sin\varepsilon_\mathrm{t}) \tag{3-17}$$

再考虑图 3-1 中的几何关系，可以列出自动瞄准的相对运动方程组为

$$\left.\begin{aligned}
&\frac{\mathrm{d}r}{\mathrm{d}t}=V_\mathrm{t}\cos\varepsilon_\mathrm{t}-V_\mathrm{m}\cos\varepsilon_\mathrm{m}\\
&r\frac{\mathrm{d}q}{\mathrm{d}t}=V_\mathrm{m}\sin\varepsilon_\mathrm{m}-V_\mathrm{t}\sin\varepsilon_\mathrm{t}\\
&q=\sigma_\mathrm{m}+\varepsilon_\mathrm{m}\\
&q=\sigma_\mathrm{t}+\varepsilon_\mathrm{t}\\
&\varepsilon_1=0
\end{aligned}\right\} \tag{3-18}$$

方程组(3-18)中包含 8 个参数 r 、q 、V_m 、ε_m 、σ_m 、V_t 、ε_t、σ_t。$\varepsilon_1 = 0$ 是导引关系式，它反映各种不同导引弹道的特点。

分析相对运动方程组(3-18)可以看出，导弹相对目标的运动特性由以下三个因素来决定：

(1) 目标的运动特性，如飞行高度、速度及机动性能；

(2) 导弹飞行速度的变化规律；

(3) 导弹所采用的导引方法。

在导弹研制过程中，不能预先确定目标的运动特性，一般只能根据所要攻击的目标，在其性能范围内选择若干条典型航迹，如等速直线飞行或等速盘旋等。只要典型航迹选得合适，导弹的导引特性大致可以估算出来。这样，在研究导弹的导引特性时，认为目标运动的特性是已知的。

导弹的飞行速度取决于发动机特性、结构参数和气动外形，由求解第 2 章包括动力学方程在内的导弹运动方程组得到。当需要简便地确定航迹特性，以便选择导引方法时，一般采用比较简单的运动学方程。可以用近似计算方法，预先求出导弹速度的变化规律。因此，在研究导弹的相对运动特性时，速度可以作为时间的已知函数。这样，相对运动方程组中就可以不考虑动力学方程，而仅需单独求解相对运动方程组(3-18)。显然，该方程组与作用在导弹上的力无关，单独求解该方程组所得的轨迹，称为运动学弹道。

3.3 追踪法

追踪法是指导弹在攻击目标的导引过程中，导弹的速度矢量始终指向目标的一种导引方法。这种方法要求导弹速度矢量的前置角 ε_m 始终等于零，导弹与目标的相对运动关系如图 3-3 所示。因此，追踪法导引关系方程为

$$\varepsilon_1 = \varepsilon_m = 0 \tag{3-19}$$

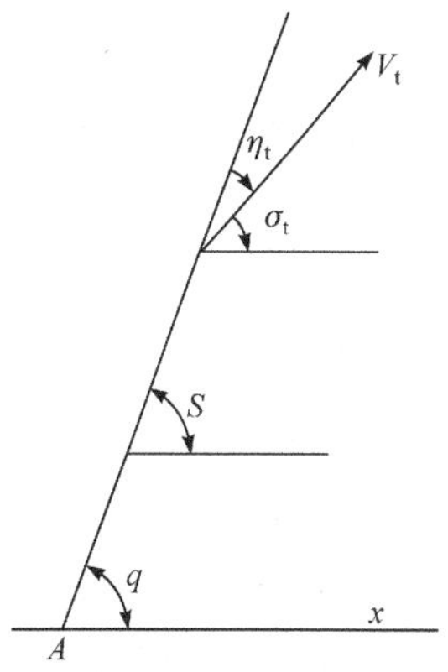

图 3-3　追踪法导引导弹与目标的相对运动关系

3.3.1 弹道方程

追踪法导引时，导弹与目标之间的相对运动由方程组(3-18)可得

$$\left.\begin{aligned} \frac{dr}{dt} &= V_t \cos\varepsilon_t - V_m \\ r\frac{dq}{dt} &= -V_t \sin\varepsilon_t \\ q &= \sigma_t + \varepsilon_t \end{aligned}\right\} \tag{3-20}$$

若 V_m 、V_t 和 σ_t 为已知的时间函数，则方程组(3-20)还包含 3 个未知参数 r 、q 和

ε_t。给出初始值r_0、q_0和ε_{t0}，用数值积分法可以得到相应的特解。

为了得到解析解，以便了解追踪法的一般特性，必须假定目标作等速直线运动，导弹作等速运动。

取基准线$\overline{Ax}$平行于目标的运动轨迹，这时$\sigma_t = 0$，$q = \varepsilon_t$，则方程组(3-20)可改写为

$$\left.\begin{aligned}\frac{\mathrm{d}r}{\mathrm{d}t} &= V_t \cos q - V_m \\ r\frac{\mathrm{d}q}{\mathrm{d}t} &= -V_t \sin q\end{aligned}\right\} \tag{3-21}$$

由方程组(3-21)可以导出相对弹道方程$r = f(q)$。用方程组(3-21)的第一式除以第二式得

$$\frac{\mathrm{d}r}{r} = \frac{V_t \cos q - V_m}{-V_t \sin q}\mathrm{d}q \tag{3-22}$$

令$p = V_m / V_t$，称为速度比。因假设导弹和目标作等速运动，所以p为一常值，于是

$$\frac{\mathrm{d}r}{r} = \frac{-\cos q + p}{\sin q}\mathrm{d}q \tag{3-23}$$

积分得

$$r = r_0 \frac{\tan^p \frac{q}{2} \sin q_0}{\tan^p \frac{q_0}{2} \sin q} \tag{3-24}$$

令

$$c = r_0 \frac{\sin q_0}{\tan^p \frac{q_0}{2}} \tag{3-25}$$

式中，(r_0, q_0)为开始导引瞬时导弹相对目标的位置。

最后得到以目标为原点的极坐标形式的导弹相对弹道方程为

$$r = c\frac{\tan^p \frac{q}{2}}{\sin q} = c\frac{\sin^{(p-1)} \frac{q}{2}}{2\cos^{(p+1)} \frac{q}{2}} \tag{3-26}$$

由方程(3-26)即可画出追踪法导引的相对弹道(又称追踪曲线)。步骤如下：

(1) 求命中目标时的q_f值，命中目标时$r_f = 0$，当$p > 1$，由式(3-26)得到$q_f = 0$；

(2) 在q_0到q_f之间取一系列q值，由目标所在位置(T点)相应引出射线；

(3) 将一系列q值分别代入方程(3-26)中，可以求得相对应的r值，并在射线上截取相应线段长度，则可求得导弹的对应位置；

(4) 逐点描绘即可得到导弹的相对弹道。

3.3.2 直接命中目标的条件

从方程组(3-21)的第二式可以看出$\dot{q}$总和q的符号相反。这表明不管导弹开始追踪时

的 q_0 为何值，导弹在整个导引过程中的 $|q|$ 是不断减小的，即导弹总是绕到目标的正后方命中目标，因此 $q \to 0$。

由方程(3-26)可以得到：

(1) 若 $p>1$，且 $q \to 0$，则 $r \to 0$；

(2) 若 $p=1$，且 $q \to 0$，则 $r \to r_0 \dfrac{\sin q_0}{2\tan^p \dfrac{q_0}{2}}$；

(3) 若 $p<1$，且 $q \to 0$，则 $r \to \infty$。

显然，只有导弹的速度大于目标的速度才有可能直接命中目标；若导弹的速度等于或小于目标的速度，则导弹与目标最终将保持一定的距离或距离越来越远而不能直接命中目标。由此可见，导弹直接命中目标的必要条件是导弹的速度大于目标的速度($p>1$)。

3.3.3　导弹命中目标需要的飞行时间

导弹命中目标所需的飞行时间直接关系到控制系统及弹体参数的选择，它是导弹武器系统设计的必要数据。方程组(3-21)中的第一式和第二式分别乘以 $\cos q$ 和 $\sin q$，然后相减，经整理得

$$\cos q \frac{\mathrm{d}r}{\mathrm{d}t} - r\sin q \frac{\mathrm{d}q}{\mathrm{d}t} = V_\mathrm{t} - V_\mathrm{m}\cos q \tag{3-27}$$

方程组(3-21)的第一式可改写为

$$\cos q = \frac{\dfrac{\mathrm{d}r}{\mathrm{d}t} + V_\mathrm{m}}{V_\mathrm{t}} \tag{3-28}$$

将式(3-28)代入式(3-27)中，整理后得

$$(p+\cos q)\frac{\mathrm{d}r}{\mathrm{d}t} - r\sin q \frac{\mathrm{d}q}{\mathrm{d}t} = V_\mathrm{t} - pV_\mathrm{m} \tag{3-29}$$

$$\mathrm{d}[r(p+\cos q)] = (V_\mathrm{t} - pV_\mathrm{m})\mathrm{d}t \tag{3-30}$$

积分得

$$t = \frac{r_0(p+\cos q_0) - r(p+\cos q)}{pV_\mathrm{m} - V_\mathrm{t}} \tag{3-31}$$

将命中目标的条件($r \to 0, q \to 0$)代入式(3-31)中，可得导弹从开始追踪至命中目标所需的飞行时间为

$$t_\mathrm{f} = \frac{r_0(p+\cos q_0)}{pV_\mathrm{m} - V_\mathrm{t}} = \frac{r_0(p+\cos q_0)}{(V_\mathrm{m} - V_\mathrm{t})(1+p)} \tag{3-32}$$

由式(3-32)可以看出：

(1) 迎面攻击 $(q_0 = \pi)$ 时，$t_\mathrm{f} = \dfrac{r_0}{V_\mathrm{m} + V_\mathrm{t}}$；

(2) 尾追攻击 $(q_0 = 0)$ 时，$t_\mathrm{f} = \dfrac{r_0}{V_\mathrm{m} - V_\mathrm{t}}$；

(3) 侧面攻击$\left(q_0=\dfrac{\pi}{2}\right)$时，$t_f=\dfrac{r_0 p}{(V_m-V_t)(1+p)}$。

因此，在r_0、V_m和V_t相同的条件下，q_0在 0 至π范围内，随着q_0的增加，命中目标所需的飞行时间将缩短。当迎面攻击($q_0=\pi$)时，所需飞行时间为最短。

3.3.4 导弹的法向过载

导弹的过载特性是评定导引方法优劣的重要标志之一。过载的大小直接影响制导系统的工作条件和导引误差，也是计算导弹弹体结构强度的重要条件。沿导引弹道飞行的需用法向过载必须小于可用法向过载。否则，导弹的飞行将脱离追踪曲线并按可用法向过载所决定的弹道曲线飞行，在这种情况下，不可能直接命中目标。

本章的法向过载定义为法向加速度与重力加速度之比，即

$$n=\frac{a_n}{g} \tag{3-33}$$

式中，a_n为作用在导弹上所有外力(包括重力)的合力所产生的法向加速度。追踪法导引导弹的法向加速度为

$$a_n=V_m\frac{d\sigma_m}{dt}=V_m\frac{dq}{dt}=-\frac{V_mV_t\sin q}{r} \tag{3-34}$$

将式(3-24)代入式(3-34)得

$$a_n=-\frac{V_mV_t\sin q}{r_0\dfrac{\tan^p\dfrac{q}{2}\sin q_0}{\tan^p\dfrac{q_0}{2}\sin q}}=-\frac{V_mV_t\tan^p\dfrac{q_0}{2}}{r_0\sin q_0}\frac{4\cos^p\dfrac{q}{2}\sin^2\dfrac{q}{2}\cos^2\dfrac{q}{2}}{\sin^p\dfrac{q}{2}}$$

$$=-\frac{4V_mV_t}{r_0}\frac{\tan^p\dfrac{q_0}{2}}{\sin q_0}\cos^{(p+2)}\frac{q}{2}\sin^{(2-p)}\frac{q}{2} \tag{3-35}$$

将式(3-35)代入式(3-33)中，且法向过载只考虑其绝对值，则过载可表示为

$$n=\frac{4V_mV_t}{gr_0}\left|\frac{\tan^p\dfrac{q_0}{2}}{\sin q_0}\cos^{(p+2)}\frac{q}{2}\sin^{(2-p)}\frac{q}{2}\right| \tag{3-36}$$

导弹命中目标时，$q\to 0$，由式(3-36)可以看出：

(1) 当$p>2$时，$\lim\limits_{q\to 0}n=\infty$；

(2) 当$p=2$时，$\lim\limits_{q\to 0}n=\dfrac{4V_mV_t}{gr_0}\left|\dfrac{\tan^p\dfrac{q_0}{2}}{\sin q_0}\right|$；

(3) 当 $p<2$ 时，$\lim\limits_{q\to 0} n=0$。

由此可见对于追踪法导引，考虑到命中点的法向过载，只有当速度比满足 $1<p\leqslant 2$ 时，导弹才有可能命中目标。

3.3.5 允许攻击区

允许攻击区是指导弹在此区域内按追踪法导引飞行，其飞行弹道上的需用法向过载均不超过可用法向过载值。

由式(3-34)得

$$r=-\frac{V_{\mathrm{m}}V_{\mathrm{t}}\sin q}{a_{\mathrm{n}}} \tag{3-37}$$

将式(3-33)代入式(3-37)，如果只考虑其绝对值，则式(3-37)可改写为

$$r=\frac{V_{\mathrm{m}}V_{\mathrm{t}}}{gn}|\sin q| \tag{3-38}$$

在 V_{m}、V_{t} 和 n 给定的条件下，由 r、q 所组成的极坐标系中，式(3-38)是一个圆的方程，即追踪曲线上过载相同点的连线(简称等过载曲线)是个圆。圆心在 $(V_{\mathrm{m}}V_{\mathrm{t}}/(2gn),\ \pm\pi/2)$ 上，圆的半径等于 $V_{\mathrm{m}}V_{\mathrm{t}}/(2gn)$。在 V_{m}、V_{t} 一定时，给出不同的 n 值，就可以绘出圆心在 $q=\pm\pi/2$ 上，半径大小不同的圆族(简称等过载圆族)，且 n 越大，等过载圆半径越小。圆族通过目标，与目标的速度相切，如图 3-4 所示。

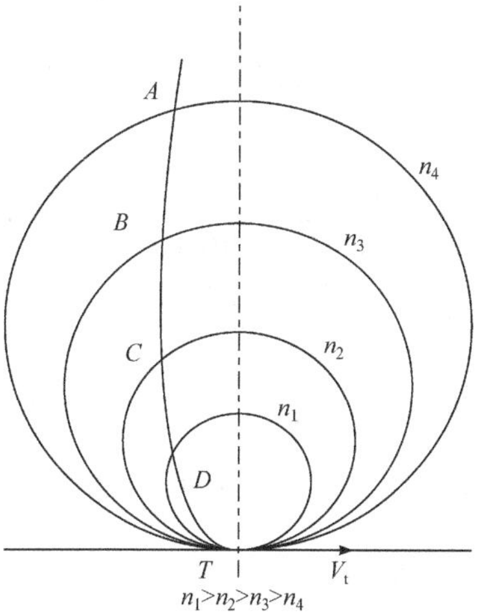

图 3-4　等过载圆族

假设可用法向过载为 n_p，相应地有一个等过载圆。现在要确定追踪导引起始时刻导弹-目标相对距离 r_0 为某一给定值的允许攻击区。

设导弹的初始位置分别在 M_{01}、M_{02}^*、M_{03} 点，各自对应的追踪曲线为 1、2、3，如图 3-5 所示。追踪曲线 1 不与 n_p 决定的圆相交，因而追踪曲线 1 上的任意一点的法向过载 $n<n_p$；追踪曲线 3 与 n_p 决定的圆相交，因而追踪曲线 3 上有一段的法向过载 $n>n_p$，但是显然，导弹从 M_{03} 点开始追踪导引是不允许的，因为它不能直接命中目标；追踪曲线 2 与 n_p 决定的圆正好相切，切点 E 的过载最大，且 $n=n_p$，追踪曲线 2 上任意一点均满足 $n\leqslant n_p$。因此，M_{02}^* 点是追踪法导引的极限初始位置，它由 r_0、q_0^* 确定。于是 r_0 值给定时，允许攻击区必须满足：

$$|q_0|\leqslant|q_0^*| \tag{3-39}$$

(r_0,q_0^*) 对应的追踪曲线 2 把攻击平面分成两个区域，$|q_0|<|q_0^*|$ 的区域就是由导弹可用法向过载所决定的允许攻击区，如图 3-6 中阴影线所示的区域。因此，要确定允许攻

击区，在r_0值给定时，首先必须确定q_0^*值。

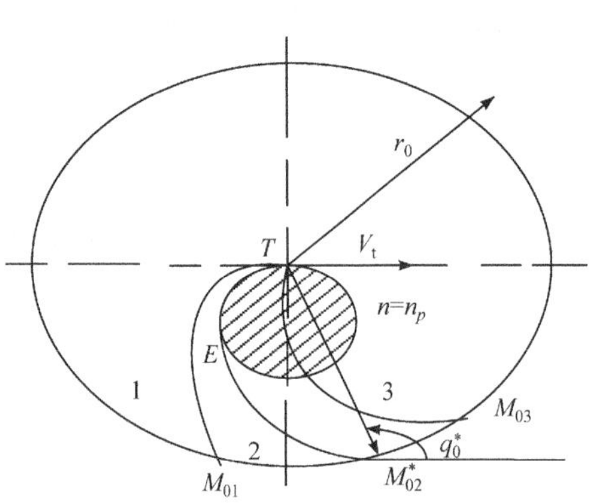

图 3-5　确定极限起始位置

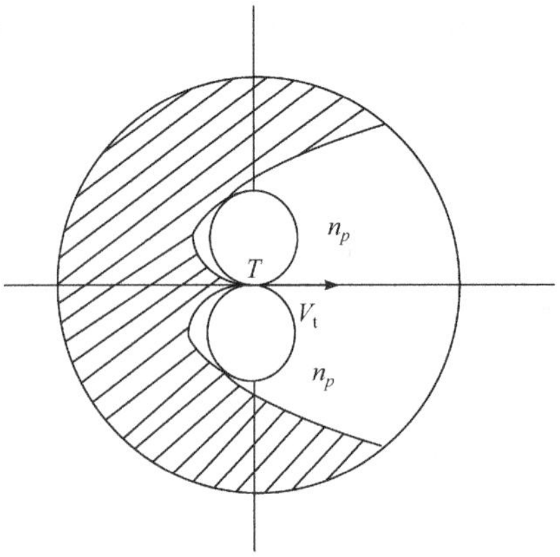

图 3-6　追踪法导引允许攻击区

追踪曲线 2 上，E点过载最大，此点所对应的坐标为(r^*, q^*)。q^*值可以由$\mathrm{d}n/\mathrm{d}q=0$求得

$$\frac{\mathrm{d}n}{\mathrm{d}q}=\frac{2V_\mathrm{m}V_\mathrm{t}}{r_0 g\dfrac{\sin q_0}{\tan^p \dfrac{q_0}{2}}}\left[(2-p)\sin^{(1-p)}\frac{q}{2}\cos^{(p+3)}\frac{q}{2}-(2+p)\sin^{(3-p)}\frac{q}{2}\cos^{(p+1)}\frac{q}{2}\right]=0 \tag{3-40}$$

即

$$(2-p)\sin^{(1-p)}\frac{q^*}{2}\cos^{(p+3)}\frac{q^*}{2}=(2+p)\sin^{(3-p)}\frac{q^*}{2}\cos^{(p+1)}\frac{q^*}{2} \tag{3-41}$$

整理后得

$$(2-p)\cos^2\frac{q^*}{2}=(2+p)\sin^2\frac{q^*}{2} \tag{3-42}$$

又可以写成

$$2\left(\cos^2\frac{q^*}{2}-\sin^2\frac{q^*}{2}\right)=p\left(\sin^2\frac{q^*}{2}+\cos^2\frac{q^*}{2}\right) \tag{3-43}$$

于是

$$\cos q^*=\frac{p}{2} \tag{3-44}$$

由式(3-44)可知，追踪曲线上法向过载最大值处的视线角q^*仅取决于速度比p的大小。

因E点在n_p的等过载圆上，且所对应的r^*值满足式(3-24)，于是

$$r^*=\frac{V_\mathrm{m}V_\mathrm{t}}{gn_p}\left|\sin q^*\right| \tag{3-45}$$

因为

$$\sin q^* = \sqrt{1 - \frac{p^2}{4}} \tag{3-46}$$

所以

$$r^* = \frac{VV_t}{gn_p}\left(1 - \frac{p^2}{4}\right)^{\frac{1}{2}} \tag{3-47}$$

E 点在追踪曲线 2 上，r^* 也同时满足弹道方程式(3-24)，即

$$r^* = r_0 \frac{\tan^p \frac{q^*}{2} \sin q_0^*}{\tan^p \frac{q_0^*}{2} \sin q^*} = \frac{r_0 \sin q_0^* 2(2-p)^{\frac{p-1}{2}}}{\tan^p \frac{q_0^*}{2}(2+p)^{\frac{p+1}{2}}} \tag{3-48}$$

r^* 同时满足式(3-24)和式(3-47)，于是有

$$\frac{V_m V_t}{gn_p}\left(1 - \frac{p}{2}\right)^{\frac{1}{2}}\left(1 + \frac{p}{2}\right)^{\frac{1}{2}} = \frac{r_0 \sin q_0^*}{\tan^p \frac{q_0^*}{2}} \frac{2(2-p)^{\frac{p-1}{2}}}{(2+p)^{\frac{p+1}{2}}} \tag{3-49}$$

显然，当 V_m 、V_t 、n_p 和 r_0 给定时，解出 q^* 值，那么允许攻击区也就相应确定了。如果导弹发射时刻就开始实现追踪法导引，那么 $|q_0| \leqslant |q_0^*|$ 所确定的范围也就是允许发射区。

追踪法是最早提出的一种导引方法，技术上实现追踪法导引是比较简单的。例如，只要在弹内装一个“风标”装置，再将目标位标器安装在风标上，使其轴线与风标指向平行，由于风标的指向始终沿着导弹速度矢量的方向，只要目标影像偏离了位标器轴线，这时，导弹速度矢量没有指向目标，制导系统就会形成控制指令，以消除偏差，实现追踪法导引。由于追踪法导引在技术实施方面比较简单，部分空—地导弹、激光制导炸弹采用了这种导引方法，但这种导引方法的弹道特性存在着严重的缺点。因为导弹的绝对速度始终指向目标，相对速度总是落后于目标线，不管从哪个方向发射，导弹总是要绕到目标的后面去命中目标，这样导致导弹的弹道较弯曲(特别在命中点附近)，需用法向过载较大，要求导弹要有很高的机动性。由于可用法向过载的限制，导弹不能实现全向攻击。同时，考虑到追踪法导引命中点的法向过载，速度比受到严格的限制，$1 < p \leqslant 2$。因此，追踪法目前应用很少。

3.4　平行接近法

前文所提的追踪法的根本缺点，在于它的相对速度落后于目标线，总要绕到目标正后方去攻击。为了克服追踪法的这一缺点，人们又研究出了新的导引方法——平行接

近法。

平行接近法是指在整个导引过程中，目标线在空间保持平行移动的一种导引方法。其导引关系式(理想操纵关系式)为

$$\varepsilon_1 = \frac{\mathrm{d}q}{\mathrm{d}t} = 0 \tag{3-50}$$

或

$$\varepsilon_1 = q - q_0 = 0 \tag{3-51}$$

代入方程组(3-18)的第二式，可得

$$r\frac{\mathrm{d}q}{\mathrm{d}t} = V_{\mathrm{m}}\sin\varepsilon_{\mathrm{m}} - V_{\mathrm{t}}\sin\varepsilon_{\mathrm{t}} = 0 \tag{3-52}$$

即

$$\sin\varepsilon_{\mathrm{m}} = \frac{V_{\mathrm{t}}}{V_{\mathrm{m}}}\sin\varepsilon_{\mathrm{t}} = \frac{1}{p}\sin\varepsilon_{\mathrm{t}} \tag{3-53}$$

式(3-52)表示，不管目标作何种机动飞行，导弹速度向量V_{m}和目标速度向量V_{t}在垂直于目标线方向上的分量相等。因此，导弹的相对速度V_{m}正好在目标线上，它的方向始终指向目标(图 3-7)。

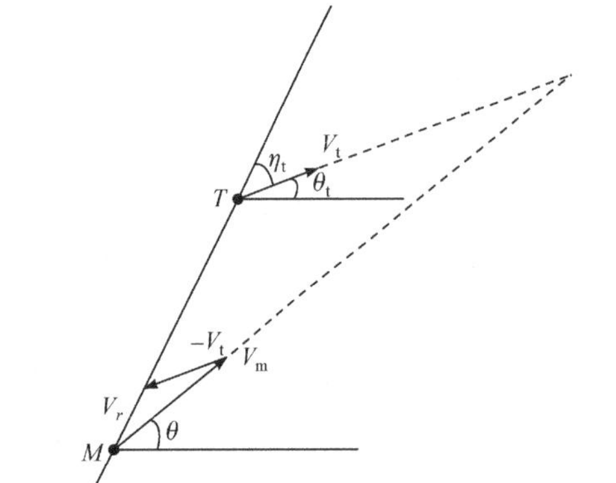

图 3-7 平行接近法相对运动关系

综上所述，按平行接近法导引时，导弹与目标的相对运动方程组为

$$\left.\begin{aligned} &\frac{\mathrm{d}r}{\mathrm{d}t} = V_{\mathrm{t}}\cos\varepsilon_{\mathrm{t}} - V_{\mathrm{m}}\cos\varepsilon_{\mathrm{m}} \\ &r\frac{\mathrm{d}q}{\mathrm{d}t} = V_{\mathrm{m}}\sin\varepsilon_{\mathrm{m}} - V_{\mathrm{t}}\sin\varepsilon_{\mathrm{t}} \\ &q = \varepsilon_{\mathrm{m}} + \sigma_{\mathrm{m}} \\ &q = \varepsilon_{\mathrm{t}} + \sigma_{\mathrm{t}} \\ &\varepsilon_1 = \frac{\mathrm{d}q}{\mathrm{d}t} = 0 \end{aligned}\right\} \tag{3-54}$$

按平行接近法导引时，在整个导引过程中目标线角q为常值，因此，如果导弹速度的前置角ε_{m}保持不变，则导弹弹道倾角(或弹道偏角)为常值，导弹的飞行轨迹(绝对弹道)就是一条直线弹道。由式(3-52)可以看出，只要满足q和ε_{t}为常值，则ε_{m}为常值，此时导弹就沿着直线弹道飞行。因此，对于平行接近法导引，在目标直线飞行情况下，只要速度比保持为常数(且$p>1$)，那么导弹无论从什么方向攻击目标，它的飞行弹道都是直线弹道。

当目标作机动飞行，且导弹速度也不断变化时，如果速度比$p=V_{\mathrm{m}}/V_{\mathrm{t}}=$常数(且$p>1$)，则导弹按平行接近法导引的需用法向过载总是比目标的法向过载小。证明如下：对式(3-53)求导，在p为常数时，有

$$\dot{\varepsilon}_{\mathrm{m}}\cos\varepsilon_{\mathrm{m}}=\frac{1}{p}\dot{\varepsilon}_{\mathrm{t}}\cos\varepsilon_{\mathrm{t}} \tag{3-55}$$

或

$$V_{\mathrm{m}}\dot{\varepsilon}_{\mathrm{m}}\cos\varepsilon_{\mathrm{m}}=V_{\mathrm{t}}\dot{\varepsilon}_{\mathrm{t}}\cos\varepsilon_{\mathrm{t}} \tag{3-56}$$

设攻击平面为铅垂平面，则

$$q=\varepsilon_{\mathrm{m}}+\sigma_{\mathrm{m}}=\varepsilon_{\mathrm{t}}+\sigma_{\mathrm{t}}=\mathrm{const} \tag{3-57}$$

因此

$$\dot{\varepsilon}_{\mathrm{m}}=-\sigma_{\mathrm{m}},\dot{\varepsilon}_{\mathrm{t}}=-\sigma_{\mathrm{t}} \tag{3-58}$$

用σ_{m}、σ_{t}置换$\dot{\varepsilon}_{\mathrm{m}}$、$\dot{\varepsilon}_{\mathrm{t}}$，改写式(3-55)，得

$$\frac{V_{\mathrm{m}}\sigma_{\mathrm{m}}}{V_{\mathrm{t}}\sigma_{\mathrm{t}}}=\frac{\cos\varepsilon_{\mathrm{t}}}{\cos\varepsilon_{\mathrm{m}}} \tag{3-59}$$

因恒有$p>1$，即$V_{\mathrm{m}}>V_{\mathrm{t}}$，由式(3-52)可得$\varepsilon_{\mathrm{t}}>\varepsilon_{\mathrm{m}}$，于是有

$$\cos\varepsilon_{\mathrm{t}}<\cos\varepsilon_{\mathrm{m}}\cos\varepsilon_{\mathrm{t}}<\cos\varepsilon_{\mathrm{m}} \tag{3-60}$$

从式(3-58)显然可得

$$V_{\mathrm{m}}\sigma_{\mathrm{m}}<V_{\mathrm{t}}\sigma_{\mathrm{t}} \tag{3-61}$$

为了保持q值为某一常数，在$\varepsilon_{\mathrm{t}}>\varepsilon_{\mathrm{m}}$时，必须有$\sigma_{\mathrm{m}}>\sigma_{\mathrm{t}}$，因此有不等式：

$$\cos\sigma_{\mathrm{m}}<\cos\sigma_{\mathrm{t}} \tag{3-62}$$

导弹和目标的需用法向过载可表示为

$$\left.\begin{aligned}n_{y_{\mathrm{m}}}&=\frac{V_{\mathrm{m}}\sigma_{\mathrm{m}}}{g}+\cos\sigma_{\mathrm{m}}\\ n_{y_{\mathrm{t}}}&=\frac{V_{\mathrm{t}}\sigma_{\mathrm{t}}}{g}+\cos\sigma_{\mathrm{t}}\end{aligned}\right\} \tag{3-63}$$

注意到不等式(3-60)和不等式(3-61)，比较不等式(3-62)右端，有

$$n_y<n_{y_{\mathrm{t}}} \tag{3-64}$$

由此可以得到以下结论：无论目标作何种机动飞行，采用平行接近法导引时，导弹的需用法向过载总是小于目标的法向过载，即导弹弹道的弯曲程度比目标航迹的弯曲程度小。因此，导弹的机动性就可以小于目标的机动性。

由以上讨论可以看出，当目标机动时，平行接近法导引的弹道需用过载将小于目标的机动过载。进一步的分析表明，与其他导引方法相比，用平行接近法导引的弹道最为平直，还可实行全向攻击。因此，从这个意义上说，平行接近法是最好的导引方法。

但是，到目前为止，平行接近法并未得到广泛应用。其主要原因是，这种导引方法对制导系统提出了严格的要求，使制导系统复杂化。它要求制导系统在每一瞬时都要精确地测量目标及导弹的速度和前置角，并严格保持平行接近法的导引关系。实际上，由于发射偏差或干扰的存在，不可能绝对保证导弹的相对速度V_r始终指向目标，因此，平

行接近法很难实现。

3.5 比例导引法

比例导引法指导弹飞行过程中速度向量V_{m}的转动角速度与目标线的转动角速度成比例的一种导引方法。其导引关系式为

$$\varepsilon_1=\frac{\mathrm{d}\sigma}{\mathrm{d}t}-N\frac{\mathrm{d}q}{\mathrm{d}t}=0 \tag{3-65}$$

式中，N为比例系数，又称导航比，即

$$\frac{\mathrm{d}\sigma}{\mathrm{d}t}=N\frac{\mathrm{d}q}{\mathrm{d}t} \tag{3-66}$$

假定比例系数 N 为一常数，对式(3-65)进行积分，就得到比例导引关系式的另一种形式：

$$\varepsilon_1=(\sigma-\sigma_0)-N(q-q_0)=0 \tag{3-67}$$

由式(3-67)不难看出，如果比例系数$N=1$，且$q_0=\sigma_{\mathrm{m}0}$，即导弹前置角$\varepsilon_{\mathrm{m}}=0$，这就是追踪法；如果比例系数$N=1$，且$q_0=\sigma_{\mathrm{m}0}+\varepsilon_{\mathrm{m}0}$，则$q=\sigma_{\mathrm{m}}+\varepsilon_{\mathrm{m}0}$，即导弹前置角$\varepsilon_{\mathrm{m}}=\varepsilon_{\mathrm{m}0}=$常值，这就是常值前置角导引法(显然，追踪法是常值前置角导引法的一个特例)。

当比例系数$N\to\infty$时，由式(3-65)知$\mathrm{d}q/\mathrm{d}t\to 0$，$q=q_0=$常值，说明目标线只是平行移动，这就是平行接近法。

由此不难得出结论，追踪法、常值前置角导引法和平行接近法都可看作是比例导引法的特殊情况。由于比例导引法的比例系数N在(1，∞)，它是介于常值前置角导引法和平行接近法之间的一种导引方法，因此它的弹道性质也介于常值前置角导引法和平行接近法的弹道性质之间。

3.5.1 比例导引法的相对运动方程组

按比例导引法时，导弹-目标的相对运动方程组如下：

$$\left.\begin{aligned}
&\frac{\mathrm{d}r}{\mathrm{d}t}=V_{\mathrm{t}}\cos\varepsilon_{\mathrm{t}}-V_{\mathrm{m}}\cos\varepsilon_{\mathrm{m}}\\
&r\frac{\mathrm{d}q}{\mathrm{d}t}=V_{\mathrm{m}}\sin\varepsilon_{\mathrm{m}}-V_{\mathrm{t}}\sin\varepsilon_{\mathrm{t}}\\
&q=\varepsilon_{\mathrm{m}}+\sigma_{\mathrm{m}}\\
&q=\varepsilon_{\mathrm{t}}+\sigma_{\mathrm{t}}\\
&\frac{\mathrm{d}\sigma_{\mathrm{m}}}{\mathrm{d}t}=N\frac{\mathrm{d}q}{\mathrm{d}t}
\end{aligned}\right\} \tag{3-68}$$

如果已知V_{m}、V_{t}、σ_{t}的变化规律以及三个初始条件 r_0、q_0、$\sigma_{\mathrm{m}0}$(或$\varepsilon_{\mathrm{m}0}$)，就可以用数值积分法解方程组(3-68)，采用解析法解此方程组则比较困难。只有当比例系数$N=2$，且目标等速直线飞行、导弹等速飞行时，才能得到解析解。

3.5.2 弹道特性的讨论

解算相对运动方程组(3-68)，可以获得导弹的运动特性。下面着重讨论采用比例导引法时，导弹的直线弹道和需用法向过载。

1. 直线弹道

对导弹-目标的相对运动方程组(3-68)的第三式求导：

$$\dot{q} = \dot{\varepsilon}_{\mathrm{m}} + \dot{\sigma}_{\mathrm{m}} \tag{3-69}$$

将导引关系式 $\dot{\sigma}_{\mathrm{m}} = N\dot{q}$ 代入式(3-69)，得到

$$\dot{\varepsilon}_{\mathrm{m}} = (1-N)\dot{q} \tag{3-70}$$

直线弹道的条件为 $\dot{\sigma}_{\mathrm{m}} = 0$，即

$$\dot{q} = \dot{\varepsilon}_{\mathrm{m}} \tag{3-71}$$

在 $N \neq 0, 1$ 的条件下，式(3-69)和式(3-71)若要同时成立，必须满足：

$$\dot{q} = 0, \quad \dot{\varepsilon}_{\mathrm{m}} = 0 \tag{3-72}$$

亦即

$$\left.\begin{aligned} q &= q_0 = 常数 \\ \varepsilon_{\mathrm{m}} &= \varepsilon_{\mathrm{m}0} = 常数 \end{aligned}\right\} \tag{3-73}$$

考虑到相对运动方程组(3-68)中的第二式，导弹直线飞行的条件也可写为

$$\left.\begin{aligned} & V_{\mathrm{m}} \sin\varepsilon_{\mathrm{m}} - V_{\mathrm{t}} \sin\varepsilon_{\mathrm{t}} = 0 \\ & \varepsilon_0 = \arcsin\left(\frac{V_{\mathrm{t}}}{V_{\mathrm{m}}}\sin\varepsilon_{\mathrm{t}}\right)\Bigg|_{t=t_0} \end{aligned}\right\} \tag{3-74}$$

式(3-74)表明导弹和目标的速度矢量在垂直于目标线方向上的分量相等，即导弹的相对速度要始终指向目标。

直线弹道要求导弹速度向量的前置角始终保持其初始值 ε_0，而前置角的初始值 ε_0 有两种情况：一种是导弹发射装置不能调整的情况，此时 ε_0 为确定值；另一种是 ε_0 可以调整的情况，发射装置可根据需要改变 ε_0 的数值。

在第一种情况下(ε_0 为确定值)，由导弹直线飞行的条件(3-74)解得

$$\varepsilon_{\mathrm{t}} = \arcsin\frac{V_{\mathrm{m}}\sin\varepsilon_0}{V_{\mathrm{t}}} \text{或} \varepsilon_{\mathrm{t}} = \pi - \arcsin\frac{V_{\mathrm{m}}\sin\varepsilon_0}{V_{\mathrm{t}}} \tag{3-75}$$

将 $q_0 = \sigma_{\mathrm{t}} + \varepsilon_{\mathrm{t}}$ 代入式(3-75)，可得发射时目标线的方位角为

$$\left.\begin{aligned} q_{01} &= \sigma_{\mathrm{t}} + \arcsin\frac{V_{\mathrm{m}}\sin\varepsilon_0}{V_{\mathrm{t}}} \\ q_{02} &= \sigma_{\mathrm{t}} + \pi - \arcsin\frac{V_{\mathrm{m}}\sin\varepsilon_0}{V_{\mathrm{t}}} \end{aligned}\right\} \tag{3-76}$$

式(3-76)说明，只有在两个方向发射导弹才能得到直线弹道，即直线弹道只有两条。

在第二种情况下，ε_0 可以根据 q_0 的大小加以调整，此时，只要满足条件：

$$\varepsilon_0 = \arcsin\left[\frac{V_t \sin(q_0 - \sigma_t)}{V_m}\right] \tag{3-77}$$

导弹沿任何方向发射都可以得到直线弹道。

当 $\varepsilon_0 = \pi - \arcsin\left[\frac{V_t \sin(q_0 - \sigma_t)}{V_m}\right]$ 时，也可满足式(3-73)，但此时 $|\varepsilon_0| > 90°$，表示导弹背向目标，因而没有实际意义。

2. 需用法向过载

比例导引法要求导弹的转弯角速度 $\dot{\sigma}_m$ 与目标线旋转角速度 $\dot{q}$ 成正比，因而导弹的需用法向过载也与 $\dot{q}$ 成正比，即

$$n_{y_m} = \frac{V_m}{g}\frac{d\sigma_m}{dt} = \frac{V_m N}{g}\frac{dq}{dt} \tag{3-78}$$

因此，要了解弹道上各点需用法向过载的变化规律，只需讨论 $\dot{q}$ 的变化规律。对相对运动方程组(3-68)的第二式两边求导，得

$$\dot{r}\dot{q} + r\ddot{q} = \dot{V}_m \sin\varepsilon_m + V_m\dot{\varepsilon}_m \cos\varepsilon_m - \dot{V}_t \sin\varepsilon_t - V_t\dot{\varepsilon}_t \cos\varepsilon_t \tag{3-79}$$

将

$$\left.\begin{aligned} \dot{\varepsilon}_m &= \dot{q} - \dot{\sigma}_m = (1-N)\dot{q} \\ \dot{\varepsilon}_t &= \dot{q} - \dot{\sigma}_t = \dot{q} \\ \dot{r} &= V_t \cos\varepsilon_t - V_m \cos\varepsilon_m \end{aligned}\right\} \tag{3-80}$$

代入式(3-79)，经整理后得

$$r\ddot{q} = -\left(NV_m \cos\varepsilon_m + 2\dot{r}\right)\left(\dot{q} - \dot{q}^*\right) \tag{3-81}$$

式中，

$$\dot{q}^* = \frac{\dot{V}_m \sin\varepsilon_m - \dot{V}_t \sin\varepsilon_t + V_t\dot{\sigma}_t \cos\varepsilon_t}{NV_m \cos\varepsilon_m + 2\dot{r}} \tag{3-82}$$

以下分两种情况讨论。

1) 假设目标等速直线飞行，导弹等速飞行

此时，由式(3-82)可知

$$\dot{q}^* = 0 \tag{3-83}$$

于是，式(3-81)可改写成

$$\ddot{q} = -\frac{1}{r}(NV_m \cos\varepsilon_m + 2\dot{r})\dot{q} \tag{3-84}$$

由式(3-84)可知，如果 $NV_m \cos\varepsilon_m + 2\dot{r} > 0$，那么 $\ddot{q}$ 的符号与 $\dot{q}$ 相反。当 $\dot{q} > 0$ 时，

$\ddot{q}<0$，即$\dot{q}$值将减小；当$\dot{q}<0$时，$\ddot{q}>0$，即$\dot{q}$值将增大。总之，$|\dot{q}|$总是减小的(图 3-8)。$\dot{q}$随时间的变化规律是向横坐标接近，弹道的需用法向过载随$|\dot{q}|$的不断减小而减小，弹道变得平直，这种情况称为$\dot{q}$收敛。

若$NV_{\rm m}\cos\varepsilon_{\rm m}+2\dot{r}<0$时，$\ddot{q}$与$\dot{q}$同号，$|\dot{q}|$将不断增大，弹道的需用法向过载随$|\dot{q}|$的不断增大而增大，弹道变得弯曲，这种情况称为$\dot{q}$发散(图 3-9)。

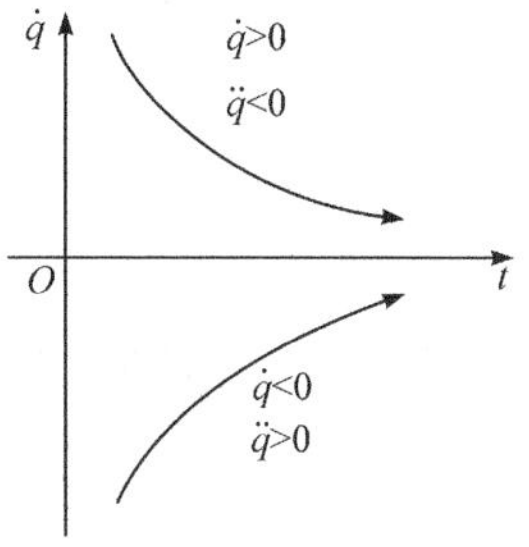

图 3-8　$NV_{\rm m}\cos\varepsilon_{\rm m}+2\dot{r}>0$时$\dot{q}$的变化趋势

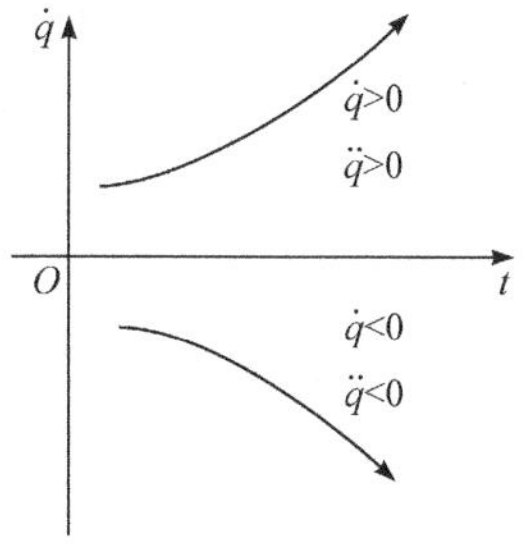

图 3-9　$NV_{\rm m}\cos\varepsilon_{\rm m}+2\dot{r}<0$时$\dot{q}$的变化趋势

显然，要使导弹转弯较为平缓，就必须使$\dot{q}$收敛，这时应满足条件：

$$N>\frac{2|\dot{r}|}{V_{\rm m}\cos\varepsilon_{\rm m}} \tag{3-85}$$

由此得出结论，只要比例系数N选得足够大，使其满足式(3-84)，$|\dot{q}|$就可逐渐减小而趋向于零；相反，如不能满足式(3-84)，则$|\dot{q}|$将逐渐增大，在接近目标时，导弹要以无穷大的速率转弯，这实际上是无法实现的，最终将导致脱靶。

2) 假设目标机动飞行，导弹变速飞行

由式(3-82)可知$\dot{q}^*$与目标的切向加速度$\dot{V}_{\rm t}$、法向加速度$V_{\rm t}\dot{\sigma}_{\rm t}$和导弹的切向加速度$\dot{V}_{\rm m}$有关，$\dot{q}^*$不再为零。当$NV_{\rm m}\cos\varepsilon_{\rm m}+2\dot{r}\neq 0$时，$\dot{q}^*$是有限值。

由式(3-84)可见，当$NV_{\rm m}\cos\varepsilon_{\rm m}+2\dot{r}>0$时，若$\dot{q}<\dot{q}^*$，则$\ddot{q}>0$，这时$\dot{q}$将不断增大；若$\dot{q}>\dot{q}^*$，则$\ddot{q}<0$，这时$\dot{q}$将不断减小。总之，$\dot{q}$有接近$\dot{q}^*$的趋势。

当$NV_{\rm m}\cos\varepsilon_{\rm m}+2\dot{r}<0$时，$\dot{q}$有逐渐离开$\dot{q}^*$的趋势，弹道变得弯曲。在接近目标时，导弹要以极大的速率转弯。

3. 命中点的需用法向过载

前面已经提到，如果$NV_{\rm m}\cos\varepsilon_{\rm m}+2\dot{r}>0$，那么$\dot{q}^*$是有限值。由式(3-81)可以看出，在命中点$r=0$，因此，

$$\dot{q}_{\rm f}=\dot{q}_{\rm f}^*=\left.\frac{\dot{V}_{\rm m}\sin\varepsilon_{\rm m}-\dot{V}_{\rm t}\sin\varepsilon_{\rm t}+V_{\rm t}\dot{\sigma}_{\rm t}\cos\varepsilon_{\rm t}}{NV_{\rm m}\cos\varepsilon_{\rm m}+2\dot{r}}\right|_{t=t_{\rm f}} \tag{3-86}$$

导弹的需用法向过载为

$$n_{\mathrm{mf}}=\frac{V_{\mathrm{mf}}\dot{\sigma}_{\mathrm{f}}}{g}=\frac{KV_{\mathrm{mf}}\dot{q}_{\mathrm{f}}}{g}=\frac{1}{g}\left[\frac{\dot{V}_{\mathrm{m}}\sin\varepsilon_{\mathrm{m}}-\dot{V}_{\mathrm{t}}\sin\varepsilon_{\mathrm{t}}+V_{\mathrm{t}}\dot{\sigma}_{\mathrm{t}}\cos\varepsilon_{\mathrm{t}}}{\cos\varepsilon_{\mathrm{m}}-\dfrac{2|\dot{r}|}{NV_{\mathrm{m}}}}\right]_{t=t_{\mathrm{f}}} \tag{3-87}$$

从式(3-87)可知，导弹命中目标时的需用法向过载与命中点的导弹速度V_{mf}和导弹接近速度$|\dot{r}|_{\mathrm{f}}$有直接关系。如果命中点的导弹速度较小，则需用法向过载将增大。由于空空导弹通常在被动段攻击目标，因此很有可能出现上述情况。值得注意的是，导弹从不同方向攻击目标，$|\dot{r}|$的值是不同的。例如，迎面攻击时，$|\dot{r}|=V_{\mathrm{m}}+V_{\mathrm{t}}$；尾追攻击时，$|\dot{r}|=V_{\mathrm{m}}-V_{\mathrm{t}}$。

另外，从式(3-87)还可看出，目标机动$(\dot{V}_{\mathrm{t}},\dot{\sigma}_{\mathrm{t}})$对命中点导弹的需用法向过载也是有影响的。当$NV_{\mathrm{m}}\cos\varepsilon_{\mathrm{m}}+2\dot{r}<0$时，$\dot{q}$是发散的，$|\dot{q}|$不断增大，因此

$$\dot{q}_{\mathrm{f}}\to\infty \tag{3-88}$$

这意味着N较小时，在接近目标的瞬间，导弹要以无穷大的速率转弯，命中点的需用法向过载也趋于无穷大，这实际上是不可能的。因此，当$N<2|\dot{r}|/V_{\mathrm{m}}\cos\varepsilon_{\mathrm{m}}$时，导弹就不能直接命中目标。

3.5.3 比例系数 N 的选择

由上述讨论可知，比例系数N的大小，直接影响弹道特性，以及导弹能否命中目标。因此，如何选择合适的N值，是需要研究的一个重要问题。N值的选择不仅要考虑弹道特性，还要考虑导弹结构强度所允许承受的过载，以及制导系统能否稳定工作等因素。

1. 收敛的限制

$\dot{q}$收敛使导弹在接近目标的过程中目标线的旋转角速度$|\dot{q}|$不断减小，弹道各点的需用法向过载也不断减小，$\dot{q}$收敛的条件为

$$N>\frac{2|\dot{r}|}{V_{\mathrm{m}}\cos\varepsilon_{\mathrm{m}}} \tag{3-89}$$

式(3-89)给出了N的下限。由于导弹从不同的方向攻击目标时，$|\dot{r}|$是不同的，因此N的下限也是变化的。这就要求根据具体情况选择适当的N值，使导弹从各个方向攻击的性能都能兼顾，不至于优劣悬殊，或者重点考虑导弹在主攻方向上的性能。

2. 可用过载的限制

式(3-89)限制了比例系数N的下限。但是，这并不是意味着N值可以取任意大。如果N取得过大，则由$n_y=V_{\mathrm{m}}N\dot{q}/g$可知，即使$\dot{q}$值不大，也可能使需用法向过载值很大。导弹在飞行中的可用过载受到最大舵偏角的限制，若需用过载超过可用过载，则导

弹便不能沿比例导引弹道飞行。因此，可用过载限制了 N 的最大值(上限)。

3. 制导系统的要求

如果比例系数 N 选得过大，那么外界干扰信号的作用会被放大，这将影响导弹的正常飞行。$\dot{q}$ 的微小变化将会引起 $\dot{\sigma}_{\mathrm{m}}$ 的很大变化，因此从制导系统稳定工作的角度出发，N 值的上限值也不能选得太大。

综合考虑上述因素，才能选择出一个合适的 N 值。它可以是一个常数，也可以是一个变数。一般认为，N 值通常在 3～6。

3.5.4　比例导引法的优缺点

比例导引法的优点是可以得到较为平直的弹道；在满足 $N > 2|\dot{r}|/V_{\mathrm{m}}\cos\varepsilon_{\mathrm{m}}$ 的条件下，$|\dot{q}|$ 逐渐减小，弹道前段较弯曲，能充分利用导弹的机动能力；弹道后段较为平直，导弹具有较充裕的机动能力；只要 N、η_{m0}、q_0、p 等参数组合适当，就可以使全弹道上的需用过载均小于可用过载，从而实现全向攻击。另外，与平行接近法相比，比例导引法对发射瞄准时的初始条件要求不严，在技术实施上是可行的，因为只需测量 $\dot{q}$、$\dot{\sigma}_{\mathrm{m}}$，所以比例导引法得到了广泛的应用。

但是，比例导引法还存在明显的缺点，即命中点导弹需用法向过载受导弹速度和攻击方向的影响，这一点由式(3-87)不难发现。

3.5.5　三维比例导引

在空间运动情况下如何实现导引是需要研究的，自动瞄准导弹导引误差信号形成和控制的实现都是在参考坐标系的两个平面内进行的。在两个互相垂直的控制平面内，实行同样的或不同的导引方法控制。

根据比例导引法的定义，比例导引的目的是利用速度、方向的变化以抑制视线的旋转，如图 3-10 所示，视线与地面坐标系 $Ox_g y_g z_g$ 的关系由 β_{m}、ε_{m} 两个角度来确定，视线旋转角速度为

$$\boldsymbol{\omega}_s = \boldsymbol{\omega}_\xi + \boldsymbol{\omega}_\eta + \boldsymbol{\omega}_\zeta = \dot{\boldsymbol{\beta}}_{\mathrm{m}} + \dot{\boldsymbol{\varepsilon}}_{\mathrm{m}} = \dot{\beta}_{\mathrm{m}}\sin\varepsilon_{\mathrm{m}}\overrightarrow{O\xi} + \dot{\beta}_{\mathrm{m}}\cos\varepsilon_{\mathrm{m}}\overrightarrow{O\eta} + \dot{\varepsilon}_{\mathrm{m}}\overrightarrow{O\zeta} \tag{3-90}$$

速度矢量 $\boldsymbol{V}$ 对地面坐标系 $Ox_g y_g z_g$ 的旋转角速度为

$$\begin{aligned}\boldsymbol{\omega}_V = \vec{\dot{\theta}} + \vec{\dot{\psi}}_V &= \left[\dot{\theta}\sin(\psi_V - \beta_{\mathrm{m}})\cos\varepsilon_{\mathrm{m}} + \dot{\psi}_V\sin\varepsilon_{\mathrm{m}}\right]\overrightarrow{O\xi}\\ &+ \left[-\dot{\theta}\sin(\psi_V - \beta_{\mathrm{m}})\sin\varepsilon_{\mathrm{m}} + \dot{\psi}_V\cos\varepsilon_{\mathrm{m}}\right]\overrightarrow{O\eta}\\ &+ \dot{\theta}\cos(\psi_V - \beta_{\mathrm{m}})\overrightarrow{O\zeta}\end{aligned} \tag{3-91}$$

式(3-90)中，$\boldsymbol{\omega}_\xi$ 为绕视线转动角速度，可以不考虑。分别对 $\boldsymbol{\omega}_\eta$ 和 $\boldsymbol{\omega}_\zeta$ 进行比例导引，得

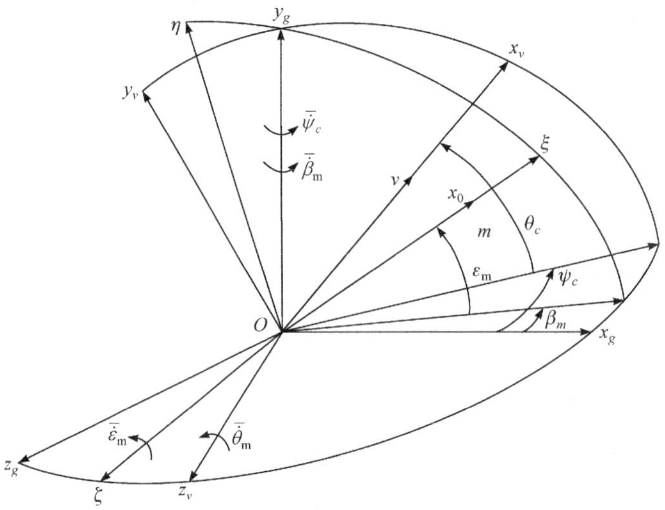

图 3-10 坐标系 $O\xi\eta\zeta$、$Ox_vy_vz_v$ 与 $Ox_gy_gz_g$ 之间的关系

$$\begin{cases}\dot{\theta}\cos(\psi_V-\beta_{\rm m})=K_\zeta\dot{\varepsilon}_{\rm m}\\ -\dot{\theta}\sin(\psi_V-\beta_{\rm m})\sin\varepsilon_{\rm m}+\dot{\psi}_V\cos\varepsilon_{\rm m}=K_\eta\dot{\beta}_{\rm m}\cos\varepsilon_{\rm m}\end{cases}\tag{3-92}$$

或写成

$$\begin{cases}\dot{\theta}=\dfrac{K_\zeta\dot{\varepsilon}_{\rm m}}{\cos(\psi_V-\beta_{\rm m})}\\ \dot{\psi}_V=K_\eta\dot{\beta}_{\rm m}+\dfrac{K_\zeta\tan\varepsilon_{\rm m}\sin(\psi_V-\beta_{\rm m})}{\cos(\psi_V-\beta_{\rm m})}\dot{\varepsilon}_{\rm m}\end{cases}\tag{3-93}$$

当 $\psi_V-\beta_{\rm m}$ 为小量时，可得

$$\begin{cases}\dot{\theta}=K_\zeta\dot{\varepsilon}_{\rm m}\\ \dot{\psi}_V=K_\eta\dot{\beta}_{\rm m}\end{cases}\tag{3-94}$$

思 考 题

3.1 导弹拦截的必要性条件有哪些?

3.2 追踪法、平行接近法和比例导引法各自的优缺点有哪些?

3.3 比例导引法的比例系数该如何选择?

3.4 分析目标机动对比例导引法的导引精度影响?

3.5 采用比例导引法能够实现末端弹目交汇角度约束吗?

参 考 文 献

[1] 程国采. 战术导弹导引方法[M]. 北京: 国防工业出版社, 1996.

[2] 钱杏芳, 林瑞雄, 赵亚楠.导弹飞行力学[M]. 北京: 北京理工大学出版社, 2020.

第 4 章

导引头跟踪与稳定回路

寻的制导是指导弹在制导过程中，能够通过各种方法确定目标相对于导弹自身的位置(或某些位置参数)，并可以独立生成制导指令将自己引向目标的制导方式。寻的制导的基本原理是根据目标的一些特征信号来选择、辨识及跟踪目标。可以作为目标特征信号的对象有很多，如热辐射、声波、光或者雷达波等。寻的制导系统通常可以分为以下三类：主动式、半主动式和被动式。下面分别阐述三种类型的寻的制导方法的原理[1]。

1) 主动式

如图 4-1 所示，在主动式寻的制导系统中，目标由导弹自身携带的设备进行照射和跟踪，也就是说，导弹除了携带辐射传感器感应目标信号外，还有辐射源。例如，在主动式雷达寻的导引系统中，雷达信号接收机和发射机都安装在导弹上。因此，采用主动式制导的导弹在发射后，不需要发射平台继续为其照射目标，可以独立完成制导任务，从而具备了“发射后不管”的优势。但是，主动式制导系统的缺点也很明显，首先，弹上设备更加复杂，导致导弹的质量、成本较高；其次，由于没有发射平台的辅助，系统也很容易受到干扰；最后，导弹自己在向外发出辐射信号，导致在攻击过程中很容易被发现。采用这种制导方式的导弹越来越多，如欧洲的“流星”(Meteor)主动式雷达制导空空导弹等[2]。

2) 半主动式

如图 4-1 所示，半主动式寻的制导系统是指由导弹以外的设备(如载机或地面雷达站)跟踪目标并向目标发出照射信号，而导弹通过跟踪从目标反射回来的信号来确定并攻击目标的制导系统。这种制导系统中，导弹只携带辐射传感器而没有辐射源，但制导的实现需要外部雷达在导弹飞行期间持续不断地照射目标。半主动式制导系统相比较于主动式制导系统，导弹构造比较简单，由于有外部设备的辅助，抗干扰性更强，有效射程也较远。“麻雀”Ⅲ(AIM-7F)就采用了这种方式，而经典的“不死鸟”(AIM-54)重型远程空空导弹则同时使用了主动式和半主动式的制导方式[2]。

3) 被动式

如图 4-1 所示，被动式寻的制导是一种通过诸如热辐射、光辐射或者声波之类的自然信号来探测目标的制导方式，即被动式寻的制导是利用来自目标本身的特征辐射作为导弹的导引信号的一种制导手段，如红外寻的制导系统。这种系统不需要主动向目标照射能源，因而攻击具有更好的隐蔽性。被动式寻的制导中应用最广的是被动式红外寻的制导，被动式红外寻的制导适合于攻击轧钢厂、桥梁、喷气式飞机、部队集结点、舰艇及其他与外界环境温差较大的目标。对于该制导系统，目标的真实温度值并不重要，但是要求目标与环境要有足够的温差。红外导引也有很大的缺点，即易受干扰，第一代红外制导空空导弹“响尾蛇”(AIM-9)在实战中很容易被太阳干扰而丢失目标，而现在针对红外导引的特点，已经开发了很多装置，如红外干扰弹。此外，红外制导受天气的影响也很大[3]。

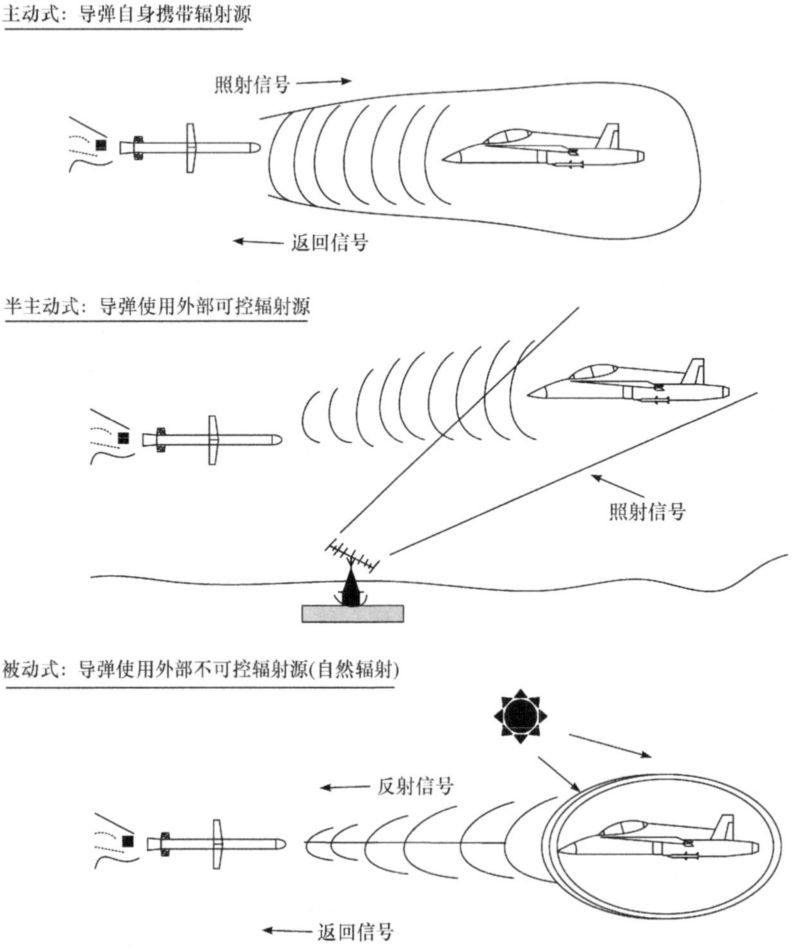

图 4-1　导弹寻的制导类型与分类

除了被动式红外导引导弹以外，雷达几乎是所有寻的制导导弹应用得最普遍的传感器。在雷达系统中，主要由天线负责感应并接受各个方向上的信号。

导弹所用的天线主要是锥形波束天线，即大部分的能量集中在中心轴(瞄准轴)附近一个近乎圆锥形的区域内。该区域称为主瓣，周围的区域称为旁瓣。雷达信号发射机可以放在飞机、地面、海上或者导弹上。在飞行过程中，导弹位于目标和照射雷达之间，会同时接受来自发射站的照射信号以及来自目标的反射信号，因此导弹必须具备区分这两种信号的能力。实现这种能力的方法很多，如可以在导弹头部安装一个强定向天线，或者使用多普勒原理进行区分[4]。

弹载信号接收机上通常包括一个自动增益控制器，它的主要作用是将接收机的输出信号功率近似地保持为常值。因此，有效噪声将会随着所接收到的信号强度而改变。对于战术导弹，寻的制导系统需要建立一个能够逼真地描述弹-目几何关系的模型以精确地估算脱靶量。这个系统应该包含影响导弹性能的系统动态特性和系统非线性特性。利用弹上设备实时采集数据，一直到接近拦截点为止的方式，寻的制导系统可以提供精确度不断提高的目标信息，这样能够实现其他制导形式无法达到的精度。从制导律的角度来看，由于许多因素的作用，现代近距空空导弹攻防对抗过程是对制导系统要求最为苛刻的战术武器工作场景之一。这些作用因素包括短暂的攻防对抗时间(一般为 2～3s)和场景运动学特性的快速、剧烈变化。针对军事需求中存在的不同变量，以上 3 类制导方式都得到了广泛应用。这些变量为速度、高度和目标的机动；必须快速而连续地杀伤和摧毁目标的数量和类型；要防护的区域(影响目标的可能轨迹)；可允许的系统复杂度和导弹成本等。

4.1　导引头分类、组成及工作状态

导引头是目标跟踪装置，相当于导弹的“眼睛”，是制导控制系统的关键量测设备，其依据目标辐射或反射的电磁信号来探测、识别、跟踪及锁定目标。导引头输出信息为制导回路生成制导指令提供依据，其性能和特性在很大程度上决定了空地制导武器的制导精度。

4.1.1　导引头分类

(1) 按导引头接收光学或电磁信号特性的不同，导引头可分为电视导引头(也称可见光导引头)、红外导引头、激光导引头、毫米波导引头、反辐射导引头(也称被动雷达导引头)、雷达导引头和多模复合导引头等。

(2) 按导引头制导方式的不同，导引头可分为指令制导导引头、波束制导导引头、寻的制导导引头。

(3) 按导引头接收电磁信号或光学信号来源的不同，导引头可分为被动式寻的导引头、半主动式寻的导引头和主动式寻的导引头。其中被动式寻的导引头接收目标辐射的电磁信号；半主动式寻的导引头接收由其他照射源照射目标引起目标反射的电磁信号；主动式寻的导引头接收由本导引头照射目标引起目标反射的电磁信号。

(4) 按导引头是否配有伺服机构，导引头可分为捷联式导引头和伺服式导引头。其中捷联式导引头将光轴或天线轴等相关的探测组件固定于导引头基座上，一般输出为弹目视线角信号；伺服式导引头配置伺服控制平台，相关的探测组件固定于伺服平台，一般输出弹目视线角速度信号。

(5) 按导引头接收信息体制的不同，导引头可分为成像导引头和点源导引头。其中成像导引头主要有红外成像、可见光成像和 SAR 成像等；点源导引头主要有红外点源、激光点源和雷达点源等。

4.1.2 导引头组成

导引头是战术导弹关键的导引测量设备，不同导引头的工作原理和组成等不尽相同，对于框架式(也称为伺服式)导引头来说，通常由探测系统、信息处理系统、稳定及跟踪系统三部分组成。

1) 探测系统

探测系统用于探测目标，是导引头的核心部件，不同种类导引头的探测系统大为不同。对于红外成像导引头来说，探测系统由光学系统和红外探测器等组成；对于激光半主动导引头来说，探测系统由光学系统和激光光学探测器(大多采用四象限探测器)等组成。

2) 信息处理系统

信息处理系统用于对探测所获取的目标和背景信息进行信号处理，提取有用信号，完成对目标的识别、捕获及锁定，并解算得到弹目视线角、视线角速度等信息。对于主动雷达导引头，还可获得弹目相对距离及速度等。

3) 稳定及跟踪系统

由于导弹在飞行过程中受到外部气流干扰、内部干扰的作用，又受限于被控对象的特性和控制回路的控制品质，导弹姿态在控制回路的作用下响应制导指令的同时伴随某一量级的姿态振荡，两者都会引起导引头的基准(光学导引头的光轴或雷达导引头的天线轴)发生变化，影响制导精度。如果导引头测量基准发生剧烈变化，对于成像制导来说，将严重影响导引头识别目标，即使导引头锁定目标，也会导致目标丢失。因此对于伺服式导引头来说，稳定及跟踪系统是其必备的系统，其包含两个作用，即稳定和跟踪作用。稳定作用：控制导引头测量基准在惯性空间的指向稳定；跟踪作用：控制导引头测量基准对准目标。

导引头功能大致相同，即在规定的自然条件、飞行环境、目标背景以及各种电磁干扰的影响下完成如下功能：

(1) 与弹载计算机完成交互式通信功能：依据弹载计算机发送的命令，完成导引头自检、预置、扫描目标、锁定目标等功能；并向弹载计算机返回自检结果、确认锁定目标、进入盲区标识等信息。

(2) 隔离导弹姿态运动及扰动对导引头的影响：对于伺服式导引头，需要设计稳定平台来隔离弹体扰动对导引头输出的影响，稳定导引头光轴或天线轴及相关的探测组件，为导引头正常工作提供基础；对于捷联式导引头，由于导引头光轴或天线轴及相关的探测组件直接固连于导引头基座，只能通过数学的方法对输出的信息进行处理，在工程上，需要设计姿态解耦算法来隔离导弹姿态变化对导引头输出的影响。

(3) 捕获目标：接收目标辐射或反射的电磁信号，处理原始电磁信号，在此基础上，完成对目标的自动搜索及目标识别(自动识别或人工识别)，然后锁定要攻击的目标，实现对目标的捕获。

(4) 跟踪目标：在完成目标识别及捕获的基础上，自动跟踪目标。对于伺服式导引头，通过跟踪回路确保目标处于瞬时视场的中心；对于捷联式导引头，需要确保目标不会溢出导引头的探测视场，这一部分工作则由弹上制导系统承担。

(5) 输出制导信息：导引头在跟踪目标的同时实时输出制导回路所需的信息。对于伺服式导引头，输出导引头坐标系下的弹目视线角速度；对于捷联式导引头，则输出弹体坐标系下的弹目视线角。对于某一些主动导引头，还输出导弹相对于目标的相对运动速度及弹目距离。

(6) 判断真假目标：这一部分工作由导引头或弹上控制系统完成，即导引系统需要实时判断是否跟踪真目标，如果是假目标，则需要放弃跟踪目标，进而重新搜索及捕获目标。

(7) 目标丢失及重新捕获：一般情况下，导引头第一次搜索、识别及跟踪目标需要一定的时间，当目标丢失后，导引头需具有保持目标参数的记忆功能，在此基础上可快速重新捕获目标。

(8) 抗干扰：针对不同的导引头已研发出各式各样的干扰手段。例如，对于红外制导，主要的干扰为红外诱饵、调制干扰器、红外气溶胶、红外烟幕、红外箔条等，即红外导引头必须具有抗红外干扰的能力。

随着科技的进步以及作战需求的提高，导引头功能也在不断地完善和扩展中，例如：

(1) 对于成像导引头，需要具备图像稳定功能，即导引头能够生成稳定、清晰的图像，给目标识别创造良好的条件。

(2) 抗背景干扰，导弹在实战环境中，很有可能受到各种干扰的作用。例如，对于红外成像制导，最突出的干扰为来自自然背景的红外辐射干扰。最为主要的两种干扰分别来自空中和地面或海面，其特点为干扰随时间和空间变化，是随机干扰，导引头必须具有一定的抗干扰功能，在较大程度上抑制背景干扰对导引头工作的影响。

(3) 作为引信的解保触发信号，即当导引头整流罩触地破碎，引信解保装置探测到此信号时即解保。

4.1.3　导引头工作状态

不同导引头的工作状态存在较大的差别，对于伺服式导引头而言，比较典型的工作状态有角度预置状态、搜索状态、视线稳定状态和角度跟踪状态，下面简单地加以介绍。

1) 角度预置状态

导引头的角度预置一般在导引头开机启动自检之后进行，其目的是预判目标相对于导弹的位置，将导引头光轴或雷达天线轴对准目标，在弹目距离小于导引头的探测距离后尽可能提早发现目标。一般根据导弹的实时飞行状态以及目标可能出现的位置(可通过光电吊舱设备对目标进行估计定位)，实时计算得到惯性坐标系下的弹目视线角，基于导弹的姿态信息，解算得到导引头坐标系下的弹目视线信息，据此形成预置角，导引头伺服控制按预置角将导引头光轴或雷达天线轴指向目标。

对于打击固定目标或射程较短的情况，通常依靠导引头角度预置功能，即可在导引头开机后发现并识别目标。对于射程较远或目标机动性较大的情况，由于受限于导引头瞬时视场、导引头预置角控制精度、目标机动随机性等因素的影响，在弹目距离小于导引头探测距离后，目标仍有可能处在导引头的瞬时视场之外。

导引头角度预置功能的效果除了取决于导引头安装精度、导弹导航姿态精度、导引头预置角控制精度、预置角算法之外，还在很大程度上取决于导引头的瞬时视场角。瞬时视场角越大，依靠角度预置功能发现目标的概率越大，反之亦然。

2) 搜索状态

在完成导引头角度预置状态工作之后，目标还有可能不在导引头的瞬时视场之内。当判断弹目距离小于导引头的探测距离之后，其导引头还未探测到目标，这时需要启动导引头角度搜索功能，在惯性空间按照一定预置的规则转动导引头的光轴，以期探测到目标，并对其进行识别。

相对于捷联式导引头，伺服式导引头设计考虑到：提高导引头测量弹目视线的精度；增大导引头的探测距离；减小热噪声(对于红外导引头，瞬时视场角大，则相应的噪声较大)等因素，故光学系统等效焦距一般较长，瞬时视场角一般较小。例如，有的瞬时视场角大约只有 $6.0°\times 5.0°$或更小。由于瞬时视场角较小，以方位角为例，考虑各种占用视场角的误差：目标定位误差，假设目标定位误差在侧向投影为 100m，导引头识别目标的距离为 4000m，这样侧向占用视场角超过 1.43°；导航偏航角误差为 1.5°；惯组安装精度为 0.2°；导引头的安装精度为 0.3°；预置和搜索状态时，导引头的控制精度取决于电位计的精度和控制算法，假设为 0.4°(假设电位计精度为 0.2°，控制精度为 0.2°)；其他因素引起的占用视场角为 0.5°。因此在某种情况下，侧向占用视场角可超过 4.33°(对于某些低端的空地制导武器，其误差值可能更大)，在目标进入导引头的探测距离时，不能确保目标在导引头的瞬时视场之内，即需要启动导引头搜索功能。另外，由于某种原因，导引头在跟踪目标的过程中可能丢失目标，这时也需启动搜索功能，以重新发现及捕获目标。

不同制导体制通常根据各自的特点，采用不同的搜索方式，设计的搜索方式需尽快搜索到目标，避免搜索盲区，通用的搜索方式有矩形扫描、圆形扫描、六边形扫描、圆锥扫描、行扫描、玫瑰扫描等。

3) 视线稳定状态

导弹在惯性空间飞行时，其姿态按某种规律变化(响应制导指令)，在此基础上，弹体受到某些内外干扰因素的影响，即导弹姿态在惯性空间做有用的变化，同时夹杂干扰引起的姿态扰动。为了使导引头正常工作，需要隔离导弹姿态变化对导引头测量基准的影响，即需要在惯性空间对导引头的测量基准进行稳定控制。

4) 角度跟踪状态

当导引头探测、识别和捕获目标之后，即需启动导引头的角度跟踪状态。导引头跟踪状态的作用：使导引头光学轴或天线轴始终对准目标，以免目标偏离瞬时视场；提取弹目视线角速度信息，以供制导回路使用。

4.2 导引头稳定跟踪机构

导引头本身是一个在惯性空间对弹目视线角的跟踪系统，在实现了对弹目视线跟踪的条件下，测量其在惯性空间下弹目视线关系信号。由于导引头被安装在弹体动基座上，故要求将弹体角运动对导引头测量输出与导引头进行隔离。当前导弹上采用的导引头基本可分为动力陀螺导引头、平台导引头、半捷联导引头、捷联导引头和滚仰导引头几大类。

伺服式导引头依靠稳定平台导引头的光学系统(或雷达导引头的天线)稳定在惯性空间的某一个指向，也依据稳定平台的功能将光学系统(或雷达导引头的天线)调节至惯性空间的某一个指向，即稳定平台的性能在很大程度上影响导引头的性能指标。

稳定平台由陀螺、伺服系统、配套的结构件及电气设备、电源、软件等组成，依靠陀螺实现在惯性空间的指向基准，依据伺服系统将光学系统(或雷达导引头的天线)控制至所指的方向。

稳定平台的功能如下。

(1) 稳定作用：将平台稳定在惯性空间，隔离导弹姿态运动或扰动对稳定平台的影响，保证稳定平台上的光轴或天线轴稳定于惯性空间；

(2) 扫描作用：控制稳定平台按一定的规则做扫描运动，可使导引头扫描和搜索目标；

(3) 跟踪作用：当导引头搜索到目标，在目标识别后锁定所需攻击目标之后，需要依据失调角(定义为导引头光学轴向或导引头的天线轴向与弹目视线之间的夹角)将导引头光学轴向或导引头的天线轴向控制至弹目视线，实现导引头的跟踪功能，在此过程中，可以输出制导所需的弹目视线角速度。

4.2.1 动力陀螺导引头

动力陀螺的稳定方式主要利用动力陀螺的定轴性和进动性，即利用定轴性实现光学系统轴向稳定，利用进动性调节光学系统轴向的指向。这种导引头通过外框及内框相对于弹体有两个角运动自由度。导引头探测器与内框固连，高动量矩的动力陀螺通过轴承可绕探测器负载高速旋转(图 4-2)。

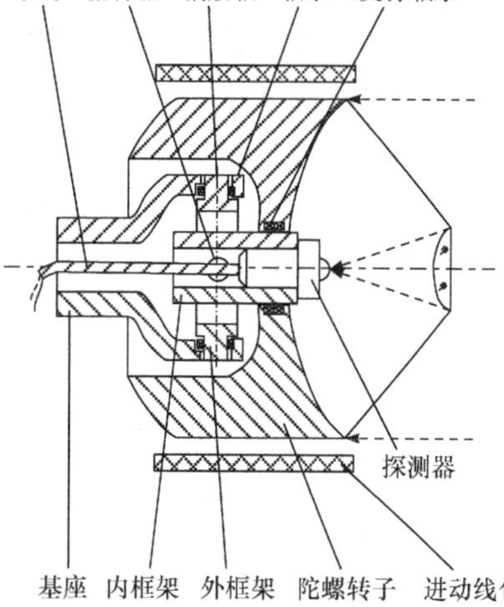

图 4-2 动力陀螺导引头结构图

动力陀螺导引头对弹目线 q 的测量及隔离弹体运动的功能可用图 4-3 进行说明。

在跟踪状态下，导引头探测器输出的跟踪误差角信号 Δq 会产生相应的进动线包进动电流 i 、进动力矩 M 及相应的导引头动力陀螺进动角速度 $\dot{q}_s$。因此，可取导引头输出进动电流为弹目线在惯性空间的旋转角速度 $\dot{q}_c$。动力陀螺导引头跟踪回路的开环增益(常称为导引头品质因素)为 $D = k_1k_2 / H(1/\mathrm{s})$，其物理意义为$1^\circ$稳态探测器角误差信号产生的 $D(^\circ)/\mathrm{s}$ 稳态导引头跟踪角速度。导引头闭环跟踪系统的传递函数(简称传函)为

$$\frac{q_s(s)}{q_t(s)} = \frac{1}{T_s s + 1} \tag{4-1}$$

式中，

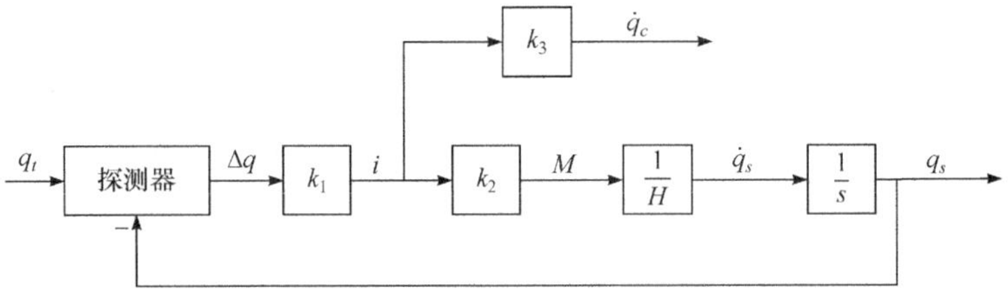

图 4-3 动力陀螺稳定导引头原理框图

$$T_s = \frac{1}{D}$$

动力陀螺导引头的动量矩 $\boldsymbol{H} = J\boldsymbol{\omega}$ 都设计得很大，故当弹体摆动引起干扰力矩 $\boldsymbol{M}_d$ 时，其对应的干扰进动角速度误差 $\Delta\dot{q} = \boldsymbol{M}_d / \boldsymbol{H}$ 很小。由于动力陀螺有极好的抗干扰隔离度能力，以致在实际动力陀螺导引头生产中，常常不安排隔离度测试验收任务。

4.2.2 平台稳定导引头

将速率陀螺固连于稳定平台，可测量稳定平台相对于惯性空间的角速度，在此基础上通过力矩电机控制稳定平台朝相反方向的角速度进行补偿，在理论上即可保证稳定平台在惯性空间的指向保持恒定，从而使导引头的光学轴向在惯性空间保持稳定。常用的稳定平台按结构特性可分为三轴框架结构和二轴框架结构，如果需要在惯性空间完全隔离导弹姿态运动或扰动对导引头的影响，则需要采用三轴伺服式导引头。如果通过控制的作用，可将弹体滚动角控制至 0°附近较小值时，则采用二轴伺服式导引头。需要指出的是，二轴框架稳定平台只有两个转动自由度，由于导弹在空间的姿态需要用三个姿态欧拉角表示，故当滚动角不为 0 的情况时，二轴框架稳定平台不能很好地隔离导弹姿态变化对其的影响。

1. 两框平台稳定导引头

二轴框架结构又进一步分为直角坐标式和极坐标式。直角坐标式通常称为俯仰-偏航式；极坐标式通常称为俯仰-滚动式或偏航-滚动式。下面以俯仰-偏航式为例，简单地介绍二轴直角坐标式稳定平台。相对于三轴伺服式导引头，二轴直角坐标导引头取消了外框-滚动框架，只保留内框-偏航框架和中框-俯仰框架，将导引头的光学系统固连于内框，如图 4-4 所示。同样，内框和中框框架轴保持正交结构，相交于一点。

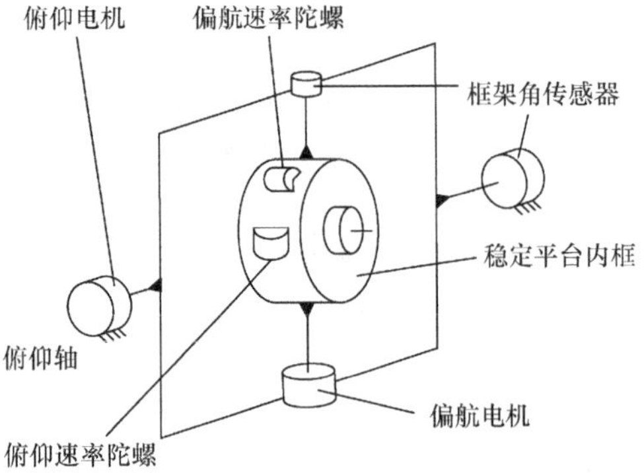

图 4-4 两框平台稳定导引头结构

美国的 AIM-9X 和欧洲的“流星”导弹为了增加格斗空域，要求导弹具有 90° 框架角。同时，为了减小阻力、增大射程，要求导引头尺寸尽可能小。为此采取了滚仰两框导引头方案(图 4-5)，该方案采用半捷联稳定方案，去掉了作为导引头负载的角速度陀螺。

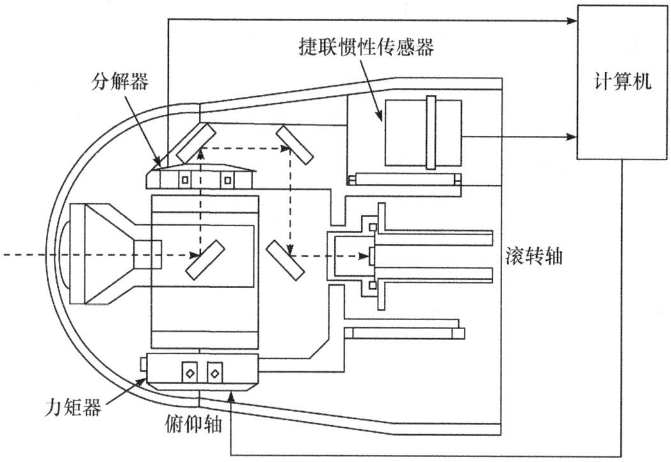

图 4-5　俯仰-滚动导引头结构示意图

2. 三框平台稳定导引头

三轴伺服式导引头由内框、中框和外框三个自由度的转动框架组成，三框架互相正交，每框的轴向交于一点。由于三轴伺服式导引头具有三个自由度，在理论上，其可完全隔离导弹姿态变化对导引头稳定平台的影响。该平台框架能够消除弹体滚转运动对图像稳定性的影响，在两框平台的基础上增加附加滚转框用于实现滚转稳定，如图 4-6 所示。

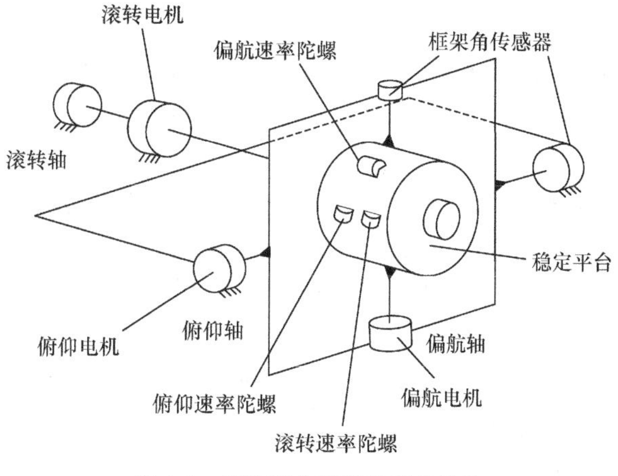

图 4-6　三框平台稳定导引头结构

3. 伺服平台的控制方法

伺服平台控制的设计方法是以系统的稳定性、快速性、控制精度、动态性能、低速平稳性等为主要设计指标。伺服平台控制从控制理论上来说较为成熟，到目前为止国内外伺服平台控制系统设计方法大多采用基于经典控制理论的设计方法或者复合控制设计方法，下面简单地介绍基于经典控制理论的设计方法。

稳定平台包括两个轴的稳定控制，两个轴的控制是独立的，两者的区别仅是控制算法的参数取值不同。稳定平台控制按控制任务的不同，可划分为①角度预置和搜索控制；②跟踪控制。角度预置和搜索控制类似于常规的电机伺服系统控制，输入指令随时间变化是确定的，故控制较为简单。跟踪控制则与上述控制不同，通常由两个回路组成，高增益的惯性空间角速度稳定回路提供隔离弹体角运动干扰能力和弹目线在惯性空间的旋转角速度输出，跟踪回路保证对弹目线的跟踪(图 4-7)。相比于动力陀螺稳定导引头，平台稳定导引头具有快速响应能力、大框架角和高负载特性。

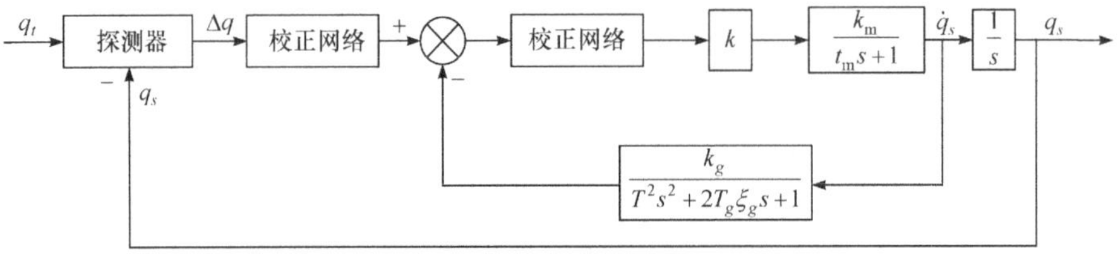

图 4-7 单平面控制系统方框图

导引头跟踪系统的设计指标主要有四个：快速性、精度、隔离度和光轴或天线轴的转动范围。其设计指标在很大程度上取决于导弹自身的飞行特性以及目标的运动特性。

1) 快速性

对于攻击固定目标而言，由于弹目视线角速度较小，跟踪系统的执行机构带宽可以较小，即对应着较小的框架角速度；对于攻击机动性较强的目标而言，在接近目标时，由于弹目视线变化很快，要求跟踪系统的执行机构带宽较大，即对应着较大的框架角速度。

2) 精度

要求跟踪系统具有较高的跟踪精度，其一，确保跟踪系统高质量地锁定目标；其二，提取高精度、高品质的弹目视线角速度，以供制导回路所用。

3) 隔离度

通常需要导引头的跟踪系统高质量跟踪目标，即需要跟踪系统具有消除和隔离弹体干扰和姿态运动的能力。对弹体干扰和姿态运动的隔离能力常用隔离度表征，其定义如下：隔离度是稳态精度的一个相对度量，同一导引头对不同输入频率的响应有所不同。另外，由于非线性因素的影响，同一导引头对同一频率下不同幅值输入得到的隔离度也有所不同。因此在工程上，常用一定频率、一定幅值的正弦波测试导引头的隔离度。

4) 光轴或天线轴的转动范围

光轴或天线轴的转动范围在很大程度上取决于攻击目标的运动特性、导弹的飞行特性及采用的导引律等因素，对于攻击静止目标或慢速移动目标，目标的机动能力较小，其导引头的光轴或天线轴的转动范围可以适当降低。在结构上，光轴或天线轴的转动范围越大，则导引头的结构尺寸就越大，故也常基于目标运动、导弹自身的飞行特性优化制导律，尽可能以小的转动范围适应制导武器打击目标的要求。

4.2.3 半捷联导引头

平台导引头的角速度陀螺是安装在导引头平台内框上的，为了降低导引头平台负载并降低其成本，可去掉导引头平台上的角速度陀螺，采用导弹惯导输出的弹体角速度加导引头框架角的微分 φ_r 获得导引头平台在惯性空间的运动角速度 $\dot{q}_s$，用其来代替原导引头平台上的角速度陀螺输出。这一措施减小了导引头平台的负载及尺寸，其结果是导弹可采用较尖的头部，从而大大减小了导弹的飞行阻力。由于此方案仅捷联了导引头陀螺，导引头探测器仍在平台上，故一般称其为半捷联导引头方案，其控制系统框图如图 4-8 所示。

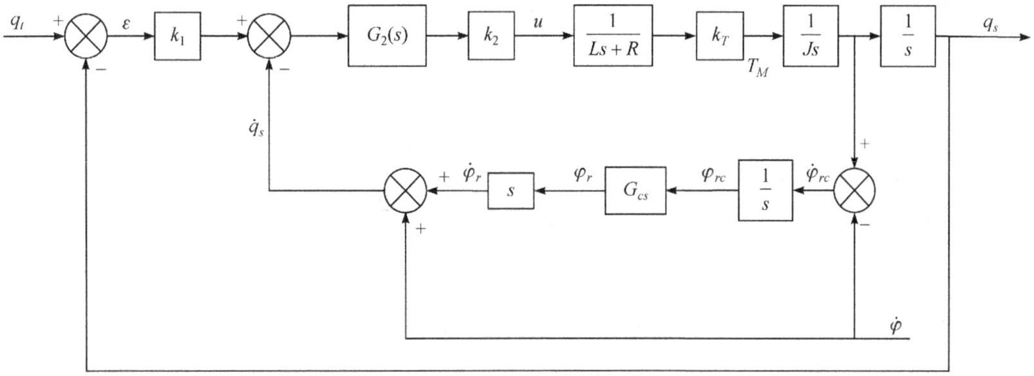

图 4-8　半捷联导引头控制系统框图

4.2.4　全捷联导引头

1. 全捷联相控阵导引头

全捷联相控阵导引头在天线结构上是与弹体相固连的，如图 4-9 所示，其中 $x_b y_b z_b$ 为弹体坐标系，$x_p y_p z_p$ 为波束坐标系。以俯仰通道为例，所涉及的各角度关系如图 4-10 所示。图中，θ_B 为天线波束指向 x_p 与弹体纵轴形成的波束角，φ 为弹体俯仰姿态角，ε 为探测器误差角，由天线单脉冲测角获得。

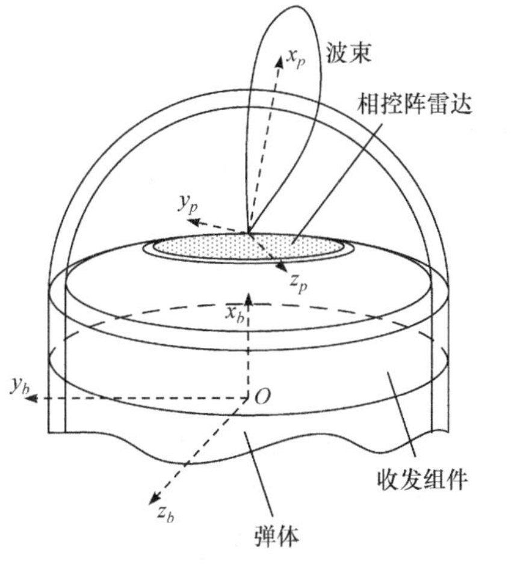

图 4-9　全捷联相控阵导引头的天线结构示意图

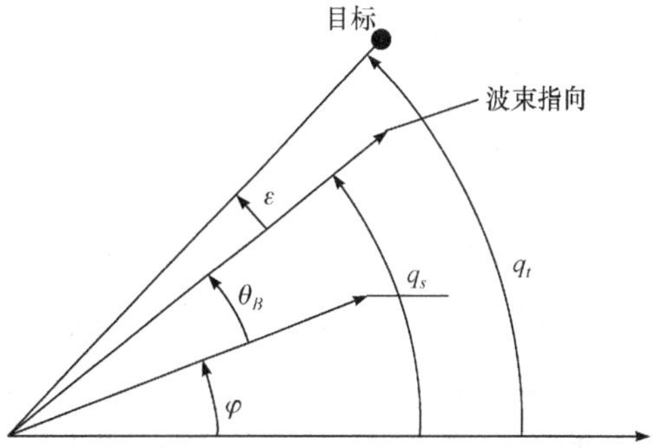

图 4-10　全捷联相控阵天线角度关系

全捷联相控阵导引头工程实现输出弹目视线角速度 $\dot{q}$ 的方案，如图 4-11 所示。类似普通平台导引头，此时导引头输出 $\dot{q}_s$，仍正比于波束指向与弹目线间的角误差 ε_p，但由于此时对波束指向的控制是相对于弹体坐标系的，故要将 $\dot{q}_s$ 输出减去弹体惯导输出的弹体角速度 $\dot{\varphi}$，并积分以获得对相控阵波束相对弹体转角控制所需的指令 θ_{BC}。相控阵天线按此指令偏转波束 θ_B 角后，与当前弹体姿态角运动学相加，应该就是波束在惯性空间希望的指向，从而实现对目标的闭环跟踪。

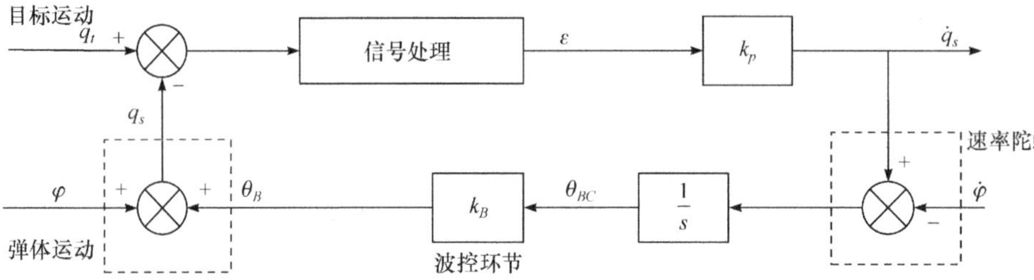

图 4-11　全捷联相控阵导引头控制系统

应当指出的是，相控阵天线波控指令 θ_{BC} 与波束实际指向 θ_B 间的控制是开环控制的，其精度全靠相控阵天线生产中的标定工艺来保证。由于对导引头隔离度的指标有严格要求，致使此标定工作不仅所要求的精度非常高，而且工作量很大。在当前已知的生产中，至少要求相控阵天线在二角度维及一频点维对波控指令和波控转角关系进行三维标定。

2. 图像全捷联导引头

图像探测器是精度很高的线性探测器，但探测器全捷联后，要求探测器视场要覆盖传统导引头的框架角范围，即要求探测器要有足够大的视场。若能保证探测器捷联弹体后仍能维持末导过程中目标一直不出视场，则可用探测器测量的误差角信号 ε 微分，加弹体角速度陀螺输出 $\dot{\upsilon}$ 来获取弹目视线旋转角速度 $\dot{q}=\dot{\upsilon}+\dot{\varepsilon}$ (图 4-12)。

3. 全捷联激光导引头

一般激光导引头测量角误差采用的是激光弥散圆四象限测角方案。为保证测角精度，采用的弥散圆尺寸一般很小，即测角线性区很小。但与地杂波信号相比，激光信号反射能量很强，故实际可使用的非线性区可以很大，即激光导引头可以选用很大的工作视场。很显然，原理上通过扩大弥散圆尺寸即可获得大的线性区，从而可容许末导段采用全捷联激光导引头方案(图 4-13)。

但要注意的是，此方案的测角精度不会很高，即其弹目视线旋转角速度 $\dot{q}=\dot{\upsilon}+\dot{\varepsilon}$ 的输出精度完全取决于出厂时对每个导引头测角函数的标定精度及其对环境变化的敏感程度。但已知此方案确实已开始应用于制导精度要求不是很高的制导炸弹及制导火箭弹中。很明显，通过增加探测器单元数即可提高测角精度，从而提高 $\dot{q}$ 的提取精度。

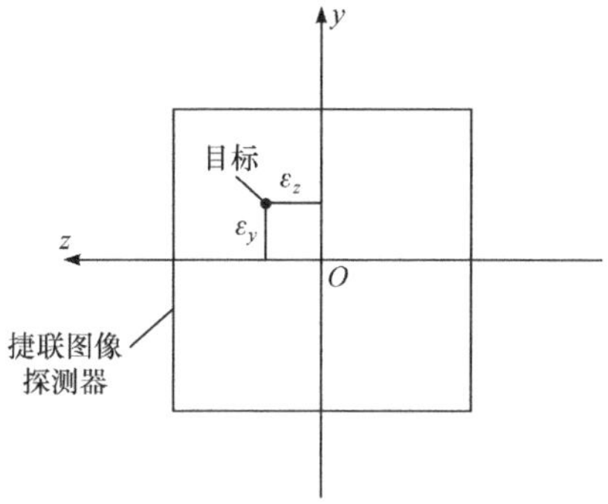

图 4-12　捷联图像探测器获取目标偏差

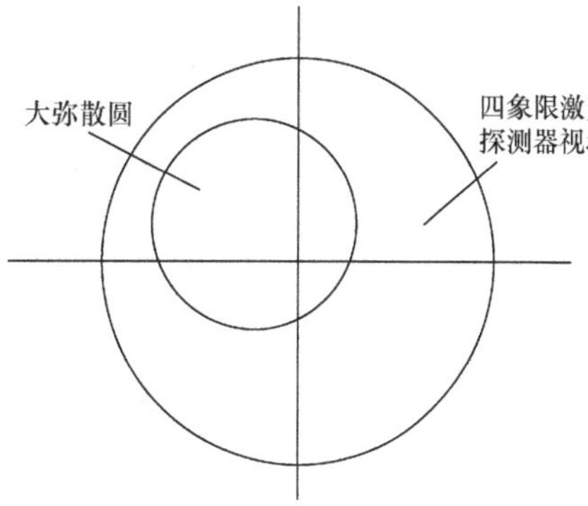

图 4-13　全捷联激光导引头方案

4.3　平台导引头稳定跟踪回路

4.3.1　稳定跟踪回路及视线角速度估计

常规的比例导引法实现需要接近速度和视线角速度信息来产生制导(加速度)指令。其 $\dot{q}$ 是惯性参考系中的 LOS 变化率：

$$a_{m_c} = NV_r\dot{q} \tag{4-2}$$

如前所述，获得接近速度 V_r 和 LOS 变化率 $\dot{q}$ 以实现比例导引(式(4-2))的方式是所用的目标传感器类型和其在弹体上安装方式。获取接近速度信息主要取决于目标传感器类型。

图 4-14 中对平台稳定导引头量测参数进行如下定义：φ 是导弹纵轴相对于惯性参考轴的夹角；θ 是导引头中心线相对于惯性参考轴的夹角；β 是框架角(导引头中心线与导弹纵轴的夹角)；ε 是(真)视线和导引头中心线之间的一个误差角；ε_{bse} 是由射频能量的通过天线罩产生折射或红外能量通过天线罩产生失真引起的对 ε 的扰动；ε_m 是测量得到的误差；q_t 是真视线相对于惯性参考轴的夹角；q_m 是测量的或重构的惯性视线角。

对目标实现跟踪需要传感器连续指向目标，如图 4-15 所示，接收器测量了相对于导引头坐标的跟踪误差(ε_m)(产生跟踪误差的主要原因将在后面讨论)，然后跟踪系统(导引头跟踪回路)利用测量到的跟踪误差来驱动导引头改变 θ (通过平台框架的伺服电机扭矩)，最小化跟踪误差，从而保持目标在视场内。因此，可以认为导引头的角速率 $\dot{\theta}$ 近似等于 LOS 惯性角速率。导引头的角速度实际上滞后于 LOS 惯性角速率，因此导引头的稳定精度对导弹的寻的精度影响很大。

一种可能的视线角速率估计方案如图 4-16 所示，它展示了一个由导引头、制导计算机、飞行控制系统和体率气动传递函数组成的简化框图。为简便起见，将飞行控制系统(控制面驱动器、空气动力学和自动驾驶仪的组合)表示为传递函数 $G_{\text{FC}}(s)$。制导系统表示为一个简化的 LOS 角速率制导滤波器，后面跟着一个比例导引律模块。组合制导系统

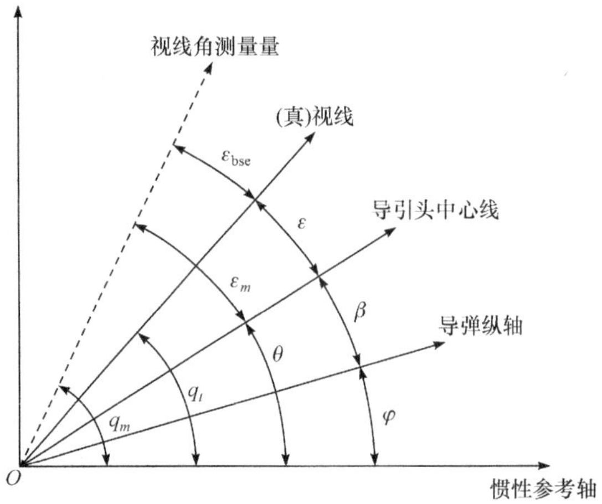

图 4-14 LOS 重建过程中常用角度的二维定义

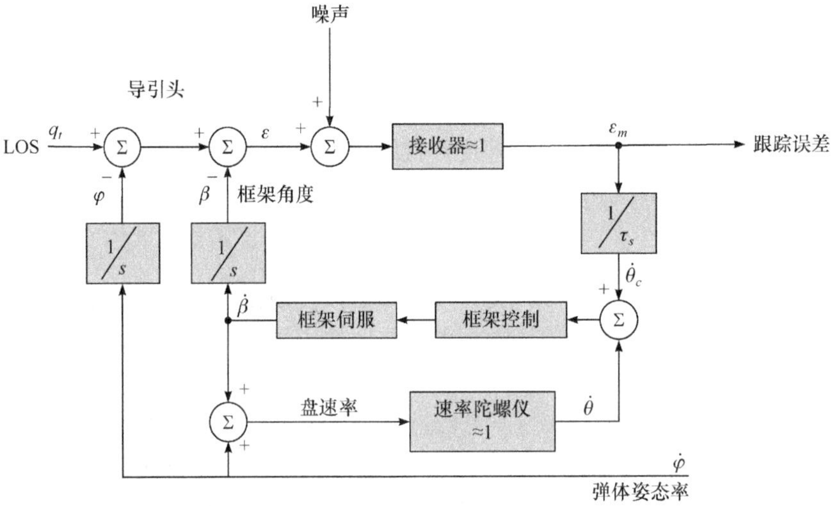

图 4-15 平台式导引头控制回路(不考虑天线罩影响)

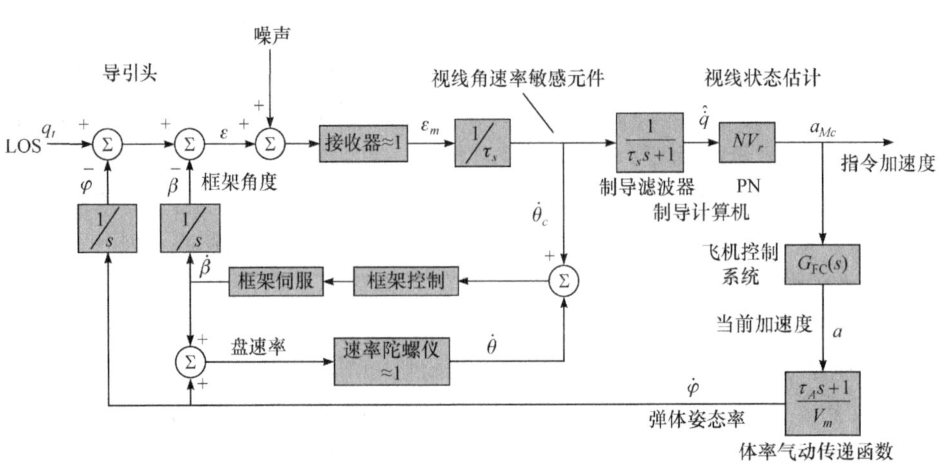

图 4-16 视线角速率估计方案

传递函数如式(4-3)所示：

$$\frac{a_c}{\dot{q}_m}=\frac{NV_r}{\tau_f s+1} \tag{4-3}$$

式中，τ_f 为制导滤波时间常数。

另外，由指令加速度(由制导律得出)到弹体姿态率速率($\dot{\varphi}$)的传递函数可用以下气动传递函数近似表示

$$\frac{\dot{\varphi}}{a_c}=\frac{\tau_A s+1}{V_m} \tag{4-4}$$

式中，τ_A 为气动时间常数；V_m 为弹体速度。

如图 4-16 所示，通过滤波器对跟踪误差进行滤波，得到视线角速率的估计。

这是传统的视线角速率重建方法的简化平面模型，直接为制导计算机提供视线角速率测量量。请注意，视线角速率敏感元件被假设为与导引头瞄准误差测量成正比。然后对测得的视线角速率进行滤波以消除测量噪声，并将其应用于比例导引中。

4.3.2　导引头回路抗干扰力矩的机理分析

平台导引头由跟踪回路和稳定回路两个回路组成，如图 4-17 所示。当导引头存在干扰力矩 M_d 时，稳定回路反馈会出现信号 $\dot{q}_s$，跟踪回路会出现信号 $\dot{q}_c$，二者之差 $\dot{q}_c-\dot{q}_s$ 会产生抗干扰力矩 $k_2(\dot{q}_c-\dot{q}_s)$ 抵抗住 M_d 的干扰。在干扰的作用下，$\dot{q}_s$ 和 $\dot{q}_c$ 的干扰力矩 M_d 输出传递函数表示为[3]

$$\frac{\dot{q}_c(s)}{M_d(s)}=-\frac{1}{k_2}\frac{1}{\dfrac{J_y s^2}{k_2 k_1}+\dfrac{s}{k_1}+1} \tag{4-5}$$

$$\frac{\dot{q}_s(s)}{M_d(s)}=\frac{1}{k_1 k_2}\times\frac{s}{\dfrac{J_y s^2}{k_2 k_1}+\dfrac{s}{k_1}+1} \tag{4-6}$$

可以看出，干扰对 $\dot{q}_c$ 的稳态传递函数系数是 $1/k_2$，对 $\dot{q}_s$ 是 $1/k_1k_2$，因此高的稳定回路开环增益 k_2 可同时降低干扰力矩对制导指令 $\dot{q}_c$ 和 $\dot{q}_s$ 的影响。

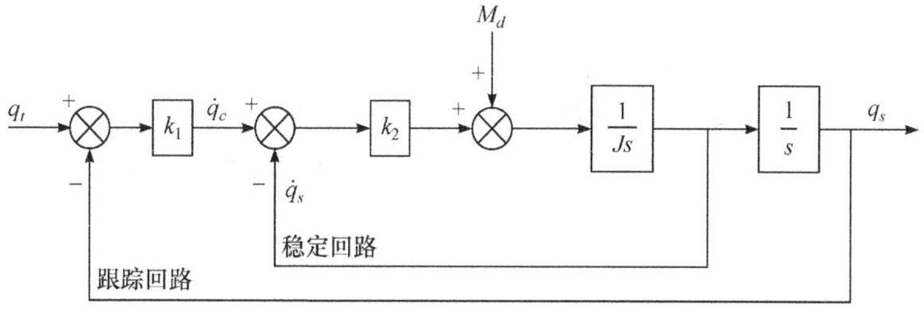

图 4-17　平台导引头跟踪回路单平面

为了下一步分析方便，可将干扰力矩转化为一个干扰角速度 $\dot{q}_d$ ， $\dot{q}_d = M_d / k_2$ 。同时，变化 $K_2 = k_2 / J$ ， $K_1 = k_1$ ，此时图 4-17 简化为图 4-18。

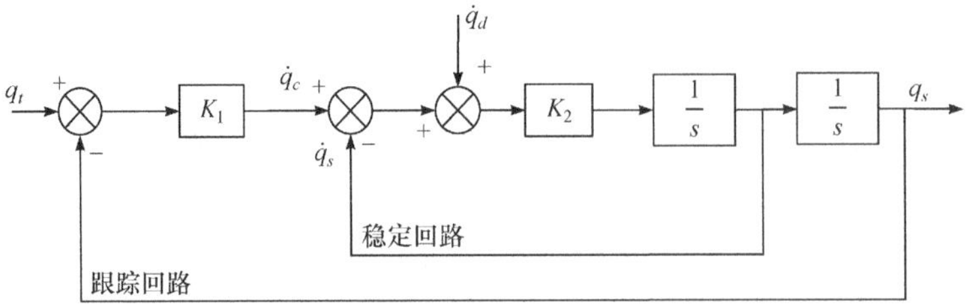

图 4-18　干扰力矩等效跟踪回路

在干扰 $\dot{q}_d$ 的作用下，$\dot{q}_c$ 和 $\dot{q}_s$ 的输出传函可分别表示为

$$\frac{\dot{q}_c(s)}{\dot{q}_d(s)} = -\frac{1}{\dfrac{s^2}{K_2K_1} + \dfrac{s}{K_1} + 1} \tag{4-7}$$

$$\frac{\dot{q}_s(s)}{\dot{q}_d(s)} = \frac{1}{K_1} \times \frac{s}{\dfrac{s^2}{K_2K_1} + \dfrac{s}{K_1} + 1} \tag{4-8}$$

由式(4-7)和式(4-8)可看出，在干扰力矩作用下，稳定回路指令 $\dot{q}_c(s)$ 与稳定回路反馈 $\dot{q}_s(s)$ 永远存在如下关系：

$$\dot{q}_c(s) = -\frac{K_1}{s}\dot{q}_s(s) \tag{4-9}$$

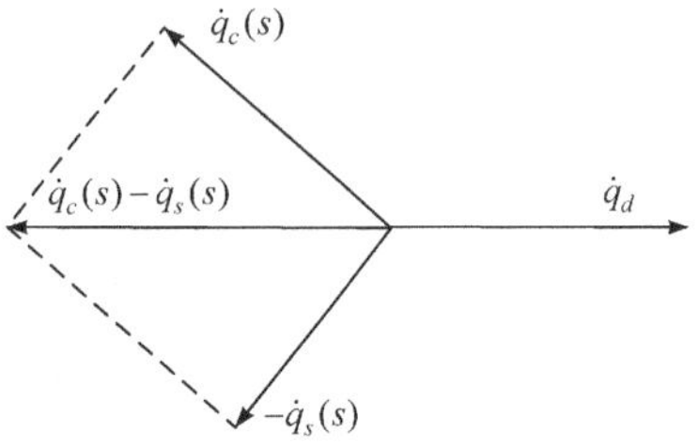

图 4-19　控制力矩矢量合成示意图

由于外回路抗干扰用的是 $\dot{q}_c(s)$ 信号，稳定回路抗干扰用的是 $-\dot{q}_s(s)$ 信号，由关系 $\dot{q}_c(s) = -\dfrac{K_1}{s}\dot{q}_s(s)$ 知 $\dot{q}_c(s)$ 分量与 $-\dot{q}_s(s)$ 分量永远垂直，且 $\dot{q}_c(s)$ 滞后 $-\dot{q}_s(s)$ 90°。图 4-19 给出了 $\dot{q}_c(s) - \dot{q}_s(s)$ 抵抗 $\dot{q}_d(s)$ 干扰的矢量关系图[3]。

以典型平台导引头的参数 $K_1 = 10$ ， $K_2 = 120$ 为例，图 4-20 给出了 $\dot{q}_c(s) / \dot{q}_d(s)$ 和 $-\dot{q}_s(s) / \dot{q}_d(s)$ 的伯德图。

由 $\dot{q}_c(s) = -K_1\dot{q}_s(s) / s$ 关系可以看出，当 $\omega < K_1$ (低频)时， $\dot{q}_s(s)$ 隔离度优于 $\dot{q}_c(s)$ ；当 $\omega = K_1$ 时， $\dot{q}_s(s)$ 与 $\dot{q}_c(s)$ 隔离度相当；当 $\omega > K_1$ (高频)时， $\dot{q}_c(s)$ 隔离度优于 $\dot{q}_s(s)$ 。由低频($\omega = K_1 / 2$)、中频($\omega = K_1$)、高频($\omega = 2K_1$)三个频率点计算的隔离度幅值(表 4-1)及绘制的 $\dot{q}_c(s) - \dot{q}_s(s)$ 抗干扰力矩矢量合成图(图 4-21)可以明显看出上述结论[3]。

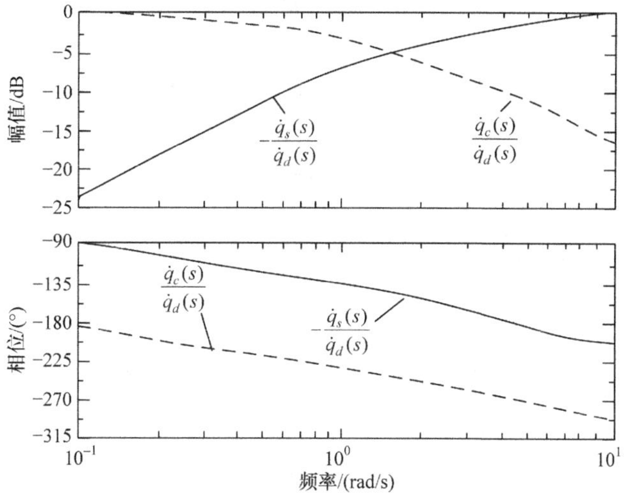

图 4-20　不同提取点干扰影响伯德图

表 4-1　隔离度幅值表

频率/(rad/s)	隔离度幅值	
	$\lvert\dot{q}_c(s)/\dot{q}_d(s)\rvert$	$\lvert\dot{q}_s(s)/\dot{q}_d(s)\rvert$
低频 $\omega=K_1/2=5$	0.909	0.455
中频 $\omega=K_1=10$	0.737	0.737
高频 $\omega=2K_1=20$	0.474	0.949

当导引头处于跟踪弹目线角速度 $\dot{q}(t)$ 时，由于稳定回路带宽很宽，此时 $\dot{q}_c(s)\approx\dot{q}_s(s)$，故在无干扰力矩作用时，取 $\dot{q}_c(s)$ 或 $\dot{q}_s(s)$ 作制导指令是没有区别的。但在干扰力矩作用下，其对制导指令 $\dot{q}_c(s)$ 或 $\dot{q}_s(s)$ 的动力学影响完全不同，故在引入导引头寄生回路影响后，取 $\dot{q}_s(s)$ 或 $\dot{q}_c(s)$ 作制导指令，干扰对制导的影响也完全不同[3]。

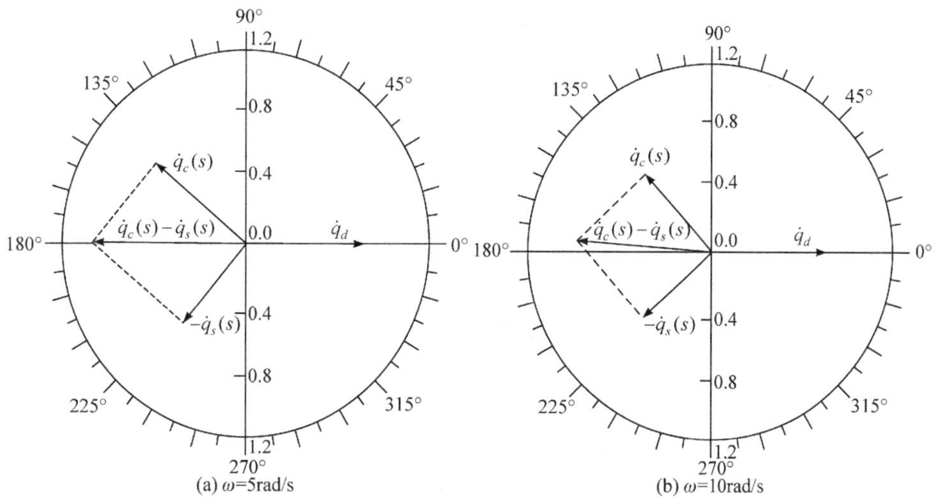

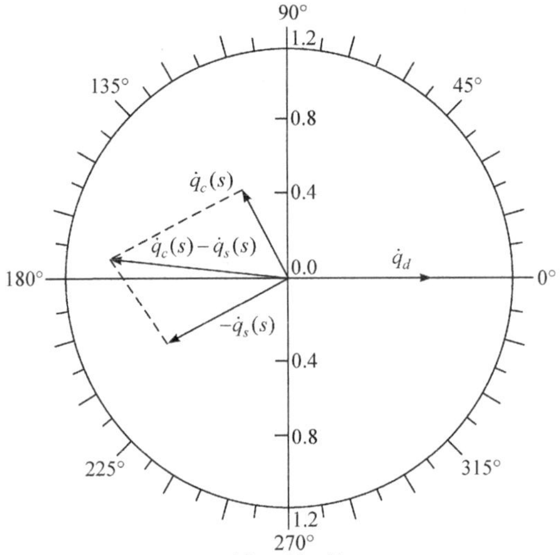

(c) ω=20rad/s

图 4-21 抗干扰力矩矢量合成图

4.4 平台导引头隔离度传递函数及寄生回路

4.4.1 平台导引头隔离度传递函数

有干扰力矩扰动的导引头控制系统如图 4-22 所示。其中 $G_D(s)$ 为由于导引头相对于弹体运动引起的干扰力矩传递函数。通常平台导引头的隔离度水平很高，由弹体角速度引起的稳定回路输出信号 $\dot{q}_s$，相对于弹体姿态角速率 $\dot{\varphi}$ 很小，一般不超过 5%，故可略去 $\dot{q}_s$ 变化对隔离度的影响，从而得到研究弹体干扰影响的基本模型，如图 4-23 所示[3]。

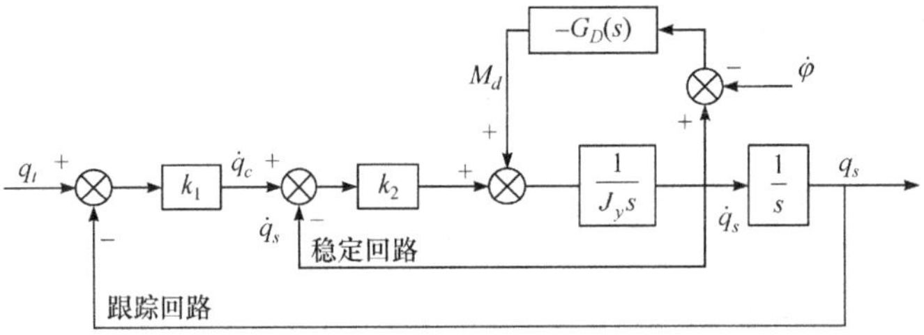

图 4-22 有干扰力矩扰动的导引头控制系统

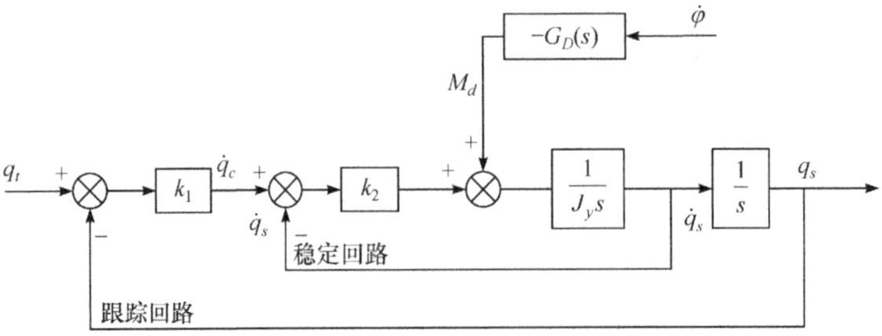

图 4-23 等效导引头控制系统

图 4-24 中 $\Delta\sigma$ 为天线罩折射误差，$\dot{\varphi}$ 为弹体姿态角速率，q_s 为弹目视线角，u_z 为导引头输出的视线角速率，φ_r 为天线框架角[3]。

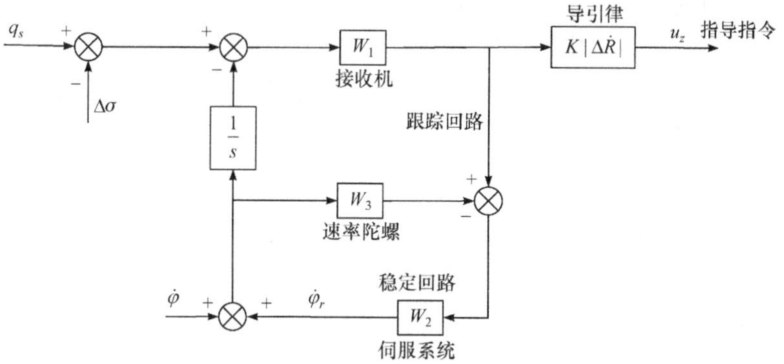

图 4-24　电机输出角速度为相对角速度模型

由上述分析可知，采用如图 4-23 所示的等效导引头控制系统才能够真实反映导引头隔离度传递函数特性。为简化分析，变化干扰力矩 M，影响为干扰角加速度 $\ddot{q}_d$ 输入，即 $\ddot{q}_d = M_d / J_y$，$\bar{G}_D(s) = G_D(s) / J_y$，$K_2 = k_2 / J_y$，$K_1 = k_1$，其等效框图如图 4-25 所示[3]。

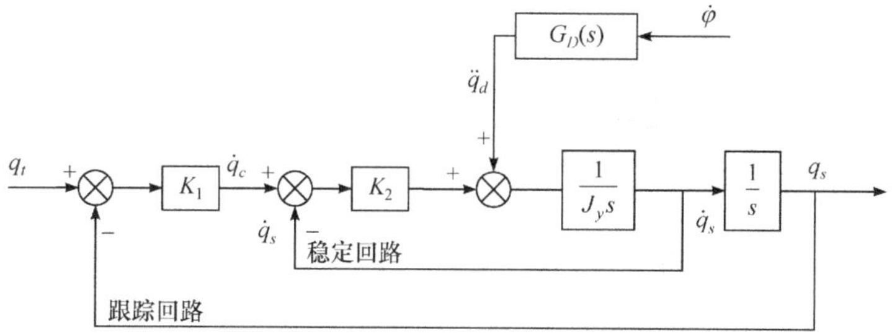

图 4-25　简化的导引头控制系统等效框图

根据这一模型，从 $\dot{\varphi}(s)$ 到 $\Delta\dot{q}_s(s)$ 的传函为

$$\frac{\Delta\dot{q}_s(s)}{\dot{\varphi}(s)} = \frac{\bar{G}_D(s)}{K_1K_2} \times \frac{s}{\frac{s^2}{K_1K_2} + \frac{s}{K_1} + 1} \tag{4-10}$$

从 $\dot{\varphi}(s)$ 到 $\Delta\dot{q}_c(s)$ 的传函为

$$\frac{\Delta\dot{q}_c(s)}{\dot{\varphi}(s)} = -\frac{\bar{G}_D(s)}{K_2} \times \frac{1}{\frac{s^2}{K_1K_2} + \frac{s}{K_1} + 1} \tag{4-11}$$

由二者的传函区别知，不论干扰力矩模型 $\bar{G}_D(s)$ 为何种形式，$\frac{\Delta\dot{q}_s(s)}{\dot{\varphi}(s)}$ 与 $\frac{\Delta\dot{q}_c(s)}{\dot{\varphi}(s)}$ 间存在关系 $\frac{\Delta\dot{q}_c(s)}{\dot{\varphi}(s)} = -\frac{K_1}{s}\frac{\Delta\dot{q}_s(s)}{\dot{\varphi}(s)}$，即当 $\omega \approx K_1$ 时，二者隔离度量级相当；在高频区($\omega > K_1$)稳定回路指令处隔离度优于稳定回路反馈处；在低频区($\omega < K_1$ 时)结论则反之，且稳定回

路反馈处隔离度永远滞后于指令处90°。

由于在实际导引头工程结构中，干扰力矩模型随导引头结构设计的不同而不同，区别很大，只有通过对特定设计进行辨识才可对其有所认识。下面以阻尼力矩为例，当导引头取稳定回路指令 $\dot{q}_c$ 或稳定回路反馈 $\dot{q}_s$ 为输出时，分析阻尼力矩引起的隔离度及其对寄生回路的影响。弹体与导引头相对运动时，阻尼干扰与轴承及导线产生的阻尼力矩有关。一般取此干扰力矩模型为[3]

$$\ddot{q}_d = K_\omega \dot{\varphi}(s) \tag{4-12}$$

式中，$K_\omega = k_\omega / J_y$。此时的导引头控制系统等效框图如图4-26所示。

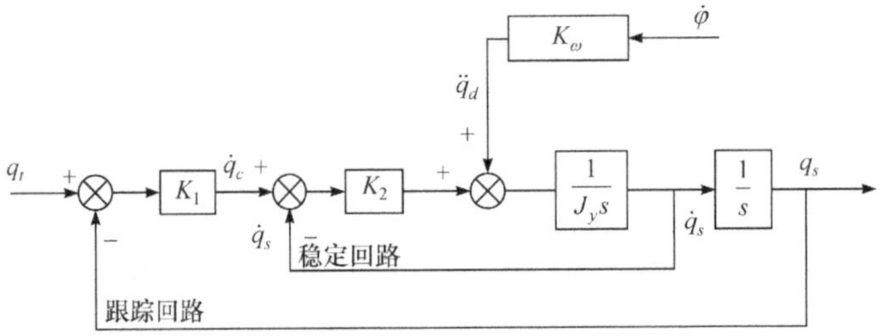

图 4-26　考虑真实情况的导引头控制系统等效框图

从 $\dot{\varphi}(s)$ 到 $\Delta\dot{q}_s(s)$ 的传函为

$$\frac{\Delta\dot{q}_s(s)}{\dot{\varphi}(s)} = \frac{K_\omega}{K_1K_2} \times \frac{s}{\dfrac{s^2}{K_1K_2} + \dfrac{s}{K_1} + 1} \tag{4-13}$$

从 $\dot{\varphi}(s)$ 到 $\Delta\dot{q}_c(s)$ 的传函为

$$\frac{\Delta\dot{q}_c(s)}{\dot{\varphi}(s)} = -\frac{K_\omega}{K_2} \times \frac{1}{\dfrac{s^2}{K_1K_2} + \dfrac{s}{K_1} + 1} \tag{4-14}$$

取跟踪回路参数 $K_1 = 10$，稳定回路参数 $K_2 = 169$，设 $K_\omega = 1$，可得式(4-13)和式(4-14)两个传递函数的伯德图(图4-27)。由伯德图可以看出，干扰力矩为阻尼力矩时，二者的幅相关系符合对一般干扰力矩 $\bar{G}_D(s)$ 所做的结论。

4.4.2　平台导引头隔离度寄生回路

导引头输出 $\dot{q}$ 是通过制导律 $a_c = NV_c\dot{q}$ 向导弹驾驶仪发出过载指令 a_c 的。对于不存在干扰力矩的导引头，其输出与弹体运动无关。但当弹体运动存在干扰力矩时，它就通过隔离度模型向导引头输出 $\Delta\dot{q}$ 干扰。此时，导引头和弹体间通过制导律、驾驶仪、隔离度就会形成一条反馈回路，通常把这个回路称为导引头隔离度寄生回路，这一寄生回路的存在会严重影响制导控制系统的性能。图4-28给出了导引头隔离度寄生回路的原理框图。为了便于利用负反馈理论分析各环节对控制系统稳定性的影响，在回路中引入负反馈，这样反映寄生回路稳定特性的隔离度传函就变为 $-\Delta\dot{q}(s)/\dot{\varphi}(s)$。

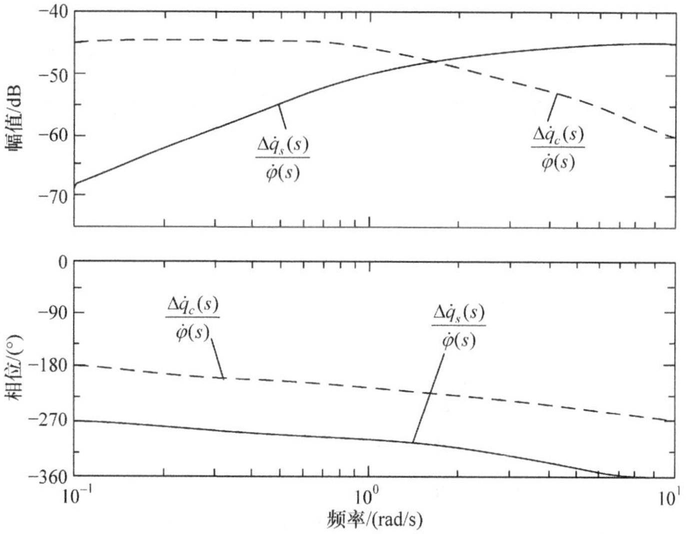

图 4-27　阻尼力矩干扰作用下导引头不同输出点隔离度传递函数伯德图

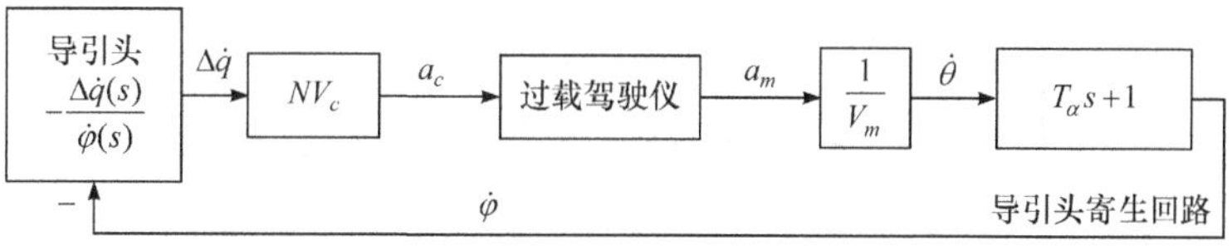

图 4-28　导引头隔离度寄生回路的原理框图

图 4-28 中，T_α 为攻角时间常数，N 为有效导航比，V_c 为弹目相对速度，V_m 为导弹飞行速度，a_c 为过载驾驶仪过载指令，a_m 为弹体的过载响应。根据 4.4.1 小节的分析，当导引头制导信号的提取点不同时，隔离度传递函数具有不同的特性，图 4-29 和图 4-30 分别给出了导引头不同输出点隔离度传递函数组成的导引头隔离度寄生回路[3]。

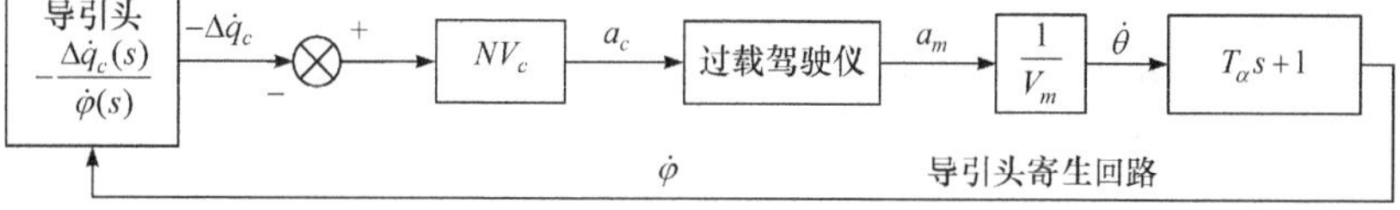

图 4-29　C 点提取导引头制导信号时的隔离度寄生回路模型

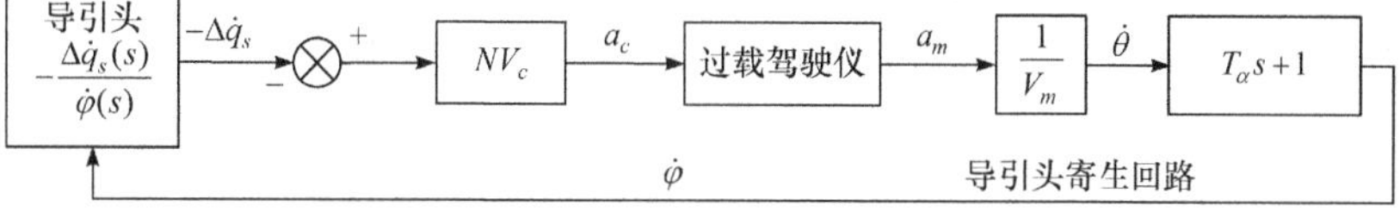

图 4-30　S 点提取导引头制导信号时的隔离度寄生回路模型

图 4-29 和图 4-30 中 $\Delta\dot{q}_c$ 为由 C 点(导引头稳定回路指令输出)提取制导信号时产生的附加视线角速度，$\Delta\dot{q}_s$ 为由 S 点(导引头稳定回路反馈输出)提取制导信号时产生的附加视线角速度。

由前面分析可知，由于存在 $\dot{q}_c(s)=-(K_1/s)\dot{q}_s(s)$ 关系，故当 $\omega=K_1\ \text{rad/s}$ 时，在干扰作用下 C 和 S 二点输出的隔离度水平相当。

以隔离度模型取控制参数 $K_1 = 10$ ， $K_2 = 169$ 为例，当 $\omega = K_1 = 10\text{rad/s}$ ，即 1.6Hz 时，从 C 点提取制导信号和从 S 点提取制导信号，其隔离度幅值相同，当取阻尼力矩系数 $K_\omega = 7.86$ 时，二者 1.6Hz 隔离度皆为 3%，此时获得的不同制导信号提取点的隔离度传递函数如图 4-31 所示[3]。

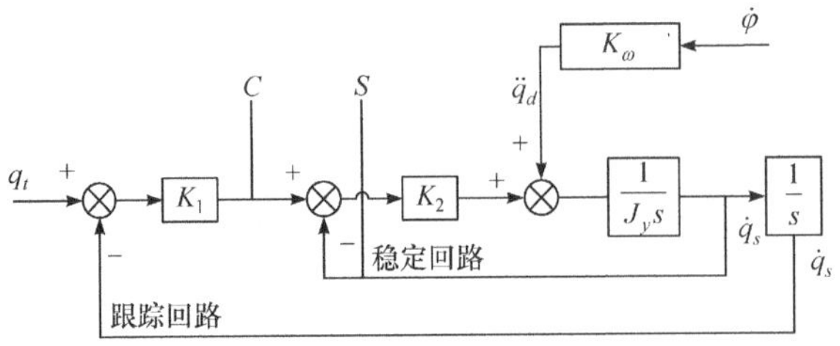

图 4-31 隔离度传递函数

比较 $-\Delta\dot{q}_c(s)/\dot{\varphi}(s)$ 与 $-\Delta\dot{q}_s(s)/\dot{\varphi}(s)$ 二者的隔离度伯德图(图 4-32)可以看出，以幅值来比较，低频区 S 点隔离度好，高频区 C 点隔离度好；以相位来比较，S 点相较 C 点有 90°滞后相移，这将对寄生回路稳定性带来不利影响。

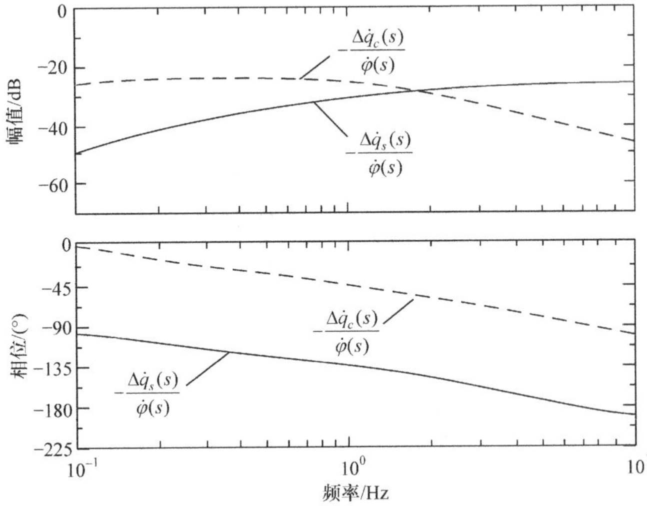

图 4-32 隔离度伯德图

基于上述隔离度传递函数模型，令导引头干扰力矩参数为 $R_\omega(R_\omega = K_\omega / K_2)$ ，并采用无量纲化阻尼力矩隔离度寄生回路模型(图 4-33)，可获得对无量纲参数 $\overline{T}_\alpha$ 和 NV_cR_ω/V_m

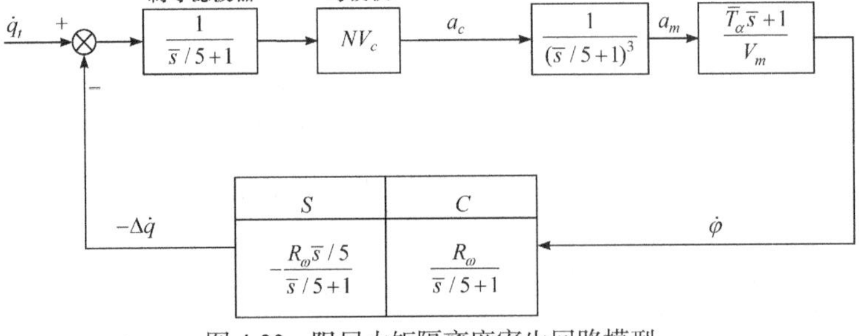

图 4-33 阻尼力矩隔离度寄生回路模型

的寄生回路稳定域(图 4-34)。从图 4-34 可以看出，在阻尼力矩干扰模型下，取 C 点为导引头输出提取点时，寄生回路的稳定裕度高[3]。

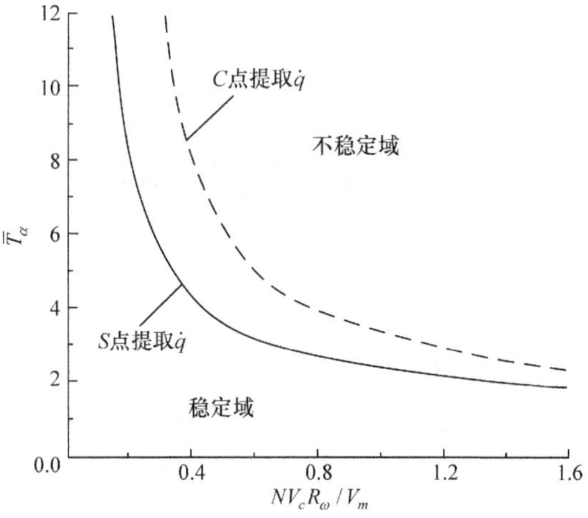

图 4-34　阻尼力矩隔离度寄生回路稳定域

思　考　题

4.1　从制导体制上谈谈导引头一般分为哪几类?

4.2　平台导引头、半捷联导引头和全捷联导引头结构上有什么区别?

4.3　平台导引头、半捷联导引头和全捷联导引头各自的优缺点?

4.4　半主动激光制导和红外制导能够探测的信息有什么区别?

4.5　如何提高导引头的抗干扰能力?

4.6　采用红外和雷达的复合导引头应该如何设计?

参 考 文 献

[1] 王明光. 空地导弹制导控制系统设计[上][M]. 北京: 中国宇航出版社, 2019.

[2] 程国采. 战术导弹导引方法[M]. 北京: 国防工业出版社, 1996.

[3] 祁载康. 战术导弹制导控制系统设计[M]. 北京: 中国宇航出版社, 2018.

[4] GEORGE M S. 导弹制导与控制系统[M]. 张天光, 王丽霞, 宋振锋, 等, 译. 北京: 国防工业出版社, 2010.

第 5 章

比例导引律最优性分析及扩展

现代制导律有多种形式，其中研究最多的就是最优导引律。最优导引律的优点是它可以考虑导弹-目标的动力学问题，以及起点或终点的约束条件或其他约束条件，根据给出的性能指标(泛函)寻求最优导引律。根据具体要求性能指标可以有不同的形式，战术导弹考虑的性能指标主要是导弹在飞行中付出的总的法向过载最小、终端脱靶量最小、控制能量最小、拦截时间最短、导弹-目标的交会角满足要求等。但是，由于导弹的导引律是一个变参数并受到随机干扰的非线性问题，其求解非常困难。因此，通常把导弹拦截目标的过程作线性化处理，这样可以获得系统的近似最优解，在工程上也易于实现，并且在性能上接近于最优导引律[1-4]。

5.1　基于二次型的最优导引律

本节介绍二次型线性最优导引律。为了严格证明比例导引律是最优导引律，这里重点讲解一下这一最优问题的数学模型。在小扰动假设下，导弹攻击匀速直线飞行目标时的弹目相对关系可以由图 5-1 表示。

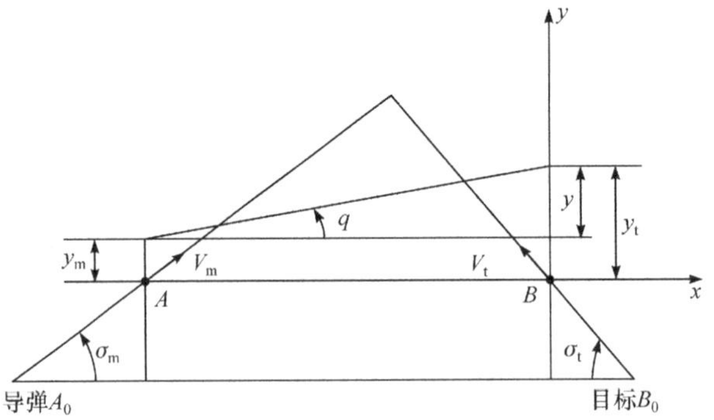

图 5-1　弹目相对关系

设弹目已经处在飞行交会的名义轨迹上(图 5-1)，并设 V_m 与 V_t 分别为导弹与目标的速度，且都为常值，在 t 时刻导弹飞至 A 点，目标飞至 B 点。将坐标系原点取在 B 点，且 x 方向沿弹目线名义方向。由于 xBy 坐标系在惯性空间平动，故 xBy 坐标系为惯性系，牛顿定律在此坐标系上适用。

设导弹和目标在上述名义轨迹上相对于坐标系 xBy 出现扰动，扰动量为 y_t、y_m。其中，y_t 是目标垂直于弹目线向上的扰动值，y_m 是导弹垂直于弹目线向上的扰动值。因此，二者相对位置的误差为 $y = y_t - y_m$，相对速度为 $V_r = \dot{y}$，相对加速度为 $a_t - a_m$。

要注意的是，y 和 V_r 是弹目相对位置的误差和速度，而 a_t 和 a_m 是目标和导弹相对惯性空间的绝对加速度，其差为相对加速度。由此可建立此问题的动力学模型为

$$\begin{cases} \dot{y} = V_r \\ \dot{V}_r = a_t - a_m \end{cases} \tag{5-1}$$

在研究基本模型时，常假设这样一种简单情况：设目标无机动($a_t = 0$)，并取导弹惯性空间机动加速度 a_m 为过载指令 $a_c (a_m = a_c)$，则有式(5-2)的基本动力学模型：

$$\begin{cases} \dot{y} = V_r \\ \dot{V}_r = a_c \end{cases} \tag{5-2}$$

获取最优导引律所用的目标函数为[1]

$$\min J = \min\left[S\frac{y(t_f)^2}{2} + \frac{1}{2}\int_0^{t_f} a_c^2(t)\mathrm{d}t \right] \tag{5-3}$$

式中，t_f 为末制导结束时间；$\phi(t_f) = S\dfrac{y(t_f)^2}{2}$ 是 t_f 时刻脱靶量的罚函数，当 S 取值趋于 ∞ 时，脱靶量为零。目标函数中积分项表示在 t_f 时间间隔内导弹过载平方积分最小，即力图以最小控制代价命中目标[3]。

根据最优控制理论，为求解上述问题，首先要给出上述问题的哈密顿函数[2]：

$$H = \frac{1}{2}a_c^2 + \lambda_y V_r + \lambda_{V_r}(-a_c) \tag{5-4}$$

及协态方程：

$$\begin{aligned} \dot{\lambda}_y &= -\frac{\partial H}{\partial y} = 0 \\ \dot{\lambda}_{V_r} &= -\frac{\partial H}{\partial V_r} = -\lambda_y \end{aligned} \tag{5-5}$$

最优控制 a_c 可由此问题的极值条件给出：

$$\frac{\partial H}{\partial a_c} = a_c - \lambda_{V_r} = 0$$

$$a_c = \lambda_{V_r}$$

已知状态方程的边界值是以状态的初值 $y(0)$、$V_r(0)$ 给出，而协态方程的边界值是以 λ_y 和 λ_{V_r} 的终值 $\lambda_y(t_f)$ 和 $\lambda_{V_r}(t_f)$ 给出，其值可由罚函数 $\phi(t_f)$ 导出：

$$\begin{cases}\lambda_y(t_f)=-\dfrac{\partial\phi(t_f)}{\partial y(t_f)}=S\cdot y(t_f)\\ \lambda_{V_r}(t_f)=-\dfrac{\partial\phi(t_f)}{\partial V_r(t_f)}\equiv 0\end{cases}\tag{5-6}$$

将最优控制表达式 $a_c=\lambda_{V_r}$ 代入状态方程及协态方程，可得下述双边界问题微分方程组：

$$\begin{cases}\dot{y}=V_r\\ \dot{V}_r=-\dot{\lambda}_{V_r}\\ \lambda_y=0\\ \dot{\lambda}_{V_r}=-\lambda_y\end{cases}\tag{5-7}$$

求解此问题的边界条件如下：

状态初值为

$$y(0),V_r(0)$$

及协态终值为

$$\begin{cases}\lambda_y(t_f)=S\cdot y(t_f)\\ \lambda_{V_r}(t_f)=0\end{cases}$$

一般最优控制双边界值微分方程组常常不存在解析解，但此问题存在以 $y(0)$、$V_r(0)$、$\lambda_y(t_f)$、$\lambda_{V_r}(t_f)$ 及 t 表示的解析解，将其解中的 λ_{V_r} 表达式代入 a_c 即可得此问题的开环最优导引律：

$$a_c=(t_f-t)\frac{S}{1+\dfrac{S^3}{3}}\left[y(0)+t_f\cdot V_r(0)\right]\tag{5-8}$$

令 $S\to\infty$ 可得终端脱靶量为 0 的开环导引律：

$$a_c=\frac{3(t_f-t)}{t_f^3}\left[y(0)+t_f\cdot V_r(0)\right]\tag{5-9}$$

设取当前时刻 t 为初始时刻，则此时末制导时间 t_f 变为 t_f-t，状态初值变为 $y(t)$ 和 $V_r(t)$，并将以 t 为初始时刻的时间变量以 t_{go} 表示，则可得以 t 为初始时刻，t_{go} 为时间变量的开环导引律：

$$a_c(t+t_{go})=\frac{3(t_f-t-t_{go})}{(t_f-t)^3}\left[y(t)+(T-t)\cdot V_r(t)\right]\tag{5-10}$$

当每一时刻 t 只取 $t_{go}=0$ 的 a_c 值作为当前控制量对导弹进行控制时，这时的控制策略变成了希望的比例导引闭环导引律：

$$a_c(t)=\frac{3}{(t_f-t)^2}y(t)+\frac{3}{t_f-t}V_r(t)\tag{5-11}$$

应当指出的是，此动力学方程为线性时不变模型，由基本控制理论知，当目标函数积分上限取为∞时，得到的最优导引律是一般控制书籍上最优控制得到的状态反馈结论，它是线性定常控制律。但当目标函数积分时间 t_f 有限时，此类最优控制解将变为线性时变的控制律。这就是为何所得制导律与时间 t_{go} 有关的原因[1]。

上述以状态 $y(t)$ 、$V_r(t)$ 表达的闭环导引律要求导弹提供当前垂直弹目线的弹目相对位置和速度状态。因制导律系数与时间有关，这样的制导律很不适合工程应用，但人们发现导引头输出 $\dot{q}$ 为闭环反馈量时，可将此制导律大大简化。

在小扰动条件下，弹目视线角 $q=\dfrac{y(t)}{V_r\cdot(t_f-t)}$，这里 V_r 是弹目连线上的弹目相对运动速度，即有 $V_r=V_m\cos\sigma_m+V_t\cos\sigma_t$。

将 q 对时间求导有

$$\dot{q}=\frac{y(t)}{V_r\cdot(t_f-t)^2}+\frac{V(t)}{V_r\cdot(t_f-t)} \tag{5-12}$$

将 q 的表达式代入上述最优导引律可得另一种形式的比例导引律，即

$$a_c=3V_r\dot{q} \tag{5-13}$$

在工程实现中更常用的另一种通用形式的比例导引律为

$$a_c=NV_r\dot{q} \tag{5-14}$$

式中，N 为比例导引系数。

这里将制导律反馈量由弹目相对位置 y 和相对速度 V_r 变换为导引头输出 $\dot{q}$ 后的好处如下：

(1) 反馈量个数由两个不便测量的 y 和 V_r 变为一个导引头可测的 $\dot{q}$。

(2) 反馈制导律由时变制导律变为时不变制导律，即为实现比例导引律，导弹不需要知道 $t_{go}=t_f-t$。这大大简化了比例导引律的工程实现。

由于上述推导的比例导引过载指令 a_c，指导弹垂直弹目线的过载指令，故当导弹速度方向与弹目线方向存在 σ_m 角时(图 5-2)，为实现此过载指令，导弹过载驾驶仪指令应取为

$$a_c=\frac{NV_r}{\cos\sigma_m}\cdot\dot{q} \tag{5-15}$$

工程实现时，角 σ_m 可采用导引头跟踪目标时的框架角值来近似。

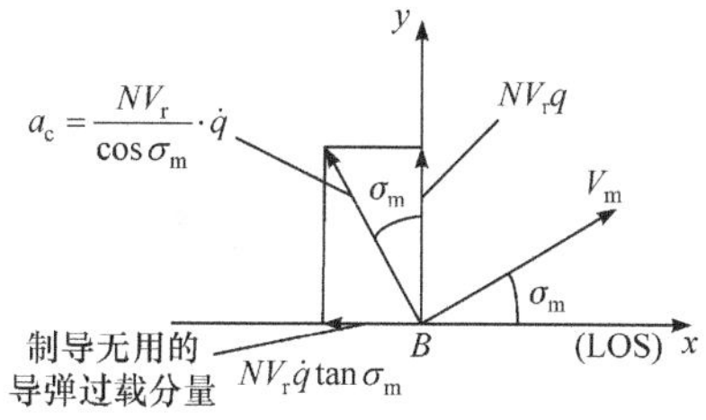

图 5-2　存在导引头框架角 σ_m 时的过载指令修正

5.2　比例导引法动力学特性分析

5.2.1　无动力学滞后的比例导引律分析

1. *初始航向误差对比例导引制导的影响*

根据上述模型推导的最优导引律，可以做到在任意初始状态 $[y(0),V(0)]$ 扰动下以最

小控制代价命中目标[1]。

当存在垂直于弹目线的弹目相对速度 $V_r(0)$ 且为初始扰动时，由图 5-3 知：

$$V(0)=V_m\varepsilon\cos\sigma_m \tag{5-16}$$

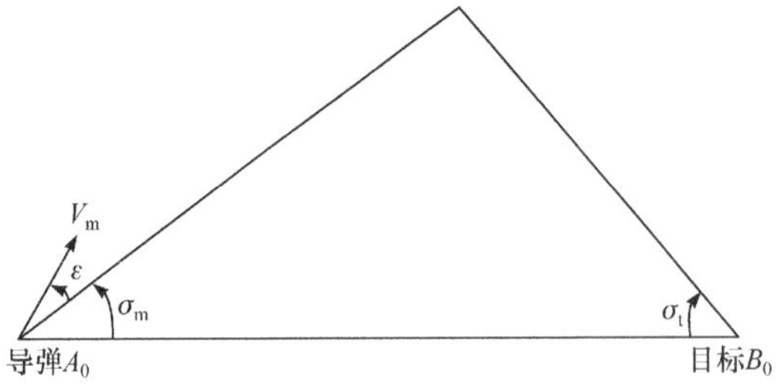

图 5-3 $V(0)$ 扰动下的比例导引模型

在 $V_r(0)$ 扰动下，比例导引闭环控制框图如图 5-4 所示。这里再重复强调一下，此处 y_m、y_t 是弹、目垂直于弹目线的绝对位移，y 是沿该方向的弹目间相对位移，V_m 是导弹的飞行速度。

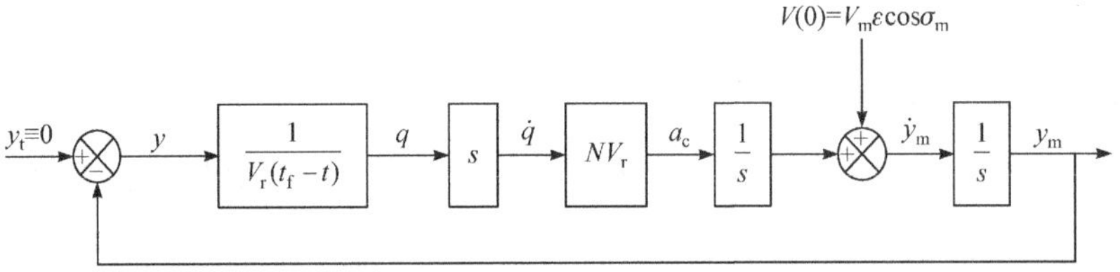

图 5-4 $V(0)$ 扰动下的比例导引闭环控制框图

图 5-4 可简化为等价的框，如图 5-5 所示。

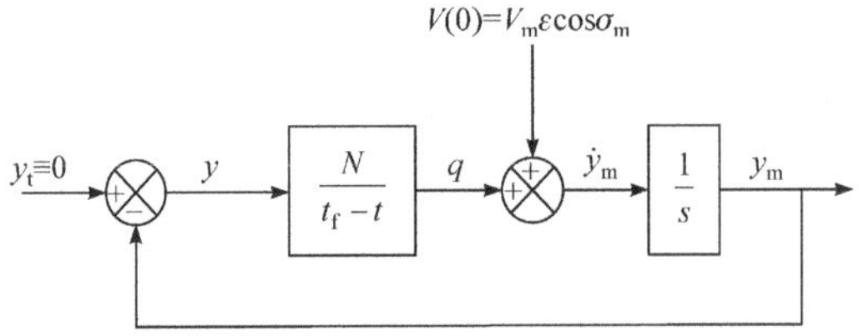

图 5-5 $V(0)$ 扰动下的比例导引闭环控制简化框图

从 $V_m\varepsilon\cos\sigma_m$ 到 y_m 的传函为

$$\frac{y_m}{V_m\varepsilon\cos\sigma_m}=\frac{\dfrac{1}{s}}{1+\dfrac{1}{s}\dfrac{N}{t_f-t}}=\frac{1}{s+\dfrac{N}{t_f-t}} \tag{5-17}$$

或表示为线性时变微分方程形式：

$$\dot{y}_m+\frac{N}{t_f-t}y_m=V_m\varepsilon\cos\sigma_m \tag{5-18}$$

该方程的解为

$$y_{\mathrm{m}}=V_{\mathrm{m}}\varepsilon\cos\sigma_{\mathrm{m}}\frac{t_{\mathrm{f}}\left(1-\dfrac{t}{t_{\mathrm{f}}}\right)}{N-1}\left[1-\left(1-\frac{t}{t_{\mathrm{f}}}\right)^{N-1}\right] \tag{5-19}$$

从而导弹的无量纲位移为

$$\frac{y_{\mathrm{m}}}{V_{\mathrm{m}}\varepsilon t_{\mathrm{f}}\cos\sigma_{\mathrm{m}}}=\frac{1-\dfrac{t}{t_{\mathrm{f}}}}{N-1}\left[1-\left(1-\frac{t}{t_{\mathrm{f}}}\right)^{N-1}\right] \tag{5-20}$$

显然在简化的无滞后的比例导引模型下，当$t=t_{\mathrm{f}}$时总有$y=0$，即导弹一定能击中目标。将y_{m}对时间t微分并进行推导得y_{m}的无量纲化模型为

$$\frac{\dot{y}_{\mathrm{m}}}{V_{\mathrm{m}}\varepsilon\cos\sigma_{\mathrm{m}}}=-\frac{1}{N-1}\left[1-N\left(1-\frac{t}{t_{\mathrm{f}}}\right)^{N-1}\right] \tag{5-21}$$

再将式(5-14)对时间t微分得

$$-\frac{a_{\mathrm{c}}t_{\mathrm{f}}}{V_{\mathrm{m}}\varepsilon}=N\left(1-\frac{t}{t_{\mathrm{f}}}\right)^{N-2} \tag{5-22}$$

$$-\frac{\ddot{y}_{\mathrm{m}}t_{\mathrm{f}}}{V_{\mathrm{m}}\varepsilon\cos\sigma_{\mathrm{m}}}=N\left(1-\frac{t}{t_{\mathrm{f}}}\right)^{N-2} \tag{5-23}$$

由于$\ddot{y}_{\mathrm{m}}=a_{\mathrm{c}}\cos\sigma_{\mathrm{m}}$，则过载可无量纲化为

$$-\frac{a_{\mathrm{c}}t_{\mathrm{f}}}{V_{\mathrm{m}}\varepsilon}=N\left(1-\frac{t}{t_{\mathrm{f}}}\right)^{N-2} \tag{5-24}$$

显然，对于给定的N和t/t_{f}，有$y\propto V_{\mathrm{m}}\varepsilon t_{\mathrm{f}}$、$\dot{y}_{\mathrm{m}}\propto V_{\mathrm{m}}\varepsilon$和$a_{\mathrm{c}}\propto\dfrac{V_{\mathrm{m}}\varepsilon}{t_{\mathrm{f}}}$。

图 5-6、图 5-7 和图 5-8 分别给出了在不同比例导引系数下，存在扰动$V(0)$时的比例导引制导系统的无量纲位移、无量纲速度和无量纲过载曲线。

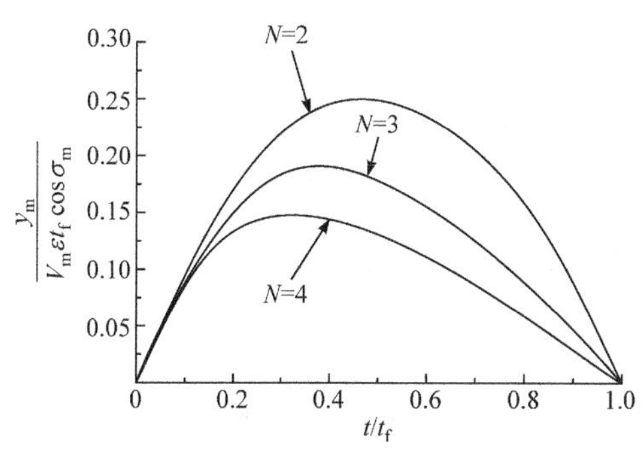

图 5-6　$N=2,3,4$ 时比例导引制导系统的无量纲位移

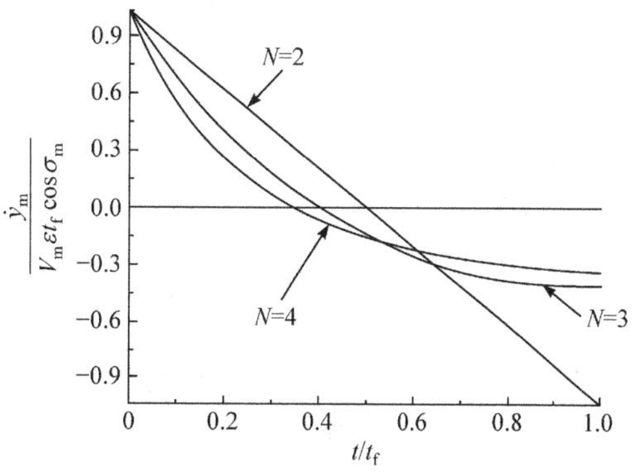

图 5-7　$N=2,3,4$ 时比例导引制导系统的无量纲速度

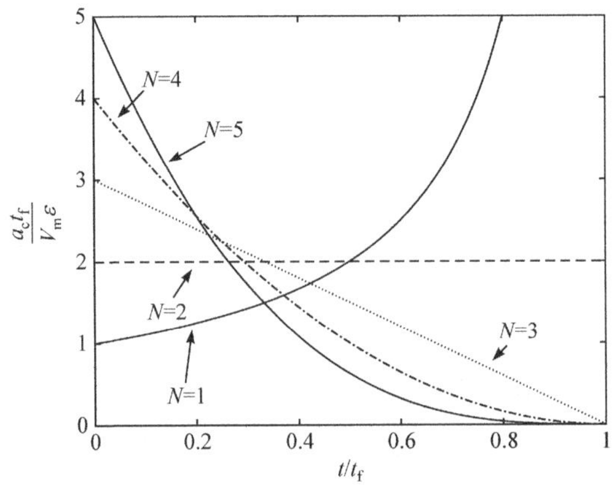

图 5-8 $N=1,2,3,4,5$ 时比例导引制导系统的无量纲过载

由图 5-8 的过载曲线知，$N<2$ 时制导终端需用过载发散，制导无法使用；$N=2$ 时需用过载为常值；$N=3$ 时过载曲线为直线；$N>3$ 以后随 N 增加初始需用过载加大，但后期需用过载减小。为保证制导末端导弹可用过载不饱和，制导末段需用过载应尽可能小。另外，后面的分析将揭示，当目标机动时，比例导引系数要求不低于 3，故实际工程上常取比例导引系数 N 为 4。这样，即使拉偏±25%，N 也是在 3～5，不会过分影响制导的性能[1]。

由图 5-6 的位移曲线知，$N=2$ 时，弹道为一个圆弧。由于随 N 增加制导前期需用过载加大，后期需用过载减小，故 N 大时的弹道比 N 小时的弹道更快转为直线。

2. 目标常值机动对比例导引制导的影响

下面讨论目标存在垂直于弹目线的目标常值机动过载 a_t 时，比例导引的控制效果。由于比例导引律的推导模型中设定目标无机动，故首先要指出的是比例导引不是攻击机动目标的最优导引律。但由于它是对目标运动的闭环导引律，故可将其用于攻击机动目标。但要通过严格的理论分析，研究在这种交会条件下，其制导的有效性[1]。

当设 $V(0)=0$，目标存在垂直于弹目线的常值机动过载 a_t 时，比例导引框图如图 5-9 所示。其等效控制框图如图 5-10 所示。

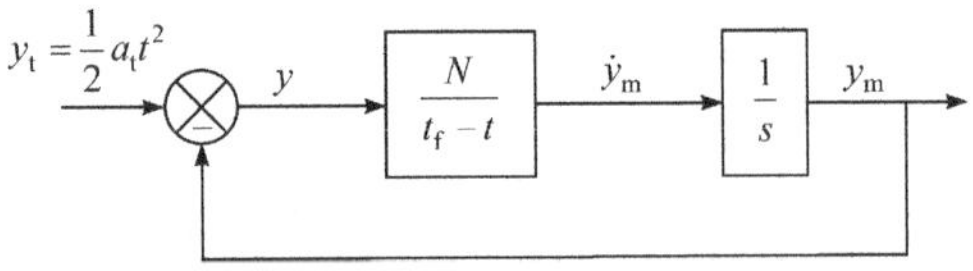

图 5-9 目标常值机动 $y_t=\frac{1}{2}a_t t^2$ 扰动下的比例导引框图

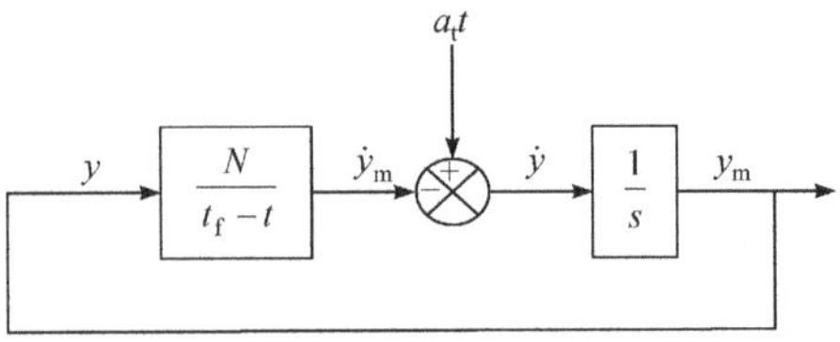

图 5-10 目标常值机动 $y_t=\frac{1}{2}a_t t^2$ 扰动下的比例导引等效控制框图

此控制对应的线性时变微分方程为

$$\dot{y}+\frac{N}{t_f-t}y=a_t t \tag{5-25}$$

已知

$$y_m=\frac{1}{2}a_t t^2-y \tag{5-26}$$

解上述微分方程并将 y 代入 y_m 表达式可得

$$\frac{y_m}{a_t t_f^2}=\frac{1}{2}\left(\frac{t}{t_f}\right)^2-\frac{1-\dfrac{t}{t_f}}{(N-1)(N-2)}\left[(N-1)\frac{t}{t_f}-1+\left(1-\frac{t}{t_f}\right)^{N-1}\right] \tag{5-27}$$

其无量纲过载指令解为

$$\frac{a_c}{a_t}=\frac{N}{N-2}\left[1-\left(1-\frac{t}{t_f}\right)^{N-2}\right] \tag{5-28}$$

图 5-11 及图 5-12 为导弹攻击常值机动过载 a_t 目标时的无量纲位移曲线及无量纲过载曲线。

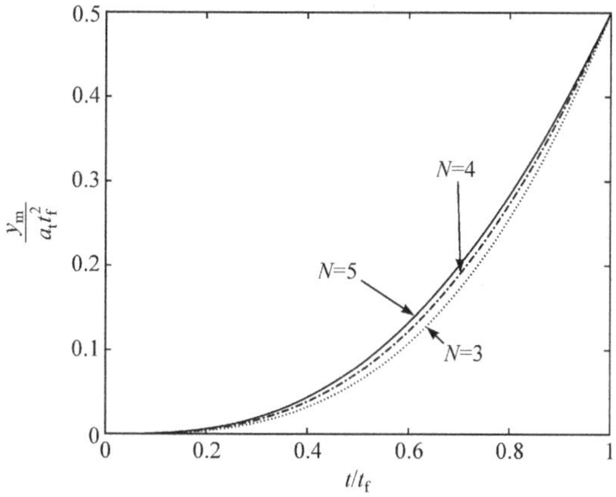

图 5-11　$N=3,4,5$ 时导弹攻击常值机动过载 a_t 目标时的无量纲位移曲线

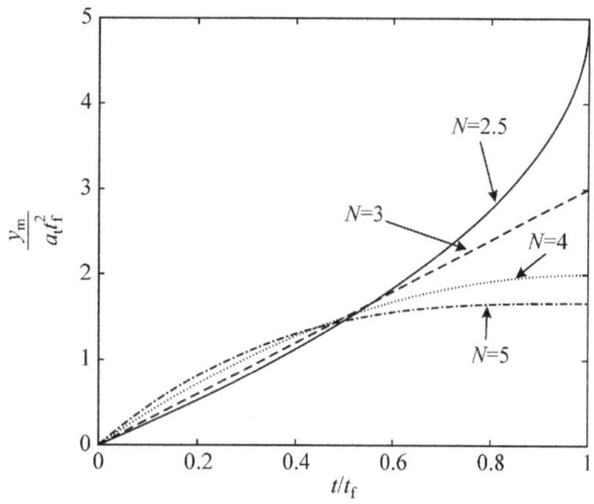

图 5-12　$N=2.5,3,4,5$ 时导弹攻击常值机动过载 a_t 目标时的无量纲过载曲线

由图 5-12 知，$N<3$ 时，制导末端导弹需用过载发散，故为应对目标机动，比例导引系数 N 应低于 3；$N\geqslant 3$ 时，随 N 增加，导弹初始过载增加，但末端过载减小。例如：

$N=3$ 时，制导终端 $\dfrac{a_c}{a_t}=3$；

$N=4$ 时，制导终端 $\dfrac{a_c}{a_t}=2$。

为保证目标机动时导弹有足够的过载拦截目标，美国资料建议导弹的可用过载应设计为目标机动过载的 5 倍，俄罗斯资料建议导弹的可用过载应设计为目标机动过载的 3 倍加 10，即 $n_c=3n_t+10\left(n_c=a_c/g,\ n_t=a_t/g\right)$[1]。

由式(5-27)知，当 $t=t_{\mathrm{f}}$ 时 $y_{\mathrm{m}}=\frac{1}{2}a_{\mathrm{t}}T^2$，即当不考虑导弹制导动力学时，只要导弹末端有足够的过载，比例导引攻击机动目标虽然不是最优导引律，但它可以完成攻击机动目标的使命。

5.2.2 考虑导弹制导动力学时的比例导引特性研究

在 5.2.1 小节的研究中，假设由弹目视线角速度 $\dot{q}$ 测量到导弹按比例导引律生成导弹过载 a_{m} 的整个过程是瞬时完成的，不含动力学环节。但工程实现中，$\dot{q}$ 测量是由导引头完成，这里包含导引头的动力学模型。$\dot{q}$ 的输出由于含有高频噪声，导引头输出要通过一个制导滤波器平滑 $\dot{q}$ 的信号，并且制导过载指令 a_{c} 到实际导弹的过载 a_{m} 是由导弹过载驾驶仪来完成的，上述制导滤波器及导弹过载驾驶仪也都含动力学环节。根据工程经验，为反映制导动力学特性，可取导引头及制导滤波器都为一阶环节，过载驾驶仪为二阶环节，并设各一阶环节的时间常数相同，皆为 $T_g/4$，如图 5-13 所示[1]。

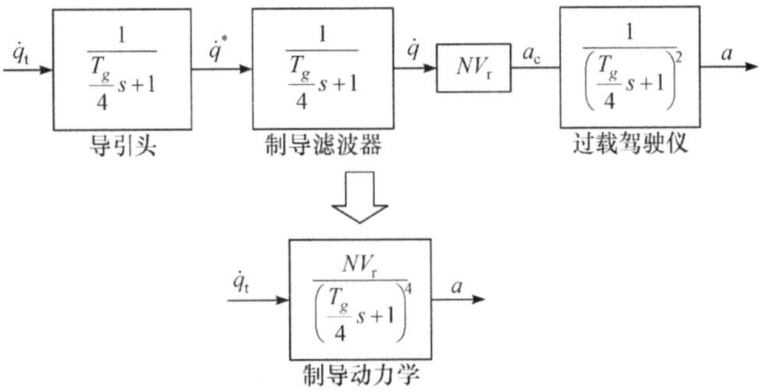

图 5-13 制导动力学简化模型

由制导动力学传函 $\frac{1}{\left(\frac{T_g}{4}s+1\right)^4}=\frac{1}{\frac{T_g^4}{256}s^4+\frac{T_g^3}{16}s^3+\frac{3T_g^2}{8}s^2+T_gs+1}$ 的伯德图(图 5-14)可知(这里设 $T_g=0.5\mathrm{s}$)，此动力学的低频特性近似于一个一阶系统 $\frac{1}{T_gs+1}$，并称 T_g 为制导动力学时间常数。但要注意此高阶制导动力学传函的相移随 s 增大而不断增大，此高阶动力学相移是决定制导回路稳定性何时出现问题的决定性因素[1]。

含制导动力学的比例导引回路框图如图 5-15 所示。

取表征制导动力学快速性的参数 T_g，将上述系统无量纲化，令 $\overline{t}=\frac{t}{T_g}$，与其对应的无量纲频率 $\overline{\omega}=T_g\omega$，$\overline{s}=T_gs$。将上述无量纲时域、频域表达式代入图 5-15 后，比例导引回路框图可简化为图 5-16 和图 5-17，这里 $\overline{t}_{\mathrm{go}}=\frac{t_{\mathrm{f}}-t}{T_g}=\frac{t_{\mathrm{go}}}{T_g}$。

由图 5-17 可见，随弹目距离接近，$\overline{t}_{\mathrm{go}}$ 减小，比例导引回路的开环增益 $K=N/\overline{t}_{\mathrm{go}}$ 将迅速增大，当 $\overline{t}_{\mathrm{go}}$ 接近零时，开环增益趋于 ∞。

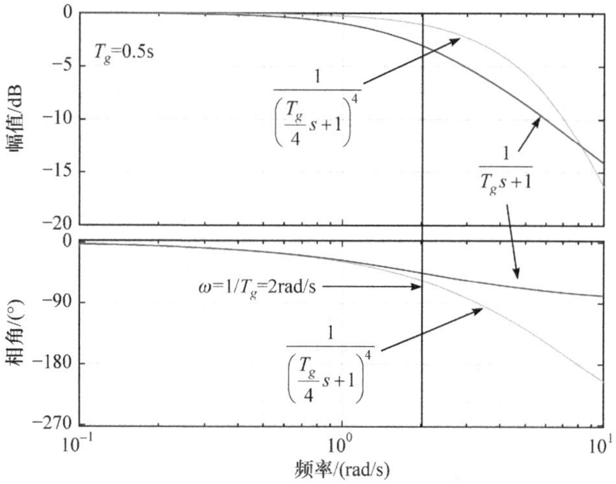

图 5-14　制导动力学传函$\left(\frac{T_g}{4}s+1\right)^{-4}$和一阶系统$\left(T_g s+1\right)^{-1}$的伯德图

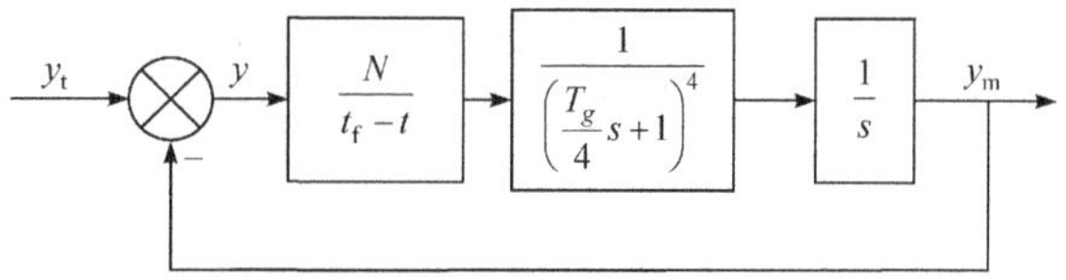

图 5-15　含制导动力学的比例导引回路框图

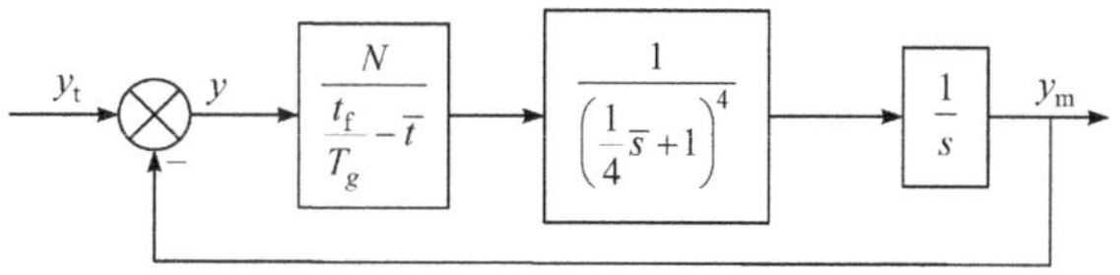

图 5-16　含制导动力学的无量纲比例导引回路框图

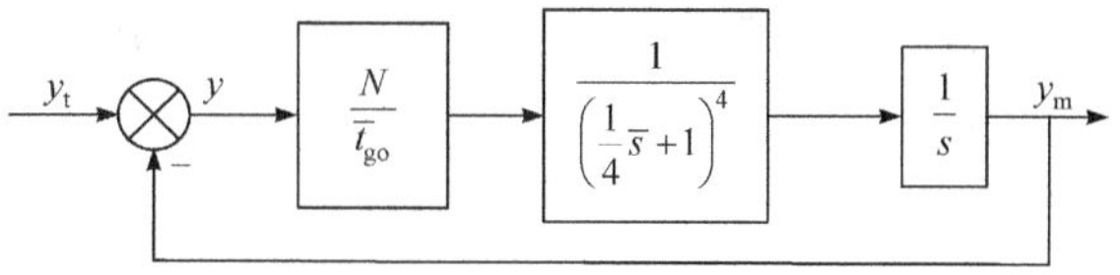

图 5-17　含制导动力学的 T_g 无量纲比例导引回路框图

图 5-18 给出了当取 $N=3,4,5$，随 $\bar{t}_{go}=t_{go}/T_g$ 逐渐减小，比例导引回路的开环增益不断增大的变化规律。

取 $N=4$ 绘制不同 $\bar{t}_{go}$ 的比例导引开环伯德图(图 5-19)，由图可见，随弹目接近($\bar{t}_{go}$ 减小)，比例导引回路的幅、相裕度一直在减小。图 5-20 给出了随 $\bar{t}_{go}$ 减小幅、相裕度的变化规律。由图 5-19 和图 5-20 可知，当 $N=4$，$\bar{t}_{go}=1.76$ ($t_{go}=1.76T_g$)时，回路相移已达 $-180°$，相对于正确的反馈控制方向，实际控制已经反向。当 $\bar{t}_{go}<1.76$ 时，系统已趋于失稳状态[1]。

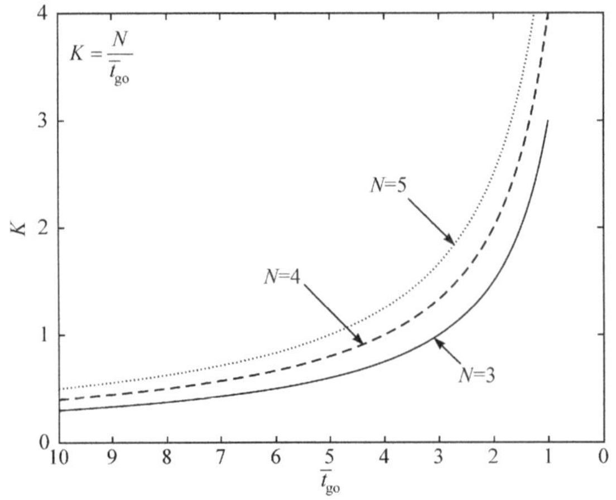

图 5-18　制导系统开环增益 K 的变化曲线

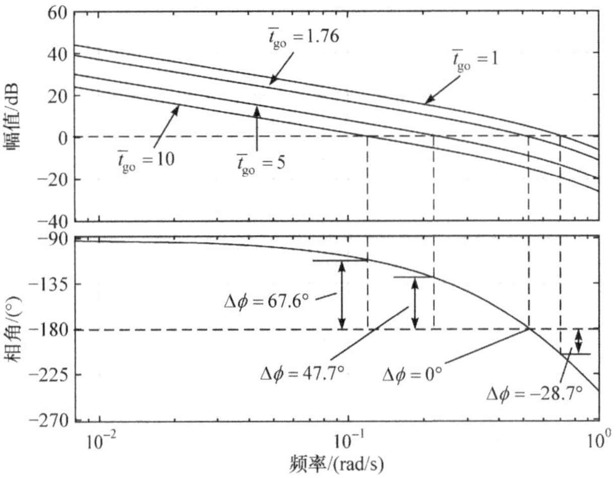

图 5-19　不同 $\bar{t}_{go}$ 的比例导引开环伯德图 $(N=4)$

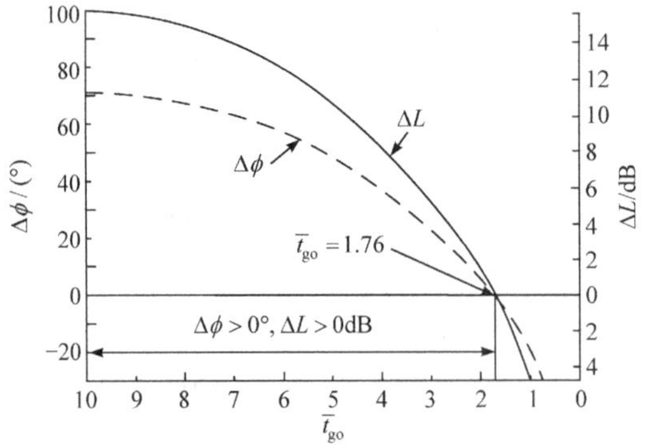

图 5-20　随 $\bar{t}_{go}$ 变化的制导开环系统幅、相裕度曲线

应当指出，由于比例导引是线性时变系统，上述以线性时不变系统来做回路稳定性分析并不完全正确，但定性地看，这一分析给出的比例导引弹目接近后期制导回路存在稳定性问题的结论还是正确的[1]。下面分别研究不同的干扰作用对比例导引性能影响的分析。

1. 初始速度方向误差 ε 对比例导引的影响分析

图 5-21 给出了 ε 初始扰动下的四阶动力学无量纲比例导引控制框图。

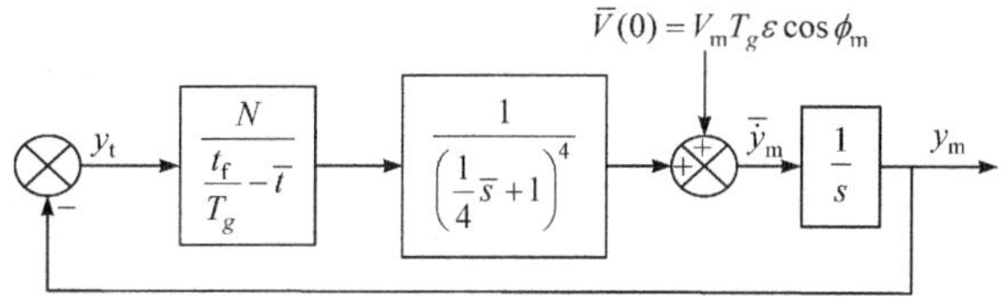

图 5-21　ε 初始扰动下的四阶动力学无量纲比例导引控制框图

利用伴随法[3]可方便地求解出 ε 初始扰动下，比例导引无量纲脱靶量 $\dfrac{y_{miss}}{V_m T_g \varepsilon \cos\phi_m}$ 随无量纲末制导时间 t_f/T_g 的变化曲线(图 5-22)，这里 y_{miss} 定义为制导终端脱靶量。

由图 5-22 可以看出，在存在四阶制导动力学的情况下，末制导时间长短对脱靶量影响很大，为保证脱靶量收敛，末制导时间最好不要低于制导动力学时间常数 T_g 的十倍。

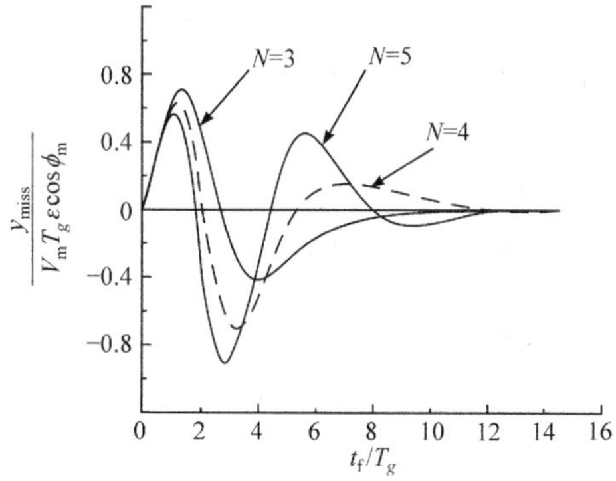

图 5-22　考虑动力学的制导系统不同 N 对应的脱靶量曲线

下面讨论 ε 初始扰动下，比例导引过载的变化规律。图 5-23 给出了四阶动力学滞后制导系统框图。

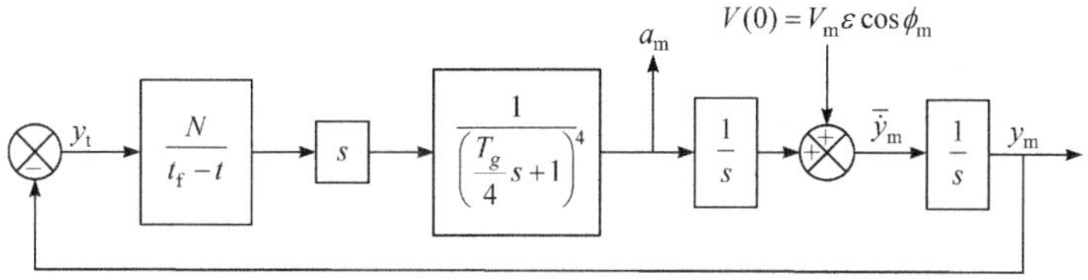

图 5-23　四阶动力学滞后制导系统框图

在研究过载规律时，比较合理的是取末制导时间 t_f 对回路进行无量纲化。为此，令 $\tilde{t}=t/t_f$，$\tilde{\omega}=t_f\omega$，$\tilde{s}=t_f s$，即 $t=t_f\tilde{t}$，$s=\tilde{s}/t_f$，ε 初始扰动下的四阶动力学无量纲比例导引控制框图如图 5-24 所示。

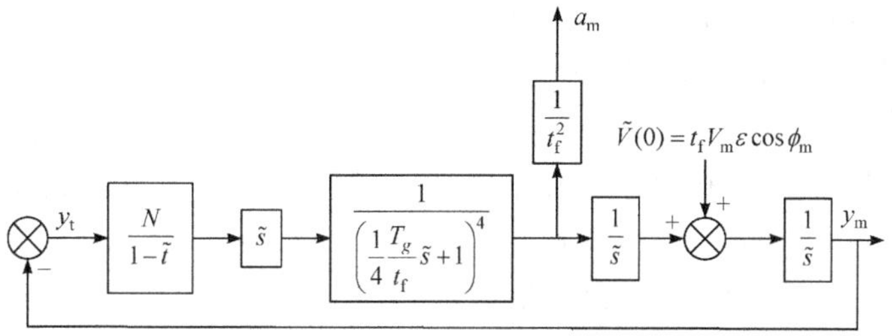

图 5-24　ε 初始扰动下的四阶动力学无量纲比例导引控制框图

此时，无量纲过载的表达式为

$$\tilde{a}_{\mathrm{m}}=\frac{t_{\mathrm{f}}}{V_{\mathrm{m}}\varepsilon\cos\phi_{\mathrm{m}}}a_{\mathrm{m}} \tag{5-29}$$

图 5-25 给出了 $N=4$ 时不同末制导时间 t_{f}/T_g 无量纲过载随无量纲时间 t/t_{f} 的变化曲线。

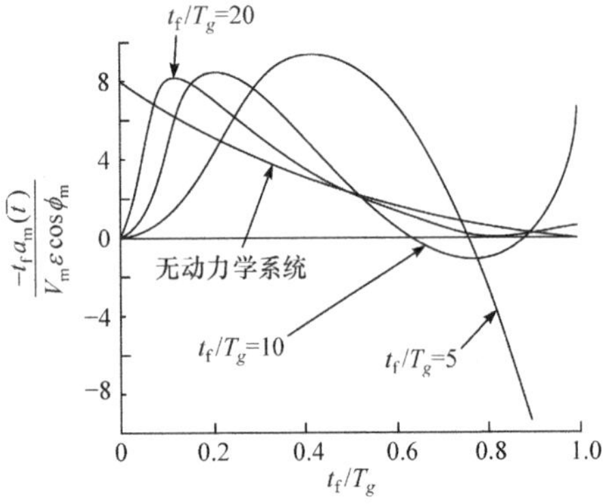

图 5-25　$N=4$ 时不同末制导时间无量纲过载随无量纲时间的变化曲线

由图 5-25 可以看出，随末制导时间 t_{f}/T_g 加长，过载曲线更接近于无动力学系统的过载规律。末制导时间 $t_{\mathrm{f}}<10T_g$ 时，过载规律逐渐偏离理论比例导引所需过载规律，从而造成脱靶量增大。

2. 目标机动 a_{t} 对比例导引的影响分析

下面对目标机动 a_{t} 作用引起的脱靶量进行分析，仍取制导动力学常数 T_g 对时间 t 无量纲化，$\bar{t}=\dfrac{t}{T_g}\left(\bar{\omega}=T_g\omega,\bar{s}=T_g s\right)$，可得其无量纲框图如图 5-26 所示。

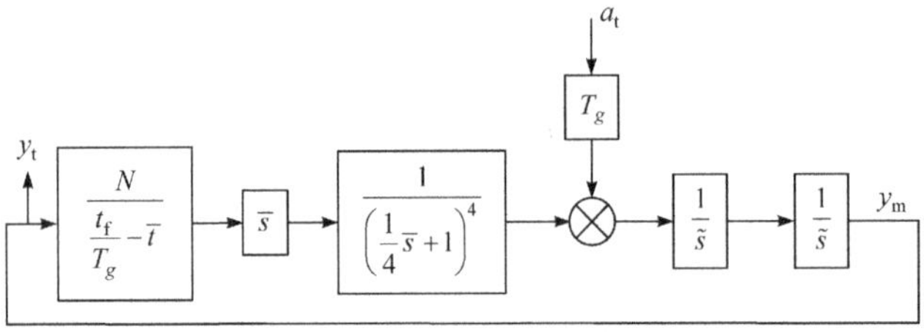

图 5-26　目标机动作用下的制导动力学无量纲框图

无量纲脱靶量为

$$\bar{y}_{\mathrm{miss}}=\frac{y_{\mathrm{miss}}}{a_{\mathrm{t}}T_g^2} \tag{5-30}$$

图 5-27 给出了考虑动力学的制导系统不同 N 对应的脱靶量曲线(目标机动作用下)。由图可知，攻击机动目标时，为保证脱靶量收敛，导弹的比例导引系数不应低于 3，同时，导弹末制导时间 t_{f} 不小于导弹制导动力学时间 T_g 的十倍[4]。

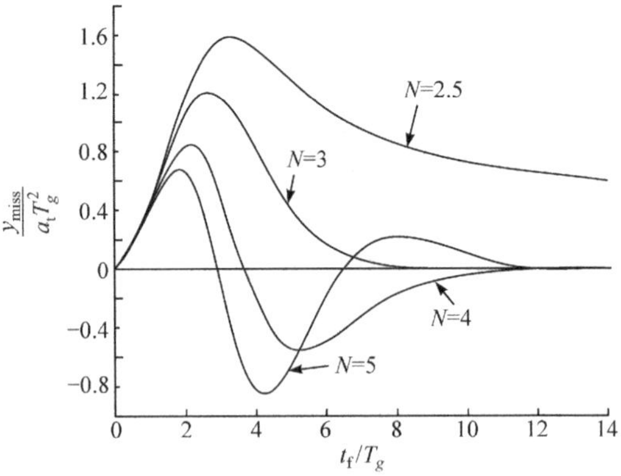

图 5-27　考虑动力学的制导系统不同 N 对应的脱靶量曲线(目标机动作用下)

同样在分析导弹过载规律时，取导弹末制导时间 t_{f} 对 t 无量纲化。令 $\tilde{t}=t/t_{\mathrm{f}}$，$\tilde{\omega}=t_{\mathrm{f}}\omega$，$\tilde{s}=t_{\mathrm{f}}s$，无量纲化后的制导框图如图 5-28 所示。

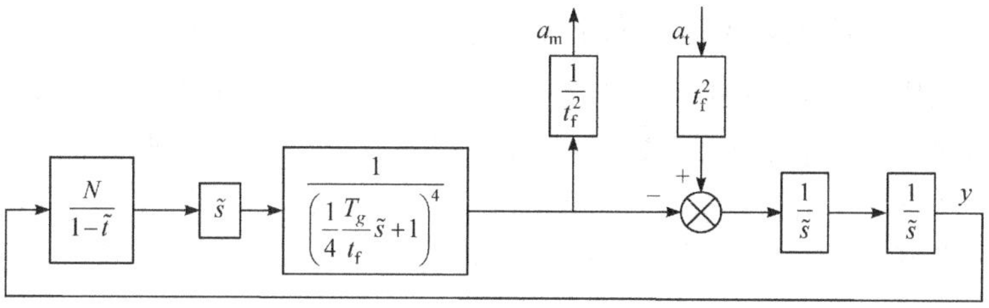

图 5-28　对 t 无量纲化后的制导框图

由图 5-28 可得无量纲过载表达式为

$$\tilde{a}_{\mathrm{m}}=\frac{a_{\mathrm{m}}}{a_{\mathrm{t}}} \tag{5-31}$$

图 5-29 给出了 $N=4$，不同末制导时间 t_{f}/T_g，导弹过载随时间 t/t_{f} 变化曲线。由图可看出，末制导时间 t_{f} 小于 10 倍制导动力学时间常数 T_g 时导弹过载逐渐偏离理想比例导引过载规律，从而会造成脱靶量增大。因此，在存在制导动力学的情况下攻击机动目标时，为使脱靶量收敛，同样末制导时间 t_{f} 应小于十倍的制导动力学时间常数 T_g。

图 5-30 给出了 $t_{\mathrm{f}}=10T_g$，目标机动作用下不同比例导引系数 N 对应的过载随无量纲时间 t/t_{f} 变化规律，可以看出，攻击机动目标时，N 值不能小于 3。否则，在制导末端，导弹的需用过载会发散，从而引起过大脱靶量。

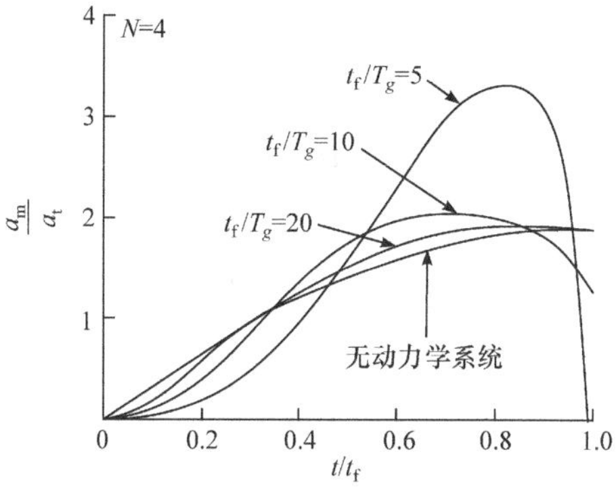

图 5-29　目标机动引起的无量纲过载曲线

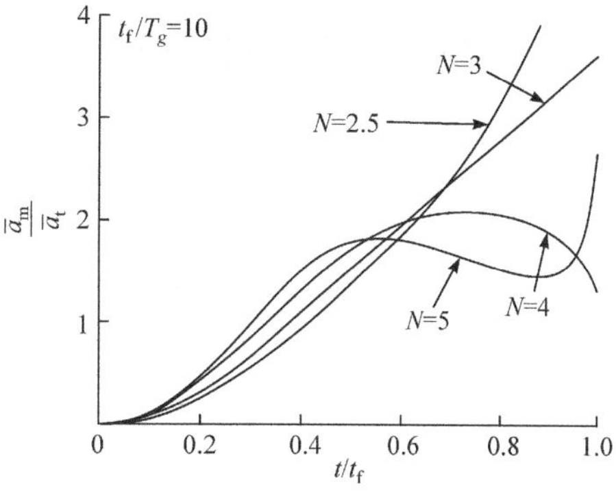

图 5-30　目标机动作用下不同比例导引系数 N 对应的过载规律曲线

5.3　扩展比例导引律

5.3.1　考虑导弹制导动力学时的最优扩展比例导引律(OPN1)

由 5.1 节关于比例导引律的分析知，在比例导引律的推导中，所取模型中假设导弹不存在制导动力学。通过分析知，这一导引律有很强的鲁棒性，它可以用于具有制导动力学的实际系统中，但要满足末制导时间 t_f 大于 10 倍的制导动力学时间 T_g 这个条件，这一约束会大大限制导弹允许的最小攻击距离。实际系统的制导动力学是由导引头、制导滤波器和过载驾驶仪动力学组成的。在研发过程中，设计者都应掌握这些动力学模型，现在的问题是，在制导动力学特性已知的条件下，能否推导出可以缩小最小末制导时间要求的改进型比例导引律[5]。下面设导弹制导动力学综合特性可以简化为一阶模型，即

$$\frac{a_m(s)}{a_c(s)}=\frac{1}{T_g s+1} \tag{5-32}$$

式中，T_g 为导弹综合动力学一阶时间常数。

在此模型下的扩展状态方程为

$$\begin{bmatrix}\dot{y}\\ \dot{V}_r\\ \dot{a}_m\end{bmatrix}=\begin{bmatrix}0 & 1 & 0\\ 0 & 0 & -1\\ 0 & 0 & -1/T_g\end{bmatrix}\begin{bmatrix}y\\ V_r\\ a_m\end{bmatrix}+\begin{bmatrix}0\\ 0\\ 1/T_g\end{bmatrix}a_c \tag{5-33}$$

状态方程(5-33)的三个状态分别为弹、目垂直弹目线的相对距离 y，相对速度 V_r，导弹在惯性空间的绝对过载 a_m，其控制为导弹过载驾驶仪指令 a_c。取目标函数仍为

$$J=S\frac{y(t)^2}{2}+\frac{1}{2}\int_0^{t_f}a_c^2(t)\mathrm{d}t,\text{并取}S\to\infty \tag{5-34}$$

求解上述最优控制问题，可得最优扩展比例导引律(OPN1)为

$$a_c=N'\left[\frac{1}{t_{go}^2}y(t)+\frac{1}{t_{go}}V_r(t)+\frac{1}{\overline{t}_{go}^2}\left(1-\mathrm{e}^{-\overline{t}_{go}}-\overline{t}_{go}\right)a_m(t)\right] \tag{5-35}$$

式中，$t_{go}=t_f-t$ 为剩余末制导时间；$\overline{t}_{go}=\dfrac{t_f-t}{T_g}=\dfrac{t_{go}}{T_g}$ 为无量纲剩余末制导时间；N' 为有效导航比，其表达式为

$$N'=\overline{t}_{go}^2\left(\mathrm{e}^{-\overline{t}_{go}}+\overline{t}_{go}-1\right)\left(-\frac{1}{2}\mathrm{e}^{-2\overline{t}_{go}}-2t_f\mathrm{e}^{-\overline{t}_{go}}+\frac{1}{3}\overline{t}_{go}^{-3}-\overline{t}_{go}^2+\overline{t}_{go}+\frac{1}{2}\right)^{-1} \tag{5-36}$$

已知在小扰动条件下，弹目视线角 $q=\dfrac{y(t)}{V_r\cdot(t_f-t)}=\dfrac{y(t)}{V_r\cdot t_{go}}$，将 q 对时间求导有

$$\dot{q}=\frac{y(t)}{V_r\cdot t_{go}^2}+\frac{V(t)}{V_r\cdot t_{go}} \tag{5-37}$$

将 $\dot{q}$ 的表达式代入式(5-35)，可得便于工程应用的改进比例导引律，即

$$a_c=N'V_r\dot{q}+C_1a_m \tag{5-38}$$

式中，

$$N' = \overline{t}_{go}^2 \left(e^{-\overline{t}_{go}} + \overline{t}_{go} - 1 \right) \left(-\frac{1}{2} e^{-2\overline{t}_{go}} - 2\overline{t}_{go} e^{-\overline{t}_{go}} + \frac{1}{3}\overline{t}_{go}^3 - \overline{t}_{go}^2 + \overline{t}_{go} + \frac{1}{2} \right)^{-1}$$

$$C_1 = N' \frac{1}{\overline{t}_{go}^2} \left(1 - e^{-\overline{t}_{go}} - \overline{t}_{go} \right)$$

此扩展比例导引律(OPN1)与比例导引律(PN)的不同之处如下：

(1) OPN1 增加了导弹过载 a_m 项；

(2) 状态 $\dot{q}$ 和 a_m 的反馈系数变为时变量，与 $\overline{t}_{go} = \dfrac{t_f - t}{T_g} = \dfrac{t_{go}}{T_g}$ 有关。

当初始速度方向存在误差 ε 干扰时，该扩展比例导引律原始框图如图 5-31 所示。

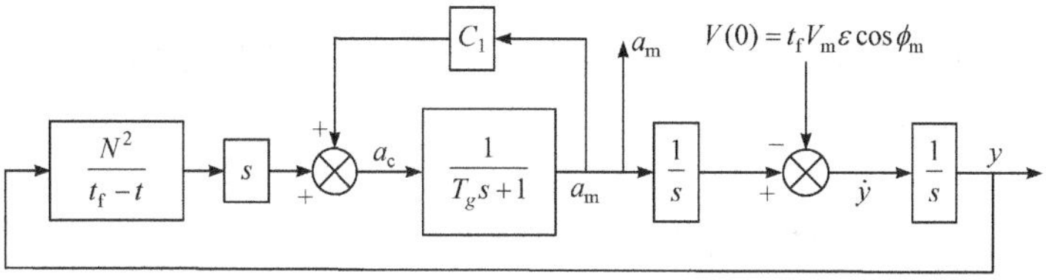

图 5-31　在初始扰动 ε 下的扩展比例导引律原始框图

根据推导条件知，在存在一阶制导动力学并在状态初值受扰动条件下，OPN1 不论末制导时间长短，只要过载能力足够，其脱靶量皆为零。下面讨论在速度状态初始扰动 ε 下，采用这一制导律时制导指令 a_c 的变化规律。

取末制导时间 t_f 对回路进行无量纲化。为此，令 $\tilde{t} = t / t_f$，$\tilde{s} = t_f s$，则无量纲剩余末制导时间变为 $\overline{t}_{go} = \dfrac{t_f - t}{T_g} = \dfrac{t_f}{T_g}(1 - \tilde{t})$。无量纲化后的制导律框图如图 5-32 所示。

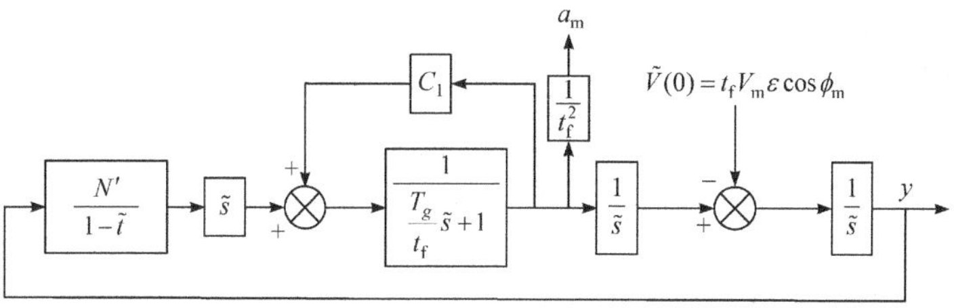

图 5-32　在初始扰动 ε 作用下对 t_f 无量纲化后的制导律框图

对比考虑最优 OPN1 和最优 PN 的无量纲过载曲线如图 5-33 所示。可见，在制导初期，OPN1 所需过载比 PN 的要大，正是其制导初期过载指令的加大，补偿了制导动力学的滞后，从而使得该导引律在有制导动力学时，仍可保证脱靶量为零。与比例导引类似，OPN1 同样存在无量纲末制导时间 t_f / T_g 越小，所需过载越大的特征。

图 5-34 给出了在 PN 和 OPN1 分别作用下的过载指令 a_c 及过载 a_m 曲线。由图可见，OPN1 作用下的过载指令 a_c 在制导末端与比例导引时相同，皆为零，但过载 a_m 在末端不为零，这是 a_m 时 a_c 通过一阶动力学滞后的输出所致。

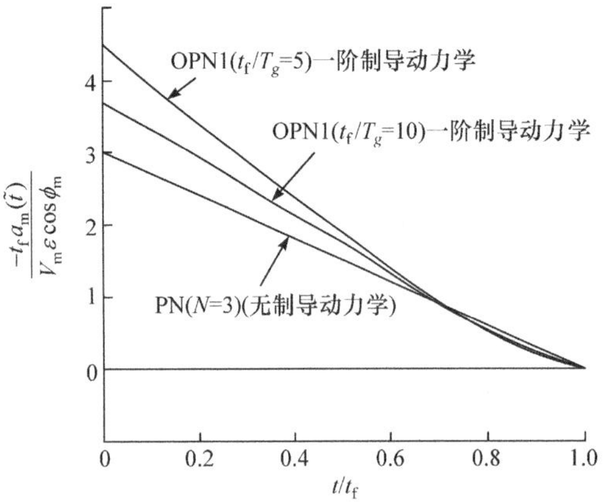

图 5-33 最优 OPN1 和最优 PN 的无量纲过载曲线

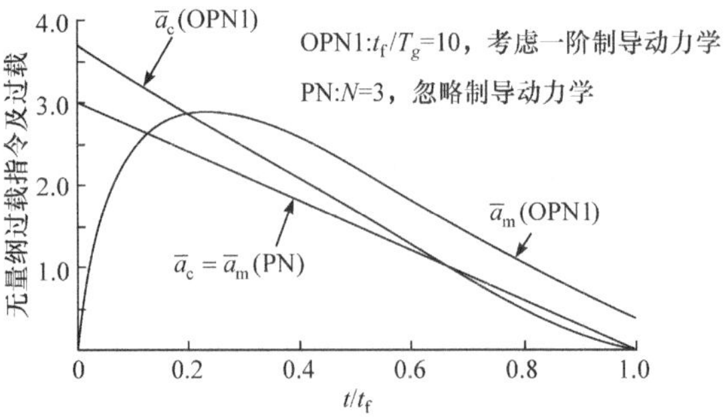

图 5-34 在 PN 和 OPN1 分别作用下的过载指令 a_c 及过载 a_m 曲线

下面设制导动力学模型包含导引头、制导滤波器合成动力学$\left(\frac{T_g}{4}s+1\right)^{-2}$和二阶驾驶仪动力学$\left(\frac{T_g}{4}s+1\right)^{-2}$。工程实际应用中，反馈量$\dot{q}$取为制导滤波器的输出，反馈量$a_m$可取为驾驶仪加速度计输出。当按此方案取反馈信号、制导律系数N'、C_1，并且计算中的综合制导动力学时间常数分别取为T_g(模型Ⅰ)和$T_g/2$(模型Ⅱ)时，其相应的框图如图 5-35 和图 5-36 所示。图 5-35 中，计算制导律系数N'、C_1时取$T_g=4\times\left(\frac{1}{4}T_g\right)$。图 5-36 中，计算制导律系数$N'^*$、$C_1^*$时只考虑了二阶驾驶仪动力学滞后，即时变反馈系数计算中取$T_g^*=2\times\left(\frac{1}{4}T_g\right)=\frac{1}{2}T_g$。

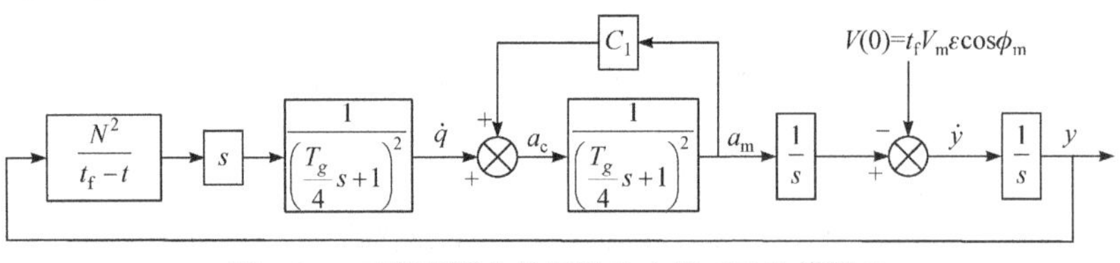

图 5-35 工程应用中的四阶动力学 OPN1 模型Ⅰ

制导律动力学时间常数：T_g，即制导律中将导引头动力学近似考虑到驾驶仪动力学

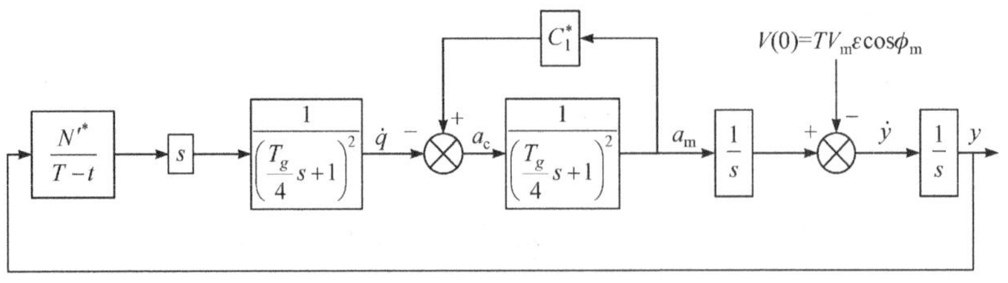

图 5-36 工程应用中的四阶动力学 OPN1 模型Ⅱ

制导律动力学时间常数：$T_g^*=0.5T_g$，即制导律忽略导引头动力学，仅考虑驾驶仪动力学

在初始扰动ε下，四阶动力学制导系统下采用PN (条件 (1))、一阶动力学制导系统下采用 OPN1(条件(2))、“二阶导引头 + 二阶驾驶仪”动力学制导系统下采用两种工程实现方案(条件(3)和条件(4))的 OPN1 的无量纲脱靶量曲线如图 5-37 所示。

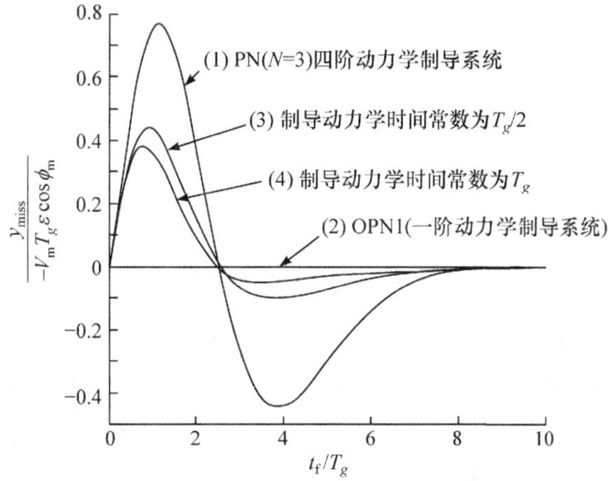

图 5-37　在初始扰动ε下各类制导律的无量纲脱靶量曲线

显然，在初始扰动ε下，OPN1 在考虑一阶动力学制导动力学时最优，脱靶量为零。当将该制导律应用于两种工程实际可行的“二阶导引头 + 二阶驾驶仪”动力学制导系统时，其脱靶量收敛时间都可由比例导引时的$t_f / T_g > 10$缩小为$t_f / T_g > 6$，且在同样t_f / T_g条件下，脱靶量要小。

下面对目标机动a_t作用下 OPN1 的过载进行分析，考虑上述制导律在目标常值机动作用下 OPN1 制导框图如图 5-38 所示。

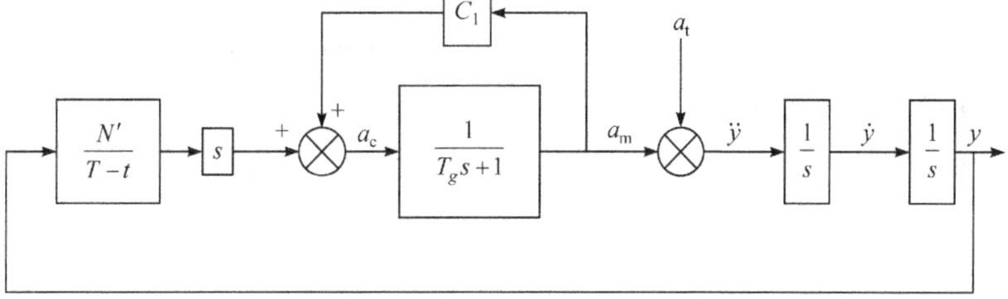

图 5-38　目标常值机动作用下 OPN1 制导框图

目标常值机动作用下 OPN1 的无量纲过载如图 5-39 所示。由图可见，该制导律在目标常值机动作用时末端过载发散，从而该制导律在存在目标常值机动的情况下失效。其原因是，此制导律a_m反馈是用于补偿制导动力学时间常数T_g带来的影响的，当存在目标机动过载a_t时，其引起的导弹过载a_m如按目标动力学反馈补偿，其反馈反而会带来负作用。此制导律无法应用于目标机动的情况，此问题的解决需要在设计制导律时加入目标机动补偿项(见 OPN2 和 OPN3)。

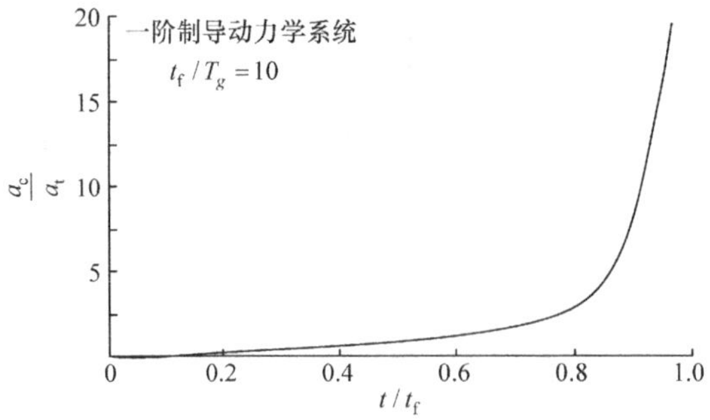

图 5-39 目标常值机动作用下 OPN1 的无量纲过载曲线

5.3.2 考虑目标常值机动时的最优扩展比例导引律(OPN2)

由 5.1 节分析知，当比例导引律用于目标机动时，制导末端导弹的需用过载为目标机动过载的 3～5 倍。若导弹的可用过载达不到此值，则导弹过载的饱和就会引起过大的脱靶量。当导弹具有对目标机动过载的估计能力时，就可利用目标机动过载的估计值在制导律中引入补偿，从而改善制导末端对导弹过载的需求，并提高制导精度。

在目标常值机动 a_t 时，动力学模型为

$$\begin{cases}\dot{y}=V\\ \dot{V}=a_t-a_c\end{cases}\tag{5-39}$$

取最优导引律推导用目标函数为

$$\mathrm{Min}J=\min\left[S\frac{y(t_f)^2}{2}+\frac{1}{2}\int_0^{t_f}a_c^2(t)\mathrm{d}t\right]\tag{5-40}$$

式中，t_f 为末制导时间；$\phi(T)=S\dfrac{y(t_f)^2}{2}$ 是 t_f 时刻脱靶量的罚函数，当 S 趋于 ∞ 时，脱靶量为零。目标函数中，积分项代表在要求的 t_f 时间间隔内，导弹的过载平方积分最小，即力图以最小控制代价命中目标。

解上述最优解可得目标常值机动下，无制导动力学系统的最优控制解为

$$a_c=N\left(\frac{y}{t_{go}^2}+\frac{\dot{y}}{t_{go}}+\frac{1}{2}a_t\right)\tag{5-41}$$

式中，t_{go} 为剩余飞行时间，其表达式为

$$t_{go}=t_f-t$$

由于导引头可测量弹目视线角速度，可把原最优导引律的 y 及 $\dot{y}$ 反馈变换为弹目实现角速率 $\dot{q}$ 反馈。利用前面的知识，可把上述制导律改为更实用的形式：

$$a_c=N\left(V_r\dot{q}+\frac{1}{2}a_t\right)\tag{5-42}$$

采用此制导律在无制导动力学情况下，可保证攻击常值机动目标时脱靶量为零，其

制导框图如图 5-40 所示。

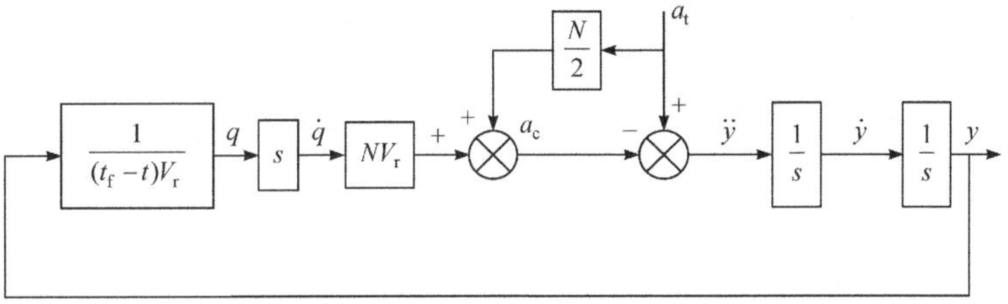

图 5-40　考虑目标常值机动影响的最优扩展比例导引律(OPN2)制导框图

取末制导时间 t_f 对回路进行无量纲化。为此，令 $\tilde{t}=t/t_f$，$\tilde{s}=t_f s$，则无量纲剩余末制导时间变为 $\overline{t}_{go}=\dfrac{t_f-t}{T_g}=\dfrac{t_f}{T_g}\left(1-\tilde{t}\right)$。无量纲化后的框图如图 5-41 所示。

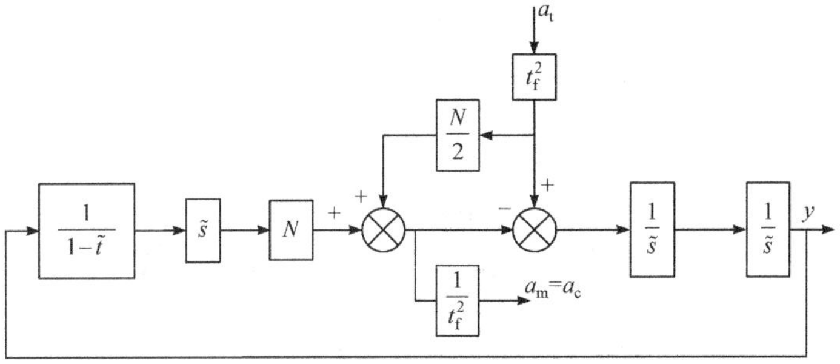

图 5-41　OPN2 对 t_f 无量纲化后的框图

由图 5-42 对无量纲过载的分析知，采用此制导律对 a_t 进行补偿后可保证制导末端导弹需用过载为零，且制导初期的最大需用过载也仅为目标机动过载的 1.5 倍。

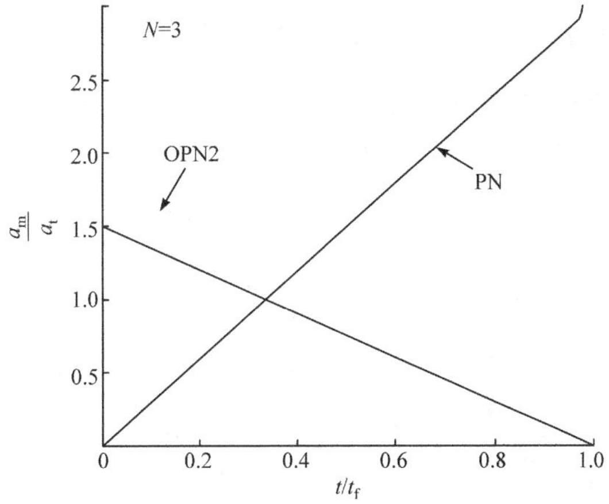

图 5-42　忽略制导动力学的 PN 及 OPN2 下的无量纲过载

下面以四阶动力学制导系统为例，分析此制导律的制导精度。此时的 OPN2 制导框图如图 5-43 所示。

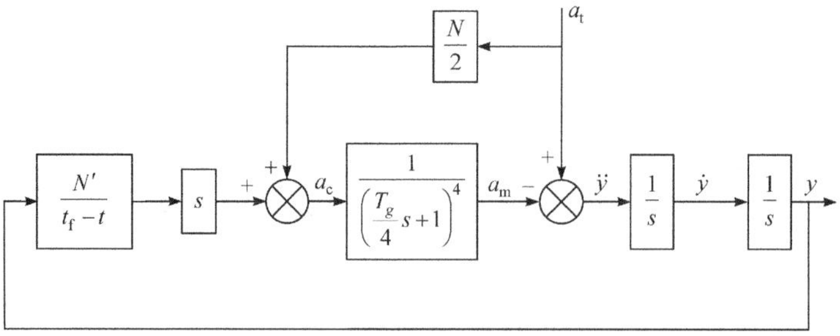

图 5-43 四阶动力学制导系统的 OPN2 制导框图

图 5-44 给出了在常值目标机动 a_t 作用下 OPN2 的无量纲脱靶量曲线，可以看出，此制导律由于没有补偿制导动力学影响，故最小末制导时间 t_f 仍为制导动力学时间的 10 倍，但其末制导段需用过载小。为了同时减小末制导时间及末端过载需求，需要在制导律中同时对目标机动及过载的动力学进行修正(见 5.3.3 小节)。

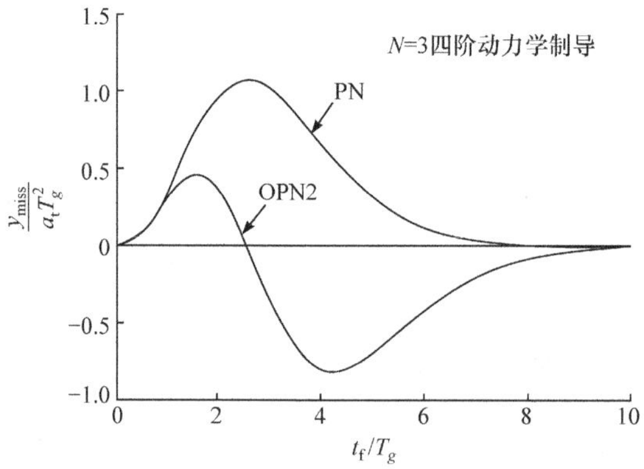

图 5-44 在常值目标机动 a_t 作用下 OPN2 的无量纲脱靶量曲线

5.3.3 考虑目标常值机动及导弹制导动力学时的扩展比例导引律(OPN3)

由 5.3.2 小节分析知，为同时降低制导末端过载需求且缩短最小允许末制导时间，需要在制导律中同时引入对目标机动 a_t 和制导动力学 T_g 的修正项。

为完成此任务，所需的扩展状态方程为

$$\begin{bmatrix}\dot{y}\\ \dot{V}_r\\ \dot{a}_m\end{bmatrix}=\begin{bmatrix}0 & 1 & 0\\ 0 & 0 & -1\\ 0 & 0 & -1/T_g\end{bmatrix}\begin{bmatrix}y\\ V_r\\ a_m\end{bmatrix}+\begin{bmatrix}0\\ 1\\ 0\end{bmatrix}a_c+\begin{bmatrix}0\\ 0\\ 1/T_g\end{bmatrix}a_c \tag{5-43}$$

状态方程的三个状态分别为弹、目垂直弹目线的相对距离 y，相对速度 V_r，导弹在惯性空间的绝对过载 a_m。系统常值干扰输入为目标常值估计加速度 a_t，其控制量为导弹过载驾驶仪指令 a_c。

取最优导引律推导用目标函数为

$$\mathrm{Min}J=\min\left[S\frac{y(t_f)^2}{2}+\frac{1}{2}\int_0^{t_f}a_c^2(t)\mathrm{d}t\right] \tag{5-44}$$

式中，t_f 为末制导时间；$\phi(t_f)=S\frac{y(t_f)^2}{2}$ 是 t_f 时刻脱靶量的罚函数，当 S 趋于 ∞ 时，脱靶量为零。目标函数中，积分项代表在所要求的 t_f 间隔内，导弹过载平方积分最小，即力图以最小控制代价命中目标。

求解上述最优控制问题，可得最优导引律为

$$a_c = N'\left[\frac{y}{\overline{t}_{go}^2}+\frac{1}{\overline{t}_{go}}V_r-\frac{1}{\overline{t}_{go}^2}\left(e^{-\overline{t}_{go}}-1+\overline{t}_{go}\right)a_m+0.5a_t\right] \tag{5-45}$$

式中，$t_{go}=t_f-t$ 为剩余飞行时间；$\overline{t}_{go}=\frac{t_f-t}{T_g}=\frac{t_{go}}{T_g}$ 为无量纲剩余飞行时间；N' 为有效导航比：

$$N'=\overline{t}_{go}^2\left(e^{-\overline{t}_{go}}-1+\overline{t}_{go}\right)\left(-\frac{1}{2}e^{-2\overline{t}_{go}}-2t_f e^{-\overline{t}_{go}}+\frac{1}{3}\overline{t}_{go}^3-\overline{t}_{go}^2+\overline{t}_{go}+\frac{1}{2}\right)^{-1} \tag{5-46}$$

在小扰动条件下，将式(5-37)代入 OPN3 表达式可得另一种形式的比例导引律，即

$$a_c = N'V_r\dot{q}+C_1a_m+0.5a_t \tag{5-47}$$

式中，

$$C_1 = N'\frac{1}{\overline{t}_{go}^2}\left(1-e^{-\overline{t}_{go}}-\overline{t}_{go}\right)$$

采用此制导律可保证在存在一阶制导动力学及目标常值机动条件下，不同末制导时间下的脱靶量皆为零。目标常值机动 a_t 作用下的 OPN3 框图见图 5-45。

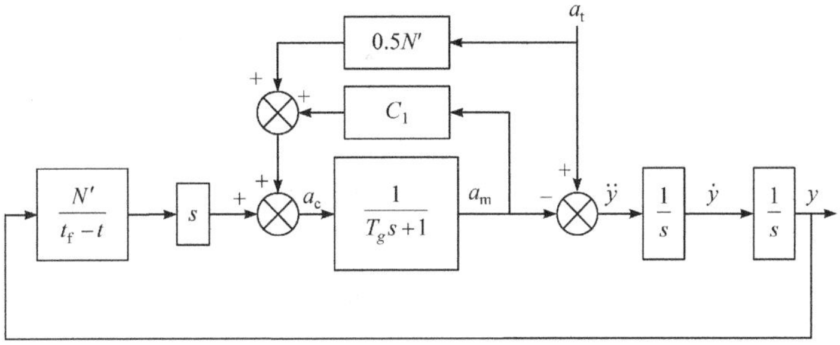

图 5-45　目标常值机动 a_t 作用下的 OPN3 框图

由图 5-46 对无量纲过载的分析知，在目标常值机动时，采用 OPN3 可保证制导末端导弹需用过载为零。虽然制导初期 OPN3 的最大需用过载比无制导动力学的不考虑动力学补偿的 OPN2 的要大，但它解决了 OPN1 末端需用过载发散的问题，且 OPN3 下的需用过载随无量纲末制导时间 t_f/T_g 的增大而减小，如图中 $t_f/T_g=5$ 和 10 时，最大需用过载分别是目标机动过载的 2.25 倍和 1.8 倍。

图 5-47 给出了目标进行常值机动 a_t 时 OPN3 的无量纲过载指令和输出与比例导引律 PN 的对比。由图可见，在目标常值机动下，相对于 OPN1 作用下的末端过载发散的情况

而言，OPN3 作用下的过载指令 a_c 在制导末端收敛为零，但其过载 a_m 在末端不为零，这也是因为 a_m 是 a_c 通过一阶动力学滞后的输出。

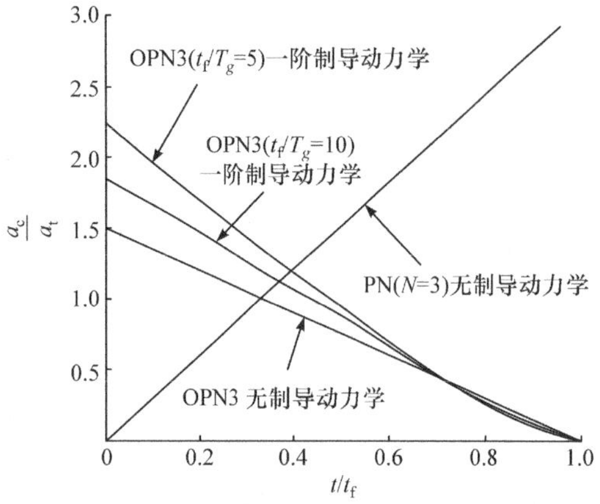

图 5-46 目标常值机动 a_t 时，采用 PN 和 OPN3 的无量纲过载曲线

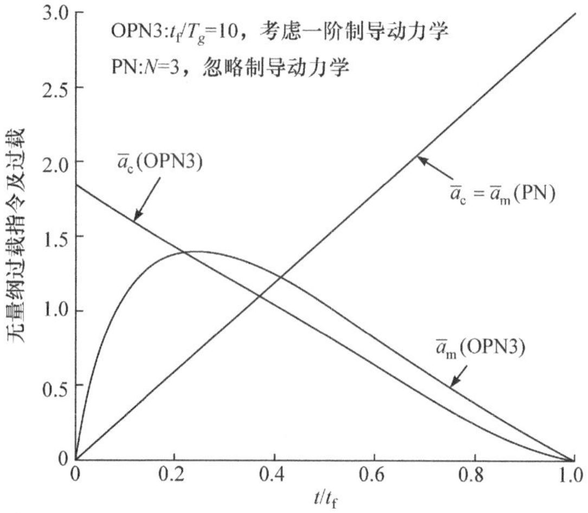

图 5-47 目标进行常值机动 a_t 时 OPN3 的无量纲过载指令和输出与比例导引律 PN 的对比

与前述研究方法类似，接下来研究在工程应用背景下，上述扩展比例导引律(OPN3)在目标常值机动 a_t 下的脱靶量。同样，设制导动力学模型包含二阶导引头、制导滤波器合成动力学 $\left(\frac{T_g}{4}s+1\right)^{-2}$ 和二阶驾驶仪动力学 $\left(\frac{T_g}{4}s+1\right)^{-2}$ 。工程实际应用中，反馈量 $\dot{q}$ 取为制导滤波器的输出，反馈量 a_m 为驾驶仪加速度计输出。当按此方案取反馈信号，且计算其相应的制导律系数 N' 、C_1 所用到的综合制导动力学时间常数分别取为 T_g (模型 I)和 $T_g/2$ (模型 II)时，其相应框图如图 5-48 和图 5-49 所示。图 5-48 中，计算 N' 、C_1 时取 $T_g=4\times\left(\frac{1}{4}T_g\right)$。图 5-49 中，计算制导律系数 N'^* 、C_1^* 时只考虑二阶驾驶仪动力学滞

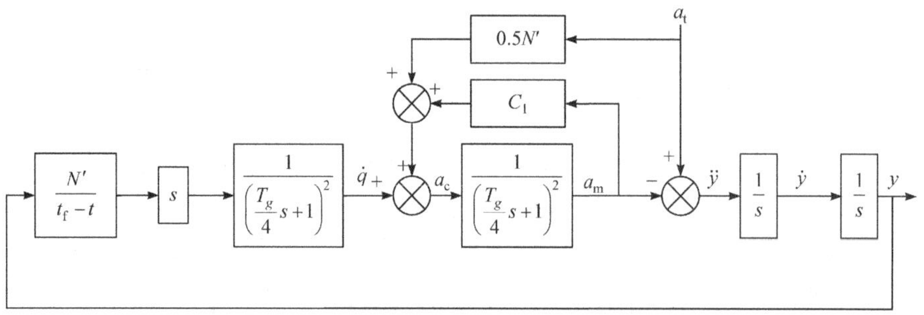

图 5-48 工程应用中的四阶动力学 OPN3 模型 I

动力学模型：二阶导引头＋二阶驾驶仪动力学；制导律动力学时间常数为 T_g ，即制导律中将导引头动力学近似考虑到驾驶仪动力学

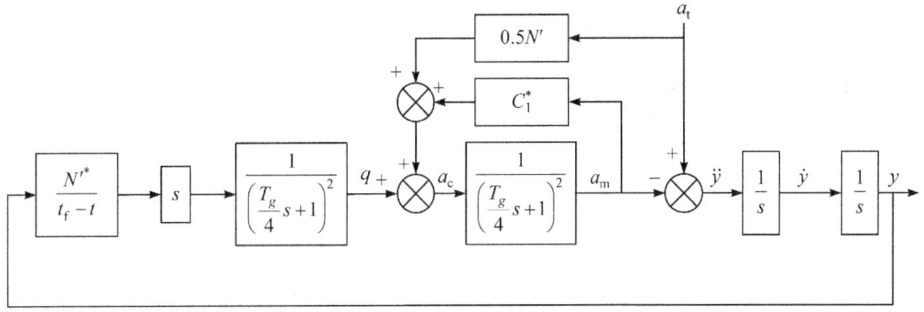

图 5-49　工程应用中的四阶动力学 OPN3 模型 I

动力学模型：二阶导引头 + 二阶驾驶仪动力学；制导律动力学时间常数为 $0.5T_g$ ，即制导律忽略导引头动力学，仅考虑到驾驶仪动力学

后，即时变反馈系数计算中取 $T_g^* = 2\times\left(\frac{1}{4}T_g\right) = \frac{1}{2}T_g$ 。

目标常值机动 a_t 作用下，四阶动力学制导系统下采用 PN (图 5-50，情况 (1))，一阶动力学制导系统下采用 OPN3(情况 (2))，以及"二阶导引头 + 二阶驾驶仪"动力学制导系统下采用两种工程实现方案(情况(3)和情况(4))的 OPN3 的无量纲脱靶量曲线如图 5-51 所示。

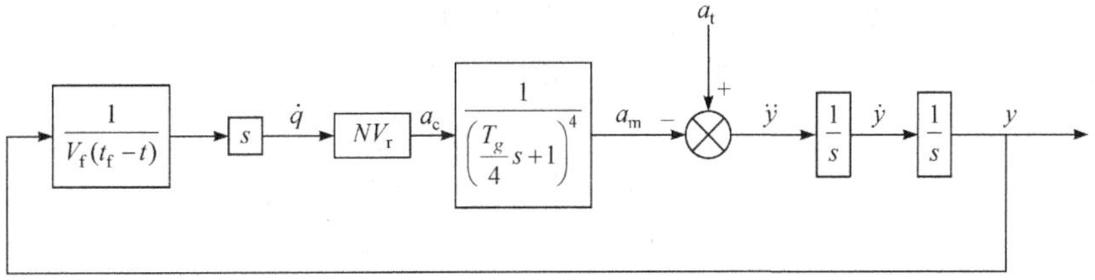

图 5-50　目标进行常值机动 a_t 时的四阶动力学 PN 原始框图(情况 1)

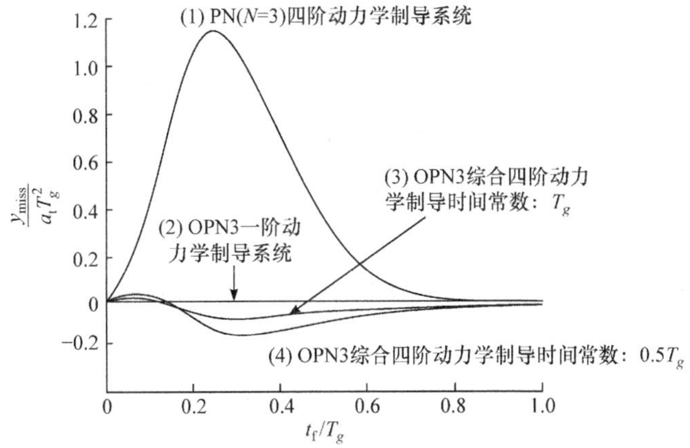

图 5-51　不同情况下无量纲脱靶量曲线

显然，目标常值机动 a_t 作用下，在考虑一阶制导动力学时，OPN3 最优，脱靶量为零。当将该制导律应用于两种工程实际可行的"二阶导引头 + 二阶驾驶仪"动力学制导系统时，其脱靶量收敛时间都可由比例导引时的 $t_f / T_g > 10$ 缩小为 $t_f / T_g > 7$ ，又因为补

偿了目标机动过载，从而保证了制导末端需用过载小，在同样 t_f/T_g 下脱靶量更小。

1. 目标机动过载的估计问题

当主动雷达导引头在中重频和低重频模式工作时，都具备测量弹目相对距离 ΔR 的功能。目标在惯性空间的方向角 q 可由惯导输出的导弹姿态角 φ、导引头框架角 ϕ 和波束测角误差 ε 相加获得(图 5-52)。

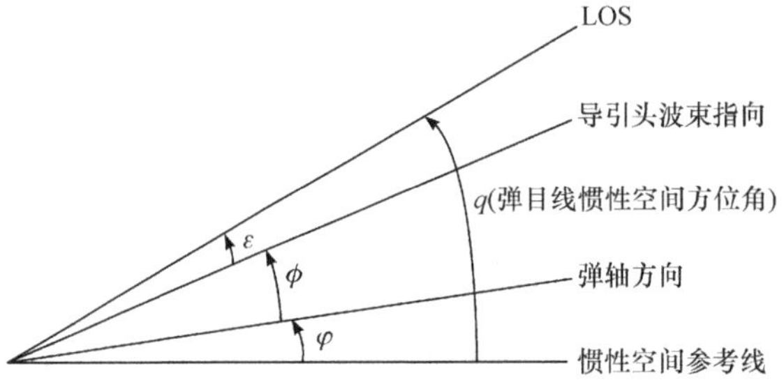

图 5-52　导引头量测角度定义

在已知弹目线方向及弹目相对距离 ΔR 的情况下(可知三维空间中的弹目相对距离矢量 $\Delta\boldsymbol{R}$)，由导弹组合导航系统提供的导弹在惯性空间的位置矢量 $\boldsymbol{R}_m$ 及导引头测得的 $\Delta\boldsymbol{R}$ 推出目标在惯性空间的位置矢量 $\boldsymbol{R}_t=\boldsymbol{R}_m+\Delta\boldsymbol{R}$ (图 5-53)。

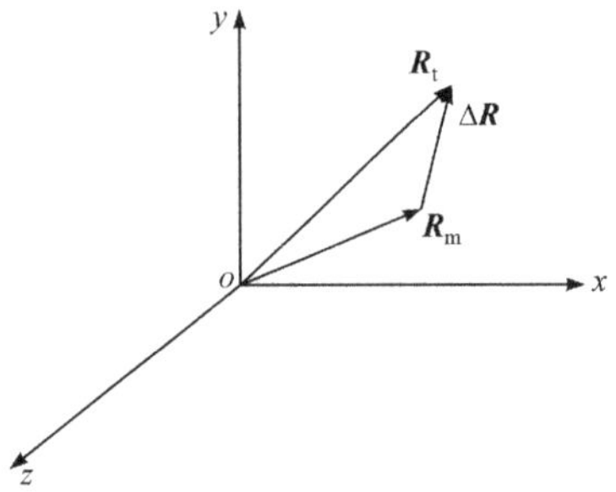

图 5-53　目标在惯性空间的位置矢量 $\boldsymbol{R}_t$ 关系图

很明显，由测得的目标在惯性空间的位置矢量 $\boldsymbol{R}_t(t)$ 采用卡尔曼滤波即可对目标的机动过载 $\boldsymbol{a}(t)$ 进行估计。当导引头工作在中重频模式时，导弹不仅可测量弹目距离，还可测量弹目径向相对速度，这一附加信息的合理应用可进一步提高导弹对目标机动过载的卡尔曼滤波估计精度。

随着雷达导引头测速、测距精度的提高，导弹实时估计目标机动过载将变得可行，因此前述带目标机动修正的比例导引律今后将会逐渐应用于工程实际。

2. 扩展比例导引律的实际工程价值及制导律中 t_{go} 的估计问题

(1) 比例导引及其扩展形式都是在线性化、系数固定、小扰动假设下推导出的，而实际系统存在着时变、非线性和扰动大等因素，其模型与最优推导模型有不小差距。但线性化系数固定，小扰动假设下推导的制导律对相应的制导目的(如命中目标、目标机动补偿、落角控制等)都有相应可测的闭环反馈项，故其作为制导律完全可以容忍控制误差，完成相应的任务。比例导引对控制付出的极小化要求虽然不能绝对保证，但相应实际的控制付出会较合理。也就是说，这些制导律理论推导用的模型虽然很简单，但其结果实际上有很强的鲁棒性，完全可以容忍实际工程系统模型的变化。

(2) 扩展比例导引律中与 t_{go} 有关的状态反馈系数随弹目距离缩小将逐渐增大，直到

$t_{go} \to \infty$ 时，上述有关系数将趋于无穷。在实际应用时，由于制导律的鲁棒性对扩展比例导引律中所需的 t_{go} 的估计精度要求并不是特别高，一般用导引头测得的弹目距除以当前弹速近似即可。

(3) 当 t_{go} 小到计算的过载指令接近导弹过载能力时，即可取其为常值，不必再继续减小。

5.3.4　带落角约束的比例导引律

一般空地导弹在攻击固定目标时常常有大落角需求，为此，有必要在此时采用带落角约束的比例导引律。设导弹飞行速度 V_m 为常值，目标无机动，a_c 为过载驾驶仪指令，由于忽略制导动力学，故有导弹横向过载 $a_m = a_c$，解决此问题采用的状态方程为

$$\begin{cases}\dot{y} = V_r \\ \dot{V}_r = -a_c\end{cases} \tag{5-48}$$

状态量 y 为垂直于弹目线方向的弹目相对距离，V_r 为垂直于弹目线方向的相对速度 ($V_r = V_t - V_m$)，V_m 为垂直于弹目线方向的导弹速度(图 5-54)。设 $V_t = 0$ 时，$V_r = -V_m$。

假设在小扰动条件下，且 $V_{target} = 0$ 时，有 $V_r = V_{missile} + V_{target} = V_{missile}$，由图 5-54 的几何关系得

$$\theta = \frac{V_m}{V_{missile}} = \frac{-V}{V_r} \tag{5-49}$$

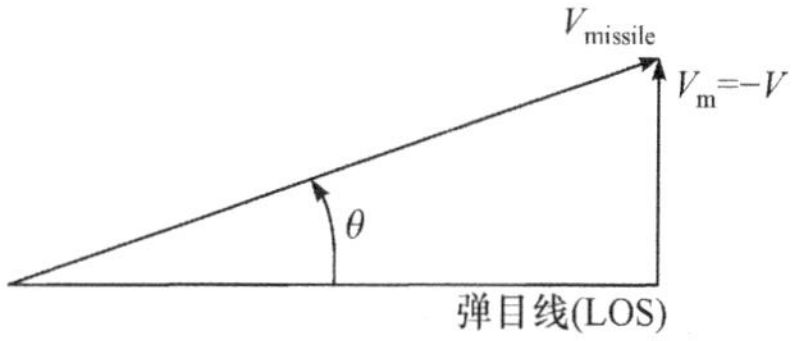

图 5-54　V 与 θ 关系图

从而，可用期望 $V_r^*(t_f)$ 来达到期望落角 θ_f：

$$\theta_f = \frac{-V_r^*(t_f)}{V_r} \tag{5-50}$$

取最优导引律推导用目标函数为

$$\mathrm{Min}J = \min\left[S_1\frac{y(t_f)^2}{2} + S_2\frac{\left[V_r(t_f) - V_r^*(t_f)\right]^2}{2} + \frac{1}{2}\int_0^{t_f} a_c^2(t)\mathrm{d}t\right] \tag{5-51}$$

式中，$V_r^*(t_f)$ 为期望 V_r 终值；t_f 为末制导时间；$\phi_1(t_f) = S_1\dfrac{y(t_f)^2}{2}$ 为 t_f 时刻脱靶量的罚函数；$\phi_2(t_f) = S_2\dfrac{\left[V(t_f) - V^*(t_f)\right]^2}{2}$ 为 t_f 时刻垂直弹目线的落速控制误差罚函数；S_1、S_2 为权重。当 S_1 趋于 ∞ 时，脱靶量为零；当 S_2 趋于 ∞ 时，相对速度 $V_r(t_f)$ 达到期望值 $V_r^*(t_f)$，即末端落角为期望落角 $\theta_f\left(\theta_f = -\dfrac{V_r^*(t_f)}{V_r}\right)$。

目标函数中，积分项代表在所要求的 t_f 时间间隔内导弹过载平方积分最小，即力图以最小控制代价命中目标并获得期望落角。

解上述最优问题可得无制导动力学系统时的最优控制解为

$$a_c = -\frac{1}{t_{go}}\left[6y + 4t_{go}V_r + 2t_{go}V_r^*(t_f)\right] \tag{5-52}$$

式中，t_{go} 为剩余飞行时间。

由于导引头可测量弹目视线角速度，这样可把原最优导引律的 y 及 $\dot{y}$ 反馈变换为弹目实现角速率 $\dot{q}$ 反馈。在小扰动条件下，弹目视线角 q 为

$$q = \frac{y(t)}{V_r \cdot (t_f - t)} \tag{5-53}$$

将 q 对时间求导有

$$\dot{q} = \frac{y(t)}{V_r \cdot (t_f - t)^2} + \frac{V(t)}{V_r \cdot (t_f - t)} \tag{5-54}$$

对上述制导律进行变化可得

$$a_c(t) = 4V_r\left[\frac{y(t) + V_r(t)t_{go}}{V_r t_{go}^2}\right] + \frac{2V_r}{t_{go}}\left[\frac{y(t)}{V_r t_{go}} + \frac{V_r^*(t_f)}{V_r}\right] \tag{5-55}$$

代入 q 及 $\dot{q}$ 表达式和 $V_r^*(t_f) = -V_r\theta_f$ 关系可得带落角约束的比例导引律的更实用的形式为

$$a(t) = 4V_r\dot{q}(t) + \frac{2V_r}{t_{go}}\left[q(t) - \theta_f\right] \tag{5-56}$$

由式(5-56)可知，带落角约束的比例导引律由两部分组成，即确保命中目标的比例导引 $\dot{q}(t)$ 反馈项 $4V_r\dot{q}(t)$ 和满足命中落角约束的 $q(t)-\theta_f$ 反馈项 $2V_r\left[q(t)-\theta_f\right]/t_{go}$。

应当指出的是，尽管上述制导律是在小扰动假设下推导出的，但其结果是一种同时具有脱靶量反馈($\dot{q}$ 反馈)及落角控制反馈($q(t)-\theta_f$ 反馈)的制导律，故可将此制导律用于同时要求命中目标及落角控制的非线性系统。但此时绝对的最优已不能保证，而且也不再是完成任务的必然目的了。

工程应用中可采用更为一般的带比例导引项权系数 N_y 和落角约束项权系数 N_q 的弹道成型制导律：

$$a_c(t) = N_y V_r \dot{q}(t) + N_q V_r\left(q(t) - \theta_f\right)/t_{go} \tag{5-57}$$

式中，权系数 N_y 和 N_q 可用于调整落点约束和落角约束之间付出过载大小的比例。一般系统对满足落点约束的要求较高，而对满足落角约束的要求较低。在实际应用中，用户可根据具体需求适当调整 N_y 和 N_q 之间的关系，以达到命中目标精度和落角控制精度间的权衡。

思　考　题

5.1　什么假设条件下比例导引法是最优导引律？

5.2　不同约束条件下比例导引法的最优比例系数如何确定？

5.3　实现大落角约束，采用带落角约束比例导引律和带重力补偿比例导引律有什么区别？

5.4　制导律中的 t_{go} 如何估计？

5.5　寻的导弹制导精度和哪些因素有关系？

参 考 文 献

[1] 祁载康. 战术导弹制导控制系统设计[M]. 北京：中国宇航出版社, 2018.

[2] 程国采. 弹道导弹制导方法与最优控制[M]. 长沙：国防科技大学出版社, 1987.

[3] 程国采. 战术导弹导引方法[M]. 北京：国防工业出版社, 1996.

[4] 王明光. 空地导弹制导控制系统设计[上][M]. 北京：中国宇航出版社, 2019.

[5] GEORGE M S. 导弹制导与控制系统[M]. 张天光, 王丽霞, 宋振锋, 等, 译. 北京：国防工业出版社, 2010.

第 6 章

视线制导

视线制导，是指在远距离上向导弹发出导引信息，将导弹引向目标或预定区域的一种制导技术。视线制导系统分很多类型，但其制导原理都是令目标跟踪装置分别与导弹和目标构成的视线在制导过程中保持某种关系[1]。

6.1　视线制导组成及原理

目前，视线制导分两大类，一类是遥控指令制导(图 6-1(a))，另一类是驾束制导(图 6-1(b))。视线制导系统的主要组成部分是目标(导弹)观测跟踪装置、导引指令形成装置(计算机)、弹上控制系统(自动驾驶仪)和导引指令发射装置[2]。

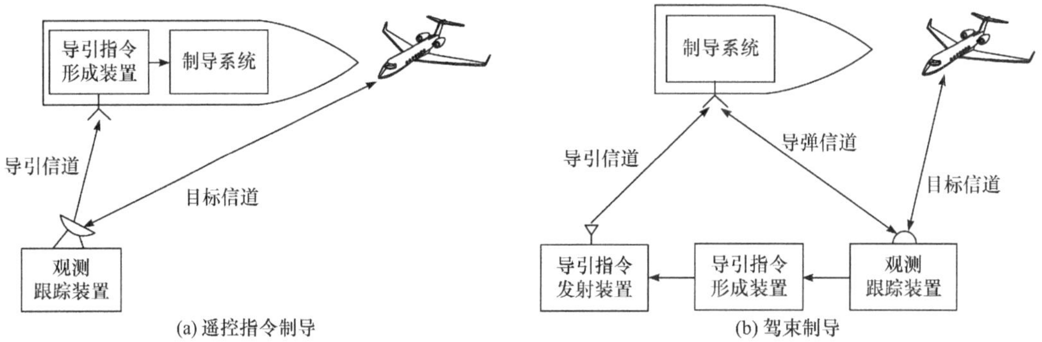

图 6-1　视线制导示意图

本章首先说明遥控指令制导中采用的导引方法(导引规律)，其次叙述这两类视线制导系统中的观测跟踪装置，再次分别讨论两类视线制导系统中的其他导引装置，最后讨论有关制导回路和制导精度等问题[3]。

在导弹遥控制导中，制导设备必须根据每瞬时导弹的实际飞行弹道与要求弹道间的位置偏差，形成导引指令，以正确、平稳地控制导弹飞向目标或预定区域。那么，要求的弹道是如何确定的呢？所谓要求的弹道，即理想弹道，是根据目标、导弹的位置和运动参数，以及预先确定的导弹、目标间的运动学关系来确定的。其中，每瞬间目标、导弹的位置和运动参数，由观测跟踪装置测得，导弹、目标间的运动学关系则由选定的导引方法决定。因此，导引方法就是使导弹按预先选定的运动学关系(或规律)飞向目标的方法。这里所说的运动学关系，一般指导弹、目标在同一坐标系中的位置关系或相对运动关系。

遥控制导系统中，在雷达测量坐标系内确定导弹、目标间的运动学关系。为简化讨论，设导弹、目标只在铅垂平面内运动。例如，某瞬时导弹、目标分别位于M、T点，如图 6-2 所示，由ΔOMT可得导弹、目标位置的几何关系：

$$\frac{\Delta R}{\sin(\varepsilon_T-\varepsilon)}=a_\varepsilon \tag{6-1}$$

式中，$\Delta R\approx R_T-R$为目标、导弹的斜距差；a_ε为垂直平面(高低角平面)内，人为指定的导引方法系数，是时间的函数。观测跟踪设备对目标、导弹同时精确跟踪的视场范围不能太大，否则将减少导弹、目标运动的相关性。因此，一般取$|\varepsilon-\varepsilon_T|<5°$，于是式(6-1)近似为

$$\frac{\Delta R}{\varepsilon_T-\varepsilon}=a_\varepsilon \tag{6-2}$$

如图 6-2 所示，可得方位角平面内导弹、目标运动的几何关系为

$$\frac{\Delta R}{\beta_T-\beta}=a_\beta \tag{6-3}$$

由式(6-2)和式(6-3)得

$$\left.\begin{aligned}\varepsilon&=\varepsilon_T-A_\varepsilon\Delta R\\ \beta&=\beta_T-A_\beta\Delta R\end{aligned}\right\} \tag{6-4}$$

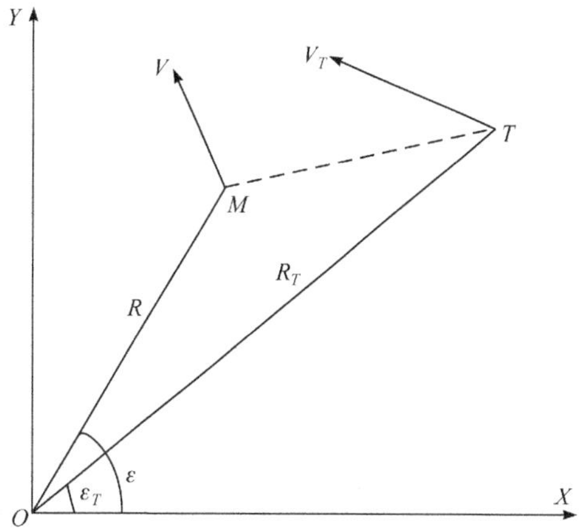

图 6-2　遥控制导时导弹、目标运动学关系(铅垂平面内)

式(6-4)确定了每时刻导弹、目标角坐标的关系，它被称为遥控导引方程。式中各符号的意义：ε_T、β_T分别为跟踪装置测得的目标高低角、方位角；ε、β分别为导引方法要求的导弹高低角、方位角；$A_\varepsilon=\dfrac{1}{a_\varepsilon}$、$A_\beta=\dfrac{1}{a_\beta}$分别为高低角平面、方位角平面由导引方法确定的系数，是时间的函数；ΔR为跟踪装置测得导弹、目标的斜距差。

因此，选定了导引系数A_ε、A_β后，导弹每时刻的角位置便可确定。

根据导引系数的不同，遥控制导时的导引方法可分为三点法(目标覆盖法)和前置量法。制导系统工作时，可根据目标的运动特性、环境和制导设备的性能，以及使用要求，选用不同的导引方法。对导引方法的一般要求如下：

(1) 导弹在整个飞行段，特别是在遭遇点区域内，理想弹道的曲率应尽量小；

(2) 导弹的运动应对目标运动参数，特别是该运动参数的变化(目标机动)不敏感；

(3) 导弹杀伤目标的区域尽量大；

(4) 使用的制导设备应尽可能简单、可靠。

下面讨论遥控制导时的导引方法。

6.2 三点法导引

视线制导与自动瞄准导引的不同点在于导弹和目标的运动参数都由制导站来测量。在研究遥控弹道时，既要考虑导弹相对于目标的运动，还要考虑制导站运动对导弹运动的影响。制导站可以是活动的，如发射空-空导弹的载机，也可以是固定不动的，如设在地面的地-空导弹的遥控制导站[4]。

6.2.1 三点法导引关系式

三点法导引是指导弹在攻击目标过程中始终位于目标和制导站的连线上。如果观察者从制导站上看，则目标和导弹的影像彼此重合。因此，三点法又称目标覆盖法(图 6-3)。由于导弹始终处于目标和制导站的连线上，故导弹与制导站连线的高低角 ε 和目标与制导站连线的高低角 ε_T 必须相等。因此，三点法的导引关系为

$$\varepsilon = \varepsilon_T \tag{6-5}$$

在技术上实施三点法比较容易。例如，可以用一根雷达波束跟踪目标，同时又控制导弹，使导弹在波束中心线上运动。如果导弹偏离了波束中心线，则制导系统将发出指令控制导弹回到波束中心线上。

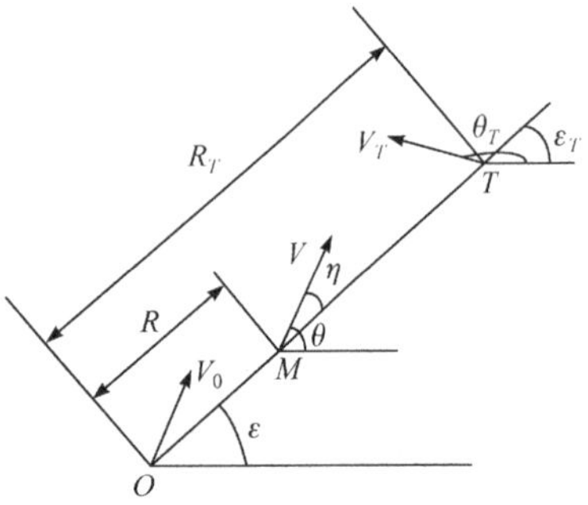

图 6-3　三点法

用作图法可得使用三点法时导弹的理想弹道。设目标在铅垂平面内等速水平直线飞行，控制站在 O 点。当目标位于 T_0 时发射导弹，此后导弹以速度 V 等速飞行。在目标航迹上以 Δt 间隔飞行的路程依次截取 T_1、T_2……点。从 O 分别向 T_0、T_1、T_2……连线。先以 $V\Delta t$ 为半径，O 为圆心作弧，交 OT_1 于 M_1，然后以 M_1 为圆心，以 $V\Delta t$ 为半径作弧，交 OT_2 于 M_2……依次做下去，可得 M_3、M_4……。将 OM_1M_2……用平滑的曲线连接起来，该曲线便是三点法导引时导弹的理想弹道，如图 6-4(a)。

当目标机动飞行时，如图 6-4(b)，用上述同样的方法，可得三点法导引时导弹的理想弹道，比图 6-4(a)更弯曲。当目标静止，用三点法导引时导弹的理想弹道为一条直线。

由上面分析可知，按三点法导引时，导弹的理想弹道一般是弯曲的。这样，为使弹道沿理想弹道飞行，每时每刻导弹都必须给出相应的法向加速度。由于导弹法向加速度是靠其横向气动控制力或推力矢量的法向分量获得的。因此，理想弹道的弯曲必对制导系统的工作产生影响。为此，必须讨论导弹沿理想弹道飞行时所需要的法向加速度。

6.2.2 相对运动学方程组

在讨论三点法弹道特性前，首先要建立三点法导引的相对运动学方程组。以地-空导

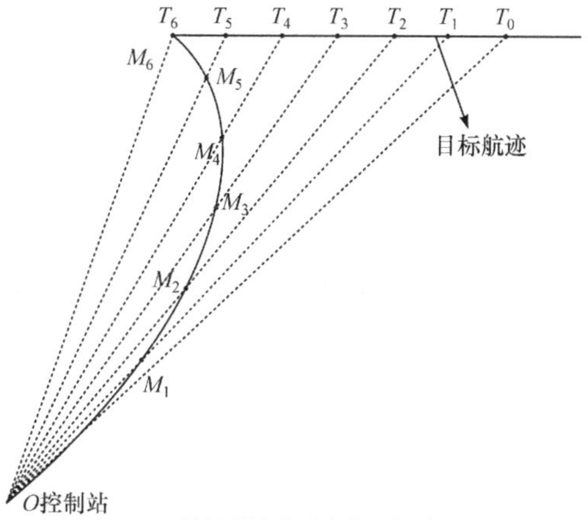

(a) 目标等速水平直线飞行时

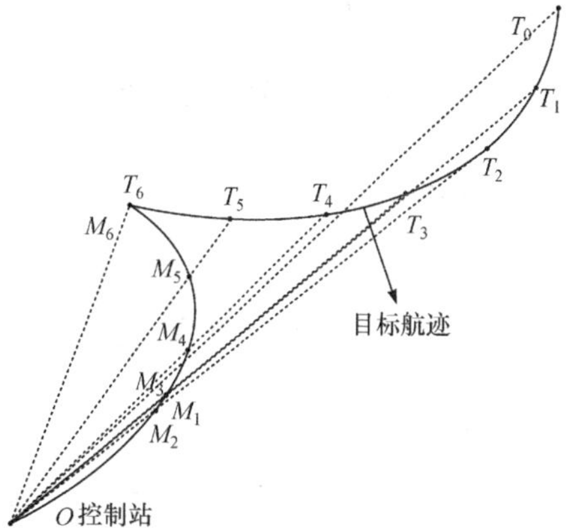

(b)目标机动飞行时

图 6-4 三点法导引时导弹的理想弹道(ε 平面内)

弹为例，设导弹在铅垂平面内飞行，制导站固定不动，参见图 6-3。三点法导引的相对运动学方程组为

$$\left.\begin{aligned}&\frac{\mathrm{d}R}{\mathrm{d}t}=V\cos\eta\\&R\frac{\mathrm{d}\varepsilon}{\mathrm{d}t}=-V\sin\eta\\&\varepsilon=\theta+\eta\\&\frac{\mathrm{d}R_T}{\mathrm{d}t}=V_T\cos\eta_T\\&R_T\frac{\mathrm{d}\varepsilon_T}{\mathrm{d}t}=-V_T\sin\eta_T\\&\varepsilon_T=\theta_T+\eta_T\\&\varepsilon=\varepsilon_T\end{aligned}\right\}\tag{6-6}$$

方程组(6-6)中，目标运动参数 V_T、θ_T 及导弹速度 V 的变化规律是已知的。方程组的求解可用数值积分法、图解法和解析法。在应用数值积分法解算方程组时，可先积分方程组中的第四~六式，求出目标运动参数 R_T、ε_T。然后积分其余方程，解出导弹运动参数 R、ε、η、θ 等；在特定情况(目标水平等速直线飞行，导弹速度大小不变)下，可用解析法求出方程组(6-6)的解为(推导过程从略)

$$\left.\begin{aligned}&y=\sqrt{\sin\theta}\left\{\frac{y_0}{\sqrt{\sin\theta_0}}+\frac{pH}{2}\left[F(\theta_0)-F(\theta)\right]\right\}\\&\cot\varepsilon=\cot\theta+\frac{y}{pH\sin\theta}\\&R=\frac{y}{\sin\varepsilon}\end{aligned}\right\}\tag{6-7}$$

式中，y_0、θ_0分别为导引开始的导弹飞行高度和弹道倾角；H为目标飞行高度(图 6-5)；$F(\theta_0)$、$F(\theta)$为椭圆函数，计算公式为$F(\theta)=\int_{\theta}^{\frac{\pi}{2}}\frac{\mathrm{d}\theta}{\sin^{3/2}\theta}$。

6.2.3 导弹转弯速率

如果已知导弹的转弯速率，就可获得需用法向过载在弹道各点的变化规律。因此，从研究导弹的转弯速率$\dot{\theta}$入手，分析三点法导引时的弹道特性。

1. 目标水平等速直线飞行，导弹速度为常值的情况

设目标作水平等速直线飞行，飞行高度为H，导弹在铅垂平面内迎面拦截目标，如图 6-5 所示。在这种情况下，将相对运动学方程组(6-6)中的第三式代入第二式，得到

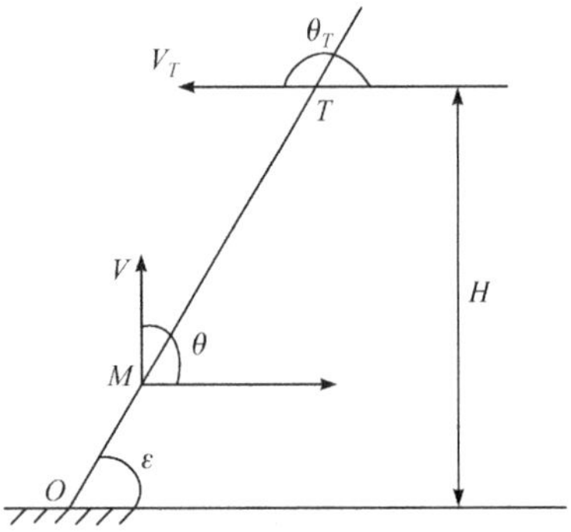

图 6-5 目标水平等速直线飞行

$$R\frac{\mathrm{d}\varepsilon}{\mathrm{d}t}=V\sin(\theta-\varepsilon) \tag{6-8}$$

求导得

$$\dot{R}\dot{\varepsilon}+R\ddot{\varepsilon}=V(\dot{\theta}-\dot{\varepsilon})\cos(\theta-\varepsilon) \tag{6-9}$$

将方程组(6-6)中的第一式代入式(6-9)，整理后得

$$\dot{\theta}=2\dot{\varepsilon}+\frac{R}{\dot{R}}\ddot{\varepsilon} \tag{6-10}$$

式(6-10)中的$\dot{\varepsilon}$、$\ddot{\varepsilon}$可用已知量V_T、H来表示。根据导引关系$\varepsilon=\varepsilon_T$，易知$\dot{\varepsilon}=\dot{\varepsilon}_T$。考虑到$H=R_T\sin\varepsilon_T$，有

$$\dot{\varepsilon}=\dot{\varepsilon}_T=\frac{V_T}{R_T}\sin\varepsilon_T=\frac{V_T}{H}\sin^2\varepsilon_T \tag{6-11}$$

对时间求导，得

$$\ddot{\varepsilon}=\frac{V_T\dot{\varepsilon}_T}{H}\sin(2\varepsilon_T) \tag{6-12}$$

而

$$\dot{R}=V\cos\eta=V\sqrt{1-\sin^2\eta}=V\sqrt{1-\left(\frac{R\dot{\varepsilon}}{V}\right)^2} \tag{6-13}$$

将式(6-11)～式(6-13)代入式(6-10)，经整理后得

$$\dot{\theta}=\frac{V_T}{H}\sin^2\varepsilon_T\left[2+\frac{R\sin(2\varepsilon_T)}{\sqrt{p^2H^2-R^2\sin^4\varepsilon_T}}\right] \tag{6-14}$$

式(6-14)表明，在已知V_T、H的情况下，导弹按三点法飞行所需要的$\dot{\theta}$完全取决于导弹所处的位置R和ε_T。在已知目标航迹和速度比p的情况下，$\dot{\theta}$是导弹矢径R与高低角ε的函数。假如给定$\dot{\theta}$为某一常值，则由式(6-14)得到一个只包含ε_T(或ε)与R的

关系式：

$$f = (\varepsilon, R) = 0 \tag{6-15}$$

式(6-15)在极坐标系 (ε, R) 中表示一条曲线。在这条曲线上，弹道的 $\dot{\theta} = \dot{\theta}_1 =$ 常数，而在速度 V 为常值的情况下，该曲线上各点的法向加速度 a_n 也是常值。因此，称这条曲线为等法向加速度曲线或等 $\dot{\theta}$ 曲线。如果给出一系列的 $\dot{\theta}$ 值，就可以在极坐标系中画出相应的等法向加速度曲线簇，如图 6-6 中实线所示。

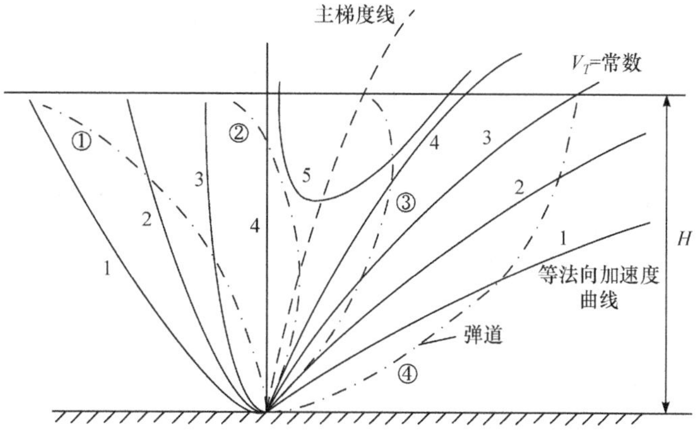

图 6-6　三点法弹道与等法向加速度曲线

图 6-6 中序号 1、2、3……表示曲线具有不同的 $\dot{\theta}$ 值，且 $\dot{\theta}_1 < \dot{\theta}_2 < \dot{\theta}_3$……或 $a_{n1} < a_{n2} < a_{n3} <$……。图中虚线是等法向加速度曲线最低点的连线，它表示法向加速度的变化趋势。沿这条虚线越往上，法向加速度值越大，称这条虚线为主梯度线。

等法向加速度曲线是在已知 V_T、H、p 值下画出来的。当另给一组 V_T、H、p 值时，得到的将是与之对应的另一簇等法向加速度曲线，而曲线的形状是类似的。

把各种不同初始条件(ε_0, R_0)下的弹道，画在相应的等法向加速度曲线图上，如图 6-6 中的点划线所示。可以发现，所有的弹道按其相对于主梯度线的位置可以分成三组：一组在其右，一组在其左，剩下一组则与主梯度线相交。在主梯度线左边的弹道(图 6-6 中的弹道①)，首先与 $\dot{\theta}$ 较大的等法向加速度曲线相交，然后与 $\dot{\theta}$ 较小的等法向加速度曲线相交，此时弹道的法向加速度随矢径 R 增大而递减，在发射点的法向加速度最大，命中点的法向加速度最小。初始发射的高低角 $\varepsilon_0 \geqslant \pi/2$。从式(6-14)可以求出弹道上的最大法向加速度(发生在导引弹道的始端)：

$$a_{n\max} = \frac{2VV_T \sin^2 \varepsilon_0}{H} = 2V\dot{\varepsilon}_0 \tag{6-16}$$

式中，$\dot{\varepsilon}_0$ 表示按三点法导引初始高低角的角速度，其绝对值与目标速度成正比，与目标飞行高度成反比。当目标速度与高度为定值时，$\dot{\varepsilon}_0$ 的值取决于矢径的高低角。导弹越接近正顶上空时，$\dot{\varepsilon}_0$ 的值越大。因此，这一组弹道中，最大的法向加速度发生在初始高低角 $\varepsilon_0 = \pi/2$ 时，即

$$\left(a_{\text{nmax}}\right)_{\max}=\frac{2VV_T}{H} \tag{6-17}$$

这种情况相当于目标飞临正顶上空时才发射导弹。

上面讨论的这组弹道对应于尾追攻击的情况。

在主梯度线右边的弹道(图 6-6 中的弹道③、④)，首先与 $\dot{\theta}$ 较小的等法向加速度曲线相交，然后与 $\dot{\theta}$ 较大的等法向加速度曲线相交。此时弹道的法向加速度随矢径 R 增大而增大，在命中点法向加速度最大。弹道各点的高低角 $\varepsilon<\pi/2$ ，$\sin 2\varepsilon>0$ 。由式(6-14)得到命中点的法向加速度为

$$a_{\text{nmax}}=\frac{VV_T}{H}\sin^2\varepsilon_f\left(2+\frac{R_f\sin 2\varepsilon_f}{\sqrt{p^2H^2-R_f^2\sin^4\varepsilon_f}}\right) \tag{6-18}$$

式中，ε_f、R_f 为命中点的高低角和矢径。这组弹道相当于迎击的情况，即目标尚未飞到制导站正顶上空时，便将其击落。在这组弹道中，末段都比较弯曲。其中，以弹道③的法向加速度为最大，它与主梯度线正好在命中点相会。与主梯度线相交的弹道(图 6-6 弹道②)，介于以上两组弹道之间，最大法向加速度出现在弹道中段的某一点上。这组弹道的法向加速度沿弹道非单调地变化。

2. 目标机动飞行对 $\dot{\theta}$ 的影响

实战中，目标为了逃脱对它的攻击，要不断作机动飞行，而且导弹飞行速度在整个导引过程中往往变化比较大。因此，下面研究目标在铅垂平面内做机动飞行，导弹速度不是常值的情况下，导弹的转弯速率。将方程组(6-6)的第二、五式改写为

$$\sin(\theta-\varepsilon)=\frac{R}{V}\dot{\varepsilon} \tag{6-19}$$

$$\dot{\varepsilon}_T=\frac{V_T}{R_T}\sin(\theta_T-\varepsilon) \tag{6-20}$$

考虑到 $\dot{\varepsilon}=\dot{\varepsilon}_T$ ，于是由式(6-19)和式(6-20)得到

$$\sin(\theta-\varepsilon)=\frac{V_T}{V}\frac{R}{R_T}\sin(\theta_T-\varepsilon) \tag{6-21}$$

改写成

$$VR_T\sin(\theta-\varepsilon)=V_TR\sin(\theta_T-\varepsilon) \tag{6-22}$$

将式(6-22)两边对时间求导，有

$$\begin{aligned}&(\dot{\theta}-\dot{\varepsilon})VR_T\cos(\theta-\varepsilon)+\dot{V}R_T\sin(\theta-\varepsilon)+V\dot{R}_T\sin(\theta-\varepsilon)\\&=(\dot{\theta}_T-\dot{\varepsilon})V_TR\cos(\theta_T-\varepsilon)+\dot{V}_TR\sin(\theta_T-\varepsilon)+V_T\dot{R}\sin(\theta_T-\varepsilon)\end{aligned} \tag{6-23}$$

再将运动学关系式：

$$\cos(\theta-\varepsilon)=\frac{\dot{R}}{V}$$

$$\cos(\theta_T-\varepsilon)=\frac{\dot{R}_T}{V_T}$$

$$\sin(\theta-\varepsilon)=\frac{R\dot{\varepsilon}}{V}$$

$$\sin(\theta_T-\varepsilon)=\frac{R_T\dot{\varepsilon}_T}{V_T}$$

整理后得

$$\dot{\theta}=\frac{R\dot{R}_T}{R_T\dot{R}}\dot{\theta}_T+\left(2-\frac{2R\dot{R}_T}{R_T\dot{R}}-\frac{R\dot{V}}{\dot{R}V}\right)\dot{\varepsilon}+\frac{\dot{V}_T}{V_T}\tan(\theta-\varepsilon) \tag{6-24}$$

或者

$$\dot{\theta}=\frac{R\dot{R}_T}{R_T\dot{R}}\dot{\theta}_T+\left(2-\frac{2R\dot{R}_T}{R_T\dot{R}}-\frac{R\dot{V}}{\dot{R}V}\right)\dot{\varepsilon}_T+\frac{\dot{V}_T}{V_T}\tan(\theta-\varepsilon_T) \tag{6-25}$$

当命中目标时，有 $R=R_T$，此时导弹的转弯速率 $\dot{\theta}_f$ 为

$$\dot{\theta}_f=\left[\frac{\dot{R}_T}{\dot{R}}\dot{\theta}_T+\left(2-\frac{2\dot{R}_T}{\dot{R}}-\frac{R\dot{V}}{\dot{R}V}\right)\dot{\varepsilon}_T+\frac{\dot{V}_T}{V_T}\tan(\theta-\varepsilon_T)\right]_{t=t_f} \tag{6-26}$$

由此可以看出，导弹按三点法导引时，弹道受目标机动($\dot{V}_T$、$\dot{\theta}_T$)的影响很大，尤其在命中点附近将造成相当大的导引误差。

6.2.4　攻击禁区

攻击禁区是指在此区域内导弹的需用法向过载将超过可用法向过载，导弹无法沿要求的导引弹道飞行，因而不能命中目标。

影响导弹攻击目标的因素很多，其中导弹的法向过载是基本因素之一。如果导弹的需用过载超过了可用过载，导弹就不能沿理想弹道飞行，从而大大减小其击毁目标的可能性，甚至不能击毁目标。下面以地-空导弹为例，讨论按三点法导引时的攻击禁区。

如果已知导弹的可用法向过载，就可以算出相应的法向加速度 a_n 或转弯速率 $\dot{\theta}$。然后按式(6-14)，在已知 $\dot{\theta}$ 的条件下，求出各组对应的 ε 和 R 值，作出等法向加速度曲线，如图 6-7 所示。如果由导弹可用过载决定的等法向加速度曲线为曲线 2，设目标航迹与该曲线在 D、F 两点相交，则存在由法向加速度决定的攻击禁区，即图 6-7 中的阴影部分。现在来考察阴影区边界外的两条弹道：一条为 OD，与阴影区交于 D 点；另一条为 OC，与阴影区相切于 C 点。于是，攻击平面被这两条弹道分割成Ⅰ、Ⅱ、Ⅲ三个部分。可以看出，位于Ⅰ、Ⅲ区域内的任一条弹道，都不会与曲线 2 相交，即理想弹道所要求的法向加速度值都小于导弹可用法向加速度值，此区域称为有效发射区。位于Ⅱ区域内的任一条弹道，在命中目标之前，必然要与等法向加速度曲线相交，这表示需用法向过载将超过可用法向过载。因此，应禁止导弹进入阴影区。把通过 C、D 两点的弹道

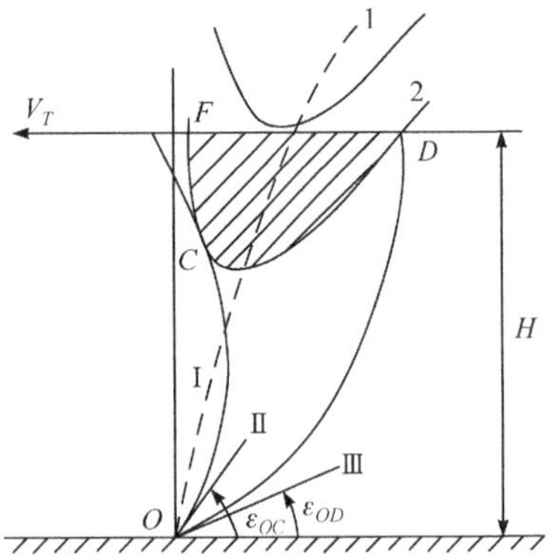

图 6-7 由可用法向过载决定的攻击禁区

称为极限弹道。显然，应当这样来选择初始发射角 ε_0，使它比 OC 弹道所要求的大或者比 OD 弹道所要求的小。如果用 ε_{OC}、ε_{OD} 分别表示 OC 、OD 两条弹道的初始高低角，则应有

$$\varepsilon_0 \leqslant \varepsilon_{OD} \tag{6-27}$$

或

$$\varepsilon_0 \geqslant \varepsilon_{OC} \tag{6-28}$$

但是，对于地-空导弹来说，为了阻止目标进入阴影区，总是尽可能迎击目标，所以这时就要选择小于 ε_{OD} 的初始发射高低角，即

$$\varepsilon_0 \geqslant \varepsilon_{OC} \tag{6-29}$$

以上讨论的是等法向加速度曲线与目标航迹相交的情况。如果 a_{nP} 值相当大，它与目标航迹不相交(图 6-7 中曲线 1)，这说明以任何一个初始高低角发射，弹道各点的需用法向过载都将小于可用法向过载。从过载角度上说，这种情况下就不存在攻击禁区。

6.2.5 三点法导引的优缺点

三点法最显著的优点就是技术实施简单、抗干扰性能好。但它也存在明显的缺点。

1. 弹道比较弯曲

当迎击目标时，越接近目标，弹道越弯曲，且命中点的需用法向过载较大。这对攻击高空目标非常不利，因为随着高度增加，空气密度迅速减小，由空气动力所提供的法向力也大大下降，使导弹的可用过载减小。这样，在接近目标时，可能出现导弹的可用法向过载小于需用法向过载的情况，从而导致脱靶。

2. 动态误差难以补偿

动态误差是指制导系统在过渡响应过程中复现输入时的误差。由于目标机动、外界干扰及制导系统的惯性等影响，制导回路很难达到稳定状态，因此导弹实际上不可能严格地沿理想弹道飞行，即存在动态误差，而且理想弹道越弯曲，相应的动态误差就越大。为了消除误差，必须在指令信号中加入补偿信号，这需要测量目标机动时的位置坐标及其一阶导数和二阶导数。来自目标的反射信号有起伏误差，以及接收机存在干扰等原因，使得制导站测量的坐标不准确；如果再引入坐标的一阶导数、二阶导数，就会出现更大的误差，致使形成的补偿信号不准确，甚至很难形成。因此，对于三点法导引，由目标机动引起的动态误差难以补偿，往往会形成偏离波束中心线十几米的动态误差。

3. 弹道下沉现象

按三点法导引迎击地空目标时，导弹的发射角很小，导弹离轨时的飞行速度也很

小，操纵舵面产生的法向力也较小，因此，导弹离轨后可能会出现下沉现象。若导弹下沉太大，则有可能碰到地面。为了克服这一缺点，某些地-空导弹采用了小高度三点法，其目的主要是提高初始段弹道高度。小高度三点法是指在三点法的基础上，加入一项前置偏差量，其导引关系式为

$$\varepsilon = \varepsilon_T + \Delta\varepsilon \tag{6-30}$$

式中，$\Delta\varepsilon$ 为前置偏差量，随时间衰减，当导弹接近目标时，趋于零，具体表示形式为

$$\Delta\varepsilon = \frac{h_\varepsilon}{R}\mathrm{e}^{-\frac{t-t_0}{\tau}} \text{ 或 } \Delta\varepsilon = \Delta\varepsilon_0 \mathrm{e}^{-k\left(1-\frac{R}{R_T}\right)}$$

式中，h_ε、τ、k 在给定弹道上取为常值($k>0$)；t_0 为导弹进入波束时间；t 为导弹飞行时间。

6.2.6　三点法导引法向过载

考虑多数遥控式导弹采用直角坐标控制方法，因此，一般在观测跟踪器(或雷达)固连直角坐标系内研究导弹的法向加速度。观测跟踪器(或雷达)固连直角坐标系是一个随观测轴线(光轴)运动的活动直角坐标系。原点 O 取在观测站(控制站)；Ox 轴指向目标点 M，即目标视线方向(或观测跟踪器光轴方向)；Oy 轴位于 Ox 轴和地面固连直角坐标系 OY 轴决定的平面内，垂直 Ox 轴方向向上；Oz 轴在水平面内，垂直 xOy 平面，方向由右手定则确定，如图 6-8 所示。

下面分析按重合法导引时，导弹沿理想弹道飞行，所需的法向加速度 a_n 在观测跟踪器固连直角坐标系内各分量的表示式。为了简化符号，约定目标的角坐标和角运动参数一律省略下脚 t，即目标的方位角、高低角、方位角速度、高低角速度等分别用 β、ε、$\dot{\beta}$、$\dot{\varepsilon}$ 等表示。由于观测跟踪器固连直角坐标系 $Oxyz$ 的 Ox 轴时刻指向目标，并随目标运动，由导引关系式(6-30)可知，按重合法导引时，导弹始终应位于 Ox 轴上。如图 6-9 所示，设某时刻导弹位于点 D，其矢径为 r_d，速度矢量为 V_d。观测跟踪器测得目标的方

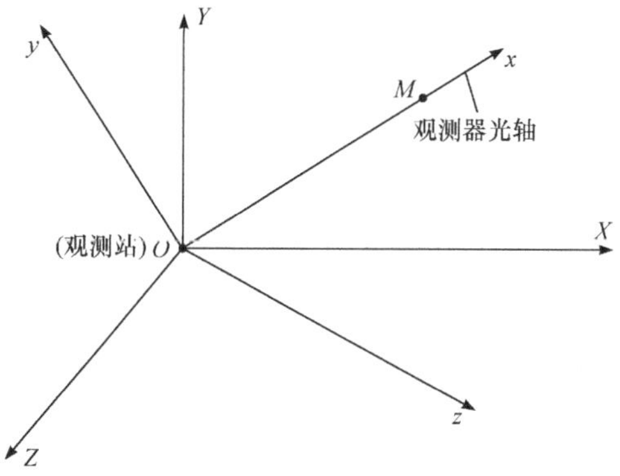

图 6-8　观测跟踪器固连直角坐标系

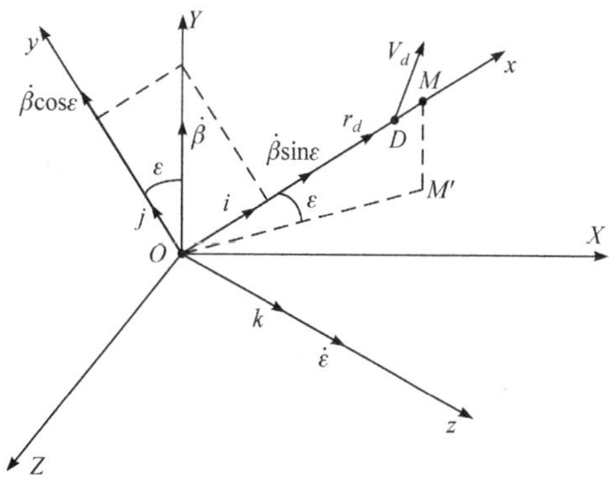

图 6-9　观测跟踪器固连直角坐标系内导弹法向加速度的分解

位角速度矢量 $\dot{\beta}$ 沿 OY 轴方向，目标的高低角速度 $\dot{\varepsilon}$ 沿 Oz 轴方向。令 $Oxyz$ 坐标轴上的单位矢量分别为 i 、 j 、 k ，则目标的角速度矢量 ω 为

$$\omega = \dot{\beta}\sin\varepsilon i + \dot{\beta}\cos\varepsilon j + \dot{\varepsilon}k \tag{6-31}$$

导弹的速度矢量 V_d 为

$$V_d = \dot{r}_d = \dot{r}_d i + r_d \dot{i}$$

由于

$$\dot{i} = \begin{vmatrix} i & j & k \\ \dot{\beta}\sin\varepsilon & \dot{\beta}\cos\varepsilon & \dot{\varepsilon} \\ 1 & 0 & 0 \end{vmatrix} = \dot{\varepsilon}j - \dot{\beta}\cos\varepsilon k \tag{6-32}$$

导弹的加速度矢量 a 为

$$a = \dot{V}_d = \ddot{r}_d i + \dot{r}_d \dot{i} + (2\dot{r}_d\dot{\varepsilon} + r_d\ddot{\varepsilon})j + r_d\dot{\varepsilon}\dot{j} - (2\dot{r}_d\dot{\beta}\cos\varepsilon + r_d\ddot{\beta}\cos\varepsilon - r_d\dot{\varepsilon}\dot{\beta}\sin\varepsilon)k - r_d\dot{\beta}\cos\varepsilon\dot{k}$$

仿照式(6-32)得

$$\dot{j} = \dot{\beta}\sin\varepsilon k - \dot{\varepsilon}i$$

$$\dot{k} = \dot{\beta}\cos\varepsilon i - \dot{\beta}\sin\varepsilon j$$

则 a 在观测跟踪器固连直角坐标系中的表示式为

$$\begin{aligned} a = & (\ddot{r}_d - r_d\dot{\varepsilon}^2 - r_d\dot{\beta}^2\cos^2\varepsilon)i + (2\dot{r}_d\dot{\varepsilon} + r_d\ddot{\varepsilon} + r_d\dot{\beta}^2\cos\varepsilon\sin\varepsilon)j \\ & -(2\dot{r}_d\dot{\beta}\cos\varepsilon + r_d\ddot{\beta}\cos\varepsilon - 2r_d\dot{\varepsilon}\dot{\beta}\sin\varepsilon)k \end{aligned} \tag{6-33}$$

设导弹切向加速度为 a_τ ， V_d 的单位矢量为 $\boldsymbol{V}_d^\circ$ ，则

$$a_\tau = \dot{V}_d\boldsymbol{V}_d^\circ = \dot{V}_d\frac{V_d}{V_d} = \frac{\dot{V}_d}{V_d}\dot{r}_d = \frac{\dot{V}_d}{V_d}(\dot{r}_d i + r_d\dot{i}) = \frac{\dot{V}_d}{V_d}(\dot{r}_d i + r_d\dot{\varepsilon}j - r_d\dot{\beta}\cos\varepsilon k) \tag{6-34}$$

设导弹的法向加速度为 a_{n} 则

$$a_{\mathrm{n}} = a - a_\tau$$

a_{n} 在观测跟踪器固连直角坐标系内的表达式由式(6-33)和式(6-34)得

$$\begin{aligned} a_{\mathrm{n}} = & \left(-\frac{\dot{V}_d}{V_d}\dot{r}_d + \ddot{r}_d - r_d\dot{\varepsilon}^2 - r_d\dot{\beta}^2\cos^2\varepsilon\right)i + \left[\left(2\dot{r}_d - \frac{\dot{V}_d}{V_d}r_d\right)\dot{\varepsilon}\right. \\ & \left. + r_d(\ddot{\varepsilon} + \dot{\beta}^2\cos\varepsilon\sin\varepsilon)\right]j - \left[\left(2\dot{r}_d - \frac{\dot{V}_d}{V_d}r_d\right)\dot{\beta}\cos\varepsilon\right. \\ & \left. + r_d(\ddot{\beta}\cos\varepsilon - 2\dot{\varepsilon}\dot{\beta}\sin\varepsilon)\right]k \end{aligned}$$

可见， a_{n} 在观测跟踪器固连直角坐标系 Oy 、 Oz 轴上的分量 a_{ny} 、 a_{nz} 分别为

$$\left.\begin{aligned} a_{\mathrm{ny}} &= \left(2\dot{r}_d - \frac{\dot{V}_d}{V_d}r_d\right)\dot{\varepsilon} + r_d(\ddot{\varepsilon} + \dot{\beta}^2\cos\varepsilon\sin\varepsilon) \\ a_{\mathrm{nz}} &= -\left(2\dot{r}_d - \frac{\dot{V}_d}{V_d}r_d\right)\dot{\beta}\cos\varepsilon - r_d(\ddot{\beta}\cos\varepsilon - 2\dot{\varepsilon}\dot{\beta}\sin\varepsilon) \end{aligned}\right\} \tag{6-35}$$

式中，$\dot{r}_d$、$\dot{V}_d$、ε、$\dot{\varepsilon}$、$\ddot{\varepsilon}$、$\dot{\beta}$、$\ddot{\beta}$可由观测跟踪器测得；r_d、V_d、$\dot{V}_d$可由导弹的射击统计资料得到。如果目标速度较低，则$\ddot{\varepsilon}$、$\ddot{\beta}$、$\dot{\beta}^2$、$\dot{\varepsilon}$、$\dot{\beta}$均很小，式(6-35)可近似为

$$\left.\begin{aligned} a_{ny} &\approx \left(2\dot{r}_d - \frac{\dot{V}_d}{V_d} r_d\right)\dot{\varepsilon} \\ a_{nz} &\approx -\left(2\dot{r}_d - \frac{\dot{V}_d}{V_d} r_d\right)\dot{\beta}\cos\varepsilon \end{aligned}\right\} \tag{6-36}$$

考虑对目标运动特性分析的结果，从式(6-36)可看出：

用三点法射击等速直线水平飞行的目标时，导弹越接近目标，需用的法向加速度越大，理想弹道越弯曲，这是因为目标的角速度逐渐增大。

用三点法迎面射击目标时，如目标的速度V_m、航路捷径P一定，在目标距控制站越远时发射导弹，则理想弹道越平直，导弹需用的法向加速度越小。因为此时$\dot{\varepsilon}$、$\dot{\beta}\cos\varepsilon$较小。

用三点法射击目标时，目标的航路捷径P、高度H一定时，目标速度越大，导弹需用的法向加速度越大。因为目标速度增大，则角速度随之增大。

用三点法导引导弹时，制导设备在技术上容易实现，抗干扰性也较好。由导引方程可知，三点法导引时，制导设备只需测目标、导弹的角位置。因此，许多遥控制导的近、中程导弹，广泛采用三点法。由于用三点法射击较高速目标时，理想弹道弯曲度大，对导弹机动性能要求高，因此三点法一般只用于射击低速($V_m \leqslant 300\text{m/s}$)目标。

部分制导系统在使用三点法时，采取了一些修正措施，当制导系统采用光学或电视观测跟踪器时，为避免导弹“盖住”目标，在高低角方向有意使导弹向上偏开目标线，该方法称为修正的重合法(或修正的视线法)。有些拦截低空目标的地空导弹，如完全按重合法导引时，导弹飞行的初始段可能因高度太低，有触地(海)面的危险。为此，采用小高度重合法，即在导引的初始段，将导弹抬高到目标视线以上，而后导弹高度逐渐降低。导弹高度按式(6-37)变化：

$$h = h_0 e^{-t/\tau} \tag{6-37}$$

式中，h_0为初始抬高高度；τ为时间常数。因此，在距控制站较远时，导弹才按重合法飞向目标。

6.3 改进三点法导引

在目标飞行方向上，使导弹超前目标视线一个角度的导引方法，称为前置点法。如图 6-10 所示，超前的角度ε_q，称为前置角。

导引方程前置点法的导引方程为

$$\left.\begin{aligned} \varepsilon_d &= \varepsilon - A_\varepsilon \Delta r \\ \beta_d &= \beta - A_\beta \Delta r \end{aligned}\right\} \tag{6-38}$$

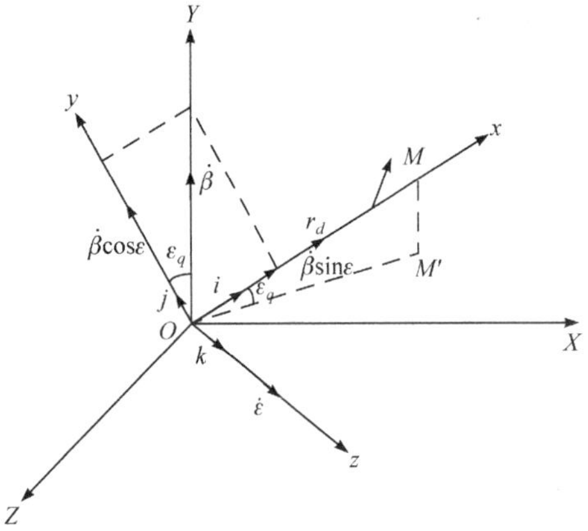

图 6-10　前置点法导引时(平面)目标、导弹角度关系图

当导引系数 A_ε 、 A_β 为常数，但不为零时，由式(6-38)决定的引导方法称为常系数前置点法。它用于某些遥控式导弹拦截特定的高速目标情况。因为适当地选择系数 A_ε 、 A_β ，使导弹有一个初始前置角，所以其弹道比重合法要平直。

当导引系数 A_ε 、 A_β 为给定的不同时间函数时，可得到全前置点法和半前置点法，半前置点法是遥控导弹最常用的一种引导方法。那么，使用全前置点法和半前置点法时， A_ε 、 A_β 是一个什么样的函数呢？最理想的情况是选择 A_ε 、 A_β ，使理想弹道为一条直线，但由于目标运动参数总是变化的，无论如何也达不到这一要求。为此，只提出在遭遇点附近理想弹道应平直的要求，即当 $\Delta r \to 0$ 时，满足：

$$\left.\begin{aligned}\dot{\varepsilon}_d &= 0\\ \dot{\beta}_d &= 0\end{aligned}\right\}$$

将式(6-38)微分得

$$\left.\begin{aligned}\dot{\varepsilon}_d &= \dot{\varepsilon} - \dot{A}_\varepsilon \Delta r - A_\varepsilon \Delta \dot{r}\\ \dot{\beta}_d &= \dot{\beta} - \dot{A}_\beta \Delta r - A_\beta \Delta \dot{r}\end{aligned}\right\} \tag{6-39}$$

由 $\Delta r \to 0$ 时， $\dot{\varepsilon}_d = \dot{\beta}_d = 0$ 这一约束条件，得

$$\left.\begin{aligned}A_\varepsilon &= \frac{\dot{\varepsilon}}{\Delta \dot{r}}\\ A_\beta &= \frac{\dot{\beta}}{\Delta \dot{r}}\end{aligned}\right\} \tag{6-40}$$

为应用方便，将式(6-40)等号右边乘以系数 k ，且令 $0 < k \leqslant 1$ ，则式(6-38)变为

$$\left.\begin{aligned}\varepsilon_d &= \varepsilon - k\frac{\dot{\varepsilon}}{\Delta \dot{r}}\Delta r\\ \beta_d &= \beta - k\frac{\dot{\beta}}{\Delta \dot{r}}\Delta r\end{aligned}\right\} \tag{6-41}$$

导弹的前置角则为

$$\left.\begin{aligned}\varepsilon_q &= -k\frac{\dot{\varepsilon}}{\Delta \dot{r}}\Delta r\\ \beta_q &= -k\frac{\dot{\beta}}{\Delta \dot{r}}\Delta r\end{aligned}\right\} \tag{6-42}$$

当 $k = 1$ 时，称为全前置点法，其导引方程为

$$\left.\begin{aligned}\varepsilon_d &= \varepsilon - \frac{\dot{\varepsilon}}{\Delta\dot{r}}\Delta r\\ \beta_d &= \beta - \frac{\dot{\beta}}{\Delta\dot{r}}\Delta r\end{aligned}\right\} \tag{6-43}$$

当$k=\dfrac{1}{2}$时，称为半前置点法，其导引方程为

$$\left.\begin{aligned}\varepsilon_d &= \varepsilon - \frac{\dot{\varepsilon}}{2\Delta\dot{r}}\Delta r\\ \beta_d &= \beta - \frac{\dot{\beta}}{2\Delta\dot{r}}\Delta r\end{aligned}\right\} \tag{6-44}$$

理想弹道：使用前置点法时，导弹理想弹道的作图方法与重合法相似，但复杂些，因要由式(6-42)计算要求每时刻导弹的前置角。作图表明，使用前置点法时，导弹的理想弹道比重合法平直，导弹的飞行时间也短，如图6-11所示。

遭遇区导弹的法向加速度：令$\Delta r \to 0$，由式(6-41)得使用前置点法时，在遭遇点处导弹的角速度和角加速度分别为

$$\left.\begin{aligned}\dot{\varepsilon}_d &= (1-k)\dot{\varepsilon}\\ \dot{\beta}_d &= (1-k)\dot{\beta}\end{aligned}\right\} \tag{6-45}$$

$$\left.\begin{aligned}\ddot{\varepsilon}_d &= (1-2k)\ddot{\varepsilon} + k\frac{\Delta\ddot{r}}{\Delta\dot{r}}\dot{\varepsilon}\\ \ddot{\beta}_d &= (1-2k)\ddot{\beta} + k\frac{\Delta\ddot{r}}{\Delta\dot{r}}\dot{\beta}\end{aligned}\right\} \tag{6-46}$$

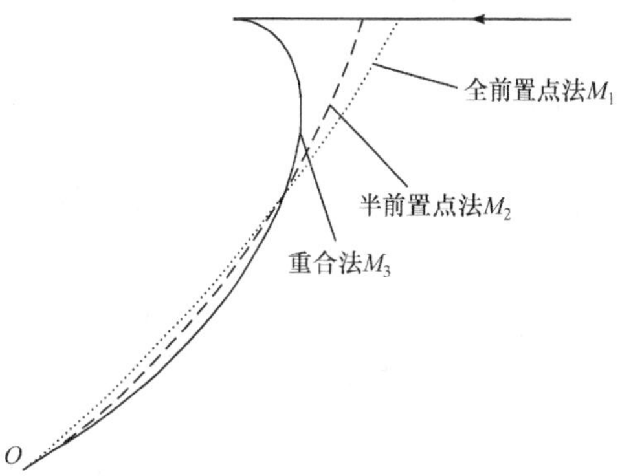

图6-11 前置点法、重合法理想弹道

使用全前置点法时，$k=1$。将式(6-46)代入式(6-35)，则得全前置点法引导时，导弹的法向加速度：

$$\left.\begin{aligned}a_{\mathrm{n}y} &= r_d\left(\frac{\Delta\ddot{r}}{\Delta\dot{r}}\dot{\varepsilon} - \ddot{\varepsilon}\right)\\ a_{\mathrm{n}z} &= -r_d\left(\frac{\Delta\ddot{r}}{\Delta\dot{r}}\dot{\beta} - \ddot{\beta}\right)\cos\varepsilon\end{aligned}\right\} \tag{6-47}$$

可见，用全前置点法拦截等速水平直线运动的目标时，在遭遇区导弹的法向加速度主要由目标的角速度、角加速度及导弹和目标的接近速度、接近加速度决定，与导弹的速度、加速度无关。特别是目标速度较低时，$\ddot{\varepsilon}$、$\ddot{\beta}$、$\Delta\ddot{r}$均很小，可认为导弹在遭遇段所需的法向加速度$a_{\mathrm{n}y} = a_{\mathrm{n}z} = 0$。

使用半前置点法时，$k=0.5$，遭遇段导弹的法向加速度则为

$$\left.\begin{aligned}a_{\mathrm{n}y} &= 0.5\left(2\dot{r}_d - \frac{\dot{V}_d}{V_d}r_d\right)\dot{\varepsilon} + r_d\left(0.5\frac{\Delta\ddot{r}}{\Delta\dot{r}}\dot{\varepsilon} + 0.25\dot{\beta}^2\cos\varepsilon\sin\varepsilon\right)\\ a_{\mathrm{n}z} &= -0.5\left(2\dot{r}_d - \frac{\dot{V}_d}{V_d}r_d\right)\dot{\beta}\cos\varepsilon - r_d\left(0.5\frac{\Delta\ddot{r}}{\Delta\dot{r}}\dot{\beta}\cos\varepsilon - 0.5\dot{\varepsilon}\dot{\beta}\sin\varepsilon\right)\end{aligned}\right\} \tag{6-48}$$

当目标速度较低时，$\Delta\ddot{r}$、$\dot{\beta}^2$、$\dot{\varepsilon}$、$\dot{\beta}$很小，可忽略不计，式(6-48)变为

$$\left.\begin{aligned} a_{ny} &\approx 0.5\left(2\dot{r}_d-\frac{\dot{V}_d}{V_d}r_d\right)\dot{\varepsilon} \\ a_{nz} &\approx -0.5\left(2\dot{r}_d-\frac{\dot{V}_d}{V_d}r_d\right)\dot{\beta}\cos\varepsilon \end{aligned}\right\} \tag{6-49}$$

可见，用半前置点法拦截等速水平直线运动的目标时，在遭遇区导弹的法向加速度比全前置点法稍大，但与目标的角加速度$\ddot{\varepsilon}$、$\ddot{\beta}$无关。因此，半前置点法对拦截机动目标有利。比较式(6-36)与式(6-49)可见，使用半前置点法时，导弹的法向加速度是重合法时的二分之一。因此，射击速度较大的目标时，一般用半前置点法。

由于使用半前置点法时，导弹的法向加速度比重合法时小，对目标的角加速度不敏感。因此，其在中程遥控导弹中得到较多的应用。

用半前置点法时，导弹对目标视线应提前一个前置角。一方面要求制导设备必须有形成前置角的装置；另一方面要求观测跟踪装备的观测视场比重合法时大。因而，制导设备复杂。由于形成前置角时，要有目标的距离信息，制导设备的抗干扰能力变差。

6.4 视线制导指令形成

由于目标运动和各种随机干扰的影响，导弹经常会偏离理想弹道。某时刻导弹与理想弹道对应点的线距离称为线偏差。为了纠正这一偏差，控制站必须及时向导弹发出导引指令。那么，形成导引指令时应考虑哪些因素呢？为了说明这个问题，先讨论导弹偏差的表示方法。这里，只考虑采用直角坐标系控制的导弹。导弹的偏差通常在观测跟踪器固连直角坐标系内表示。某时刻导弹位于M点，过M点作垂直于Ox轴的平面，称为偏差平面。偏差平面交Ox轴于M'点，当采用三点法导引时，MM'便是导弹偏离理想弹道的偏差。将Oy、Oz轴移到偏差平面内，MM'在Oy、Oz轴上的投影分别称为偏差在ε方向、β方向的分量。这样，当知道了偏差的ε方向、β方向的分量，便知道了偏差MM'。偏差的ε方向、β方向的分量可根据跟踪器在其测量坐标系测得的目标、导弹运动参数经计算得到。下面讨论形成导引指令应考虑的因素。

6.4.1 线偏差信号

线偏差信号$h_{\Delta\varepsilon}$、$h_{\Delta\beta}$是指某时刻导弹的位置与测得目标视线的距离，如图 6-12 所示。该偏差在ε方向(ε平面)、β方向(β平面)的分量分别表示为$h_{\Delta\varepsilon}$、$h_{\Delta\beta}$。$h_{\Delta\varepsilon}$的含义如图 6-13 所示。显然：

$$\begin{cases} h_{\Delta\varepsilon}=R\sin(\varepsilon_T-\varepsilon)\approx R\Delta\varepsilon \quad (\Delta\varepsilon\text{很小}) \\ \Delta\varepsilon=\varepsilon_T-\varepsilon \end{cases} \tag{6-50}$$

式中，R为导弹的斜距；$\Delta\varepsilon$为高低角角偏差。由式(6-50)可知，$h_{\Delta\varepsilon}$的极性(导弹在目标

视线的上方或下方)由 $\Delta\varepsilon$ 的极性决定。因为导弹的推力变化规律已知，所以导弹的斜距 R 随时间的变化规律也是已知的。为了简化制导设备，避免随机干扰，R 通常由模拟器产生。

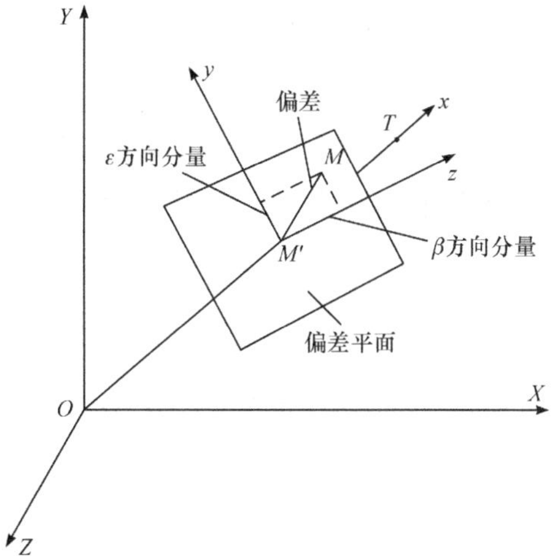

图 6-12 导弹线偏差的表示

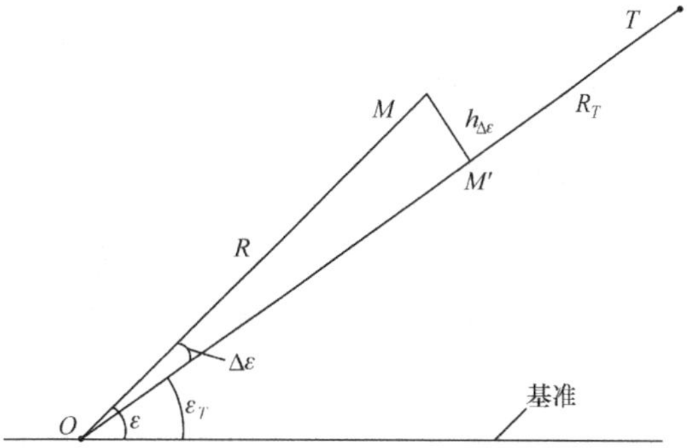

图 6-13 线偏差的含义(ε 平面)

同理，可得 $h_{\Delta\beta}$ 的表示式为

$$\begin{cases} h_{\Delta\beta} = R\Delta\beta \\ \Delta\beta = \beta_T - \beta \end{cases} \tag{6-51}$$

6.4.2 前置信号

前置点法导引时，要求导弹超前目标视线一个前置角。前置角对应的线距离称为前置信号。ε 方向的前置信号 $h_{q\varepsilon}$ 含义如图 6-14 所示。显然 $h_{q\varepsilon} = \varepsilon_q R$。

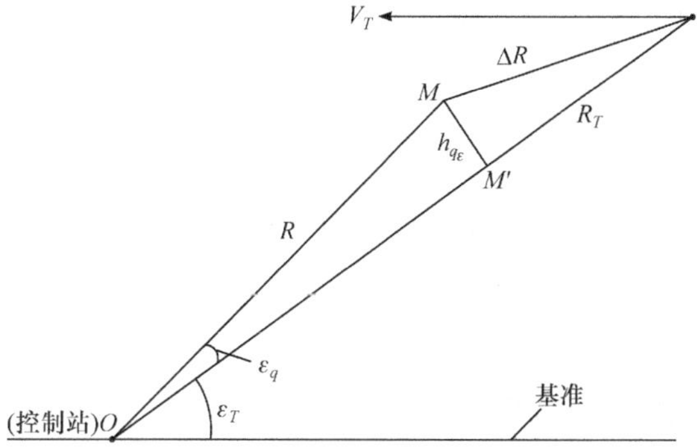

图 6-14 前置信号的含义(ε 平面)

当采用半前置点法导引时，由式(6-52)得

$$h_{q\varepsilon} = -\frac{\dot{\varepsilon}_T}{2\Delta\dot{R}}\Delta R R \tag{6-52}$$

同理，可得 $h_{q\beta}$ 的表示式为

$$h_{q\beta} = -\frac{\dot{\beta}_T \cos\varepsilon_T}{2\Delta\dot{R}}\Delta RR \tag{6-53}$$

可见，$h_{q\varepsilon}$、$h_{q\beta}$ 的极性由目标的角速度信号 $\dot{\varepsilon}_T$、$\dot{\beta}_T$ 的极性决定，而且弹目遭遇时 $\Delta R \to 0$，$h_{q\varepsilon} = h_{q\beta} = 0$ 保证了导弹与目标相遇。

由于观测跟踪器的视场有限，为避免引入段 ΔR 较大，$\Delta\dot{R}$ 较小，使 $h_{q\varepsilon}$、$h_{q\beta}$ 过大，一些遥控指令制导中，对 ΔR 的最大值和 $\Delta\dot{R}$ 的最小值进行限制。限制的形式因设备而异，这里就不说明了。

6.4.3 误差信号

通常，把某时刻导弹位置与理想弹道对应位置的距离称为误差信号。

显然，三点法导引时，误差信号的表示式为

$$\left.\begin{aligned} h_\varepsilon &= h_{\Delta\varepsilon} \\ h_\beta &= h_{\Delta\beta} \end{aligned}\right\} \tag{6-54}$$

前置法导引时，误差信号的表示式为

$$\left.\begin{aligned} h_\varepsilon &= h_{\Delta\varepsilon} = h_{q\varepsilon} \\ h_\beta &= h_{\Delta\beta} = h_{q\beta} \end{aligned}\right\} \tag{6-55}$$

1. 微分校正信号

微分校正信号也称超前校正或比例-微分校正。制导回路中的很多环节可能出现滞后，使制导回路的动态或者静态的品质达不到预定的要求。根据自动控制理论，一般在回路中串联如下传递函数的超前校正环节：

$$G(s) = 1 + \frac{T_1 s}{1 + T_2 s} \tag{6-56}$$

下面只以 ε 平面为例，说明串联超前校正环节为什么能改善制导回路的品质。如图 6-15 所示，设 $t = 0$ 时导弹偏离了理想弹道。如导引指令只计入 h_ε 信号，由于制导回路中的滞后，导弹必在理想弹道上下显著摆动。制导回路中串联超前校正后，因一般有 $T_1 \gg T_2$，则 h_ε 信号经超前校正环节后，输出信号为

$$a = h_\varepsilon + k_1\dot{h}_\varepsilon \tag{6-57}$$

式中，$k_1 = T_1$。在 $h_\varepsilon + k_1\dot{h}_\varepsilon$ 信号的作用下，将改善导弹的运动特性。如图 6-15 所示，在 $0 \sim t_1$ 期间，如只考虑 h_ε 的作用，导弹向理想弹道靠拢的速度逐渐增加，将导致导弹向理想弹道上方有较大幅度的过冲。考虑 $k_1\dot{h}_\varepsilon$ 信号后，因此时 h_ε 与 $k_1\dot{h}_\varepsilon$ 信号符号相反，导弹受控向理想弹道靠拢的速度便显著减小，将使导弹向理想弹道上方的过冲减小。在 $t_1 \sim t_2$ 期间，h_ε 与 $k_1\dot{h}_\varepsilon$ 信号符号相同，共同阻止导弹的过冲摆动。这样，使回路响应的超调量

减小，过渡过程便可提前结束。图 6-15 中，时间轴上各点 $h_\varepsilon=0$ ，因而，它代表了理想弹道的位置。

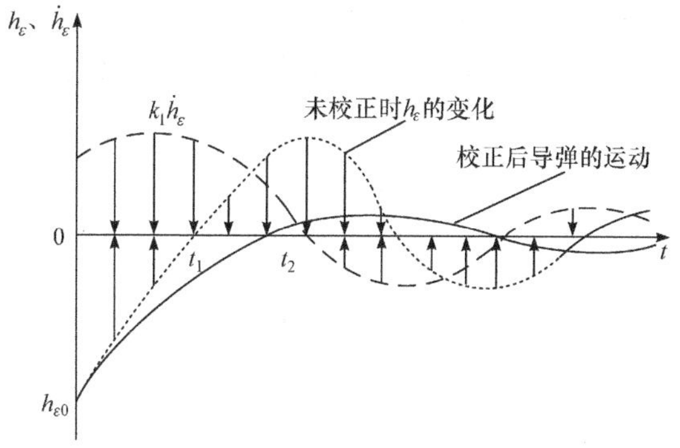

图 6-15 $\dot{h}_\varepsilon$ 信号对导弹运动的影响

2. 补偿信号

动态误差：制导系统是一个自动控制系统，它复现输入作用时必存在静态误差和动态误差。静态误差是指回路的过渡过程结束后，被调量的误差。动态误差是指过渡过程中复现输入时的误差。由于目标机动、导弹运动干扰等影响，制导回路实际上没有稳定状态，因而，总会有动态误差。下面仅以目标不机动，由导引方法决定的理想弹道弯曲引起的动态误差为例来说明该误差产生的原因。

设目标、弹道均在铅垂平面内运动，由导引方法决定的理想弹道如图 6-16 中实线所示。令 t_0 时刻导弹位于理想弹道 M_0 上，对应的 $h_\varepsilon=0$ ，略去其他因素，导引指令则为零，导弹舵便不偏转，导弹继续沿速度矢量 V_0 方向飞出理想弹道。因制导回路的放大系数有限，直到导弹飞至 M_1 ，才形成足够的导引指令，使舵偏转，产生控制力 Y ，制止导弹与理想弹道的偏差进一步增大。但理想弹道是弯曲的，即每时每刻都需要产生相应的力 Y' ，Y' 只能靠舵偏后才产生。因此，导弹只能沿与理想弹道曲率相同的弹道——动态弹道飞行，动态弹道与理想弹道时刻都保持一定的偏差，以使制导系统形成 h_ε 信号，让导弹产生控制力 $Y=Y'$ 。这个偏差，便称为动态误差。

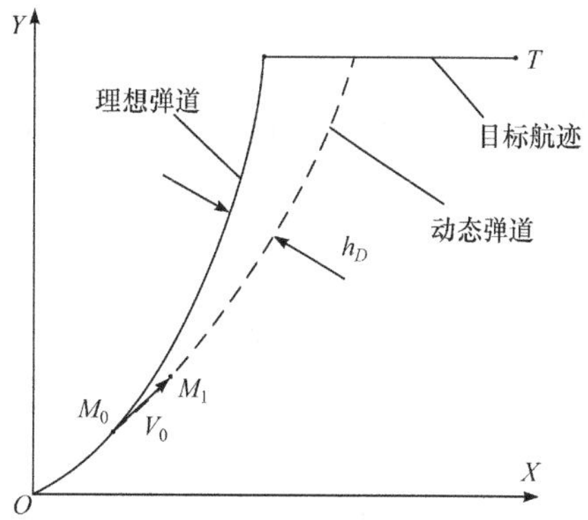

图 6-16 导引方法引起的动态误差

动态误差和导引方法与理想弹道曲率直接有关。若理想弹道是一条直线，不会出现动态误差；若理想弹道为一条圆弧线，导弹飞行时需要常值横向力，则会出现常值动态误差。理想弹道的曲率随时间增加，则动态误差随时间越来越大。

引起动态误差还有其他原因，如遥控指令制导的导弹开始受控时的初始散布，使制导回路出现过渡过程；导弹可用过载有限；目标的机动、导弹纵向速度的变化等，就不再具体讨论了。

动态误差的补偿：一般说来，动态误差的规律是可知的，图 6-17 给出了三点法导引时的制导回路，图中 K_0 为开环放大系数；h_m 为要求的导弹偏移量；h_d 为导弹的实际偏移量；h_D 为动态误差；a_n 为导弹的法向加速度。

设 $h_m = h_0 + h_1 t + h_2 t^2 + \cdots$，制导回路的开环传递函数 $G(s)$ 为

$$G(s) = \frac{K_0 B(s)}{s^2 A(s)} = \frac{K_0(b_m s^m + b_{m-1}s^{m-1} + \cdots + b_1 s + 1)}{s^2(a_n s^n + a_{n-1}s^{n-1} + \cdots + a_1 s + 1)}$$

由自动控制原理可知，动态误差 h_D 为

$$h_D = C_2 \ddot{h}_m + C_3 \dddot{h}_m + \cdots \tag{6-58}$$

误差系数：

$$C_2 = \frac{1}{K_0}; C_3 = \frac{a_1 - b_1}{K_0}; \cdots$$

由式(6-58)可见，增加回路的积分环节个数或增大回路的开环放大系数，都可减小动态误差。但回路中积分环节个数增加时，系统很难稳定；开环放大系数增加时，系统的带宽便增加，引入的随机干扰随之增加。因此，通常采用补偿的方法，制导回路中引入局部补偿回路或引入给定规律的补偿信号。

引入局部补偿回路补偿动态误差的原理如图 6-18 所示。图中 $G^*(s)$ 为引入的制导回路等效开环传递函数；h_d^* 为导弹的实际偏移量。显然：

$$h_d^* = \frac{2G(s) + G(s)G^*(s)}{[1+G^*(s)][1+G(s)]} h_m$$

实际的动态误差(剩余动态误差) Δh_D 为

$$\Delta h_D = h_m - h_d^* = \frac{1 + G^*(s) - G(s)}{[1+G^*(s)][1+G(s)]} h_m$$

当 $G^*(s) = G(s)$ 时，则

$$\Delta h_D = \frac{1}{[1+G(s)]^2} h_m \tag{6-59}$$

没引入局部补偿回路时

$$\Delta h_D = \frac{1}{1+G(s)} h_m \tag{6-60}$$

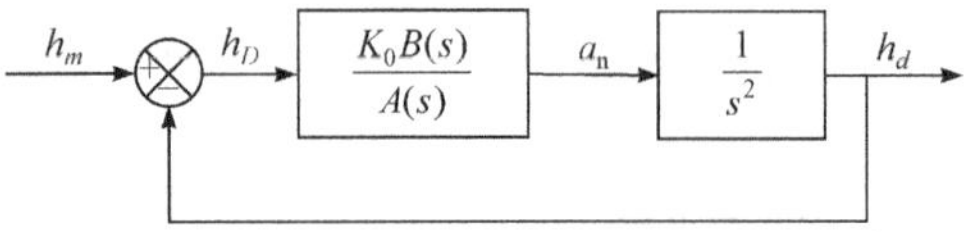

图 6-17 三点法导引时的制导回路

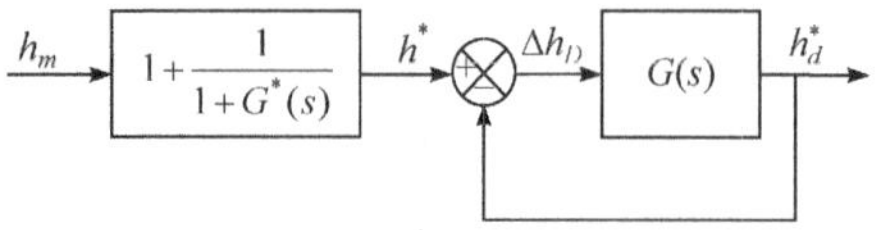

图 6-18 引入局部补偿回路补偿动态误差

比较式(6-59)和式(6-60)可见，引入局部补偿回路时动态误差大大减小。但 $G^*(s)$ 不可

能和 $G(s)$ 完全一致，而且误差的衰减要缓慢。因此，引入局部补偿回路的方法没被广泛应用。

目前广泛应用的是外加信号的方法。如图 6-19 所示，由制导回路外的动态误差补偿信号电路形成补偿电压 u_D^*，将其加到制导回路的某点上，以维持导弹沿理想弹道飞行所需要的法向加速度。由于 h_D 变化缓慢，略去信号 u_D^* 引入点前环节的惯性，用放大环节 K_D 表示。$G_1(s)$ 为制导回路其余部分的传递函数。当

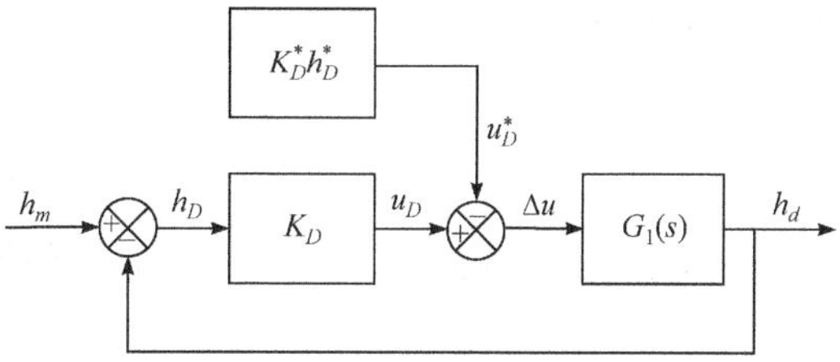

图 6-19 引入动态误差补偿信号的原理

$$K_D^* h_D^* - K_D h_D = 0$$

时，动态误差便被消除。这一条件是很难满足的，因此总会有剩余动态误差。为了简化动态误差补偿信号产生器，通常只考虑式(6-58)中的二次项，得动态误差补偿信号 h_D^* 为

$$h_D^* \approx C_2 a_n \tag{6-61}$$

式中，h_D^* 的单位为 m；a_n (法向加速度)的单位为 m/s^2；系数 C_2 的单位为 s^2。根据三点法导引时导弹法向加速度 a_{ny}、a_{nz} 的表示，并令

$$\dot{R} = V$$
$$V = V_0 + \dot{V}t$$
$$R = R_0 + V_0 t + \frac{1}{2}\dot{V}t^2$$

则

$$\begin{aligned}2\dot{R} - \frac{\dot{V}}{V}R &= 2(V_0 + \dot{V}t) - \frac{R_0\dot{V} - \frac{1}{2}V_0^2 + \frac{1}{2}(V_0^2 + 2V_0\dot{V}t + \dot{V}^2t^2)}{V_0 + \dot{V}t} \\ &= 1.5(V_0 + \dot{V}t) - \frac{M}{1 + Nt} = 1.5(V_0 + \dot{V}t) - M(1 - Nt + N^2t^2 - N^3t^3 + \cdots) \\ &\approx (1.5V_0 - M) + (1.5\dot{V} + MN)t \end{aligned} \tag{6-62}$$

式中，

$$M = \frac{2R_0\dot{V} - V_0^2}{2V_0}$$

$$N = \frac{\dot{V}}{V_0} \ll 1$$

R_0 为导弹的初始斜距；V_0 为导弹的初始速度；$\dot{V}$ 为导弹的纵向加速度(常量)。

令

$$A' = 1.5V_0 - M$$
$$B' = 1.5\dot{V} + MN$$

则式(6-47)近似为

$$\left.\begin{aligned} a_{\text{n}y} &\approx (A' + B't)\dot{\varepsilon}_T \\ a_{\text{n}z} &\approx -(A' + B't)\dot{\beta}_T \cos\varepsilon_T \end{aligned}\right\} \tag{6-63}$$

将式(6-63)代入式(6-58)，得动态误差补偿信号为

$$\left.\begin{aligned} h^*_{D\varepsilon} &= C_2 a_{\text{n}y} = (A + Bt)\dot{\varepsilon}_T \\ h^*_{D\beta} &= C_2 a_{\text{n}z} = -(A + Bt)\dot{\beta}_T \cos\varepsilon_T \end{aligned}\right\} \tag{6-64}$$

式中，$A = C_2 A'$；$B = C_2 B'$。因为对 h_D 两次微分得 a_n，所以 $C_2 = \dfrac{1}{K_0}$。$\dot{\varepsilon}_T$、$\dot{\beta}_T \cos\varepsilon_T$ 由观测跟踪器测得，R_0、V_0、$\dot{V}$ 预先已知。因此系数 A、B 可预先得到，并得到动态误差补偿信号的数值。当用半前置点法导引时，由于理想弹道平直，一般令 $B = 0$，则动态误差补偿信号为

$$\left.\begin{aligned} h^*_{D\varepsilon} &= A\dot{\varepsilon}_T \\ h^*_{D\beta} &= -A\dot{\beta}_T \cos\varepsilon_T \end{aligned}\right\} \tag{6-65}$$

重力补偿信号：导弹的重力将给制导回路造成扰动，使导弹下沉，也必须另外加重力补偿信号 h_g 来补偿。如图 6-20 所示，重力加速度 g 的横向分量为 $g\cos\theta$，由于 θ 变化缓慢，变换范围不大，可取补偿信号 h_g 为

$$h_g \approx \frac{g\cos 45^\circ}{K_0} = \text{const} \tag{6-66}$$

3. 导引指令

“+”字舵面布局的导引指令：令俯仰、偏航的导引指令分别为 K_ε、K_β，则

$$\begin{aligned} K_\varepsilon &= \left(h_\varepsilon + \frac{T_1 s}{1 + T_2 s} h_\varepsilon + h_{D\varepsilon} + h_g\right)\frac{1 + T_3 s}{1 + T_4 s} \\ K_\beta &= \left(h_\beta + \frac{T_1 s}{1 + T_2 s} h_\beta + h_{D\beta}\right)\frac{1 + T_3 s}{1 + T_4 s} \end{aligned} \tag{6-67}$$

为了书写方便，式(6-67)中各信号的符号都省去算子 s (下同)。

$(1 + T_3 s)/(1 + T_4 s)$ 为串联积分环节的传递函数。因经过制导回路中串联式(6-55)表示的微分校正环节后，系统的频带加宽，将使导引起伏误差增大。为使系统有较大的开环放大系数，频带又不过宽，串联了这种积分校正环节。

“×”字舵面布局的导引指令：为便于导弹在发射架上安放，把“+”字布局导弹旋转 45°，成“×”字布局。设加在 1、3 舵上的导引指令为 K_1，加在 2、4 舵上的导引指令为 K_2，由图 6-21 可得

$$\begin{bmatrix} K_1 \\ K_2 \end{bmatrix} = \begin{bmatrix} \sin 45° & \cos 45° \\ \cos 45° & -\sin 45° \end{bmatrix} \begin{bmatrix} K_\varepsilon \\ K_\beta \end{bmatrix} \tag{6-68}$$

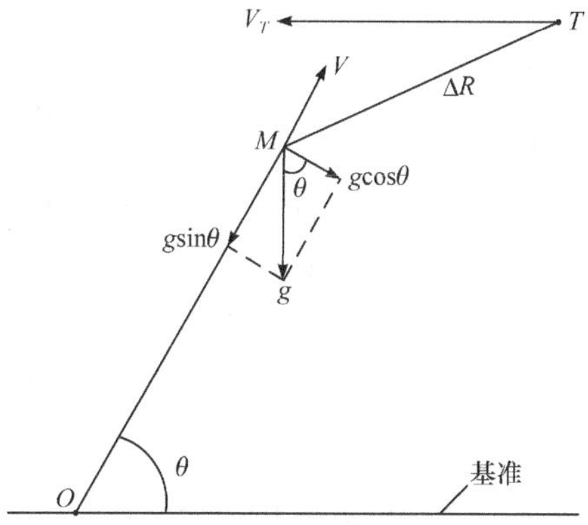

图 6-20　导弹重力的补偿

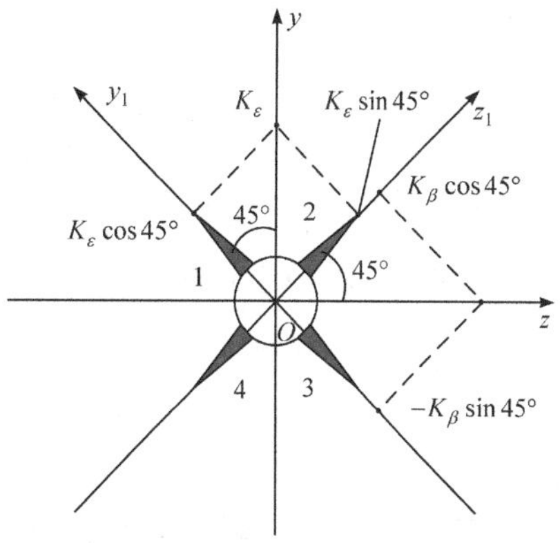

图 6-21　导弹指令的坐标变换

观测跟踪器固连直角坐标系扭转时，"×"字舵面布局的导引指令：遥控指令制导的导弹控制系统一般有滚动位置控制回路，使弹体绕纵轴不转动。观测跟踪器的光轴跟踪目标时，其固连直角坐标系的 Ox 轴可能旋转，使 Oy 、Oz 轴转动。如图 6-22 所示，观测跟踪器跟踪目标时，测得目标方位角速度矢量为 $\dot{\beta}_T$ (顺时针为正)，$\dot{\beta}_T$ 在 Ox 轴(光轴)的投影 $\dot{\beta}_T \sin\varepsilon_T$ 便是 Oy 、Oz 轴扭转的角速度。令 γ 为 $Oy(Oz)$ 轴的扭转角，则

$$\left.\begin{aligned} \dot{\gamma} &= \dot{\beta}_T \sin\varepsilon_T \\ \gamma &= \int_0^t \dot{\beta}_T \sin\varepsilon_T \mathrm{d}t \end{aligned}\right\} \tag{6-69}$$

$t=0$ 为发射导弹的时刻。由式(6-69)可见，γ 的极性由 $\dot{\beta}_T$ 的极性决定，当目标顺时针绕控制站转动时，γ 为正。由图 6-23 可见：

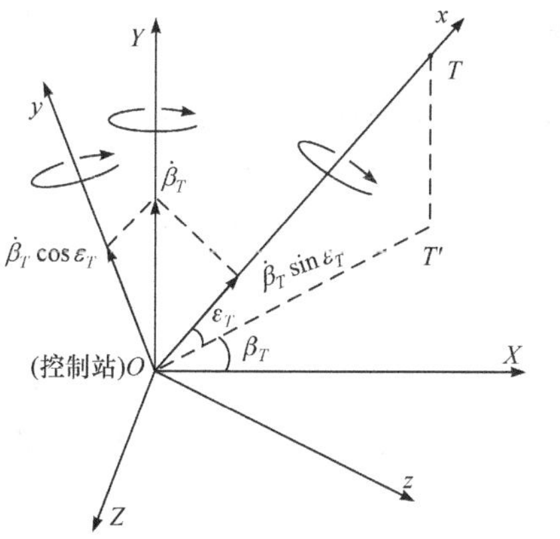

图 6-22　观测跟踪器固连直角坐标系的扭转

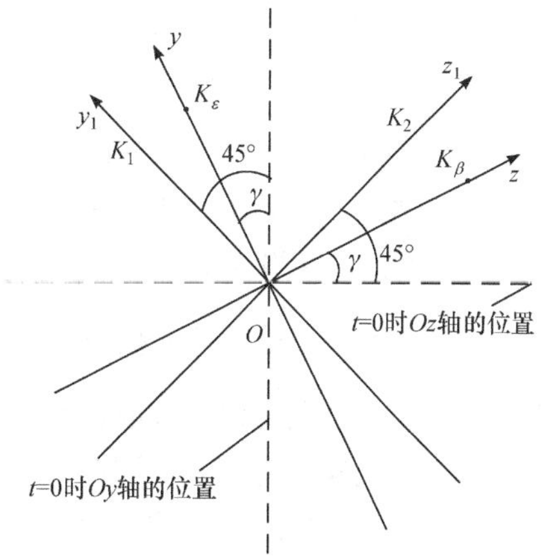

图 6-23　导引指令的坐标变换($\gamma > 0$)

$$\begin{bmatrix} K_1 \\ K_2 \end{bmatrix} = \begin{bmatrix} \sin(45^\circ - \gamma) & \cos(45^\circ - \gamma) \\ \cos(45^\circ - \gamma) & -\sin(45^\circ - \gamma) \end{bmatrix} \begin{bmatrix} K_\varepsilon \\ K_\beta \end{bmatrix}$$

简化表示为

$$\begin{bmatrix} K_1 \\ K_2 \end{bmatrix} = L(45^\circ - \gamma) \begin{bmatrix} K_\varepsilon \\ K_\beta \end{bmatrix} \tag{6-70}$$

由于观测跟踪器与弹上控制系统的不同，某些遥控指令制导的导引指令表示式可能略有区别。但式(6-70)基本表示了“×”字舵面布局导弹的导引指令计算形式。

6.5 视线制导回路分析

以俯仰控制为例的视线制导回路框图如图 6-24 所示，这里 h_c 是导弹相对视线的高低线偏差，a_c 是线偏差指令，R 为目标跟踪装置与导弹间的距离。

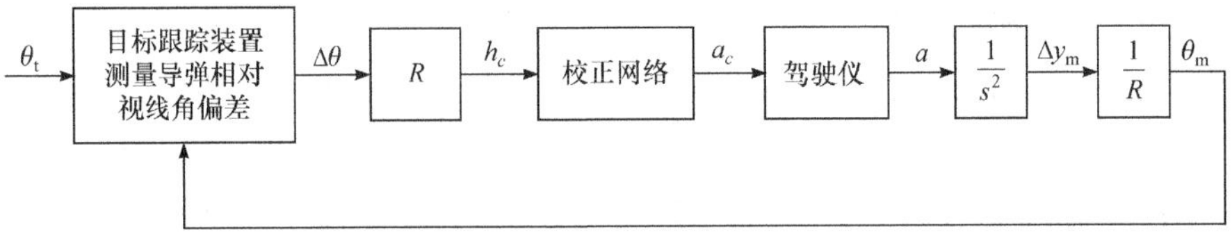

图 6-24 视线制导回路框图

图 6-24 所示回路是一个角跟踪回路，此回路中同时存在 R 和 $1/R$，故从系统控制回路设计考虑，可略去 R 的影响，而只考虑线偏差 h 的控制回路，即图 6-24 可简化为图 6-25。

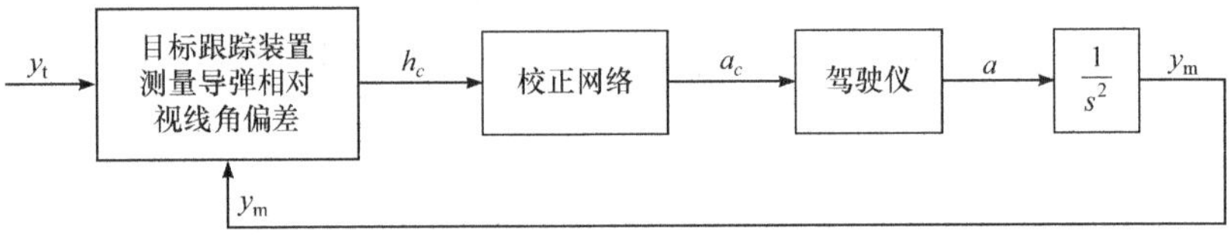

图 6-25 视线制导仪考虑线偏差的控制回路

由于此回路中存在两个积分，带来−180°相移，故此系统加上驾驶仪滞后后，在没有校正网络的情况下，系统是不稳定的。引入超前校正设计后，系统获得的相稳定裕度应为交截频率处校正网络提供的超前相校正 $\varDelta$ 中校正网络减去驾驶仪相移的结果。

校正网络可采用单个超前校正 $\dfrac{\alpha Ts+1}{Ts+1}$ 或串联超前校正 $\dfrac{\alpha' Ts+1}{Ts+1}\dfrac{\alpha' Ts+1}{Ts+1}$ 方案，由于超前校正在提供正相角补偿的同时，增加了幅值，这会使交截频率向高频移动，从而对系统的稳定性及抗噪能力不利。因此，在维持单校正与串联校正幅值增长影响一致的设计理念下，串联校正的 α' 与单校正的 α 应有以下关系：

$$\alpha' = \sqrt{\alpha}$$

思　考　题

6.1　相对于寻的制导，视线制导的优缺点？

6.2　三点导引法的原理及优缺点？

6.3　防空导弹通常由视线制导和寻的制导两阶段组成，其交班点条件应考虑哪些因素？

6.4　试分析舰载反巡航导弹的制导律应如何设计？

参 考 文 献

[1] 王明光. 空地导弹制导控制系统设计[上][M]. 北京: 中国宇航出版社, 2019.

[2] 程国采. 战术导弹导引方法[M]. 北京: 国防工业出版社, 1996.

[3] 祁载康. 战术导弹制导控制系统设计[M]. 北京: 中国宇航出版社, 2018.

[4] GEORGE M S. 导弹制导与控制系统[M]. 张天光, 王丽霞, 宋振锋, 等, 译. 北京: 国防工业出版社, 2010.

第 7 章

摄动制导方法

摄动制导是一个基于小偏差干扰假设条件下的线性化的标准轨迹跟踪制导方法，当考虑复杂过程约束时，大气层内飞行的运载火箭、弹道导弹广泛应用该方法。摄动制导的主要优点为弹载计算机在线计算量小，该方法主要包含射程关机控制和横法向导引两个部分。

显然，采用摄动法进行制导计算的前提条件是必须保证实际弹道与标准弹道之间的偏差很小，致使实际关机点参数和标准关机点参数间的偏差也很小。这主要取决于两个方面：第一是标准弹道的选取应尽可能符合实际；第二是在关机前的主动段对火箭实施横向和法向的导引，以使关机时的各种偏差不大。

横向导引的目的是通过对实际弹道射面方位的控制达到使落点的横向偏差为零。为了满足摄动制导的要求，使实际弹道对标准弹道的偏差足够小以减小射程控制的方法误差，在弹上还可以采用法向导引系统。大量的工程实践表明，摄动制导方法能够比较好地完成发射点为固定位置的弹(箭)发射任务的同时，需要进行大量的地面计算和装订[1]。

7.1　小偏差线性摄动理论

飞行力学介绍了飞行器的运动特性，给出了飞行中的运动方程与弹道计算方法。从理论上说，如果知道了发射条件，也就是给出了运动方程的一组起始条件，则可以唯一地确定一条弹道。实际上，影响飞行器运动的因素很多，如飞行运动的环境条件、弹体本身的特征参数、发动机与控制系统的特性等，都会对弹道产生影响。因此，即使给定了发射条件，也无法准确地确定实际运动轨迹，事先只能给出运动的某些平均规律，设法使实际运动规律对这些平均运动规律的偏差是小量，那么就可在平均运动规律的基础上，利用小偏差理论来研究这些偏差对弹体运动特性的影响，称为弹道摄动理论[2]。

为了能反映出飞行器质心运动的“平均”运动情况，需要做出标准条件和标准弹道方程的假设，利用标准弹道方程在标准条件下计算出来的弹道称为标准弹道。标准条件和标准弹道方程会随着研究问题的内容和性质不同而有所不同。不同的研究内容，可以有不同的标准条件和标准弹道方程，目的在于保证实际运动弹道对标准弹道的小偏差。标准条件可以概括为下面三方面。

(1) 地理条件：地球形状、旋转、重力加速度。

(2) 气象条件：大气、气温、气压、密度。

(3) 弹道条件：弹的尺寸、空气动力系数、质量、发动机推力和控制系统放大系数等。

把实际弹道飞行条件和标准飞行条件的偏差称为“摄动”或“扰动”。扰动包括瞬时扰动与经常扰动，或称随机扰动与系统扰动。研究扰动与弹道偏差的关系有两种方法。

(1) 方法一是“求差法”，分别求解标准条件下的弹道方程和实际条件下的弹道方程，将实际弹道参数和标准弹道参数求差。其优点是不论干扰大小，都可避免运动稳定性问题。缺点是计算工作量大；扰动小时，仅仅是两个大数相减，都会带来较大的计算误差，要求计算机有较长的字长；不便于分析干扰与弹道偏差之间的关系；不方便应用于制导。

(2) 方法二是“摄动法”，也称微分法，一般情况下扰动较小可将实际弹道在标准弹道附近展开，取到一阶项来进行研究。摄动法实际上就是线性化法，该方法存在运动稳定性问题。

7.1.1　用摄动法研究扰动因素对导弹落点偏差的影响

在给定发射条件下，标准弹道通过目标，而在实际情况下，由于各种扰动因素的影响，实际弹道将偏离标准弹道产生落点偏差。影响落点偏差的因素很多，可分为两类：其一为随机扰动因素，其特点是随机的、无法预知的，由此引起落点对目标散布，可用数理统计的方法研究散布特性；其二为系统扰动因素，其特点是非随机的，理论上是确定的，但受条件的限制，不能确切掌握精确值，如起飞质量、燃耗后质量等，在标准条件选择适当时，系统扰动为小量，可用摄动法来研究。

由于实际射程(包含射程偏差 ΔL 与横程偏差 ΔH)是实际飞行条件的函数，也就是发射时的实际气温、气压、重力加速度、发动机推力、空气动力系数等一系列参数的函数，用 $\lambda_i(i=1,2,\cdots,n)$ 来表示，用 $L_{全}$ 表示全射程，则

$$L_{全}=L_{全}(\lambda_1,\lambda_2,\cdots,\lambda_n) \tag{7-1}$$

这里需要强调的是，$\lambda_i(i=1,2,\cdots,n)$ 应是相互独立的。例如，气温、压力和大气密度 (T,P,ρ) 三个参数满足 $P=\rho gRT$ ，故只有两个独立参数。

在对应于标准飞行条件和标准弹道的参数上加上“～”表示，则标准条件下的标准射程为

$$\tilde{L}_{全}=\tilde{L}_{全}(\tilde{\lambda}_1,\tilde{\lambda}_2,\cdots,\tilde{\lambda}_n) \tag{7-2}$$

而实际条件下的实际射程为

$$L_{全}=L_{全}(\lambda_1,\lambda_2,\cdots,\lambda_n) \tag{7-3}$$

如果令 $\Delta L_{全}=L_{全}-\tilde{L}_{全}$ ， $\Delta\lambda_i=\lambda_i-\tilde{\lambda}_i(i=1,2,\cdots,n)$ ，将实际射程在标准射程附近展开，则

$$\Delta L_{全}=\sum_{i=1}^{n}\frac{\partial L_{全}}{\partial\lambda_i}\Delta\lambda_i \tag{7-4}$$

用式(7-4)研究由扰动$\Delta\lambda_i$引起的射程偏差$\Delta L_{全}$的方法就是摄动法。因此，摄动法的实质就是用线性函数来逼近非线性函数，或者说是用线性微分方程来逼近非线性微分方程。

由于在弹道不同段的运动情况不同，因而扰动也不同。弹道的射程可表达为

$$L_{全}=L_{主}+L_{自}+L_{再} \tag{7-5}$$

其中，自由段的射程只与主动段的射程终点参数有关，即

$$L_{自}=L_{自}(V_{xk},V_{yk},V_{zk},x_k,y_k,z_k,t_k) \tag{7-6}$$

近似地可将再入段看成是自由段弹道的继续，可将射程偏差数统一起来计算。

与被动段相比，主动段情况比较复杂，影响因素很多，最终的结果是引起主动段终点坐标与速度的偏差。因此，在进行摄动制导方法研究时，主要研究主动段终点弹道参数的偏差会引起多大的射程偏差，在考虑地球旋转影响时，可将全射程写成

$$L_{全}=L_{全}(V_{xk},V_{yk},V_{zk},x_k,y_k,z_k,t_k) \tag{7-7}$$

式中，V_{xk}、V_{yk}、V_{zk}、x_k、y_k、z_k、t_k分别为关机点惯性坐标下的速度、位置与时间。

7.1.2 主动段终点参数偏差与射程和横程的关系

由式(7-7)可知，当忽略被动段空气动力等因素的影响时，火箭的射程L仅是关机时火箭运动参数的函数：

$$L=L\left(V_x(t_k),V_y(t_k),V_z(t_k),x(t_k),y(t_k),z(t_k),t_k\right) \tag{7-8}$$

为简化记号，用下列符号表示运动参数$x_1=V_x$, $x_2=V_y$, $x_3=V_z$, $x_4=x$, $x_5=y$, $x_6=z$, $x_7=t$。在式(7-8)中，如果假设主动段终点参数等于计算值：

$$x_i(t_k)=\tilde{x}_i(\tilde{t}_k) \tag{7-9}$$

$$\tilde{L}=L\left(\tilde{x}_i(\tilde{t}_k),\tilde{t}_k\right) \tag{7-10}$$

实际飞行中，由于干扰因素的影响，主动段关机时间和关机时运动参数都会和标准值有所不同，因而射程也可能偏离标准值[3]。射程偏差：

$$\Delta L(t_k)=L-\tilde{L}=L\left(x_i(t_k),t_k\right)-L\left(\tilde{x}_i(\tilde{t}_k),\tilde{t}_k\right) \tag{7-11}$$

将$\Delta L(t_k)$相对标准关机点运动参数$\tilde{x}_i(\tilde{t}_k)(i=1,2,\cdots,7)$展开泰勒级数，若实际参数值对标准值的偏差不大，则在泰勒展开中，二阶以上高阶项可以略去，从而得到一阶近似下射程偏差的线性展开式，即

$$\Delta L(t_k)\approx\Delta L^{(1)}=\sum_{i=1}^{6}\frac{\partial L}{\partial x_i}\Delta x_i(t_k)+\frac{\partial L}{\partial t_k}\Delta t_k \tag{7-12}$$

式中，

$$\begin{cases}\Delta x_i(t_k)=x_i(t_k)-\tilde{x}_i(\tilde{t}_k), & i=1,2,\cdots,6\\ \Delta t_k=t_k-\tilde{t}_k\end{cases} \tag{7-13}$$

系数 $\dfrac{\partial L}{\partial x_i}$ 为射程偏导数或射程误差系数，由标准关机点运动参数算出。为书写简便，今后常写 $\lambda_i=\dfrac{\partial L}{\partial x_i}$。

式(7-13)所定义的运动参数偏差表示实际弹道在实际关机时刻的参数值与标准弹道在标准关机时刻的参数值之差，称为全偏差。以全偏差线性组合表示 $\Delta L^{(1)}(t_k)$ 往往不便于分析，下面推导用等时偏差线性组合来表示的 $\Delta L^{(1)}(t_k)$ 表达式。任意时刻 t，参数 $x_i(t)$ 的等时偏差定义为

$$\delta x_i(t)=x_i(t)-\tilde{x}_i(t) \tag{7-14}$$

特别在关机时刻 t_k 时：

$$\delta x_i(t_k)=x_i(t_k)-\tilde{x}_i(t_k) \tag{7-15}$$

把式(7-15)代入式(7-13)得

$$\Delta x_i(t_k)=\delta x_i(t_k)+\tilde{x}_i(t_k)-\tilde{x}_i(\tilde{t}_k) \tag{7-16}$$

把 $\tilde{x}_i(t_k)$ 沿标准弹道相对 $\tilde{t}_k$ 展开泰勒级数，可有

$$\tilde{x}_i(t_k)=\tilde{x}_i(\tilde{t}_k)+\left.\frac{\mathrm{d}\tilde{x}_i}{\mathrm{d}t}\right|_{\tilde{t}_k}(t-\tilde{t}_k)+\frac{1}{2}\left.\frac{\mathrm{d}^2\tilde{x}_i}{\mathrm{d}t^2}\right|_{\tilde{t}_k}(t-\tilde{t}_k)^2+\cdots \tag{7-17}$$

当 t 为 $\tilde{t}_k$ 附近的 t_k 时，泰勒展开中二阶项以上可以略去，于是有

$$\tilde{x}_i(t_k)=\tilde{x}_i(\tilde{t}_k)+\left.\frac{\mathrm{d}\tilde{x}_i}{\mathrm{d}t}\right|_{\tilde{t}_k}(t_k-\tilde{t}_k) \tag{7-18}$$

将式(7-18)代入式(7-16)，得到

$$\begin{cases}\Delta x_i(t_k)=\delta x_i(t_k)+\left.\dfrac{\mathrm{d}\tilde{x}_i}{\mathrm{d}t}\right|_{\tilde{t}_k}\Delta t_k\\[2ex]\Delta t_k=t_k-\tilde{t}_k\end{cases} \tag{7-19}$$

根据式(7-19)所给出的关系，式(7-12)可改写为

$$\Delta L(t_k)=\sum_{i=1}^{6}\lambda_i\left[\delta x_i(t_k)+\left.\frac{\mathrm{d}\tilde{x}_i}{\mathrm{d}t}\right|_{\tilde{t}_k}\Delta t_k\right]+\frac{\partial L}{\partial t_k}\Delta t_k \tag{7-20}$$

用 λ_7 表示 $\dfrac{\partial L}{\partial t_k}$，式(7-20)表示为

$$\Delta L(t_k)=\sum_{i=1}^{6}\lambda_i\delta x_i(t_k)+\sum_{i=1}^{6}\lambda_i\left.\frac{\mathrm{d}\tilde{x}_i}{\mathrm{d}t}\right|_{\tilde{t}_k}\Delta t_k+\lambda_7\Delta t_k \tag{7-21}$$

式中，等号右边第一项是在实际关机时刻导弹运动参数偏离该瞬时参数标准值而产生的射程等时偏差，用 δL 来表示；第二项和第三项则反映了关机间隔偏差引起的射程偏差。注意到：

$$\sum_{i=1}^{6}\lambda_i\frac{\mathrm{d}\tilde{x}_i}{\mathrm{d}t}\bigg|_{\tilde{t}_k}+\lambda_7=\frac{\mathrm{d}L}{\mathrm{d}t}(\tilde{t}_k) \tag{7-22}$$

所以

$$\Delta L(t_k)=\delta L+\frac{\mathrm{d}L}{\mathrm{d}t}(\tilde{t}_k)\Delta t_k \tag{7-23}$$

与射程偏差类似，一阶近似下，横程偏差的线性展开式为

$$\begin{cases}\Delta H(t_k)\approx\Delta H^{(1)}(t_k)=\sum\limits_{i=1}^{6}\nu_i\Delta x_i(t_k)=\delta H+\dfrac{\mathrm{d}H}{\mathrm{d}t}(\tilde{t}_k)\Delta t_k\\ \nu_i=\dfrac{\partial H}{\partial x_i},\quad i=1,2,\cdots,7\end{cases} \tag{7-24}$$

射程偏导数和横向偏导数统称为弹道偏导数，它们都是标准关机点运动参数的函数，对给定弹道的火箭来说，其数值是一定的。

给定主动段终点的绝对弹道运动参量和起始发射点方位角与纬度，即可求出全射程偏差量：

$$\begin{cases}\Delta L(t_k)=\dfrac{\partial L}{\partial v_{xk}}\Delta V_{xk}+\dfrac{\partial L}{\partial v_{yk}}\Delta V_{yk}+\dfrac{\partial L}{\partial v_{zk}}\Delta V_{zk}+\dfrac{\partial L}{\partial x_k}\Delta x_k+\dfrac{\partial L}{\partial y_k}\Delta y_k+\dfrac{\partial L}{\partial z_k}\Delta z_k+\dfrac{\partial L}{\partial t_k}\Delta t_k\\ \Delta H(t_k)=\dfrac{\partial H}{\partial v_{xk}}\Delta V_{xk}+\dfrac{\partial H}{\partial v_{yk}}\Delta V_{yk}+\dfrac{\partial H}{\partial v_{zk}}\Delta V_{zk}+\dfrac{\partial H}{\partial x_k}\Delta x_k+\dfrac{\partial H}{\partial y_k}\Delta y_k+\dfrac{\partial H}{\partial z_k}\Delta z_k+\dfrac{\partial H}{\partial t_k}\Delta t_k\end{cases} \tag{7-25}$$

7.2 摄动制导的关机方程

7.2.1 按射程关机

摄动制导的基本特点在于将控制函数展开成自变量增量的泰勒级数。原则上，展开点应当选择沿标准弹道的所有点，这样展开式的系数必须是时变的。但是仔细分析之后可以断定，只有在关机点附近才需要非常精确地展开。因此对于任意制导段，只需要一个或几个展开点。因为标准关机点最可能出现，所以通常就选它为展开点。以射程关机为例，可以把关机时间 t_k 时的预计射程偏差 ΔL 围绕标准关机点参数 $\tilde{\boldsymbol{V}}(\tilde{t}_k)$、$\tilde{\boldsymbol{r}}(\tilde{t}_k)$、$\tilde{t}_k$ 展开泰勒级数，保留一阶项。作为关机条件，即关机条件保证射程偏差为零[4]。根据关机条件 $\Delta L=0$，可写出如下形式的关机方程：

$$J(t_k)=K(t_k)-\tilde{K}(\tilde{t}_k)=0 \tag{7-26}$$

式中，

$$\begin{cases}K(t_k)=\dfrac{\partial L}{\partial \boldsymbol{V}^{\mathrm{T}}}\boldsymbol{V}(t_k)+\dfrac{\partial L}{\partial \boldsymbol{r}^{\mathrm{T}}}\boldsymbol{r}(t_k)+\dfrac{\partial L}{\partial t}t_k\\ \tilde{K}(\tilde{t}_k)=\dfrac{\partial L}{\partial \boldsymbol{V}^{\mathrm{T}}}\tilde{\boldsymbol{V}}(\tilde{t}_k)+\dfrac{\partial L}{\partial \boldsymbol{r}^{\mathrm{T}}}\tilde{\boldsymbol{r}}(\tilde{t}_k)+\dfrac{\partial L}{\partial t}\tilde{t}_k\end{cases} \tag{7-27}$$

其中，$\dfrac{\partial L}{\partial \boldsymbol{V}^{\mathrm{T}}}$、$\dfrac{\partial L}{\partial \boldsymbol{r}^{\mathrm{T}}}$、$\dfrac{\partial L}{\partial t}$和$\tilde{K}(\tilde{t}_k)$在发射前射击诸元计算时，事先算出并存储在弹上计算机中，当导弹起飞后，导航计算实时求出$\boldsymbol{V}$、$\boldsymbol{r}$和$K(t)$，得到关机控制函数为

$$J(t)=K(t)-\tilde{K}(\tilde{t}_k) \tag{7-28}$$

式中，

$$K(t)=\frac{\partial L}{\partial \boldsymbol{V}^{\mathrm{T}}}\boldsymbol{V}(t)+\frac{\partial L}{\partial \boldsymbol{r}^{\mathrm{T}}}\boldsymbol{r}(t)+\frac{\partial L}{\partial t}t \tag{7-29}$$

当$J(t)=0$时，关闭发动机。$K(t)$是实际弹道参数的函数，对确定的弹道则是时间函数，而且是单调递增的。这样，射程控制问题归结为关机时间t_k的控制。在飞行中，不断根据测得的运动参数$V_x(t)$、$V_y(t)$、$V_z(t)$、$x(t)$、$y(t)$、$z(t)$、t，计算关机控制函数$K(t)$，并与$\tilde{K}(\tilde{t}_k)$比较，当$K(t)$递增到和$\tilde{K}(\tilde{t}_k)$相等时，这个时刻就是所要求的关机时刻t_k。

除按射程关机之外，运载火箭的关机方式还包括按绝对速度关机和按轨道半长轴关机等。

7.2.2　按速度关机

1. 速度关机方程

根据射程偏差方程，可以将导弹的运动分解为纵平面运动和侧平面运动两个互相独立的运动来考虑，即

$$\delta L=\frac{\partial L}{\partial x_k}\delta x_k+\frac{\partial L}{\partial y_k}\delta y_k+\frac{\partial L}{\partial V_{xk}}\delta V_{xk}+\frac{\partial L}{\partial V_{yk}}\delta V_{yk} \tag{7-30}$$

或

$$\delta L=\frac{\partial L}{\partial x_k}\delta x_k+\frac{\partial L}{\partial y_k}\delta y_k+\frac{\partial L}{\partial V_k}\delta V_k+\frac{\partial L}{\partial \theta_k}\delta \theta_k \tag{7-31}$$

式中，等号右边前两项是关机点坐标偏差引起的射程偏差；后两项是速度偏差引起的射程偏差，它们前面的偏导数称为误差传递系数。

通过研究表明，射程对坐标的偏导数$\dfrac{\partial L}{\partial \boldsymbol{r}_k}$比较小，而射程对速度的偏导数$\dfrac{\partial L}{\partial \boldsymbol{V}_k}$则比较大。对于近程导弹来说，射程在最佳射角附近$\dfrac{\partial L}{\partial \theta_k}$不大，且主动段飞行程序保证了$\delta\theta_k$值比较小，故射程偏差的主要原因是$\dfrac{\partial L}{\partial V_k}\delta V_k$，这启发了速度关机的方案。

设弹上有测量装置，能测出实际飞行速度$\boldsymbol{V}$的大小V，然后与标准弹道关机速度$\tilde{V}$比较，二者相等时关机，则关机方程为

$$V_k=\tilde{V}_k \tag{7-32}$$

关机控制方案示意图如图 7-1 所示，此时主动段终点的速度偏差为

$$\Delta V_k = V_k - \tilde{V}_k = 0 \tag{7-33}$$

由于按速度关机，关机时刻 t_k 与标准关机时刻不等，有一时间偏差 Δt_k ：

$$\Delta t_k = t_k - \tilde{t}_k \tag{7-34}$$

Δt_k 应为小偏差，则

$$V_k = V(t_k) = V(\tilde{t}_k + \Delta t_k) = V(\tilde{t}_k) + \dot{V}(\tilde{t}_k)\Delta t_k \tag{7-35}$$

$$\Delta V_k = V_k - \tilde{V}_k = V(\tilde{t}_k) - \tilde{V}_k + \dot{V}(\tilde{t}_k)\Delta t_k = \delta V_k + \dot{V}\Delta t_k \tag{7-36}$$

按速度关机 $\Delta V_k = 0$ ，故

$$\Delta t_k = -\frac{\delta V_k}{\dot{V}_k} \approx \frac{\delta V_k}{\dot{\tilde{V}}_k} \tag{7-37}$$

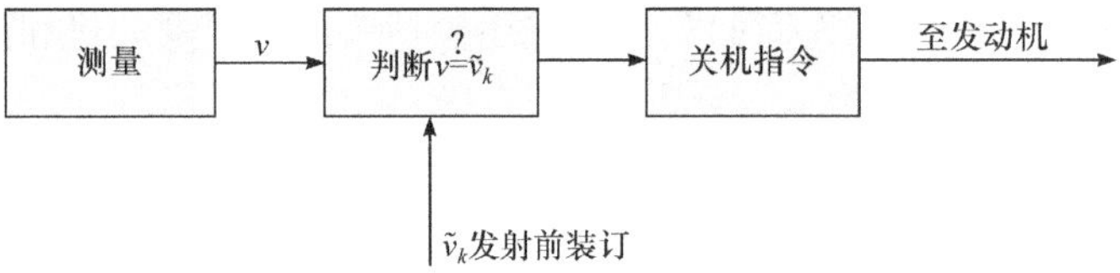

图 7-1　关机控制方案示意图

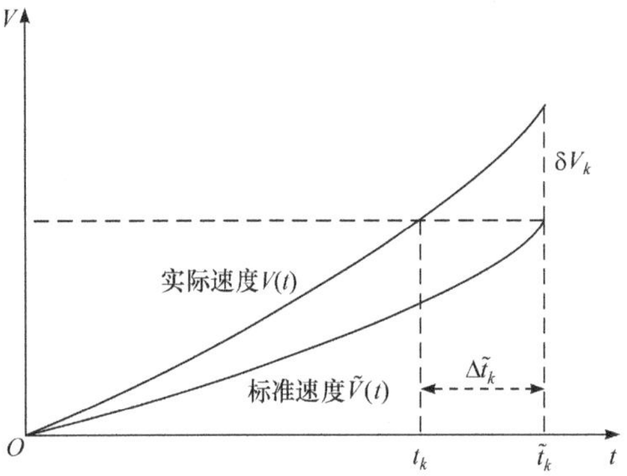

图 7-2　按速度关机时的射程偏差

正是有了这一时间偏差 Δt_k ，对等时关机的射程偏差起到了补偿作用，使按速度关机的射程偏差小于按等时关机的射程偏差，下面加以说明。

如图 7-2 所示，设主动段在干扰作用下，实际弹道 V 比标准弹道 $\tilde{V}$ 大，若按时间关机， $t = t_k$ 时产生速度偏差 $\delta V_k > 0$ ，而使 $\delta L > 0$ ；若按速度关机，关机时间为 t_k ，比 $\tilde{t}_k$ 提前了 Δt_k ，使射程偏差减小。射程偏差 ΔL 是否确实小于 δL 需要进一步的研究，为此，首先导出按速度关机时的射程偏差公式，然后与按时间关机的射程偏差公式进行比较。

2. 方法误差分析

1) 按速度关机时的射程偏差公式

在速度关机的条件下，主动段终点运动参数对标准弹道主动段终点运动参数的偏差为

$$\begin{cases}\Delta V_k = V_k - \tilde{V}_k = V(t_k) - \tilde{V}(\tilde{t}_k) = 0 \\ \Delta\theta = \theta_k - \tilde{\theta}_k = \theta(t_k) - \tilde{\theta}(\tilde{t}_k) \\ \Delta x_k = x_k - \tilde{x}_k = x(t_k) - \tilde{x}(\tilde{t}_k) \\ \Delta y_k = y_k - \tilde{y}_k = y(t_k) - \tilde{y}(\tilde{t}_k)\end{cases} \tag{7-38}$$

射程偏差为

$$\Delta L = L(x_k, y_k, V_k, \theta_k) - \tilde{L}(\tilde{x}_k, \tilde{y}_k, \tilde{V}_k, \tilde{\theta}_k) \tag{7-39}$$

将按速度关机的实际射程在标准弹道附近展开，并取到一阶项，则

$$L(x_k, y_k, V_k, \theta_k) = \tilde{L}(\tilde{x}_k, \tilde{y}_k, \tilde{V}_k, \tilde{\theta}_k) + \frac{\partial L}{\partial \theta_k}\Delta\theta_k + \frac{\partial L}{\partial x_k}\Delta x_k + \frac{\partial L}{\partial y_k}\Delta y_k \tag{7-40}$$

即

$$\Delta L = \frac{\partial L}{\partial \theta_k}\Delta\theta_k + \frac{\partial L}{\partial x_k}\Delta x_k + \frac{\partial L}{\partial y_k}\Delta y_k \tag{7-41}$$

式中，$\Delta\theta_k$、Δx_k、Δy_k 为按速度关机的实际弹道关机时刻运动参数对标准弹道关机时刻运动参数的偏差。

2) 按速度关机的射程偏差 ΔL 与按时间关机的射程偏差 δL 比较

按速度关机时：

$$\Delta t_k = -\frac{\delta V_k}{\dot{V}_k} \approx -\frac{\delta V_k}{\dot{\tilde{V}}_k} \tag{7-42}$$

故

$$\Delta\theta_k = \theta(t_k) - \tilde{\theta}(\tilde{t}_k) = \theta(\tilde{t}_k) + \dot{\theta}(\tilde{t}_k)\cdot\Delta t_k - \tilde{\theta}(\tilde{t}_k) = \delta\theta_k - \frac{\dot{\theta}_k}{\dot{V}_k}\delta V_k \tag{7-43}$$

同理：

$$\begin{cases}\Delta x_k = \delta x_k - \dfrac{\dot{x}_k}{\dot{V}_k}\delta V_k \\ \Delta y_k = \delta y_k - \dfrac{\dot{y}_k}{\dot{V}_k}\delta V_k\end{cases} \tag{7-44}$$

将式(7-44)代入式(7-41)，则得

$$\begin{aligned}\Delta L &= -\frac{1}{\dot{V}_k}\left(\frac{\delta L}{\delta\theta_k}\dot{\theta}_k + \frac{\delta L}{\delta x_k}\dot{x}_k + \frac{\delta L}{\delta y_k}\dot{y}_k\right)\delta V_k + \frac{\delta L}{\delta\theta_k} + \frac{\delta L}{\delta x_k}x_k + \frac{\delta L}{\delta y_k}y_k \\ &\approx -\frac{1}{\dot{\tilde{V}}_k}\left(\frac{\delta L}{\delta\theta_k}\dot{\tilde{\theta}}_k + \frac{\delta L}{\delta x_k}\dot{\tilde{x}}_k + \frac{\delta L}{\delta y_k}\dot{\tilde{y}}_k\right)\delta V_k + \frac{\delta L}{\delta\theta_k} + \frac{\delta L}{\delta x_k}x_k + \frac{\delta L}{\delta y_k}y_k\end{aligned} \tag{7-45}$$

令

$$\left(\frac{\partial L}{\partial V_k}\right)^* = -\frac{1}{\dot{\tilde{V}}}\left(\frac{\delta L}{\delta\theta_k}\dot{\tilde{\theta}}_k + \frac{\delta L}{\delta x_k}\dot{\tilde{x}}_k + \frac{\delta L}{\delta y_k}\dot{\tilde{y}}_k\right) \tag{7-46}$$

则

$$\Delta L=\left(\frac{\partial L}{\partial V_k}\right)^*\delta V_k+\frac{\partial L}{\partial \theta_k}\delta\theta_k+\frac{\partial L}{\partial x_k}\delta x_k+\frac{\partial L}{\partial y_k}\delta y_k \tag{7-47}$$

式(7-41)与式(7-47)相比较，差别只是第一项，即当$\left|\left(\frac{\partial L}{\partial v_k}\right)^*\right|\ll\left(\frac{\partial L}{\partial v_k}\right)$时，按速度关机所产生的射程偏差$\Delta L$小于按时间关机的射程偏差$\delta L$，也可用以下形式说明二者关系：

$$\Delta L=-\frac{1}{\dot{V}_k}\left(\frac{\delta L}{\delta\theta_k}\dot{\theta}_k+\frac{\delta L}{\delta x_k}\dot{x}_k+\frac{\delta L}{\delta y_k}\dot{y}_k\right)\delta V_k+\frac{\partial L}{\partial V_k}\delta V_k+\frac{\partial L}{\partial \theta_k}\delta\theta_k+\frac{\partial L}{\partial x_k}\delta x_k+\frac{\partial L}{\partial y_k}\delta y_k \tag{7-48}$$

即可得

$$\begin{cases}\Delta L=-\dfrac{\tilde{\dot{L}}}{\tilde{\dot{V}}_k}\delta V_k+\delta L=\tilde{\dot{L}}\delta t_k+\delta L\\[2ex] \Delta t_k=-\dfrac{\delta V_k}{\tilde{\dot{V}}_k}\end{cases} \tag{7-49}$$

当$\Delta V_k>0$时，$\delta L>0$，而$\Delta t_k<0$，则$\Delta L<\delta L$，故按速度关机的方案减小了射程偏差。

按速度关机的方案可以减小射程偏差，但需要对导弹的飞行速度进行测量，因此弹上要有测量速度的设备，在结构上比按时间关机方案要复杂得多。在射程控制方法中，始终存在着结构的简易性与控制的精确性的矛盾，这一矛盾促进了射程控制技术的发展，而控制的精确性是主要矛盾，应在保证精度的条件下使结构尽可能简单。

7.3 横向导引与法向导引

如前所述，导引就是以制导计算周期向姿态控制系统提供姿态控制指令，姿态控制指令可以用欧拉角$(\varphi_c,\psi_c,\gamma_c)$或方向余弦矩阵$\boldsymbol{C}_I^b$给出。采用摄动制导的导弹，在导弹发射前要设计一条标准弹道，它与预先选择的固定的俯仰程序角$\varphi_{\rm pr}$(图 7-3)相对应。

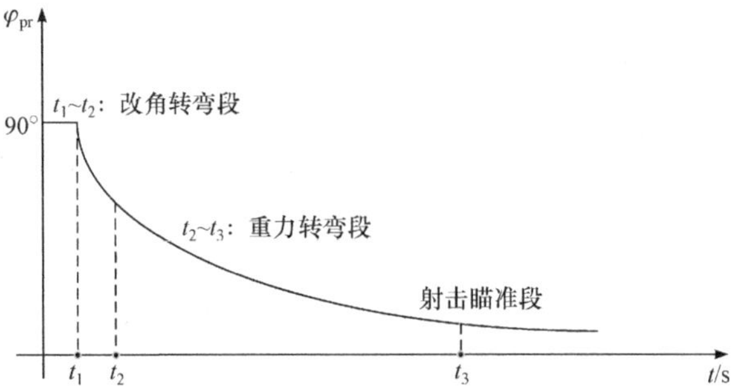

图 7-3 俯仰程序角随飞行时间变化曲线

固定的俯仰程序角$\varphi_{\rm pr}$曲线可看作，导弹在主动段飞行中取俯仰角作为标准的开环导引指令。在没有干扰作用条件下，导弹飞行弹道称为标准弹道。因为是开环控制，所以导弹在实际飞行中受各种干扰作用下，实际飞行弹道将偏离标准弹道而造成导弹的落点偏差，故为减少导弹的落点偏差，提高导弹命中精度，需进行横向导引和法向导引。

7.3.1　横向导引

导弹制导任务是使横程偏差 ΔH 和射程偏差 ΔL 都为 0。已知横程偏差可表示为

$$\Delta H = \frac{\partial H}{\partial \boldsymbol{V}_k^{\mathrm{T}}}\Delta \boldsymbol{V}_k + \frac{\partial H}{\partial \boldsymbol{r}_k^{\mathrm{T}}}\Delta \boldsymbol{r}_k \tag{7-50}$$

或

$$\Delta H = \frac{\partial H}{\partial \boldsymbol{V}_{ak}^{\mathrm{T}}}\Delta \boldsymbol{V}_{ak} + \frac{\partial H}{\partial \boldsymbol{r}_{ak}^{\mathrm{T}}}\Delta \boldsymbol{r}_{ak} + \frac{\partial H}{\partial t_k}\Delta t_k \tag{7-51}$$

横程控制要求在关机时刻 t_k 满足：

$$\Delta H(t_k) = 0 \tag{7-52}$$

但关机时刻 t_k 是由射程控制来确定的，由于干扰的随机性，不可能同时满足射程偏差和横程偏差的关机条件，因此，往往采用先横程后射程的原则，即在标准弹道关机时刻 $\tilde{t}_k$ 之前的某一时刻 $\tilde{t}_k - T$ 开始，直到 t_k，一直保持：

$$\Delta H(t) = 0, \quad \tilde{t}_k - T \leqslant t < t_k \tag{7-53}$$

这就是说先满足横程控制的要求，并加以保持，再按射程控制的要求关机。因为横向只能控制 z 与 V_z，为满足式(7-53)，必须在 $\tilde{t}_k - T$ 之前足够长时间内对弹的质心横向运动进行控制，故称横向控制为横向导引。

式(7-50)中的偏差为全偏差，将其换成等时偏差，则

$$\Delta H(t_k) = \delta H(t_k) + \dot{H}(t_k)\cdot \Delta t_k \tag{7-54}$$

式中，

$$\delta H(t_k) = \frac{\partial H}{\partial \boldsymbol{V}_k}\delta \boldsymbol{V}_k + \frac{\partial H}{\partial \boldsymbol{r}_k}\delta \boldsymbol{r}_k \tag{7-55}$$

或

$$\delta H(t_k) = \frac{\partial H}{\partial \boldsymbol{V}_{ak}}\delta \boldsymbol{V}_{ak} + \frac{\partial H}{\partial \boldsymbol{r}_{ak}}\delta \boldsymbol{r}_{ak} \tag{7-56}$$

由于 t_k 是按射程关机的时间，故

$$\begin{cases} \Delta L(t_k) = \delta L(t_k) + \dot{L}(\tilde{t}_k)\Delta t_k = 0 \\ \Delta t_k = -\dfrac{\delta L(t_k)}{\dot{L}(\tilde{t}_k)} \end{cases} \tag{7-57}$$

将式(7-57)代入式(7-54)，则

$$\Delta H(t_k) = \delta H(t_k) - \frac{\dot{H}(\tilde{t}_k)}{\dot{L}(\tilde{t}_k)}\delta L(t_k) \tag{7-58}$$

式中，$\delta L(t_k)=\dfrac{\partial L}{\partial \tilde{\boldsymbol{V}}_k}\delta \boldsymbol{V}_k+\dfrac{\partial L}{\partial \tilde{\boldsymbol{r}}_k}\delta \boldsymbol{r}_k$ 或 $\delta L(t_k)=\dfrac{\partial L}{\partial \tilde{\boldsymbol{V}}_{ak}}\delta \boldsymbol{V}_{ak}+\dfrac{\partial L}{\partial \tilde{\boldsymbol{r}}_{ak}}\delta \boldsymbol{r}_{ak}$，故

$$\begin{aligned}\Delta H(t_k)&=\left(\frac{\partial H}{\partial \tilde{\boldsymbol{V}}_k}-\frac{\dot{H}}{\dot{L}}\frac{\partial L}{\partial \tilde{\boldsymbol{r}}_k}\right)_{\tilde{t}_k}\delta \boldsymbol{V}_k+\left(\frac{\partial H}{\partial \tilde{\boldsymbol{r}}_k}-\frac{\dot{H}}{\dot{L}}\frac{\partial L}{\partial \tilde{\boldsymbol{r}}_k}\right)_{\tilde{t}_k}\delta \boldsymbol{r}_k\\&\triangleq K_1(\tilde{t}_k)\delta \boldsymbol{V}_k+K_2(\tilde{t}_k)\delta \boldsymbol{r}_k\end{aligned}\tag{7-59}$$

或

$$\begin{aligned}\Delta H(t_k)&=\left(\frac{\partial H}{\partial \tilde{\boldsymbol{V}}_{ak}}-\frac{\dot{H}}{\dot{L}}\frac{\partial L}{\partial \tilde{\boldsymbol{r}}_{ak}}\right)_{\tilde{t}_k}\delta \boldsymbol{V}_{ak}+\left(\frac{\partial H}{\partial \tilde{\boldsymbol{r}}_{ak}}-\frac{\dot{H}}{\dot{L}}\frac{\partial L}{\partial \tilde{\boldsymbol{r}}_{ak}}\right)_{\tilde{t}_k}\delta \boldsymbol{r}_{ak}\\&\triangleq K_{1a}(\tilde{t}_k)\delta \boldsymbol{V}_k+K_{2a}(\tilde{t}_k)\delta \boldsymbol{r}_k\end{aligned}\tag{7-60}$$

由标准弹道可以确定式(7-59)。

当已知t时刻的等时偏差$\delta \boldsymbol{V}(t)$、$\delta \boldsymbol{r}(t)$，并假定在(t,t_k)时间区间内没有干扰作用，近似认为$\delta \boldsymbol{V}(t)$、$\delta \boldsymbol{r}(t)$以常值传播到关机点，故可分别以$\delta \boldsymbol{V}(t)$、$\delta \boldsymbol{r}(t)$代替方程(7-59)中的$\delta \boldsymbol{V}_k$、$\delta \boldsymbol{r}_k$，另外Δt_k也可根据$\delta \boldsymbol{V}(t)$、$\delta \boldsymbol{r}(t)$进行预测：

$$\Delta t_k=-\frac{1}{\dot{L}(\tilde{t}_k)}\left[\frac{\partial L}{\partial \tilde{\boldsymbol{V}}^{\mathrm{T}}}\delta \boldsymbol{V}(t)+\frac{\partial L}{\partial \tilde{\boldsymbol{r}}^{\mathrm{T}}}\delta \boldsymbol{r}(t)\right]\tag{7-61}$$

则由$\delta \boldsymbol{V}(t)$、$\delta \boldsymbol{r}(t)$预测的落点横向偏差为

$$\Delta H(t)=\left[\frac{\partial H}{\partial \tilde{\boldsymbol{V}}^{T}}-\frac{\dot{H}(\tilde{t}_k)}{\dot{L}(\tilde{t}_k)}\frac{\partial L}{\partial \tilde{\boldsymbol{V}}^{\mathrm{T}}}\right]_{\tilde{t}_k}\delta \boldsymbol{V}(t)+\left[\frac{\partial H}{\partial \tilde{\boldsymbol{r}}^{\mathrm{T}}}-\frac{\dot{H}(\tilde{t}_k)}{\dot{L}(\tilde{t}_k)}\frac{\partial L}{\partial \tilde{\boldsymbol{r}}^{\mathrm{T}}}\right]_{\tilde{t}_k}\delta \boldsymbol{r}(t)\tag{7-62}$$

如果将

$$W_H(t)=\Delta H(t)=K_{H1}(\tilde{t}_k)\delta \boldsymbol{V}(t)+K_{H2}(\tilde{t}_k)\delta \boldsymbol{r}(t)\tag{7-63}$$

或

$$W_H(t)=\Delta H(t)=K_{H1a}(\tilde{t}_k)\delta \boldsymbol{V}_a(t)+K_{H2a}(\tilde{t}_k)\delta \boldsymbol{r}_a(t)\tag{7-64}$$

称为横向控制函数，则当$t\to t_k$时，$W_H(t)\to \Delta H(t)$。因此，按$W_H(t)=0$控制横向质心运动与按$\Delta H(t)\to 0$控制是等价的：

$$W_H(t)=K_H(t)-\tilde{K}_H(\tilde{t}_k)\tag{7-65}$$

式中，

$$K_H(t)=\left(\frac{\partial H}{\partial \tilde{\boldsymbol{V}}^{\mathrm{T}}}-\frac{\dot{H}}{\dot{L}}\frac{\partial L}{\partial \tilde{\boldsymbol{V}}^{\mathrm{T}}}\right)_{\tilde{t}_k}\boldsymbol{V}(t)+\left(\frac{\partial H}{\partial \tilde{\boldsymbol{r}}^{\mathrm{T}}}-\frac{\dot{H}}{\dot{L}}\frac{\partial L}{\partial \tilde{\boldsymbol{r}}^{\mathrm{T}}}\right)_{\tilde{t}_k}\boldsymbol{r}(t)\tag{7-66}$$

$$\tilde{K}_H(\tilde{t}_k)=\left(\frac{\partial H}{\partial \tilde{\boldsymbol{V}}^{\mathrm{T}}}-\frac{\dot{H}}{\dot{L}}\frac{\partial L}{\partial \tilde{\boldsymbol{V}}^{\mathrm{T}}}\right)_{\tilde{t}_k}\tilde{\boldsymbol{V}}(t)+\left(\frac{\partial H}{\partial \tilde{\boldsymbol{r}}^{\mathrm{T}}}-\frac{\dot{H}}{\dot{L}}\frac{\partial L}{\partial \tilde{\boldsymbol{r}}^{\mathrm{T}}}\right)_{\tilde{t}_k}\tilde{\boldsymbol{r}}(t)\tag{7-67}$$

故横向导引指令为

$$\Delta\psi_c=\psi-a^{\psi}\left[K_H(t)-\tilde{K}_H(\tilde{t}_k)\right]\tag{7-68}$$

式中，$\tilde{K}_H(\tilde{t}_k)$ 可以根据标准弹道参数预先算出并存入弹上计算机；$K_H(t)$ 可以根据加速度计输出由式(7-66)实时计算。

横向导引系统与射程控制所用的导弹位置速度信息相同，经过横向导引计算，得出控制函数 $W_H(t)$，并产生信号送入偏航姿态控制系统，实现对横向质心运动的控制，其控制结构示意图如图 7-4 所示。

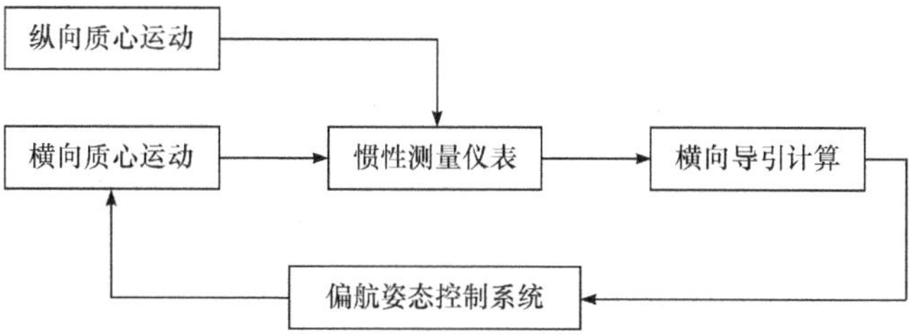

图 7-4　横向导引系统控制结构示意图

对于中、近程导弹来说，可以将导弹的运动分为纵向与侧向的两个平面运动来研究。横程偏差取决于主动段终点时侧向运动参数，如图 7-5 所示，此时

$$\Delta H = z_k + \dot{z}_k T_c \tag{7-69}$$

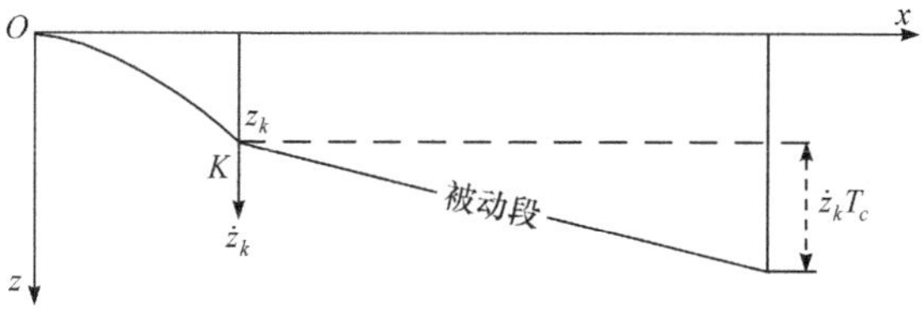

图 7-5　侧向运动参数的变化

图 7-5 中 Ox 为射面，通过目标，z_k、$\dot{z}_k$ 为关机点 K 的侧向运动参数，T_c 为被动段飞行时间。如果在弹上安装三个加速度表，则

$$\begin{cases} \dot{V}_z = -\dot{W}_x \sin\psi + \dot{W}_y \cos\psi \sin\gamma + \dot{W}_z \cos\psi \cos\gamma + g_z \\ \quad \approx -\dot{W}_x \psi + \dot{W}_y \gamma + \dot{W}_z + g_z \\ \dot{z} = V_z \end{cases} \tag{7-70}$$

考虑到偏航角、滚动角 γ 都很小，g_z 也是微量，故可令

$$\begin{cases} \dot{V}_z \approx \dot{W}_z - \dot{W}_x \psi \\ \dot{z} = V_z \approx W_z - W_x \psi \end{cases} \tag{7-71}$$

则

$$\Delta H \approx \dot{V}_z T_c + V_z - \psi \int_0^t W_x \mathrm{d}t \tag{7-72}$$

将 V_z、$\dot{V}_z$ 作为横向导引信号，加入偏航姿态稳定系统进行控制，使关机瞬间 $\Delta H \to 0$。

最初的横向导引的目的是将导弹控制在射面内，射面是指地面发射坐标系的 $x_g o y_g$ 平

面，在$\gamma_c=0$的前提下，控制偏航角实现横向导引，导引指令为

$$\Delta\psi_c=\psi-a_1^{\psi}z_g-a_2^{\psi}V_{gz} \tag{7-73}$$

当导弹被控制沿射面飞行时，由于牵连加速度和科氏加速度的作用，$\dot{W}_z\neq 0$，于是当导弹起飞后，横向视速度也不为零($\dot{W}_z\neq 0$)。因此横向导引指令可改写为

$$\Delta\psi_c=\psi-a_1^{\psi}(\dot{W}_z-\dot{\tilde{W}}_z)-a_2^{\psi}(W_z-\tilde{W}_z) \tag{7-74}$$

式中，$\dot{\tilde{W}}_z$、$\tilde{W}_z$分别为$\dot{W}_z$、W_z的标准弹道值。

另外一个行之有效的横向导引方法是当主动段制导计算在绝对坐标系内进行时，若导弹不受横向力作用，则导弹的侧向速度始终保持为V_{z0}，即导弹在z轴方向的分运动为匀速直线运动。此时，标准弹道的$\dot{W}_z$、W_z均为零，故导引指令为

$$\Delta\psi_c=\psi-a_1^{\psi}\dot{W}_z-a_2^{\psi}W_z \tag{7-75}$$

上述两种导引方法对中、近程导弹的横向导引效果较好，对于远程导弹，被动段弹道偏离射面较大，关机点参数偏差对落点偏差纵横向的交联影响较大。

7.3.2 法向导引

摄动制导也称为δ制导，即是使射程偏差展开式的一阶项$\Delta L^{(1)}=0$的制导方法，为了保证摄动制导的正确性，必须保证二阶以上各项是高阶小量，为此要求实际弹道运动参量与标准弹道运动参量之差是小量，也就是要使实际弹道很接近标准弹道。特别是高阶射程偏导数比较大的运动参量，更应该是小量。计算和分析表明，在二阶射程偏导数中$\partial^2L/\partial\theta^2$、$\partial^2L/(\partial\theta\partial V)$最大，因此，必须控制$\Delta\theta(t_k)$小于允许值，这就是法向导引。

与横向导引类似，有

$$\begin{aligned}\Delta\theta(t_k)&=\frac{\partial\theta}{\partial \boldsymbol{V}_k}\Delta\boldsymbol{V}_k+\frac{\partial\theta}{\partial \boldsymbol{r}_k}\Delta\boldsymbol{r}_k=\delta\theta(t_k)+\dot{\theta}(\tilde{t}_k)\Delta t_k\\&=\left(\frac{\partial\theta}{\partial \boldsymbol{V}_k}-\frac{\dot{\theta}}{\dot{L}}\frac{\partial L}{\partial \boldsymbol{V}_k}\right)_{\tilde{t}_k}\delta\boldsymbol{V}_k+\left(\frac{\partial\theta}{\partial \boldsymbol{r}_k}-\frac{\dot{\theta}}{\dot{L}}\frac{\partial L}{\partial \boldsymbol{r}_k}\right)_{\tilde{t}_k}\delta\boldsymbol{r}_k\end{aligned} \tag{7-76}$$

或

$$\theta(t_k)=\left(\frac{\partial\theta}{\partial \boldsymbol{V}_{ak}}-\frac{\dot{\theta}}{\dot{L}}\frac{\partial L}{\partial \boldsymbol{V}_{ak}}\right)_{\tilde{t}_k}\delta\boldsymbol{V}_{ak}+\left(\frac{\partial\theta}{\partial \boldsymbol{r}_{ak}}-\frac{\dot{\theta}}{\dot{L}}\frac{\partial L}{\partial \boldsymbol{r}_{ak}}\right)_{\tilde{t}_k}\delta\boldsymbol{r}_{ak} \tag{7-77}$$

式中，

$$\dot{\theta}(\tilde{t}_k)=\left(\frac{\partial\theta}{\partial V_x}\dot{V}_x+\frac{\partial\theta}{\partial V_y}\dot{V}_y+\frac{\partial\theta}{\partial V_z}\dot{V}_z+\frac{\partial\theta}{\partial x}\dot{x}+\frac{\partial\theta}{\partial y}\dot{y}+\frac{\partial\theta}{\partial z}\dot{z}\right)_{\tilde{t}_k} \tag{7-78}$$

或

$$\dot{\theta}(\tilde{t}_k)=\left(\frac{\partial\theta}{\partial V_{ax}}\dot{V}_{ax}+\frac{\partial\theta}{\partial V_{ay}}\dot{V}_{ay}+\frac{\partial\theta}{\partial V_{az}}\dot{V}_{az}+\frac{\partial\theta}{\partial x_a}\dot{x}_a+\frac{\partial\theta}{\partial y_a}\dot{y}_a+\frac{\partial\theta}{\partial z_a}\dot{z}_a+\frac{\partial\theta}{\partial t_k}\right)_{\tilde{t}_k} \tag{7-79}$$

如果选择法向控制函数：

$$W_\theta(t)=\left(\frac{\partial\theta}{\partial \boldsymbol{V}_k}-\frac{\dot{\theta}}{\dot{L}}\frac{\partial L}{\partial \boldsymbol{V}_k}\right)_{\tilde{t}_k}\delta\boldsymbol{V}(t)+\left(\frac{\partial\theta}{\partial \boldsymbol{r}_k}-\frac{\dot{\theta}}{\dot{L}}\frac{\partial L}{\partial \boldsymbol{r}_k}\right)_{\tilde{t}_k}\delta\boldsymbol{r}(t) \tag{7-80}$$

或

$$W_\theta(t)=\left(\frac{\partial\theta}{\partial \boldsymbol{V}_{ak}}-\frac{\dot{\theta}}{\dot{L}}\frac{\partial L}{\partial \boldsymbol{V}_{ak}}\right)_{\tilde{t}_k}\delta\boldsymbol{V}(t)+\left(\frac{\partial\theta}{\partial \boldsymbol{r}_{ak}}-\frac{\dot{\theta}}{\dot{L}}\frac{\partial L}{\partial \boldsymbol{r}_{ak}}\right)_{\tilde{t}_k}\delta\boldsymbol{r}(t) \tag{7-81}$$

如果令

$$W_\theta(t)=K_1(\tilde{t}_k)\delta\boldsymbol{V}(t)+K_2(\tilde{t}_k)\delta\boldsymbol{r}(t) \tag{7-82}$$

或

$$W_\theta(t)=K_{\theta 1a}(\tilde{t}_k)\delta\boldsymbol{V}_a(t)+K_{\theta 2a}(\tilde{t}_k)\delta\boldsymbol{r}_a(t) \tag{7-83}$$

在远离 $\tilde{t}_k$ 的时间 t_θ 开始控制，使 $W_\theta(t)\to 0$，则当时间 $t>t_k$ 时，$W_\theta(t_k)\to\Delta\theta(t_k)\to 0$，即满足了导引的要求。法向导引信号加在俯仰控制系统上，通过对弹的质心的纵向运动参数的控制，以达到法向导引的要求：

$$W_\theta(t)=K_\theta(t)-\tilde{K}_\theta(\tilde{t}_k) \tag{7-84}$$

式中，

$$K_\theta(t)=\left(\frac{\partial\theta}{\partial \tilde{\boldsymbol{V}}^{\mathrm{T}}}-\frac{\dot{\theta}}{\dot{L}}\frac{\partial L}{\partial \tilde{\boldsymbol{V}}^{\mathrm{T}}}\right)_{\tilde{t}_k}\boldsymbol{V}(t)+\left(\frac{\partial\theta}{\partial \tilde{\boldsymbol{r}}^{\mathrm{T}}}-\frac{\dot{\theta}}{\dot{L}}\frac{\partial L}{\partial \tilde{\boldsymbol{r}}^{\mathrm{T}}}\right)_{\tilde{t}_k}\boldsymbol{r}(t) \tag{7-85}$$

$$\tilde{K}_\theta(\tilde{t}_k)=\left(\frac{\partial\theta}{\partial \tilde{\boldsymbol{V}}^{\mathrm{T}}}-\frac{\dot{\theta}}{\dot{L}}\frac{\partial L}{\partial \tilde{\boldsymbol{V}}^{\mathrm{T}}}\right)_{\tilde{t}_k}\tilde{\boldsymbol{V}}(t)+\left(\frac{\partial\theta}{\partial \tilde{\boldsymbol{r}}^{\mathrm{T}}}-\frac{\dot{\theta}}{\dot{L}}\frac{\partial L}{\partial \tilde{\boldsymbol{r}}^{\mathrm{T}}}\right)_{\tilde{t}_k}\tilde{\boldsymbol{r}}(t) \tag{7-86}$$

故法向导引指令为

$$\Delta\varphi_c=a_\varphi\left[K_\theta(t)-\tilde{K}_\theta(\tilde{t}_k)\right] \tag{7-87}$$

式中，$\tilde{K}_\theta(\tilde{t}_k)$ 可以根据标准弹道参数预先算出并存入弹上计算机；$K_\theta(t)$ 可以根据加速度计输出由式(7-85)实时计算。

对于中近程导弹通常也可采取如下形式的法向导引：

$$\Delta\varphi_c=a_\varphi\left[\arctan(V_y/V_x)-\tilde{\theta}_k\right] \tag{7-88}$$

式中，$\tilde{\theta}_k$ 为标准弹道在关机点处的速度倾角；a_φ 为法向导引系数。法向导引通常在导弹飞出大气层后加入。

7.4 摄动制导诸元确定方法

7.4.1 摄动制导方案射击诸元的迭代确定方法

射击诸元这个术语是沿用火炮射击中采用的一个术语，火炮射击的高低角、方位角、装药量等就是火炮的射击诸元。导弹的射击诸元要比火炮复杂得多，射击方位角及制导计算所需的标准弹道参数均属射击诸元。这些射击诸元是根据给定的发射点、目标点，在射前通过计算或查表来确定，这个过程称为射击诸元计算或射击诸元准备。

摄动制导方案关机方程、导引方程中的$\dfrac{\partial L}{\partial \boldsymbol{V}^{\mathrm{T}}}$、$\dfrac{\partial L}{\partial \boldsymbol{r}^{\mathrm{T}}}$、$\dfrac{\partial H}{\partial \boldsymbol{V}^{\mathrm{T}}}$、$\dfrac{\partial H}{\partial \boldsymbol{r}^{\mathrm{T}}}$、$\dot{L}$、$\dot{H}$、$\tilde{W}(t)$均是由标准弹道确定的。因此为确定射击诸元，必须先确定一条自发射点至目标点的标准弹道。通常采用迭代算法确定这条标准弹道，即模拟打靶法。模拟打靶法是根据发射点、目标点的位置，可先在圆形地球上确定球面方位角$\widehat{\alpha}$和球面射程$\widehat{L}$。然后，取射击方位角的初值$A^{[0]}=\widehat{\alpha}$，并利用射程随关机时间变化曲线$\widehat{L}\sim\tilde{t}_k$查出球面射程$\widehat{L}$对应的关机时间$\tilde{t}_k$，并取关机时间的初值$t_k^{[0]}=\tilde{t}_k$。于是便可根据$A^{[0]}$、$t_k^{[0]}$解主动段标准弹道，求出$t_k=t_k^{[0]}$时刻的关机点参数$\boldsymbol{V}_k^{[0]}$、$\boldsymbol{r}_K^{[0]}$，再以它们为初值解被动段标准弹道，即可求得导弹的落点位置，也可求出落点的球面射程$\widehat{L}_c^0$、球面方位角$\widehat{\alpha}_c^{[0]}$，并可得到射程偏差和方位角偏差：

$$\begin{cases}\Delta L^{[0]}=\widehat{L}_c^{[0]}-\widehat{L}\\ \Delta\alpha^{[0]}=\widehat{\alpha}_c^{[0]}-\widehat{\alpha}\end{cases} \tag{7-89}$$

于是，第二次计算便取：

$$\begin{cases}A^{[1]}=A^{[0]}-\Delta\alpha^{[0]}\\ t_k^{[1]}=t_k^{[0]}-\dfrac{\partial t_k}{\partial \widehat{L}}\Delta L^{[0]}\end{cases} \tag{7-90}$$

重复计算主动段和被动段标准弹道，并求得$\widehat{L}^{[1]}$、$\widehat{\alpha}^{[1]}$。偏导数$\dfrac{\partial t_k}{\partial \widehat{L}}$可根据图 7-6 的曲线近似确定。

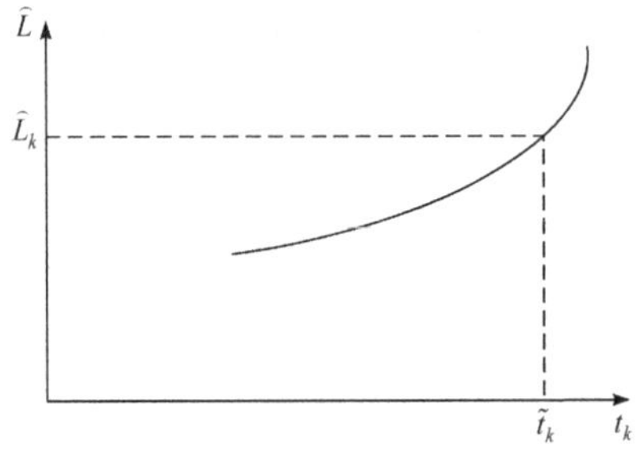

图 7-6 导弹射程随关机时间变化曲线

再取

$$\begin{cases}A^{[2]}=A^{[1]}-\Delta\alpha^{[1]}\\ t_k^{[2]}=t_k^{[1]}-\dfrac{\partial t_k}{\partial \widehat{L}}\Delta L^{[1]}\end{cases} \tag{7-91}$$

重复上述计算，直到同时满足：

$$\begin{cases}\Delta\alpha^{[n]}<\varepsilon_\alpha\\ \Delta L^{[n]}<\varepsilon_L\end{cases} \tag{7-92}$$

为止。式中，ε_α、ε_L 为预先给出的落点偏差的允许值。因此可以取射击方位角 $A=A^{[n]}$，标准弹道的关机时间 $t=t_k^{[n]}$，计算标准弹道关机点参数及对应的偏导数。

上述迭代过程的计算量很大，过去在计算速度为每秒几十万次的计算机上，完成一次诸元计算需要几十分钟甚至一小时，这对于机动发射的导弹是不允许的。因为在发射准备过程中，导弹载体(如潜艇、飞机)处于不断运动中，即发射点在不断变化，要求射击诸元的计算具有实时性。

7.4.2 摄动制导弹道偏导数计算

1. 弹道偏导数解析公式计算

在球形引力场模型下，弹道偏导数可以用解析公式计算。考虑到地球自转的影响，仍然通过惯性球壳上的几何关系把椭圆弹道的射程公式和旋转地球上的射程公式联系起来。首先用相对关机点惯性坐标系的运动参数 $V_H,\theta_H,\cdots$ 代替相对发射点惯性坐标系的运动参数 $V_x(t_k),V_y(t_k),\cdots$，即有

$$
\begin{aligned}
L &= L\left(V_x(t_k),V_y(t_k),V_z(t_k),x(t_k),y(t_k),z(t_k)\right) \\
&= L\left(V_H,\theta_H,r_H,\beta_r,v_r,v_H,t_k\right)
\end{aligned}
\tag{7-93}
$$

这样一来，对后者的偏导数可以用对前者的偏导数来表示，写成矩阵形式，即

$$
\begin{pmatrix}
\dfrac{\partial L}{\partial V_x} \\ \dfrac{\partial L}{\partial V_y} \\ \dfrac{\partial L}{\partial V_z} \\ \dfrac{\partial L}{\partial x} \\ \dfrac{\partial L}{\partial y} \\ \dfrac{\partial L}{\partial z} \\ \dfrac{\partial L}{\partial t_k}
\end{pmatrix}
=
\begin{pmatrix}
n_{11} & n_{21} & 0 & n_{41} & 0 & 0 & 0 \\
n_{12} & n_{22} & 0 & n_{42} & 0 & 0 & 0 \\
n_{13} & n_{23} & 0 & n_{43} & 0 & 0 & 0 \\
0 & n_{24} & n_{34} & n_{44} & n_{54} & n_{64} & 0 \\
0 & n_{25} & n_{35} & n_{45} & n_{55} & n_{65} & 0 \\
0 & n_{26} & n_{36} & n_{46} & n_{56} & n_{66} & 0 \\
0 & 0 & 0 & 0 & 0 & 0 & 1
\end{pmatrix}
\begin{pmatrix}
\dfrac{\partial L}{\partial V_H} \\ \dfrac{\partial L}{\partial \theta_H} \\ \dfrac{\partial L}{\partial r_H} \\ \dfrac{\partial L}{\partial \beta_r} \\ \dfrac{\partial L}{\partial v_r} \\ \dfrac{\partial L}{\partial v_H} \\ \dfrac{\partial L}{\partial t_k}
\end{pmatrix}
\tag{7-94}
$$

式(7-94)的系数矩阵记作 IN，而射程 L 通过一系列中间变量和 $V_H,\theta_H,\cdots$ 相联系：

$$L = R\phi \to \begin{bmatrix} \varphi_f \\ \tilde{\lambda}_f \end{bmatrix} \to \begin{bmatrix} \beta_c \\ t_n \\ \psi_{\beta c} \\ \varphi_k \\ \tilde{\lambda}_k \end{bmatrix} \to \begin{bmatrix} V_H \\ \theta_H \\ r_H \\ \beta_r \\ v_r \\ v_H \\ t_k \end{bmatrix}, \tilde{\lambda}_f = \lambda_f - \lambda_s, \tilde{\lambda}_k = \lambda_k - \lambda_s$$

根据函数关系可以推导出偏导数公式，并写成如下的矩阵形式：

$$\begin{pmatrix} \dfrac{\partial L}{\partial V_H} \\ \dfrac{\partial L}{\partial \theta_H} \\ \dfrac{\partial L}{\partial r_H} \\ \dfrac{\partial L}{\partial \beta_r} \\ \dfrac{\partial L}{\partial v_r} \\ \dfrac{\partial L}{\partial v_H} \\ \dfrac{\partial L}{\partial t_k} \end{pmatrix} = \mathrm{ID} \cdot \mathrm{IC} \cdot \begin{pmatrix} R\dfrac{\partial \phi}{\partial \varphi_f} \\ R\dfrac{\partial \phi}{\partial \tilde{\lambda}_f} \end{pmatrix} \tag{7-95}$$

$$\mathrm{ID} = \begin{pmatrix} \dfrac{\partial \beta_c}{\partial V_H} & \dfrac{\partial t_n}{\partial V_H} & 0 & 0 & 0 \\ \dfrac{\partial \beta_c}{\partial \theta_H} & \dfrac{\partial t_n}{\partial \theta_H} & 0 & 0 & 0 \\ \dfrac{\partial \beta_c}{\partial r_H} & \dfrac{\partial t_n}{\partial r_H} & 0 & 0 & 0 \\ 0 & 0 & 1 & 0 & 0 \\ 0 & 0 & \dfrac{\partial \psi_A}{\partial \varphi_k}\dfrac{\partial \varphi_k}{\partial \beta_r} & \dfrac{\partial \varphi_k}{\partial \beta_r} & \dfrac{\partial \tilde{\lambda}_k}{\partial \beta_r} + \dfrac{\partial \tilde{\lambda}_k}{\partial \varphi_k}\dfrac{\partial \varphi_k}{\partial \beta_r} \\ 0 & 0 & \dfrac{\partial \varphi_A}{\partial \psi_{\beta r}} + \dfrac{\partial \psi_A}{\partial \varphi_k}\dfrac{\partial \varphi_k}{\partial \psi_{\beta r}} & \dfrac{\partial \varphi_k}{\partial \psi_{\beta r}} & \dfrac{\partial \tilde{\lambda}_k}{\partial \psi_{\beta r}} + \dfrac{\partial \tilde{\lambda}_k}{\partial \varphi_k}\dfrac{\partial \varphi_k}{\partial \psi_{\beta r}} \\ 0 & 0 & 0 & 0 & \dfrac{\partial \tilde{\lambda}_k}{\partial t_k} \end{pmatrix} \tag{7-96}$$

$$\mathrm{IC}=\begin{pmatrix} \dfrac{\partial\varphi_f}{\partial\beta_c} & \dfrac{\partial\tilde{\lambda}_f}{\partial\beta_c}+\dfrac{\partial\tilde{\lambda}_f}{\partial\varphi_f}\dfrac{\partial\varphi_f}{\partial\beta_c} \\ 0 & \dfrac{\partial\tilde{\lambda}_f}{\partial t_n} \\ \dfrac{\partial\varphi_f}{\partial\psi_{\beta c}} & \dfrac{\partial\tilde{\lambda}_f}{\partial\psi_{\beta c}}+\dfrac{\partial\tilde{\lambda}_f}{\partial\varphi_f}\dfrac{\partial\varphi_f}{\partial\psi_{\beta c}} \\ \dfrac{\partial\varphi_f}{\partial\varphi_k} & \dfrac{\partial\tilde{\lambda}_f}{\partial\varphi_f}\dfrac{\partial\varphi_f}{\partial\varphi_k} \\ 0 & \dfrac{\partial\tilde{\lambda}_f}{\partial\tilde{\lambda}_k} \end{pmatrix} \tag{7-97}$$

用类似方法可以求出横向偏导数公式：

$$\begin{pmatrix} \dfrac{\partial H}{\partial V_H} \\ \dfrac{\partial H}{\partial\theta_H} \\ \dfrac{\partial H}{\partial r_H} \\ \dfrac{\partial H}{\partial\beta_r} \\ \dfrac{\partial H}{\partial v_r} \\ \dfrac{\partial H}{\partial v_H} \\ \dfrac{\partial H}{\partial t_k} \end{pmatrix}=\mathrm{IN}\cdot\mathrm{ID}\cdot\mathrm{IC}\begin{pmatrix} R\sin\phi\left(\dfrac{\partial\psi_\phi}{\partial\varphi_f}+\dfrac{\partial\psi_\phi}{\partial\phi}\dfrac{\partial\phi}{\partial\varphi_f}\right) \\ R\sin\phi\left(\dfrac{\partial\psi_\phi}{\partial\tilde{\lambda}_f}+\dfrac{\partial\psi_\phi}{\partial\phi}\dfrac{\partial\phi}{\partial\tilde{\lambda}_f}\right) \end{pmatrix} \tag{7-98}$$

矩阵 IN、ID、IC 中各元素的计算公式见本书附录。

在制导设计中，有时需要得到弹道倾角 θ_H 对关机点运动参数 $x_i(t)$ 的偏导数。它们的计算公式如下：

$$\begin{cases} \dfrac{\partial\theta_H}{\partial V_x}=n_{11}+n_{21} \\ \dfrac{\partial\theta_H}{\partial V_y}=n_{12}+n_{22} \\ \dfrac{\partial\theta_H}{\partial V_z}=n_{13}+n_{31} \\ \dfrac{\partial\theta_H}{\partial x}=n_{24} \\ \dfrac{\partial\theta_H}{\partial y}=n_{25} \\ \dfrac{\partial\theta_H}{\partial z}=n_{26} \end{cases} \tag{7-99}$$

以上公式没有考虑地球扁率及再入段空气动力的影响，当射程较远或关机点运动参数偏差较大时，将有较大误差。

2. 弹道偏导数求差法计算

除摄动法之外，计算弹道偏导数还可以使用弹道求差法：

$$\Delta L \approx \frac{\partial L}{\partial V_x}\Delta V_x\left(t_k\right)+\frac{\partial L}{\partial V_y}\Delta V_y\left(t_k\right)+\frac{\partial L}{\partial V_z}\Delta V_z\left(t_k\right)+\frac{\partial L}{\partial x}\Delta x\left(t_k\right)+\frac{\partial L}{\partial y}\Delta y\left(t_k\right)+\frac{\partial L}{\partial z}\Delta z\left(t_k\right)+\frac{\partial L}{\partial t_k}\Delta t_k \tag{7-100}$$

式(7-100)说明，ΔL 是待求射程偏差导数的线性组合，各偏导数的系数是主动段关机点参数偏差。若在参数的可能偏差范围内，选定若干组主动段终点参数 $[V_{xk},V_{yk},V_{zk},x_k,y_k,z_k,t_k]_j, j=1,2,\cdots,n$，由此得到矩阵代数方程：

$$\begin{pmatrix}\Delta L_1\\ \Delta L_2\\ \vdots\\ \Delta L_n\end{pmatrix}=\boldsymbol{H}\begin{pmatrix}\dfrac{\partial L}{\partial V_x}\\ \dfrac{\partial L}{\partial V_y}\\ \vdots\\ \dfrac{\partial L}{\partial t_k}\end{pmatrix} \tag{7-101}$$

式中，

$$\boldsymbol{H}=\begin{pmatrix}\Delta V_x^{(1)} & \Delta V_y^{(1)} & \cdots & \Delta t_k^{(1)}\\ \Delta V_x^{(2)} & \Delta V_y^{(2)} & \cdots & \Delta t_k^{(2)}\\ \vdots & \vdots & & \vdots\\ \Delta V_x^{(n)} & \Delta V_y^{(n)} & \cdots & \Delta t_k^{(n)}\end{pmatrix} \tag{7-102}$$

$\boldsymbol{H}$ 中的每一行是给定的一组参数偏差。当 $n \geqslant 7$ 时，利用最小二乘公式求得在给定标准关机点参数下射程偏导数的值：

$$\begin{pmatrix}\dfrac{\partial L}{\partial V_x}\\ \dfrac{\partial L}{\partial V_y}\\ \vdots\\ \dfrac{\partial L}{\partial t_k}\end{pmatrix}=\left(\boldsymbol{H}^{\mathrm{T}}\boldsymbol{H}\right)^{-1}\boldsymbol{H}^{\mathrm{T}}\begin{pmatrix}\Delta L_1\\ \Delta L_2\\ \vdots\\ \Delta L_n\end{pmatrix} \tag{7-103}$$

同样方法可求出横向偏导数。

思　考　题

7.1　摄动制导实现途径可分为几部分?

7.2　法向导引的目的是什么?

7.3　对于固体发动机耗尽关机模式，摄动制导该如何应用?

7.4　摄动制导关机和导引偏导数该如何计算?

7.5　采用摄动制导能否实现快速发射，即制导诸元快速装订?

参 考 文 献

[1] 程国采. 弹道导弹制导方法与最优控制[M]. 北京: 国防科技大学出版社, 1987.

[2] 陈世年, 李连仲, 王京五. 控制系统设计[M]. 北京: 中国宇航出版社, 1996.

[3] 肖龙旭, 王顺宏, 魏诗卉. 地地弹道导弹制导技术与命中精度[M]. 北京: 国防工业出版社, 2009.

[4] 陈克俊, 刘鲁华, 孟云鹤. 远程火箭飞行动力学与制导[M]. 北京: 国防工业出版社, 2014.

第 8 章 闭路制导原理

摄动制导的基本思想是首先确定一条自发射点至目标点的标准弹道，其导引和关机控制便紧紧地依赖于标准弹道，即导引的目的是使实际飞行弹道尽量接近于标准弹道。关机方程也是在关机点附近将射程偏差展开成泰勒级数导出的。如果作用在导弹上的干扰较大，则实际飞行弹道偏离标准弹道较大，或者尽管干扰不是很大，但主动飞行时间比较长，使关机点参数偏差较大，超出了级数展开的线性范围，因而采用摄动制导关机将造成较大的落点偏差[1]。另外，摄动制导的射前射击诸元计算比较复杂。为克服摄动制导精度差、射击诸元计算复杂的缺点，提出闭路制导方案。闭路制导是在导航计算的基础上，根据导弹当前状态(位置、速度)和目标位置进行制导，利用需要速度概念将导弹当前位置和目标位置联系起来，需要速度是假定导弹在当前的位置上关机，经自由段飞行和再入段飞行而命中目标所应具有的速度。或者说，需要速度是保证能命中目标所需的速度。任意瞬时导弹的需要速度均是实时确定的，导弹根据需要速度进行导引和关机控制[2]。

8.1 需要速度的确定

根据需要速度的定义，求某一点的需要速度，需先求解自由飞行段弹道和再入段弹道，并且要通过迭代计算才能确定。在弹上实时解算需要速度也比较复杂，为了简化弹上计算而提出虚拟目标的概念。虚拟目标就是以需要速度为初值的开普勒椭圆轨道与地球表面的交点，于是，若以虚拟目标代替实际目标，便可以利用椭圆轨道求需要速度，而此需要速度的实际落点便应是真实目标，从而大大简化了弹上计算。关于虚拟目标的确定方法将在射击诸元计算中讨论，本章中所涉及的目标均指虚拟目标[3]。

8.1.1 地球不旋转前提下需要速度的确定

在有心力场作用下的自由运动物体，在惯性空间看它的运动是平面椭圆轨道。因此，通过惯性空间两点 K 和 T 的椭圆轨道及点 K 的需要速度可按下述方法确定。

假定 K 点的绝对经度为 λ_K^A，地心纬度为 ϕ_K；T 点的绝对经度为 λ_T^A，地心纬度为 ϕ_T。T 点与 K 点之间的绝对经差 $\lambda_{KT}^A=\lambda_T^A-\lambda_K^A$，则 K 点至 T 点的地心角 β、轨道平面与过 K 点子午面夹角 $\hat{\alpha}$ (图 8-1)可确定如下余弦定理：

$$\cos\beta = \sin\phi_K \sin\phi_T + \cos\phi_K \cos\phi_T \cos\lambda_{KT}^A \tag{8-1}$$

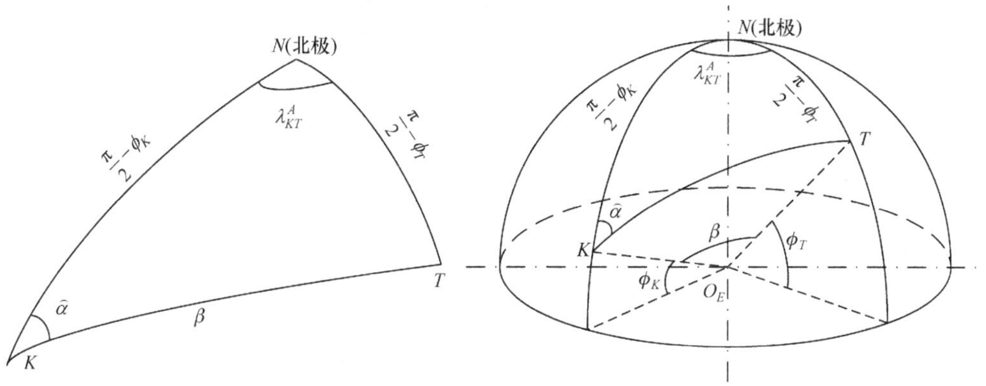

图 8-1　球面三角形示意图

当 $\beta \leqslant 180°$ 时，可取：

$$\beta = \arccos\left(\sin\phi_K \sin\phi_T + \cos\phi_K \cos\phi_T \cos\lambda_{KT}^A\right) \tag{8-2}$$

并可写出

$$\begin{cases} \sin\hat{\alpha} = \cos\phi_T \dfrac{\sin\lambda_{KT}^A}{\sin\beta} \\ \cos\hat{\alpha} = \left(\sin\phi_T - \cos\beta\sin\phi_K\right)/\sin\beta\cos\phi_K \end{cases} \tag{8-3}$$

1. 已知椭圆轨道上一点的参数，求轨道上任一点的参数

为了适应讨论需要速度的需要，这里列写出关于椭圆轨道的有关公式。椭圆轨道方程为

$$r = \frac{P}{1 - e\cos\xi} \tag{8-4}$$

已知椭圆轨道上一点 K 、地心矢径 $\boldsymbol{r}_K$ 、速度 $\boldsymbol{V}_K$ 、倾角 θ_{HK} ，如图 8-2 所示，则轨道参数为

$$P = K^2/fM \tag{8-5}$$

$$K = \boldsymbol{r}_K V_K \cos\theta_{\text{HK}} \tag{8-6}$$

$$\xi_K = \arctan\frac{P\boldsymbol{V}_K \sin\theta_{\text{HK}}}{\left(\dfrac{P}{\boldsymbol{r}_K} - 1\right)K} \tag{8-7}$$

$$e = \frac{\left(1 - P/\boldsymbol{r}_K\right)}{\cos\xi_K} \tag{8-8}$$

质点沿椭圆运动，如图 8-2 所示，转过地心角 β 时对应的地心矢径 $\boldsymbol{r}$ 为

$$\boldsymbol{r} = \frac{P}{1 - e\cos(\beta + \xi_K)} \tag{8-9}$$

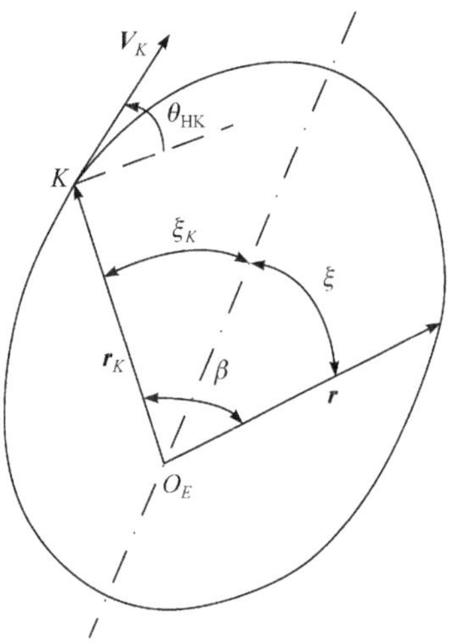

图 8-2　椭圆轨道矢量关系示意图

式中，ξ_K 是由远地点为始边的角度，顺时针为正，逆时针为负，$\xi=\beta+\xi_K$，其飞行时间 t_f 为

$$t_f=\frac{1}{\sqrt{fM}}\left(\frac{P}{1-e^2}\right)^{\frac{3}{2}}[\gamma-\gamma_K+e(\sin\gamma-\sin\gamma_K)] \tag{8-10}$$

式中，

$$\gamma=2\arctan\left(\sqrt{\frac{1+e}{1-e}}\tan\frac{\xi}{2}\right) \tag{8-11}$$

$$\gamma_K=2\arctan\left(\sqrt{\frac{1+e}{1-e}}\tan\frac{\xi_K}{2}\right) \tag{8-12}$$

2. 求通过两个已知点 K 和 T 的椭圆轨道

给定 K 点地心矢径 $\boldsymbol{r}_K$、T 点地心矢径 $\boldsymbol{r}_T$、两点间的地心角 β，则由方程(8-4)得出在 K 点满足：

$$\boldsymbol{r}_K=\frac{P}{1-e\cos\xi_K} \tag{8-13}$$

在 T 点满足：

$$\boldsymbol{r}_T=\frac{P}{1-e\cos(\beta+\xi_K)} \tag{8-14}$$

式(8-13)和式(8-14)中有三个待定常数 P、e 和 ξ_K。这样，由两个方程确定三个未知数，显然有无穷多组解，也就是说，经过两点 K、T 的椭圆轨道有无穷多个。因此还必须规定限定条件：

1) 给定在 K 点的轨道倾角 θ_{HK}

由式(8-13)可得

$$e=\left(1-\frac{P}{\boldsymbol{r}_K}\right)\Big/\cos\xi_K \tag{8-15}$$

为消去 e，将式(8-15)代入式(8-14)，可得

$$\boldsymbol{r}_T=\frac{P}{1-\left(1-\dfrac{P}{\boldsymbol{r}_K}\right)(\cos\beta-\sin\beta\tan\xi_K)} \tag{8-16}$$

由式(8-7)得

$$\tan\xi_K=\frac{P\boldsymbol{V}_K\sin\theta_{HK}}{(P/\boldsymbol{r}_K-1)K} \tag{8-17}$$

将式(8-17)代入式(8-16)，并考虑到 $K=\boldsymbol{r}_K\boldsymbol{V}_K\cos\theta_{HK}$，整理可得

$$P=\frac{\boldsymbol{r}_T(1-\cos\beta)}{1-\dfrac{\boldsymbol{r}_T}{\boldsymbol{r}_K}(\cos\beta-\sin\beta\tan\theta_{HK})} \tag{8-18}$$

式(8-18)说明，当给定 $\boldsymbol{r}_K$ 、 $\boldsymbol{r}_T$ 、 β 和 θ_{HK} 后，便可确定 P ，椭圆轨道的另外两个参数 ξ_K 、 e ，分别由式(8-17)和式(8-15)确定。

求 K 点的速度 $\boldsymbol{V}_K$ 由式(8-5)得

$$K=\sqrt{fM\cdot P} \tag{8-19}$$

由式(8-6)有

$$K=\boldsymbol{V}_K\boldsymbol{r}_K\cos\theta_{\mathrm{HK}} \tag{8-20}$$

故

$$\boldsymbol{V}_K=\frac{\sqrt{fM\cdot P}}{\boldsymbol{r}_K\cos\theta_{\mathrm{HK}}} \tag{8-21}$$

由 K 至 T 的飞行时间 t_{f} 可由

$$\xi_K=\arctan\frac{\tan\theta_{\mathrm{HK}}}{1-\boldsymbol{r}_K/P} \tag{8-22}$$

和

$$\xi_T=\xi_K+\beta \tag{8-23}$$

两式求得 ξ_K 和 ξ_T 后，代入式(8-10)求得 t_{f} 。

2) 给定 K 点速度 $\boldsymbol{V}_K$ 求过 K 、 T 点的椭圆轨道

将式(8-18)代入式(8-21)，整理可得关于 $\tan\theta_{\mathrm{HK}}$ 的二次方程：

$$fM(1-\cos\beta)\tan^2\theta_{\mathrm{HK}}-\boldsymbol{r}_K\boldsymbol{V}_K^2\sin\beta\tan\theta_{\mathrm{HK}}+[fM(1-\cos\beta)-\boldsymbol{V}_K^2\boldsymbol{r}_K(\boldsymbol{r}_K/\boldsymbol{r}_T-\cos\beta)]=0 \tag{8-24}$$

该方程的两个根为

$$\tan\theta_{\mathrm{HK}}=\frac{\boldsymbol{r}_K\boldsymbol{V}_K^2\sin\beta\pm\sqrt{\boldsymbol{r}_K^2\boldsymbol{V}_K^4\sin^2\beta-4fM(1-\cos\beta)\left[fM(1-\cos\beta)-\boldsymbol{V}_K^2\boldsymbol{r}_K\left(\dfrac{\boldsymbol{r}_K}{\boldsymbol{r}_T}-\cos\beta\right)\right]}}{2fM(1-\cos\beta)} \tag{8-25}$$

当式(8-25)中根号内公式之和大于零，此时 $\tan\theta_{\mathrm{HK}}$ 有两个不同的实根，说明给定速度 $\boldsymbol{V}_K$ ，有两个经过 K 和 T 点的椭圆轨道。当式(8-25)中根号内公式之和等于零， $\tan\theta_{\mathrm{HK}}$ 有两个相等的实根，此时过 K 、 T 点只有一个椭圆轨道，即最小能量轨道。由根号内公式之和等于零可导出：

$$\boldsymbol{V}_K^2=\frac{2fM(1-\cos\beta)\left[\cos\beta-\boldsymbol{r}_K/\boldsymbol{r}_T+\sqrt{(\boldsymbol{r}_K/\boldsymbol{r}_T-\cos\beta)^2+\sin^2\beta}\right]}{\boldsymbol{r}_K\sin^2\beta}=\boldsymbol{V}_K^{*2} \tag{8-26}$$

当式(8-25)中根号内公式之和小于零，有两个复根，即当 $\boldsymbol{V}_K<\boldsymbol{V}_K^*$ 时，得不到通过 T 点的椭圆轨道。

因此， $\boldsymbol{V}_K$ 必须满足：

$$\boldsymbol{V}_K\geqslant\boldsymbol{V}_K^* \tag{8-27}$$

对于最小能量轨道，有

$$\tan\theta_{\mathrm{HK}}^{*}=\frac{\boldsymbol{r}_K \boldsymbol{V}_K^{*2}\sin\beta}{2fM(1-\cos\beta)} \tag{8-28}$$

为消去式(8-28)中的$\boldsymbol{V}_K^{*2}$，将式(8-26)代入式(8-28)，整理得

$$\tan 2\theta_{\mathrm{HK}}^{*}=\frac{\sin\beta}{\boldsymbol{r}_K/\boldsymbol{r}_T-\cos\beta} \tag{8-29}$$

于是最小能量轨道的θ_{HK}^{*}为

$$\theta_{\mathrm{HK}}^{*}=\frac{1}{2}\arctan\frac{\sin\beta}{\boldsymbol{r}_K/\boldsymbol{r}_T-\cos\beta} \tag{8-30}$$

最小能量轨道K点的速度为

$$\boldsymbol{V}_K^{*}=\left[\frac{2fM(1-\cos\beta)}{\boldsymbol{r}_K\sin\beta}\tan\theta_{\mathrm{HK}}^{*}\right]^{1/2} \tag{8-31}$$

3) 给定飞行时间t_{f}

若给定自K点到T点的飞行时间$t_{\mathrm{f}}=T_a$，求对应的椭圆轨道。迭代计算下列各式：

$$\begin{cases}P_i=\dfrac{\boldsymbol{r}_T(1-\cos\beta)}{1-\dfrac{\boldsymbol{r}_T}{\boldsymbol{r}_K}(\cos\beta-\sin\beta\tan\theta_{\mathrm{HK},i})}\\ \xi_{K,j}=\arctan\dfrac{\tan\theta_{\mathrm{HK},i}}{1-\dfrac{\boldsymbol{r}_K}{P_i}}\\ \xi_{T,i}=\xi_{K,i}+\beta\\ e_j=\left(1-\dfrac{P_i}{\boldsymbol{r}_K}\right)/\cos\xi_{K,i}\\ \gamma_{T,i}=2\arctan\left(\sqrt{\dfrac{1+e_i}{1-e_i}}\tan\dfrac{\xi_{T,i}}{2}\right)\\ \gamma_{K,i}=2\arctan\left(\sqrt{\dfrac{1+e_i}{1-e_i}}\tan\dfrac{\xi_{K,i}}{2}\right)\\ t_{f,i}=\dfrac{1}{\sqrt{fM}}\left(\dfrac{P_i}{1-e_i^2}\right)^{\frac{3}{2}}\left[\gamma_{T,i}-\gamma_{K,i}+e_i(\sin\gamma_{T,i}-\sin\gamma_{K,i})\right]\\ \Delta\theta_i=\dfrac{\partial\theta_{\mathrm{HK}}}{\partial t_{\mathrm{f}}}(T_a-t_{\mathrm{f},i})\\ \theta_{\mathrm{HK},i+1}=\theta_{\mathrm{HK},i}+\Delta\theta_i\end{cases} \tag{8-32}$$

当$\left|T_a - t_{f,i+1}\right|$小于允许值时结束迭代，取$\theta_{HK} = \theta_{HK,i+1}$，$P = P_{i+1}$，$e = e_{i+1}$，并由式(8-21)求出$\boldsymbol{V}_K$。迭代的初值$\theta_{HK,0}$、$\theta_{HK,1}$可根据经验选取。

上面讨论了通过给定的K、T两点的椭圆轨道，说明通过这两点的椭圆轨道有无穷多个，是一个椭圆轨道族。式(8-30)给出的角θ_{HK}^*所对应的轨道为最小能量轨道。当给定K点的速度倾角时，可确定唯一的一条椭圆轨道；当给定K点的速度大小(其模大于最小能量轨道所对应的速度的模)时，可得到两个椭圆轨道，其中一个高弹道、一个低弹道，高弹道的自由飞行时间长于低弹道；当给定自由飞行时间时，可以确定唯一的一条椭圆轨道。显然，按照需要速度的定义，每条椭圆轨道上K点的速度$\boldsymbol{V}_K$就是该点的需要速度$\boldsymbol{V}_R$。

8.1.2　目标随地球旋转时需要速度的确定

因为导航计算通常是在发射惯性坐标系内进行的，其飞行过程中任一点K(飞行时间t_K)的速度、位置是相对于发射惯性坐标系的，而目标点T是与地球固连的，它是随地球旋转的。因此，若按照地球不旋转条件下所确定的需要速度，则当具有此速度的导弹落地时，目标点T已随地球转过了角$\left(t_K + t_f\right)\boldsymbol{\Omega}$。从惯性空间看，$T$点与$K$点的绝对经差$\lambda_{KT}^A$是变化的，假定被动段飞行时间$t_f$已给定，则有

$$\lambda_{KT}^A = \lambda_{OT} - \lambda_{OK}^A + \left(t_K + t_f\right)\boldsymbol{\Omega} \tag{8-33}$$

式中，$\lambda_{OT} = \lambda_T - \lambda_O$；$\lambda_{OK}^A$为$K$点与发射点$O$之间的绝对经差；$t_K$为由起飞至$K$点的飞行时间。

若未限定飞行时间t_f，则$\boldsymbol{V}_R$要同时满足式(8-33)、式(8-18)、式(8-21)～式(8-23)等，这是一个超越方程组，得不到解析解。于是，考虑地球旋转时的需要速度必须采用迭代算法来确定[4]。

1. 规定速度倾角时需要速度的确定

当需要速度倾角给定时，计算需要速度的迭代公式如下：

$$\begin{cases}
\lambda_{KT,j}^A = \lambda_{OT} - \lambda_{OK,j}^A + \left(t_K + t_{f,j}\right)\boldsymbol{\Omega} \\
\beta_j = \arccos\left(\sin\phi_K \sin\phi_T + \cos\phi_K \cos\phi_T \cos\lambda_{KT,j}^A\right) \\
\theta_{H,j} = \begin{cases} \dfrac{1}{2}\arctan\left(\dfrac{\sin\beta_j}{\boldsymbol{r}_K/\boldsymbol{r}_T - \cos\beta_j}\right), & \text{最小能量轨道} \\ \theta_H, & \text{根据需要给定} \end{cases} \\
P_j = \dfrac{\boldsymbol{r}_T\left(1-\cos\beta_j\right)}{1-\dfrac{\boldsymbol{r}_T}{\boldsymbol{r}_K}\left(\cos\beta_j - \sin\beta_j \tan\theta_{H,j}\right)}
\end{cases}$$

$$
\begin{cases}
\xi_{K,j}=\arctan\dfrac{\tan\theta_{H,j}}{1-\boldsymbol{r}_K/P_j} \\
\xi_{T,j}=\beta_j+\xi_{K,j} \\
e_j=\left(1-\dfrac{P_j}{\boldsymbol{r}_K}\right)\Big/\cos\xi_{K,j} \\
\gamma_{T,j}=2\arctan\left(\sqrt{\dfrac{1+e_j}{1-e_j}}\tan\dfrac{\xi_{T,j}}{2}\right) \\
\gamma_{K,j}=2\arctan\left(\sqrt{\dfrac{1+e_j}{1-e_j}}\tan\dfrac{\xi_{K,j}}{2}\right) \\
t_{f,j+1}=\dfrac{1}{\sqrt{fM}}\left(\dfrac{P_j}{1-e_j^2}\right)^{\frac{3}{2}}\left[\gamma_{T,j}-\gamma_{K,j}+e_j\left(\sin\gamma_{T,j}-\sin\gamma_{K,j}\right)\right]
\end{cases}
\tag{8-34}
$$

当$\left|P_{j+1}-P_j\right|<$允许值(允许值可取 0.1m 或 1m)，结束迭代，取$\beta=\beta_{j+1}$、$P=P_{j+1}$、$\theta=\theta_{H,j+1}$。然后，按式(8-35)计算$\boldsymbol{V}_R$大小：

$$
\boldsymbol{V}_R=\frac{\sqrt{fM}}{\boldsymbol{r}_K\cos\theta_H}\sqrt{P} \tag{8-35}
$$

另外，$\sin\hat{\alpha}$、$\cos\hat{\alpha}$可由式(8-3)算出。于是$\boldsymbol{V}_R$矢量便由V_R、$\hat{\alpha}$和θ_H唯一确定了。

2. 导弹总飞行时间为给定值时需要速度的确定

当要求导弹的总飞行时间为给定值T_s时($t_K+t_{\mathrm{f}}=T_s$)，其需要速度可按以下迭代公式计算：

$$
\lambda_{KT}^A=\lambda_{OT}-\lambda_{OK}^A+T_s\boldsymbol{\Omega} \tag{8-36}
$$

$$
\beta=\arccos(\sin\phi_K\sin\phi_T+\cos\phi_K\cos\phi_T\cos\lambda_{KT}^A) \tag{8-37}
$$

$$
\begin{cases}
P_i=\dfrac{\boldsymbol{r}_T(1-\cos\beta)}{1-\dfrac{\boldsymbol{r}_T}{\boldsymbol{r}_K}(\cos\beta-\sin\beta\tan\theta_{\mathrm{HK},j})} \\
\xi_{K,j}=\arctan\dfrac{\tan\theta_{\mathrm{HK},j}}{1-\dfrac{r_K}{P_j}} \\
\xi_{T,j}=\xi_{K,j}+\beta \\
e_j=\left(1-\dfrac{P_j}{\boldsymbol{r}_K}\right)/\cos\xi_{K,j}
\end{cases}
$$

$$\begin{cases}\gamma_{T,j}=2\arctan\left(\sqrt{\dfrac{1+e_j}{1-e_j}}\tan\dfrac{\xi_{T,j}}{2}\right)\\ \gamma_{K,j}=2\arctan\left(\sqrt{\dfrac{1+e_j}{1-e_j}}\tan\dfrac{\xi_{K,j}}{2}\right)\\ t_{f,j}=\dfrac{1}{\sqrt{fM}}\left(\dfrac{D_j}{1-e_j^2}\right)^{\frac{3}{2}}\left[\gamma_{T,j}-\gamma_{K,j}+e_j(\sin\gamma_{T,j}-\sin\gamma_{K,j})\right]\\ \theta_{\mathrm{HK},i+1}=\theta_{\mathrm{HK},i}+D(T_s-t_k-t_{f,j})\\ D=1/\dfrac{\partial\theta_H}{\partial t_{\mathrm{f}}}\end{cases}\tag{8-38}$$

当 $\left|T_s-t_k-t_{\mathrm{f},j}\right|<\varepsilon_j$ 允许值时，结束迭代，取 $P=P_j$ 、$\theta=\theta_{H,j}$ 。然后，计算 V_R 、$\hat{\alpha}$ 等。

8.2　闭路制导的导引

将导弹主动段的导引和控制分成两段，在导弹飞出大气层之前，采用固定俯仰程序的导引方式。在设计飞行程序时，力求使导弹的攻角保持最小，特别是气动载荷比较大的跨音速段应使攻角尽量小，以确保导弹的法向过载小，从而满足机构设计和姿态稳定要求。导弹飞出大气层后，采用闭路导引。此时，导弹的机动不再受结构强度的限制，可以控制导弹作较大的机动。下面介绍闭路导引有关问题。

8.2.1　待增速度及其所满足的微分方程

这里定义需要速度和导弹实际速度之差为待增速度：

$$\boldsymbol{V}_g=\boldsymbol{V}_R-\boldsymbol{V}\tag{8-39}$$

待增速度的物理意义是基于导弹当前状态 ($\boldsymbol{r}$，$\boldsymbol{V}$) 给其瞬时增加速度增量 $\boldsymbol{V}_g$，而后导弹依惯性飞行便可命中目标，因此将 $\boldsymbol{V}_g$ 称为待增速度，如图 8-3 所示。

显然，关机条件应为

$$\boldsymbol{V}_g=0$$

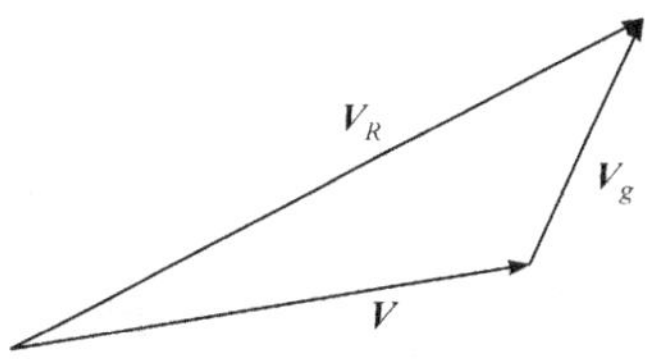

图 8-3　待增速度与需要速度几何关系

实际上，待增速度不可能瞬时增加，因而导引的任务是如何使导弹尽快满足关机条件，使燃料消耗最少。为此，必须考虑导引过程中 $\boldsymbol{V}_g$ 所满足的微分方程。

首先，将式(8-39)对时间 t 求导：

$$\frac{\mathrm{d}\boldsymbol{V}_g}{\mathrm{d}t}=\frac{\mathrm{d}\boldsymbol{V}_R}{\mathrm{d}t}-\frac{\mathrm{d}\boldsymbol{V}}{\mathrm{d}t}\tag{8-40}$$

因为$\boldsymbol{V}_R$是$\boldsymbol{r}$和t的函数，所以

$$\frac{\mathrm{d}\boldsymbol{V}_R}{\mathrm{d}t}=\frac{\partial \boldsymbol{V}_R}{\partial \boldsymbol{r}^{\mathrm{T}}}\frac{\mathrm{d}\boldsymbol{r}}{\mathrm{d}t}+\frac{\partial \boldsymbol{V}_R}{\partial t}=\frac{\partial \boldsymbol{V}_R}{\partial \boldsymbol{r}^{\mathrm{T}}}\boldsymbol{V}+\frac{\partial \boldsymbol{V}_R}{\partial t} \tag{8-41}$$

又

$$\frac{\mathrm{d}\boldsymbol{V}}{\mathrm{d}t}=\dot{\boldsymbol{W}}+\boldsymbol{g} \tag{8-42}$$

于是，式(8-40)可改写成

$$\frac{\mathrm{d}\boldsymbol{V}_g}{\mathrm{d}t}=\frac{\partial \boldsymbol{V}_R}{\partial \boldsymbol{r}^{\mathrm{T}}}\boldsymbol{V}+\frac{\partial \boldsymbol{V}_R}{\partial t}-\dot{\boldsymbol{W}}-\boldsymbol{g} \tag{8-43}$$

若导弹在t时刻的速度为$\boldsymbol{V}_R$，其后按惯性飞行。当其按惯性轨道飞行时，导弹只受地球引力作用，即有

$$\frac{\mathrm{d}\boldsymbol{V}_R}{\mathrm{d}t}=\boldsymbol{g}=\frac{\partial \boldsymbol{V}_R}{\partial \boldsymbol{r}^{\mathrm{T}}}\boldsymbol{V}_R+\frac{\partial \boldsymbol{V}_R}{\partial t} \tag{8-44}$$

将方程(8-44)代入方程(8-43)，整理可得

$$\frac{\mathrm{d}\boldsymbol{V}_g}{\mathrm{d}t}=\frac{\partial \boldsymbol{V}_R}{\partial \boldsymbol{r}^{\mathrm{T}}}\boldsymbol{V}_g-\dot{\boldsymbol{W}} \tag{8-45}$$

方程(8-45)表明，若使导弹产生的$\dot{\boldsymbol{W}}$与$\boldsymbol{V}_g$的方向一致，$\mathrm{d}\boldsymbol{V}_g/\mathrm{d}t$便为最大的负值，$\boldsymbol{V}_g$将以最快的速度达到零。记

$$\boldsymbol{Q}=\frac{\partial \boldsymbol{V}_R}{\partial \boldsymbol{r}^{\mathrm{T}}}=\begin{bmatrix}\dfrac{\partial V_{Rx}}{\partial x} & \dfrac{\partial V_{Rx}}{\partial y} & \dfrac{\partial V_{Rx}}{\partial z}\\ \dfrac{\partial V_{Ry}}{\partial x} & \dfrac{\partial V_{Ry}}{\partial y} & \dfrac{\partial V_{Ry}}{\partial z}\\ \dfrac{\partial V_{Rz}}{\partial x} & \dfrac{\partial V_{Rz}}{\partial y} & \dfrac{\partial V_{Rz}}{\partial z}\end{bmatrix} \tag{8-46}$$

于是，方程(8-45)可写成如下矩阵形式：

$$\frac{\mathrm{d}\boldsymbol{V}_g}{\mathrm{d}t}=-\boldsymbol{Q}\boldsymbol{V}_g-\dot{\boldsymbol{W}} \tag{8-47}$$

方程(8-45)表明，$\boldsymbol{V}_R$的变化仅与$\dot{\boldsymbol{W}}$、$\dfrac{\partial \boldsymbol{V}_R}{\partial \boldsymbol{r}^{\mathrm{T}}}$有关，而$\dfrac{\partial \boldsymbol{V}_R}{\partial \boldsymbol{r}^{\mathrm{T}}}$的各个元素的变化很缓慢，可以预先求出它们随时间变化的曲线，并将其存入弹上计算机中，便可实时计算$\boldsymbol{V}_g$。当$\boldsymbol{V}_g$的三个分量中的大者小于允许值便可关机。对于中近程导弹，$\boldsymbol{Q}$的元素可以取常值，所以$\boldsymbol{V}_g$的实时计算非常简单。上述导引方法称为$\boldsymbol{Q}$-制导法。

8.2.2 闭路制导的关机导引

导引的任务是给出导弹姿态控制的指令姿态。根据方程(8-47)得出的导引准则，若已

知任一时刻的$\boldsymbol{V}_g$，为尽快使$\boldsymbol{V}_g \to 0$，应使导弹当前的实际绝对加速度与待增加速度矢量方向一致。由于绝对加速度由发动机推力产生，故需通过控制导弹飞行姿态才能改变绝对加速度$\dot{\boldsymbol{V}}$的方向，即控制使姿态角速度$\boldsymbol{\omega}_c$为

$$\boldsymbol{\omega}_c = k\frac{\dot{\boldsymbol{V}}_g \times \boldsymbol{V}_g}{\left|\dot{\boldsymbol{V}}_g \boldsymbol{V}_g\right|} \tag{8-48}$$

式中，k为常数。

当采用使$\dot{\boldsymbol{V}}$与$\boldsymbol{V}_g$一致的导引准则时，必须知道这两个矢量间的夹角。如图 8-4 所示，首先，对$\boldsymbol{V}_g$定义俯仰角φ_g和偏航角ψ_g，则有

$$\begin{cases} \tan\varphi_g = \dfrac{V_{gy}}{V'_{gx}} \\ \tan\psi_g = \dfrac{-V_{gz}}{V'_{gx}} \end{cases} \tag{8-49}$$

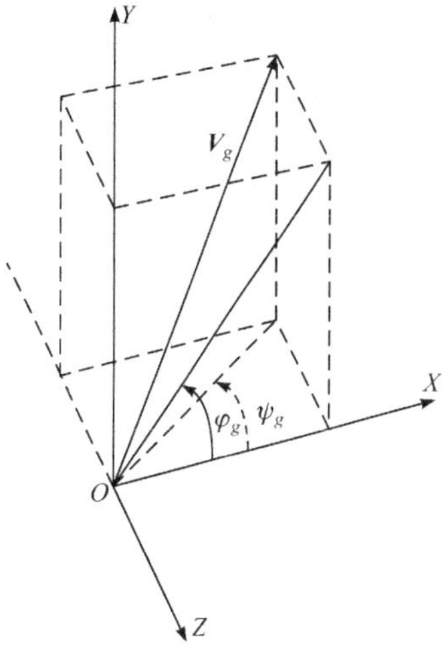

图 8-4　矢量的空间方位表示

同样，针对绝对加速度$\dot{\boldsymbol{V}}$定义两个欧拉角φ_a和ψ_a，则有

$$\begin{cases} \tan\varphi_a = \dfrac{\dot{V}_y}{\dot{V}_x} = \dfrac{\Delta\dot{V}_y}{\Delta\dot{V}_x} \\ \tan\psi_a = -\dfrac{\dot{V}_z}{\dot{V}_x} = \dfrac{\Delta\dot{V}_z}{\Delta\dot{V}_x} \end{cases} \tag{8-50}$$

根据三角公式：

$$\tan\left(\varphi_g - \varphi_a\right) = \frac{\tan\varphi_g - \tan\varphi_a}{1 + \tan\varphi_g \tan\varphi_a} \tag{8-51}$$

并考虑到$\varphi_g - \varphi_a$、$\psi_g - \psi_a$都比较小，可得

$$\Delta\varphi = \varphi_g - \varphi_a = \frac{V_{gy}\Delta V_x - V_{gx}\Delta V_y}{V_{gx}\Delta V_x + V_{gy}\Delta V_y} \tag{8-52}$$

$$\Delta\psi = \psi_g - \psi_a = \frac{V_{gx}\Delta V_z - V_{gz}\Delta V_x}{V_{gx}\Delta V_x - V_{gz}\Delta V_z} \tag{8-53}$$

显然，当$\Delta\varphi = \Delta\psi = 0$时，$\dot{\boldsymbol{V}}$与$\boldsymbol{V}_g$方向一致。

1. 高加速度推力的导引信号确定

对于具有推力终止能力的固体导弹，关机前推力较大，由此产生的绝对加速度$\dot{\boldsymbol{V}}$也将远大于地球引力加速度$\boldsymbol{g}$，主动段飞行时间较长的固体导弹的加速度$\dot{\boldsymbol{V}}$是$\boldsymbol{g}$的数十倍，因此可将式(8-42)近似表示为

$$\dot{\boldsymbol{V}} = \dot{\boldsymbol{W}} \tag{8-54}$$

将速度增量$\Delta \boldsymbol{V} = \Delta \boldsymbol{W} = \begin{bmatrix} \Delta W_x & \Delta W_y & \Delta W_z \end{bmatrix}$分别代入式(8-52)和式(8-53)中，姿态导引信号方程为

$$\begin{cases} \Delta \varphi_c = \dfrac{V_{gy}\Delta W_x - V_{gx}\Delta W_y}{V_{gx}\Delta W_x + V_{gy}\Delta W_y} \\ \Delta \psi_c = \dfrac{V_{gx}\Delta W_z - V_{gz}\Delta W_x}{V_{gx}\Delta W_x + V_{gz}\Delta W_z} \end{cases} \tag{8-55}$$

上述导引方法一般可得到满意的结果，只是要注意一点，在临近关机时，$\boldsymbol{V}_R$的微小变化会导致$\boldsymbol{V}_g$的方向有很大的变化，使导弹有很大的转动角速度。为避免此现象发生，在临近关机时取$\Delta \varphi_c = \Delta \psi_c = 0$。

还有一个比较合理且适用的导引方法，即对关机点的$\boldsymbol{V}_R(t_k)$进行预测的导引方法。在导引过程中，由于导弹的位置和时间的变化，其对应的$\boldsymbol{V}_R$也在不断变化着，故按照使$\dot{\boldsymbol{V}}$与$\boldsymbol{V}_g$一致的原则进行导引便不是最优的了。但因$\boldsymbol{V}_R$的变化比较缓慢，可以对关机点的$\boldsymbol{V}_R$进行预测。记关机点的$\boldsymbol{V}_R$为$\boldsymbol{V}_{R,k}$，并将$\boldsymbol{V}_R$在t_i点展开为泰勒级数，近似取

$$\boldsymbol{V}_{R,k} = \boldsymbol{V}_R(t_i) + \dot{\boldsymbol{V}}_R(t_k - t_i) \tag{8-56}$$

式中，

$$\dot{\boldsymbol{V}}_R(t_i) \approx \frac{\boldsymbol{V}_R(t_i) - \boldsymbol{V}_R(t_{i-1})}{t_i - t_{i-1}} \tag{8-57}$$

另外，由t_i至t_k的时间$t_k - t_i$，是根据$\boldsymbol{V}_g(t_k) = 0$确定的，这里定义：

$$\boldsymbol{V}_{g,k} = \boldsymbol{V}_{R,k} - \boldsymbol{V} \tag{8-58}$$

也是时间$T_G = t_k - t_i$的确定方法。假定V_{gx}为$\boldsymbol{V}_g$的较大分量，则有

$$V_{gx}(t_k) = V_{gx}(t_i) + \dot{V}_{gx}(t_i)(t_k - t_i) = 0 \tag{8-59}$$

可得

$$T_G = t_k - t_i = -\frac{V_{gx}(t_i)}{\dot{V}_{gx}(t_i)} \tag{8-60}$$

因为$\dot{V}_x \geqslant \dot{V}_{Rx,k}$，所以有

$$\dot{V}_{gx}(t_i) = \dot{V}_{Rx,k} - \dot{V}_x(t_i) \approx -\dot{V}_x(t_i) \approx -\frac{\dot{V}_x(t_i) - \dot{V}_x(t_{i-1})}{t_i - t_{i-1}} \tag{8-61}$$

将式(8-61)代入式(8-60)，得

$$T_G = t_k - t_i = \frac{V_{gx}(t_i)}{V_x(t_i) - V_x(t_{i-1})}(t_i - t_{i-1}) \tag{8-62}$$

再分别将式(8-62)和式(8-57)代入式(8-56)，整理可得

$$\boldsymbol{V}_{R,k}=\boldsymbol{V}_{R,i}+\frac{\boldsymbol{V}_{R,i}-\boldsymbol{V}_{R,i-1}}{t_i-t_{i-1}}T_{G,i} \tag{8-63}$$

仿真计算表明，用式(8-58)确定$\boldsymbol{V}_{g,k}$，然后按照使$\dot{\boldsymbol{V}}$与$\boldsymbol{V}_g$一致的原则进行导引，效果较好，可以达到消耗燃料的准最优，其计算简单，而且保证关机点附近导弹姿态变化平稳。

2. 低加速度推理的导引信号确定

对于采用末速修正(简称末修)系统的固体导弹，末修发动机推力都比较小，由此产生的加速度$\dot{\boldsymbol{V}}$比重力加速度$\boldsymbol{g}$小得多，一般只有几分之一。在这种情况下，如继续采用最佳能量对应的速度倾角或给定的速度倾角来确定需要速度$\boldsymbol{V}_R$，将会因$\left|\dot{\boldsymbol{W}}\right|<\left|\frac{\partial \boldsymbol{V}_R}{\partial \boldsymbol{r}^{\mathrm{T}}}\boldsymbol{V}_R\right|$的情况出现，使得仍通过改变$\dot{\boldsymbol{W}}$的方向来实现改变$\boldsymbol{V}_R$的方向变得相当困难，即不能满足$\boldsymbol{V}_g\to 0$的关机条件。为此，可先以绝对速度矢量$\boldsymbol{V}$的弹道倾角作为需要速度矢量$\boldsymbol{V}_R$的弹道倾角来确定需要速度的大小和方向，然后采用使$\dot{\boldsymbol{W}}$与$\boldsymbol{V}_g$一致的原则进行导引。

8.3　闭路制导的关机控制

按照需要速度的定义，关机条件应为

$$\boldsymbol{V}_g=0 \tag{8-64}$$

一个矢量等于零，显然它的各个元素同时为零，即

$$V_{gx}=V_{gy}=V_{gz}=0 \tag{8-65}$$

因此，可以取“三个分量中较大的一个等于零”作为关机条件，对于远程导弹，通常是$V_{gx}>V_{gy}>V_{gz}$，所以取

$$V_{gx}=0 \tag{8-66}$$

作为关机条件。

由弹上计算机实时计算$\boldsymbol{V}_g$，当满足方程(8-66)时关机。但计算机计算有时延，当计算步长为τ时，$t_i(=i\tau)$时刻的测量数据采样，在t_{i+1}时刻才能给出计算结果，即在t_{i+1}时刻给出$V_{gx}(t_i)$的值，计算时延为τ。另外，关机时间不一定恰好是在τ的整数倍的点上，只能判断当第一次出现$V_{gx}(t_i)<0$时关机，因此，关机时间最大误差将在τ与2τ之间，为了减少关机时间误差，可以取

$$V_{gx}(t_i)<\tau \tag{8-67}$$

作为关机条件，这样关机的最大时间误差为τ。若导弹射程为 6000km，计算步长为$\tau=0.1\mathrm{s}$，一个τ的关机时间误差将造成2km的射程偏差。为降低此项误差，可采取两项措施合理简化关机点附近的计算公式，从而缩小计算步长，对关机时间进行线性预测，提前预报关机。

8.3.1 关机点附近制导计算简化

在关机点附近很短时间内，导弹姿态的微小变化对质心运动没有太大影响，故在关机点附近不加导引，即取

$$\Delta\varphi_c = \Delta\psi_c = \Delta\gamma_c = 0 \tag{8-68}$$

引力加速度 $\boldsymbol{g}$ 的变化很缓慢，在关机点附近可以取常值。因为 $\boldsymbol{V}_R$ 变化很缓慢，不用迭代计算求其准确值，因而采用线性外推的方法进行计算，具体计算公式为

$$V_{Rx,i} = V_{Rx,N} + \Delta V_{Rx}(t_i - t_N)/\tau \tag{8-69}$$

$$\Delta V_{Rx} = V_{Rx,N} - V_{Rx,N-1} \tag{8-70}$$

式中，$V_{Rx,N}$ 为大步长计算最后一点的 V_{Rx} 值；$V_{Rx,N-1}$ 为大步长计算最后第二点的 V_{Rx} 值。

由于关机条件取 $V_{Rx}=0$，所以关机点附近只需计算 V_x、V_{Rx}、V_{gx} 三个分量。

8.3.2 转入小步长计算的判别式确定

对关机点附近的制导计算作了上述简化之后，使计算量降为大步长的 $\dfrac{1}{100}\sim\dfrac{1}{50}$，因此可以将计算的步长改为大步长的 $\dfrac{1}{100}\sim\dfrac{1}{50}$，称缩小后的步长为小步长，记为 τ'。显然为了保证制导精度，希望小步长计算的次数越少越好，因此必须给出一个是否转入小步长的判别式。8.3.3 小节内容将表明，对关机时间进行线性预报，至少需要两个小步长，又考虑到，最后一个大步长计算是在 $t_{N+1}(=t_N+\tau)$ 时刻给出的参数值，所以当 $t_k - t_N$ 满足不等式：

$$2\tau + 2\tau' \geqslant t_k - t_N \geqslant \tau + 2\tau' \tag{8-71}$$

时，转入小步长为宜。因为大步长计算是连续进行的，故当第一次出现 $t_k - t_N \leqslant 2\tau + 2\tau'$ 时，也必须满足 $t_k - t_N \geqslant \tau + 2\tau'$，故取

$$t_k - t_N \leqslant 2\tau + 2\tau' \tag{8-72}$$

作为转入小步长的判别条件。再将式(8-61)代入式(8-72)，经整理可得到转入小步长的判别式：

$$V_{gx,i} \leqslant \left(\frac{2+2\tau'/\tau}{3+2\tau'/\tau}\right) V_{gx,i-1} \tag{8-73}$$

8.3.3 关机时间的线性预报

采用线性预报的方法可以大大提高关机时间的控制精度。显然 $t_k - t$ 越小，$V_{gx}(t)$ 曲线的线性度越高，所以应该越小越好，而考虑到计算机计算的时延，$t_k - t$ 必须大于或等于 τ' 才能实现预报。因此，进行线性预报的条件应该为

$$\tau' \leqslant t_k - t \leqslant 2\tau' \tag{8-74}$$

同样，因计算是连续进行的，故取

$$t_k - t \leqslant 2\tau' \tag{8-75}$$

作为进行线性预报的判别条件。据此导出线性预报的判别式为

$$V_{gx,i} \leqslant \frac{2}{3} V_{gx,i-1} \tag{8-76}$$

预报的关机时间的计算式为

$$t_k = t_{\mathrm{f}} + \frac{\tau' V_{gx,j}}{V_{gx,j-1} - V_{gx,j}} \tag{8-77}$$

8.3.4 导引及关机时间预报综述

综上所述，闭路制导要求弹载计算机做如下计算。

(1) 大步长计算(步长为τ)：包括导航计算和导引计算。计算的每一步均需判断是否满足判别式(8-73)，若不满足，则进行下一步大步长计算；若满足，则转入小步长计算。

(2) 小步长计算(步长为τ')。设当$i = N$时满足判别式(8-73)，之后的算式为

$$\begin{cases} V_{x,j} = V_{x,N} + \Delta W_{x,N+1} + \sum\limits_{i=1}^{j} \Delta W_{x,l} + (\tau + j\tau') g_{x,N} \\ V_{Rx,j} = V_{Rx,N} + \left(1 + j\dfrac{\tau'}{\tau}\right)\left(V_{Rx,N} - V_{Rx,N-1}\right) \\ V_{Rx,K,j} = V_{Rx,j} + \dfrac{V_{Rx,j} - V_{Rx,j-1}}{V_{x,j} - V_{x,j-1}}\left(V_{Rx,K,j} - V_{x,j}\right) \\ V_{gx,j} = V_{Rx,K,j} - V_{x,j}, \quad j = 0,1,2,3,\cdots \end{cases} \tag{8-78}$$

当$V_{gx,i} \leqslant \dfrac{2}{3} V_{gx,j-1}$时，计算式(8-77)求得$t_k$，当$t = t_k$时发出关机指令。实际上，发动机关机的执行机构有一个时间延迟，要求延迟关机。另外，需考虑发动机关机的后效作用将增加一个速度增量，要求提前一个δt关机，这些因素的影响均需予以修正。

8.4 闭路制导方案射击诸元的确定方法

闭路制导方案的射击诸元计算量比摄动制导少得多，主要是射击方位角、虚拟目标，以及关机点(或再入点)的弹道倾角θ_H的确定。采用闭路制导的导弹，在一个方向上完成瞄准后，只要能量够，可以向正负十几度范围内的目标进行射击，且能保证命中精度。只有向最大射程附近的目标进行射击时，才需要确定使射程为最大的最佳射击方位角。

8.4.1 最佳射击方位角的确定方法

严格地说，射程为最大的射击方位角A由迭代的方法来确定，即给定A的一个初值解算主动段、被动段弹道，再根据落点修正射击方位角，以求得射程为最大的A值。这

里给出一个近似计算方法。

考虑到向不同方位射击时，造成落点横向偏差的主要原因是地球旋转影响和地球引力的扁率影响，而扁率影响在确定虚拟目标时已作了修正，因此只需修正地球旋转影响。近似取发射点处的需要速度所对应的方位角作为最佳方位角。

在发射准备过程中，利用弹上计算机中求需要速度的程序求出发射点处需要速度 V_R、倾角 θ_H 和球面方位角 $\hat{\alpha}$，便可求出待增速度在当地北天东坐标系内的分量：

$$\begin{cases} V_{gx_n} = V_R \cos\theta_H \cos\hat{\alpha} \\ V_{gz_n} = V_R \cos\theta_H \sin\hat{\alpha} - r_0\omega_E \cos\phi_0 \\ V_{gy_n} = V_R \sin\theta_H \end{cases} \tag{8-79}$$

式中，$r_0 = \sqrt{(-N_0e^2\omega_{Ex}\omega_{Ey})^2 + (-N_0e^2\omega_{Ez}\omega_{Ey})^2 + [N_0(1-e^2\omega_{Ey}) + H_0]^2}$，$N_0 = \dfrac{a_E}{\sqrt{1-e^2\sin^2 B_0}}$；$\phi_0 = \arctan\left(\dfrac{b_E^2}{a_E^2}\tan B_0\right)$。

为求 V_g 对应的方位角 A，需要将待增速度投影到零方位角的地面发射坐标系：

$$\begin{bmatrix} V'_{gx_g} \\ V'_{gy_g} \\ V'_{gz_g} \end{bmatrix} = \begin{bmatrix} \cos(B_0-\phi_0) & -\sin(B_0-\phi_0) & 0 \\ \sin(B_0-\phi_0) & \cos(B_0-\phi_0) & 0 \\ 0 & 0 & 1 \end{bmatrix} \begin{bmatrix} V_{gx_g} \\ V_{gy_g} \\ V_{gz_g} \end{bmatrix} \tag{8-80}$$

于是，最佳射击方位角按式(8-81)计算：

$$A = \begin{cases} \arctan\dfrac{V'_{gz_g}}{V'_{gx_g}}, & V'_{gx_g} \neq 0, V'_{gz_g} \geqslant 0 \\ \operatorname{sgn}V'_{gz_g}\pi - \arctan\dfrac{V'_{gz_g}}{V'_{gx_g}}, & V'_{gx_g} \neq 0, V'_{gz_g} < 0 \\ \dfrac{\pi}{2}\operatorname{sgn}V'_{gz_g}, & V'_{gx_g} = 0 \end{cases} \tag{8-81}$$

实际仿真计算表明，式(8-81)具有足够的精度，且大大地简化了射击诸元计算。

8.4.2 弹道倾角 θ_H 的确定方法

远程弹道导弹关机点处需要速度的弹道倾角 θ_H 可根据如下考虑来确定：

(1) 最大射程附近的目标选取最小能量轨道的 θ_H。

(2) 最小射程附近的目标应充分考虑弹头再入要求，倾角 θ_H 过大，则再入速度过大而使气动加热超过弹头承受能力；反之，如取最小能量轨道的 θ_H，则可能再入速度低而使弹头易被拦截。因此须选取合适的 θ_H 值。

(3) 中间射程的目标可选取使工具误差最小的 θ_H 值。

8.4.3　虚拟目标的确定方法

确定虚拟目标主要是修正再入阻力影响、引力的地球扁率影响，若已知导弹飞行路径的引力异常，也可以进行修正。显然，这些因素的影响与关机点参数很密切，不过其修正量不是很大。当导弹的总体参数确定之后，可以计算若干条闭路制导的弹道，并将关机点的坐标拟合成射程 L 的简单函数 $x_K(L)$、$z_K(L)$，以备确定虚拟目标时使用。

1. 引力的地球扁率影响的修正

首先根据发射点 O 的位置 (B_0,λ_0,H_0) 、目标点 T 的位置 (B_T,λ_T,H_T)，求出发射点至目标点的球面射程 $\tilde{L}$ 和球面方位角 $\tilde{a}$ 。其次取 $A=\tilde{a}$ 、 $x_K=x_K(\tilde{L})$ 、 $y_K=y_K(\tilde{L})$ 、 $z_K=0$ ，并根据 $\tilde{L}$ 选定弹道倾角 θ_{HK} ，进行需要速度计算。最后根据上述方法确定需要速度及 x_K 、 y_K 、 z_K ，求出椭圆轨道的落点就是修正地球扁率影响的虚拟目标位置。

2. 再入阻力影响的修正

首先计算出发射点至目标点的球面射程 $\tilde{L}$ 。其次根据事先拟合得到的再入阻力的射程影响的曲线 $\Delta L_x \sim \tilde{L}$ ，查出对应的阻力影响 ΔL_x 。最后在计算引力扁率影响时，利用被动段解析解计算得到落点 C 处导弹相对地球的速度 V_{xn}、V_{yn}、V_{zn} ，计算相对速度的方位角的正弦函数和余弦函数：

$$\begin{cases}\sin\hat{\alpha}_c=\dfrac{V_{zn}}{\sqrt{V_{xn}^2+V_{zn}^2}}\\[2ex]\cos\hat{\alpha}_c=\dfrac{V_{xn}}{\sqrt{V_{xn}^2+V_{zn}^2}}\end{cases}\tag{8-82}$$

再入阻力造成的落点偏差为

$$\begin{cases}\Delta\phi_c=-\dfrac{\Delta L_x\cos\hat{\alpha}_c}{r_c}\\[2ex]\Delta\lambda_c=-\dfrac{\Delta L_x\sin\hat{\alpha}_c}{r_c\cos\phi_c}\end{cases}\tag{8-83}$$

8.5　耗尽关机导弹的导引与控制

固体火箭发动机推力终止的方法是在发动机的顶部安装几个反向喷管，关机时反向喷管开启，产生反向推力，当正反向推力平衡时，总推力为零，即实现推力终止。当发动机壳体采用碳纤维或有机纤维缠绕时，在其顶部安装反向喷管的制造工艺有一定的困难；同时，若不安装反向喷管，可以减少结构质量，增加装药量，提高发动机的质量比，增加导弹的有效射程。于是出现各级主发动机都不安装推力终止机构，而采用耗尽关机方案。这样，在发动机总能量固定的条件下，如何进行能量管理而实现射程和横向控制，便成为耗尽关机导弹的导引和控制所要解决的问题。

首先，定义导弹的视速度模量ΔW_D为

$$\Delta W_D = \int_{t_0}^{t_k} \dot{W} \mathrm{d}t \tag{8-84}$$

因为

$$\Delta W_D = \int_{t_0}^{t_k} \frac{P}{m} \mathrm{d}t = -\int_{t_0}^{t_k} \frac{I_{\mathrm{sp}} g_0 \dot{m}}{m} \mathrm{d}t = -I_{\mathrm{sp}} g_0 \int_{t_0}^{t_k} \mathrm{d}(\ln m) = I_{\mathrm{sp}} g_0 \ln \frac{m_0}{m_k} \tag{8-85}$$

式(8-85)表明视速度模量只与发动机的比冲I_{sp}、点火点的质量m_0、停火点的质量m_k有关，而与装药的秒耗量的变化无关。m_k、m_0可以预先准确称量，所以视速度模量ΔW_D只随比冲I_{sp}的变化而改变。

对于采用耗尽关机制导的导弹，其第三级的导引和控制可分为闭路导引段、姿态调整段、常姿态导引段三段。固体火箭发动机装药秒耗量偏差较大，造成发动机工作时间偏差较大，而ΔW_D为已知量，所以第三级的导引和控制以第三级的视速度模量为自变量。可以将ΔW_D分为三部分：闭路导引段ΔW_{I}(占 8%～10%)，常姿态导引段ΔW_{II}(占 10%～15%)，其余部分为姿态调整段ΔW_{III}。

8.5.1 闭路导引段的导引及待增视速度的确定

当转入闭路导引段，即根据导弹的位置矢量$\boldsymbol{r}$和目标的位置矢量$\boldsymbol{r}_{\mathrm{t}}$确定需要速度$\boldsymbol{V}_R$和待增速度$\boldsymbol{V}_g$，并按照$\dot{\boldsymbol{V}}$与$\boldsymbol{V}_g$相一致的要求进行导引，待导弹的姿态稳定后，对发动机耗尽时的$\boldsymbol{V}_R$进行预测，即

$$\boldsymbol{V}_{R,k} = \boldsymbol{V}_R(t_i) + \dot{\boldsymbol{V}}_R(t_i)\left[\overline{t} - (t_i - t_0)\right] \tag{8-86}$$

式中，$\overline{t}$为发动机的标准工作时间；t_i为从起飞算起的时刻；t_0为从起飞算起的点火时刻。显然，$t_i - t_0$是发动机工作时间，$\overline{t} - (t_i - t_0)$是发动机的剩余工作时间。

同时计算预测的关机时刻的需要速度：

$$\boldsymbol{V}_{g,k} = \boldsymbol{V}_{R,k} - \boldsymbol{V} \tag{8-87}$$

并采用$\dot{\boldsymbol{V}}$与$\boldsymbol{V}_{g,k}$方向一致的导引算法给出导引指令。

为消除$\boldsymbol{V}_{g,k}$所需要的视速度增量称为待增视速度，并记为$\boldsymbol{W}_D$，与$\boldsymbol{V}_{g,k}$的几何关系如图 8-5 所示。可写出：

$$\boldsymbol{W}_D = \boldsymbol{V}_{g,k} - \boldsymbol{g}\left[\overline{t} - (t_i - t_0)\right] \tag{8-88}$$

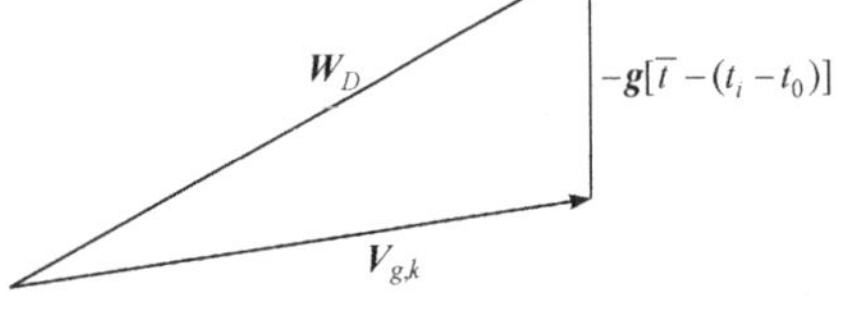

图 8-5 待增视速度与预测关机点需要速度的几何关系

式中，$\boldsymbol{g}$近似取为t_i时刻的地球引力加速度，定义已消耗掉的视速度模量ΔW_h为

$$\Delta W_h = \int_{t_0}^{t} \left|\dot{\boldsymbol{W}}\right| \mathrm{d}\tau \tag{8-89}$$

当$\Delta W_h = \Delta W_1$时，结束闭路导引进入姿态调整段。

8.5.2　姿态调整段的导引

1. 多余视速度模量的确定

前面求出待增视速度 $\boldsymbol{W}_D$，而发动机工作到此时刻，在比冲为标准值的前提下，发动机剩余的视速度模量为 $\Delta W_{\text{II}}+\Delta W_{\text{III}}$，所以姿态调整段的多余视速度模量 ΔW_e 为

$$\Delta W_e=\Delta W_{\text{II}}+\Delta W_{\text{III}}-\left|\boldsymbol{W}_D\right| \tag{8-90}$$

多余视速度模量 ΔW_e，可以实时确定。显然姿态调整段的任务是通过姿态调整消耗掉多余视速度模量 ΔW_e，此段需要视速度增量为 $\boldsymbol{V}_D$，$\boldsymbol{V}_D$ 的方向与 $\boldsymbol{W}_D$ 方向一致，其大小为

$$\left|\boldsymbol{V}_D\right|=\left|\boldsymbol{W}_D\right|-\Delta W_{\text{III}} \tag{8-91}$$

2. 通过姿态调整消耗掉多余冲量原理

如上所述，姿态调整段的需要视速度增量为 $\boldsymbol{V}_D$，此段中发动机剩余的视速度模量为 ΔW_2，那么如何对导弹进行导引和控制，使导弹的视速度模量增加到 ΔW_2 时，其视速度增量恰好为 $\boldsymbol{V}_D$。图 8-6 表示 ΔW_{II} 与 $\boldsymbol{V}_D$ 间的几何关系。由 O 点至 A 点的矢量为 $\boldsymbol{V}_D$，直线 $\overline{OA}$ 上面的曲线的长度为 ΔW_{II}，它表示视速度增量的矢端沿曲线变化由 O 点至 A 点。

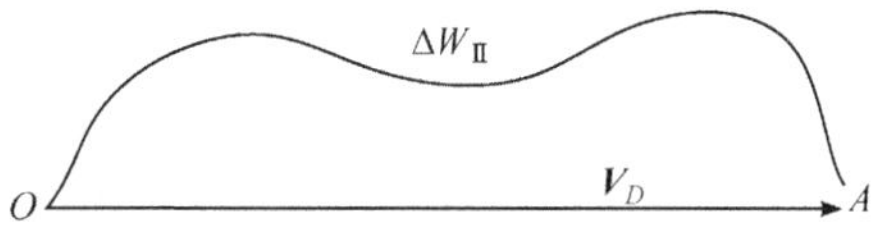

图 8-6　ΔW_{II} 与 $\boldsymbol{V}_D$ 间的几何关系

显然由 O 点至 A 点的曲线有无数条，因此导引规律不是唯一的。考虑到导弹的姿态控制容易实现，且弹上计算机的计算量尽量小。因此，采用的曲线应是光滑连续且以直线 $\overline{OA}$ 的垂直平分线为轴对称的曲线为宜。例如，采用图 8-7 或图 8-8 所示的曲线。

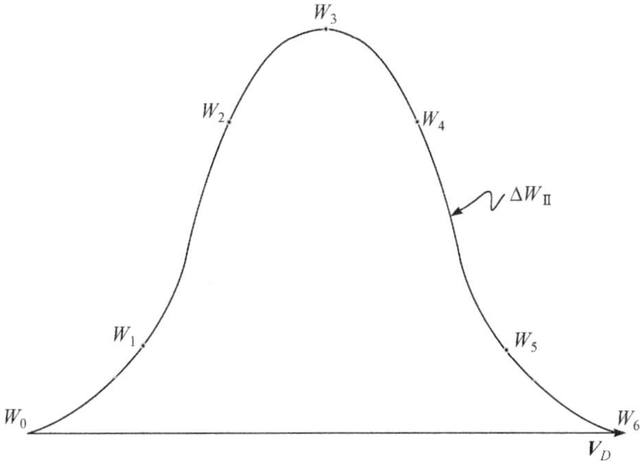

图 8-7　方案一的 $\Delta W_{\text{II}}\sim\boldsymbol{V}_D$ 关系图

现以图 8-7 的曲线为例，介绍导引和控制原理。首先，将 ΔW_{II} 曲线分成六段(图 8-7)：

$$\begin{cases}W_6-W_5=W_1-W_0\\W_5-W_4=W_2-W_1\\W_4-W_3=W_3-W_2\end{cases} \tag{8-92}$$

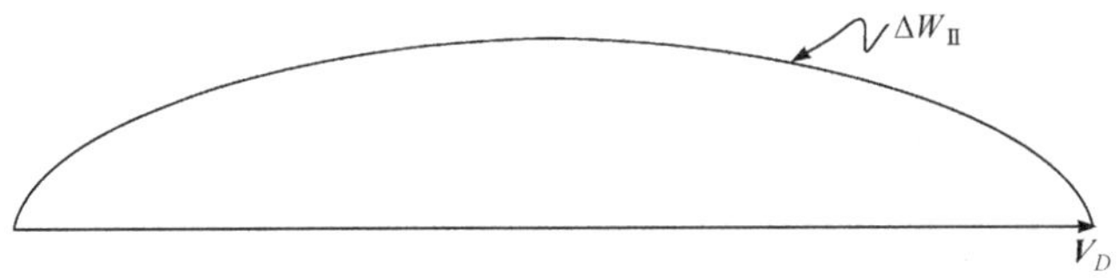

图 8-8 方案二的 $\Delta W_{\text{II}} \sim V_D$ 关系图

假设闭路导引已经将导弹的姿态调到与 V_D 的方向一致，所以为实现图 8-8 所示的 ΔW_{II} 曲线，弹体轴相对于 V_D 的姿态变化应该如图 8-9 所示。

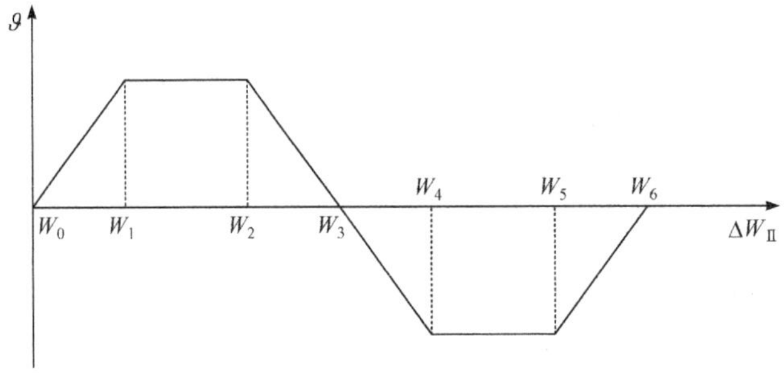

图 8-9 姿态角 ϑ 随 ΔW_{II} 变化的曲线

图 8-9 中 ϑ 表示弹体纵轴相对于需要视速度增量 V_D 的姿态角。ϑ 相对于视速度模量的变化率 $\frac{\mathrm{d}\vartheta}{\mathrm{d}W}$ 如图 8-10 所示。图 8-7、图 8-9 和图 8-10 所示的曲线是对应的，只要给出其一便可求出另外两条曲线。

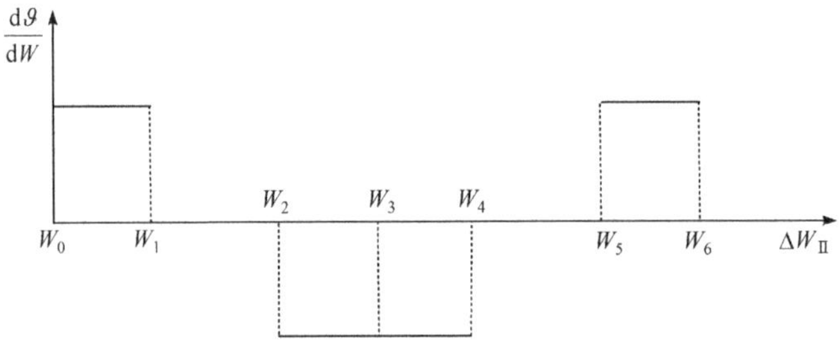

图 8-10 $\frac{\mathrm{d}\vartheta}{\mathrm{d}W}$ 随 ΔW_{II} 变化的曲线

3. 调制姿态的实时确定

首先，假定飞行中的视加速度为常值 $\dot{W}$，在此段中发动机的标准工作时间为 t，即有

$$\dot{W} = \Delta W / t \tag{8-93}$$

并记 $\dot{W}$ 为常值条件下的姿态角为 $\bar{\vartheta}$，并因

$$\frac{\mathrm{d}\bar{\vartheta}}{\mathrm{d}t} = \frac{\mathrm{d}\bar{\vartheta}}{\mathrm{d}W}\frac{\mathrm{d}W}{\mathrm{d}t} = \dot{W}\frac{\mathrm{d}\bar{\vartheta}}{\mathrm{d}W} \tag{8-94}$$

所以$\frac{\mathrm{d}\bar{\vartheta}}{\mathrm{d}t}$的变化与图 8-10 相似，现将$\frac{\mathrm{d}\bar{\vartheta}}{\mathrm{d}t}$随时间变化的曲线绘于图 8-11，与图 8-11 相对应的姿态角变化曲线绘于图 8-12 中，$\bar{\vartheta}_\mathrm{m}$为$\bar{\vartheta}$的最大值。

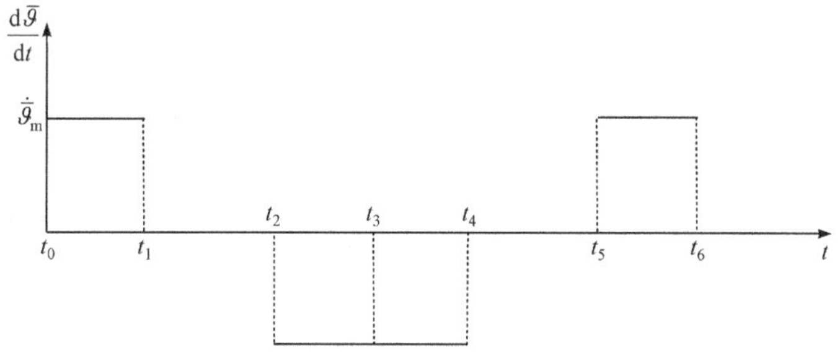

图 8-11　$\frac{\mathrm{d}\bar{\vartheta}}{\mathrm{d}t}$随时间变化的曲线

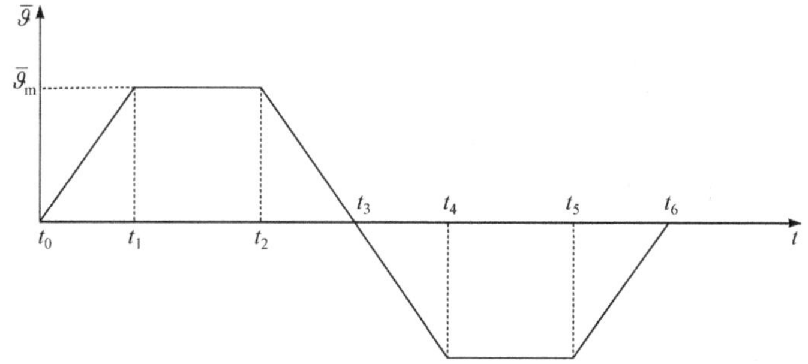

图 8-12　$\bar{\vartheta}$随时间变化的曲线

在导弹实际飞行过程中，$\dot{W}$不是常值，为实现图 8-9 所示的变化规律，ϑ应如何变化呢？假定实际的视加速度为$\dot{W}_m$，因为

$$\frac{\mathrm{d}\vartheta}{\mathrm{d}t}=\frac{\mathrm{d}\vartheta}{\mathrm{d}W}\frac{\mathrm{d}W}{\mathrm{d}t}=\dot{W}_m\frac{\mathrm{d}\vartheta}{\mathrm{d}W} \tag{8-95}$$

如前所述，如果令

$$\frac{\mathrm{d}\vartheta}{\mathrm{d}W}=\frac{\mathrm{d}\bar{\vartheta}}{\mathrm{d}W} \tag{8-96}$$

便可保证W的实际变化规律与图 8-9 中ΔW_{II}的变化规律相一致，于是得

$$\frac{\mathrm{d}\vartheta}{\mathrm{d}W}=\frac{\mathrm{d}\bar{\vartheta}}{\mathrm{d}t}\dot{\bar{W}} \tag{8-97}$$

再将式(8-97)代入式(8-95)，得

$$\frac{\mathrm{d}\vartheta}{\mathrm{d}t}=\frac{\dot{W}_m}{\dot{\bar{W}}}\frac{\mathrm{d}\bar{\vartheta}}{\mathrm{d}t} \tag{8-98}$$

式中，$\dot{\bar{W}}$由式(8-93)求得；$\frac{\mathrm{d}\bar{\vartheta}}{\mathrm{d}t}$由图 8-11 给出。对式(8-98)作积分，得到

$$\vartheta=\begin{cases}\dfrac{\dot{\bar{\vartheta}}_{\mathrm{m}}}{\dot{\bar{W}}_2}(W-W_0), & W_0\leqslant W<W_1\\ \Delta\bar{\vartheta}_{\mathrm{m}}, & W_1\leqslant W<W_2\\ \Delta\bar{\vartheta}_{\mathrm{m}}-\dfrac{\dot{\bar{\vartheta}}_{\mathrm{m}}}{\dot{\bar{W}}_2}(W-W_1), & W_2\leqslant W<W_4\\ -\Delta\bar{\vartheta}_{\mathrm{m}}, & W_4\leqslant W<W_5\\ -\Delta\bar{\vartheta}_{\mathrm{m}}+\dfrac{\dot{\bar{\vartheta}}_{\mathrm{m}}}{\dot{\bar{W}}_2}(W-W_5), & W_5\leqslant W<W_6\end{cases} \tag{8-99}$$

式中，$\dot{\bar{\vartheta}}_{\mathrm{m}}=\dot{\bar{W}}\dfrac{\bar{\vartheta}_{\mathrm{m}}}{W_1-W_0}$，所以只要求出 $\bar{\vartheta}_{\mathrm{m}}$，$\vartheta$ 便可由式(8-99)实时确定。

4. 最大调制姿态角的确定

前述将 W_{II} 分成六段，现约定：

$$\begin{cases}W_1-W_0=W_3-W_2=W_4-W_3=W_6-W_5=\Delta W_a\\ W_2-W_1=W_5-W_4=\Delta W_b\end{cases} \tag{8-100}$$

并在此前提下，根据求得的 V_D 和 ΔW 来确定 $\bar{\vartheta}_{\mathrm{m}}$。

在 (W_0,W_1) 段，多消耗视速度模量为

$$\int_{t_0}^{t_1}\dot{W}_m(1-\cos\vartheta)\mathrm{d}t=\frac{\dot{\bar{W}}}{\dot{\bar{\vartheta}}_{\mathrm{m}}}(\bar{\vartheta}_{\mathrm{m}}-\sin\bar{\vartheta}_{\mathrm{m}}) \tag{8-101}$$

在 (W_1,W_2) 段，多消耗视速度模量为

$$\int_{t_1}^{t_2}\dot{W}_m(1-\cos\vartheta)\mathrm{d}t=\Delta W_b(1-\sin\bar{\vartheta}_{\mathrm{m}}) \tag{8-102}$$

可写出在 (W_1,W_6) 调制段，多消耗视速度模量为

$$4\frac{\dot{\bar{W}}}{\dot{\bar{\vartheta}}_{\mathrm{m}}}(\bar{\vartheta}_{\mathrm{m}}-\sin\bar{\vartheta}_{\mathrm{m}})+2\Delta W_b(1-\cos\bar{\vartheta}_{\mathrm{m}})=W_{\mathrm{II}}-V_D \tag{8-103}$$

又 $\dot{\bar{\vartheta}}_{\mathrm{m}}(t_1-t_0)=\bar{\vartheta}_{\mathrm{m}}$，于是式(8-103)改写为

$$4\Delta W_a=\left(1-\frac{\sin\bar{\vartheta}_{\mathrm{m}}}{\bar{\vartheta}_{\mathrm{m}}}\right)+2\Delta W_b(1-\cos\bar{\vartheta}_{\mathrm{m}})=W_{\mathrm{II}}-V_D \tag{8-104}$$

式(8-104)是关于 $\bar{\vartheta}_{\mathrm{m}}$ 的超越方程，式中 W_{II}、ΔW_a、ΔW_b 在导弹发射前可以预先确定，式(8-104)的精确解需迭代求解，现给出近似解，因

$$\begin{cases}\dfrac{\sin\bar{\vartheta}_{\mathrm{m}}}{\bar{\vartheta}_{\mathrm{m}}}\approx1-\dfrac{1}{6}\bar{\vartheta}_{\mathrm{m}}^2+\dfrac{1}{120}\bar{\vartheta}_{\mathrm{m}}^4-\cdots\\ \cos\bar{\vartheta}_{\mathrm{m}}\approx1-\dfrac{1}{2}\bar{\vartheta}_{\mathrm{m}}^2+\dfrac{1}{24}\bar{\vartheta}_{\mathrm{m}}^4-\cdots\end{cases} \tag{8-105}$$

将式(8-105)代入式(8-104)，整理可得方程：

$$A\bar{\vartheta}_{\mathrm{m}}^{4}-B\bar{\vartheta}_{\mathrm{m}}^{2}+W_{\mathrm{II}}-V_{D}=0 \tag{8-106}$$

式中，

$$\begin{cases} A=\dfrac{\Delta W_{a}}{30}+\dfrac{\Delta W_{b}}{12} \\ B=\dfrac{2}{3}\Delta W_{a}+\Delta W_{b} \end{cases} \tag{8-107}$$

方程(8-106)的一个有用根为

$$\bar{\vartheta}_{\mathrm{m}}=\left[\left(B-\sqrt{B^{2}-4A(W_{\mathrm{II}}-V_{D})}\right)/2A\right]^{1/2} \tag{8-108}$$

通常可以用式(8-108)计算 $\bar{\vartheta}_{\mathrm{m}}$，该式具有较高的精度，因为在公式的推导中忽略了 $\bar{\vartheta}_{\mathrm{m}}^{6}$ 以上的高次项，又因展开式(8-105)是交错级数，所以计算 $\bar{\vartheta}_{\mathrm{m}}$ 的误差小于 $\bar{\vartheta}_{\mathrm{m}}^{6}$，而当 $\bar{\vartheta}_{\mathrm{m}}$ 较大(接近于 1rad)时，则需迭代求解式(8-104)。

5. 最大调整姿态角与多余视速度的百分数的关系

首先，定义多余视速度的百分数 η 为

$$\eta=\frac{W_{\mathrm{II}}-V_{D}}{W_{\mathrm{II}}}\times 100\% \tag{8-109}$$

然后，给定 η 的不同值，分别由式(8-104)解出对应的 $\bar{\vartheta}_{\mathrm{m}}$ 值，将其结果绘成图 8-13 所示曲线。从曲线可以看出，当 $\eta=50$ 时，$\bar{\vartheta}_{\mathrm{m}}$ 接近于 60°。

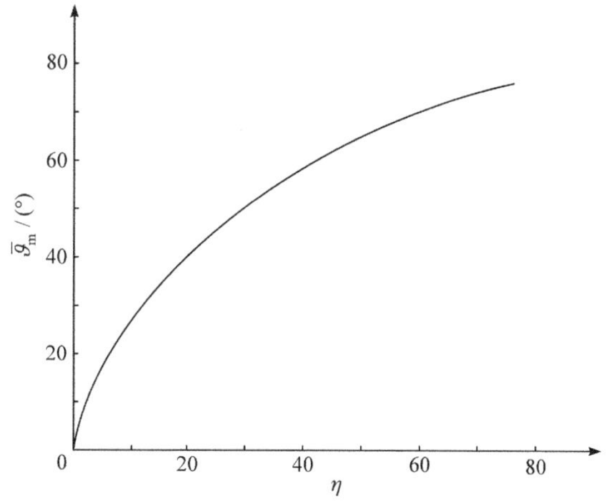

图 8-13　$\bar{\vartheta}_{\mathrm{m}}\sim\eta$ 关系曲线

因此要求 $\eta\leqslant 50$ 为宜。当导弹向小射程的目标射击时，必须选择高弹道的俯仰程序，在选择俯仰程序时应保证 $\eta\leqslant 50$。另外，也可将 $\bar{\vartheta}_{\mathrm{m}}\sim\eta$ 关系曲线拟合成 η 的幂级数，从而简化 $\bar{\vartheta}_{\mathrm{m}}$ 的计算，且保证了计算精度。

6. 姿态调制过程中俯仰、偏航指令的确定

因为姿态调制应该在地球引力加速度 $\boldsymbol{g}$ 和需要视速度增量 $\boldsymbol{V}_D$ 两个矢量所构成的平面内进行，则姿态调制的角速度 $\dot{\vartheta}$ 应与单位矢量 $\boldsymbol{k}'=\boldsymbol{g}\times\boldsymbol{V}_D/|\boldsymbol{g}\times\boldsymbol{V}_D|$ 方向一致。考虑到在转入姿态调整段以前的闭路导引段中，已经使弹体纵轴与 $\boldsymbol{V}_D$ 方向一致，所以 $\dot{\vartheta}$ 在弹体轴 oz_1 上的投影便是俯仰角速度指令 $\dot{\varphi}_c$，在弹体轴 oy_1 上的投影便是偏航角速度指令 $\dot{\psi}_c$，故有

$$\begin{cases}\dot{\bar{\varphi}}_c=\dot{\bar{\vartheta}}_{\mathrm{m}}\boldsymbol{e}_{z1}\boldsymbol{k}'\\ \dot{\bar{\varphi}}_c=\dot{\bar{\vartheta}}_{\mathrm{m}}\boldsymbol{e}_{y1}\boldsymbol{k}'\end{cases}\tag{8-110}$$

式中，

$$\begin{cases}\boldsymbol{e}_{y1}=-\sin\varphi\boldsymbol{e}_x+\cos\varphi\boldsymbol{e}_y\\ \boldsymbol{e}_{z1}=\cos\varphi\sin\varphi\boldsymbol{e}_y+\sin\varphi\sin\psi\boldsymbol{e}_y+\cos\psi\boldsymbol{e}_z\end{cases}\tag{8-111}$$

$$\dot{\bar{\vartheta}}_{\mathrm{m}}=\bar{\vartheta}_{\mathrm{m}}/(t_1-t_0)\tag{8-112}$$

于是，各段的导引指令分别如下：

(1) $W_0\sim W_1$ 段的导引指令为

$$\begin{cases}\Delta\varphi_c(t)=\dfrac{\dot{\bar{\varphi}}}{\dot{\bar{W}}}\displaystyle\int_{t_0}^{t_1}\dot{W}_m\mathrm{d}t\\ \Delta\psi_c(t)=\dfrac{\dot{\bar{\psi}}}{\dot{\bar{W}}}\displaystyle\int_{t_0}^{t_1}\dot{W}_m\mathrm{d}t\end{cases}\tag{8-113}$$

当满足 $\int_{t_0}^{t_1}\dot{W}_m\mathrm{d}t=\Delta W_a$ 时，转入下一段。

(2) $W_1\sim W_2$ 段的导引指令为

$$\Delta\varphi_c(t)=\Delta\psi_c(t)=0\tag{8-114}$$

当满足 $\int_{t_1}^{t_2}\dot{W}_m\mathrm{d}t=\Delta W_a$ 时，转入下一段。

(3) $W_2\sim W_4$ 段的导引指令为

$$\begin{cases}\Delta\varphi_c(t)=-\dfrac{\dot{\bar{\varphi}}}{\dot{\bar{W}}}\displaystyle\int_{t_2}^{t_4}\dot{W}_m\mathrm{d}t\\ \Delta\psi_c(t)=-\dfrac{\dot{\bar{\psi}}}{\dot{\bar{W}}}\displaystyle\int_{t_2}^{t_4}\dot{W}_m\mathrm{d}t\end{cases}\tag{8-115}$$

当满足 $\int_{t_2}^{t_4}\dot{W}_m\mathrm{d}t=2\Delta W_a$ 时，转入下一段。

(4) $W_4\sim W_5$ 段的导引指令为

$$\Delta\varphi_c(t)=\Delta\psi_c(t)=0\tag{8-116}$$

当满足$\int_{t_4}^{t_5}\dot{W}_m\mathrm{d}t=\Delta W_b$时，转入下一段。

(5) W_5～W_6段的导引指令为

$$\begin{cases}\Delta\varphi_c(t)=-\dfrac{\dot{\bar{\varphi}}}{\dot{\bar{W}}}\displaystyle\int_{t_5}^{t_6}\dot{W}_m\mathrm{d}t\\ \Delta\psi_c(t)=-\dfrac{\dot{\bar{\psi}}}{\dot{\bar{W}}}\displaystyle\int_{t_5}^{t_6}\dot{W}_m\mathrm{d}t\end{cases}\tag{8-117}$$

当满足$\int_{t_5}^{t_6}\dot{W}_m\mathrm{d}t=\Delta W_a$时，整个姿态调整段结束。图 8-14 给出仿真计算的姿态调整段姿态角随时间变化曲线。

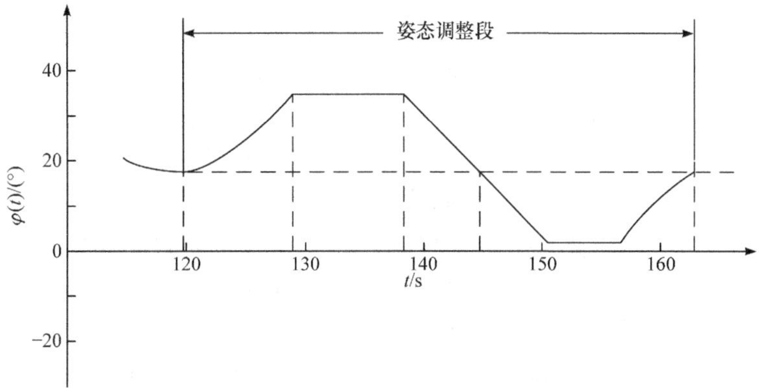

图 8-14　仿真计算的姿态调整段姿态角随时间变化曲线

8.5.3　常姿态导引段的导引

经过姿态调整段的导引后，可以耗费掉多余的视速度模量。然而，由式(8-88)、式(8-91)等式可知，$\boldsymbol{V}_D$的精度与$\boldsymbol{V}_{g,k}$、$\boldsymbol{g}$和$\overline{t_3}$的精度有关，$\overline{t_3}$是第三级发动机的名义工作时间。发动机装药秒耗量偏差的存在使实际的工作时间t_3偏离名义值，以及$\boldsymbol{g}$是随导弹位置变化的，计算中只取了t_i时刻的值等，上述诸因素造成$\boldsymbol{V}_D$计算的误差。因此，姿态调整段结束后若仍按使弹轴ox_1与$\boldsymbol{V}_D$一致导引，则在增加视速度模量W_{II}(耗尽)后，$\boldsymbol{V}_g\neq 0$，即必须通过常姿态导引段的导引消除上述误差的影响，使当第三级主发动机关机时，$\boldsymbol{V}_g=0$。图 8-15 绘出姿态调整段结束时速度矢量与需要速度间的几何关系。$\boldsymbol{V}_2$表示姿态调整结束时的导弹速度，其对应的需要速度为$\boldsymbol{V}_R$(根据预先给定倾角θ_H确定)。曲线 AB 是不同θ_H对应的需要速度矢端曲线。T_{go}为发动机剩余工作时间，若按$\boldsymbol{V}_R$进行导引，耗尽时其速度为$\boldsymbol{V}_3$的端点 D，显然，$\boldsymbol{V}_R\neq\boldsymbol{V}_3$，从图 8-15 可见，以 C 点为圆心，CD 为半径(其长度为$\boldsymbol{W}_{\text{III}}$)所画圆弧与曲线 AB 有两个交点F_1和F_2，F_2点对应的需要速度为$\boldsymbol{V}_{R3}$，若根据$\boldsymbol{V}_{R3}$进行导引，当耗尽时便有$\boldsymbol{V}_3=\boldsymbol{V}_{R3}$。上述过程在计算机上实现时，是通过改变$\theta$寻找满足方程：

$$W_{\text{III}}-\left|\boldsymbol{V}_{Rk}-\boldsymbol{g}T_{\text{go}}-\boldsymbol{V}_2\right|=0\tag{8-118}$$

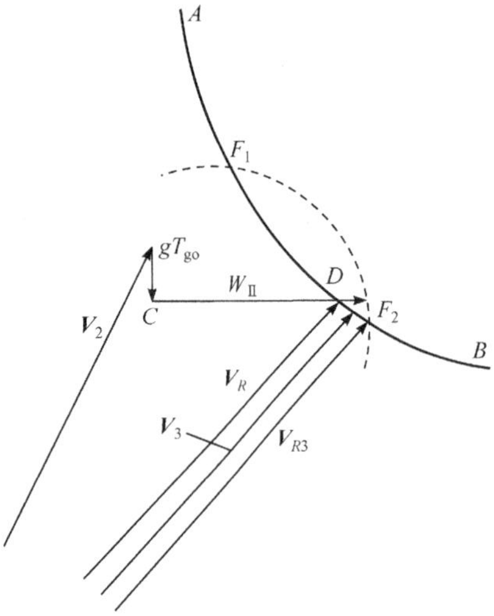

图 8-15 姿态调整段结束时速度矢量与需要速度间的几何关系图

的$\boldsymbol{V}_{Rk}$，然后根据$\boldsymbol{V}_{Rk}$进行导引。为了保证足够的精度，在每个计算周期内，都要求满足方程：

$$W_{\mathrm{III}} - \int_{t_{30}}^{t} \left|\dot{W}\right| \mathrm{d}t - \left|\boldsymbol{V}_{Rk} - \boldsymbol{g}T_{\mathrm{go}} - \boldsymbol{V}_2\right| = 0 \qquad (8\text{-}119)$$

的$\boldsymbol{V}_{Rk}$，并根据$\boldsymbol{V}_{Rk}$导引。

在式(8-118)和式(8-119)中都含有T_{go}项。另外求V_{go}时也需要知道T_{go}，而对于固体发动机来说，T_{go}是比较难以确定的。图 8-16 示出固体火箭发动机装药秒耗量随时间变化曲线，图中曲线Ⅱ为发动机的标准条件下秒耗量变化曲线，曲线Ⅰ和Ⅲ分别为正秒耗量偏差和负秒耗量偏差的秒耗量变化曲线。若装药量一定，则曲线Ⅰ、Ⅱ、Ⅲ与坐标轴t所包含的面积相等。另外，如前所述，导弹第三级的导引和控制按视速度模量分成闭路导引段、姿态调整段和常姿态导引段三段，每段对应的视速度模量分别为ΔW_{I}、ΔW_{II}和ΔW_{III}，与其对应的秒耗量变化曲线也分为三段，这三段为图 8-16 所示第一部分阴影区、第二部分空白区和第三部分阴影区，当秒耗量有偏差时，各部分面积对应相等。若记与各部分相对应的发动机工作时间分别为T_1、T_2、T_3，全部工作时间记t_3，$t_3 = T_1 + T_2 + T_3$。可以通过拟合的方法将T_3拟合成T_2的函数，如

$$T_3 = k_0 + k_1 T_2 + k_2 T_2^2 \qquad (8\text{-}120)$$

于是，姿态调整段结束时，可以求出该段工作时间T_2，然后根据式(8-120)预测T_3，发动机剩余工作时间T_{go}为

$$T_{\mathrm{go}} = t_3 - t \qquad (8\text{-}121)$$

另外，还应注意一点，当接近装药耗尽时推力较低，即$\dot{W}$较小时，若仍采用上述导引方法，则导弹姿态变化较大，为避免出现此情况，可取$\Delta\varphi = \Delta\psi = \Delta\gamma = 0$，以保持导弹姿态不变。

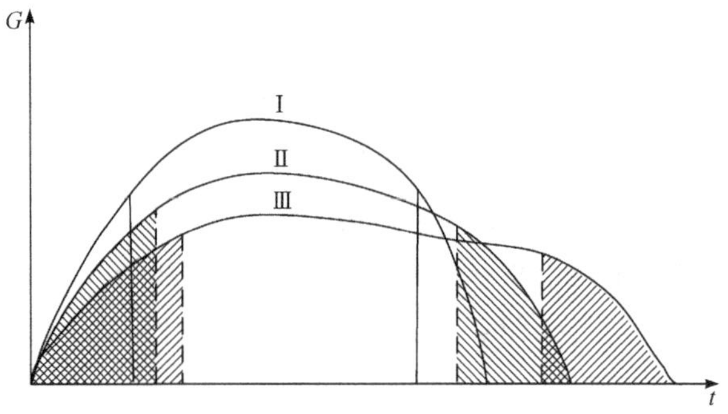

图 8-16 固体火箭发动机装药秒耗量随时间变化曲线

8.5.4　关于比冲误差的处理

在以上讨论中假定发动机的比冲 I_{sp} 为常值，实际上，火药配方的公差、浇铸前搅拌不均匀等造成火药燃速偏差，以及发动机喉衬烧蚀误差都会引起比冲误差。发动机比冲误差目前尚不能通过在线辨识确定，只能将其作为随机误差处理，因此在进行耗尽关机的导引和控制时，将比冲取为标准值。于是，耗尽关机的导引和控制结束后，实际的关机点参数将存在一定的误差，这项误差需要通过末修级进行末速修正。末修级通常采用低推力发动机，关于低推力的闭路导引和控制问题请参见 8.2.2 小节。

思　考　题

8.1　闭路制导的实现原理是什么？

8.2　闭路制导能用于大气层内吗？

8.3　摄动制导和闭路制导各自的优缺点？

8.4　采用耗尽关机的发动机，其能量管理算法主要有哪些？

参 考 文 献

[1] 陈世年, 李连仲, 王京五. 控制系统设计[M]. 北京: 中国宇航出版社, 1996.

[2] 李连仲. 远程弹道导弹闭路制导方法研究[J]. 系统工程与电子技术, 1980(4): 1-17.

[3] 肖龙旭, 王顺宏, 魏诗卉. 地地弹道导弹制导技术与命中精度[M]. 北京: 国防工业出版社, 2009.

[4] 陈克俊, 刘鲁华, 孟云鹤. 远程火箭飞行动力学与制导[M]. 北京: 国防工业出版社, 2014.

第9章

迭代制导

迭代制导方法是基于极大值原理，通过引进状态矢量把火箭的质心运动方程转换成状态方程来描述火箭的运动，并以火箭的瞬时状态为初值，目标点状态为终端约束，火箭的一组姿态角为控制矢量，火箭以瞬时点至目标点的最短飞行时间为性能指标，提出一个非线性时变系统的最优控制问题。当前迭代制导方法适用于在大气层外且具有长时间推进过程的飞行器上，本章主要介绍迭代制导算法思想和发展，包括土星五号最初提出的迭代制导算法，为航天飞机改进的动力显式制导算法，以及国内发展改进的迭代制导算法。

9.1 火箭真空段入轨最优控制问题

9.1.1 坐标系定义和转换

制导指令的输入、输出通常是在发射惯性系，而最优控制问题在入轨点坐标系进行求解更为简易，故需要建立发射惯性系与入轨点坐标系之间的转换关系。如图 9-1 所示建立入轨点坐标系，坐标原点取地心，*OY* 轴指向目标入轨点，*OX* 轴在轨道平面内，垂直于 *OY* 轴，指向卫星运行方向，*OZ* 轴与 *OX* 轴和 *OY* 轴组成右手坐标系。

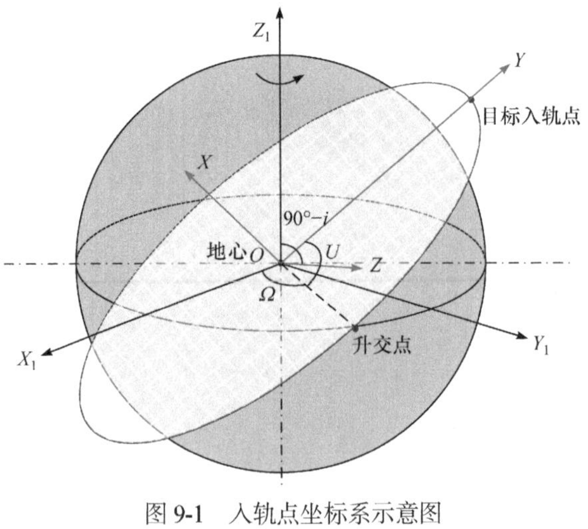

图 9-1　入轨点坐标系示意图

首先将发射点地心惯性系(也就是将发射惯性系的原点平移至地心得到的新坐标系)转换到地心惯性系，其转换矩阵为 $\boldsymbol{E}_G$。其次将地心惯性系绕其 Z 轴旋转 $\Omega-\pi/2$，再将得到的新坐标系绕其 Y 轴旋转 $i-\pi$。最后将新得到的坐标系绕其 Z 轴旋转 $-U$ 即可得到入轨点坐标系，其中 U 是入轨点纬度幅角。于是，由发射点地心惯性系到入轨点坐标系的坐标转换矩阵为

$$\boldsymbol{O}_G=\boldsymbol{TZ}_2\cdot\boldsymbol{TY}\cdot\boldsymbol{TZ}_1\cdot\boldsymbol{E}_G \tag{9-1}$$

式中，

$$\boldsymbol{TZ}_1=\begin{bmatrix}\cos(\Omega-\pi/2) & \sin(\Omega-\pi/2) & 0\\ -\sin(\Omega-\pi/2) & \cos(\Omega-\pi/2) & 0\\ 0 & 0 & 1\end{bmatrix} \tag{9-2}$$

$$\boldsymbol{TY}=\begin{bmatrix}\cos(i-\pi) & 0 & -\sin(i-\pi)\\ 0 & 1 & 0\\ \sin(i-\pi) & 0 & \cos(i-\pi)\end{bmatrix} \tag{9-3}$$

$$\boldsymbol{TZ}_2=\begin{bmatrix}\cos(-U) & \sin(-U) & 0\\ -\sin(-U) & \cos(-U) & 0\\ 0 & 0 & 1\end{bmatrix} \tag{9-4}$$

令火箭在发射点地心惯性系下的位置矢量为 $\boldsymbol{r}_G$、速度矢量为 $\boldsymbol{v}_G$，火箭在入轨点坐标系下的位置矢量为 $\boldsymbol{r}$、速度矢量为 $\boldsymbol{v}$，则

$$\begin{cases}\boldsymbol{r}=\boldsymbol{O}_G\cdot\boldsymbol{r}_G\\ \boldsymbol{v}=\boldsymbol{O}_G\cdot\boldsymbol{v}_G\end{cases} \tag{9-5}$$

9.1.2 火箭最优入轨问题描述

以入轨点坐标系为参考坐标系，火箭在大气层外的飞行动力学方程为

$$\begin{cases}\dot{\boldsymbol{r}}=\boldsymbol{v}\\ \dot{\boldsymbol{v}}=\boldsymbol{g}+\dfrac{T}{m}\boldsymbol{u}\end{cases} \tag{9-6}$$

式中，$\boldsymbol{u}$ 代表单位推力矢量；T 代表推力大小。由于视加速度可以表示为

$$a_{\mathrm{c}}=\frac{T}{m}=\frac{V_{\mathrm{ex}}\cdot\dot{m}}{m}=\frac{V_{\mathrm{ex}}}{m_0/\dot{m}-t} \tag{9-7}$$

式中，V_{ex} 是发动机比冲，单位为 m/s；m_0 是火箭初始质量。定义燃尽时间常数：

$$\tau=m_0/\dot{m}=V_{\mathrm{ex}}/a_{\mathrm{c}} \tag{9-8}$$

式中，a_{c} 是当前时刻视加速度，因此得到

$$\frac{T}{m}=\frac{V_{\mathrm{ex}}}{\tau-t} \tag{9-9}$$

$\boldsymbol{g}$ 表示引力加速度，并采用平均引力场假设，即认为在一个制导周期内，引力加速

度是一个常值矢量。

火箭入轨最优控制问题描述为寻找$\boldsymbol{u}(t)$，使火箭沿着该推力方向可以在满足一定约束条件下以最小燃料消耗量进入指定的轨道。由于推力大小一定，性能指标最小燃料消耗量可以等效为最短入轨时间。于是选定控制量为$\boldsymbol{u}(t)$，火箭入轨最优控制问题的标准数学模型如下。

(1) 性能指标：

$$J=\int_0^{t_{go}} 1\mathrm{d}t \tag{9-10}$$

式中，t_{go}是剩余飞行时间。

(2) 状态变量微分方程：

$$\begin{cases}\dot{\boldsymbol{r}}=\boldsymbol{v}\\ \dot{\boldsymbol{v}}=\boldsymbol{g}+\dfrac{V_{ex}}{\tau-t}\cdot\boldsymbol{u}\end{cases} \tag{9-11}$$

(3) 终端约束：

$$N_i\left(\boldsymbol{v}_{\mathrm{f}},\boldsymbol{r}_{\mathrm{f}}\right)=0,\quad i=1,2,\cdots,n(n<6) \tag{9-12}$$

式中，f与下文中的下标f均表示终端值。

(4) 控制约束：

$$\boldsymbol{u}^{\mathrm{T}}\boldsymbol{u}=1 \tag{9-13}$$

为了保证制导算法的可靠性，迭代制导采用各种简化假设来求解该问题，而各类迭代制导算法的区别也主要体现在简化假设和迭代计算流程的差异上。

9.1.3 推力积分系数计算

由于接下来要介绍的三类制导算法都要进行推力积分运算，因此在这里先把算法可能用到的相关推力积分系数罗列出来，以避免在后续章节中出现重复推导的现象：

$$\begin{cases}L=\displaystyle\int_0^{t_{go}}\frac{V_{ex}}{\tau-t}\mathrm{d}t=V_{ex}\cdot\ln\frac{\tau}{\tau-t_{go}}\\ J=\displaystyle\int_0^{t_{go}}\frac{V_{ex}}{\tau-t}t\mathrm{d}t=\tau L-V_{ex}t_{go}\\ H=\displaystyle\int_0^{t_{go}}\frac{V_{ex}}{\tau-t}t^2\mathrm{d}t=\tau J-0.5V_{ex}t_{go}^2\\ S=\displaystyle\int_0^{t_{go}}\int_0^{t}\frac{V_{ex}}{\tau-s}\mathrm{d}s\mathrm{d}t=t_{go}L-J\\ Q=\displaystyle\int_0^{t_{go}}\int_0^{t}\frac{V_{ex}}{\tau-s}s\mathrm{d}s\mathrm{d}t=\tau S-\frac{1}{2}V_{ex}t_{go}^2\\ P=\displaystyle\int_0^{t_{go}}\int_0^{t}\frac{V_{ex}}{\tau-s}s^2\mathrm{d}s\mathrm{d}t=\tau Q-\frac{1}{6}V_{ex}t_{go}^3\end{cases} \tag{9-14}$$

此外，9.2 节的算法还需要求出推力在纵向平面积分产生的推力积分系数，定义视加速度在纵向平面的分量为 a_{cp}，对应的燃尽时间为 $\tau_p = V_{\mathrm{ex}}/a_{\mathrm{cp}}$，则推力积分系数 L_p、J_p、S_p、Q_p 是将式(9-14)中的 τ 相应地替换成 τ_p。

9.2 迭代制导算法

9.2.1 迭代制导算法最优解推导

迭代制导算法(iterative guidance mode，IGM)抛弃了推力矢量，直接选择了入轨点坐标系的俯仰角 φ 和偏航角 ψ 作为控制变量，从后面的算法推导中可以看出，这样做可以简化最优解的形式和控制参数的计算[1-2]。此时火箭动力学方程可以写为

$$\frac{\mathrm{d}}{\mathrm{d}t}\begin{pmatrix} r_X \\ r_Y \\ r_Z \\ v_X \\ v_Y \\ v_Z \end{pmatrix} = \begin{pmatrix} v_X \\ v_Y \\ v_Z \\ \dfrac{V_{\mathrm{ex}}}{\tau - t}\cos\varphi\cos\psi + g_X \\ \dfrac{V_{\mathrm{ex}}}{\tau - t}\sin\varphi\cos\psi + g_Y \\ -\dfrac{V_{\mathrm{ex}}}{\tau - t}\sin\psi + g_Z \end{pmatrix} \tag{9-15}$$

根据任务不同，火箭入轨的终端约束也不同，IGM 给出了在以轨道平面、入轨点高度、入轨点速度和入轨点速度倾角作为约束的典型任务下的推导与迭代流程。这种终端约束本质上等同于约束了终端半长轴、偏心率、轨道倾角、升交点赤经和真近点角，而放开了近地点幅角的约束。在入轨点坐标系下，这种终端约束可以近似等效于入轨点位置的 X 方向分量 $r_{X\mathrm{f}}$ 自由，而其他五个状态变量终端值给定，即

$$\begin{cases} N_1 = v_{X\mathrm{f}} - v_{X\mathrm{f}}^* \\ N_2 = v_{Y\mathrm{f}} - v_{Y\mathrm{f}}^* \\ N_3 = v_{Z\mathrm{f}} - v_{Z\mathrm{f}}^* \\ N_4 = r_{Y\mathrm{f}} - r_{Y\mathrm{f}}^* \\ N_5 = r_{Z\mathrm{f}} - r_{Z\mathrm{f}}^* \end{cases} \tag{9-16}$$

之所以说是近似等效，是因为如果 $r_{X\mathrm{f}}$ 自由，那么它的变化势必会导致入轨点位置的变化，此时为了满足需要的入轨点高度、入轨点速度和入轨点速度倾角约束，$r_{Y\mathrm{f}}$、$v_{X\mathrm{f}}$、$v_{Y\mathrm{f}}$ 也会发生改变而不是保持为常值。另外，根据最优控制原理，此时以入轨点高度、入轨点速度和入轨点速度倾角等作为约束和以式(9-16)作为约束必然会得到两种不同的横截条件，即使入轨点位置收敛，两种约束下的最优解肯定也不相同。但工程经验表明，在这类问题中横截条件对解的最优性影响不大，因此将式(9-16)作为约束也可以得到近似的最优横截条件。

在采用俯仰角和偏航角作为控制变量以及对终端约束进行简化之后，可以得到新的最优控制问题：

(1) 性能指标式(9-10)；

(2) 状态变量微分方程(9-11)；

(3) 终端约束式(9-12)。

为求解上述问题，引进哈密顿函数：

$$H=\boldsymbol{\lambda}^{\mathrm{T}}\cdot\dot{\boldsymbol{X}}+1=\lambda_1 v_X+\lambda_2 v_Y+\lambda_3 v_Z+\lambda_4\left(\frac{V_{\mathrm{ex}}}{\tau-t}\cos\varphi\cos\psi+g_X\right)$$
$$+\lambda_5\left(\frac{F}{m}\sin\varphi\cos\psi+g_Y\right)+\lambda_6\left(-\frac{F}{m}\sin\psi+g_Z\right)+1 \tag{9-17}$$

式中，

$$\boldsymbol{\lambda}=\begin{bmatrix}\lambda_1 & \lambda_2 & \lambda_3 & \lambda_4 & \lambda_5 & \lambda_6\end{bmatrix}^{\mathrm{T}} \tag{9-18}$$

$$\boldsymbol{X}=\begin{bmatrix}r_X & r_Y & r_Z & v_X & v_Y & v_Z\end{bmatrix}^{\mathrm{T}} \tag{9-19}$$

根据最优控制原理，为了让性能指标式(9-10)取极值，则哈密顿函数必须满足以下极值条件：

$$\begin{bmatrix}\dfrac{\partial H}{\partial\varphi}\\ \dfrac{\partial H}{\partial\psi}\end{bmatrix}=0 \tag{9-20}$$

即

$$\begin{bmatrix}\lambda_4\sin\varphi\cos\psi-\lambda_5\cos\varphi\cos\psi\\ \lambda_4\cos\varphi\sin\psi+\lambda_5\sin\varphi\sin\psi+\lambda_6\cos\psi\end{bmatrix}=0 \tag{9-21}$$

可以解出最优控制角：

$$\tan\varphi=\frac{\lambda_5}{\lambda_4} \tag{9-22}$$

$$\tan\psi=-\frac{\lambda_6}{\lambda_4}\cos\varphi \tag{9-23}$$

此外还需满足协态变量方程：

$$\dot{\lambda}=-\frac{\partial H}{\partial X} \tag{9-24}$$

即

$$\begin{pmatrix} \dot{\lambda}_1 \\ \dot{\lambda}_2 \\ \dot{\lambda}_3 \\ \dot{\lambda}_4 \\ \dot{\lambda}_5 \\ \dot{\lambda}_6 \end{pmatrix} = \begin{pmatrix} 0 \\ 0 \\ 0 \\ \lambda_1 \\ \lambda_2 \\ \lambda_3 \end{pmatrix} \tag{9-25}$$

解得

$$\begin{pmatrix} \lambda_1 \\ \lambda_2 \\ \lambda_3 \\ \lambda_4 \\ \lambda_5 \\ \lambda_6 \end{pmatrix} = \begin{pmatrix} \lambda_{1\mathrm{f}} \\ \lambda_{2\mathrm{f}} \\ \lambda_{2\mathrm{f}} \\ \lambda_{4\mathrm{f}} - \lambda_1 t \\ \lambda_{5\mathrm{f}} - \lambda_2 t \\ \lambda_{6\mathrm{f}} - \lambda_3 t \end{pmatrix} \tag{9-26}$$

和横截条件：

$$\lambda_{\mathrm{f}} = -\sum_{i=1}^{5} \eta_i \frac{\partial N_i}{\partial X_{\mathrm{f}}} \tag{9-27}$$

将式(9-17)代入式(9-27)可以得到

$$\lambda_{1\mathrm{f}} = 0 \tag{9-28}$$

将式(9-28)和式(9-25)代入式(9-22)中，可以得到

$$\tan\varphi = \frac{\lambda_{5\mathrm{f}}}{\lambda_{4\mathrm{f}}} - \frac{\lambda_{2\mathrm{f}}}{\lambda_{4\mathrm{f}}} t \tag{9-29}$$

这就是线性正切形式的制导律。

9.2.2　IGM 的线性角假设

本小节中 IGM 做了一个重要的简化假设，即认为：

$$\varphi = \tilde{\varphi} + k_2 t - k_1 \tag{9-30}$$

而得到线性角形式的制导律。式中，$\tilde{\varphi}$ 是只满足速度约束情况下的最优俯仰角；$k_2 t - k_1$ 是为了满足位置约束引入的修正量，该修正量为一小量。为了评估式(9-30)的合理性，将式(9-29)在 $\varphi = \tilde{\varphi}$ 处进行泰勒展开，可以得到

$$\frac{\lambda_{5\mathrm{f}}}{\lambda_{4\mathrm{f}}} - \frac{\lambda_{2\mathrm{f}}}{\lambda_{1\mathrm{f}}} t = \tan(\tilde{\varphi} + \Delta\varphi) \approx \tan\tilde{\varphi} + \left(1 + \tan^2\tilde{\varphi}\right)\cdot\Delta\varphi + \left(\tan\tilde{\varphi} + \tan^3\tilde{\varphi}\right)\cdot\Delta\varphi^2 + \cdots \tag{9-31}$$

即

$$\left(1 + \tan^2\tilde{\varphi}\right)\cdot\Delta\varphi \approx \frac{\lambda_{5\mathrm{f}}}{\lambda_{4\mathrm{f}}} - \tan\tilde{\varphi} - \frac{\lambda_{2\mathrm{f}}}{\lambda_{4\mathrm{f}}} t - \left(\tan\tilde{\varphi} + \tan^3\tilde{\varphi}\right)\cdot\Delta\varphi^2 + \cdots \tag{9-32}$$

可以看出，若要将 $\Delta\varphi$ 近似成 $k_2 t - k_1$ 的形式，则 $\tilde{\varphi}$ 必须为一个较小的角度，即 $\tan\tilde{\varphi}$ 为一

小量。在这个假设前提下，忽略二阶以上小量，式(9-32)可以写为

$$\Delta\varphi \approx -\frac{\lambda_{2\mathrm{f}}}{\lambda_{4\mathrm{f}}}t + \frac{\lambda_{5\mathrm{f}}}{\lambda_{4\mathrm{f}}} - \tan\tilde{\varphi} \tag{9-33}$$

而俯仰角为

$$\varphi = \tilde{\varphi} + \Delta\varphi = \tilde{\varphi} - \frac{\lambda_{2\mathrm{f}}}{\lambda_{4\mathrm{f}}}t + \frac{\lambda_{5\mathrm{f}}}{\lambda_{4\mathrm{f}}} - \tan\tilde{\varphi} \tag{9-34}$$

与式(9-30)的形式相同。为了保证“$\tilde{\varphi}$ 为小角度”这一假设成立，就必须让参考坐标系的 X 轴与推力方向接近，也就是朝向目标入轨点方向，因此将坐标系转换到入轨点坐标系是必要的步骤。

同理，可以将偏航角简化成下面的形式：

$$\psi = \tilde{\psi} + e_2 t - e_1 \tag{9-35}$$

式中，$\tilde{\psi}$ 是只满足速度约束情况下的最优偏航角；$e_2 t - e_1$ 是为了满足位置约束引入的修正量，该修正量为一小量。

9.2.3 剩余飞行时间计算

为了计算剩余飞行时间 t_{go}，假设火箭只需要满足入轨点速度约束，根据 9.2.1 小节的推导可知此时横截条件为

$$\lambda_{1\mathrm{f}}, \lambda_{2\mathrm{f}}, \lambda_{3\mathrm{f}} = 0 \tag{9-36}$$

因此

$$\lambda_4, \lambda_5, \lambda_6 \equiv \mathrm{const} \tag{9-37}$$

结合 9.2.2 小节中 $\tilde{\varphi}$ 的定义，由式(9-22)可以得到

$$\varphi = \tilde{\varphi} = \arctan\frac{\lambda_5}{\lambda_4} \tag{9-38}$$

同理可得

$$\psi = \tilde{\psi} = \arctan\left(-\frac{\lambda_6}{\lambda_4}\cos\tilde{\varphi}\right) \tag{9-39}$$

将式(9-16)在 $\left[0, t_{\mathrm{go}}\right]$ 进行一次积分，得到

$$\begin{cases} v_{X\mathrm{f}}^* - v_{X0} - g_X t_{\mathrm{go}} = L\cos\tilde{\varphi}\cos\tilde{\psi} \\ v_{Y\mathrm{f}}^* - v_{Y0} - g_Y t_{\mathrm{go}} = L\sin\tilde{\varphi}\cos\tilde{\psi} \\ v_{Z\mathrm{f}}^* - v_{Z0} - g_Z t_{\mathrm{go}} = -L\sin\tilde{\psi} \end{cases} \tag{9-40}$$

整理得到

$$L = \sqrt{\left(v_{X\mathrm{f}}^* - v_{X0} - g_X t_{\mathrm{go}}\right)^2 + \left(v_{Y\mathrm{f}}^* - v_{Y0} - g_X t_{\mathrm{go}}\right)^2 + \left(v_{Z\mathrm{f}}^* - v_{Z0} - g_X t_{\mathrm{go}}\right)^2} \tag{9-41}$$

又因为 $L=V_{\mathrm{ex}}\cdot\ln\dfrac{\tau}{\tau-t_{\mathrm{go}}}$，因此可以得到

$$V_{\mathrm{ex}}\cdot\ln\frac{\tau}{\tau-t_{\mathrm{go}}}=\sqrt{\left(v_{X\mathrm{f}}^{*}-v_{X0}-g_{X}t_{\mathrm{go}}\right)^{2}+\left(v_{Y\mathrm{f}}^{*}-v_{Y0}-g_{X}t_{\mathrm{go}}\right)^{2}+\left(v_{Z\mathrm{f}}^{*}-v_{Z0}-g_{X}t_{\mathrm{go}}\right)^{2}} \tag{9-42}$$

这是关于 t_{go} 的等式方程，采用不动点迭代或其他迭代求根方法求解该方程即可得到满足精度要求的 t_{go} 值。

9.2.4 入轨点航程角估算

由于前面的所有推导和计算都是建立在入轨点坐标系下的，而根据 9.1.1 小节可知，要将发射惯性系下火箭速度、位置转换到入轨点坐标系，需要已知入轨点位置。但由于飞行过程中各种偏差和干扰的影响，火箭可能无法到达预先在地面设计好的入轨点，因此需要在每一个制导周期根据当前状态对入轨点进行预测。

IGM 简化了这个预测过程，首先算法认为发射点地心惯性系的 Z 轴与入轨点坐标系的 Z_G 轴重合，航程角示意图见图 9-2。

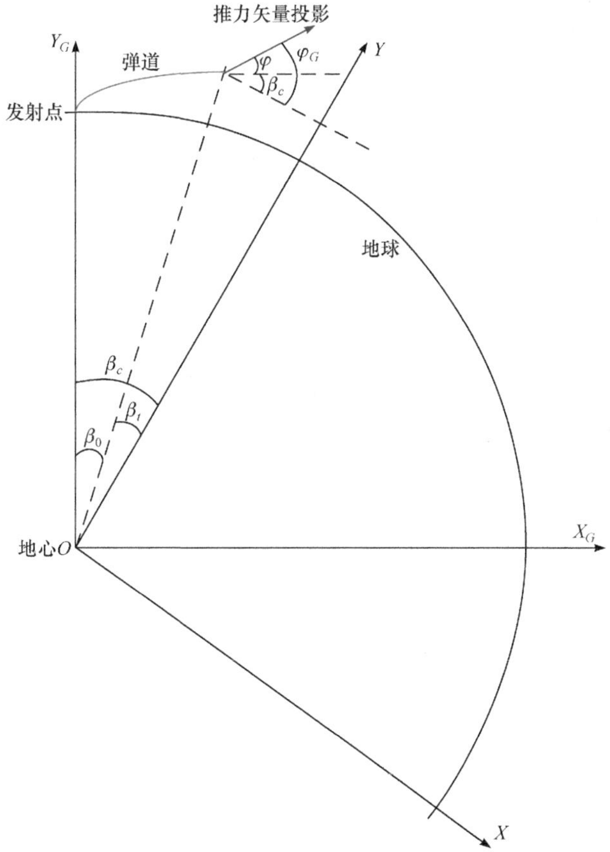

图 9-2 航程角示意图

此时入轨点坐标系由发射点地心惯性系绕 Z 轴旋转一个航程角 β_c 得到。发射点地心惯性系下的控制角 φ_G、ψ_G 和入轨点坐标系下的控制角 φ、ψ 的关系也可以简化为

$$\begin{cases}\varphi_G = \varphi - \beta_c \\ \psi_G = \psi\end{cases} \tag{9-43}$$

火箭在入轨点坐标系的状态变量 $\left[r_X, r_Y, r_Z, v_X, v_Y, v_Z\right]^{\mathrm{T}}$ 和在发射点地心惯性系的状态变量 $\left[r_{XG}, r_{YG}, r_{ZG}, v_{XG}, v_{YG}, v_{ZG}\right]^{\mathrm{T}}$ 的关系为

$$\begin{aligned}\begin{bmatrix} r_X \\ r_Y \\ r_Z \end{bmatrix} &= \begin{bmatrix} \cos\beta_c & -\sin\beta_c & 0 \\ \sin\beta_c & \cos\beta_c & 0 \\ 0 & 0 & 1 \end{bmatrix}\begin{bmatrix} r_{XG} \\ r_{YG} \\ r_{ZG} \end{bmatrix} \\ \begin{bmatrix} v_X \\ v_Y \\ v_Z \end{bmatrix} &= \begin{bmatrix} \cos\beta_c & -\sin\beta_c & 0 \\ \sin\beta_c & \cos\beta_c & 0 \\ 0 & 0 & 1 \end{bmatrix}\begin{bmatrix} v_{XG} \\ v_{YG} \\ v_{ZG} \end{bmatrix}\end{aligned} \tag{9-44}$$

因此，只需估算出航程角 β_c 的值，即可计算出火箭在入轨点坐标系下的状态变量初值，进而由式(9-42)计算出 t_{go} 的值。从图 9-2 可以看出，β_c 由两部分组成，一部分是火箭自发射点至当前点的航程角在平面上的投影 β_0；另一部分是由当前点至目标点的剩余弹道航程角在平面上的投影 β_t，即

$$\beta_c = \beta_0 + \beta_t \tag{9-45}$$

由式(9-46)可以计算出 β_0：

$$\beta_0 = \arcsin\frac{r_{XG0}}{\sqrt{r_{XG0}^2 + r_{YG0}^2}} \tag{9-46}$$

β_t 是由以火箭瞬时点速度矢量在 XOY 平面上的投影在当地水平面的分量为初速，发动机推力所产生的加速度矢量在 XOY 平面上的投影在目标点 C 的当地水平面分量为加速度所飞出的航程来近似求取，随着火箭飞近目标点，它所代表的真实性随之增强：

$$\beta_t = \frac{1}{r_{Y\mathrm{f}}^*}\left(v_{XY0} t_{\mathrm{go}} \cos\theta_{H0} + S_p \cdot \cos\theta_H^*\right) \tag{9-47}$$

式中，$v_{XY0} = \sqrt{v_{XG0}^2 + v_{YG0}^2}$；$\cos\theta_{H0} = \dfrac{\left|r_{XG0}\cdot v_{YG0} - r_{YG0}\cdot v_{XG0}\right|}{v_{XY0}\sqrt{r_{XG0}^2 + r_{XG0}^2}}$；$\theta_H^*$ 是任务要求的入轨点当地弹道倾角。

9.2.5 控制参数计算

在已知 t_{go} 的前提下，根据式(9-40)可以计算出：

$$\begin{cases}\tilde{\varphi}=\arctan\dfrac{v_Y^*-v_{Y0}-g_X t_{go}}{v_X^*-v_{X0}-g_X t_{go}}\\ \tilde{\psi}=\arcsin\dfrac{v_Z^*-v_{Z0}-g_X t_{go}}{-L}\end{cases}\tag{9-48}$$

由于假设 k_2t-k_1 是小量，在 $\varphi=\tilde{\varphi}$ 处对 $\cos\varphi$ 和 $\sin\varphi$ 进行泰勒展开并忽略二阶以上小量，得到

$$\begin{cases}\cos\varphi=\cos(\tilde{\varphi}+k_2t-k_1)\approx\cos\tilde{\varphi}-k_2t\sin\tilde{\varphi}+k_1\sin\tilde{\varphi}\\ \sin\varphi=\sin(\tilde{\varphi}+k_2t-k_1)\approx\sin\tilde{\varphi}+k_2t\cos\tilde{\varphi}-k_1\cos\tilde{\varphi}\end{cases}\tag{9-49}$$

此外，在计算俯仰通道控制参数时，近似认为：

$$\begin{cases}L_p=\displaystyle\int_0^{t_{go}}\frac{V_{ex}}{\tau-t}\cos\psi\,\mathrm{d}t,\quad J_p=\int_0^{t_{go}}\frac{V_{ex}}{\tau-t}t\cos\psi\,\mathrm{d}t\\ S_p=\displaystyle\int_0^{t_{go}}\int_0^{t}\frac{V_{ex}}{\tau-s}\cos\psi\,\mathrm{d}s\mathrm{d}t,\quad Q_p=\int_0^{t_{go}}\int_0^{t}\frac{V_{ex}}{\tau-s}s\cos\psi\,\mathrm{d}s\mathrm{d}t\end{cases}\tag{9-50}$$

L_p、J_p、S_p、Q_p 的定义见 9.1.3 小节。

在计算 t_{go} 时令 $\varphi=\tilde{\varphi}$，对 $\dot{v}_Y=\dfrac{V_{ex}}{\tau-t}\sin\varphi\cos\psi+g_Y$ 在 $[0,t_{go}]$ 进行一次积分，得到

$$v_{Yf}^*-v_{Y0}-g_X t_{go}=L_p\sin\tilde{\varphi}\tag{9-51}$$

再令 $\varphi=\tilde{\varphi}+k_2t-k_1$，对 $\dot{v}_Y=\dfrac{V_{ex}}{\tau-t}\sin\varphi\cos\psi+g_Y$ 在 $[0,t_{go}]$ 进行一次积分，结合式(9-49)得到

$$v_{Yf}^*-v_{Y0}-g_X t_{go}=L_p\sin\tilde{\varphi}+k_2\cos\tilde{\varphi}J_p-k_1\cos\tilde{\varphi}L_p\tag{9-52}$$

式(9-51)和式(9-52)的命令需同时成立，因此可以得到

$$k_2=\frac{k_1L_p}{J_p}\tag{9-53}$$

令 $\varphi=\tilde{\varphi}+k_2t-k_1$，对 $\dot{v}_Y=\dfrac{V_{ex}}{\tau-t}\sin\varphi\cos\psi+g_Y$ 在 $[0,t_{go}]$ 进行二次积分，得到

$$r_{Yf}^*-r_{Y0}-\frac{1}{2}g_Y t_{go}^2-v_{Y0}t_{go}-S_p\sin\tilde{\varphi}=k_2\cos\tilde{\varphi}Q_p-k_1\cos\tilde{\varphi}S_p\tag{9-54}$$

联立式(9-53)与式(9-54)，可以解得

$$\begin{aligned}k_1&=\frac{R_Y J_p}{\Delta k}\\ k_2&=\frac{R_Y L_p}{\Delta k}\end{aligned}\tag{9-55}$$

式中，

$$\begin{cases} R_Y = r_{Y\mathrm{f}}^* - r_{Y0} - \dfrac{1}{2} g_Y t_{\mathrm{go}}^2 - v_{Y0} t_{\mathrm{go}} - S_p \sin\tilde{\varphi} \\ \Delta k = \cos\tilde{\varphi}\left(L_p Q_p - S_p J_p\right) \end{cases} \tag{9-56}$$

类似地，对 $\dot{v}_Z = -\dfrac{V_{\mathrm{ex}}}{\tau - t}\sin\psi + g_Z$ 在 $\left[0, t_{\mathrm{go}}\right]$ 分别进行一次积分和二次积分，再采用上述方法分析，可以得到

$$\begin{aligned} e_1 &= \frac{R_Z J_p}{\Delta e} \\ e_2 &= \frac{R_Z L_p}{\Delta e} \end{aligned} \tag{9-57}$$

式中，

$$\begin{cases} R_Z = r_{Z\mathrm{f}}^* - r_{Z0} - \dfrac{1}{2} g_Z t_{\mathrm{go}}^2 - v_{Z0} t_{\mathrm{go}} + S_p \sin\tilde{\psi} \\ \Delta e = \cos\tilde{\psi}\left(S_p J_p - L_p Q_p\right) \end{cases} \tag{9-58}$$

9.2.6 迭代计算流程

为便于制导计算机计算，把计算参数和制导方程归纳、排列成下述形式。

(1) 各级进行制导计算时使用常数 V_{ex}、g_{Xc}、g_{Yc}、g_{Zc}、$\cos\theta_H^*$、r_X^*、r_Y^*、r_Z^*、v_X^*、v_Y^*、v_Z^*、Δt、ε、$t_{\mathrm{go}}^{(0)}$(各级第一次制导计算时使用)。

(2) 制导计算时各时间点使用的瞬时测量值及导航计算结果值 a_{c}、a_{cp}、r_{XG0}、r_{YG0}、r_{ZG0}、v_{XG0}、v_{YG0}、v_{ZG0}、g_{XG}、g_{YG}、g_{ZG}。

(3) 制导方程计算公式：

$$\text{(a)}\quad \begin{cases} v_{XY0} = \sqrt{v_{XG0}^2 + v_{YG0}^2} \\ \cos\theta_{H0} = \dfrac{\left|r_{XG0}\cdot v_{YG0} - r_{YG0}\cdot v_{XG0}\right|}{v_{XY0}\sqrt{r_{XG0}^2 + r_{XG0}^2}} \\ \beta_0 = \arcsin\dfrac{r_{XG0}}{\sqrt{r_{XG0}^2 + r_{YG0}^2}} \end{cases}$$

$$\text{(b)}\quad \begin{cases} \tau = \dfrac{V_{\mathrm{ex}}}{a_{\mathrm{c}}} \\ \tau_p = \dfrac{V_{\mathrm{ex}}}{a_{\mathrm{cp}}} \end{cases}$$

$$
\text{(c)}\quad \begin{cases} L_p = V_{\text{ex}} \cdot \ln \dfrac{\tau_p}{\tau_p - t_{\text{go}}} \\ J_p = \tau_p L_p - V_{\text{ex}} t_{\text{go}} \\ S_p = t_{\text{go}} L_p - J_p \\ Q_p = \tau_p S_p - \dfrac{1}{2} V_{\text{ex}} t_{\text{go}}^2 \end{cases}
$$

$$
\text{(d)}\quad \begin{cases} \beta_t = \dfrac{1}{r_{Y\text{f}}^*}\left(v_{XY0} t_{\text{go}} \cos\theta_{H0} + S_p \cdot \cos\theta_H^*\right) \\ \beta_c = \beta_0 + \beta_t \end{cases}
$$

$$
\text{(e)}\quad \begin{cases} \begin{bmatrix} r_{X0} \\ r_{Y0} \\ r_{Z0} \end{bmatrix} = \begin{bmatrix} \cos\beta_c & -\sin\beta_c & 0 \\ \sin\beta_c & \cos\beta_c & 0 \\ 0 & 0 & 1 \end{bmatrix} \begin{bmatrix} r_{XG0} \\ r_{YG0} \\ r_{ZG0} \end{bmatrix} \\ \begin{bmatrix} v_{X0} \\ v_{Y0} \\ v_{Z0} \end{bmatrix} = \begin{bmatrix} \cos\beta_c & -\sin\beta_c & 0 \\ \sin\beta_c & \cos\beta_c & 0 \\ 0 & 0 & 1 \end{bmatrix} \begin{bmatrix} v_{XG0} \\ v_{YG0} \\ v_{ZG0} \end{bmatrix} \\ \begin{bmatrix} g_X \\ g_Y \\ g_Z \end{bmatrix} = \dfrac{1}{2} \begin{bmatrix} \cos\beta_c & -\sin\beta_c & 0 \\ \sin\beta_c & \cos\beta_c & 0 \\ 0 & 0 & 1 \end{bmatrix} \begin{bmatrix} g_{XG} \\ g_{YG} \\ g_{ZG} \end{bmatrix} + \dfrac{1}{2} \begin{bmatrix} g_{Xc} \\ g_{Yc} \\ g_{Zc} \end{bmatrix} \end{cases}
$$

$$
\text{(f)}\quad \begin{cases} \Delta V = \sqrt{\left(v_{X\text{f}}^* - v_{X0} - g_X t_{\text{go}}\right)^2 + \left(v_{Y\text{f}}^* - v_{Y0} - g_X t_{\text{go}}\right)^2 + \left(v_{Z\text{f}}^* - v_{Z0} - g_X t_{\text{go}}\right)^2} \\ t_{\text{go}} = \tau(1 - e^{-\frac{\Delta V}{V_{\text{ex}}}}) \end{cases}
$$

$$
\text{(g)}\quad \begin{cases} \tilde{\varphi} = \arctan \dfrac{v_Y^* - v_{Y0} - g_X t_{\text{go}}}{v_X^* - v_{X0} - g_X t_{\text{go}}} \\ R_Y = r_{Y\text{f}}^* - r_{Y0} - \dfrac{1}{2} g_Y t_{\text{go}}^2 - v_{Y0} t_{\text{go}} - S_p \sin\tilde{\varphi} \\ \Delta k = \cos\tilde{\varphi}\left(L_p Q_p - S_p J_p\right) \\ k_1 = \dfrac{R_Y J_p}{\Delta k} \\ k_2 = \dfrac{R_Y L_p}{\Delta k} \\ \varphi = \tilde{\varphi} + k_2 \Delta t - k_1 \\ \varphi_G = \varphi - \beta_c \end{cases}
$$

$$
\text{(h)}\begin{cases}
L = V_{\text{ex}} \cdot \ln\dfrac{\tau}{\tau - t_{\text{go}}} \\
J = \tau L - V_{\text{ex}} t_{\text{go}} \\
S = t_{\text{go}} L - J \\
Q = \tau S - \dfrac{1}{2} V_{\text{ex}} t_{\text{go}}^2 \\
\tilde{\psi} = \arcsin\dfrac{v_Z^* - v_{Z0} - g_X t_{\text{go}}}{-L} \\
R_Z = r_{Z\text{f}}^* - r_{Z0} - \dfrac{1}{2} g_Z t_{\text{go}}^2 - v_{Z0} t_{\text{go}} + S\sin\tilde{\psi} \\
\Delta e = \cos\tilde{\psi}\left(S_p J_p - L_p Q_p\right) \\
e_1 = \dfrac{R_Z J_p}{\Delta e} \\
e_2 = \dfrac{R_Z L_p}{\Delta e} \\
\psi_G = \psi = \tilde{\psi} + e_2 \Delta t - e_1
\end{cases}
$$

IGM 计算流程图如图 9-3 所示。

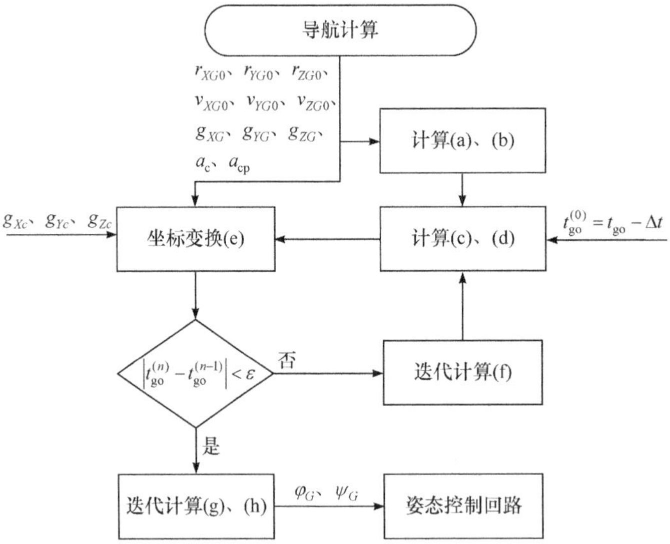

图 9-3　IGM 计算流程图

制导计算机进行计算的具体步骤是当各级进行制导方程第一次计算时，把预先估算的火箭剩余飞行时间值 $t_{\text{go}}^{(0)}$ 作初值按序计算，在 ΔV、t_{go} 经迭代数次后，把满足 $\left|t_{\text{go}}^{(n)} - t_{\text{go}}^{(n-1)}\right| < \varepsilon$ 的 $t_{\text{go}}^{(n)}$ 值记为 t_{go} (若有必要，也可循环计算式(c)～式(f)的数次)继续按顺序计算。最后，把计算结果 φ_G、ψ_G 送入姿态控制回路，控制发动机偏转推力到最优方向，

完成第一个时间点的制导。整个飞行期间，后一时间点以前一时间点计算结果值 t_{go} 减时间步长 Δt ($t_{go}-\Delta t$)为初值 $t_{go}^{(0)}$，重复上述计算过程。最终，引导火箭到达终点，满足预定的目标点状态。

根据控制规律，为保证火箭飞行系统的稳定性、可靠性，一般在火箭飞越大气层后加入最优制导控制。此外，对火箭加入或停止制导的时间不能与发动机的启动或熄火同时进行。也就是说，最优制导加入于发动机点火之后，停止在发动机熄火之前。

另外，制导方程中 $R_Y = r_{Yf}^* - r_{Y0} - \dfrac{1}{2}g_Y t_{go}^2 - v_{Y0}t_{go} - S_p \sin\tilde{\varphi}$ 是体现火箭按瞬时速度矢量及发动机推力加速度矢量作用下继续飞至目标点时，在 Y 方向上的位置量估算值与预定目标点 C 的位置量估算值两者的偏差值。这个偏差值由位置差额量 $r_{Yf}^* - r_{Y0}$ 和为弥补这个差额由瞬时速度、发动机推力加速度和引力加速度分量形成的位置量两部分组成。由数值计算表明，火箭飞近目标时，位置差额 $r_{Yf}^* - r_{Y0}$ 的数量值远远小于 R_Y 中由其余部分形成的量值。此时，由 R_Y 形成的 k_1、k_2 就会产生一个控制角 φ 中过量的附加部分 $k_2\Delta t - k_1$。同理，由 R_Z 也会产生一个控制角 ψ 中过量的附加部分 $e_2\Delta t - e_1$。为避免破坏火箭飞行系统的稳定性，又能获得足够高的制导精度，一般采用的办法是对 k_1、k_2、e_1、e_2 分别作提前取零处理。

9.3 动力显式制导算法

为解决航天飞机外大气层有动力飞行各阶段的制导问题，美国在 20 世纪 70 年代开发了一种称为动力显式制导(powered explicit guidance，PEG)的制导算法[3]。PEG 的制导方法通过简单的矢量线性正切方法，可以在具有广泛变化的终端约束和推重比问题中提供制导指令。

9.3.1 PEG 最优解推导

PEG 采用单位推力矢量作为控制量，并且不要求坐标系是入轨点坐标系，可以是发射点地心惯性系绕 Z 轴旋转任意角度得到的新坐标系。简单起见，本节的坐标系选为发射点地心惯性系，并且省略了下标 G。

对于 9.1.2 小节所述的最优控制问题，可以利用变分法相关理论，将其转化为终端时间自由的两点边值问题。选择哈密顿函数为

$$H = 1 + \boldsymbol{\lambda}_r^{\mathrm{T}}\boldsymbol{v} + \boldsymbol{\lambda}_v^{\mathrm{T}}\left(\boldsymbol{g}_0 + \frac{T}{m}\cdot\boldsymbol{u}\right) \tag{9-59}$$

式中，$\boldsymbol{\lambda}_r^{\mathrm{T}}$、$\boldsymbol{\lambda}_v^{\mathrm{T}}$ 是共轭变量。根据极小值原理，最优控制量应在满足式(9-14)的情况下使 H 取极小值，于是得到

$$\boldsymbol{u} = \frac{\boldsymbol{\lambda}_v}{\|\boldsymbol{\lambda}_v\|} \tag{9-60}$$

共轭变量微分方程组为

$$\dot{\boldsymbol{\lambda}}_v = -\frac{\partial H}{\partial \boldsymbol{v}}, \quad \dot{\boldsymbol{\lambda}}_r = -\frac{\partial H}{\partial \boldsymbol{r}} \tag{9-61}$$

把式(9-59)代入式(9-61)得

$$\dot{\boldsymbol{\lambda}}_v = -\boldsymbol{\lambda}_r, \quad \dot{\boldsymbol{\lambda}}_r = 0 \tag{9-62}$$

协态变量微分方程的解为

$$\boldsymbol{\lambda}_v = \boldsymbol{\lambda}_{v0} - \boldsymbol{\lambda}_r t \tag{9-63}$$

式中，$\boldsymbol{\lambda}_r$ 为一个常值矢量。此外，为了表示火箭的剩余时间，引入时间参数 K，并令 $\boldsymbol{\lambda}_K$ 表示 $\boldsymbol{\lambda}$ 在 K 时刻的值，式(9-63)转化为

$$\boldsymbol{\lambda} = \boldsymbol{\lambda}_K + \dot{\boldsymbol{\lambda}}(t-K) \tag{9-64}$$

式中省去下标号，即定义 $\boldsymbol{\lambda} = \boldsymbol{\lambda}_v$、$\dot{\boldsymbol{\lambda}} = -\boldsymbol{\lambda}_r$，则最优控制方程(9-60)的表达式为

$$\boldsymbol{u} = \boldsymbol{\lambda}/\|\boldsymbol{\lambda}\| \tag{9-65}$$

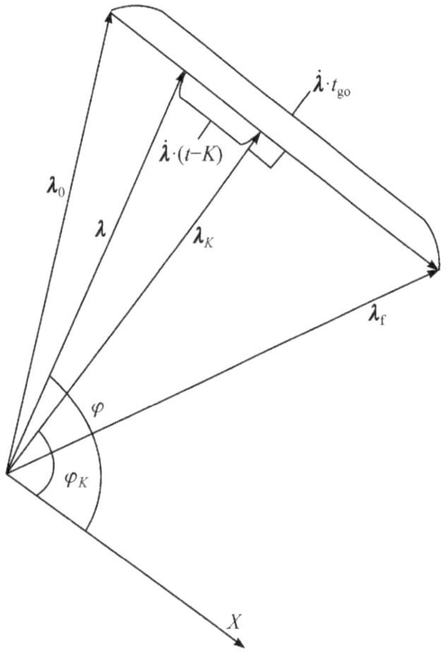

图 9-4　正交性假设示意图

本节仍然以轨道平面、入轨点高度、入轨点速度和入轨点速度倾角作为约束，事实上，终端约束的选择会影响横截条件，但如 9.2 节所述，横截条件对制导算法的最优性影响较小。因此 PEG 统一选择采用正交性假设代替各种不同约束下的横截条件。正交性假设指 $\boldsymbol{\lambda}_K$ 与 $\dot{\boldsymbol{\lambda}}$ 正交，也就是

$$\boldsymbol{\lambda}_K \cdot \dot{\boldsymbol{\lambda}} = 0 \tag{9-66}$$

从图 9-4 中可以看出，这样做可以使控制角 φ 满足：

$$\tan(\varphi - \varphi_K) = \|\dot{\lambda}\|(K-t) \tag{9-67}$$

式中，φ_K 是 K 时刻的俯仰角，使制导律在不需要转换至入轨点坐标系的情况下依然呈现出线性正切的形式，而通过 9.2 节的分析可以知道这种制导律的形式是近似最优的。

因此可得 PEG 需要求解的控制变量和相关参数为 $\boldsymbol{\lambda}_K$、$\dot{\boldsymbol{\lambda}}$、$K$。由于火箭最优入轨问题是终端时间自由的两点边值问题，未知量包含 6 个状态变量、6 个共轭变量和 1 个终端时间 t_f，所以总共需要 13 个约束条件才能求唯一解，于是除 6 个状态变量初值约束外，还需要增加 7 个约束。火箭入轨一般需要满足 5 个终端约束，剩余的 2 个约束为横截条件。

终端约束对应的横截条件用式(9-66)代替，而对于终端时间自由对应的横截条件 $H_f = 0$，可以进行以下分析。假设 $\boldsymbol{\lambda} = \tilde{\boldsymbol{\lambda}}$ 是该最优控制问题的解析解(此时 $\dot{\boldsymbol{\lambda}} = \dot{\tilde{\boldsymbol{\lambda}}}$)，由于控制量 $\boldsymbol{u}$ 与 $\tilde{\boldsymbol{\lambda}}$ 的大小无关，且共轭变量微分方程组(9-61)是齐次线性的，所以对于任意

$\alpha > 0$，$\boldsymbol{\lambda} = \alpha\tilde{\boldsymbol{\lambda}}$ 和 $\dot{\boldsymbol{\lambda}} = \alpha\dot{\tilde{\boldsymbol{\lambda}}}$ 也可以同时满足控制方程、共轭变量微分方程组，因此 $\alpha\tilde{\boldsymbol{\lambda}}$ 也可以作为该最优控制问题的解。于是在不违背所有上述约束的前提下增加一个约束：

$$\|\boldsymbol{\lambda}_K\| = 1 \tag{9-68}$$

以此来约束 $\boldsymbol{\lambda}$ 的模值，因为边界条件只需要 13 个，所以消除了约束 $H_{\mathrm{f}} = 0$。

9.3.2 推力积分

采用线性正切方程，$\boldsymbol{u}$ 可写为以下形式：

$$\boldsymbol{u} = \frac{\boldsymbol{\lambda}_K + \dot{\boldsymbol{\lambda}}(t-K)}{\sqrt{1+\dot{\boldsymbol{\lambda}}^2(t-K)^2}} \tag{9-69}$$

式中，$\dot{\boldsymbol{\lambda}}^2 = \dot{\boldsymbol{\lambda}} \cdot \dot{\boldsymbol{\lambda}}$。略去高阶小量后近似有

$$\frac{1}{\sqrt{1+\dot{\boldsymbol{\lambda}}^2(t-K)^2}} = 1 - \frac{1}{2}\dot{\boldsymbol{\lambda}}^2(t-K)^2 \tag{9-70}$$

将式(9-70)代入式(9-69)并略去二阶以上高阶小量，可以得到

$$\boldsymbol{u} = \boldsymbol{\lambda}_K\left[1 - \frac{1}{2}\dot{\boldsymbol{\lambda}}^2(t-K)^2\right] + \dot{\boldsymbol{\lambda}}(t-K) \tag{9-71}$$

定义满足任务要求的位置矢量为 $\boldsymbol{r}_{\mathrm{d}}$，速度矢量为 $\boldsymbol{v}_{\mathrm{d}}$。对式(9-11)中的第二式在 $[0, t_{\mathrm{go}}]$ 进行一次积分，可以得到

$$\boldsymbol{v}_{\mathrm{d}} - \boldsymbol{v}_0 = \boldsymbol{v}_{\mathrm{grav}} + \boldsymbol{v}_{\mathrm{thrust}} \tag{9-72}$$

进行二次积分，得到

$$\boldsymbol{r}_{\mathrm{d}} - \boldsymbol{r}_0 - \boldsymbol{v}_0 t_{\mathrm{go}} = \boldsymbol{r}_{\mathrm{grav}} + \boldsymbol{r}_{\mathrm{thrust}} \tag{9-73}$$

式中，引力积分 $\boldsymbol{v}_{\mathrm{grav}}$ 和 $\boldsymbol{r}_{\mathrm{grav}}$ 定义为

$$\begin{cases} \boldsymbol{v}_{\mathrm{grav}} = \displaystyle\int_0^{t_{\mathrm{go}}} \boldsymbol{g}\,\mathrm{d}t \\ \boldsymbol{r}_{\mathrm{grav}} = \displaystyle\int_0^{t_{\mathrm{go}}}\int_0^{t} \boldsymbol{g}\,\mathrm{d}s\,\mathrm{d}t \end{cases} \tag{9-74}$$

其计算方法将在后面给出。推力积分 $\boldsymbol{v}_{\mathrm{thrust}}$ 和 $\boldsymbol{r}_{\mathrm{thrust}}$ 定义为

$$\begin{cases} \boldsymbol{v}_{\mathrm{thrust}} = \displaystyle\int_0^{t_{\mathrm{go}}} \frac{V_{\mathrm{ex}}}{\tau - t} \cdot \boldsymbol{u}\,\mathrm{d}t \\ \boldsymbol{r}_{\mathrm{thrust}} = \displaystyle\int_0^{t_{\mathrm{go}}}\int_0^{t} \frac{V_{\mathrm{ex}}}{\tau - s} \cdot \boldsymbol{u}\,\mathrm{d}s\,\mathrm{d}t \end{cases} \tag{9-75}$$

将式(9-71)代入式(9-75)可以得到

$$\begin{cases}\boldsymbol{v}_{\text{thrust}}=\boldsymbol{\lambda}_K\left[L-\dfrac{1}{2}\dot{\boldsymbol{\lambda}}^2\left(H-2KJ+K^2L\right)\right]+\dot{\boldsymbol{\lambda}}\left(J-KL\right)\\ \boldsymbol{r}_{\text{thrust}}=\boldsymbol{\lambda}_K\left[S-\dfrac{1}{2}\dot{\boldsymbol{\lambda}}^2\left(P-2KQ+K^2S\right)\right]+\dot{\boldsymbol{\lambda}}\left(Q-KS\right)\end{cases}\tag{9-76}$$

选择:

$$K=\frac{J}{L}\tag{9-77}$$

可以将 $\boldsymbol{v}_{\text{thrust}}$ 简化为

$$\boldsymbol{v}_{\text{thrust}}=\boldsymbol{\lambda}_K\left[L-\frac{1}{2}\dot{\boldsymbol{\lambda}}^2\left(H-2KJ+K^2L\right)\right]\tag{9-78}$$

9.3.3 控制参数计算

PEG 的制导方法通过 $\boldsymbol{v}_{\text{thrust}}$ 和 $\boldsymbol{r}_{\text{thrust}}$ 预测关机点位置与速度。然而，这些相对复杂的表达式并没有直接用于求解控制参数 $\boldsymbol{\lambda}$ 和 $\dot{\boldsymbol{\lambda}}$，而是通过解的近似表达式来简化问题，并引入偏差项来补偿由近似所引起的误差。舍去式(9-76)中的二阶项，可得 $\boldsymbol{v}_{\text{go}}$ 和 $\boldsymbol{r}_{\text{go}}$ 的简化表达式为

$$\boldsymbol{v}_{\text{go}}=L\boldsymbol{\lambda}_K\tag{9-79}$$

$$\boldsymbol{r}_{\text{go}}=S\boldsymbol{\lambda}_K+\left(Q-SK\right)\dot{\boldsymbol{\lambda}}\tag{9-80}$$

其中误差项为

$$\boldsymbol{v}_{\text{bias}}=\boldsymbol{v}_{\text{go}}-\boldsymbol{v}_{\text{thrust}}=\frac{1}{2}\dot{\boldsymbol{\lambda}}^2\left(H-JK\right)\boldsymbol{\lambda}_K\tag{9-81}$$

和

$$\boldsymbol{r}_{\text{bias}}=\boldsymbol{r}_{\text{go}}-\boldsymbol{r}_{\text{thrust}}=\frac{1}{2}\dot{\boldsymbol{\lambda}}^2\left(P-2QK+SK^2\right)\boldsymbol{\lambda}_K\tag{9-82}$$

根据式(9-79)可以求出剩余飞行时间:

$$t_{\text{go}}=\tau(1-e^{-\frac{\left\|\boldsymbol{v}_{\text{go}}\right\|}{V_{\text{ex}}}})\tag{9-83}$$

和控制参数:

$$\boldsymbol{\lambda}_K=\text{unit}\left(\boldsymbol{v}_{\text{go}}\right)\tag{9-84}$$

式(9-80)说明了若已知 $\boldsymbol{r}_{\text{go}}$ 的三个分量，可以唯一确定控制参数 $\dot{\boldsymbol{\lambda}}$。由式(9-73)和式(9-82)可知:

$$\boldsymbol{r}_{\text{go}}=\boldsymbol{r}_{\text{d}}-\boldsymbol{r}-\boldsymbol{v}t_{\text{go}}-\boldsymbol{r}_{\text{grav}}+\boldsymbol{r}_{\text{bias}}\tag{9-85}$$

虽然 $\boldsymbol{r}_{\text{bias}}$ 是变量 $\dot{\boldsymbol{\lambda}}$ 的函数，该项的值很小，但是可以用上个制导周期的值来求解 $\boldsymbol{r}_{\text{go}}$。由于 $\boldsymbol{r}_{\text{d}}$ 的航程方向不受约束，因此需要一个附加的变量关系来完整定义变量 $\boldsymbol{r}_{\text{go}}$。如前文所述，$\dot{\boldsymbol{\lambda}}$ 必须正交于 $\boldsymbol{\lambda}_K$。$\boldsymbol{\lambda}_K$ 与式(9-80)的点积有如下的额外关系：

$$S = \boldsymbol{\lambda}_K \cdot \boldsymbol{r}_{\text{go}} \tag{9-86}$$

可以得到控制参数 $\dot{\boldsymbol{\lambda}}$ 有

$$\dot{\boldsymbol{\lambda}} = \frac{\boldsymbol{r}_{\text{go}} - S \cdot \boldsymbol{\lambda}_K}{Q - S \cdot K} \tag{9-87}$$

9.3.4　引力积分

求解制导方程需要对机动状态下引力的两次积分值 $\boldsymbol{v}_{\text{grav}}$ 和 $\boldsymbol{r}_{\text{grav}}$ 进行预测，PEG 采用的方法基于惯性飞行弹道与无引力有动力飞行弹道相近的假设。假设无引力有动力飞行弹道 $\boldsymbol{r}_{\text{pd}}(t)$ 可以写成关于 t 的多项式：

$$\boldsymbol{r}_{\text{pd}}(t) = \boldsymbol{A} + \boldsymbol{B}t + \boldsymbol{C}t^2 + \boldsymbol{D}t^3 \tag{9-88}$$

则

$$\boldsymbol{v}_{\text{pd}}(t) = \boldsymbol{B} + 2\boldsymbol{C}t + 3\boldsymbol{D}t^2 \tag{9-89}$$

分别令 $t = 0$ 和 $t = t_{\text{go}}$，可以得到下面的关系式：

$$\begin{cases} \boldsymbol{r}_0 = \boldsymbol{A} \\ \boldsymbol{r}_{\text{f}} = \boldsymbol{A} + \boldsymbol{B}t_{\text{go}} + \boldsymbol{C}t_{\text{go}}^2 + \boldsymbol{D}t_{\text{go}}^3 \\ \boldsymbol{v}_0 = \boldsymbol{B} \\ \boldsymbol{v}_{\text{f}} = \boldsymbol{B} + 2\boldsymbol{C}t_{\text{go}} + 3\boldsymbol{D}t_{\text{go}}^2 \end{cases} \tag{9-90}$$

式中，

$$\begin{cases} \boldsymbol{r}_{\text{f}} = \boldsymbol{r}_0 + \boldsymbol{v}_0 t_{\text{go}} + \boldsymbol{r}_{\text{thrust}} \\ \boldsymbol{v}_{\text{f}} = \boldsymbol{v}_0 + \boldsymbol{v}_{\text{thrust}} \end{cases} \tag{9-91}$$

解得

$$\begin{cases} \boldsymbol{A} = \boldsymbol{r}_0 \\ \boldsymbol{B} = \boldsymbol{v}_0 \\ \boldsymbol{C} = \dfrac{3\boldsymbol{r}_{\text{thrust}} - \boldsymbol{v}_{\text{thrust}} t_{\text{go}}}{t_{\text{go}}^2} \\ \boldsymbol{D} = \dfrac{\boldsymbol{v}_{\text{thrust}} t_{\text{go}} - 2\boldsymbol{r}_{\text{thrust}}}{t_{\text{go}}^3} \end{cases} \tag{9-92}$$

将滑行弹道 $\boldsymbol{r}_c(t)$ 近似写成关于 t 的多项式：

$$\boldsymbol{r}_c(t)=\boldsymbol{A}'+\boldsymbol{B}'t \tag{9-93}$$

可以认为重力在惯性弹道的积分值近似等于有动力弹道的积分值，应满足：

$$\begin{cases}\int_0^{t_{go}}\left[\boldsymbol{r}_c(t)-\boldsymbol{r}_{pd}(t)\right]\mathrm{d}t=0\\ \int_0^{t_{go}}\left[\boldsymbol{r}_c(t)-\boldsymbol{r}_{pd}(t)\right]\left[t_{go}-t\right]\mathrm{d}t=0\end{cases} \tag{9-94}$$

解得

$$\begin{cases}\boldsymbol{A}'=\boldsymbol{r}-\boldsymbol{r}_{thrust}/10-\boldsymbol{v}_{thrust}t_{go}/30\\ \boldsymbol{B}'=\boldsymbol{v}+6\boldsymbol{r}_{thrust}/5t_{go}-\boldsymbol{v}_{thrust}/10\end{cases} \tag{9-95}$$

由式(9-93)可知惯性弹道初始状态应为

$$\begin{cases}\boldsymbol{v}_{c1}=\boldsymbol{B}'\\ \boldsymbol{r}_{c1}=\boldsymbol{A}'\end{cases} \tag{9-96}$$

PEG 采用一种数值积分算法，通过外推$\boldsymbol{r}_{c1}$、$\boldsymbol{v}_{c1}$得到t_{go}时间后的$\boldsymbol{r}_{c2}$、$\boldsymbol{v}_{c2}$。最终引力积分可以表示为

$$\boldsymbol{v}_{grav}=\boldsymbol{v}_{c2}-\boldsymbol{v}_{c1} \tag{9-97}$$

$$\boldsymbol{r}_{grav}=\boldsymbol{r}_{c2}-\boldsymbol{r}_{c1}-\boldsymbol{v}_{c1}t_{go} \tag{9-98}$$

9.3.5 迭代计算流程

PEG 有多种程式化实现方法，由于算法必须能够处理在轨机动、返回发射场与上升段等多个场景的制导问题，程式化算法必须有充分的灵活性以适应不同状态下的终端约束。PEG 方法将$\boldsymbol{v}_{go}$视为一个独立的变量，采用预测—校正的方法进行迭代求解。

PEG 在每个制导周期包含三个基本的计算步骤：①基于剩余速度$\boldsymbol{v}_{go}$计算控制参数和发动机工作时间；②预测终端状态；③在不满足要求的终端状态下对$\boldsymbol{v}_{go}$进行误差修正。通常，每两秒进行一次制导计算就足以保证收敛，但需要 3～4 个制导周期才能完成初始的制导收敛。

在第一个计算步骤中，剩余速度的变化量可由惯性仪器测量的视速度增量$\Delta\boldsymbol{v}_S$表示：

$$\boldsymbol{v}_{go}(n)=\boldsymbol{v}_{go}(n-1)-\Delta\boldsymbol{v}_S \tag{9-99}$$

然后可计算剩余飞行时间和推力积分系数L、S、J、Q、H、P，控制参数$\boldsymbol{\lambda}_K$和K可通过式(9-79)和式(9-77)计算得到。满足终端约束的$\boldsymbol{r}_{go}$值可由式(9-86)和式(9-87)计算得到。因为$\boldsymbol{r}_{grav}$还未计算得到，可以将前一个制导周期的值与t_{go}的修正值代入式(9-85)得

$$\boldsymbol{r}_{grav}(n)=\boldsymbol{r}_{grav}(n-1)\left[t_{go}(n)/t_{go}(n-1)\right]^2 \tag{9-100}$$

式(9-87)表示了控制参数$\dot{\boldsymbol{\lambda}}$的最终计算公式。此时，若预测的关机时间不再明显改变，可以预测认为制导收敛，将转向参数$\boldsymbol{\lambda}_v$、$\dot{\boldsymbol{\lambda}}$、$t_\lambda$直接发送至制导控制系统的伺服机

构，由此将制导指令的传输延迟降至最低。随后的预测—校正过程将作为下一个制导周期的准备。

预测过程通过式(9-76)计算 $\boldsymbol{v}_{\text{thrust}}$ 和 $\boldsymbol{r}_{\text{thrust}}$ 。$\boldsymbol{r}_{\text{bias}}$ 的值可由式(9-82)计算得到，将用于下一个制导周期。引力积分预测过程如前文所述。关机点速度和位置的预测可由以下公式计算：

$$\boldsymbol{v}_{\text{p}} = \boldsymbol{v} + \boldsymbol{v}_{\text{thrust}} + \boldsymbol{v}_{\text{grav}} \tag{9-101}$$

$$\boldsymbol{r}_{\text{p}} = \boldsymbol{r} + \boldsymbol{v}t_{\text{go}} + \boldsymbol{r}_{\text{thrust}} + \boldsymbol{r}_{\text{grav}} \tag{9-102}$$

校正过程会计算满足任务要求的需要关机状态 $\boldsymbol{v}_{\text{d}}$ 和 $\boldsymbol{r}_{\text{d}}$ ，并对剩余速度进行修正。对于上升段，可以将预测的终端位置投影在轨道平面内以获得期望位置 $\boldsymbol{r}_{\text{d}}$ ，并通过以下公式对其大小进行修正：

$$\boldsymbol{r}_{\text{d}} = r_{\text{d}} \cdot \text{unit}\left[\boldsymbol{r}_{\text{p}} - \left(\boldsymbol{r}_{\text{p}} \cdot \boldsymbol{i}_{z\text{d}}\right)\boldsymbol{i}_{z\text{d}}\right] \tag{9-103}$$

式中，r_{d} 是目标矢径大小；$\boldsymbol{i}_{z\text{d}}$ 是目标轨道平面单位法向量。在上升段最后约 40s 内，将会放开终端位置约束以防止制导控制出现发散。在这个阶段，$\dot{\boldsymbol{\lambda}}$ 固定不变并且令 $\boldsymbol{r}_{\text{d}} = \boldsymbol{r}_{\text{p}}$ 。

需要关机速度矢量可由以下公式计算得到

$$\boldsymbol{v}_{\text{d}} = v_{\text{d}}\left[\boldsymbol{i}_y \sin\theta_H^* + \text{unit}\left(\boldsymbol{i}_y \times \boldsymbol{i}_{z\text{d}}\right)\cos\theta_H^*\right] \tag{9-104}$$

式中，v_{d} 是目标速度大小；θ_H^* 是终端当地弹道倾角，并且有

$$\boldsymbol{i}_y = \text{unit}\left(\boldsymbol{r}_{\text{d}}\right) \tag{9-105}$$

并调整剩余速度使 $\boldsymbol{v}_{\text{d}}$ 与 $\boldsymbol{v}_{\text{p}}$ 的差趋近于 0：

$$\boldsymbol{v}_{\text{miss}} = \boldsymbol{v}_{\text{p}} - \boldsymbol{v}_{\text{d}} \tag{9-106}$$

$$\boldsymbol{v}_{\text{go}}(\text{new}) = \boldsymbol{v}_{\text{go}}(\text{old}) - \rho_g \boldsymbol{v}_{\text{miss}} \tag{9-107}$$

上升段的阻尼系数 ρ_g 可设置为 1。

PEG 计算流程图如图 9-5 所示，注意图中虚线是在 $\boldsymbol{v}_{\text{go}}$ 未收敛时进入下一个迭代步后才生效。

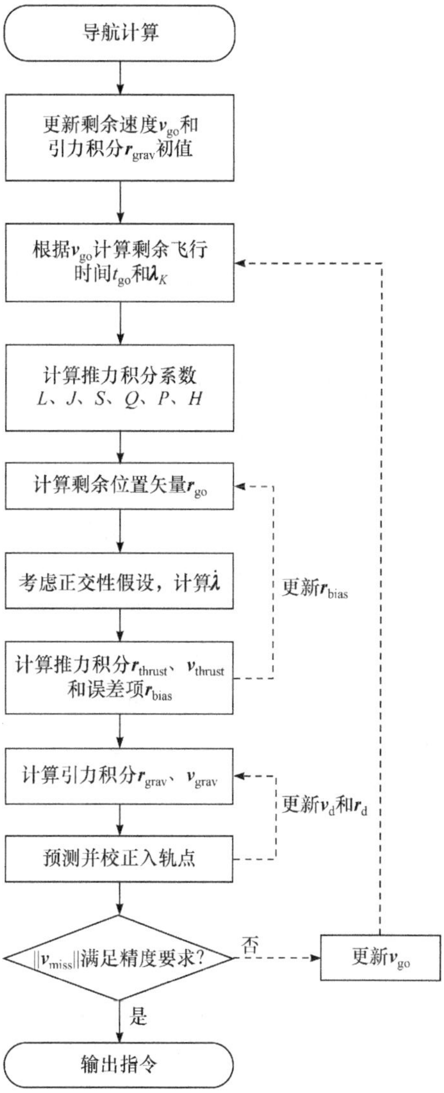

图 9-5　PEG 计算流程图

9.4　改进迭代制导算法

根据前面几节的介绍，可以发现土星五号采用的 IGM 由于使用线性角假设代替了线

性正切形式的制导律，因此在算法最优性上会有一定的损失；PEG 采用单位推力矢量作为控制量，结合正交性假设使得制导律呈现出线性正切的形式。中国运载火箭技术研究院的茹家欣[4]借鉴了 PEG 的思想对 IGM 进行了改进，采用单位推力矢量作为控制量，得到了一种线性正切形式的迭代制导算法。本节基于 PEG 的推导思路，对这一改进算法进行了重新阐述。

参考坐标系仍然建立在入轨点坐标系，由于采用了单位推力矢量作为控制量，因此得到的最优控制律与 PEG 的相同：

$$\boldsymbol{\lambda} = \boldsymbol{\lambda}_K + \dot{\boldsymbol{\lambda}}(t - K) \tag{9-108}$$

$$\boldsymbol{u} = \boldsymbol{\lambda} / \|\boldsymbol{\lambda}\| \tag{9-109}$$

终端约束对应的横截条件仍然采用 9.2.1 小节的假设得到

$$\dot{\lambda}_X = 0 \tag{9-110}$$

终端时间自由对应的横截条件仍然用式(9-111)代替：

$$\|\boldsymbol{\lambda}_K\| = 1 \tag{9-111}$$

9.4.1 改进迭代制导的计算流程

改进迭代制导方法的输入参数主要有惯性导航提供的加速度测量值、速度和位置状态参数；火箭总体参数包括比冲 V_{ex} 及时间常数 τ；发射点参数包括地理纬度、经度、射向等。迭代制导方法一般选取的迭代变量为入轨点纬度幅角 U，输出是当前时刻发射惯性系下的程序角指令。入轨点坐标系和计算入轨点坐标系下当前状态的方法在前文中已经给出，下面对其计算步骤进行推导和展开。

制导任务的终端约束一般以轨道根数的形式给出，而迭代制导需要的是目标入轨点的状态，所以需要把轨道根数约束转化为状态量约束。由于迭代制导基于入轨点坐标系，所以可以很容易地将轨道平面约束(轨道倾角和升交点赤经)转化为 Z 向速度和位置约束，令

$$v_{\mathrm{f}Z} = 0, \quad r_{\mathrm{f}Z} = 0 \tag{9-112}$$

即可使入轨点满足轨道倾角和升交点赤经约束。轨道半通径 P 的表达式为

$$P = a \cdot \left(1 - e^2\right) \tag{9-113}$$

由此可计算入轨点地心距 r_{f} 以及垂直速度 v_v 和水平速度 v_h。根据入轨点坐标系的定义，这里的入轨点地心距即为 Y 向坐标约束 $r_{\mathrm{f}Y}$，垂直速度即为 Y 向速度约束 $v_{\mathrm{f}Y}$，水平速度即为 X 向速度约束 $v_{\mathrm{f}X}$，所以

$$r_{\mathrm{f}Y} = P / (1 + e \cdot \cos f) \tag{9-114}$$

$$v_{\mathrm{f}X} = \sqrt{\mu P} / r_{\mathrm{f}Y} \tag{9-115}$$

$$v_{\mathrm{f}Y} = e \cdot \sin f \cdot \sqrt{\mu / P} \tag{9-116}$$

如果约束了近地点幅角 ω，则式(9-116)中入轨点真近点角 f 由目标入轨点纬度幅角 U 减去近地点幅角 ω 得到，否则 f 取理论弹道的值。得到目标入轨点位置矢量和速度矢量分别为

$$\boldsymbol{r}_{\mathrm{f}}=\begin{bmatrix}0 & r_{\mathrm{f}Y} & r_{\mathrm{f}Z}\end{bmatrix}^{\mathrm{T}};\ \boldsymbol{v}_{\mathrm{f}}=\begin{bmatrix}v_{\mathrm{f}X} & v_{\mathrm{f}Y} & v_{\mathrm{f}Z}\end{bmatrix}^{\mathrm{T}} \tag{9-117}$$

9.4.2　控制参数计算

首先对式(9-12)中的第二式在 $[0,t_{\mathrm{go}}]$ 进行一次积分，可以得到

$$\boldsymbol{v}_{\mathrm{f}}-\boldsymbol{v}_0=\boldsymbol{g}_0 t_{\mathrm{go}}+\int_0^{t_{\mathrm{go}}}\frac{T}{m}\cdot\boldsymbol{u}\mathrm{d}t \tag{9-118}$$

定义推力积分：

$$\boldsymbol{v}_{\mathrm{thrust}}=\int_0^{t_{\mathrm{go}}}\frac{V_{\mathrm{ex}}}{\tau-t}\cdot\boldsymbol{u}\mathrm{d}t \tag{9-119}$$

根据式(9-118)和式(9-119)，存在：

$$\boldsymbol{v}_{\mathrm{thrust}}=\boldsymbol{v}_{\mathrm{f}}-\boldsymbol{v}_0-\boldsymbol{g}_0 t_{\mathrm{go}} \tag{9-120}$$

由式(9-108)和式(9-109)可得

$$\boldsymbol{u}=\frac{\boldsymbol{\lambda}_K+\dot{\boldsymbol{\lambda}}(t-K)}{\left\|\boldsymbol{\lambda}_K+\dot{\boldsymbol{\lambda}}(t-K)\right\|} \tag{9-121}$$

在迭代制导推导过程中，认为 $\dot{\boldsymbol{\lambda}}(t-K)$ 是小量。对(9-121)的分母进行泰勒展开，忽略二阶以上小量，并考虑约束式(9-111)，得到

$$\frac{1}{\left\|\boldsymbol{\lambda}_K+\dot{\boldsymbol{\lambda}}(t-K)\right\|}\approx\frac{1}{\sqrt{1+2\boldsymbol{\lambda}_K\dot{\boldsymbol{\lambda}}(t-K)}}\approx 1-\boldsymbol{\lambda}_K\dot{\boldsymbol{\lambda}}(t-K) \tag{9-122}$$

将式(9-122)代入式(9-121)中，依然忽略二阶以上小量，得到

$$\boldsymbol{u}\approx\boldsymbol{\lambda}_K-\left(\boldsymbol{\lambda}_K\dot{\boldsymbol{\lambda}}\right)(t-K)\boldsymbol{\lambda}_K+\dot{\boldsymbol{\lambda}}(t-K) \tag{9-123}$$

把式(9-123)代入式(9-119)中，得到

$$\boldsymbol{v}_{\mathrm{thrust}}=\boldsymbol{\lambda}_K L-\left(\boldsymbol{\lambda}_K\dot{\boldsymbol{\lambda}}\right)(J-KL)\boldsymbol{\lambda}_K+(J-KL)\dot{\boldsymbol{\lambda}} \tag{9-124}$$

式中，

$$L=\int_0^{t_{\mathrm{go}}}\frac{V_{\mathrm{ex}}}{\tau-t}\mathrm{d}t=V_{\mathrm{ex}}\cdot\ln\frac{\tau}{\tau-t_{\mathrm{go}}} \tag{9-125}$$

$$J=\int_0^{t_{\mathrm{go}}}\frac{V_{\mathrm{ex}}t}{\tau-t}\mathrm{d}t=\tau L-V_{\mathrm{ex}}t_{\mathrm{go}} \tag{9-126}$$

从式(9-124)中可以看出，当 $K=J/L$ 时，推力产生的速度增量为

$$\boldsymbol{v}_{\mathrm{thrust}}=\boldsymbol{\lambda}_K L \tag{9-127}$$

显然，$\boldsymbol{v}_{\text{thrust}}$ 与 $\dot{\boldsymbol{\lambda}}$ 无关。因为 $\|\boldsymbol{\lambda}_K\|=1$，所以由式(9-120)和(9-127)可以得到

$$\left\|\boldsymbol{v}_{\mathrm{f}}-\boldsymbol{v}_0-\boldsymbol{g}_0 t_{\mathrm{go}}\right\|=V_{\mathrm{ex}}\cdot\ln\frac{\tau}{\tau-t_{\mathrm{go}}} \tag{9-128}$$

由式(9-128)可以解得剩余飞行时间 t_{go} 的值。

由式(9-120)和式(9-127)可以得到

$$\boldsymbol{\lambda}_K=\frac{\boldsymbol{v}_{\mathrm{f}}-\boldsymbol{v}_0-\boldsymbol{g}_0 t_{\mathrm{go}}}{\left\|\boldsymbol{v}_{\mathrm{f}}-\boldsymbol{v}_0-\boldsymbol{g}_0 t_{\mathrm{go}}\right\|} \tag{9-129}$$

为了求解 $\dot{\boldsymbol{\lambda}}$，需要对式(9-12)中的第二式在 $[0,t_{\text{go}}]$ 进行两次积分：

$$\boldsymbol{r}_{\mathrm{f}}-\boldsymbol{r}_0-\boldsymbol{v}_0 t_{\mathrm{go}}=0.5\boldsymbol{g}_0 t_{\mathrm{go}}^2+\int_s^{t_{\mathrm{go}}}\int_0^s\frac{T}{m}\cdot\boldsymbol{u}\mathrm{d}s\mathrm{d}t \tag{9-130}$$

定义推力积分：

$$\boldsymbol{r}_{\mathrm{thrust}}=\int_0^{t_{\mathrm{go}}}\int_0^t\frac{V_{\mathrm{ex}}}{\tau-s}\cdot\boldsymbol{u}\mathrm{d}s\mathrm{d}t \tag{9-131}$$

有

$$\boldsymbol{r}_{\mathrm{thrust}}=\boldsymbol{r}_{\mathrm{f}}-\boldsymbol{r}_0-\boldsymbol{v}_0 t_{\mathrm{go}}-0.5\boldsymbol{g}_0 t_{\mathrm{go}}^2 \tag{9-132}$$

把式(9-123)代入式(9-131)得

$$\boldsymbol{r}_{\mathrm{thrust}}=\boldsymbol{\lambda}_K S-\boldsymbol{\lambda}_K\dot{\boldsymbol{\lambda}}(Q-KS)\boldsymbol{\lambda}_K+\dot{\boldsymbol{\lambda}}(Q-KS) \tag{9-133}$$

由式(9-132)和式(9-133)得

$$\begin{aligned}&\boldsymbol{\lambda}_K S-\boldsymbol{\lambda}_K\dot{\boldsymbol{\lambda}}(Q-KS)\boldsymbol{\lambda}_K+\dot{\boldsymbol{\lambda}}(Q-KS)\\&=\boldsymbol{r}_{\mathrm{f}}-\boldsymbol{r}_0-\boldsymbol{v}_0 t_{\mathrm{go}}-0.5\boldsymbol{g}_0 t_{\mathrm{go}}^2\end{aligned} \tag{9-134}$$

整理后得到

$$-\left(\boldsymbol{\lambda}_K\cdot\dot{\boldsymbol{\lambda}}\right)\boldsymbol{\lambda}_K+\dot{\boldsymbol{\lambda}}=\frac{\boldsymbol{r}_{\mathrm{f}}-\boldsymbol{r}_0-\boldsymbol{v}_0 t_{\mathrm{go}}-0.5\boldsymbol{g}_0 t_{\mathrm{go}}^2-\boldsymbol{\lambda}_K S}{Q-KS}\equiv\boldsymbol{D} \tag{9-135}$$

由于式(9-110)已经约束了 $\dot{\lambda}_X=0$，三维方程组(9-135)中只有两个未知数，所以求解 $\dot{\boldsymbol{\lambda}}$ 的其他两个方向分量时只需要用到方程组(9-135)中的后两式，展开之后得到

$$\begin{bmatrix}1-\lambda_{KY}\cdot\lambda_{KY} & -\lambda_{KY}\cdot\lambda_{KZ}\\-\lambda_{KY}\cdot\lambda_{KZ} & 1-\lambda_{KZ}\cdot\lambda_{KZ}\end{bmatrix}\cdot\begin{bmatrix}\dot{\lambda}_Y\\\dot{\lambda}_Z\end{bmatrix}=\begin{bmatrix}D_Y\\D_Z\end{bmatrix} \tag{9-136}$$

解得

$$\begin{bmatrix}\dot{\lambda}_Y\\\dot{\lambda}_Z\end{bmatrix}=\begin{bmatrix}1-\lambda_{KY}\cdot\lambda_{KY} & -\lambda_{KY}\cdot\lambda_{KZ}\\-\lambda_{KY}\cdot\lambda_{KZ} & 1-\lambda_{KZ}\cdot\lambda_{KZ}\end{bmatrix}^{-1}\begin{bmatrix}D_Y\\D_Z\end{bmatrix} \tag{9-137}$$

最终得到

$$\dot{\boldsymbol{\lambda}}=\begin{bmatrix}0 & \dot{\lambda}_Y & \dot{\lambda}_Z\end{bmatrix}^{\mathrm{T}} \tag{9-138}$$

积分式(9-12)可以得到终端速度和位置的预测值，其表达式分别为

$$\begin{cases}\boldsymbol{v}_{\mathrm{p}}=\boldsymbol{v}_0+\boldsymbol{g}_0 t_{\mathrm{go}}+\boldsymbol{v}_{\mathrm{thrust}}\\ \boldsymbol{r}_{\mathrm{p}}=\boldsymbol{r}_0+\boldsymbol{v}_0 t_{\mathrm{go}}+0.5\boldsymbol{g}_0 t_{\mathrm{go}}^2+\boldsymbol{r}_{\mathrm{thrust}}\end{cases} \tag{9-139}$$

实际上，在求解控制变量 $\boldsymbol{\lambda}_K$ 和 $\dot{\boldsymbol{\lambda}}$ 的过程中已经对速度矢量和位置矢量的 Y 和 Z 方向分量进行了约束，即使把求出的控制变量 $\boldsymbol{\lambda}_K$ 和 $\dot{\boldsymbol{\lambda}}$ 代入式(9-139)中，也只会得到与上一步迭代相同的预测值。唯一改变的预测值是位置矢量的 X 方向分量，所以也只需要计算出它的预测值 $r_{\mathrm{p}X}$：

$$r_{\mathrm{p}X}=r_{0X}+v_{0X}\cdot t_{\mathrm{go}}+0.5g_{0X}t_{\mathrm{go}}^2+\lambda_{KX}\cdot\left[S-\left(\boldsymbol{\lambda}_K\dot{\boldsymbol{\lambda}}\right)\cdot(Q-SK)\right] \tag{9-140}$$

接下来需要对入轨点位置进行校正，即计算出下一步迭代的入轨点纬度幅角的更新值：

$$U_{i+1}=U_i+\arctan\left(r_{\mathrm{p}X}/r_{\mathrm{f}Y}\right) \tag{9-141}$$

当 $\left|r_{\mathrm{p}X}\right|$ 或 $\left|U_{i+1}-U_i\right|$ 的值小于指定精度时，说明本制导周期迭代收敛，否则进行下一轮迭代。当判断迭代制导收敛之后，即可计算当前制导周期的制导指令。在式(9-121)中令 $t=0$，即可得到当前时刻在入轨点坐标系下的单位推力矢量：

$$\boldsymbol{u}_0=\frac{\boldsymbol{\lambda}_K-\dot{\boldsymbol{\lambda}}K}{\left\|\boldsymbol{\lambda}_K-\dot{\boldsymbol{\lambda}}K\right\|} \tag{9-142}$$

转换到发射惯性系下为

$$\boldsymbol{u}_{0G}=\boldsymbol{O}_G^{\mathrm{T}}\boldsymbol{u}_0 \tag{9-143}$$

令 $\boldsymbol{u}_{0G}$ 的三个分量分别为 u_1、u_2、u_3，因为火箭推力是沿体轴方向，所以有

$$\begin{cases}u_1=\cos\varphi_c\cdot\cos\psi_c\\ u_2=\sin\varphi_c\cdot\cos\psi_c\\ u_3=-\sin\psi_c\end{cases} \tag{9-144}$$

从式(9-144)可以解出火箭相对于发射惯性系的俯仰角 φ_c 和偏航角 ψ_c，其表达式为

$$\varphi_c=\arctan(u_2/u_1);\quad \psi_c=\arcsin\left(-u_3\right) \tag{9-145}$$

9.4.3 改进迭代计算流程

改进迭代计算流程图如图 9-6 所示。

从图 9-6 中可以看出，相对土星五号采用的迭代制导方法，本节方法在迭代流程上做出的最大改动是将预测校正入轨点位置改成了在最外层的迭代。这是因为本节预测入轨点位置用到了完整的控制参数，而 IGM 只利用 t_{go} 进行了简单的估算，显然在这一点上本节方法精度更高。

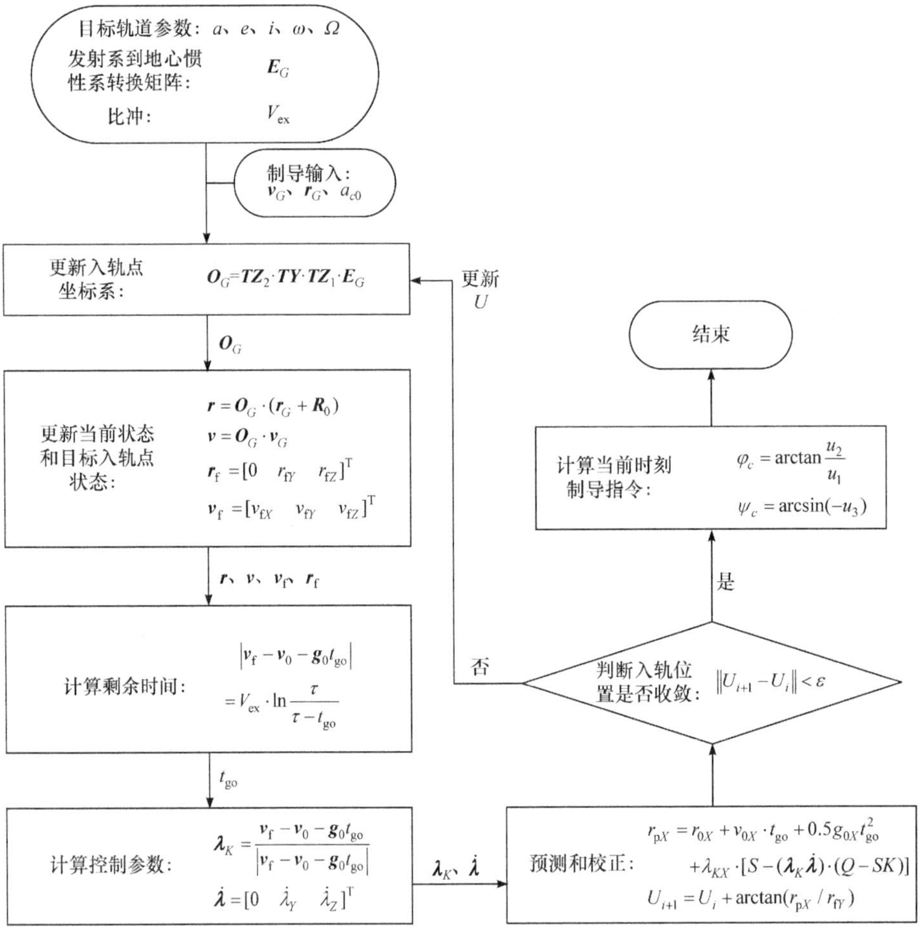

图 9-6　改进迭代计算流程图

思　考　题

9.1　迭代制导的实现原理?

9.2　推力不可调的迭代制导最多能满足几个入轨点参数?

9.3　迭代制导相对于闭路制导的特点有哪些?

9.4　当推力故障但依然能入轨时，如何改进迭代制导使其收敛并满足入轨参数要求?

参 考 文 献

[1] 韩祝斋. 用于大型运载火箭的迭代制导方法[J]. 宇航学报, 1983(1):12-24.

[2] 陈新民, 余梦伦. 迭代制导在运载火箭上的应用研究[J]. 宇航学报, 2003(5): 484-489.

[3] MCHENRY R L, LONG A D, COCKRELL B F, et al. Space shuttle ascent guidance, navigation, and control[J]. Journal of the Astronautical Sciences, 1979, 27(1):1-38.

[4] 茹家欣. 液体运载火箭的一种迭代制导方法[J]. 中国科学(E辑:技术科学), 2009, 39(4): 696-706.

第 10 章

滑翔再入飞行器制导方法

跨大气层再入飞行器的再入方式一般可以分为弹道式再入、有升力再入(又可分为低升阻比再入和高升阻比再入)，其相应的制导技术和方案也不同。弹道式再入主要是洲际导弹的再入方式，对运载器而言，主要是在再入初期(90km 以上高空)，升力和阻力非常小，制导系统还不能正常工作的时候采用，对于其他阶段是不适用的；低升阻比再入方式广泛用于飞船等不可重复使用的高超声速、跨大气层再入飞行器；对于可重复使用的跨大气层再入飞行器而言，一般采用较高升阻比再入的方式[1]。

采用何种规律来调整再入飞行器升力变化的问题，便是再入制导规律设计问题。再入制导方法可分为标准轨道制导方法和预测制导方法两大类。

标准轨道制导方法是一种比较直观而有效的制导方法，制导算法所需计算量较小、容易实现。标准轨道制导方法广泛用于弹道导弹、运载火箭及飞船再入制导，航天飞机早期的制导方案也曾考虑过这种传统意义上的标准轨道制导方法。不过航天飞机再入制导扩展了标准轨道制导方法，可重复使用运载器再入标准轨道制导也是基于航天飞机再入制导技术的广义的标准轨道制导。

10.1 滑翔再入制导的基本思想

10.1.1 标准轨道再入制导的基本思想

传统的标准轨道再入制导的基本原理是预先计算出合乎要求的再入标准轨道，并将所需的标准轨道参数(包括增益系数表)存储在计算机上；再入制导系统根据实际测量的飞行状态和标准轨道状态的关系，计算所需要的控制参数，控制飞行器按标准轨道再入飞行。

标准轨道再入制导的关键技术主要在于两个方面：①标准再入轨道设计；②再入制导控制规律。标准再入轨道一般进行优化设计，用得较多的是非线性规划方法、极小值原理和动态规划方法；再入制导控制规律要求存储标准再入轨道参数，可以根据经验确定制导控制规律，也可以建立状态误差的微分方程，运用经典自动控制方法、自适应控制方法、神经网络控制方法、模糊控制方法等，设计制导控制规律。

早期的标准再入轨道参数是以时间或速度为自变量存储的，研究表明，按速度存储的效果优于按时间存储。当前研究的再入制导方法往往按能量存储，其原因是速度变化不是单调的，而且航程与能量的关系更为密切。

标准轨道再入制导的目的是使运动参数接近标准再入轨道参数，使其着陆点满足要求。标准轨道再入制导在实现中分成纵向制导和侧向制导，且以纵向制导为主。

总升力在半速度坐标系上投影，可表示为

$$\boldsymbol{L} = L\cos\nu \boldsymbol{y}_h^0 + L\sin\nu \boldsymbol{z}_h^0 \tag{10-1}$$

式中，$\boldsymbol{L}$ 为总升力；L 为总升力大小；ν 为倾侧角；$\boldsymbol{y}_h^0$、$\boldsymbol{z}_h^0$ 分别为半速度坐标系中 y_h、z_h 方向的单位向量；$L\cos\nu$ 为总升力在纵向的投影，它的大小直接影响飞行器升降快慢；$L\sin\nu$ 为总升力在侧向的投影，它影响飞行器的横向运动和横程。

飞行器受到的热负荷、过载，主要取决于飞行器的下降速度，而下降速度又主要取决于总升力的纵向投影 $L\cos\nu$，$L\cos\nu$ 的大小取决于攻角 α 和倾侧角 ν，在配平攻角不可调或攻角模型参数确定的条件下，控制 $L\cos\nu$ 大小的仅有控制变量 ν。纵向制导决定 ν 的大小，而符号由侧向制导确定。

标准轨道再入制导一般是存储高度及其变化率、速度、阻力加速度和航程等轨道参数，主要控制升阻比 (L/D)。早期的标准轨道制导一般采用固定反馈增益控制：

$$(L/D)_c = (L/D)_0 + K_1\delta v + K_2\delta h + K_3\delta u + K_4\delta R\big|_t \tag{10-2}$$

或

$$(L/D)_c = (L/D)_0 + K_1\delta v + K_2\delta h + K_4\delta R\big|_u \tag{10-3}$$

式中，v 为径向速度；u 为切向速度；R 为航程；$(L/D)_0$、$(L/D)_c$ 分别为升阻比的标准值和制导要求值。当实际飞行轨道对标准轨道的偏离较小时，采用上面制导方法，可能有几项反馈作用不大，这说明基本的再入动态特性具有一定的稳定性。研究表明，K_4 增大，则航程控制能力增强，随之系统的稳定裕度减小，必须同时调整 K_1、K_2 使控制系统稳定。对稳定性的研究表明，速度较高时 K_4 必定很小，只有在低速时才能增大。

上述标准轨道制导规律也可以改进为

$$(L/D)_c = (L/D)_0 + \left(K_1 S + K_2 + \frac{K_3}{S} + \frac{K_4}{S^2}\right)\frac{\delta D}{m} \tag{10-4}$$

式中，S 为微分算子。固定增益制导控制系统在诸多再入应用方面都具有较好效果，但是对于变增益系统，在末端改为对航程的修正更有效：

$$(L/D)_c = (L/D)_0 + \frac{\partial(L/D)}{\partial R}\left(-K_1\delta v - K_2\delta h + \delta R\right) \tag{10-5}$$

上面所述的制导控制规律主要用于升阻比较小、采用配平攻角飞行的飞行器再入制导，且制导性能较好。实际再入飞行器往往采用最优化的反馈增益进行制导，有些飞船就是采用线性二次型调节器(LQR)方法求最佳反馈系数的标准轨道制导，它采用如下形式的控制规律：

$$(L/D)_c = (L/D)_0 + K_1\delta n_x + K_2\delta h + K_3\delta R + K_4\delta\dot{R} \tag{10-6}$$

以上标准轨道再入制导方法一般不直接存储控制参数，新近的研究成果表明，标准轨道再入制导方法也可直接存储攻角和倾侧角：

$$\begin{bmatrix} \delta\alpha \\ \delta\nu \end{bmatrix} = -\boldsymbol{K}_P \delta X(e) - \boldsymbol{K}_I \int \delta R \mathrm{d}e \tag{10-7}$$

这属于比例积分(PI)控制，式中 e 表示能量，X 表示状态，主要包括高度、飞行路径角和剩余航程，反馈系数矩阵 $\boldsymbol{K}_P$ 、$\boldsymbol{K}_I$ 采用 LQR 方法获得。

10.1.2　再入轨道预测制导的基本思想

预测制导一般无须标准轨道，能够在线计算再入走廊、航程，在线辨识大气参数、气动系数及其他参数和模型，以对实际参数、模型进行修正，并在线预测轨道。再入轨道预测制导能够降低多种不确定因素对再入制导的可行性、可靠性及制导精度的影响程度，从而提高飞行器的可靠性、安全性，加快再入制导系统的设计进程，减少再入操作、运营费用，降低运载成本[2]。

预测制导的基本思想是根据飞行器当前飞行状态，实时计算出满足一定要求的轨道，并根据得到的轨道信息对实际轨道进行控制。例如，将预测值与期望值进行比较，根据所得偏差信息对控制量进行估计、修正。

预测制导的关键技术之一是快速轨道预测，而根据轨道预测方法不同，预测制导一般可分为数值预测(也称快速运算预测)再入制导和解析预测(也称“闭式”预测)再入制导。其中数值预测再入制导主要采用数值积分方法进行轨道预测，而解析预测再入制导则在简化假设条件下，得到微分方程的解析解，从而近似预测再入轨道。

1. 快速运算预测再入制导

快速运算预测再入制导的基本思想是依靠飞行器上的快速计算机，对轨道方程进行积分，获得再入轨道的状态信息，然后根据这些信息对轨道进行校正。快速运算预测再入制导方法要对预测值与期望值进行比较，根据所得偏差信息对控制量进行修正。

快速运算预测再入制导一般要建立简化的再入运动数学模型。例如，早期快速积分预测制导主要是考虑纵平面的运动 (h,V,θ,R) 状态信息，并对其进行积分，同时对升阻比、弹道系数进行估计、修正。这种预测制导主要考虑阻力加速度对航程的影响，认为常升阻比再入，因此主要迭代修正阻力加速度。

快速积分预测制导也可积分三自由度轨道方程，并建立终端状态对制导参数的敏感度函数，以此校正迭代过程，获得所需要的控制变量。这种方法首先定义标准的倾侧角和攻角，如图 10-1 所示，通过更改制导模型参数，积分轨道方程得到终端状态信息，并与期望值进行比较，以获得终端状态误差对各个参数的敏感度函数。建立误差灵敏度函数是个离线过程，需要大量的计算。接着引入约束函数，在校正制导参数时，要求满足约束条件(温度、热流、过载、动压等)和终端条件。

快速运算预测再入制导也可应用在类似于轨道生成/轨道跟踪的再入制导方法，不同的是该方法不仅在再入前生成飞行剖面，而且在再入过程中，根据实际飞行状态偏离标准状态的程度，决定是否重新用预测校正方法生成标准飞行剖面。该算法被称为“自由

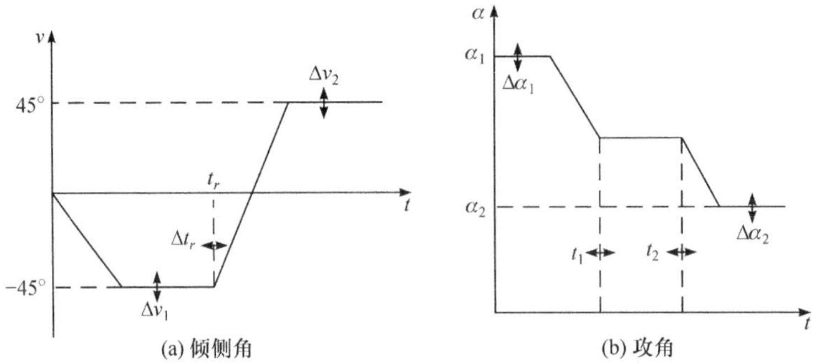

(a) 倾侧角　(b) 攻角

图 10-1　用于预测制导的倾侧角和攻角模型

预测”制导(相对于“闭式”预测制导而言)，“自由预测”制导所产生的标准轨道是阻力加速度/能量高度飞行剖面，而且被分为 6 段，每段被拟合为三次曲线，其控制规律采用线性反馈控制，以跟踪飞行剖面。仿真结果表明，该算法迭代次数小于 10 次，能够实时计算，精度高、鲁棒性好。

快速运算预测再入制导的优点是能够处理大范围的飞行条件，算法简单，通用性强，可移植性好，而且误差散布对制导方法的影响较小，制导精度也较高；缺点是计算量大。

2. 解析预测再入制导

解析预测再入制导(也称“闭式”预测再入制导)的基本原理是对再入运动方程进行简化，得出近似的解析解，预测部分可能的轨道信息。解析预测再入制导往往假设某些参数不变，积分时忽略某些变化缓慢的变量。由于假设是有条件的，所以解析预测一般分段预测轨道，如在90km 以上采用牛顿关于二体运动的方程，可以得到很精确的预测；在 90km 以下则根据飞行特点进行简化，举例如下。

通过控制阻力加速度不变的飞行时段，纵向航程为

$$R=\frac{v_0^2-v_{\mathrm{f}}^2}{2(D/W)} \tag{10-8}$$

式中，D 、W 分别为阻力和质量。

通过控制高度不变的飞行时段，纵向航程为

$$R=\frac{v_0^2}{(D/W)_0}\ln\frac{v_0}{v_{\mathrm{f}}} \tag{10-9}$$

而对于平衡滑翔时段来说，纵向航程为

$$R=0.5r_0(L/D)\ln\frac{1-v_{\mathrm{f}}^2}{1-v_0^2} \tag{10-10}$$

以上方法都是对纵程的预测。然而同时预测纵程和横程，首先认为纵平面升阻比为常数，则有

$$R=0.5r_0(L/D)\cos\nu\ln\frac{r\cdot g-v_0^2}{r\cdot g-v_{\mathrm{f}}^2} \tag{10-11}$$

其次认为侧向转弯加速度为常数，此时可以计算横程：

$$Z=\frac{m}{\rho S_{\text{ref}}}\frac{C_L}{C_D^2}\sin\nu\left(\frac{v_0-v_{\text{f}}}{v_0}\right)^2 \tag{10-12}$$

从式(10-11)、式(10-12)可以看出纵程、横程都是攻角和倾侧角的函数，“闭式”预测再入制导并没有直接从这两个公式解出控制变量，而是建立敏感矩阵，更新控制变量：

$$\begin{bmatrix}\Delta\alpha\\ \Delta\nu\end{bmatrix}=\begin{bmatrix}\dfrac{\partial R}{\partial\nu} & \dfrac{\partial R}{\partial\alpha}\\ \dfrac{\partial Z}{\partial\nu} & \dfrac{\partial Z}{\partial\alpha}\end{bmatrix}^{-1}\begin{bmatrix}R-R_{\text{pre}}\\ Z-Z_{\text{pre}}\end{bmatrix} \tag{10-13}$$

解析预测再入制导的关键是对再入运动进行假设，而且制导能够控制飞行器接近假设的条件飞行，否则制导的精度较差。解析预测再入制导主要是对纵程进行预测，而对横程的预测只能局限在苛刻的条件下，也就是说，实际飞行路径往往会偏离假设，因此对横程预测的制导方法适应范围更窄。解析预测再入制导方法的优点是计算量小、速度快、所需内存少、对硬件要求低；缺点是不能灵活处理偏离假设的情况，对误差比较敏感，鲁棒性差。

快速积分预测可以与解析预测结合起来，解析预测的结果可以作为快速积分预测的初值，这样能够提高快速积分预测的收敛性和收敛速度。

随着计算机技术的不断发展，机载飞行计算机的运行速度将不断提高，数值积分运算所需时间将不再是制导方法所顾虑的主要因素，因此可以通过快速数值积分方法对再入轨道进行预测，以用于再入制导。由于快速运算预测再入制导需要在线积分再入运动微分方程，不依赖于对模型的各种假设，因此适应范围更广，将成为很有潜力的再入制导方法。

10.1.3　广义的标准轨道再入制导的基本思想

传统意义上的标准轨道再入制导方法首先要求有一条满足再入走廊要求的标准再入轨道，而且往往需要进行优化设计；其次采用摄动方法，控制飞行器按照(或接近)标准轨道飞行。这种制导方法的关键技术之一是标准再入轨道的优化设计，特别是多维约束(主要指再入走廊)条件下的轨道优化设计，在理论和实践上都存在难度。

广义的标准轨道再入制导方法扩展了传统意义上的标准轨道再入制导概念，首先是在再入走廊内，优化设计满足航程和目标接口要求的标准再入飞行剖面，将再入轨道优化问题转化为飞行剖面优化问题。之后设计轨道跟踪控制器跟踪标准飞行剖面，一方面满足再入走廊要求；另一方面满足航程等要求。这种方法的关键技术主要包括：

(1) 再入吸热控制(包括再入走廊的确定)；

(2) 标准再入飞行剖面设计；

(3) 轨道跟踪控制规律；

(4) 航程更新方法。

航天飞机再入制导是一种广义的标准轨道再入制导，它综合了解析预测再入制导、标准轨道再入制导和在线生成飞行剖面的思想，但又不是简单的综合，而是根据当时的软、硬件条件，进行了合理的改进。

这种广义的标准轨道再入制导的基本原理是将再入制导分为纵向制导和侧向制导，其制导原理结构示意图可如图 10-2 所示。

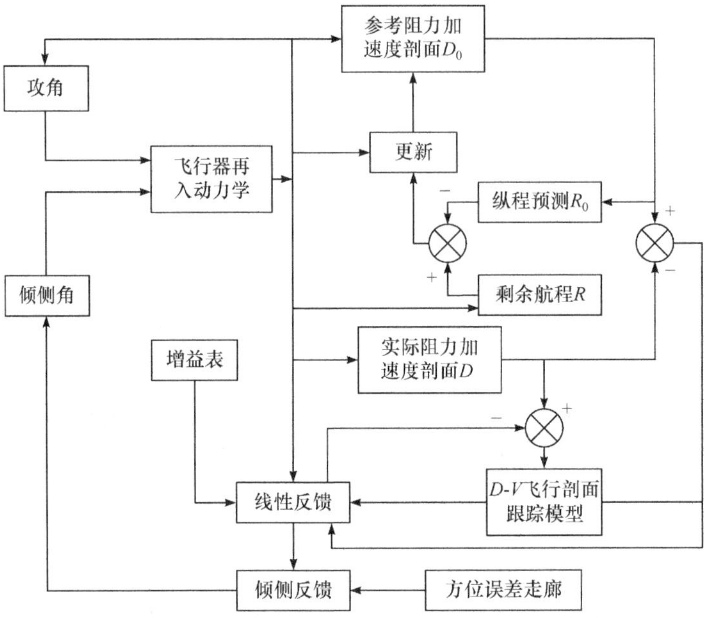

图 10-2　广义的标准轨道再入制导原理结构示意图

解析阻力加速度和速度(D-V)飞行剖面作为参考轨道，主要通过控制倾侧角，并对攻角进行微调，以跟踪 D-V 飞行剖面，一方面控制再入吸热，另一方面对纵向航程进行预测、控制；对 D-V 飞行剖面动态调整，进行航程更新，以最终消除航程误差；飞行器的航向通过简单的倾侧逻辑进行控制。

(1) 再入吸热控制技术。首先将再入飞行路径约束转化为对阻力加速度的约束，并根据飞行器特性、飞行任务确定再入走廊；其次在再入走廊内设计 D-V 飞行剖面；最后采用轨道跟踪控制技术，控制飞行器在再入走廊内沿 D-V 飞行剖面飞行，从而对再入吸热进行控制。

(2) 标准再入飞行剖面设计。广义的标准轨道再入制导没有明确的标准再入轨道，而是将标准再入轨道转化为满足一定要求的 D-V 飞行剖面，用于再入制导。再入制导只需要标准轨道在某一速度的升阻比、阻力加速度、高度变化率信息，而这些信息在一定条件下可以通过 D-V 飞行剖面获得。因此可以在再入走廊内，采用分段解析函数，设计满足航程和末端能量管理要求的 D-V 飞行剖面，作为标准轨道，对航程进行预测。

(3) 轨道跟踪控制技术。一般再入制导采用控制攻角和倾侧角，限制侧滑角的制导控制策略。然而，广义的标准轨道再入制导的攻角变化规律是速度的函数，是事先设计好的，并综合考虑了再入吸热、侧向稳定性和机动性等要求。因此主要控制倾侧角，并适当调整攻角，以对参考 D-V 飞行剖面进行跟踪。

采用摄动方法设计轨道跟踪控制器，轨道跟踪控制规律为比例-积分-微分(PID)控制，并采用线性反馈方法设计控制器增益系数，存储在飞行计算机中，以用于再入制导。其 PID 控制规律的形式如下：

$$(L/D)_{\mathrm{c}} = (L/D)_0 + f_1\left(D - D_0\right) + f_2\left(\dot{h} - \dot{h}_0\right) + f_4\int\left(D - D_0\right)\mathrm{d}t \tag{10-14}$$

式中，下标“c”表示制导指令；“0”表示参考值，可以根据 D-V 飞行剖面计算得到。根据式(10-14)则可以确定跟踪参考 D-V 飞行剖面所需要的倾侧角 ν_c 的大小：

$$\nu_c = \arccos\frac{(L/D)_{\mathrm{c}}}{(L/D)} \tag{10-15}$$

至于倾侧角的符号，则根据当前速度矢量与瞬时平面的夹角和侧向方位误差走廊的关系确定，当速度矢量与瞬时平面的夹角超过方位误差走廊时，则改变倾侧角的符号。

(4) 航程更新方法。根据 D-V 飞行剖面可以预测航程，但是在长时间、远航程的再入过程中，实际航程会逐渐偏离标准 D-V 飞行剖面所预测的航程，因此再入制导系统需要不断更新参考 D-V 飞行剖面来控制航程，消除航程误差，主要从以下几个方面：

① 根据 D-V 飞行剖面对剩余航程进行预测，并与实际剩余航程进行比较，调整参考 D-V 飞行剖面，以符合实际情况。

② 根据制导状态不同，调整不同段的飞行剖面，其基本思想是不改变 D-V 飞行剖面形状，并尽量不调整后继部分剖面的航程。

总的来说，广义的标准轨道再入制导及其扩展的再入制导技术都不要求明确的空间再入标准轨道，而是以平面内的飞行剖面作为航程预测的依据，并采用轨道跟踪控制器跟踪参考飞行剖面，主要对热流和纵向航程进行控制，而侧向航程控制采用简单的倾侧翻转方法。

10.2　标准轨道再入制导方法

10.2.1　纵向制导

设标准返回轨道纵向升阻比为 $(L/D)_0$，实际升阻比为 (L/D)，余量系数为 K，则倾侧角 ν_0 为

$$\cos\nu_0 = \frac{(L/D)_0}{(L/D)} = \frac{(L/D)K}{(L/D)} = K \tag{10-16}$$

由于有干扰，实际的状态参数不等于标准轨道的状态参数，应改变倾侧角大小，使实际轨道接近标准再入轨道。设有误差时实际纵向控制升阻比为 $(L/D)_{\mathrm{c}}$，则此时的倾侧角为

$$\cos\nu = \frac{(L/D)_{\mathrm{c}}}{(L/D)} \tag{10-17}$$

令

$$(L/D)_{\mathrm{c}} = (L/D)_0 + \Delta(L/D) \tag{10-18}$$

则如何确定升阻比增量$\Delta(L/D)$是纵向制导的关键。关于$\Delta(L/D)$的描述在 10.1 节已给出，选取：

$$\Delta(L/D)=\Delta\left(C_L/C_D\right)=K_1\Delta n_x+K_2\Delta\dot{h}+K_3\Delta R+K_4\Delta\dot{R} \tag{10-19}$$

式中，Δn_x、$\Delta\dot{h}$、ΔR、$\Delta\dot{R}$分别为飞行器的切向过载、爬高率、纵程和纵程变化率实际值与标准值的差；K_1、K_2、K_3和K_4为纵向制导规律的反馈增益系数。

对于一般意义的 PID 制导控制规律，关键的是各项系数的确定。目前确定制导参数的方法主要有以下几种：

(1) 摄动法，也称固化系数法，就是在标准轨道附近进行泰勒展开，将制导系统简化为线性系统，采用经典控制的方法(如极点配置方法等)求一些基本反馈项的增益系数。例如，将制导系统简化为二阶系统或三阶系统，再采用固化系数法将系统看成常系数系统。对常系数系统用古典方法求解反馈增益系数K_i。这种方法是标准轨道制导的理论基础，是最常用的方法之一。

(2) 试验法，也称试探法，是在一定飞行段取不同系数的组合，以满足较好的制导控制性能。这种方法一般在摄动法的基础上，对其他非基本反馈项进行试探，以观其是否能够显著提高制导性能，如果不能改善制导性能，则通常会取消该项反馈。例如，取K_i为常数或分段为常数，然后对初始误差及其他误差进行仿真计算，通过试验确定满足落点精度要求的K_i。显然该方法理论分析不够且与经验有关。

(3) 最优化方法，即给出性能指标(一般是各种误差的组合)，采用最优化方法获取最佳增益系数。通常有两种方法解决这类问题：非线性规划方法求最佳增益系数；最优控制方法，如用最佳二次型性能指标选择最佳的反馈增益系数，即采用最优调节器理论，解 Riccati 方程得到最佳系数。性能指标最优化法得到了更为广泛的关注，下面给予简单介绍。

10.2.2 侧向制导

当有误差时，侧向制导倾侧角ν同标准返回轨道的ν_0不一样。侧向制导方程决定了ν的大小，它满足了侧向制导的要求。此时，总升力L的侧向分量$(L/D)D\sin\nu$也就确定了，不能调整。但侧力$L\sin\nu$的符号还可以改变。ν反号不影响$(L/D)_{\mathrm{c}}$的大小和符号，也不影响侧力的大小，但可以改变侧力方向。利用这个特点可以在侧向制导设计中设计一个区间，使飞行器在此区间内自由飞行，当碰到边界时，让ν反号，使侧向运动向相反方向进行，因此侧向制导实现的是开关控制。因为最终横程要小于某一值，而开始偏差可能很大，也允许大一些，为此将边界设计成漏斗式的边界。该边界值为$\bar{Z}$，当横程超过边界时，ν就反号，实现开关控制，则侧向制导方程为

$$\nu(t)=\begin{cases}-|\nu|\operatorname{sign}\left(Z+K_5\dot{Z}\right), & \left|Z+K_5\dot{Z}\right|\geqslant\bar{Z}\\ |\nu|\operatorname{sign}\left[\nu\left(t_{k-1}\right)\right], & \left|Z+K_5\dot{Z}\right|<\bar{Z}\end{cases} \tag{10-20}$$

式中，Z 为侧向运动参数，如前面定义的横程；$\bar{Z}$ 为侧向控制边界：

$$\begin{cases}\bar{Z}=C_1+C_2\left(v/v_e\right)\\ K_5=C_3+C_4\left(v/v_e\right)\end{cases} \tag{10-21}$$

由于 $\bar{Z}$ 是速度 v 的线性函数，而再入速度基本上是减速的，故侧向控制边界呈“漏斗形”。

在侧向制导方程中，$K_5\dot{Z}$ 项的引进是为了防止侧向运动的过调，因为 ν 的反号并不等于 Z 的反号，而近似等于 $\ddot{Z}$ 的反号，式中加上一个微分项可以改善侧向运动性能。

系数 C_1、C_2、C_3 和 C_4 的选择应综合考虑在各种干扰条件下，飞行器制导控制系统的制导控制能力，通常要反复迭代才能确定。

侧向制导中漏斗形的中心线(面)的定义因横程的定义不同而不同。

(1) 在球面上定义纵程和横程时，漏斗形的中心线为过再入点的星下点和开伞点的大圆弧 $ef^{\sim}$。侧向运动参数取球面上定义的横程，而 $\bar{Z}$ 表示在大圆弧 $ef^{\sim}$ 两边在球面上的边界线。

(2) 用标准再入纵平面的垂线定义横程，漏斗形的中心实际上是一个面，即过 e 点、$f^{\sim}$ 点和地心的标准再入纵平面，漏斗的边界也是在标准再入纵平面两边的两个曲面(或平面)。

侧向制导方程中的侧向运动参数 Z 也可以定义为横程差(横坐标差)：

$$Z=z_t-z_n \tag{10-22}$$

式中，Z 为横坐标差；z_t 为飞行器在返回坐标系中的横坐标；z_n 为标准情况下飞行器在返回坐标系中的横坐标。

此时漏斗的中心线为标准返回轨道在 $o_0x_0z_0$ 平面上的投影，制导方程为

$$\nu(t)=\begin{cases}-|\nu|\operatorname{sign}\left(z_t-z_n+K_5\dot{z}_t\right), & \left|z_t-z_n+K_5\dot{z}_t\right|\geqslant\bar{Z}\\ |\nu|\operatorname{sign}\left[\nu\left(t_{k-1}\right)\right], & \left|z_t-z_n+K_5\dot{z}_t\right|<\bar{Z}\end{cases} \tag{10-23}$$

10.2.3　纵平面运动方程的线性化

为获取纵向制导规律中的反馈增益系数 K_1、K_2、K_3、K_4，可采用对简化的纵平面运动方程进行摄动的方法。为工程上易于实现，将时变的增益系数 K_1、K_2、K_3、K_4 逼近成常数或分段常数，得到所需的次优反馈增益系数。

为了简化纵平面运动方程，需作如下基本假设：

(1) 地球形状、引力模型不考虑地球旋转，地球为一个均质圆球。

(2) 大气模型高度在 91km 以下采用标准大气的分段函数模型，91km 以上采用数值插值办法得到。

(3) 飞行过程中采用配平攻角飞行，$\alpha=\eta_{\mathrm{tr}}$，$\beta=0$，$C_D=C_D(M)$

$$\left(C_L/C_D\right)_0=\left(C_L/C_D\right)(M) \tag{10-24}$$

纵向运动的升阻比 $\left(C_L/C_D\right)_0=\left(C_L/C_D\right)\cos\nu_0$，由三自由度标准弹道设计给出。这

时纵平面运动方程：

$$\begin{cases}\dfrac{\mathrm{d}v}{\mathrm{d}t}=-C_D\dfrac{\rho v^2}{2m}S-g\sin\Theta\\ \dfrac{\mathrm{d}\Theta}{\mathrm{d}t}=\left(\dfrac{C_L}{C_D}\right)_0C_D\dfrac{\rho vS}{2m}+\left(\dfrac{v}{r}-\dfrac{g}{v}\right)\cos\Theta\\ \dfrac{\mathrm{d}r}{\mathrm{d}t}=v\sin\theta\\ \dfrac{\mathrm{d}R}{\mathrm{d}t}=\dfrac{r_\mathrm{f}v}{r}\cos\Theta\end{cases}\tag{10-25}$$

式中，Θ 为当地速度倾角；$r_\mathrm{f}=r_\mathrm{p}+h_\mathrm{f}$，$r_\mathrm{p}$ 为地球平均半径，h_f 为飞行终点高度；$g=\dfrac{fM}{r^2}=g_0\left(\dfrac{r_\mathrm{p}}{r}\right)^2$；$R$ 为导弹在假想球面飞过的纵程。

切向过载：

$$n_x=\frac{C_D\rho v^2S}{2mg_0}\tag{10-26}$$

对标准弹道线性化可得

$$\begin{cases}\Delta\dot{v}=a_{11}\Delta v+a_{12}\Delta\Theta+a_{13}\Delta h\\ \Delta\dot{\Theta}=a_{21}\Delta v+a_{22}\Delta\Theta+a_{23}\Delta h+b\Delta\left(C_L/C_D\right)\\ \Delta\dot{h}=a_{31}\Delta v+a_{32}\Delta\Theta\\ \Delta\dot{R}=a_{41}\Delta v+a_{42}\Delta\Theta+a_{43}\Delta h\end{cases}\tag{10-27}$$

式中，

$$\begin{cases}a_{11}=-C_D\rho vS/m-\left[\rho v^2S/(2ma)\right]\left(\mathrm{d}C_D/\mathrm{d}M\right)\\ a_{12}=-g\cos\Theta\\ a_{13}=\left[\rho v^3S/\left(2ma^2\right)\right]\left(\mathrm{d}C_D/\mathrm{d}M\right)(\mathrm{d}a/\mathrm{d}h)-\left[C_Dv^2S/(2m)\right](\mathrm{d}\rho/\mathrm{d}h)+(2g/r)\sin\Theta\\ a_{21}=(C_L/C_D)_0[C_D\rho vS/(2m)]+\left(g/v^2+1/r\right)\cos\Theta+(C_L/C_D)_0[\rho vS/(2ma)]\left(\mathrm{d}C_D/\mathrm{d}M\right)\\ a_{22}=(g/v-v/r)\sin\Theta\\ a_{23}=-(C_L/C_D)_0\left[\rho v^2S/\left(2ma^2\right)\right]\left(\mathrm{d}C_D/\mathrm{d}M\right)(\mathrm{d}a/\mathrm{d}h)\\ \qquad+(C_L/C_D)_0C_D[vS/(2m)](\mathrm{d}\rho/\mathrm{d}h)+\left[2g/(vr)-v/r^2\right]\cos\Theta\\ a_{31}=\sin\Theta\\ a_{32}=v\cos\Theta\\ a_{41}=(r_\mathrm{f}/r)\cos\Theta\\ a_{42}=-(r_\mathrm{f}v/r)\sin\Theta\\ a_{43}=-\left(r_\mathrm{f}v/r^2\right)\cos\Theta\end{cases}\tag{10-28}$$

$$b = C_D \rho v S / (2m) \tag{10-29}$$

线性化过载系数可得

$$\Delta n_x = a_{51}\Delta v + a_{53}\Delta h \tag{10-30}$$

式中，

$$\begin{cases} a_{51} = -C_D \rho v S / (m g_0) - \rho v^2 S / (2 m g_0 a)(\mathrm{d}C_D / \mathrm{d}M) \\ a_{53} = \left[\rho v^3 S / \left(2 m g_0 a^2\right)\right](\mathrm{d}C_D / \mathrm{d}M)(\mathrm{d}a / \mathrm{d}h) - \left[C_D v^2 S / (2 m g_0)\right](\mathrm{d}\rho / \mathrm{d}h) \end{cases} \tag{10-31}$$

可得

$$\begin{cases} \Delta v = b_{11}\Delta n_x + b_{12}\Delta \dot{h} + b_{13}\Delta R + b_{14}\Delta \dot{R} \\ \Delta \Theta = b_{21}\Delta n_x + b_{22}\Delta \dot{h} + b_{23}\Delta R + b_{24}\Delta \dot{R} \\ \Delta h = b_{31}\Delta n_x + b_{32}\Delta \dot{h} + b_{33}\Delta R + b_{34}\Delta \dot{R} \end{cases} \tag{10-32}$$

式中，

$$\begin{cases} b_{11} = a_{32}a_{43} / b_0 \\ b_{12} = a_{42}a_{53} / b_0 \\ b_{13} = 0 \\ b_{14} = -a_{32}a_{53} / b_0 \\ b_{21} = -a_{32}a_{43} / b_0 \\ b_{22} = \left(a_{43}a_{51} - a_{41}a_{53}\right) / b_0 \\ b_{23} = 0 \\ b_{24} = a_{31}a_{53} / b_0 \\ b_{31} = \left(1 - a_{51}b_{11}\right) / a_{53} \\ b_{32} = -a_{51}b_{12} / a_{53} \\ b_{33} = 0 \\ b_{34} = -a_{51}b_{14} / a_{53} \end{cases} \tag{10-33}$$

现将式(10-32)记为

$$[\Delta v, \Delta \Theta, \Delta h]^{\mathrm{T}} = B_{3\times 4} \cdot \left[\Delta n_x, \Delta \dot{h}, \Delta R, \Delta \dot{R}\right]^{\mathrm{T}} \tag{10-34}$$

要求列写的方程式为

$$\begin{cases} \dfrac{\mathrm{d}\Delta n_x}{\mathrm{d}t} = \dot{a}_{51}\Delta v + a_{51}\Delta \dot{v} + \dot{a}_{53}\Delta h + a_{53}\Delta \dot{h} \\ \dfrac{\mathrm{d}\Delta \dot{h}}{\mathrm{d}t} = \dot{a}_{31}\Delta v + a_{31}\Delta \dot{v} + \dot{a}_{32}\Delta \Theta + a_{32}\Delta \dot{\Theta} \\ \dfrac{\mathrm{d}\Delta R}{\mathrm{d}t} = \Delta \dot{R} \\ \dfrac{\mathrm{d}\Delta \dot{R}}{\mathrm{d}t} = \dot{a}_{41}\Delta v + a_{41}\Delta \dot{v} + \dot{a}_{42}\Delta \Theta + a_{42}\Delta \dot{\Theta} + \dot{a}_{43}\Delta h + a_{43}\Delta \dot{h} \end{cases} \tag{10-35}$$

将$\Delta\dot{v}$、$\Delta\dot{\Theta}$、$\Delta\dot{h}$代入式(10-35)，则可以得到

$$\frac{\mathrm{d}}{\mathrm{d}t}\left(\Delta n_x,\Delta\dot{h},\Delta R,\Delta\dot{R}\right)^{\mathrm{T}}=\boldsymbol{C}_{4\times 3}\cdot(\Delta v,\Delta\Theta,\Delta h)^{\mathrm{T}}+\left(0,a_{32}b,0,a_{42}\right)^{\mathrm{T}}\Delta\left(C_L/C_D\right)_0 \tag{10-36}$$

式中，

$$\begin{cases}c_{11}=\dot{a}_{51}+a_{51}a_{11}+a_{53}a_{31}\\ c_{12}=a_{51}a_{12}+a_{53}a_{32}\\ c_{13}=\dot{a}_{53}+a_{51}a_{13}\\ c_{21}=\dot{a}_{31}+a_{31}a_{11}+a_{32}a_{21}\\ c_{22}=\dot{a}_{32}+a_{31}a_{12}+a_{32}a_{22}\\ c_{23}=a_{31}a_{13}+a_{32}a_{23}\\ c_{31}=a_{41}\\ c_{32}=a_{42}\\ c_{33}=a_{43}\\ c_{41}=\dot{a}_{41}+a_{41}a_{11}+a_{42}a_{21}+a_{43}a_{31}\\ c_{42}=\dot{a}_{42}+a_{41}a_{12}+a_{42}a_{22}+a_{43}a_{32}\\ c_{43}=\dot{a}_{43}+a_{41}a_{13}+a_{42}a_{23}\end{cases} \tag{10-37}$$

$$\begin{cases}\dot{a}_{31}=\cos\Theta(\mathrm{d}\Theta/\mathrm{d}t)\\ \dot{a}_{32}=\cos\Theta(\mathrm{d}v/\mathrm{d}t)-v\sin\Theta(\mathrm{d}\Theta/\mathrm{d}t)\\ \dot{a}_{41}=-\left(r_{\mathrm{f}}/r\right)\sin\Theta(\mathrm{d}\Theta/\mathrm{d}t)-\left(r_{\mathrm{f}}/r^2\right)\cos\Theta(\mathrm{d}r/\mathrm{d}t)\\ \dot{a}_{42}=-\left(r_{\mathrm{f}}/r\right)\sin\Theta(\mathrm{d}v/\mathrm{d}t)-\left(r_{\mathrm{f}}v/r\right)\cos\Theta(\mathrm{d}\Theta/\mathrm{d}t)+\left(r_{\mathrm{f}}v/r^2\right)\sin\Theta(\mathrm{d}r/\mathrm{d}t)\\ \dot{a}_{43}=-\left(r_{\mathrm{f}}/r^2\right)\cos\Theta(\mathrm{d}v/\mathrm{d}t)+\left(r_{\mathrm{f}}v/r^2\right)\sin\Theta(\mathrm{d}\Theta/\mathrm{d}t)+\left(2r_{\mathrm{f}}v/r^3\right)\cos\Theta(\mathrm{d}r/\mathrm{d}t)\\ \dot{a}_{51}=\left[\rho S/\left(mg_0\right)\right]\Big\{-\left[2M\left(\mathrm{d}C_D/\mathrm{d}M\right)+C_D+0.5M^2\left(\mathrm{d}^2C_D/\mathrm{d}M^2\right)\right](\mathrm{d}v/\mathrm{d}t)\\ \quad+\Big[-\left(C_Dv/\rho\right)(\mathrm{d}\rho/\mathrm{d}h)+1.5M^2\left(\mathrm{d}C_D/\mathrm{d}M\right)(\mathrm{d}a/\mathrm{d}h)\\ \quad-0.5\left(vM/\rho\right)\left(\mathrm{d}C_D/\mathrm{d}M\right)(\mathrm{d}\rho/\mathrm{d}h)+0.5M^3\left(\mathrm{d}^2C_D/\mathrm{d}M^2\right)(\mathrm{d}a/\mathrm{d}h)\Big](\mathrm{d}r/\mathrm{d}t)\Big\}\\ \dot{a}_{53}=\left[\rho S/\left(mg_0\right)\right]\Big\{\Big[-\left(C_Dv/\rho\right)(\mathrm{d}\rho/\mathrm{d}h)+1.5M^2\left(\mathrm{d}C_D/\mathrm{d}M\right)(\mathrm{d}a/\mathrm{d}h)\\ \quad+0.5M^3\left(\mathrm{d}^2C_D/\mathrm{d}M^2\right)(\mathrm{d}a/\mathrm{d}h)-0.5(vM/\rho)\left(\mathrm{d}C_D/\mathrm{d}M\right)(\mathrm{d}\rho/\mathrm{d}h)\Big](\mathrm{d}v/\mathrm{d}t)\\ \quad+\Big[-0.5\left(C_Dv^2/\rho\right)\left(\mathrm{d}^2\rho/\mathrm{d}h^2\right)+\left(vM^2/\rho\right)\left(\mathrm{d}C_D/\mathrm{d}M\right)(\mathrm{d}a/\mathrm{d}h)(\mathrm{d}\rho/\mathrm{d}h)\\ \quad-M^3\left(\mathrm{d}C_D/\mathrm{d}M\right)(\mathrm{d}a/\mathrm{d}h)^2-0.5M^2\left(\mathrm{d}^2C_D/\mathrm{d}M^2\right)(\mathrm{d}a/\mathrm{d}h)^2\\ \quad+0.5vM^2\left(\mathrm{d}C_D/\mathrm{d}M\right)\left(\mathrm{d}^2a/\mathrm{d}h^2\right)\Big](\mathrm{d}r/\mathrm{d}t)\Big\}\end{cases} \tag{10-38}$$

令

$$X=\left[\Delta n_x,\Delta\dot{h},\Delta R,\Delta\dot{R}\right]^{\mathrm{T}}$$

$$U=\Delta\left(C_L/C_D\right)_0$$

$$G_{4\times4}=C_{4\times3}\cdot B_{3\times4}$$

$$H_{4\times1}=\left[0,a_{32}b,0,a_{42}b\right]^{\mathrm{T}}$$

式(10-36)可改写为

$$\frac{\mathrm{d}X}{\mathrm{d}t}=GX+HU \tag{10-39}$$

10.2.4 最佳反馈增益系数的求解

经过线性化得到纵向小扰动状态空间方程式，就可以用二次型性能指标最优的线性控制来求解反馈增益系数 K_1、K_2、K_3、K_4。

取性能指标：

$$J=\frac{1}{2}X^{\mathrm{T}}(t_{\mathrm{f}})FX(t_{\mathrm{f}})+\frac{1}{2}\int_{t_0}^{t_{\mathrm{f}}}\left(X^{\mathrm{T}}QX+U^{\mathrm{T}}RU\right)\mathrm{d}t \tag{10-40}$$

式中，F、Q 为非负定阵；R 为正定阵。

可选择 Q、R 的形式如下：

$$Q=\begin{bmatrix}1/\Delta n_{xm}^2 & 0 & 0 & 0\\ 0 & 1/\Delta\dot{h}_m^2 & 0 & 0\\ 0 & 0 & 1/\Delta R_m^2 & 0\\ 0 & 0 & 0 & 1/\Delta\dot{R}_m^2\end{bmatrix}$$

$$R=\frac{1}{\delta\left[\Delta\left(C_L/C_D\right)_0\right]_m^2}$$

式中，Δn_{xm}、$\Delta\dot{h}_m$、ΔR_m、$\Delta\dot{R}_m$ 为状态允许的最大偏差；$\delta\left[\Delta\left(C_L/C_D\right)_0\right]_m$ 为允许的最大控制偏差。Δn_{xf}、$\Delta\dot{h}_f$、ΔR_f、$\Delta\dot{R}_f$ 为落点期望的精度。

利用极小值原理，哈密顿函数为

$$H_u=\frac{1}{2}X^{\mathrm{T}}QX+\frac{1}{2}U^{\mathrm{T}}RU+\lambda^{\mathrm{T}}GX+\lambda^{\mathrm{T}}HU \tag{10-41}$$

其共轭方程及横截条件为

$$\dot{\lambda}=-\frac{\partial H_u}{\partial X}=-G^{\mathrm{T}}\lambda-QX \tag{10-42}$$

$$\lambda(t_{\mathrm{f}})=FX(t_{\mathrm{f}}) \tag{10-43}$$

由极小值原理可知，最优控制 U^* 使 H_u 取极小值，即

$$\left.\frac{\partial H_u}{\partial X}\right|_{U^*}=RU^*+H^{\mathrm{T}}\lambda=0 \tag{10-44}$$

因 $\boldsymbol{R}$ 是正定的，其逆必存在，故

$$\boldsymbol{U}^{*}=-\boldsymbol{R}^{-1}\boldsymbol{H}^{\mathrm{T}}\boldsymbol{\lambda} \tag{10-45}$$

由此可得

$$\begin{cases}\dfrac{\mathrm{d}\boldsymbol{X}^{*}}{\mathrm{d}t}=\boldsymbol{G}\boldsymbol{X}^{*}-\boldsymbol{H}\boldsymbol{R}^{-1}\boldsymbol{H}^{\mathrm{T}}\boldsymbol{\lambda}^{*}\\ \dfrac{\mathrm{d}\boldsymbol{\lambda}^{*}}{\mathrm{d}t}=-\boldsymbol{G}^{\mathrm{T}}\boldsymbol{\lambda}^{*}-\boldsymbol{Q}\boldsymbol{X}^{*}\\ \boldsymbol{X}^{*}(t_0)=\boldsymbol{X}_0\\ \boldsymbol{\lambda}^{*}(t_{\mathrm{f}})=\boldsymbol{F}\boldsymbol{X}^{*}(t_{\mathrm{f}})\end{cases} \tag{10-46}$$

方程(10-46)是线性的，且 $\boldsymbol{X}^{*}(t_{\mathrm{f}})$ 与 $\boldsymbol{\lambda}^{*}(t_{\mathrm{f}})$ 有线性关系，因此可假设 $\boldsymbol{\lambda}=\boldsymbol{P}\boldsymbol{X}$，则

$$\begin{aligned}\frac{\mathrm{d}\boldsymbol{\lambda}}{\mathrm{d}t}&=\frac{\mathrm{d}\boldsymbol{P}}{\mathrm{d}t}\boldsymbol{X}+\boldsymbol{P}\frac{\mathrm{d}\boldsymbol{X}}{\mathrm{d}t}\\&=\frac{\mathrm{d}\boldsymbol{P}}{\mathrm{d}t}\boldsymbol{X}+\boldsymbol{P}(\boldsymbol{G}\boldsymbol{X}+\boldsymbol{H}\boldsymbol{U})\\&=\frac{\mathrm{d}\boldsymbol{P}}{\mathrm{d}t}\boldsymbol{X}+\boldsymbol{P}\left(\boldsymbol{G}\boldsymbol{X}-\boldsymbol{H}\boldsymbol{R}^{-1}\boldsymbol{H}^{\mathrm{T}}\boldsymbol{P}\boldsymbol{X}\right)\end{aligned} \tag{10-47}$$

可得

$$\left(\frac{\mathrm{d}\boldsymbol{P}}{\mathrm{d}t}+\boldsymbol{P}\boldsymbol{G}-\boldsymbol{P}\boldsymbol{H}\boldsymbol{R}^{-1}\boldsymbol{H}^{\mathrm{T}}\boldsymbol{P}+\boldsymbol{G}^{\mathrm{T}}\boldsymbol{P}+\boldsymbol{Q}\right)\boldsymbol{X}=0 \tag{10-48}$$

由 $\boldsymbol{X}$ 的任意性，可得 Riccati 微分方程如下：

$$\begin{cases}\dfrac{\mathrm{d}\boldsymbol{P}}{\mathrm{d}t}=-\boldsymbol{P}\boldsymbol{G}-\boldsymbol{G}^{\mathrm{T}}\boldsymbol{P}+\boldsymbol{P}\boldsymbol{H}\boldsymbol{R}^{-1}\boldsymbol{H}^{\mathrm{T}}\boldsymbol{P}-\boldsymbol{Q}\\ \boldsymbol{P}(t_{\mathrm{f}})=\boldsymbol{F}\end{cases} \tag{10-49}$$

最优控制为

$$\boldsymbol{U}^{*}=-\boldsymbol{R}^{-1}\boldsymbol{H}^{\mathrm{T}}\boldsymbol{P}\boldsymbol{X} \tag{10-50}$$

最佳反馈增益系数为

$$\boldsymbol{K}=-\boldsymbol{R}^{-1}\boldsymbol{H}^{\mathrm{T}}\boldsymbol{P}\triangleq\left[K_1,K_2,K_3,K_4\right]^{\mathrm{T}} \tag{10-51}$$

由此可见，反向积分 Riccati 微分方程，即可得到反馈增益系数 $\boldsymbol{K}$ 。因为 $\boldsymbol{G}$、$\boldsymbol{H}$、$\boldsymbol{Q}$、$\boldsymbol{R}$ 在 (t_0,t_{f}) 上都是连续函数，所以 Riccati 微分方程在 (t_0,t_{f}) 上满足边界条件的解是存在的，而且是唯一的。

10.3 广义的标准轨道再入制导方法

10.3.1 简化的再入运动数学模型

在研究再入制导问题时，可考虑速度与地心矢量构成的瞬时平面的运动和目标平面

的法向运动或侧向运动，进一步忽略地球扁率和自转的影响，则飞行器在瞬时平面内的再入运动数学模型可简化为

$$\begin{cases} \dot{h} = \dot{r} = v\sin\theta \\ \dot{v} = -g\sin\theta - D \\ \dot{\theta} = \dfrac{1}{v}\left[L_v - \left(g + \dfrac{v^2}{r}\right)\cos\theta\right], \quad L_v = L\cos\nu \\ \dot{R} \approx v\cos\theta \end{cases} \tag{10-52}$$

再入飞行器当前位置到目标的航程可由下面公式近似计算(图 10-3)：

$$R = c\left[R_0 + \left(h + h_{\mathrm{f}}\right)/2\right] \tag{10-53}$$

$$\begin{cases} A = \operatorname{arccot}\left\{\left[\cos\phi\tan\phi_{\mathrm{f}} - \sin\phi\cos\left(\lambda_{\mathrm{f}} - \lambda\right)\right]/\sin\left(\lambda_{\mathrm{f}} - \lambda\right)\right\} \\ c = \arccos\left[\sin\phi\sin\phi_{\mathrm{f}} + \cos\phi\cos\phi_{\mathrm{f}}\cos\left(\lambda_{\mathrm{f}} - \lambda\right)\right] \end{cases} \tag{10-54}$$

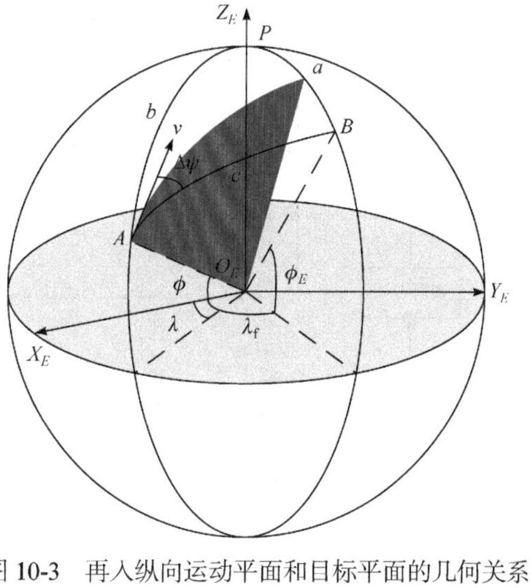

图 10-3　再入纵向运动平面和目标平面的几何关系

当前时刻的方位误差为

$$\Delta\psi = \psi - A \tag{10-55}$$

式中，A 为 A 到 B 的视线角；ψ 为速度方位角；$\Delta\psi$ 为方位误差。图 10-3 中，A 为当前点，B 为目标点，P 为极点，c 为弧 AB 所对应的角。

10.3.2　广义的标准轨道再入制导原理

飞行器再入过程中主要依靠升力和阻力来控制再入轨道，而根据飞行器的结构布局一般不要求侧滑，因此再入制导主要采用攻角和倾侧角进行轨道控制。再入制导方法一般以控制倾侧角为主，以控制攻角为辅，其原因主要是基于以下考虑：

(1) 设计一维制导控制规律相对于二维的要简单。

(2) 基于再入吸热考虑。根据优化结果，认为大攻角再入有利于减少飞行器再入吸热，兼顾机动性则要求以最大升阻比飞行，因此攻角剖面一般事先优化确定。

(3) 采用倾侧转弯不仅能够控制阻力加速度，还可以控制侧向航程，也就是说，只需设计倾侧角变化规律就可以完成再入制导任务。不过辅以攻角调制能够改善制导系统瞬态响应特性，提高制导性能。

综上所述，再入制导通常考虑各种综合因素确定标准攻角飞行剖面，然后重点设计倾侧角变化规律，对热流、过载、动压和纵向航程进行控制，并通过倾侧翻转来实现侧向航程控制。

总的来说，标准轨道再入制导可分为再入纵向制导和再入侧向制导。标准轨道再入制导采用阻力加速度/飞行速度(D-V 飞行剖面)作为参考轨道(飞行剖面)，主要通过控制倾侧角，跟踪 D-V 飞行剖面，从而对驻点热流、过载、动压进行控制，同时对航程进行预测，并实时修正，以消除航程误差。标准轨道再入制导原理方案可如图 10-4 所示。

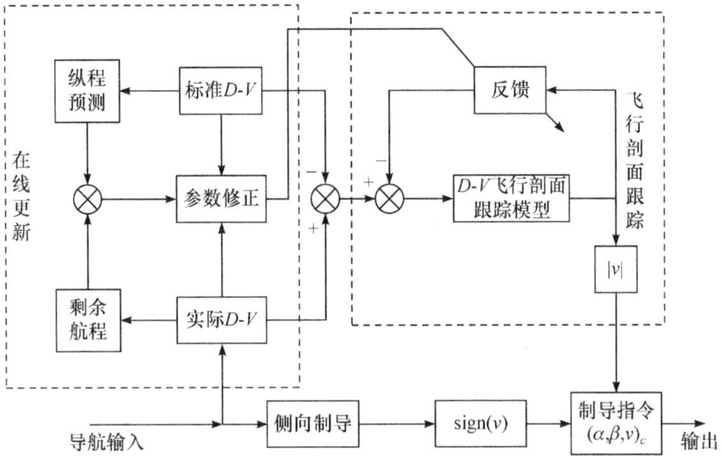

图 10-4 标准轨道再入制导原理图

10.3.3 再入纵向制导

再入纵向制导的任务是跟踪标准(或参考) D-V 飞行剖面，一方面保证再入轨道满足再入走廊要求；另一方面满足纵向航程和末端能量(包括速度和高度)的要求。再入纵向制导方法的主要步骤如下：

(1) 根据飞行器结构配置、再入走廊和飞行任务，选择合适的 D-V 飞行剖面形状和分段，可对 D-V 飞行剖面进行优化，存储得到标准的 D-V 飞行剖面，必要时进行适当的数据处理；

(2) 在不进行航程更新的情况下，设计轨道跟踪控制器及增益系数，较好地跟踪标准 D-V 飞行剖面；

(3) 进一步设计制导控制规律，如选择合适的反馈组合形式，并进一步确定反馈增益，最终满足较小的航程误差；

(4) 根据航程预测值和实际值之间的关系，适当调整 D-V 飞行剖面或相应的轨道参数，进行航程更新，以满足对再入航程的要求，并提高制导精度；

(5) 最后综合考虑制导规律、增益系数和航程更新方法，以获得最佳制导性能。

本节主要研究飞行器再入纵向制导规律，包括航程预测、轨道跟踪控制器等内容，而航程更新以及不同组合形式的标准轨道制导规律在后续章节进一步研究。

1. 航程预测

一般的再入飞行器的侧向机动范围(相对纵向而言)不是很大，航程主要由纵向航程决定，而纵向航程可以通过 D-V 飞行剖面解析预测。在飞行器再入的大部分区域，飞行路径角 θ 很小，可以近似认为 $\sin\theta = 0$ ，则

$$R = \int v\cos\theta \mathrm{d}t = -\int \frac{v\cos\theta}{D + g\sin\theta}\mathrm{d}v \approx -\int \frac{v}{D}\mathrm{d}v \tag{10-56}$$

当飞行路径角较大时，式(10-56)误差较大，可进一步采用下面公式估计：

$$\begin{cases} E = gh + \dfrac{1}{2}v^2 \\ \dot{E} = -D \\ R = -\displaystyle\int \frac{\cos\theta}{D}\mathrm{d}E \approx -\int \frac{1}{D}\mathrm{d}E \end{cases} \tag{10-57}$$

式(10-57)具有较高的航程预测精度，因此采用 D-V 飞行剖面前景广阔，一方面不用切换制导状态；另一方面能量单调下降，方便计算与分析。根据分段解析 D-V 飞行剖面，可以解析求解 D-V 飞行剖面的航程及其他轨道参数，下面介绍具体的推导过程。

在忽略地球扁率和自转，并且飞行路径角较小的情况下，考虑瞬时平面内的再入运动，则有

$$\begin{cases} \dot{v} = -g\sin\theta - D \approx -D \\ \dot{\theta} = \dfrac{1}{v}\left[L_v - \left(g - \dfrac{v^2}{r}\right)\cos\theta\right], \quad L_v = L\cos\nu \\ \dot{h} = v\sin\theta \approx v\cdot\theta \\ \dot{R} = v\cos\theta \end{cases} \tag{10-58}$$

对航程 R 进行预测：

$$R = -\int \frac{v\cos\theta}{D + g\sin\theta}\mathrm{d}v \tag{10-59}$$

在飞行路径角 θ 较小时，可近似认为 $\sin\theta = 0$ ， $\cos\theta = 1$ ，于是

$$R = -\int \frac{v}{D}\mathrm{d}v \tag{10-60}$$

进一步根据能量的定义，则单位质量的能量 E 为

$$E = gh + \frac{1}{2}v^2 \tag{10-61}$$

因此当飞行路径角较大时，航程可进一步近似为

$$R = -\int \frac{\cos\theta}{D}\mathrm{d}E \approx -\int \frac{\mathrm{d}E}{D} \tag{10-62}$$

然后根据 D-V 曲线的解析表达式，则可以直接积分 D-V 飞行剖面，以进行航程预测。再入 D-V 飞行剖面航程估计见表 10-1。

表 10-1　再入 *D-V* 飞行剖面航程估计

再入状态	阻力加速度剖面(D)	航程预计公式 $\left(v \in [v_0 \sim v_{\mathrm{f}}]\right)$
温控段	$C_1 + C_2 v + C_3 v^2$	$Q = 4C_3C_1 - C_2^2$ $\begin{cases} R = \dfrac{-1}{2C_3}\ln\dfrac{C_1 + C_2 v_{\mathrm{f}} + C_3 v_{\mathrm{f}}^2}{C_1 + C_2 v + C_3 v^2} \\ \quad + C_2/\left(C_3\sqrt{Q}\right)\left\{\tan^{-1}\left[\left(2C_3 v_{\mathrm{f}} + C_2\right)/\sqrt{Q}\right]\right. \\ \quad \left.- \tan^{-1}\left[\left(2C_3 v + C_2\right)/\sqrt{Q}\right]\right\}, \quad Q > 0 \\ R = \dfrac{-1}{2C_3}\ln\dfrac{C_1 + C_2 v_{\mathrm{f}} + C_3 v_{\mathrm{f}}^2}{C_1 + C_2 v + C_3 v^2} \\ \quad + C_2/\left(2C_3\sqrt{-Q}\right)\ln\left\{\left(2C_3 v_{\mathrm{f}} + C_2 - \sqrt{-Q}\right)\left(2C_3 v + C_2 + \sqrt{-Q}\right)\right. \\ \quad \left./\left[\left(2C_3 v + C_2 - \sqrt{-Q}\right)\left(2C_3 v_{\mathrm{f}} + C_2 + \sqrt{-Q}\right)\right]\right\}, \quad Q < 0 \end{cases}$
平衡滑翔段	$g/(L/D)\left[1 - \left(v/v_{\mathrm{s}}\right)^2\right]$	$\left(v_{\mathrm{s}}^2 - v^2\right)/(2D)\ln\left[\left(v_{\mathrm{f}}^2 - v_{\mathrm{s}}^2\right)/\left(v^2 - v_{\mathrm{s}}^2\right)\right]$
常阻力段	C_4	$\left(v^2 - v_{\mathrm{f}}^2\right)/\left(2C_4\right)$
过渡段	$D_{\mathrm{f}} + C_5\left(E - E_{\mathrm{f}}\right)$	$\left(E - E_{\mathrm{f}}\right)/\left(D - D_{\mathrm{f}}\right)\ln\left(D/D_{\mathrm{f}}\right)$

再入过程中飞行路径角一般较小，为了方便起见，将瞬时平面内的升力 L_v 直接写为 L(下同)，则高度变化率及其导数可近似为

$$\begin{cases} \dot{h} = v\theta \\ \ddot{h} = \dot{v}\theta + v\dot{\theta} = -D\dfrac{\dot{h}}{v} + \dfrac{v^2}{r} - g + (L/D)\cdot D \end{cases} \tag{10-63}$$

进一步根据标准大气模型，可以将大气密度近似为高度的解析函数，即

$$\rho = \rho_0 e^{-h/h_s}, \quad h_s = 1/\beta \tag{10-64}$$

则有

$$\frac{\dot{\rho}}{\rho} = -\frac{\dot{h}}{h_s} \tag{10-65}$$

由于

$$D=\frac{1}{2}\rho v^{2}\frac{C_{D}S_{\mathrm{ref}}}{m} \tag{10-66}$$

于是可得到

$$\frac{\dot{D}}{D}=\frac{\dot{\rho}}{\rho}+\frac{2\dot{v}}{v}+\frac{\dot{C}_{D}}{C_{D}} \tag{10-67}$$

$$\dot{h}=-h_{s}\left(\frac{\dot{D}}{D}+\frac{2D}{v}-\frac{\dot{C}_{D}}{C_{D}}\right) \tag{10-68}$$

由式(10-68)微分，可得到

$$\ddot{h}=-h_{s}\left(\frac{2\dot{D}}{v}+\frac{2D^{2}}{v^{2}}+\frac{\ddot{D}}{D}-\frac{\dot{D}^{2}}{D^{2}}+\frac{\dot{C}_{D}^{2}}{C_{D}^{2}}-\frac{\ddot{C}_{D}}{C_{D}}\right) \tag{10-69}$$

进一步可得到

$$\ddot{D}-\dot{D}\left(\frac{\dot{D}}{D}-\frac{3D}{v}\right)+D\left(\frac{2D}{v}\right)^{2}=\frac{D}{h_{s}}\left(g-\frac{v^{2}}{r}\right)-\frac{D^{2}}{h_{s}}(L/D)-\frac{\dot{C}_{D}D}{C_{D}}\left(\frac{\dot{C}_{D}}{C_{D}}-\frac{D}{v}\right)+\frac{\ddot{C}_{D}D}{C_{D}} \tag{10-70}$$

$$(L/D)=\frac{\dot{h}}{v}+\frac{1}{D}\left(g-\frac{v^{2}}{r}\right)-\frac{h_{s}}{D}\left(\frac{2\dot{D}}{v}+\frac{2D^{2}}{v^{2}}+\frac{\ddot{D}}{D}-\frac{\dot{D}^{2}}{D^{2}}+\frac{\dot{C}_{D}^{2}}{C_{D}^{2}}-\frac{\ddot{C}_{D}}{C_{D}}\right) \tag{10-71}$$

如果 D-V 飞行剖面采用二次(或二次以下)曲线，则有

$$D=C_{1}+C_{2}v+C_{3}v^{2} \tag{10-72}$$

$$\frac{\dot{D}}{D}=-C_{2}-2C_{3}v \tag{10-73}$$

$$\frac{\ddot{D}}{D}=\left(C_{2}+2C_{3}v\right)^{2}+2C_{3} \tag{10-74}$$

进一步可表示为

$$\dot{h}=-\frac{h_{s}}{v}\left(2C_{1}+C_{2}v-\frac{\dot{C}_{D}}{C_{D}}v\right) \tag{10-75}$$

$$(L/D)=\frac{1}{D}\left(g-\frac{v^{2}}{r}\right)-h_{s}\left[\frac{4C_{1}}{v^{2}}+\frac{C_{2}}{v}+\frac{\dot{C}_{D}}{C_{D}D}\left(\frac{\dot{C}_{D}}{C_{D}}-\frac{D}{v}\right)-\frac{\ddot{C}_{D}}{C_{D}D}\right] \tag{10-76}$$

根据式(10-75)和式(10-76)可以计算与标准 D-V 飞行剖面相对应的轨道参数，如表 10-2 所示。

表 10-2　标准 D-V 飞行剖面轨道参数

再入状态	高度变化率 $(\dot{h}_0)$	标准升阻比 $(L/D)_0$
温控段	$-\frac{h_s}{v}\left(2C_1+C_2v-\frac{\dot{C}_{D0}}{C_{D0}}v\right)$	$\frac{g}{D_0}\left[1-(v/v_s)^2\right]-\frac{4h_s\cdot C_1}{v^2}-\frac{h_s\cdot C_2}{v}-\frac{h_s\cdot\dot{C}_{D0}}{C_{D0}D_0}\left(\frac{\dot{C}_{D0}}{C_{D0}}-\frac{D_0}{v}\right)+\frac{h_s\cdot\ddot{C}_{D0}}{C_{D0}D_0}$

续表

再入状态	高度变化率 $(\dot{h}_0)$	标准升阻比 $(L/D)_0$
平衡滑翔段	$-\dfrac{h_s}{v}\left[\dfrac{2D_0}{1-(v/v_s)^2}-\dfrac{\dot{C}_{D0}}{C_{D0}}v\right]$	$\dfrac{g}{D_0}\left[1-(v/v_s)^2\right]-\dfrac{4h_s\cdot D_0}{v^2\left[1-(v/v_s)^2\right]}-\dfrac{h_s\cdot\dot{C}_{D0}}{C_{D0}D_0}\left(\dfrac{\dot{C}_{D0}}{C_{D0}}-\dfrac{D_0}{v}\right)+\dfrac{h_s\cdot\ddot{C}_{D0}}{C_{D0}D_0}$
常阻力段	$-\dfrac{h_s}{v}\left(2D_0-\dfrac{\dot{C}_{D0}}{C_{D0}}v\right)$	$\dfrac{g}{D_0}\left[1-(v/v_s)^2\right]-\dfrac{4h_s\cdot D_0}{v^2}-\dfrac{h_s\cdot\dot{C}_{D0}}{C_{D0}D_0}\left(\dfrac{\dot{C}_{D0}}{C_{D0}}-\dfrac{D_0}{v}\right)+\dfrac{h_s\cdot\ddot{C}_{D0}}{C_{D0}D_0}$
过渡段	$-h_s\left(\dfrac{2D_0-C_sv^2}{v^2+2h_s\cdot g}-\dfrac{\dot{C}_{D0}}{C_{D0}}\right)$	$\dfrac{g}{D_0}\left[1-(v/v_s)^2\right]-\dfrac{4h_s\cdot D_0}{v^2\left[1-(v/v_s)^2\right]}+\dfrac{2v\dot{h}_0+2\dot{h}_0^2g/D_0-h_s\cdot C_sv^2+2D_0h_3}{v^2+2g\cdot h_s}$ $+\dfrac{2/v-3C_sv/D_0}{v^2+2g\cdot h_s}g\dot{h}_0h_s-\dfrac{h_s\cdot\dot{C}_{D0}}{C_{D0}D_0}\left(\dfrac{\dot{C}_{D0}}{C_{D0}}-\dfrac{D_0}{v}\right)+\dfrac{h_c\cdot\ddot{C}_{D0}}{C_{D0}D_0}$

2. 轨道跟踪控制器

根据式(10-76)可以解析计算标准 D-V 飞行剖面所对应的升阻比，但不能复现标准 D-V 飞行剖面。究其原因是多方面的，如公式本身是近似的，而且再入运动是高度非线性的，微小的扰动可能导致实际轨道偏离标准轨道。因此需要设计轨道跟踪控制器，控制飞行器再入轨道按照或接近标准 D-V 飞行剖面飞行。

跟踪控制器的设计可以采用线性方法或非线性方法进行设计，本节主要根据摄动原理，采用线性方法进行设计。在设计时认为实际轨道非常接近标准轨道，则定义以下小量偏差：

$$\begin{cases}\delta D=D-D_0\\ \delta\dot{D}=\dot{D}-\dot{D}_0\\ \delta\ddot{D}=\ddot{D}-\ddot{D}_0\\ \delta v=v-v_0\\ \delta(L/D)=(L/D)_\mathrm{c}-(L/D)_0\end{cases}\tag{10-77}$$

式中，$(L/D)_\mathrm{c}$ 表示跟踪 D-V 飞行剖面所需要的瞬时运动平面内的升阻比；下标“0”表示与标准 D-V 飞行剖面对应的值，可通过表 10-1 和表 10-2 计算得到。

忽略偏差的高次项，可以得到

$$\ddot{D}-\dot{D}\left(\frac{\dot{D}}{D}-\frac{3D}{v}\right)+D\left(\frac{2D}{v}\right)^2=\frac{D}{h_s}\left(g-\frac{v^2}{r}\right)-\frac{D^2}{h_s}(L/D)-\frac{\dot{C}_DD}{C_D}\left(\frac{\dot{C}_D}{C_D}-\frac{D}{v}\right)+\frac{\ddot{C}_DD}{C_D}\tag{10-78}$$

$$\begin{aligned}&\delta\ddot{D}+\left(\frac{3D}{v}-\frac{2\dot{D}}{D}\right)\delta\dot{D}+\left[3\dot{D}\left(\frac{\dot{D}}{D^2}-\frac{1}{v}\right)+4\frac{D^2}{v^2}+\beta\left(g-\frac{v^2}{r}\right)-2\frac{\ddot{D}}{D}-\frac{\dot{C}_D^2}{C_D^2}+\frac{\ddot{C}_D}{C_D}\right]\delta D\\&+\left(2\beta\frac{Dv}{r}-3\frac{D\dot{D}}{v^2}-8\frac{D^3}{v^3}+\frac{\dot{C}_DD^2}{C_Dv^2}\right)\delta v=-\beta D^2\delta(L/D)+\frac{D}{C_D}\delta\ddot{C}_D\\&\qquad+\left(\frac{D}{C_Dv}-2\frac{\dot{C}_DD}{C_D^2}\right)\delta\dot{C}_D+\left(2\frac{\dot{C}_D^2D}{C_D^3}-\frac{\dot{C}_DD^2}{C_D^2v}-\frac{\ddot{C}_DD}{C_D^2}\right)\delta C_D\end{aligned}\tag{10-79}$$

因为升力式飞行器再入制导主要采用倾侧角进行制导控制，而且攻角是速度的函数，如果在当前速度进行摄动、展开，则有 $\delta v=0$，于是

$$\delta C_D=0,\quad \delta\dot{C}_D=0,\quad \delta\ddot{C}_D=0 \tag{10-80}$$

进一步可简化为

$$\delta\ddot{D}+\left(\frac{3D_0}{v_0}-\frac{2\dot{D}_0}{D_0}\right)\delta\dot{D}+\left[3\dot{D}_0\left(\frac{\dot{D}_0^2}{D_0^2}-\frac{1}{v_0}\right)+\left(\frac{2D_0}{v_0}\right)^2+\frac{1}{h_s}\left(g-\frac{v_0^2}{r}\right)-\frac{2\ddot{D}_0}{D_0}-\frac{\dot{C}_{D0}^2}{C_{D0}^2}+\frac{\ddot{C}_{D0}}{C_{D0}}\right]\delta D$$

$$+\frac{D_0^2}{h_s}\delta(L/D)=0 \tag{10-81}$$

采用线性反馈控制，则可得到 D-V 飞行剖面跟踪控制器，如图 10-5 所示。进一步可采用极点配置方法，使得动力学系统具有二阶阻尼系统的性能：

$$\delta\ddot{D}+2\varsigma\omega\delta\dot{D}+\omega^2\delta D=0 \tag{10-82}$$

则可以求出反馈增益系数：

$$\begin{cases}K_{\dot{D}}=\dfrac{h_s}{D_0^2}\left[\omega^2+3\dot{D}_0\left(\dfrac{1}{v_0}-\dfrac{\dot{D}_0}{D_0^2}\right)-\left(\dfrac{2D_0}{v_0}\right)^2-\dfrac{1}{h_s}\left(g-\dfrac{v_0^2}{r}\right)+\dfrac{2\ddot{D}_0}{D_0}+\dfrac{\dot{C}_{D0}^2}{C_{D0}^2}-\dfrac{\ddot{C}_{D0}}{C_{D0}}\right]\\ K_D=\dfrac{h_s}{D_0^2}\left(2\varsigma\omega+\dfrac{2\dot{D}_0}{D_0}-\dfrac{3D_0}{v_0}\right)\end{cases} \tag{10-83}$$

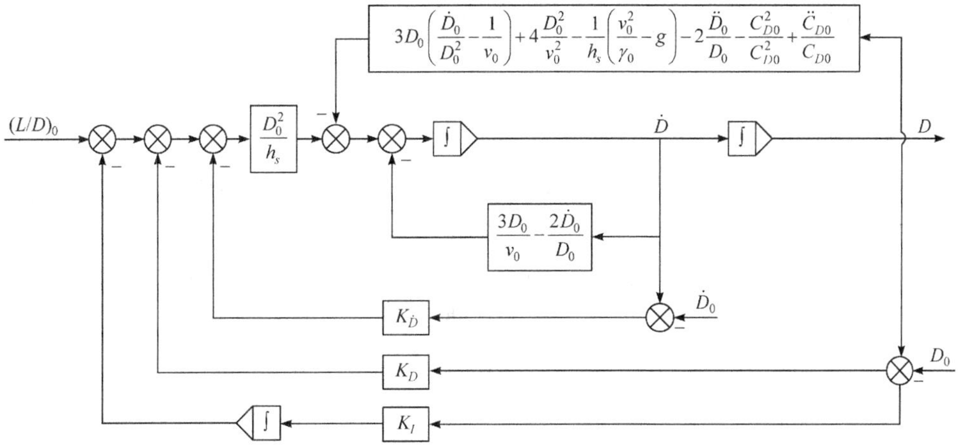

图 10-5　D-V 飞行剖面跟踪控制器

由于阻力加速度变化率不易测量，可以将加速度变化率转化为高度变化率，于是得到新的反馈形式及反馈增益系数：

$$\begin{cases}(L/D)_c=(L/D)_0+f_1(D-D_0)+f_2\left(\dot{h}-\dot{h}_0\right)\\ f_1=K_D-K_{\dot{D}}\left(\dfrac{\dot{h}_0}{h_s}+\dfrac{4D_0}{v_0}-\dfrac{\dot{C}_{D0}}{C_{D0}}\right)\\ f_2=-K_{\dot{D}}\dfrac{D_0}{h_s}\end{cases} \tag{10-84}$$

从式(10-83)可知反馈增益系数与标准 D-V 飞行剖面和二阶阻尼系统极点有关，一般需要根据跟踪性能仔细设计，并存储为表格，也可以拟合为速度或阻力加速度的函数。

上面介绍的跟踪控制规律是最基本的纵向制导控制，为了减小稳态误差，可以扩展为PID控制规律，进一步可以改进为更一般形式的PID跟踪控制规律：

$$\begin{aligned}(L/D)_{\mathrm{c}} = {} & (L/D)_0 + f_D\left(D-D_0\right) + f_R\left(R-R_0\right) \\ & + f_h\left(h-h_0\right) + f_{\dot{h}}\left(\dot{h}-\dot{h}_0\right) + f_{\dot{R}}\left(\dot{R}-\dot{R}_0\right) \\ & + k_D\int\left(D-D_0\right)\mathrm{d}t + k_R\int\left(R-R_0\right)\mathrm{d}t + k_h\int\left(h-h_0\right)\mathrm{d}t \end{aligned} \tag{10-85}$$

以上制导规律被广泛用于以控制倾侧角为主的可重复使用跨大气层飞行器再入制导和飞船的再入制导，甚至可以用于远程弹道导弹的制导。不过对于具体飞行器可能采用不同的组合形式，可以增加其他重要的反馈，也可以减少一些不起作用的反馈。本节主要采用阻力加速度、高度变化率、航程作为反馈，其他反馈不能显著改善制导性能。因为本节进一步吸取了航程更新的思想，在制导规律中融入航程更新技术，而航程更新能够大大增强再入制导的鲁棒性，提高制导精度。

3. 增益系数确定

对于一般意义的PID制导控制规律，关键在于各项系数的确定，可综合运用摄动法、试验法和最优化法等设计确定最佳轨道跟踪控制器反馈增益系数，以获得较好的制导性能。最佳轨道跟踪控制器反馈增益系数可参考轨道跟踪控制器给出的方法进行求解确定。

10.3.4 再入制导的航程更新

标准轨道再入制导通过跟踪标准 D-V 飞行剖面，可以保证再入轨道满足再入走廊和末端能量管理的要求，但是到目标的航程不能完全依赖标准 D-V 飞行剖面跟踪控制来满足。因为剖面对航程的预测是近似的，而且是侧向机动，使得实际航程逐渐偏离 D-V 飞行剖面所预测的航程。因此在飞行过程中要不断进行航程更新，使得实际航程逼近预测航程(或预测航程逼近实际航程)，从而动态消除航程误差。有多种航程更新技术用于动态消除航程误差：

(1) 更新参考飞行剖面，即在线调整参考飞行剖面及其轨道参数以适应实际飞行情况，其结果是参考轨道不断逼近实际轨道。更新参考飞行剖面有多种方案，较常用的是更新部分飞行剖面和更新整个飞行剖面，如图10-6所示。

(2) 更新实际飞行剖面，即结合再入制导进行轨道控制，使得实际再入轨道不断逼近标准轨道。这种方案实际上并不改变标准飞行剖面，而是在制导过程中融合航程更新技术。瞬时更新与标准 D-V 飞行剖面相对应的轨道参数，并反馈给制导控制系统进行轨道控制，使得实际航程逐渐逼近标准航程，这种方法也可称为“修正标准飞行剖面参数”的航程更新方法。

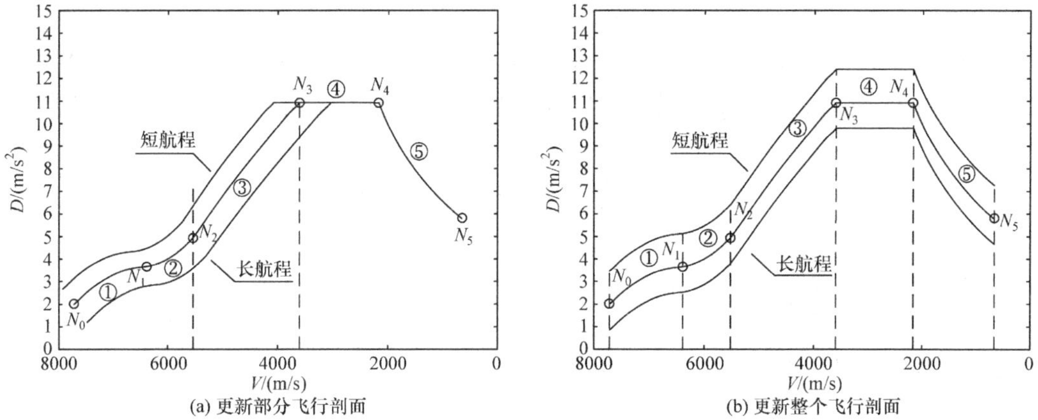

(a) 更新部分飞行剖面　(b) 更新整个飞行剖面

图 10-6　剖面更新方案

10.3.5　再入机动的侧向制导

升力式再入飞行器再入机动侧向制导，采用一系列倾侧翻转的方法改变倾侧角符号，控制侧向航程和速度方向。可以采用开关控制的原理、方法控制对准目标的角度误差，开关曲线可称为侧向方位误差走廊，如图 10-7(a)所示，而侧向方位误差角可定义为速度与目标平面(图 10-7(b))的夹角，右偏于目标平面时为正。

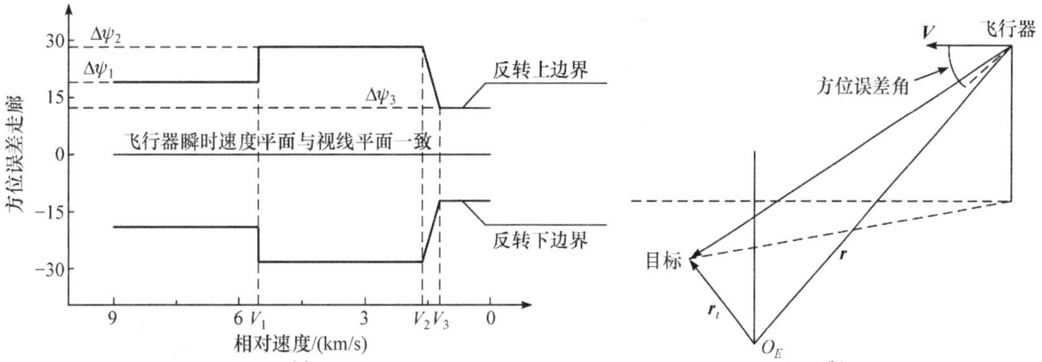

(a)　(b)

图 10-7　侧向方位误差走廊及再入飞行侧向方位误差角

飞行器再入侧向机动制导除了确保最小倾侧角以进行侧向机动外，不额外计算倾侧角大小，只是根据方位误差确定倾侧翻转时机，即当侧向方位误差超过预定的方位误差走廊边界时，则改变倾侧角符号，使得再入飞行器朝向目标。方位误差走廊可分为高速区、中速区和低速区，低速区的走廊宽度线性减小，以保证侧向航程精度要求。

式(10-86)为一个可行的方位误差走廊，公式中角度的单位为度，速度的单位为 m/s 。方位误差走廊的数学表达式如下：

$$\Delta\psi_{\max}=\begin{cases}\Delta\psi_1, & v>v_1\\ \Delta\psi_2, & v>v_2\\ \Delta\psi_2+(\Delta\psi_2-\Delta\psi_3)(v-v_2)(v-v_3), & v_2\leqslant v<v_3\\ \Delta\psi_3, & v\leqslant v_3\end{cases}\tag{10-86}$$

式中，$\Delta\psi_{\max}$ 为所允许的最大方位误差。方位误差角 $\Delta\psi$ 也可定义为速度方位角与到目标的视线方位角之差，速度方位角由导航系统给出，视线方位角通过公式计算得到，在整个再入过程中要求 $|\Delta\psi| \leqslant \Delta\psi_{\max}$。侧向制导需要选择 $\Delta\psi_{\max}$，以满足侧向航程及其他要求。

10.4 最优再入机动末制导方法

再入飞行器若是为以提高精度和突防为主的高级机动弹头，通常要求同时完成两大任务，既要命中目标，又要使其落速方向满足弹道规划要求。本节将用优化原理解决这一复杂多约束条件下的闭路最优制导问题。

10.4.1 相对运动方程

为了简化问题，可将飞行器运动分解为俯冲平面和转弯平面，如图 10-8 所示。其中，俯冲平面定义为弹头质心 O_1、目标 O_O 和地心 O_E 所确定的平面，转弯平面定义为过目标和弹头质心而垂直于俯冲平面的平面。

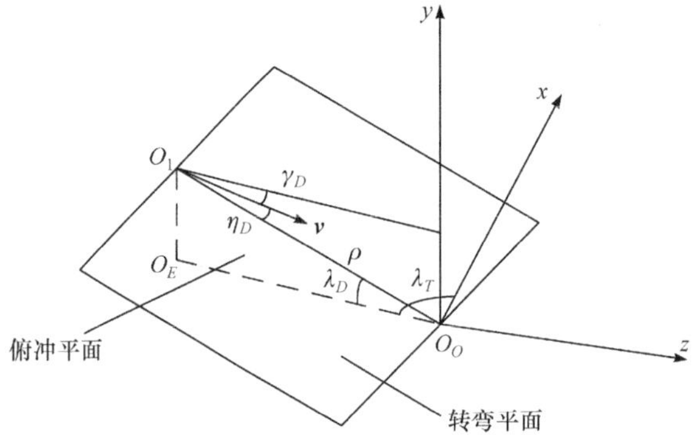

图 10-8 俯冲平面和转弯平面示意图

图 10-8 中，$\boldsymbol{v}$ 为速度矢量，γ_D 为速度在俯冲平面内的方位角，λ_D 为视线角，η_D 为速度方向与视线间的夹角，ρ 为视线距离。设 $\boldsymbol{v}$ 在俯冲平面内，$\gamma_D < 0$，则

$$\eta_D = \lambda_D + \gamma_D \tag{10-87}$$

由图 10-8 知：

$$\begin{cases} \dot{\rho} = -v\cos\eta_D \\ \rho\dot{\lambda}_D = v\sin\eta_D \end{cases} \tag{10-88}$$

可得俯冲平面内的相对运动方程：

$$\ddot{\lambda}_D = \left(\frac{\dot{v}}{v} - 2\frac{\dot{\rho}}{\rho}\right)\dot{\lambda}_D - \frac{\dot{\rho}}{\rho}\dot{\gamma}_D \tag{10-89}$$

同理，令

$$\eta_T = \lambda_T - \gamma_T \tag{10-90}$$

式中，η_T 为速度矢量在转弯平面内与俯冲平面的夹角；γ_T 为速度矢量在转弯平面内的方向角；λ_T 为转弯平面内的视线角。与俯冲平面类似推导可得转弯平面内的相对运动方程：

$$\ddot{\lambda}_T = \left(\frac{\dot{v}}{v} - 2\frac{\dot{\rho}}{\rho}\right)\dot{\lambda}_T + \frac{\dot{\rho}}{\rho}\dot{\gamma}_T \tag{10-91}$$

10.4.2 俯冲平面内最优导引规律

飞行器攻击段的最优导引规律是终端有约束的，约束条件包括终端速度倾角和终端速度大小，速度大小将在 10.4.4 小节讨论，本小节研究对落地速度倾角有约束，对地面固定目标进行攻击的导引规律。

俯冲平面内的相对运动方程中，终端约束取视线角与要求的速度倾角相等，且视线转率为 0，即

$$\begin{cases} \lambda_D(t_\mathrm{f}) = -\gamma_{DF} \\ \dot{\lambda}_D(t_\mathrm{f}) = 0 \end{cases} \tag{10-92}$$

此条件可保证终端的速度倾角等于要求的落地倾角，记

$$\begin{cases} x_1 = \lambda_D + \gamma_{DF} \\ x_2 = \dot{\lambda}_D \end{cases} \tag{10-93}$$

可得状态方程：

$$\begin{cases} \dot{x}_1 = x_2 \\ \dot{x}_2 = \left(\dfrac{\dot{v}}{v} - \dfrac{2\dot{\rho}}{\rho}\right)x_2 - \dfrac{\dot{\rho}}{\rho}\dot{\gamma}_D \end{cases} \tag{10-94}$$

终端约束表达式变为

$$\begin{cases} x_1(t_\mathrm{f}) = 0 \\ x_2(t_\mathrm{f}) = 0 \end{cases} \tag{10-95}$$

假定 $\dot{v}/v \approx 0$，且定义待飞时间：

$$T_g = -\frac{\rho}{\dot{\rho}} \tag{10-96}$$

则状态方程简化为

$$\begin{cases} \dot{x}_1 = x_2 \\ \dot{x}_2 = \dfrac{2}{T_g}x_2 + \dfrac{1}{T_g}\dot{\gamma}_D \\ x_1(t_\mathrm{f}) = 0 \\ x_2(t_\mathrm{f}) = 0 \end{cases} \tag{10-97}$$

记

$$
\begin{cases}
\boldsymbol{A}=\begin{bmatrix}0 & 1\\ 0 & 2/T_g\end{bmatrix}\\
\boldsymbol{B}=\begin{bmatrix}0\\ 1/T_g\end{bmatrix}\\
\boldsymbol{x}=\begin{bmatrix}x_1\\ x_2\end{bmatrix}\\
\boldsymbol{u}=\dot{\gamma}_D
\end{cases}
\tag{10-98}
$$

则状态方程可改写为

$$
\begin{cases}
\dot{\boldsymbol{x}}=\boldsymbol{A}\boldsymbol{x}+\boldsymbol{B}\boldsymbol{u}\\
\boldsymbol{x}(t_{\mathrm{f}})=0
\end{cases}
\tag{10-99}
$$

考虑到除终端速度倾角外，对终端速度大小也有要求，因此在最优导引规律研究中应该使速度损失尽量小，以便有富余速度用来减速。落速大小主要取决于诱导阻力的大小，而诱导阻力的大小又近似与α^2成正比，且攻角α又近似与$\dot{\gamma}_D$的大小成正比，因此速度损失要小，即要求$\int_0^{t_{\mathrm{f}}}\dot{\gamma}_D^2\,\mathrm{d}t$要小，所以求最优导引规律的性能指标取为

$$
J=\boldsymbol{x}^{\mathrm{T}}(t_{\mathrm{f}})\boldsymbol{F}\boldsymbol{x}(t_{\mathrm{f}})+\frac{1}{2}\int_0^{t_{\mathrm{f}}}\dot{\gamma}_D^2\,\mathrm{d}t
\tag{10-100}
$$

式中，$\boldsymbol{x}^{\mathrm{T}}(t_{\mathrm{f}})\boldsymbol{F}\boldsymbol{x}(t_{\mathrm{f}})$为补偿函数；$\boldsymbol{F}$为对称半定常值矩阵，因为要求终端时刻$\boldsymbol{x}(t_{\mathrm{f}})=0$，故$\boldsymbol{F}\to\infty$。这是一个典型的二次型性能指标的最优控制问题，可利用极大值原理进行解析求解。根据极大值原理，线性系统二次型性能指标的最优控制为

$$
\boldsymbol{u}^*=-\boldsymbol{R}^{-1}\boldsymbol{B}^{\mathrm{T}}\boldsymbol{P}\boldsymbol{x}
\tag{10-101}
$$

式中，$\boldsymbol{R}=1$；$\boldsymbol{u}^*=\dot{\gamma}_D^*$，于是可得

$$
\dot{\gamma}_D^*=-\boldsymbol{B}^{\mathrm{T}}\boldsymbol{P}\boldsymbol{x}
\tag{10-102}
$$

式中，$\boldsymbol{P}$通过解如下逆Riccati矩阵微分方程得到

$$
\begin{cases}
\dot{\boldsymbol{P}}^{-1}-\boldsymbol{A}\boldsymbol{P}^{-1}-\boldsymbol{P}^{-1}\boldsymbol{A}^{\mathrm{T}}+\boldsymbol{B}\boldsymbol{B}^{\mathrm{T}}=0\\
\boldsymbol{P}^{-1}(t_{\mathrm{f}})=\boldsymbol{F}^{-1}=0
\end{cases}
\tag{10-103}
$$

考虑到$\boldsymbol{P}$为对称阵，令

$$
\boldsymbol{E}=\boldsymbol{P}^{-1}=\begin{bmatrix}e_{11} & e\\ e & e_{22}\end{bmatrix}
\tag{10-104}
$$

将$\boldsymbol{A}$、$\boldsymbol{B}$阵代入式(10-104)，写成分量形式，有

$$
\begin{cases}
\dot{e}_{11}=2e\\
\dot{e}=e_{22}+\dfrac{2}{T_g}e\\
\dot{e}_{22}=\dfrac{4}{T_g}e_{22}-\dfrac{1}{T_g^2}
\end{cases}
\tag{10-105}
$$

终端条件为

$$e_{11}(t_f)=e(t_f)=e_{22}(t_f)=0 \tag{10-106}$$

引入小量Δt_f，剩余时间$T_g=t_f-t+\Delta t_f$，对式(10-106)按照从第三式到第一式的顺序逐个积分，可得

$$\begin{cases} e_{11}(t)=\dfrac{T_g}{3}-\dfrac{\Delta t_f^3}{3T_g^2}+\dfrac{\Delta t_f^2}{T_g}-\Delta t_f \\ e(t)=-\dfrac{1}{6}-\dfrac{\Delta t_f^2}{3T_g^3}-\dfrac{\Delta t_f^2}{2T_g^2} \\ e_{22}(t)=\dfrac{1}{3T_g}-\dfrac{\Delta t_f^3}{3T_g^4} \end{cases} \tag{10-107}$$

显然当$t=t_f$时，$T_g=\Delta t_f$，$\boldsymbol{E}(t_f)=0$满足终端条件。

考虑到Δt_f为小量，可简化得到

$$\boldsymbol{E}=\begin{bmatrix} \dfrac{T_g}{3} & -\dfrac{1}{6} \\ -\dfrac{1}{6} & \dfrac{1}{3T_g} \end{bmatrix} \tag{10-108}$$

对式(10-108)求逆，从而可得

$$\boldsymbol{P}=\boldsymbol{E}^{-1}=\begin{bmatrix} \dfrac{4}{T_g} & 2 \\ 2 & 4T_g \end{bmatrix} \tag{10-109}$$

将$\boldsymbol{P}$矩阵代入最优控制式，可得最优导引律为

$$\dot{\gamma}_D=-4\dot{\lambda}_D-2\frac{\lambda_D+\gamma_{DF}}{T_g} \tag{10-110}$$

得到弹头在俯冲平面内的最优导引律，从式(10-110)中可以看出，为了命中目标，且速度损失尽量小，其最优导引规律相当于比例导航参数为 4 的比例导引。因为终端有约束，所以增加了终端约束项，以保证命中点处速度方向满足要求。

10.4.3　转弯平面内最优导引规律

弹头在转弯平面内的运动方程类似俯冲平面，仍假设$\dot{v}/v\approx 0$，令$T_g=-\rho/\dot{\rho}$，则运动方程简化为

$$\ddot{\lambda}_T=\frac{2}{T_g}\dot{\lambda}_T-\frac{1}{T_g}\dot{\gamma}_T \tag{10-111}$$

假设在命中目标时，仅要求转弯平面视线转率为零$\left(\ddot{\lambda}_T\left(t_{\mathrm{f}}\right)=0\right)$，而对视线方位角$\lambda_T\left(t_{\mathrm{f}}\right)$无要求。这是因为只要落速方向为$\gamma_{DF}$，转弯平面内沿什么方向进入没要求，故$\lambda_T\left(t_{\mathrm{f}}\right)$是自由的。取状态变量$\boldsymbol{x}=\dot{\lambda}_T$，控制变量$\boldsymbol{u}=\dot{\gamma}_T$，可得状态方程标准形式：

$$\begin{cases}\dot{\boldsymbol{x}}=\boldsymbol{A}\boldsymbol{x}+\boldsymbol{B}\boldsymbol{u}\\ \boldsymbol{x}\left(t_{\mathrm{f}}\right)=0\end{cases} \tag{10-112}$$

式中，

$$\boldsymbol{A}=\frac{2}{T_g},\quad \boldsymbol{B}=-\frac{1}{T_g} \tag{10-113}$$

性能指标取为

$$J=\boldsymbol{x}\left(t_{\mathrm{f}}\right)\boldsymbol{F}\boldsymbol{x}\left(t_{\mathrm{f}}\right)+\frac{1}{2}\int_0^{t_{\mathrm{f}}}\dot{\gamma}_T^2\mathrm{d}t \tag{10-114}$$

要求终端时刻$\boldsymbol{x}\left(t_{\mathrm{f}}\right)=0$，故$\boldsymbol{F}\to\infty$，同样为二次型性能指标最优控制问题。根据极大值原理，转弯平面内的最优导引规律为

$$\dot{\gamma}_T^*=-\boldsymbol{B}\boldsymbol{P}\boldsymbol{x} \tag{10-115}$$

式中，$\boldsymbol{P}$通过解如下逆 Riccati 矩阵微分方程得到

$$\begin{cases}\dot{\boldsymbol{P}}^{-1}-\boldsymbol{A}\boldsymbol{P}^{-1}-\boldsymbol{P}^{-1}\boldsymbol{A}+\boldsymbol{B}^2=0\\ \boldsymbol{P}^{-1}\left(t_{\mathrm{f}}\right)=\boldsymbol{F}^{-1}=0\end{cases} \tag{10-116}$$

将$\boldsymbol{A}$、$\boldsymbol{B}$阵代入式(10-116)，可得

$$\begin{cases}\dot{\boldsymbol{P}}^{-1}=\dfrac{4}{T_g}\boldsymbol{P}^{-1}-\dfrac{1}{T_g^2}\\ \boldsymbol{P}^{-1}\left(t_{\mathrm{f}}\right)=\boldsymbol{F}^{-1}=0\end{cases} \tag{10-117}$$

对式(10-117)进行积分，且考虑到$T_g=t_{\mathrm{f}}-t+\Delta t_{\mathrm{f}}$，可得

$$\boldsymbol{P}^{-1}=\frac{1}{3T_g}-\frac{\Delta t_{\mathrm{f}}^3}{3T_g^2} \tag{10-118}$$

考虑到Δt_{f}为小量，可简化得到

$$\boldsymbol{P}=3T_g \tag{10-119}$$

将$\boldsymbol{P}$矩阵代入最优控制式，可得转弯平面内的最优导引规律为

$$\dot{\gamma}_T=3\dot{\lambda}_T \tag{10-120}$$

10.4.4 速度控制方法

根据攻击要求，落速需要限制在一定范围内，为了保证射程，在不加特殊控制情况

下，终端速度通常偏大，为此需要进行减速控制。整个减速过程中，任何时刻的减速目标如何确定至关重要，为此，需要设计一条理想速度曲线。如果整个过程速度按此理想速度曲线变化，或者尽量接近此变化曲线，则可以保证落速大小满足要求。当理想速度曲线设计好，如何把实际速度减小到理想速度曲线上，就是速度大小的控制问题。

1. 理想速度曲线设计

为了便于计算，理想速度曲线尽量采用解析表达式。由简化再入运动方程，可得

$$\frac{\mathrm{d}v}{\mathrm{d}t}=-C_x\frac{\rho v^2 S}{2m}-g\sin\Theta \tag{10-121}$$

在 0～80km 高度范围内，大气密度可取 $\rho=\rho_0\mathrm{e}^{-\beta h}$，其中 ρ_0 为 $h=0$ 处的密度，β 近似为一个常数，通常取 $\beta=1/7110/m$。

由于 $\mathrm{d}t=\mathrm{d}h/v\sin\Theta$，式(10-121)可改写成

$$\frac{\mathrm{d}v^2}{\mathrm{d}h}=-\beta\frac{C_x S\rho_0}{\beta m\sin\Theta}\mathrm{e}^{-\beta h}v^2-2g \tag{10-122}$$

令 $K_0=\dfrac{-C_x S\rho_0}{\beta m\sin\Theta}$，则

$$\frac{\mathrm{d}v^2}{\mathrm{d}h}-\beta K_0\mathrm{e}^{-\beta h}v^2+2g=0 \tag{10-123}$$

当 $t=0$ 时，$v=v_e$，$h=h_e$，$\rho=\rho_e$，积分可得

$$v^2=v_e^2\mathrm{e}^{\int_{h_e}^{h}\beta K_0\mathrm{e}^{-\beta h}\mathrm{d}h}\left(1-\frac{2}{v_e^2}\int_{h_e}^{h}g\mathrm{e}^{-\int_{h_e}^{h}\beta K_0\mathrm{e}^{-\beta h}\mathrm{d}h}\mathrm{d}h\right) \tag{10-124}$$

若略去重力影响，弹头只受阻力作用，弹道为直线，$\Theta=\Theta_e$ 为常数。又因弹头马赫数很大时可认为 C_x 为常数。此时，$K_0=-C_x S\rho_0/\beta m\sin\Theta$ 也为常数，式(10-124)可变为

$$v^2=v_e^2\mathrm{e}^{\beta K_0\int_{h_e}^{h}\mathrm{e}^{-\beta h}\mathrm{d}h}=v_e^2\mathrm{e}^{-K_0\left(\mathrm{e}^{-\beta h}-\mathrm{e}^{-\beta h_e}\right)} \tag{10-125}$$

故

$$v=v_e\mathrm{e}^{-K_0\left(\mathrm{e}^{-\beta h}-\mathrm{e}^{-\beta h_e}\right)/2} \tag{10-126}$$

在当前讨论范围内，$\Theta\approx\gamma_D$，为了突出 γ_D 的作用，将 K_0 写成 $K_0=-K_{01}/\sin\gamma_D$，$K_{01}=C_x S\rho_0/\beta m$。式(10-126)可写为

$$v=v_e\left[\mathrm{e}^{\frac{K_{01}}{2}\left(\mathrm{e}^{-\beta h_e}-\mathrm{e}^{-\beta h}\right)}\right]^{-\frac{1}{\sin\gamma_0}} \tag{10-127}$$

假如垂直降落，$\gamma_D=-90°$，则

$$v=v_e\mathrm{e}^{\frac{K_{01}}{2}\left(\mathrm{e}^{-\beta h_e}-\mathrm{e}^{-\beta h}\right)} \tag{10-128}$$

为了方便理解，逆向观察弹道，即令 $h_e = h_f = 0$，$v_e = v_f$ (v_f 为期望终端速度)，则

$$v = v_f e^{\frac{K_{01}}{2}\left(1-e^{-\beta h}\right)} \tag{10-129}$$

将式(10-129)按泰勒级数展开，且只取第一项，则可近似得到

$$v = v_f\left[1+K\left(1-e^{-\beta h}\right)\right] \tag{10-130}$$

实际中 $\gamma_D = -90°$ 不可能总是满足，为此可采用下面的经验公式：

$$v = v_f\left[1+K\left(1-e^{-\beta h}\right)\right]^c \tag{10-131}$$

式中，c 表示对 $\gamma_D \neq -90°$ 的修正，可取为

$$c = \begin{cases} 1/\left[\sin\lambda_D \cos^2\left(\lambda_D + \gamma_{Df}\right)\right], & c < 2 \\ 2, & c \geqslant 2 \end{cases} \tag{10-132}$$

2. 速度大小控制

速度控制就是如何把实际速度控制到理想速度曲线上。从减速角度讲，只要增大攻角，产生附加的诱导阻力，便可以达到减速的目的。由于飞行器具有面对称结构，采用倾斜转弯 (BTT) 控制，设侧滑角恒为 0。

若不做减速运动，则阻力加速度为

$$A_{xc} = -\frac{\rho_c v_c^2 S}{2m}\left(C_{x0} + C_{xi}\right) = -\frac{\rho_c v_c^2 S}{2m}\left(C_{x0} + C_N^{\alpha}\tilde{\alpha}^2\right) \tag{10-133}$$

式中，C_{x0} 为 $\tilde{\alpha}=0$ 时的阻力系数；C_{xi} 为 $\tilde{\alpha}$ 引起的诱导阻力系数。

同样条件下，若有附加的减速运动，设攻角为 α (未知)，此时阻力加速度为

$$A_x = -\frac{\rho v^2 S}{2m}\left(C_{x0} + C_N^{\alpha}\alpha^2\right) \tag{10-134}$$

短时间内近似认为 $v_c \approx v$，$\rho_c \approx \rho$，则附加攻角引起的附加诱导阻力加速度可写为

$$A_x - A_{xc} = -\frac{\rho v^2 S}{2m} C_N^{\alpha}\left(\alpha^2 - \tilde{\alpha}^2\right) \tag{10-135}$$

按导引规律要求的速度方向转率为

$$\begin{cases} \dot{\boldsymbol{\gamma}}_g = \dot{\boldsymbol{\gamma}}_D + \dot{\boldsymbol{\gamma}}_T \\ \dot{\gamma}_g = \sqrt{\dot{\gamma}_D^2 + \dot{\gamma}_T^2} \end{cases} \tag{10-136}$$

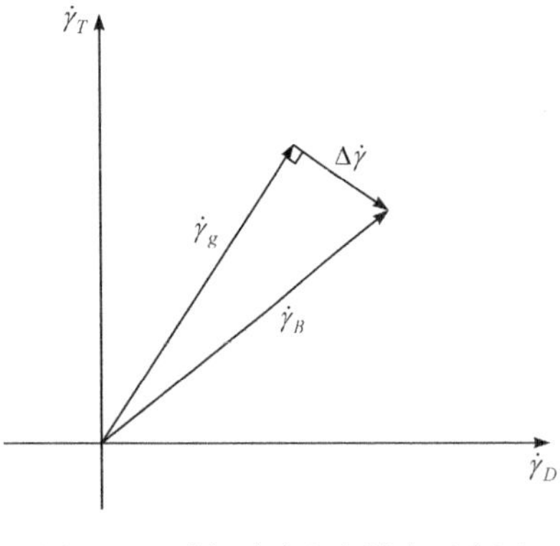

图 10-9　附加速度方向转率示意图

而由附加攻角 α_N 产生的 $\Delta\dot{\gamma}$ 希望沿 $\dot{\gamma}_g$ 的垂直方向加上去，如图 10-9 所示，则

$$\Delta\dot{\gamma}^2 = \dot{\gamma}_B^2 - \dot{\gamma}_g^2 \tag{10-137}$$

考虑到速度方向转率 $\dot{\gamma}_g$ 由攻角产生的法向过载实现，故可近似认为 $\dot{\gamma}_g$ 与 α 成正比，可得

$$\alpha_N^2 = \alpha^2 - \tilde{\alpha}^2 \tag{10-138}$$

进而，可得

$$A_x - A_{xc} = -\frac{\rho v^2 S}{2m} C_N^\alpha \alpha_N^2 \tag{10-139}$$

设某一时刻实际速度 v 和理想速度 v^* 的差为 $v - v^*$ ，如果认为在 $T_g = -\rho / \dot{\rho}$ 时间内完成减速，则所需的平均加速度为 $\left(v - v^*\right) / T_g$ 。但实际上由于速度持续并不是在 T_g 时间内完成，所以应加一个修正系数 K ，故可以认为附加的切向加速度为

$$-K\frac{v - v^*}{T_g} = A_x - A_{xc} = -\frac{\rho v^2 S}{2m} C_N^\alpha \alpha_N^2 \tag{10-140}$$

由此可得附加攻角为

$$\alpha_N = \left(\frac{2m}{C_N^\alpha S} K \frac{v - v^*}{v} \frac{1}{T_g} \frac{1}{\rho v}\right)^{1/2} \tag{10-141}$$

本来的攻角 $\tilde{\alpha}$ 可由导引规律确定，也可以采用下面的方法计算。无附加的减速运动，则

$$mA_{xc} = -C_{x0}\frac{\rho v^2 S}{2} - \frac{\rho v^2 S}{2} C_N^\alpha \tilde{\alpha} = mA_{x0} + mA_{xi} \tag{10-142}$$

即

$$mA_{xi} = -\frac{\rho v^2 S}{2} C_N^\alpha \tilde{\alpha} \tag{10-143}$$

进而，可得

$$\tilde{\alpha} = \left(\frac{2m}{C_N^\alpha S} \frac{1}{\rho v} \frac{\left|A_{xi}\right|}{v}\right)^{1/2} \tag{10-144}$$

由于

$$\dot{\gamma}_g = \frac{\rho v S}{2m} C_y^\alpha \tilde{\alpha} \tag{10-145}$$

$$\Delta\dot{\gamma} = \frac{\rho v S}{2m} C_y^\alpha \alpha_N \tag{10-146}$$

故

$$\dot{\gamma}_B = \sqrt{\frac{\left(C_y^\alpha\right)^2 S}{2mC_N^\alpha}} \left[\rho v \left(\frac{v - v^*}{v} K \frac{-\dot{\rho}}{\rho} + \frac{\left|A_{xi}\right|}{v}\right)\right]^{1/2} \tag{10-147}$$

式中，诱导阻力加速度由式(10-148)求出：

$$\left|A_{xi}\right|=\frac{\rho v^2 S}{2m}\left(C_x-C_{x0}\right) \tag{10-148}$$

令

$$K_1=\sqrt{\frac{\left(C_y^\alpha\right)^2 S}{2mC_N^\alpha}},\quad \varepsilon=\frac{v-v^*}{v} \tag{10-149}$$

则

$$\dot{\gamma}_B=K_1\left[\rho v\left(K\frac{-\dot{\rho}}{\rho}\varepsilon+\frac{\left|A_{xi}\right|}{v}\right)\right]^{1/2} \tag{10-150}$$

为减速控制附加攻角后的速度方向转率计算公式，将其作分解得

$$\begin{cases}\dot{\gamma}_{BD}=\dot{\gamma}_D+\dfrac{\dot{\gamma}_T}{\dot{\gamma}_g}\Delta\dot{\gamma}\\[2ex] \dot{\gamma}_{BT}=\dot{\gamma}_T-\dfrac{\dot{\gamma}_D}{\dot{\gamma}_g}\Delta\dot{\gamma}\end{cases} \tag{10-151}$$

式中，

$$\Delta\dot{\gamma}=\begin{cases}\sqrt{\dot{\gamma}_B-\dot{\gamma}_g}, & \left|\dot{\gamma}_B\right|>\left|\dot{\gamma}_g\right|\\ 0, & \left|\dot{\gamma}_B\right|\leqslant\left|\dot{\gamma}_g\right|\end{cases} \tag{10-152}$$

10.4.5 导引参数确定

获得所需速度方向转率后，可近似地转化为需用过载的形式：

$$\begin{cases}n_y^*=\dot{\gamma}_{BD}v/g_0\\ n_z^*=\dot{\gamma}_{BT}v/g_0\end{cases} \tag{10-153}$$

根据制导指令要求过载n_y^*、n_z^*，可得总的法向过载：

$$n_L^*=\sqrt{n_y^*+n_z^*} \tag{10-154}$$

当采用倾斜转弯机动方式时，认为控制系统可保证侧滑角$\beta=0$，侧力$Z=0$，则攻角α可由式(10-155)近似求解确定：

$$L=C_L(M,\alpha)\cdot q\cdot S=n_L^*\cdot g \tag{10-155}$$

式中，L为制导指令要求过载所对应的总升力。

倾侧角：

$$\nu=\arctan\left(n_z^*/n_y^*\right) \tag{10-156}$$

当采用双平面机动方式时，认为控制系统可保证飞行过程中倾侧角$\nu=0$，可分别由

俯仰和偏航通道保证实际所要求的 α 和 β 或 n_{y1} 和 n_{z1}。因此，攻角 α 和侧滑角 β 可由式(10-157)近似求解确定：

$$\begin{cases} Y = C_y(M,\alpha)\cdot q\cdot S = n_y^*\cdot g \\ Z = C_z(M,\beta)\cdot q\cdot S = n_z^*\cdot g \end{cases} \tag{10-157}$$

式中，Y 和 Z 分别为制导指令要求过载所对应的升力和侧力。

思 考 题

10.1 滑翔再入飞行器制导的难点是什么?

10.2 基于标称轨迹跟踪的制导算法有哪些优缺点，为什么被航天飞机所采用?

10.3 滑翔再入飞行器制导和再入飞行器制导有什么不同?

10.4 预测校正制导方法有什么优缺点?

参 考 文 献

[1] 赵汉元. 飞行器再入动力学和制导[M]. 北京: 国防工业出版社, 1997.

[2] 陈克俊, 刘鲁华, 孟云鹤. 远程火箭飞行动力学与制导[M]. 北京: 国防工业出版社, 2014.

第 11 章

惯性导航原理与对准技术

惯性导航系统(简称惯导系统)作为一种真正意义上的自主式导航系统，可以完整提供运载体的加速度、速度、位置和姿态等各种导航信息，不需要接收外界的信息输入，也不需要向外界发送任何信息，具有抗干扰性好，不受时间、地域和气候条件限制等优点，大量运用于各种飞行器平台的导航、制导和稳定控制工作中。但是，惯性导航系统在进入导航状态时，需要精确获取运载体的初始状态信息，即需要进行初始对准。本章以惯导系统基本原理为出发点，推导惯导系统的机械编排，建立误差传递方程，并以此为基础进一步介绍惯组自对准与传递对准技术的算法与应用[1]。

11.1 惯性导航系统的力学编排

根据构建导航坐标系方法的不同，可将惯导系统分为两大类型：采用物理平台模拟导航坐标系的系统称为平台式惯导系统；采用数学算法确定导航坐标系的系统称为捷联式惯导系统[2]。

根据物理平台模拟的坐标系类型不同，平台式惯导系统又可分为两类：若用物理平台模拟惯性坐标系，则系统称为解析式惯导系统；若用物理平台模拟当地水平坐标系，则系统称为当地水平式惯导系统。根据平台跟踪地球自转角速度和跟踪水平坐标系类型的不同，当地水平式惯导系统又可分为三种：若用物理平台跟踪地理坐标系(必然要跟踪地球自转角速度)，则系统称为指北方位惯导系统；若用物理平台跟踪地球自转角速度并同时跟踪当地水平面，则系统称为游移方位惯导系统；若用物理平台只跟踪地球自转角速度的水平分量，不跟踪当地水平面，则系统称为自由方位惯导系统[3]。

11.1.1 比力方程

在推导惯导系统解算方程之前，先对惯导系统的基本方程——比力方程进行介绍。根据惯组解算所在的平台来定义平台坐标系理想平台坐标系 T ，即为无误差的理想导航坐标系复现；实际平台坐标系为惯性仪器敏感轴确定的导航坐标系的真实复现。假设从地球质心至运载体 S 在地球坐标系 e 上的位置矢量为 $\boldsymbol{R}$ ，使用科氏定理，有

$$\left.\frac{\mathrm{d}\boldsymbol{R}}{\mathrm{d}t}\right|_i=\left.\frac{\mathrm{d}\boldsymbol{R}}{\mathrm{d}t}\right|_e+\boldsymbol{\omega}_{ie}\times\boldsymbol{R} \tag{11-1}$$

式中，等号右边第一项为在地球上观察到的运载体的位置矢量变化率，也称为运载体的地速，用$\boldsymbol{V}_{eT}$来表示。

若对式(11-1)左右两边求导，并再次使用科氏定理，得到运载体相对于惯性系的位置矢量变化率与相对于理想导航坐标系n的位置矢量变化率的关系为

$$\left.\frac{\mathrm{d}^2\boldsymbol{R}}{\mathrm{d}t^2}\right|_i=\left.\frac{\mathrm{d}\boldsymbol{V}_{eT}}{\mathrm{d}t}\right|_T+\boldsymbol{\omega}_{iT}\times\boldsymbol{V}_{eT}+\boldsymbol{\omega}_{ie}\times\left(\boldsymbol{V}_{eT}+\boldsymbol{\omega}_{ie}\times\boldsymbol{R}\right)+\left.\frac{\mathrm{d}\boldsymbol{\omega}_{ie}}{\mathrm{d}t}\right|_i\times\boldsymbol{R} \tag{11-2}$$

式中，$\boldsymbol{\omega}_{iT}$ 可以写为

$$\boldsymbol{\omega}_{iT}=\boldsymbol{\omega}_{ie}+\boldsymbol{\omega}_{eT} \tag{11-3}$$

由于地球自转的角速度$\boldsymbol{\omega}_{ie}$为定常值，所以$\left.\frac{\mathrm{d}\boldsymbol{\omega}_{ie}}{\mathrm{d}t}\right|_i=0$，因此式(11-2)可以化简为

$$\left.\frac{\mathrm{d}^2\boldsymbol{R}}{\mathrm{d}t^2}\right|_i=\left.\frac{\mathrm{d}\boldsymbol{V}_{eT}}{\mathrm{d}t}\right|_T+\left(2\boldsymbol{\omega}_{ie}+\boldsymbol{\omega}_{eT}\right)\times\boldsymbol{V}_{eT}+\boldsymbol{\omega}_{ie}\times\left(\boldsymbol{\omega}_{ie}\times\boldsymbol{R}\right) \tag{11-4}$$

根据牛顿第二定律：

$$m\left.\frac{\mathrm{d}^2\boldsymbol{R}}{\mathrm{d}t^2}\right|_i=\boldsymbol{F}+m\boldsymbol{G} \tag{11-5}$$

式中，$\boldsymbol{F}$ 为运载体受到的非引力外力，也称为比力。式(11-5)可化简为

$$\frac{\mathrm{d}^2\boldsymbol{R}}{\mathrm{d}t^2}=\boldsymbol{f}+\boldsymbol{G} \tag{11-6}$$

式中，$\boldsymbol{f}=\boldsymbol{F}/m$，表示运载体单位质量上受到的非引力外力，简称比力。

将式(11-6)代入式(11-4)，得

$$\left.\frac{\mathrm{d}\boldsymbol{V}_{eT}}{\mathrm{d}t}\right|_T=\boldsymbol{f}-\left(2\boldsymbol{\omega}_{ie}+\boldsymbol{\omega}_{eT}\right)\times\boldsymbol{V}_{eT}+\boldsymbol{G}-\boldsymbol{\omega}_{ie}\times\left(\boldsymbol{\omega}_{ie}\times\boldsymbol{R}\right) \tag{11-7}$$

由前文对地球的描述，可以得到引力和重力的关系为

$$\boldsymbol{g}=\boldsymbol{G}-\boldsymbol{a}_c \tag{11-8}$$

式中，

$$\boldsymbol{a}_c=\boldsymbol{\omega}_{ie}\times\left(\boldsymbol{\omega}_{ie}\times\boldsymbol{R}\right) \tag{11-9}$$

将式(11-8)和式(11-9)代入式(11-7)，化简得到

$$\left.\frac{\mathrm{d}\boldsymbol{V}_{en}}{\mathrm{d}t}\right|_T=\boldsymbol{f}-\left(2\boldsymbol{\omega}_{ie}+\boldsymbol{\omega}_{eT}\right)\times\boldsymbol{V}_{eT}+\boldsymbol{g} \tag{11-10}$$

式(11-10)即为惯导系统的基本方程——比力方程。当选择当地地理坐标系g为导航坐标系时，可以将比力方程写作在n系内投影的形式：

$$\dot{\boldsymbol{V}}_e^n = \boldsymbol{f}^n - \left(2\boldsymbol{\omega}_{ie}^n + \boldsymbol{\omega}_{en}^n\right) \times \boldsymbol{V}_e^n + \boldsymbol{g}^n \tag{11-11}$$

式(11-11)为在当地地理坐标系中，惯导系统(平台式和捷联式)的导航方程。

11.1.2 平台式惯导系统力学编排

平台式惯导系统力学编排是指实现正确控制惯性平台和解算导航参数的方案和方程，包括平台指令角速度的计算与速度、位置的解算方程。前文已经列举了平台式惯导系统的详细分类，此处首先以指北方位惯导系统为例介绍平台式惯导系统的力学编排。

1. 平台指令角速度计算

指北方位惯导系统选取当地地理坐标系为导航平台，也就是说理想情况下的导航坐标系为地理坐标系 g 。因此，平台应该跟踪地理坐标系，理想情况下平台的三个敏感轴分别指向当地水平面的东、北和天向，即

$$\boldsymbol{\omega}_{iT} = \boldsymbol{\omega}_{ig} \tag{11-12}$$

根据式(11-3)，平台相对于惯性系的旋转角速度可以分解为地球自转的角速度 $\boldsymbol{\omega}_{ie}$ 和平台相对于地球旋转的角速度 $\boldsymbol{\omega}_{eg}$ ，其中

$$\boldsymbol{\omega}_{ie}^g = \begin{bmatrix} 0 \\ \omega_{ie}\cos L \\ \omega_{ie}\sin L \end{bmatrix} \tag{11-13}$$

$$\boldsymbol{\omega}_{eg}^g = \begin{bmatrix} -\dfrac{V_{\mathrm{N}}}{R_{\mathrm{M}}} \\ \dfrac{V_{\mathrm{E}}}{R_{\mathrm{N}}} \\ \dfrac{V_{\mathrm{E}}}{R_{\mathrm{N}}}\tan L \end{bmatrix} \tag{11-14}$$

所以惯组平台系下投影的指令角速度为

$$\boldsymbol{\omega}_{\mathrm{cmd}}^{\mathrm{T}} = \boldsymbol{\omega}_{ie}^g + \boldsymbol{\omega}_{eg}^g = \begin{bmatrix} -\dfrac{V_{\mathrm{N}}}{R_{\mathrm{M}}} \\ \omega_{ie}\cos L + \dfrac{V_{\mathrm{E}}}{R_{\mathrm{N}}} \\ \omega_{ie}\sin L + \dfrac{V_{\mathrm{E}}}{R_{\mathrm{N}}}\tan L \end{bmatrix} \tag{11-15}$$

2. 速度方程

将式(11-13)代入惯组的比力方程(11-11)，得到

$$\begin{bmatrix}\dot{V}_{\mathrm{E}}\\ \dot{V}_{\mathrm{N}}\\ \dot{V}_{\mathrm{U}}\end{bmatrix}=\begin{bmatrix}f_{\mathrm{E}}\\ f_{\mathrm{N}}\\ f_{\mathrm{U}}\end{bmatrix}-\begin{bmatrix}0 & -\left(2\omega_{ie}\sin L+\dfrac{V_{\mathrm{E}}}{R_{\mathrm{N}}}\tan L\right) & 2\omega_{ie}\cos L+\dfrac{V_{\mathrm{E}}}{R_{\mathrm{N}}}\\ 2\omega_{ie}\sin L+\dfrac{V_{\mathrm{E}}}{R_{\mathrm{N}}}\tan L & 0 & \dfrac{V_{\mathrm{N}}}{R_{\mathrm{M}}}\\ -\left(2\omega_{ie}\cos L+\dfrac{V_{\mathrm{E}}}{R_{\mathrm{N}}}\right) & -\dfrac{V_{\mathrm{N}}}{R_{\mathrm{M}}} & 0\end{bmatrix}\times\begin{bmatrix}V_{\mathrm{E}}\\ V_{\mathrm{N}}\\ V_{\mathrm{U}}\end{bmatrix}+\begin{bmatrix}0\\ 0\\ -g\end{bmatrix} \tag{11-16}$$

进一步将式(11-16)展开，即为惯组系统在东、北、天三个方向的速度微分方程：

$$\dot{V}_{\mathrm{E}}=f_{\mathrm{E}}+\left(2\omega_{ie}\sin L+\frac{V_{\mathrm{E}}}{R_{\mathrm{N}}}\tan L\right)V_{\mathrm{N}}-\left(2\omega_{ie}\cos L+\frac{V_{\mathrm{E}}}{R_{\mathrm{N}}}\right)V_{\mathrm{U}} \tag{11-17}$$

$$\dot{V}_{\mathrm{N}}=f_{\mathrm{N}}-\left(2\omega_{ie}\sin L+\frac{V_{\mathrm{E}}}{R_{\mathrm{N}}}\tan L\right)V_{E}-\frac{V_{\mathrm{N}}}{R_{\mathrm{M}}}V_{\mathrm{U}} \tag{11-18}$$

$$\dot{V}_{\mathrm{U}}=f_{\mathrm{U}}+\left(2\omega_{ie}\cos L+\frac{V_{\mathrm{E}}}{R_{\mathrm{N}}}\right)V_{\mathrm{E}}+\frac{V_{\mathrm{N}}^2}{R_{\mathrm{M}}}-g \tag{11-19}$$

3. 位置方程

根据地理坐标系的定义可以推得，北向速度分量引起运载体的纬度变化，东向速度分量引起经度变化，天向速度分量引起高度变化。因此，易推得

$$\dot{L}=\frac{V_{\mathrm{N}}}{R_{\mathrm{M}}} \tag{11-20}$$

$$\dot{\lambda}=\frac{V_{\mathrm{E}}}{R_{\mathrm{N}}\cos L} \tag{11-21}$$

$$\dot{h}=V_{\mathrm{U}} \tag{11-22}$$

对于指北方位惯导系统，由于惯导平台模拟当地地理坐标系，所以偏航角、俯仰角和横滚角可从平台环架轴上直接读取。各导航参数间的关系比较简单，导航解算方程简洁，计算量较小，对计算机要求较低。该系统在惯导系统发展初期计算机技术水平不高的年代是十分合适的选择方案[4]。

同时，应该注意到根据式(11-15)，其指令角速度随着纬度的升高逐渐增大，方位陀螺的力矩电流急剧上升，在高纬度尤其是极区附近，该系统根本无法工作。因为速度方程中正切函数的存在，当纬度在 90°附近时，计算误差会被严重放大。因此指北方位惯导系统仅适用于在中低纬度地区工作。

为了克服这一缺陷提出了对方位陀螺不施力矩的编排方案，通过对水平陀螺施矩，从而控制平台始终保持水平，即自由方位惯导系统，其力学编排如图 11-1 所示。

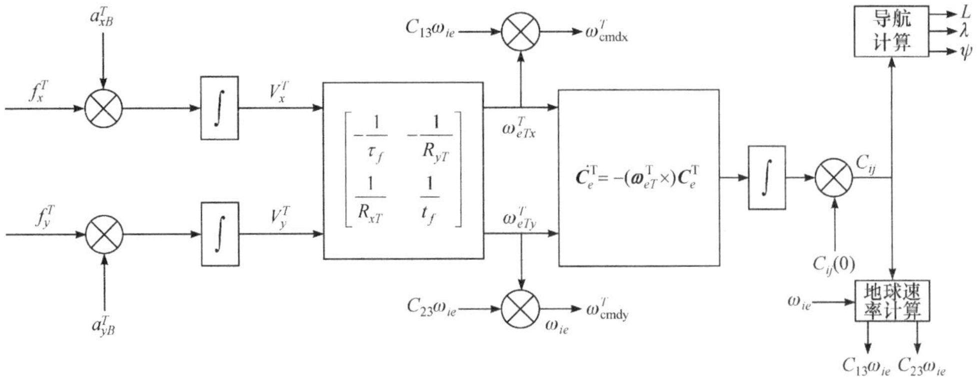

图 11-1　自由方位惯导系统的力学编排

由于对方位陀螺的施矩量为零，自由方位系统的惯组平台在方位上相对惯性空间稳定，而运载体相对地球运动时，地理坐标系相对地球也在旋转，所以平台相对于地理坐标系存在一个变化的角度，这一角度称为自由方位角$\alpha_f(t)$。考虑到指北方位惯导系统在高纬度地区解算时的误差放大效应，自由方位惯导系统的编排通常使用计算平台坐标系与地心地固坐标系之间方向余弦矩阵的方法，即在导航过程中通过微分方程更新余弦矩阵$\boldsymbol{C}_e^{\mathrm{T}}$，进而反解出平台的经度、纬度及方位角[5]。因此，自由方位惯导系统的比力方程为

$$\dot{\boldsymbol{V}}_{eT}^{\mathrm{T}} = \boldsymbol{f}^{\mathrm{T}} - \left(2\boldsymbol{C}_e^{\mathrm{T}}\boldsymbol{\omega}_{ie}^{e} + \dot{\boldsymbol{\omega}}_{eT}^{\mathrm{T}}\right)\times\boldsymbol{V}_{eT}^{\mathrm{T}} + \boldsymbol{g}^{\mathrm{T}} \tag{11-23}$$

式中，$\boldsymbol{\omega}_{eT}^{\mathrm{T}}$为惯导的位置速率。

游移方位惯导系统同样采用地理坐标系作为导航坐标系，与自由方位惯导系统不同的是，其方位跟踪地球旋转，平台的水平方位与地理北向之间存在一个游移方位角$\alpha(t)$。当运载体向北运动或静止时，游移方位角保持不变，除在赤道上之外，只要有东向速度分量，游移方位角就是变化的。

与自由方位惯导系统一样，游移方位惯导系统也避开了在高纬度地区对方位陀螺的施矩困难。同时，在计算方向余弦阵的过程中，游移方位惯导系统的计算量比自由方位惯导系统的计算量小，所以是水平式平台惯导设计中的首选方案，LTN-72 系列惯导和国产平台式航空惯导都采用游移方位惯导系统方案[6]。

11.1.3　捷联式惯导系统力学编排

捷联式惯导系统的陀螺仪和加速度计直接固联在载体上，测量的是载体的角运动信息$\tilde{\boldsymbol{\omega}}_{ib}^{b}$和线运动信息$\tilde{\boldsymbol{f}}^{b}$。在进行速度和位置的解算之前，需要先进行姿态的解算，因为解算速度和位置需要知道$\tilde{\boldsymbol{f}}^{n}$，$\tilde{\boldsymbol{f}}^{n}$通过数学平台的建立计算出来，即$\tilde{\boldsymbol{f}}^{n}=\boldsymbol{C}_b^n\tilde{\boldsymbol{f}}^{b}$。姿态阵的解算过程就是构造数学平台的过程[4-6]。图 11-2 为捷联式惯导系统解算的原理图。

1. 姿态微分方程及更新算法

捷联式惯导系统的姿态微分方程有多种表达形式，包括四元数微分方程、方向余弦矩阵微分方程、等效旋转矢量微分方程等。载机机体坐标系相对于导航系的姿态可以用方

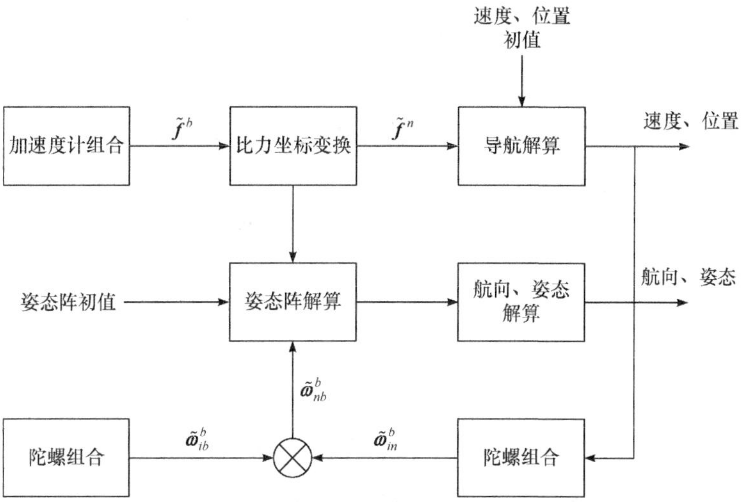

图 11-2　捷联式惯导系统解算的原理图

向余弦矩阵来表示，因此求解方向余弦矩阵就相当于对载机的姿态进行解算，这里给出常用的方向余弦矩阵微分方程的表达形式：

$$\dot{\boldsymbol{C}}_b^n = \boldsymbol{C}_b^n\left[\boldsymbol{\omega}_{nb}^b \times\right] = \boldsymbol{C}_b^n\left[\boldsymbol{\omega}_{ib}^b \times\right] - \left[\boldsymbol{\omega}_{in}^n \times\right]\boldsymbol{C}_b^n \tag{11-24}$$

式中，$\boldsymbol{\omega}_{ib}^b$ 是载机机体相对于惯性坐标系的旋转角速度在机体坐标系中的表示形式。$[\boldsymbol{a}\times]$ 表示三维向量 $\boldsymbol{a}=\begin{bmatrix}a_x & a_y & a_z\end{bmatrix}^{\mathrm{T}}$ 的反对称矩阵，表示形式为

$$[\boldsymbol{a}\times]=\begin{bmatrix}0 & -a_z & a_y\\ a_z & 0 & -a_x\\ -a_y & a_x & 0\end{bmatrix} \tag{11-25}$$

$\boldsymbol{\omega}_{in}^n$ 表示导航坐标系相对惯性系的转动角速率，具体表达形式为

$$\boldsymbol{\omega}_{in}^n = \boldsymbol{\omega}_{ie}^n + \boldsymbol{\omega}_{en}^n = \begin{bmatrix}-\dfrac{V_{\mathrm{N}}}{R}\\ \omega_{ie}\cos L + \dfrac{V_{\mathrm{E}}}{R}\\ \omega_{ie}\sin L + \dfrac{V_{\mathrm{E}}}{R}\tan L\end{bmatrix} \tag{11-26}$$

在捷联式惯导系统的惯导解算中，姿态解算是速度、位置解算的基础，为速度、位置解算搭建了数学平台。姿态解算算法中，等效旋转矢量法的计算量小，且由于刚体在空间有限次的转动具有旋转不可交换性，等效旋转矢量法可以对这种不可交换误差做出适当补偿，因此在高动态的载机飞行环境中，广泛使用等效旋转矢量法进行姿态的解算[7]。

设 $n(t_k)$ 与 $b(t_k)$ 分别为 t_k 时刻的导航坐标系与体坐标系，$n(t_{k+1})$ 与 $b(t_{k+1})$ 分别为 t_{k+1} 时刻的导航坐标系与体坐标系，$\boldsymbol{Q}(t_k)$ 与 $\boldsymbol{Q}(t_{k+1})$ 分别为 t_k 时刻与 t_{k+1} 时刻导航系旋转到体坐标系的四元数，称为 t_k 时刻与 t_{k+1} 时刻的姿态四元数，$\boldsymbol{q}(h)$ 为 $b(t_k)$ 到 $b(t_{k+1})$ 的旋

转四元数，称为姿态变化四元数，$\boldsymbol{p}(h)$ 为 $n\left(t_k\right)$ 到 $n\left(t_{k+1}\right)$ 的旋转四元数，那么姿态四元数 $\boldsymbol{Q}\left(t_k\right)$ 的更新形式为

$$\boldsymbol{Q}\left(t_{k+1}\right)=\boldsymbol{p}^*(h)\otimes\boldsymbol{Q}\left(t_k\right)\otimes\boldsymbol{q}(h) \tag{11-27}$$

式中，$\otimes$ 符号代表四元数乘法。

在一个姿态更新周期 h 中，导航坐标系的变化很小，$\boldsymbol{p}(h)\approx\mathbf{1}+0$，因此式(11-27)可以简化为

$$\boldsymbol{Q}\left(t_{k+1}\right)=\boldsymbol{Q}\left(t_k\right)\otimes\boldsymbol{q}(h) \tag{11-28}$$

式中，

$$\boldsymbol{q}(h)=\cos\frac{\varPhi}{2}+\frac{\boldsymbol{\varPhi}}{\varPhi}\sin\frac{\varPhi}{2} \tag{11-29}$$

式中，$\boldsymbol{\varPhi}$ 为运载体从 $b\left(t_k\right)$ 到 $b\left(t_{k+1}\right)$ 的等效旋转矢量；$\varPhi=\left|\boldsymbol{\varPhi}\right|$。

理想情况下，姿态四元数的更新应按照式(11-27)来进行。但由于在一个解算周期内，导航坐标系变化很小，且姿态更新周期很短，因此实际中的姿态解算按照式(11-28)进行。但是在解算若干步之后，要对姿态解算作适当的修正，修正方法如下。

设每经过 N 个解算周期即对姿态进行一次修正，则根据式(11-28)可得

$$\boldsymbol{Q}\left(t_{j+1}\right)=\boldsymbol{Q}\left[t_j+(N-1)h\right]\otimes\boldsymbol{q}(h) \tag{11-30}$$

式中，$t_{j+1}=t_j+Nh$；$\boldsymbol{Q}\left(t_{j+1}\right)$ 对应的姿态阵是未经过修正的姿态阵 $\boldsymbol{C}_{b(j+1)}^{n(j)}$，因此在 t_{j+1} 时刻正确的姿态阵应为

$$\boldsymbol{C}_{b(j+1)}^{n(j+1)}=\boldsymbol{C}_{n(j)}^{n(j+1)}\boldsymbol{C}_{b(j+1)}^{n(j)} \tag{11-31}$$

式中，$\boldsymbol{C}_{n(j)}^{n(j+1)}$ 可按照如下方法近似求得。

设在 t_j 到 t_{j+1} 时刻，运载体的经纬度变化分别为 $\Delta\lambda$ 和 ΔL，且 $\Delta\lambda$ 和 ΔL 均为小角度，则 t_j 到 t_{j+1} 时刻，导航系的旋转矢量为

$$\boldsymbol{\eta}^n=\begin{bmatrix}-\Delta L\\0\\0\end{bmatrix}+\boldsymbol{C}_e^n\begin{bmatrix}0\\0\\\Delta\lambda\end{bmatrix}=\begin{bmatrix}-\Delta L\\\Delta\lambda\cos L\\\Delta\lambda\sin L\end{bmatrix} \tag{11-32}$$

因此，导航系旋转矩阵为

$$\boldsymbol{C}_{n(j)}^{n(j+1)}=\boldsymbol{I}-\left[\boldsymbol{\eta}^n\times\right]=\begin{bmatrix}1&\Delta\lambda\sin L&-\Delta\lambda\cos L\\-\Delta\lambda\sin L&1&-\Delta L\\\Delta\lambda\cos L&\Delta L&1\end{bmatrix} \tag{11-33}$$

在如今高精度的惯导系统中，惯组器件的输出形式多采用增量形式输出，即陀螺仪和加速度计多采用角增量和速度增量的输出形式，这种增量输出形式方便了等效旋转矢量的计算和补偿[8]。在一个姿态解算周期内，采用不同的计算子样数可以获得等效旋转矢量 $\boldsymbol{\varPhi}$ 的不同解算算法，表 11-1 给出常用的不同子样旋转矢量优化算法。

表 11-1　单子样、优化双子样、优化三子样和优化四子样旋转矢量优化算法

算法	旋转矢量 $\boldsymbol{\Phi}$
单子样	$\Delta\boldsymbol{\theta}$
优化双子样	$\Delta\boldsymbol{\theta}_1+\Delta\boldsymbol{\theta}_2+\frac{2}{3}\Delta\boldsymbol{\theta}_1\times\Delta\boldsymbol{\theta}_2$
优化三子样	$\Delta\boldsymbol{\theta}_1+\Delta\boldsymbol{\theta}_2+\Delta\boldsymbol{\theta}_3+\frac{9}{20}\Delta\boldsymbol{\theta}_1\times\Delta\boldsymbol{\theta}_3+\frac{27}{40}\Delta\boldsymbol{\theta}_2\times(\Delta\boldsymbol{\theta}_3-\Delta\boldsymbol{\theta}_1)$
优化四子样	$\Delta\boldsymbol{\theta}_1+\Delta\boldsymbol{\theta}_2+\Delta\boldsymbol{\theta}_3+\Delta\boldsymbol{\theta}_4+\frac{214}{315}(\Delta\boldsymbol{\theta}_1\times\Delta\boldsymbol{\theta}_2+\Delta\boldsymbol{\theta}_3\times\Delta\boldsymbol{\theta}_4)$ $+\frac{46}{105}(\Delta\boldsymbol{\theta}_1\times\Delta\boldsymbol{\theta}_3+\Delta\boldsymbol{\theta}_2\times\Delta\boldsymbol{\theta}_4)+\frac{54}{105}\Delta\boldsymbol{\theta}_1\times\Delta\boldsymbol{\theta}_4+\frac{214}{315}\Delta\boldsymbol{\theta}_2\times\Delta\boldsymbol{\theta}_3$

2. 速度微分方程及更新算法

在 11.1.1 小节中推导了“东-北-天”形式下当地地理坐标系中的比力方程，此方程即为速度微分方程：

$$\dot{\boldsymbol{V}}^n=\boldsymbol{C}_b^n\boldsymbol{f}_{\text{sf}}^b-(2\boldsymbol{\omega}_{ie}^n+\boldsymbol{\omega}_{en}^n)\times\boldsymbol{V}^n+\boldsymbol{g}^n \tag{11-34}$$

式中，

$$\boldsymbol{g}^n=\begin{bmatrix}0 & 0 & -g\end{bmatrix}^{\mathrm{T}} \tag{11-35}$$

$\boldsymbol{f}_{\text{sf}}^b$ 为加速度计测量得到的比力。g 为重力加速度大小，其计算公式近似为

$$g=g_0(1+0.00527094\sin^2 L+0.0000232718\sin^4 L)-0.000003086h \tag{11-36}$$

式中，$g_0=9.7803267714\text{m/s}^2$。

设速度的更新周期为 T，在每一个更新周期内对角增量和速度增量作 N 次采样。对速度微分方程作积分，得到 t_{k+1} 时刻运载体在导航系内的速度矢量：

$$\boldsymbol{V}_{t_{k+1}}^n=\boldsymbol{V}_{t_k}^n+\boldsymbol{C}_{b_k}^n\Delta\boldsymbol{V}_{\text{sfk}}^{b_k}+\Delta\boldsymbol{V}_{g/\text{cori}}^n \tag{11-37}$$

式中，$\Delta\boldsymbol{V}_{g/\text{cori}}^n$ 为重力与科氏力速度增量，计算方式为

$$\Delta\boldsymbol{V}_{g/\text{cori}}^n=\int_{t_k}^{t_{k+1}}\boldsymbol{g}^n-(\boldsymbol{\omega}_{en}^n+2\boldsymbol{\omega}_{ie}^n)\times\boldsymbol{V}^n\mathrm{d}t \tag{11-38}$$

$\Delta\boldsymbol{V}_{\text{sfk}}^{b_k}$ 为比力速度增量，计算方式为

$$\Delta\boldsymbol{V}_{\text{sfk}}^{b_k}=\int_{t_k}^{t_{k+1}}\boldsymbol{C}_{b_t}^{b_k}\boldsymbol{f}_{\text{sf}}^{b_t}\mathrm{d}t \tag{11-39}$$

对于 $\Delta\boldsymbol{V}_{g/\text{cori}}^n$，计算机在进行积分运算时，可以近似认为被积分量在一个更新周期内是常值。$\Delta\boldsymbol{V}_{\text{sfk}}^{b_k}$ 的计算较为复杂，因为在运算中引入了载体的体坐标系变换矩阵，当存在旋转运动时，一定会存在旋转效应和划桨效应，需要在惯导解算时进行补偿。$\Delta\boldsymbol{V}_{\text{sfk}}^{b_k}$ 可以写成如下的形式：

$$\Delta \boldsymbol{V}_{\mathrm{sfk}}^{b_k}=\Delta \boldsymbol{V}_k+\Delta \boldsymbol{V}_{\mathrm{rotk}}^{b_k}+\Delta \boldsymbol{V}_{\mathrm{sculk}}^{b_k} \tag{11-40}$$

式中，

$$\Delta \boldsymbol{V}_{\mathrm{rotk}}^{b_k}=\frac{1}{2}\Delta \boldsymbol{\theta}_k \times \Delta \boldsymbol{V}_k \tag{11-41}$$

为速度的旋转效应补偿项，它是由运载体的运动方向在空间发生旋转所引起的；

$$\Delta \boldsymbol{V}_{\mathrm{sculk}}^{b_k}=\int_{t_k}^{t_{k+1}}[\Delta \boldsymbol{\theta}(t)\times \boldsymbol{f}(t)+\Delta \boldsymbol{V}(t)\times \boldsymbol{\omega}(t)]\mathrm{d}t \tag{11-42}$$

为速度的划桨效应补偿项，该项是由运载体同时存在角振动和线振动引起的。这里直接给出计算划桨效应的优化双子样补偿算法和三子样补偿算法。

双子样补偿：

$$\Delta \boldsymbol{V}_{\mathrm{sculk}}^{b_k}=\frac{2}{3}\left[\Delta \boldsymbol{V}_m(1)\times \Delta \boldsymbol{\theta}_m(2)-\Delta \boldsymbol{V}_m(2)\times \Delta \boldsymbol{\theta}_m(1)\right] \tag{11-43}$$

三子样补偿：

$$\begin{aligned}\Delta \boldsymbol{V}_{\mathrm{sculk}}^{b_k}=&\frac{9}{20}\left[\Delta \boldsymbol{\theta}_m(1)\times \Delta \boldsymbol{V}_m(3)+\Delta \boldsymbol{V}_m(1)\times \Delta \boldsymbol{\theta}_m(3)\right]+\frac{27}{40}\left[\Delta \boldsymbol{\theta}_m(1)\times \Delta \boldsymbol{V}_m(2)\right.\\&\left.+\Delta \boldsymbol{\theta}_m(2)\times \Delta \boldsymbol{V}_m(3)+\Delta \boldsymbol{V}_m(1)\times \Delta \boldsymbol{\theta}_m(2)+\Delta \boldsymbol{V}_m(2)\times \Delta \boldsymbol{\theta}_m(3)\right]\end{aligned} \tag{11-44}$$

3. 位置微分方程及更新算法

在当地地理坐标系进行导航时，载体的位置通常用纬度、经度、高度来表示，其对应的位置微分方程分别为

$$\begin{cases}\dot{L}=\dfrac{V_{\mathrm{N}}}{R}\\ \dot{\lambda}=\dfrac{V_{\mathrm{E}}}{R\cos L}\\ \dot{h}=V_{\mathrm{U}}\end{cases} \tag{11-45}$$

位置更新算法与速度更新类似，也存在涡卷效应项，但是其影响非常弱，在工程中常用简化算法计算。“东-北-天”导航坐标系下位置更新微分方程可写为如下形式：

$$\dot{L}=\frac{V_{\mathrm{N}}^n}{R_{\mathrm{M}}+h} \tag{11-46}$$

$$\dot{\lambda}=\frac{V_{\mathrm{E}}^n}{R_{\mathrm{N}}+h}\sec L \tag{11-47}$$

$$\dot{h}=V_{\mathrm{U}}^n \tag{11-48}$$

直接从式(11-46)～式(11-48)可推得位置更新一阶近似计算公式：

$$L_{t_k+1} = L_{t_k} + \frac{\left(V_{\mathrm{N}}^n\right)_{t_k} T}{R_{\mathrm{M}} + h_{t_k}} \tag{11-49}$$

$$\lambda_{t_{k+1}} = \lambda_{t_k} + \frac{\left(V_{\mathrm{E}}^n\right)_{t_k} T}{R_{\mathrm{N}} + h_{t_k}} \sec L_{t_k} \tag{11-50}$$

$$h_{t_{k+1}} = h_{t_k} + \left(V_{\mathrm{U}}^n\right)_{t_k} T \tag{11-51}$$

或者，由于在解算 t_{k+1} 时刻位置时，t_{k+1} 时刻的速度 $\left(V^n\right)_{t_{k+1}}$ 已经从速度更新算法中计算出来，因此可采用两个时刻速度 $\left(V^n\right)_{t_k} + \left(V^n\right)_{t_{k+1}}$ 的平均值来实现位置更新，精度会更高一些，即

$$L_{t_k+1} = L_{t_k} + \frac{\frac{1}{2}\left[\left(V_{\mathrm{N}}^n\right)_{t_k} + \left(V_{\mathrm{N}}^n\right)_{t_{k+1}}\right] T}{R_{\mathrm{M}} + h_{t_k}} \tag{11-52}$$

$$\lambda_{t_{k+1}} = \lambda_{t_k} + \frac{\frac{1}{2}\left[\left(V_{\mathrm{E}}^n\right)_{t_k} + \left(V_{\mathrm{E}}^n\right)_{t_{k+1}}\right] T}{R_{\mathrm{N}} + h_{t_k}} \sec L_{t_k} \tag{11-53}$$

$$h_{t_{k+1}} = h_{t_k} + \frac{1}{2}\left[\left(V_{\mathrm{U}}^n\right)_{t_k} + \left(V_{\mathrm{E}}^n\right)_{t_{k+1}}\right] T \tag{11-54}$$

11.2　惯性导航系统的误差分析

捷联式惯导系统采用数学计算的方式来模拟物理稳定平台，平台式惯导系统则采用物理构建的方式来搭建平台，在本质上，两种导航系统是一致的，但是在系统的实现上却存在明显的不同[9]。在平台式惯导系统中，陀螺仪起到控制平台转动的作用，而在捷联式惯导中，陀螺仪起到测量载体角运动信息的作用，因此陀螺仪的漂移和刻度系数误差对于两类系统导航误差的影响不同[10-11]。对于平台式惯导系统，陀螺仪的漂移所引起的物理平台漂移和陀螺仪自身漂移的方向是一致的，陀螺仪的刻度系数误差是通过控制平台转动的指令角速度引入系统的；对于捷联式惯导系统，陀螺仪的漂移所引起的计算平台漂移与陀螺仪自身漂移的方向是相反的，陀螺仪的刻度系数误差会产生角速度测量误差，经过姿态计算后引入惯导系统[12]。

实际惯性仪器和系统在制造、装调中总存在误差，所有这些误差因素称为误差源，误差源大致分为如下几类。

(1) 元件误差，主要指陀螺仪漂移、指令角速度刻度系数误差、加速度计零偏和刻度系数误差、计算机舍入误差、电流交换装置误差等。

(2) 安装误差，主要指陀螺仪和加速度计在平台上的安装误差。

(3) 初始条件误差，包括平台的初始对准误差、计算机在导航解算时引入的初始速度

及位置误差。

(4) 干扰误差，主要包括冲击与振动运动干扰。

(5) 其他误差，如地球的模型描述误差、有害加速度补偿忽略二阶小量引起的误差等。

上述误差都将引起系统误差。在推导惯导系统的误差方程之前，需要先对惯组器件的误差模型进行建模。

11.2.1 惯组器件误差模型

1. 陀螺仪误差模型

光学陀螺仪与传统的机械式陀螺仪有本质的区别，传统的转子陀螺仪的工作原理是基于动量矩定理，而光学陀螺仪的工作原理是基于量子力学，其受温度影响小，工作时不要求控温，只需要用温补模型进行补偿即可。激光陀螺仪的误差结构主要包括以下几个方面。

1) 陀螺仪的固定零偏误差

和机械式转子陀螺仪的固定零偏误差相同，激光陀螺仪每次启动时，都会有一个固定的偏置量，经过误差补偿后可以将其视为一个固定的常值零偏项：

$$\dot{\boldsymbol{\varepsilon}}_b = 0 \tag{11-55}$$

2) 陀螺仪的随机零偏误差

在实际过程中，一般采用随机过程来描述随机零偏，下面使用一阶 Markov 过程来描述陀螺仪的随机零偏：

$$\dot{\boldsymbol{\varepsilon}}_r = -\frac{1}{\tau}\boldsymbol{\varepsilon}_r + \boldsymbol{W} \tag{11-56}$$

3) 温度引起的误差

激光陀螺仪一般不需要进行温控，只需要用温补模型对其补偿即可。假设陀螺仪在启动时，环境温度为T_0，当前测量时，环境温度为T，则温度补偿的陀螺仪漂移模型为

$$L_i = a_0 + a_1 T + a_2 T^2, \quad i = x, y, z \tag{11-57}$$

令

$$\boldsymbol{L} = \begin{bmatrix} L_x & L_y & L_z \end{bmatrix}^{\mathrm{T}} \tag{11-58}$$

温度补偿系数为

$$\begin{cases} a_0 = A_{00} + A_{01}T_0 + A_{02}T_0^2 \\ a_1 = A_{10} + A_{11}T_0 + A_{12}T_0^2 \\ a_2 = A_{20} + A_{21}T_0 + A_{22}T_0^2 \end{cases} \tag{11-59}$$

式中，系数$A_{00}, A_{01}, \cdots, A_{22}$是陀螺仪出厂时标定的常值系数。

4) 磁场引起的误差

磁场会影响激光陀螺仪内部线偏振光的畸变，经过测量，在不加磁屏蔽措施的激光

陀螺仪上，由磁场所引起的陀螺仪漂移 ε_c 可达到 0.04°/h，采取适当的补偿措施，磁场漂移可以下降为原来的 1/60。

5) 刻度系数误差

对于激光陀螺仪，其刻度系数误差主要受到温度的影响，刻度系数的误差 $\delta\boldsymbol{K}_G$ 在几个 ppm ($1\text{ppm}=1/10^6$)到数十个 ppm 之间。令

$$[\delta\boldsymbol{K}_G]=\text{diag}\begin{bmatrix}\delta K_{Gx} & \delta K_{Gy} & \delta K_{Gz}\end{bmatrix} \tag{11-60}$$

则经过刻度系数补偿后的陀螺仪输出为

$$\hat{\boldsymbol{\omega}}_{ib}^b=(\boldsymbol{I}+[\delta\boldsymbol{K}_G])\boldsymbol{\omega}_{ib}^b \tag{11-61}$$

6) 陀螺仪安装误差

激光陀螺仪安装误差与传统机械转子陀螺仪的安装误差一样，计陀螺仪在运载体上的安装误差角为

$$\delta\boldsymbol{G}=\begin{bmatrix}\delta G_x & \delta G_y & \delta G_z\end{bmatrix}^{\mathrm{T}} \tag{11-62}$$

令

$$[\delta\boldsymbol{G}]=\begin{bmatrix}0 & \delta G_z & -\delta G_y\\ -\delta G_z & 0 & \delta G_x\\ \delta G_y & -\delta G_x & 0\end{bmatrix} \tag{11-63}$$

则考虑陀螺仪安装误差角后的陀螺仪输出为

$$\hat{\boldsymbol{\omega}}_{ib}^b=(\boldsymbol{I}+[\delta\boldsymbol{G}])\boldsymbol{\omega}_{ib}^b \tag{11-64}$$

综合以上对激光陀螺仪误差模型的分析，可以得到激光陀螺仪实际的输出 $\hat{\boldsymbol{\omega}}_{ib}^b$ 与运载体实际的角速率输入 $\boldsymbol{\omega}_{ib}^b$ 之间的数学关系为

$$\hat{\boldsymbol{\omega}}_{ib}^b=(\boldsymbol{I}+[\delta\boldsymbol{K}_G])(\boldsymbol{I}+[\delta\boldsymbol{G}])\boldsymbol{\omega}_{ib}^b+\boldsymbol{\varepsilon}_{bi}+\boldsymbol{\varepsilon}_{ri}+\boldsymbol{L}+\boldsymbol{\varepsilon}_c \tag{11-65}$$

2. 加速度计误差模型

1) 加速度计零偏

加速度计零偏包括常值零偏和随机零偏，其中常值零偏是由剩余弹性力和所用传感器的零位移动产生的，可以将其视为一个固定的常值漂移项 ∇_{bi}。随机零偏由敏感器组件内部的不稳定引起，常用高斯白噪声 ∇_{ri} 的模型来描述。记加速度计零偏为

$$\begin{cases}\nabla_i=\nabla_{bi}+\nabla_{ri}\\ \dot{\nabla}_{bi}=0\end{cases} \tag{11-66}$$

2) 加速度计标度因子误差

积分加速度计的输出是速度增量，而速度增量是以脉冲数记录的。加速度计的一个采样脉冲代表一定的速度增量，因此把一个脉冲代表的速度增量称为加速度计的标度因

子，计作q_a。加速度计的标度因子是通过对加速度计的测试而得到的，这个测量值计作q_{ac}，计算方式为

$$q_{ac} = (1 + \delta K_{Ai}) q_a \tag{11-67}$$

式中，$\delta \boldsymbol{K}_A$为加速度计的标度因子误差，记

$$\left[\delta \boldsymbol{K}_A\right] = \mathrm{diag}\left[\delta K_{Ax} \quad \delta K_{Ay} \quad \delta K_{Az}\right] \tag{11-68}$$

3) 加速度计安装误差角

安装在平台上的三个加速度计的输入轴应重合于平台坐标系的三根正交轴方向。但是由于安装得不精确，加速度计的实际输入轴方向总要偏离平台坐标系的坐标轴方向。每个加速度计的输入轴方向相对于平台坐标系的坐标轴的相对位置可用两个参数来描述。加速度计实际敏感的沿输入轴方向的加速度的矢量形式为

$$\boldsymbol{a}^* = \left(\boldsymbol{I} + [\delta \boldsymbol{A}]\right)\boldsymbol{a} \tag{11-69}$$

式中，

$$[\delta \boldsymbol{A}] = \begin{bmatrix} 0 & \delta A_z & -\delta A_y \\ -\delta A_z & 0 & \delta A_x \\ \delta A_y & -\delta A_x & 0 \end{bmatrix} \tag{11-70}$$

综合以上对加速度计误差模型的分析，可以得到加速度计实际的输出$\hat{\boldsymbol{f}}_{ib}^b$与运载体实际的线运动变化率$\boldsymbol{f}_{ib}^b$之间的关系为

$$\hat{\boldsymbol{f}}_{ib}^b = \left(\boldsymbol{I} + [\delta \boldsymbol{K}_A]\right)\left(\boldsymbol{I} + [\delta \boldsymbol{A}]\right)\boldsymbol{f}_{ib}^b + \boldsymbol{\nabla}^b \tag{11-71}$$

11.2.2 平台式惯导系统误差方程

11.1.2 小节分析的平台式惯导模型并没有考虑任何误差，将各系统都视为理想系统。实际情况并非如此，惯性仪器和系统在制造、装调中总存在误差，所有这些误差因素称为误差源，误差源大致可以分为如下几类。

(1) 元件误差，主要指陀螺仪漂移、指令角速度刻度系数误差、加速度计零偏和刻度系数误差、计算机舍入误差、电流交换装置误差等。

(2) 安装误差，主要是指陀螺仪和加速度计在平台上的安装误差。

(3) 初始条件误差，包括平台的初始对准误差、计算机在导航解算时引入的初始速度及位置误差。

(4) 干扰误差，主要包括冲击与振动运动干扰。

(5) 其他误差，如地球的模型描述误差、有害加速度补偿忽略二阶小量引起的误差等。

上述误差都将引起系统误差，影响平台式惯导系统的主要误差源包括元件误差(主要包括陀螺仪漂移、加速度计零偏、标度因子误差等)、安装误差等[13-14]。

1. 误差分析使用的基本关系

理想的平台坐标系由所在位置的真实经纬度L、λ和平台方位角K确定(对于指北系

统，$K=0$，对于自由方位惯导系统，$K=\alpha_f$，对于游移方位惯导系统，$K=\alpha$），而导航计算机输出的经纬度 L_c、λ_c 和方位角 K_c 通常存在一定的偏差角，由这一组数据确定的当地地理坐标系称为计算坐标系，两者之间的偏差为 δL、$\delta\lambda$ 和 δK。将偏差角组成的旋转角矢量 $\delta\boldsymbol{\theta}$ 投影至地理坐标系中，写成理想平台坐标系内的向量形式，有

$$\begin{cases}\delta\theta_x=-\delta L\cos K+\delta\lambda\cos L\sin K\\ \delta\theta_y=\delta L\sin K+\delta\lambda\cos L\cos K\\ \delta\theta_z=\delta\lambda\sin L+\delta K\end{cases} \tag{11-72}$$

式(11-72)说明，根据 $\delta\boldsymbol{\theta}$ 可以确定出 δL、$\delta\lambda$ 和 δK，因此 $\delta\boldsymbol{\theta}$ 也称为位置误差。

同理，设实际平台坐标系相对于计算坐标系的误差角矢量为 $\boldsymbol{\psi}$，实际平台坐标系相对于理想平台坐标系的误差角矢量为 $\boldsymbol{\phi}$。上述三种坐标系之间皆为微小偏差，引起的误差是关于误差角的高阶小量。略去二阶小量后得平台的姿态误差角为

$$\boldsymbol{\phi}=\boldsymbol{\psi}+\delta\boldsymbol{\theta} \tag{11-73}$$

设计算机计算得到的平台指令角速度为 $\boldsymbol{\omega}_c$，加到陀螺仪力矩器上的指令角速度为 $\boldsymbol{\omega}_c^*$，很明显两者大小相同但方向不同，相差角矢量为 $\boldsymbol{\psi}$。由于 $\boldsymbol{\psi}$ 与 $\boldsymbol{\omega}_c$ 正交，可推得实际加到陀螺仪力矩器上的指令角速度为

$$\boldsymbol{\omega}_c^*=\boldsymbol{\omega}_c+\boldsymbol{\psi}\times\boldsymbol{\omega}_c \tag{11-74}$$

进一步考虑陀螺仪的刻度系数误差 $\delta\boldsymbol{K}_G$ 和陀螺仪漂移误差 $\boldsymbol{\varepsilon}$ 的影响，平台的实际进动角速度为

$$\boldsymbol{\omega}_{iP}=\left(\boldsymbol{I}+\left[\delta\boldsymbol{K}_G\right]\right)\boldsymbol{\omega}_c^*+\boldsymbol{\varepsilon} \tag{11-75}$$

将式(11-74)代入式(11-75)，并略去二阶小量，得

$$\begin{aligned}\boldsymbol{\omega}_{iP}&=\boldsymbol{\omega}_c+\boldsymbol{\omega}_{cP}\\&=\boldsymbol{\omega}_c+\boldsymbol{\psi}\times\boldsymbol{\omega}_c+\delta\boldsymbol{K}_G\boldsymbol{\omega}_c+\boldsymbol{\varepsilon}\end{aligned} \tag{11-76}$$

式中，$\boldsymbol{\omega}_{iP}$ 为实际平台坐标系 P 相对计算坐标系 c 的角速度，是在 c 系内观察到的 P 系角位移的变化率，而 P 系相对 c 系的角位移为 $\boldsymbol{\psi}$，所以有

$$\left.\frac{\mathrm{d}\boldsymbol{\psi}}{\mathrm{d}t}\right|_c=\boldsymbol{\omega}_{cP}=\boldsymbol{\omega}_c+\boldsymbol{\psi}\times\boldsymbol{\omega}_c+\delta\boldsymbol{K}_G\boldsymbol{\omega}_c+\boldsymbol{\varepsilon} \tag{11-77}$$

式(11-77)描述了 $\boldsymbol{\psi}$ 的变化规律，称为 $\boldsymbol{\psi}$ 方程。$\boldsymbol{\psi}$ 方程使误差分析中的高阶联立微分方程组分离成较低阶的微分方程组，从而简化解析分析。本书后续以指北方位惯导系统为例，推导平台式惯导系统的误差方程。

2. 平台式惯导系统姿态误差方程

将式(11-73)投影在计算坐标系中，略去 $\delta\boldsymbol{K}_G$ 的影响，并用圆球近似描述地球，得到姿态误差方程：

$$
\begin{bmatrix} \dot{\phi}_x \\ \dot{\phi}_y \\ \dot{\phi}_z \end{bmatrix} = \begin{bmatrix} \delta\dot{\theta}_x \\ \delta\dot{\theta}_y \\ \delta\dot{\theta}_z \end{bmatrix} + \begin{bmatrix} 0 & -\psi_z & \psi_y \\ \psi_z & 0 & -\psi_x \\ -\psi_y & \psi_x & 0 \end{bmatrix} \begin{bmatrix} \omega_{igx}^g \\ \omega_{igy}^g \\ \omega_{igz}^g \end{bmatrix} + \begin{bmatrix} \varepsilon_x \\ \varepsilon_y \\ \varepsilon_z \end{bmatrix} \tag{11-78}
$$

对于指北方位惯导系统，将 $K=0$，$\delta K=0$ 代入式(11-72)并对两边求导，有

$$
\begin{cases} \delta\theta_x = -\delta L \\ \delta\theta_y = \delta\lambda\cos L \\ \delta\theta_z = \delta\lambda\sin L \end{cases} \tag{11-79}
$$

又根据式(11-46)和式(11-47)，有

$$
\begin{cases} \delta\dot{L} = \dfrac{\delta V_{\mathrm{N}}}{R} \\ \delta\dot{\lambda} = \dfrac{1}{R}\left(V_{\mathrm{E}}^c \sec L_c - V_{\mathrm{E}}\sec L\right) \end{cases} \tag{11-80}
$$

将式(11-80)按泰勒级数展开并取一阶近似，与式(11-80)一同代入式(11-79)，得

$$
\begin{cases} \delta\dot{\theta}_x = -\dfrac{\delta V_{\mathrm{N}}}{R} \\ \delta\dot{\theta}_y = \dfrac{\delta V_{\mathrm{E}}}{R} + \dfrac{V_{\mathrm{E}}}{R}\tan L\delta L - \dfrac{V_{\mathrm{N}}}{R}\sin L\delta\lambda \\ \delta\dot{\theta}_z = \dfrac{\delta V_{\mathrm{E}}}{R}\tan L + \dfrac{V_{\mathrm{E}}}{R}\tan^2 L\delta L + \dfrac{V_{\mathrm{N}}}{R}\cos L\delta\lambda \end{cases} \tag{11-81}
$$

由式(11-73)和式(11-79)，可得

$$
\begin{cases} \psi_x = \phi_x + \delta L \\ \psi_y = \phi_y - \delta\lambda\cos L \\ \psi_z = \phi_z - \delta\lambda\sin L \end{cases} \tag{11-82}
$$

将式(11-81)、式(11-82)和式(11-15)一同代入式(11-78)，得到指北方位惯导系统的姿态误差方程：

$$
\dot{\phi}_x = -\frac{\delta V_{\mathrm{N}}}{R} + \phi_y\left(\omega_{ie}\sin L + \frac{V_{\mathrm{E}}}{R}\tan L\right) - \phi_z\left(\omega_{ie}\cos L + \frac{V_{\mathrm{E}}}{R}\right) + \varepsilon_{\mathrm{E}} \tag{11-83}
$$

$$
\dot{\phi}_y = \frac{\delta V_{\mathrm{E}}}{R} - \phi_z\frac{V_{\mathrm{N}}}{R} - \phi_x\left(\omega_{ie}\sin L + \frac{V_{\mathrm{E}}}{R}\tan L\right) - \delta L\omega_{ie}\sin L + \varepsilon_{\mathrm{N}} \tag{11-84}
$$

$$
\dot{\phi}_z = \frac{\delta V_{\mathrm{E}}}{R}\tan L + \delta L\left(\omega_{ie}\cos L + \frac{V_{\mathrm{E}}}{R}\sec^2 L\right) + \phi_x\left(\omega_{ie}\cos L + \frac{V_{\mathrm{E}}}{R}\right) + \phi_y\frac{V_{\mathrm{N}}}{R} + \varepsilon_{\mathrm{U}} \tag{11-85}
$$

3. 平台式惯导系统速度误差方程

由于加速度计的输出误差、平台的姿态误差和计算误差等影响，系统的速度输出由

式(11-86)确定：

$$\begin{cases}\dot{V}_{\mathrm{E}_c}=f_{\mathrm{E}_c}+\left(2\omega_{ie}\sin L_c+\dfrac{V_{\mathrm{E}_c}}{R}\tan L_c\right)V_{\mathrm{N}_c}\\ \dot{V}_{\mathrm{N}_c}=f_{\mathrm{N}_c}-\left(2\omega_{ie}\sin L_c+\dfrac{V_{\mathrm{E}_c}}{R}\tan L_c\right)V_{\mathrm{E}_c}\end{cases}\tag{11-86}$$

由平台的姿态误差角ϕ确定的加速度计输出比力为

$$\boldsymbol{f}_c=\boldsymbol{C}_g^P\boldsymbol{f}^g+\boldsymbol{\nabla}^P=\begin{bmatrix}1&\phi_z&-\phi_y\\-\phi_z&1&\phi_x\\\phi_y&-\phi_x&1\end{bmatrix}\begin{bmatrix}f_{\mathrm{E}}\\f_{\mathrm{N}}\\f_{\mathrm{U}}\end{bmatrix}+\begin{bmatrix}\nabla_{\mathrm{E}}\\\nabla_{\mathrm{N}}\\\nabla_{\mathrm{U}}\end{bmatrix}\tag{11-87}$$

将式(11-87)展开，取计算系下北向和东向的加速度计输出按泰勒级数展开，与式(11-83)～式(11-85)一同代入式(11-86)，整理并略去二阶小量得到速度误差方程：

$$\begin{cases}\delta\dot{V}_{\mathrm{E}}=\left(2\omega_{ie}\sin L+\dfrac{V_{\mathrm{E}}}{R}\tan L\right)\delta V_{\mathrm{N}}+\delta L\left(2V_{\mathrm{N}}\omega_{ie}\cos L+\dfrac{V_{\mathrm{E}}V_{\mathrm{N}}}{R}\sec^2 L\right)\\ \qquad+\delta V_{\mathrm{E}}\dfrac{V_{\mathrm{N}}}{R}\tan L+\phi_z f_{\mathrm{N}}-\phi_y f_{\mathrm{U}}+\nabla_{\mathrm{E}}\\ \delta\dot{V}_{\mathrm{N}}=-\left(2\omega_{ie}\sin L+\dfrac{V_{\mathrm{E}}}{R}\tan L\right)\delta V_{\mathrm{E}}-\delta L\left(2V_{\mathrm{E}}\omega_{ie}\cos L+\dfrac{V_{\mathrm{E}}^2}{R}\sec^2 L\right)\\ \qquad-\delta V_{\mathrm{E}}\dfrac{V_{\mathrm{E}}}{R}\tan L-\phi_z f_{\mathrm{E}}+\phi_x f_{\mathrm{U}}+\nabla_{\mathrm{N}}\end{cases}\tag{11-88}$$

4. 平台式惯导系统定位误差方程

式(11-80)已经给出了指北方位惯导系统定位误差方程，整理可得

$$\begin{cases}\delta\dot{L}=\dfrac{\delta V_{\mathrm{N}}}{R}\\ \delta\dot{\lambda}=\dfrac{\delta V_{\mathrm{E}}}{R}\sec L+\delta L\dfrac{V_{\mathrm{E}}}{R}\sec L\tan L\end{cases}\tag{11-89}$$

11.2.3 捷联式惯导系统误差方程

1. 捷联式惯导系统姿态误差方程

在捷联式惯导系统中，通过求解姿态方向余弦矩阵微分方程或四元数微分方程的方法来更新姿态。方向余弦矩阵微分方程的形式为

$$\dot{\boldsymbol{C}}_b^n=\boldsymbol{C}_b^n\left[\boldsymbol{\omega}_{nb}^b\times\right]\tag{11-90}$$

推导以“东-北-天”系作为导航坐标系时的捷联式惯导系统姿态误差方程，可以写为如下形式：

$$\dot{\boldsymbol{C}}_b^n=\boldsymbol{C}_b^n\left[\boldsymbol{\omega}_{nb}^b\times\right]=\boldsymbol{C}_b^n\left[\left(\boldsymbol{\omega}_{ib}^b-\boldsymbol{\omega}_{in}^b\right)\times\right]=\boldsymbol{C}_b^n\left[\left(\boldsymbol{\omega}_{ib}^b-\boldsymbol{C}_n^b\boldsymbol{\omega}_{in}^n\right)\times\right]\tag{11-91}$$

式中，$\boldsymbol{\omega}_{ib}^{b}$ 为运载体相对于惯性坐标系 i 的角速度在体坐标系 b 中的表示，可通过陀螺仪测量得到；$\boldsymbol{\omega}_{in}^{n}$ 为导航坐标系 n 相对于惯性坐标系 i 的角速度在 n 系中的表示，可通过计算得到。

由温度和磁场引起的陀螺仪误差可以通过温补模型和磁场屏蔽的方式得到有效补偿，所以这里陀螺仪的误差模型只考虑零偏误差、刻度系数误差和安装误差。因此实际陀螺仪测量的运载体角速率为

$$\hat{\boldsymbol{\omega}}_{ib}^{b}=\left(\boldsymbol{I}+\left[\delta\boldsymbol{K}_{G}\right]\right)\left(\boldsymbol{I}+\left[\boldsymbol{G}\right]\right)\boldsymbol{\omega}_{ib}^{b}+\boldsymbol{\varepsilon}^{b} \tag{11-92}$$

展开式(11-92)，并省略误差项的二阶小量，可得

$$\hat{\boldsymbol{\omega}}_{ib}^{b}=\boldsymbol{\omega}_{ib}^{b}+\left(\left[\delta\boldsymbol{K}_{G}\right]+\left[\boldsymbol{G}\right]\right)\boldsymbol{\omega}_{ib}^{b}+\boldsymbol{\varepsilon}^{b}=\boldsymbol{\omega}_{ib}^{b}+\tilde{\boldsymbol{\varepsilon}} \tag{11-93}$$

式中，$\tilde{\boldsymbol{\varepsilon}}=\left(\left[\delta\boldsymbol{K}_{G}\right]+\left[\boldsymbol{G}\right]\right)\boldsymbol{\omega}_{ib}^{b}+\boldsymbol{\varepsilon}^{b}$，为陀螺仪的等效漂移。

实际系统计算的 $\hat{\boldsymbol{\omega}}_{in}^{n}$ 与理想值 $\boldsymbol{\omega}_{in}^{n}$ 之间的误差为 $\delta\boldsymbol{\omega}_{in}^{n}$，即

$$\hat{\boldsymbol{\omega}}_{in}^{n}=\boldsymbol{\omega}_{in}^{n}+\delta\boldsymbol{\omega}_{in}^{n} \tag{11-94}$$

由于在实际导航解算时，姿态方向余弦的更新使用的是 $\hat{\boldsymbol{\omega}}_{ib}^{b}$ 和 $\hat{\boldsymbol{\omega}}_{in}^{n}$ 信息，所以姿态更新出现误差，惯导解算得到的导航坐标系也不是理想的导航坐标系。记惯导解算得到的导航坐标系为 n'，与理想导航坐标系 n 之间的误差角为 $\boldsymbol{\phi}^{n}=\left[\phi_{\mathrm{E}}\quad\phi_{\mathrm{N}}\quad\phi_{\mathrm{U}}\right]^{\mathrm{T}}$，且 $\boldsymbol{\phi}$ 角为一个小角度，则有

$$\boldsymbol{C}_{b}^{n'}=\boldsymbol{C}_{n}^{n'}\boldsymbol{C}_{b}^{n}=\left(\boldsymbol{I}-\left[\boldsymbol{\phi}^{n}\times\right]\right)\boldsymbol{C}_{b}^{n} \tag{11-95}$$

记

$$\delta\boldsymbol{C}_{b}^{n}=\boldsymbol{C}_{b}^{n'}-\boldsymbol{C}_{b}^{n}=-\left[\boldsymbol{\phi}^{n}\times\right]\boldsymbol{C}_{b}^{n} \tag{11-96}$$

实际更新姿态的方向余弦矩阵微分方程为

$$\dot{\boldsymbol{C}}_{b}^{n'}=\boldsymbol{C}_{b}^{n'}\left[\left(\hat{\boldsymbol{\omega}}_{ib}^{b}-\hat{\boldsymbol{\omega}}_{in}^{b}\right)\times\right]=\boldsymbol{C}_{b}^{n'}\left[\left(\hat{\boldsymbol{\omega}}_{ib}^{b}-\boldsymbol{C}_{n'}^{b}\hat{\boldsymbol{\omega}}_{in}^{n}\right)\times\right] \tag{11-97}$$

改写可得

$$\dot{\boldsymbol{C}}_{b}^{n}+\delta\dot{\boldsymbol{C}}_{b}^{n}=\left(\boldsymbol{I}-\left[\boldsymbol{\phi}^{n}\times\right]\right)\boldsymbol{C}_{b}^{n}\left\{\left[\boldsymbol{\omega}_{ib}^{b}+\tilde{\boldsymbol{\varepsilon}}-\boldsymbol{C}_{n}^{b}\left(\boldsymbol{I}+\left[\boldsymbol{\phi}^{n}\times\right]\right)\left(\boldsymbol{\omega}_{in}^{n}+\delta\boldsymbol{\omega}_{in}^{n}\right)\right]\times\right\} \tag{11-98}$$

略去二阶小量，可得

$$\delta\dot{\boldsymbol{C}}_{b}^{n}=\boldsymbol{C}_{b}^{n}[\tilde{\boldsymbol{\varepsilon}}\times]-\boldsymbol{C}_{b}^{n}\left[\left(\boldsymbol{\phi}^{b}\times\boldsymbol{\omega}_{in}^{b}\right)\times\right]-\boldsymbol{C}_{b}^{n}\left[\delta\boldsymbol{\omega}_{in}^{b}\times\right]-\left[\boldsymbol{\phi}^{n}\times\right]\boldsymbol{C}_{b}^{n}\left[\boldsymbol{\omega}_{nb}^{b}\times\right] \tag{11-99}$$

式(11-99)等号两边对时间求导，可得

$$\begin{aligned}\delta\dot{\boldsymbol{C}}_{b}^{n}&=-\left[\dot{\boldsymbol{\phi}}^{n}\times\right]\boldsymbol{C}_{b}^{n}-\left[\boldsymbol{\phi}^{n}\times\right]\boldsymbol{C}_{b}^{n}\left[\boldsymbol{\omega}_{nb}^{b}\times\right]\\&=\boldsymbol{C}_{b}^{n}[\tilde{\boldsymbol{\varepsilon}}\times]-\boldsymbol{C}_{b}^{n}\left[\left(\boldsymbol{\phi}^{b}\times\boldsymbol{\omega}_{in}^{b}\right)\times\right]\\&\quad-\boldsymbol{C}_{b}^{n}\left[\delta\boldsymbol{\omega}_{in}^{b}\times\right]-\left[\boldsymbol{\phi}^{n}\times\right]\boldsymbol{C}_{b}^{n}\left[\boldsymbol{\omega}_{nb}^{b}\times\right]\end{aligned} \tag{11-100}$$

式(11-100)等号两边同时乘以 $\boldsymbol{C}_n^b$，化简整理可得

$$\left[\dot{\boldsymbol{\phi}}^n \times\right]=-\left[\left(\boldsymbol{\omega}_{in}^n \times \boldsymbol{\phi}^n\right)\times\right]+\left[\delta\boldsymbol{\omega}_{in}^n \times\right]-\left[\left(\boldsymbol{C}_b^n \tilde{\boldsymbol{\varepsilon}}\right)\times\right] \tag{11-101}$$

由反对称矩阵的运算法则可得

$$\dot{\boldsymbol{\phi}}^n=-\boldsymbol{\omega}_{in}^n \times \boldsymbol{\phi}^n+\delta\boldsymbol{\omega}_{in}^n-\boldsymbol{C}_b^n \tilde{\boldsymbol{\varepsilon}} \tag{11-102}$$

将 $\tilde{\boldsymbol{\varepsilon}}=(\left[\delta K_G\right]+\left[G\right])\boldsymbol{\omega}_{ib}^b+\boldsymbol{\varepsilon}^b$ 代入式(11-102)，得

$$\dot{\boldsymbol{\phi}}^n=-\boldsymbol{\omega}_{in}^n \times \boldsymbol{\phi}^n+\delta\boldsymbol{\omega}_{in}^n-\boldsymbol{C}_b^n\left(\left[\delta \boldsymbol{K}_G\right]+\left[\boldsymbol{G}\right]\right)\boldsymbol{\omega}_{ib}^b-\boldsymbol{\varepsilon}^n \tag{11-103}$$

式(11-103)即为捷联式惯导系统的姿态误差方程。

2. 捷联式惯导系统速度误差方程

第 11.1.3 小节中详细介绍了捷联式惯导系统速度更新的方法，即通过求解比力方程来获得运载体的地速 $\boldsymbol{V}_e^n$。但由于捷联式惯导系统没有物理稳定平台来跟踪导航坐标系，其陀螺仪和加速度计是固联在运载体上的，因此需要通过数学计算的方式来获得运载体在导航坐标系中的比力 $\boldsymbol{f}^n$。在计算 $\boldsymbol{f}^n$ 时，则需要用到运载体的姿态矩阵 $\boldsymbol{C}_b^n$ 将载体坐标系下的比力值转换至导航坐标系，即 $\boldsymbol{f}^n=\boldsymbol{C}_b^n\boldsymbol{f}^b$，因此在速度解算过程中会引入姿态解算误差。下面对捷联式惯导系统的速度解算误差进行推导。

由前文可知，在“东-北-天”系下的比力方程为

$$\dot{\boldsymbol{V}}^n=\boldsymbol{C}_b^n\boldsymbol{f}^b-(2\boldsymbol{\omega}_{ie}^n+\boldsymbol{\omega}_{en}^n)\times\boldsymbol{V}^n+\boldsymbol{g}^n \tag{11-104}$$

在实际的惯导解算中，假设计算机计算得到的导航坐标系为 n'，与理想导航系 n 之间存在误差角 $\boldsymbol{\phi}^n=\left[\phi_{\mathrm{E}} \quad \phi_{\mathrm{N}} \quad \phi_{\mathrm{U}}\right]^{\mathrm{T}}$，且 $\boldsymbol{\phi}$ 角符合小角度假设，则实际惯导解算时的姿态余弦矩阵为

$$\hat{\boldsymbol{C}}_b^n=\boldsymbol{C}_n^{n'}\boldsymbol{C}_b^n=\left(\boldsymbol{I}-\left[\boldsymbol{\phi}^n \times\right]\right)\boldsymbol{C}_b^n \tag{11-105}$$

式(11-104)中 $\boldsymbol{f}^b$ 为加速度计测量得到的比力信息 $\boldsymbol{f}_{ib}^b$，由于加速度计具有零偏误差、刻度系数误差和安装误差，因此实际的加速度计测量信息为

$$\hat{\boldsymbol{f}}^b=(\boldsymbol{I}+\left[\delta\boldsymbol{K}_A\right])(\boldsymbol{I}+\left[\delta\boldsymbol{A}\right])\boldsymbol{f}^b+\boldsymbol{\nabla}^b \tag{11-106}$$

惯导系统在解算时所用到的地球旋转角速度、导航坐标系旋转角速度和重力加速度也都存在误差，记为 $\hat{\boldsymbol{\omega}}_{ie}^n$、$\hat{\boldsymbol{\omega}}_{en}^n$ 和 $\hat{\boldsymbol{g}}^n$，表示方式为

$$\hat{\boldsymbol{\omega}}_{ie}^n=\boldsymbol{\omega}_{ie}^n+\delta\boldsymbol{\omega}_{ie}^n \tag{11-107}$$

$$\hat{\boldsymbol{\omega}}_{en}^n=\boldsymbol{\omega}_{en}^n+\delta\boldsymbol{\omega}_{en}^n \tag{11-108}$$

$$\hat{\boldsymbol{g}}^n=\boldsymbol{g}^n+\delta\boldsymbol{g} \tag{11-109}$$

设惯导解算的运载体速度为 $\hat{\boldsymbol{V}}^n$，与理想地速 $\boldsymbol{V}^n$ 之间的误差为 $\delta\boldsymbol{V}^n$。由于系统存在上述误差项，则实际惯导解算时的比力方程为

$$\dot{\hat{\boldsymbol{V}}}^n = \dot{\boldsymbol{V}}^n + \delta\dot{\boldsymbol{V}}^n = \hat{\boldsymbol{C}}_b^n \hat{\boldsymbol{f}}^b - \left(2\hat{\boldsymbol{\omega}}_{ie}^n + \hat{\boldsymbol{\omega}}_{en}^n\right) \times \hat{\boldsymbol{V}}^n + \hat{\boldsymbol{g}}^n \tag{11-110}$$

忽略$\delta \boldsymbol{g}$的影响，并略去二阶小量，得

$$\begin{aligned}\delta\dot{\boldsymbol{V}}^n = &-\boldsymbol{\phi}^n \times \boldsymbol{f}^n + \boldsymbol{C}_b^n([\delta\boldsymbol{K}_A] + [\delta\boldsymbol{A}])\boldsymbol{f}^b + \delta\boldsymbol{V}^n \times (2\boldsymbol{\omega}_{ie}^n + \boldsymbol{\omega}_{en}^n) \\ &+ \boldsymbol{V}^n \times (2\delta\boldsymbol{\omega}_{ie}^n + \delta\boldsymbol{\omega}_{en}^n) + \boldsymbol{\nabla}^n\end{aligned} \tag{11-111}$$

式(11-111)即为捷联式惯导系统速度误差方程。

3. 捷联式惯导系统位置误差方程

式(11-45)给出了捷联式惯导系统位置微分方程，由式(11-46)～式(11-48)可以直接推导出捷联式惯导系统位置误差方程为

$$\begin{cases}\delta\dot{L} = \dfrac{\delta V_{\mathrm{N}}}{R_{\mathrm{M}} + h} - \delta h \dfrac{V_{\mathrm{N}}}{\left(R_{\mathrm{M}} + h\right)^2} \\ \delta\dot{\lambda} = \dfrac{\delta V_{\mathrm{E}}}{R_{\mathrm{N}} + h}\sec L + \delta L \dfrac{V_{\mathrm{E}}}{R_{\mathrm{N}} + h}\tan L \sec L - \delta h \dfrac{V_{\mathrm{E}} \sec L}{\left(R_{\mathrm{N}} + h\right)^2} \\ \delta\dot{h} = \delta V_{\mathrm{U}}\end{cases} \tag{11-112}$$

通常，为了研究问题方便，惯性导航系统误差传播的分析是在静基座条件进行的，其结果不失一般性。对于理想情况下的惯性器件测量值，在陀螺仪东向测量值上加入测量误差所得的姿态误差与速度误差，分别如图 11-3 与图 11-4 所示。

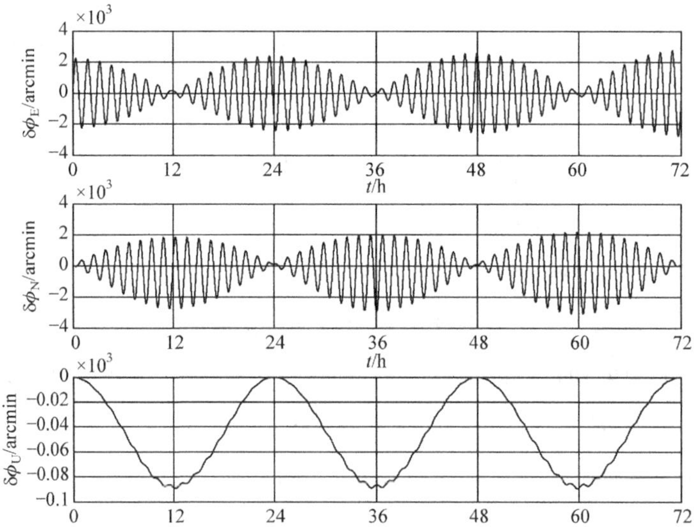

图 11-3　东向陀螺仪漂移引起的姿态误差

从仿真误差结果中可以看出，误差曲线存在明显的振荡。误差中振荡频率较高的分量是休位振荡，且休位振荡的周期为 84.4min；此外，可以明显看出休位振荡的幅值存在

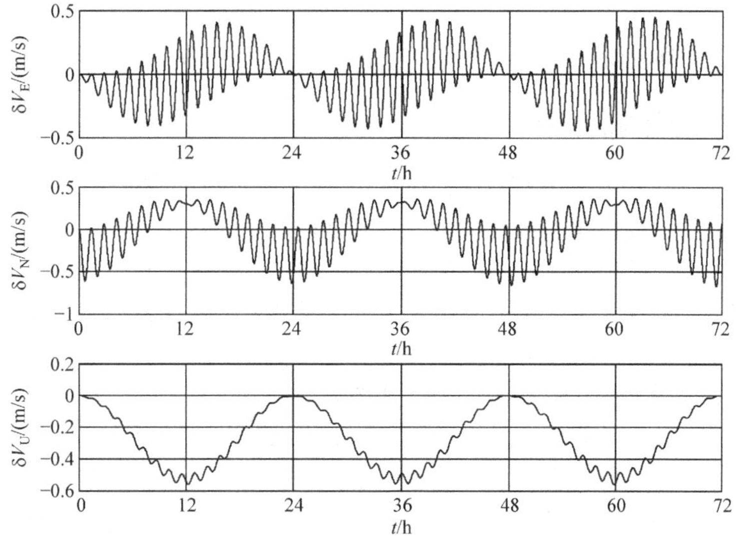

图 11-4　东向陀螺仪漂移引起的速度误差

明显的振荡，此振荡即为傅科振荡。

11.3　惯性导航初始对准技术

对于惯性导航系统，无论是使用物理平台的平台式惯导系统，还是使用数学平台的捷联式惯导系统，在系统进入导航工作状态之前，首先需要建立平台的初始基准，这一确定惯性敏感器的输入轴与惯导系统所采用的导航坐标系之间关系的过程，即为初始对准。惯导系统通电启动后如果没有给定初始信息，则无法完成后续的导航工作，这是因为惯导系统的导航计算是在选定的导航坐标系中进行的，而启动后惯导系统各坐标轴相对于导航坐标系的指向未知，因此必须进行初始对准。

初始对准的目的是使平台各轴的实际指向与要求指向间的偏差角不超过允许的误差范围，如水平误差不超过10″，方位误差在2′～5′。按照不同的分类标准，初始对准有如下几种分类方式。

(1) 按对准的阶段来分，初始对准一般分为两个阶段，即粗对准和精对准。第一阶段为粗对准，通过粗调平台水平与方位尽快将平台对准在一定的精度范围内；第二阶段为精对准，通过处理惯性器件输出信息精确校正失准角。

(2) 按对准的轴系来分，在以当地地理坐标系为导航坐标系时，初始对准可以分为水平对准和方位对准。对于平台式系统，通常分两步进行水平对准和方位对准，捷联式系统则可以同时进行。

(3) 按载体基座的运动状态来分，初始对准可以分为静基座对准和动基座对准。

(4) 按对准对外部信息的需求来分，初始对准分为自主式对准与传递对准。自主式对准依靠敏感重力矢量和地球速率矢量实现，不需要其他外部信息输入，自主性强；传递对准通过电气接口或光学方法等手段将外部参考系引入待对准的惯组设备，因而是一种非自主式对准方法。

本书主要介绍静基座下(运载体静止不动)的自主式对准和动基座下的传递对准。

11.3.1 平台式惯导自对准技术

自主式对准，即利用自然参考量 $\boldsymbol{g}$ 和 $\boldsymbol{\omega}_{ie}$，由系统自行完成的对准。由于 $\boldsymbol{\omega}_{ie}$ 在地球不同点是不相同的，所以自对准过程中，必须精确知道对准地点的纬度。对于平台式惯导系统，应用较多的是大型运载体，其发射/停放地点经过提前筛选与测量，有着精确的地理信息与定位参数。因此对准方案通常选择静基座下的自主式对准方案，此处以平台式惯导系统为例介绍自主式对准技术。

水平平台式惯导系统在初始对准之前先作环架锁定，即利用环架同步器输出直接驱动同轴上的力矩马达，使各轴接近互相正交，处于倾倒状态的平台被快速扶正。由于诸如飞机和舰船之类的运载体在停放时基本处于水平状态，所以扶正后的平台水平误差角在一定数值范围内可视为小角度，系统误差方程可视为线性的，这对简化对准过程是有利的。

对于指北方位惯导系统，为了跟踪当地地理坐标系，需要控制平台进行旋转，与地理坐标系下的东、北、天方位重合。对准中系统首先仅有水平通道参与工作。完成水平对准之后，方位通道参与工作完成方位对准。在忽略耦合项的情况下，得到静基座的误差传播方程如下：

$$\begin{cases}\delta\dot{V}_{\mathrm{E}}=-\phi_y g+\nabla_{\mathrm{E}}\\ \delta\dot{V}_{\mathrm{N}}=\phi_x g+\nabla_{\mathrm{N}}\\ \dot{\phi}_x=-\dfrac{\delta V_{\mathrm{N}}}{R}+\phi_y\omega_{ie}\sin L-\phi_z\omega_{ie}\cos L+\varepsilon_{\mathrm{E}}\\ \dot{\phi}_y=\dfrac{\delta V_{\mathrm{E}}}{R}-\phi_x\omega_{ie}\sin L+\varepsilon_{\mathrm{N}}\\ \dot{\phi}_z=\dfrac{\delta V_{\mathrm{E}}}{R}\tan L+\phi_x\omega_{ie}\cos L+\varepsilon_{\mathrm{U}}\end{cases}\tag{11-113}$$

1. 水平对准

在平台快速扶正后，用水平加速度计输出控制横滚环电机和俯仰环电机，驱动平台使水平加速度计的输出减小，这一过程即为水平粗对准，此时平台已接近水平。设平台的水平轴与东向和北向间的夹角为 K，此时水平方向的陀螺仪敏感到的输出为地球自转角速度的北向分量：

$$\begin{cases}\omega_{x0}\approx\omega_{ie}\cos L\sin K\\ \omega_{y0}\approx\omega_{ie}\cos L\cos K\end{cases}\tag{11-114}$$

按照 $K_{主}=\arctan(\omega_{x0}/\omega_{y0})$ 判断真值后，对方位陀螺仪施矩，驱动平台旋转完成方位粗对准，此时平台的方位失准角 ϕ_z 是一个小角度，水平通道东向和北向的误差方程分别简化为

$$\begin{cases} \delta \dot{V}_{\mathrm{E}} = -\phi_y g + \nabla_{\mathrm{E}} \\ \dot{\phi}_y = \dfrac{\delta V_{\mathrm{E}}}{R} + \varepsilon_{\mathrm{N}} \end{cases} \tag{11-115}$$

$$\begin{cases} \delta \dot{V}_{\mathrm{N}} = \phi_x g + \nabla_{\mathrm{N}} \\ \dot{\phi}_x = -\dfrac{\delta V_{\mathrm{N}}}{R} - \phi_z \omega_{ie} \cos L + \varepsilon_{\mathrm{E}} \end{cases} \tag{11-116}$$

由式(11-115)和式(11-116)可看出，东向与北向通道实质是休拉回路，为了提高快速性与精度，引入内反馈回路。以北向通道为例，其对准回路如图 11-5 所示。

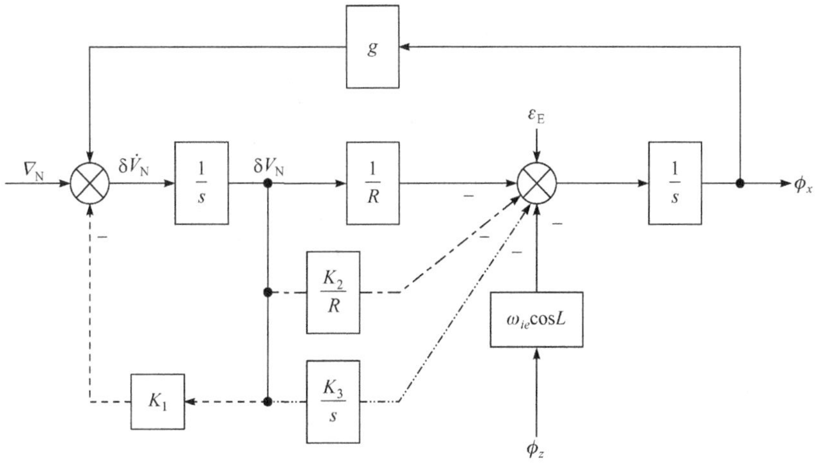

图 11-5 北向通道对准回路示意图

图 11-5 中虚线、点划线和两点划线分别代表 K_1 内反馈环节、K_2/R 顺馈回路和 K_3/s 顺馈回路，依次加入上述回路后形成二阶慢型水平对准回路、二阶快型水平对准回路和三阶水平对准回路。采用三阶水平对准回路时，水平对准可以达到的极限稳态值为

$$\begin{cases} \phi_{xss} = -\dfrac{\nabla_{\mathrm{N}}}{g} \\ \phi_{yss} = \dfrac{\nabla_{\mathrm{E}}}{g} \end{cases} \tag{11-117}$$

由式(11-117)可见，水平对准的精度取决于水平加速度计的精度。

2. 方位对准

指北方位惯导系统的方位对准是指控制平台绕方位轴旋转，使平台的 y_p 轴指向北向。经过方位粗对准和水平精对准，水平失准角已达角秒级，方位失准角达到1°左右。由于对准地的纬度准确已知，忽略陀螺仪力矩器等存在的误差，假设平台完全跟随指令，则指令可精确计算得

$$\boldsymbol{\omega}_{\text{cmd}} = \boldsymbol{\omega}_{iP}^{P} = \boldsymbol{\omega}_{ig}^{g} = \begin{bmatrix} 0 \\ \omega_{ie}\cos L \\ \omega_{ie}\sin L \end{bmatrix} \tag{11-118}$$

不考虑 ϕ_x 和 ϕ_y 的影响，有

$$\boldsymbol{\omega}_{gP}^{g} = \boldsymbol{\omega}_{iP}^{g} - \boldsymbol{\omega}_{ig}^{g} = \boldsymbol{C}_{P}^{g}\boldsymbol{\omega}_{iP}^{P} - \boldsymbol{\omega}_{ig}^{g} = \begin{bmatrix} -\phi_z\omega_{ie}\cos L \\ 0 \\ 0 \end{bmatrix} \tag{11-119}$$

角速度 ω_{gPx}^{g} 为罗经项。罗经法对准就是利用罗经项引起的 δV_{N}，用回路反馈的方式控制平台绕方位轴旋转，使 ϕ_x 逐渐减小。图 11-6 为罗经法对准的原理示意图，其中 $K(s)$ 是低通滤波器。

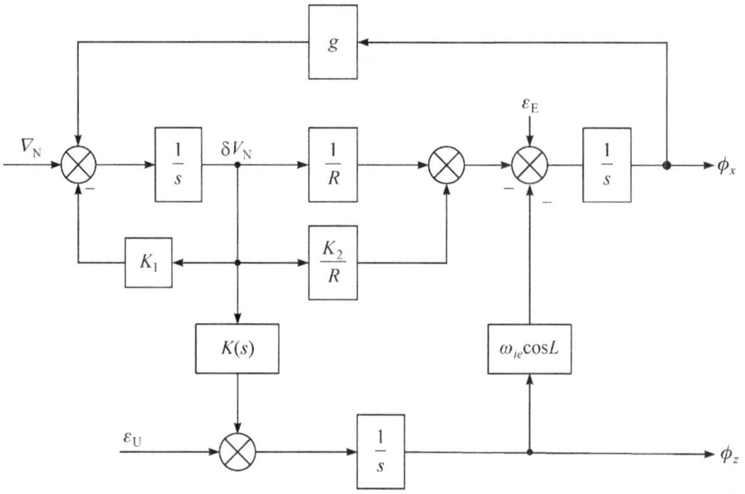

图 11-6 罗经法对准的原理示意图

对比图 11-5 和图 11-6 可以看出，罗经法的实质是改进后的北向通道二阶快型水平对准回路。根据图 11-6，求得罗经法方位对准的稳态值为

$$\phi_{zss} = \lim_{s\to 0} s\phi_z(s) = \frac{\varepsilon_{\mathrm{E}}}{\omega_{ie}\cos L} + \frac{(K_2+1)K_4}{RK_3}\varepsilon_{\mathrm{U}} \tag{11-120}$$

由于方位陀螺仪漂移的影响可通过选择参数 K_2、K_3、K_4 来减小，所以罗经法对准时，方位对准的极限精度为

$$\phi_{z\min} = \frac{\varepsilon_{\mathrm{E}}}{\omega_{ie}\cos L} \tag{11-121}$$

式(11-121)说明，要提高方位对准精度，就必须减小东向陀螺仪的漂移。

3. 陀螺仪测漂

经过水平精对准后，将东向和北向通道都构造成二阶快型水平对准回路，根据控制

回路有

$$\begin{cases}\dot{\phi}_x = -\dfrac{K_2+1}{R}\delta V_{\mathrm{N}} - \phi_z\omega_{ie}\cos L + \varepsilon_{\mathrm{E}} \\ \dot{\phi}_y = \dfrac{K_2+1}{R}\delta V_{\mathrm{E}} + \varepsilon_{\mathrm{N}}\end{cases} \tag{11-122}$$

当回路达到稳态后，有 $\dot{\phi}_x = 0$，$\dot{\phi}_y = 0$，记对于 x 陀螺仪与 y 陀螺仪的错误控制信号为

$$\begin{cases}\delta\omega_x = \dfrac{K_2+1}{R}\delta V_{\mathrm{N}} \\ \delta\omega_y = \dfrac{K_2+1}{R}\delta V_{\mathrm{E}}\end{cases} \tag{11-123}$$

式中，$\delta\omega_x$ 可以通过测量 x 陀螺仪力矩器中的施矩电流获得；$\delta\omega_y$ 通过测量 y 陀螺仪力矩器中的施矩电流，折算成角速度再减去 $\omega_{ie}\cos L$，可以得到北向陀螺仪的测漂公式如下：

$$\varepsilon_{\mathrm{N}} = -\delta\omega_y \tag{11-124}$$

11.3.2　捷联式惯导自对准技术

捷联式惯导没有实体平台，运载体的晃动干扰直接加给陀螺仪和加速度计，计算机对陀螺仪和加速度计的测量输出值进行处理，解算出姿态阵和速度误差，并从速度误差中估计出失准角。待失准角估计达到稳态后，用失准角估计值对姿态阵作校正，初始对准就完成了。与平台式惯导的初始对准类似，捷联式惯导的自对准也分粗对准和精对准两个过程。捷联式惯导对准也使用了地球自转角速度和重力加速度作为参考基准量，这与平台式惯导自对准本质上是相同的。

捷联式惯导自对准方案有多种，此处介绍一种适用于微幅晃动环境(如飞机平台)的粗对准方案及采用卡尔曼滤波方法实现的开环精对准方案，该方案概念直观，易于理解，并具有很好的工程实用性。

1. 粗对准

取东-北-天定义的导航系，则重力加速度和地球自转角速度在 n 系和 b 系内的分量有如下关系：

$$\begin{cases}\boldsymbol{g}^b = \boldsymbol{C}_n^b\boldsymbol{g}^n \\ \boldsymbol{\omega}_{ie}^b = \boldsymbol{C}_n^b\boldsymbol{\omega}_{ie}^n\end{cases} \tag{11-125}$$

粗对准过程中忽略了载体晃动和惯性器件测量误差的影响，在地速为零的情况下，对式(11-125)取转置，有

$$\begin{bmatrix}-\left(\tilde{\boldsymbol{f}}^b\right)^{\mathrm{T}} \\ \left(\tilde{\boldsymbol{\omega}}_{ib}^b\right)^{\mathrm{T}}\end{bmatrix} = \begin{bmatrix}\left(\boldsymbol{g}^n\right)^{\mathrm{T}} \\ \left(\boldsymbol{\omega}_{ie}^n\right)^{\mathrm{T}}\end{bmatrix}\cdot\boldsymbol{C}_b^n \tag{11-126}$$

若对准时刻载体所在经纬度已精确测得，式(11-126)可进一步改写为

$$\begin{bmatrix} -\tilde{f}_x^b & -\tilde{f}_y^b & -\tilde{f}_z^b \\ \tilde{\omega}_{ibx}^b & \tilde{\omega}_{iby}^b & \tilde{\omega}_{ibz}^b \end{bmatrix} \approx \begin{bmatrix} 0 & 0 & -g \\ 0 & \omega_{ie}\cos L & \omega_{ie}\sin L \end{bmatrix} \begin{bmatrix} T_{11} & T_{12} & T_{13} \\ T_{21} & T_{22} & T_{23} \\ T_{31} & T_{32} & T_{33} \end{bmatrix} \tag{11-127}$$

展开式(11-127)后可以解得姿态阵的各个系数。在实际惯导系统中，输出通常为增量形式，因此姿态阵各系数的解表示为

$$\begin{cases} T_{31} \approx \dfrac{\Delta V_x(m)}{gT_m} \\ T_{32} \approx \dfrac{\Delta V_y(m)}{gT_m} \\ T_{33} \approx \dfrac{\Delta V_z(m)}{gT_m} \end{cases} \tag{11-128}$$

$$\begin{cases} T_{21} \approx \dfrac{1}{T_m\omega_{ie}\cos L}\left[\Delta\theta_x(m) - T_m T_{31}\omega_{ie}\sin L\right] \\ T_{22} \approx \dfrac{1}{T_m\omega_{ie}\cos L}\left[\Delta\theta_y(m) - T_m T_{32}\omega_{ie}\sin L\right] \\ T_{23} \approx \dfrac{1}{T_m\omega_{ie}\cos L}\left[\Delta\theta_z(m) - T_m T_{33}\omega_{ie}\sin L\right] \end{cases} \tag{11-129}$$

$$\begin{cases} T_{11} = T_{22}T_{33} - T_{23}T_{32} \\ T_{12} = T_{23}T_{31} - T_{21}T_{33} \\ T_{13} = T_{21}T_{32} - T_{22}T_{31} \end{cases} \tag{11-130}$$

由于粗对准过程中忽略了载体晃动对惯导系统输出的影响，最终计算精度有限，失准角一般在数角分至数十角分的范围内，具体大小视载体的晃动剧烈程度而定。

2. 卡尔曼滤波法精对准

式(11-103)、式(11-111)和式(11-112)已经给出了捷联式惯性导航系统的误差方程。由于惯性器件偏置量的重复性误差对系统精度的影响最大，所以对准中仅将陀螺仪零次项漂移和加速度计零偏的随机常数部分列入状态，取系统状态量为

$$\boldsymbol{X} = \begin{bmatrix} \delta V_{\mathrm{E}} & \delta V_{\mathrm{N}} & \delta V_{\mathrm{U}} & \phi_{\mathrm{E}} & \phi_{\mathrm{N}} & \phi_{\mathrm{U}} & \varepsilon_{Bx}^b & \varepsilon_{By}^b & \varepsilon_{Bz}^b & \nabla_x^b & \nabla_y^b & \nabla_z^b \end{bmatrix}^{\mathrm{T}} \tag{11-131}$$

则系统状态方程为

$$\dot{\boldsymbol{X}}(t) = \boldsymbol{F}\boldsymbol{X}(t) + \boldsymbol{w}(t) \tag{11-132}$$

式中，

$$\boldsymbol{F} = \begin{bmatrix} \boldsymbol{F}_1 & \boldsymbol{F}_2 & \boldsymbol{0}_{3\times3} & \boldsymbol{C}_b^n \\ \boldsymbol{0}_{3\times3} & \boldsymbol{F}_3 & -\boldsymbol{C}_b^n & \boldsymbol{0}_{3\times3} \\ & & \boldsymbol{0}_{6\times12} & \end{bmatrix} \tag{11-133}$$

$$F_1=\begin{bmatrix}0 & 2\omega_{ie}\sin L & -2\omega_{ie}\cos L\\ -2\omega_{ie}\sin L & 0 & 0\\ 2\omega_{ie}\cos L & 0 & 0\end{bmatrix} \tag{11-134}$$

$$F_2=\begin{bmatrix}0 & g & 0\\ -g & 0 & 0\\ 0 & 0 & 0\end{bmatrix} \tag{11-135}$$

$$F_3=\begin{bmatrix}0 & \omega_{ie}\sin L & \omega_{ie}\cos L\\ -\omega_{ie}\sin L & 0 & 0\\ \omega_{ie}\cos L & 0 & 0\end{bmatrix} \tag{11-136}$$

(11-137)

噪声项 $\boldsymbol{w}(t)$ 中的非零元素为

$$\begin{cases}w(4)=w_{\mathrm{GE}}=T_{11}w_{Gx}+T_{12}w_{Gy}+T_{13}w_{Gz}\\ w(5)=w_{\mathrm{GN}}=T_{21}w_{Gx}+T_{22}w_{Gy}+T_{23}w_{Gz}\\ w(6)=w_{\mathrm{GU}}=T_{31}w_{Gx}+T_{32}w_{Gy}+T_{33}w_{Gz}\end{cases} \tag{11-138}$$

对准过程中，将系统的速度输出作为量测量，在卡尔曼滤波的更新时间点 t_k 上做离散化处理，有观测方程：

$$\boldsymbol{Z}_k=\boldsymbol{H}\boldsymbol{X}_k+\boldsymbol{V}_k \tag{11-139}$$

式中，观测矩阵为

$$\boldsymbol{H}=\begin{bmatrix}1 & 0 & 0\\ 0 & 1 & 0\\ 0 & 0 & 1\end{bmatrix} \tag{11-140}$$

通过设计带阻滤波器对晃动引起的干扰速度 $\boldsymbol{V}_k$ 进行适当抑制，采用离散卡尔曼滤波器即可对准误差实现最优估计，从而完成精对准

11.3.3　动基座下捷联式惯导的传递对准技术

根据基准信息特点、惯导系统类型和载体所处的环境特点，可以选择传递对准模式。常用的匹配模式有测量参数匹配模式和计算参数匹配模式。不同匹配模式下的快速性和精度会存在差异，各具特点，可以根据需要确定不同的匹配参数，以保证特定环境下的传递对准性能。匹配模式根据所选参数的不同，主要分为测量参数匹配和计算参数匹配两种模式，其中测量参数匹配模式利用主、子惯导系统测得的角速度或比力之差作为量测量来进行初始对准，下面分别介绍常用的测量参数匹配模式。

1. 加速度匹配模式

对于捷联式惯导系统，传递对准中主、子惯导系统的加速度输出是在各自载体坐

标系下相对惯性坐标系的加速度，其差异是由主、子惯导所在的载体坐标系间的差异造成的。主、子惯导载体坐标系差异主要包括安装误差角$\boldsymbol{\mu}$以及由于弹性变形而产生的弹性变形角$\boldsymbol{\theta}$。其中，安装误差角是常值，其模型可以描述为$\dot{\boldsymbol{\mu}}=0$；弹性过程可以用马尔可夫过程近似描述，其数学模型通常分为静态变形和动态变形，因为静态变形是一个慢变过程，对传递对准的影响不显著，故这里只考虑动态变形。动态过程是由外部环境干扰作用在运载体而产生的，在进行导航计算时常采用白噪声驱动的二阶马尔可夫过程来描述，并且假设绕主惯导所在三个轴向的变形过程是相互独立的，设载体坐标系中存在的动态变形角为

$$\boldsymbol{\theta}_f=\begin{bmatrix}\theta_{fx} & \theta_{fy} & \theta_{fz}\end{bmatrix}^{\mathrm{T}} \tag{11-141}$$

令$\boldsymbol{\omega}_f$为载体的动态变形引起的子惯导载体坐标系相对主惯导载体坐标系三个轴的变形角速度，则有

$$\begin{cases}\dot{\boldsymbol{\theta}}_f=\boldsymbol{\omega}_f\\ \dot{\omega}_{fx}=-\beta_x^2\theta_{fx}-2\beta_x\omega_{fx}+\omega_{\theta x}\\ \dot{\omega}_{fy}=-\beta_y^2\theta_{fy}-2\beta_y\omega_{fy}+\omega_{\theta y}\\ \dot{\omega}_{fz}=-\beta_z^2\theta_{fz}-2\beta_z\omega_{fz}+\omega_{\theta z}\end{cases} \tag{11-142}$$

式中，$\omega_{\theta x}$、$\omega_{\theta y}$、$\omega_{\theta z}$为白噪声。

加速度匹配的传递对准模型如下：

$$\begin{cases}\dot{\boldsymbol{X}}=\boldsymbol{FX}+\boldsymbol{W}\\ \boldsymbol{Z}=\boldsymbol{HX}+\boldsymbol{V}\end{cases} \tag{11-143}$$

式中，状态量$\boldsymbol{X}=\begin{bmatrix}\boldsymbol{\mu}^{\mathrm{T}} & \boldsymbol{\theta}_f^{\mathrm{T}} & \boldsymbol{\omega}_f^{\mathrm{T}}\end{bmatrix}^{\mathrm{T}}$；观测量，即主、子惯导加速度计输出差值$\boldsymbol{Z}=\boldsymbol{f}_{ib}^{s}-\boldsymbol{f}_{ib}^{m}$；系统的状态矩阵与量测矩阵分别为

$$\boldsymbol{F}=\begin{bmatrix}\boldsymbol{0}_{3\times3} & \boldsymbol{0}_{3\times3} & \boldsymbol{0}_{3\times3}\\ \boldsymbol{0}_{3\times3} & \boldsymbol{0}_{3\times3} & \boldsymbol{I}_{3\times3}\\ \boldsymbol{0}_{3\times3} & \boldsymbol{A}_1 & \boldsymbol{A}_2\end{bmatrix} \tag{11-144}$$

$$\boldsymbol{H}=\begin{bmatrix}\begin{bmatrix}\boldsymbol{f}_{im}^{m}\times\end{bmatrix} & \begin{bmatrix}\boldsymbol{f}_{im}^{m}\times\end{bmatrix} & \boldsymbol{0}_{3\times3}\end{bmatrix} \tag{11-145}$$

式中，

$$\boldsymbol{A}_1=\begin{bmatrix}-\beta_x^2 & 0 & 0\\ 0 & -\beta_y^2 & 0\\ 0 & 0 & -\beta_z^2\end{bmatrix}$$

$$\boldsymbol{A}_2=\begin{bmatrix}-2\beta_x & 0 & 0\\ 0 & -2\beta_y & 0\\ 0 & 0 & -2\beta_z\end{bmatrix}$$

式中，β_x、β_y、β_z为描述挠曲变形的模型参数。

2. 角速度匹配模式

角速度匹配模式传递对准滤波器状态选择同加速度匹配方法，观测量为主、子惯导系统测量的角速度之差$\boldsymbol{Z}=\boldsymbol{\omega}_{ib}^{s}-\boldsymbol{\omega}_{ib}^{m}$，系统的状态矩阵和量测矩阵分别为

$$\boldsymbol{F}=\begin{bmatrix}\mathbf{0}_{3\times3} & \mathbf{0}_{3\times3} & \mathbf{0}_{3\times3}\\ \mathbf{0}_{3\times3} & \mathbf{0}_{3\times3} & \boldsymbol{I}_{3\times3}\\ \mathbf{0}_{3\times3} & \boldsymbol{A}_1 & \boldsymbol{A}_2\end{bmatrix} \tag{11-146}$$

$$\boldsymbol{H}=\begin{bmatrix}\left[\boldsymbol{\omega}_{ib}^{m}\times\right] & \left[\boldsymbol{f}_{ib}^{m}\times\right] & \boldsymbol{I}_{3\times3}\end{bmatrix} \tag{11-147}$$

测量参数匹配模式具有计算量小等诸多优点，但在一些环境下只使用测量参数难以满足对准要求，因此需要引入测量值以外的参数，形成计算参数匹配模式或组合参数匹配模式。下面介绍常用的参数匹配模式。

3. 速度匹配模式

速度匹配模式传递对准状态变量选取为子惯导系统的误差角$\boldsymbol{\phi}^n$、速度误差$\delta\boldsymbol{V}^n$、加速度计零偏$\boldsymbol{\nabla}_{bs}^{b}$和陀螺仪漂移$\boldsymbol{\varepsilon}_{bs}^{b}$，即$\boldsymbol{X}=\begin{bmatrix}(\boldsymbol{\phi}_n)^{\mathrm{T}} & (\delta\boldsymbol{V}_n)^{\mathrm{T}} & (\boldsymbol{\varepsilon}_{bs}^{b})^{\mathrm{T}} & (\boldsymbol{\nabla}_{bs}^{b})^{\mathrm{T}}\end{bmatrix}$，状态矩阵为

$$\boldsymbol{F}=\begin{bmatrix}-\left[\left(\boldsymbol{\omega}_{ie}^{n}+\boldsymbol{\omega}_{en}^{n}\right)\times\right] & \mathbf{0}_{3\times3} & -\boldsymbol{C}_{bs}^{n} & \mathbf{0}_{3\times3}\\ \boldsymbol{C}_{bs}^{n}\left[\boldsymbol{f}_{bs}\times\right] & -\left[\left(2\boldsymbol{\omega}_{ie}^{n}+\boldsymbol{\omega}_{en}^{n}\right)\times\right] & \mathbf{0}_{3\times3} & \boldsymbol{C}_{bs}^{n}\\ \mathbf{0}_{3\times3} & \mathbf{0}_{3\times3} & \mathbf{0}_{3\times3} & \mathbf{0}_{3\times3}\\ \mathbf{0}_{3\times3} & \mathbf{0}_{3\times3} & \mathbf{0}_{3\times3} & \mathbf{0}_{3\times3}\end{bmatrix} \tag{11-148}$$

对于速度匹配模式传递对准，对准滤波器的观测量选择为主、子惯导系统的速度差值，即$\boldsymbol{Z}=\boldsymbol{V}_s^n-\boldsymbol{V}_m^n$，后面还将考虑杆臂效应的影响，对观测量进一步进行补偿。量测矩阵为

$$\boldsymbol{H}=\begin{bmatrix}\mathbf{0}_{3\times3} & \boldsymbol{I}_{3\times3} & \mathbf{0}_{3\times3} & \mathbf{0}_{3\times3}\end{bmatrix} \tag{11-149}$$

4. 速度＋姿态匹配模式

速度＋姿态匹配模式的传递对准滤波器状态变量选取为

$$\boldsymbol{X}=\begin{bmatrix}(\boldsymbol{\phi}_n)^{\mathrm{T}} & (\delta\boldsymbol{V}_n)^{\mathrm{T}} & (\boldsymbol{\varepsilon}_{bs}^{b})^{\mathrm{T}} & (\boldsymbol{\nabla}_{bs}^{b})^{\mathrm{T}} & \boldsymbol{\mu}^{\mathrm{T}} & \boldsymbol{\theta}_f^{\mathrm{T}} & \boldsymbol{\omega}_f^{\mathrm{T}}\end{bmatrix}^{\mathrm{T}}$$

相应的量测量为主、子惯导系统输出的速度之差和姿态之差，这里直接给出观测量$\boldsymbol{Z}=\begin{bmatrix}\boldsymbol{V}_s^n-\boldsymbol{V}_m^n\\ \boldsymbol{\phi}_s^n-\boldsymbol{\phi}_m^n\end{bmatrix}$，状态矩阵与量测矩阵分别为

$$\boldsymbol{F}=\begin{bmatrix} -\left[\boldsymbol{\omega}_{in}^{n}\times\right] & \boldsymbol{0}_{3\times3} & -\boldsymbol{C}_{bs}^{n} & \boldsymbol{0}_{3\times3} & \boldsymbol{0}_{3\times3} & \boldsymbol{0}_{3\times3} & \boldsymbol{0}_{3\times3} \\ \left[\boldsymbol{f}^{n}\times\right] & -\left[\left(2\boldsymbol{\omega}_{ie}^{n}+\boldsymbol{\omega}_{en}^{n}\right)\times\right] & \boldsymbol{0}_{3\times3} & \boldsymbol{C}_{bs}^{n} & \boldsymbol{0}_{3\times3} & \boldsymbol{0}_{3\times3} & \boldsymbol{0}_{3\times3} \\ \boldsymbol{0}_{3\times3} & \boldsymbol{0}_{3\times3} & \boldsymbol{0}_{3\times3} & \boldsymbol{0}_{3\times3} & \boldsymbol{0}_{3\times3} & \boldsymbol{0}_{3\times3} & \boldsymbol{0}_{3\times3} \\ \boldsymbol{0}_{3\times3} & \boldsymbol{0}_{3\times3} & \boldsymbol{0}_{3\times3} & \boldsymbol{0}_{3\times3} & \boldsymbol{0}_{3\times3} & \boldsymbol{0}_{3\times3} & \boldsymbol{0}_{3\times3} \\ \boldsymbol{0}_{3\times3} & \boldsymbol{0}_{3\times3} & \boldsymbol{0}_{3\times3} & \boldsymbol{0}_{3\times3} & \boldsymbol{0}_{3\times3} & \boldsymbol{0}_{3\times3} & \boldsymbol{0}_{3\times3} \\ \boldsymbol{0}_{3\times3} & \boldsymbol{0}_{3\times3} & \boldsymbol{0}_{3\times3} & \boldsymbol{0}_{3\times3} & \boldsymbol{0}_{3\times3} & \boldsymbol{0}_{3\times3} & \boldsymbol{I}_{3\times3} \\ \boldsymbol{0}_{3\times3} & \boldsymbol{0}_{3\times3} & \boldsymbol{0}_{3\times3} & \boldsymbol{0}_{3\times3} & \boldsymbol{0}_{3\times3} & \boldsymbol{A}_{1} & \boldsymbol{A}_{2} \end{bmatrix} \tag{11-150}$$

$$\boldsymbol{H}=\begin{bmatrix} \boldsymbol{0}_{3\times3} & \boldsymbol{I}_{3\times3} & \boldsymbol{0}_{3\times3} & \boldsymbol{0}_{3\times3} & \boldsymbol{0}_{3\times3} & \boldsymbol{0}_{3\times3} & \boldsymbol{0}_{3\times3} \\ \boldsymbol{I}_{3\times3} & \boldsymbol{0}_{3\times3} & \boldsymbol{0}_{3\times3} & \boldsymbol{0}_{3\times3} & -\boldsymbol{C}_{bs}^{n} & -\boldsymbol{C}_{bs}^{n} & \boldsymbol{0}_{3\times3} \end{bmatrix} \tag{11-151}$$

式中，

$$\boldsymbol{A}_{1}=\begin{bmatrix} -\beta_{x}^{2} & 0 & 0 \\ 0 & -\beta_{y}^{2} & 0 \\ 0 & 0 & -\beta_{z}^{2} \end{bmatrix}$$

$$\boldsymbol{A}_{2}=\begin{bmatrix} -2\beta_{x} & 0 & 0 \\ 0 & -2\beta_{y} & 0 \\ 0 & 0 & -2\beta_{z} \end{bmatrix}$$

5. 速度＋加速度匹配模式

根据速度匹配模式与加速度匹配模式，将两种模式组合起来进行对准。对准状态变量取为

$$\boldsymbol{X}=\left[(\boldsymbol{\phi}_{n})^{\mathrm{T}} \quad (\delta\boldsymbol{V}_{n})^{\mathrm{T}} \quad \left(\boldsymbol{\varepsilon}_{bs}^{b}\right)^{\mathrm{T}} \quad \left(\boldsymbol{\nabla}_{bs}^{b}\right)^{\mathrm{T}} \quad \boldsymbol{\mu}^{\mathrm{T}} \quad \boldsymbol{\theta}_{f}^{\mathrm{T}} \quad \boldsymbol{\omega}_{f}^{\mathrm{T}}\right]^{\mathrm{T}}$$

相应的量测量为主、子惯导系统输出的速度之差和加速度之差，即 $\boldsymbol{Z}=\begin{bmatrix} \boldsymbol{V}_{s}^{n}-\boldsymbol{V}_{m}^{n} \\ \boldsymbol{f}_{is}^{s}-\boldsymbol{f}_{im}^{m} \end{bmatrix}$，状态矩阵为

$$\boldsymbol{F}=\begin{bmatrix} -\left[\boldsymbol{\omega}_{in}^{n}\times\right] & \boldsymbol{0}_{3\times3} & -\boldsymbol{C}_{bs}^{n} & \boldsymbol{0}_{3\times3} & \boldsymbol{0}_{3\times3} & \boldsymbol{0}_{3\times3} & \boldsymbol{0}_{3\times3} \\ \left[\boldsymbol{f}^{n}\times\right] & -\left[\left(2\boldsymbol{\omega}_{ie}^{n}+\boldsymbol{\omega}_{en}^{n}\right)\times\right] & \boldsymbol{0}_{3\times3} & \boldsymbol{C}_{bs}^{n} & \boldsymbol{0}_{3\times3} & \boldsymbol{0}_{3\times3} & \boldsymbol{0}_{3\times3} \\ \boldsymbol{0}_{3\times3} & \boldsymbol{0}_{3\times3} & \boldsymbol{0}_{3\times3} & \boldsymbol{0}_{3\times3} & \boldsymbol{0}_{3\times3} & \boldsymbol{0}_{3\times3} & \boldsymbol{0}_{3\times3} \\ \boldsymbol{0}_{3\times3} & \boldsymbol{0}_{3\times3} & \boldsymbol{0}_{3\times3} & \boldsymbol{0}_{3\times3} & \boldsymbol{0}_{3\times3} & \boldsymbol{0}_{3\times3} & \boldsymbol{0}_{3\times3} \\ \boldsymbol{0}_{3\times3} & \boldsymbol{0}_{3\times3} & \boldsymbol{0}_{3\times3} & \boldsymbol{0}_{3\times3} & \boldsymbol{0}_{3\times3} & \boldsymbol{0}_{3\times3} & \boldsymbol{0}_{3\times3} \\ \boldsymbol{0}_{3\times3} & \boldsymbol{0}_{3\times3} & \boldsymbol{0}_{3\times3} & \boldsymbol{0}_{3\times3} & \boldsymbol{0}_{3\times3} & \boldsymbol{0}_{3\times3} & \boldsymbol{I}_{3\times3} \\ \boldsymbol{0}_{3\times3} & \boldsymbol{0}_{3\times3} & \boldsymbol{0}_{3\times3} & \boldsymbol{0}_{3\times3} & \boldsymbol{0}_{3\times3} & \boldsymbol{A}_{1} & \boldsymbol{A}_{2} \end{bmatrix} \tag{11-152}$$

式中，

$$A_1 = \begin{bmatrix} -\beta_x^2 & 0 & 0 \\ 0 & -\beta_y^2 & 0 \\ 0 & 0 & -\beta_z^2 \end{bmatrix}$$

$$A_2 = \begin{bmatrix} -2\beta_x & 0 & 0 \\ 0 & -2\beta_y & 0 \\ 0 & 0 & -2\beta_z \end{bmatrix}$$

同时，考虑子惯导加速度计零偏对加速度量测量的影响，取量测矩阵为

$$\boldsymbol{H} = \begin{bmatrix} \boldsymbol{0}_{3\times3} & \boldsymbol{I}_{3\times3} & \boldsymbol{0}_{3\times3} & \boldsymbol{0}_{3\times3} & \boldsymbol{0}_{3\times3} & \boldsymbol{0}_{3\times3} & \boldsymbol{0}_{3\times3} \\ \boldsymbol{I}_{3\times3} & \boldsymbol{0}_{3\times3} & \boldsymbol{0}_{3\times3} & \boldsymbol{0}_{3\times3} & \left[\boldsymbol{f}_{im}^m \times\right] & \left[\boldsymbol{f}_{im}^m \times\right] & \boldsymbol{0}_{3\times3} \end{bmatrix} \tag{11-153}$$

由于速度＋姿态匹配模式与速度＋加速度匹配模式是组合参数匹配模式，因此，在选择机动方式时不能只考虑有利于单独的一类匹配模式的机动方式，需要通过对仿真结果的分析，找到适合此类组合参数匹配模式的机动方式。

思　考　题

11.1　给出惯性器件的主要误差项。

11.2　传递对准的匹配模式有哪些?

11.3　试推导用双子样算法进行捷联式惯性导航解算，所引起的误差的理论表达式。

11.4　提出一种无误差的捷联式惯性导航计算方法。

参 考 文 献

[1] 许国祯. 惯性技术手册[M]. 北京: 中国宇航出版社, 1995.

[2] 郭俊义. 物理大地测量学基础[M]. 武汉: 武汉测绘科技大学出版社, 1994.

[3] OKEEFEJ C, ECKLES A, SQUIRES R. Vanguard measurements give pear-shaped component of earth's figure[J]. Science, 1959, 129(3348): 40-107.

[4] SAVAGE P G. Strapdown inertial navigation integration algorithm design part 1: Attitude algorithms[J]. Journal of Guidance, Control & Dynamics, 1998, 22(1): 19-189.

[5] SAVAGE P G. Strapdown inertial navigation integration algorithm design part 2: Velocity and position algorithms[J]. Journal of Guidance Control & Dynamics, 1998, 22(1): 207-384.

[6] BRITTING K R. Inertial Navigation Systems Analysis[M]. New York: Wiley-Interscience, 1971.

[7] MILLER R B. A new strapdown attitude algorithm[J]. Journal of Guidance Control & Dynamics, 2012, 6(4): 287-291.

[8] HERVE C L. 光纤陀螺[M]. 张佳才, 王巍, 译. 北京: 国防工业出版社, 2002.

[9] 秦永元, 张洪钺, 汪叔华. 卡尔曼滤波与组合导航原理[M]. 西安: 西北工业大学出版社, 1998.

[10] 高钟毓. 惯性导航系统技术[M]. 北京: 清华大学出版社, 2012.

[11] 严恭敏. 惯性仪器测试与数据分析[M]. 北京: 国防工业出版社, 2012.

[12] 袁信, 郑谔. 捷联式惯性导航原理[M]. 北京: 航空工业出版社, 1985.

[13] 陈哲. 捷联惯导系统原理[M]. 北京: 中国宇航出版社, 1986.

[14] 张树侠, 孙静. 捷联式惯性导航系统[M]. 北京: 国防工业出版社, 1992.

第 12 章

惯性/卫星组合导航原理

惯性导航是利用惯性敏感器的测量信息来计算航行体位置、速度和航向的导航方法。由于惯性导航具有高度自主性、抗干扰性、高短期精度、高数据输出率、完备的导航信息、适应范围广等特点，在航空、航天、航海和许多民用领域得到了广泛的应用，成为目前应用于各种航行体上的一种重要导航手段。其主要缺点是导航定位误差随时间积累，因而难以长时间地独立工作[1]。解决这一问题的途径主要有两种，一种是提高惯导系统(INS)本身的精度；另一种是采用组合导航技术。提高惯导系统的精度，主要依靠采用新材料、新工艺、新技术，提高惯性敏感器的精度，或研制新型高精度的惯性器件或惯性仪表。实践证明，这需要花费很大的人力和财力，且惯性敏感器精度的提高是有限的。组合导航技术利用两个或多个导航和测量系统的互补特性，在现有敏感器或设备的基础上，利用导航误差不随时间积累的外部参考信息源，定期或不定期地对惯导系统进行综合校正和对惯性敏感器的误差进行补偿，以便产生一个比任何一个独立工作的分系统性能更好的集成系统。它主要是通过算法和软件技术来提高导航精度。实践证明，组合导航技术是提高惯导系统性能的有效方法，因而是惯性导航技术研究的重要内容。

对于很多需要导航能力的航行体来说，设计者通常需要考虑两项基本的但又相互矛盾的要求，即高精度和低成本要求。采用更精确的惯性敏感器可以提高精度，但会使惯性系统成本变得极为昂贵，而且提高的精度有限，所以除潜艇导航系统或其他战略平台外，大多数战术平台不宜采用昂贵的惯导系统。因此，采用低成本 INS 和其他导航辅助设备相结合的组合导航技术成为一种颇受关注的改进方法。可以利用多种现代导航辅助设备、估算和滤波处理技术，以及高速计算机处理器等方面的进展，使得低成本惯性组合导航系统的性能全面提升，也使其得到了非常广泛的应用[2]。

12.1　组合导航主要任务

组合导航系统是一个典型的多敏感器测量系统。在多敏感器测量系统中，可以直接采用外部测量值以确定修正导航变量的方式。但是由于外部测量值本身包含严重的随机误差，因而这些误差与导航系统误差相比，可能是相对严重的误差。另外，导航系统误差主要是由随机、时变的导航敏感器误差引起的。因此，直接采用外部测量值修正导航变量，存在诸多问题，甚至会引起严重的误差。应用最优估计理论最优地使用外部测量值和导航系统所提供的结果，可以获得比只有外部测量或导航系统时更好的导航精度。因此，在多敏感器测量系统中，多采用最优滤波方法将不同传感器的测量信息和航行体的动力学知识进行综合处理，以及状态估计和校正。可在初始条件存在不确定的条件下，从含有测量噪声和误差的多传感器测量数据中，为航行体提供“最好”的位置、速度等运动状态估计。为了与经典的回路控制方法和其他确定性修正方法相区别，通常将采用滤波和估计技术的组合导航称为最优组合导航。最优组合导航的基本原理是利用两种或两种以上的具有互补误差特性的独立信息源或非相似导航系统，对同一导航信息作测量并解算以形成量测量，以其中一个系统作为主系统，利用滤波算法估计该系统的各种误差(称为状态误差)，再用状态误差的估值校正系统状态值，以使组合系统的性能比其中任何一个独立的子系统都更为优越，从而达到综合的目的。典型的互补误差特性通常指信息源分别具有短时间内精度高和长时间内数据稳定的特点。这样，使用一种信息源提供短时间高精度的数据，其余信息源提供长时间高稳定性的数据，利用两类测量信息的差推算前者误差的修正值，实现利用后者数据限制前者数据长时间漂移的目的。

鉴于 INS 具有自主性好、全天候工作、短期工作精度好、隐蔽性好、信息全面和频带宽等优点，在惯性组合导航系统中，一般均以 INS 作为组合导航系统的关键子系统，而利用其他导航系统或敏感器，如 GPS、星光、无线电等，长期稳定地输出信息去修正 INS 的误差。图 12-1 为惯性组合导航系统的组成和原理框图。

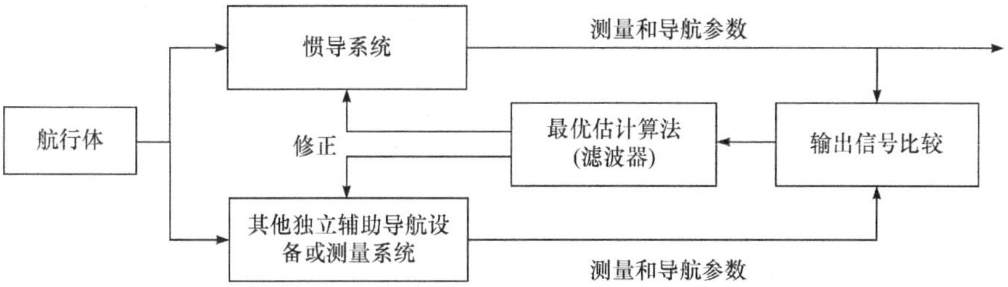

图 12-1　惯性组合导航系统的组成和原理框图

目前，大量航行体主要采用惯导系统为主和其他导航设备为辅的导航体制。在惯性组合导航系统中，参与组合导航用于辅助 INS 的设备可以分为两大类。

(1) 外部辅助导航系统或测量设备。这类系统或设备需要接收信号或观察航行体外面的(人造)物体以获得航行体运动的测量值，如无线电辅助导航设备、卫星定位接收机、星体跟踪器和地面跟踪雷达等。有时数据可以在航行体行进过程中传递给航行体，有时要通过“接收机”或“观察器”接收观察结果。这类辅助导航设备通常需要提供航行体的经度和纬度或相对当地参考坐标系的位置坐标，用于惯导系统的误差修正[3]。

(2) 机载测量设备。它们通常是导航的航行体上的附加敏感器，这些敏感器通过对航行体外面的物体(通常是自然物体或运行环境物理参数)进行测量，获得与航行体运动相关的测量值。这类辅助导航设备装置有高度表、多普勒雷达、空速表、星敏感器、磁敏感器、重力仪、机载雷达或光电成像系统等。这些敏感器可以提供姿态、速度或位置修正，每一种修正都可以用于改进惯导系统的工作质量。

前已述及，组合导航系统是一个典型的多敏感器测量系统，由于参与组合的测量数据具有不同的特性，常常需要使用复杂的滤波技术(如卡尔曼滤波)或信息融合方法对这些测量值进行处理以得到实时最优的效果，从而实现组合导航。因此，组合导航是一个典型的最优滤波问题。

应用最优滤波实现组合导航的主要非硬件任务包括两个方面：一是建立系统模型，即建立系统输入量与被估计量之间关系的数学描述；二是实现所需要的性能，包括选择具体滤波准则(算法)，根据参与组合的导航子系统，建立合理的组合导航计算和数据处理流程，进行导航参数、系统状态和目标信息等的估计，结合各种系统的优点，提高航行体的导航性能。图 12-2 展示了组合导航最优综合的主要非硬件任务。以上两方面是相互关联的，在具体的滤波过程中，总是希望选择与系统模型相协调的滤波准则。在充分了解和掌握系统运行机理和任务需求的前提下，既要注意系统模型描述的精确程度，又要考虑所建立模型的数学易处理性和算法的可实现性。合理平衡两者间的关系是滤波器得到良好应用的关键。

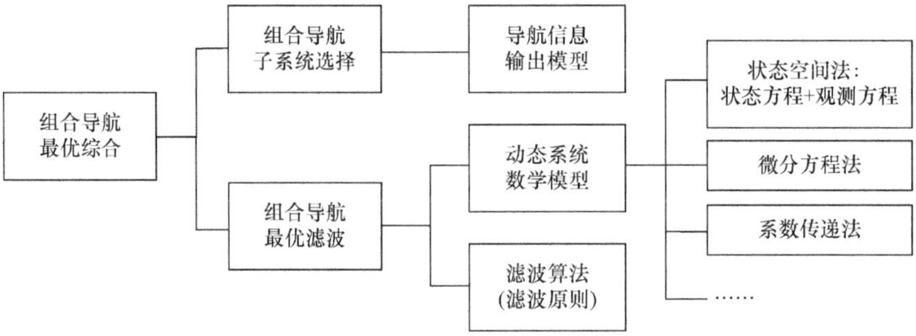

图 12-2　组合导航最优综合的主要非硬件任务

应用最优滤波实现组合导航的主要过程包括：

(1) 设计“最优”系统并对其特性进行计算和评估；

(2) 考虑成本限制、灵敏度特性、计算要求和能力、测量程序和系统知识了解程度等，对“最优”系统进行简化，设计合适的“次优”系统；

(3) 构建并试验样机系统，按要求做最后调整和改进。

以在导航领域应用最为广泛的卡尔曼滤波为例，采用卡尔曼滤波实现组合导航的非硬件任务和主要过程包括确定真实系统基本状态；确定子系统和器件误差源的误差噪声模型和统计特性；列写噪声状态方程；列写真实系统状态方程和量测方程；系统离散化和系统滤波稳定性分析；确定滤波初值；编制滤波仿真程序；进行性能仿真和误差分析，设计降阶次优滤波器，开展地面仿真、模拟和验证实验，校核可能达到的精度；编制机载计算机程序，评估系统性能及实时性，并进行工程化实现[4]。

12.2　惯性/卫星组合导航算法

全球导航卫星系统(GNSS)是全球性、全天候、多功能、高精度、实时的卫星导航系统，由于其导航定位的全球性和高精度，使之成为一种先进的导航系统和设备。但是，

GNSS 也存在着一些不足之处，主要是 GNSS 接收机的导航测量值噪声相对较大，信号易受干扰，在一些场合使用信号会被遮挡，不能为载体提供持续不断的导航信息。特别是功率有限的干扰机会对 GNSS 接收机造成干扰。因此，任何基于 GNSS 导航方法的系统都是比较脆弱的，其可用性和完备性都会受到影响。这一事实是许多用户，尤其是军事用户主要关注的问题。另外，GNSS 接收机的工作受飞行器机动的影响，当飞行器的机动超过 GNSS 接收机的动态范围时，信号接收会失锁，从而不能工作，或者动态误差太大，超过允许值，以至于不能满足使用要求。当用在无人驾驶的飞行器上时，由于 GNSS 接收机数据更新频率低、信号噪声大，因而难以满足实时控制的要求。由于上述不足，目前，GNSS 主要作为一种辅助导航(supplemental navigation)设备使用，而不能作为唯一的导航(sole-means navigation)设备使用。但因 GNSS 导航定位的全球性、高精度和低成本，以及 INS 和 GNSS 之间的互补性，将其作为惯导系统的辅助设备是一种理想的选择。近几年来，人们就该课题进行了大量的工作，并仍在致力于研究多卫星系统、多辅助信息的高精度组合导航算法，抗卫星信号干扰的组合方案等。

GNSS 包括美国的 GPS、俄罗斯的 GLONASS、欧洲的 Galileo 系统和中国的北斗卫星导航系统。尽管不同的卫星导航系统在系统组成、工作原理和导航应用等方面存在差异，但仍有很多相似的地方。不同系统的用户接收机可以相互兼容，能够接收多个卫星导航系统的信号，为用户提供导航定位信息。目前，美国的 GPS 是应用最成熟和最广泛的卫星导航系统之一。GPS20 多年的应用表明，INS 和 GNSS 构成的 INS/GNSS 组合导航系统是世界上公认的理想组合导航系统。

INS 和 GNSS 有很强的互补性。INS 输出信号连续、频带宽、噪声相对较低，但导航参数会随时间漂移。例如，典型机载 INS 的位置误差增长率为 1nmile/h。相比较而言，GNSS 的位置估值噪声相对较大，但不会长时间漂移。INS 与 GNSS 具有互补性的原因主要有两个，首先它们对不同物理量进行测量，其次它们的误差特性不同。GNSS 提供位置测量值和速度测量值，或更准确地说是伪距测量值和伪距率测量值。惯导系统的加速度计提供比力，也就是非引力加速度的测量；陀螺仪提供对姿态角速度的测量。在初始对准之后，对比力进行两次积分以产生位置估值以前，必须进行重力补偿，并利用姿态角速度测量分解到导航坐标系中。由于低信号强度、伪随机码长度和码跟踪回路的误差，卫星导航接收机的位置测量精度是有限的。多路径、卫星几何分布的变化、信号传输条件的变化和用户时钟的不稳定还会产生更多的误差。卫星的速度测量值也是有噪声的，这是由信号强度的变化、多路径的变化和用户时钟不稳定的影响造成的。虽然，GNSS 提供的位置测量值和速度测量值有常值的或缓变的偏置和测量噪声，但这些偏差是有界的，并且不再积分。惯导系统中的加速度计测量的是速度增量，比由 GNSS 载波跟踪测得的位置增量多一阶导数。与 GNSS 测量量相比，INS 有相对较低的噪声特性，然而，其噪声和偏差及比例系数误差需要积分两次才能得到位置估计。

由于 GNSS 和 INS 存在上述互补的特性，两者组合，能克服各自缺点，产生优于单独使用任何一个系统的好处，从而达到取长补短、相得益彰的效果。两者组合后形成的导航系统在提高导航精度、实现 INS 快速初始化和对准、提高系统响应的实时性和数据输出率、增加系统可靠性和冗余度、降低系统成本等方面具有明显的效果。GNSS 和 INS

组合的好处主要表现在以下几个方面。

(1) 利用 GNSS 可以帮助实现惯性敏感器的校准、惯导系统的空中对准、惯导系统高度通道的稳定等，从而能够有效地提高惯导系统的性能和精度，使得采用低等级和低成本惯导获得高等级精度惯导的性能成为可能。当 GNSS 可用时，组合系统的输出(包括位置、速度和姿态等)能保持长期稳定的高精度。当 GNSS 信号因某种原因发生短期中断时，INS 仍可以在短时间内以较高的精度继续输出导航信息，因此，组合系统的精度和可用性比单独用 GNSS 或 INS 时要高。另外，GNSS 和 INS 组合还可以实现导航系统的一体化设计，把 GNSS 接收机作为电路板放入 INS 部件中，这样使系统的体积、质量和成本都可以减小，且便于实现 INS 和 GNSS 的时间和数据同步，减小非同步误差。

(2) GNSS 接收机的典型初始化时间小于 2min，数据延迟为 0.1～0.4s，数据输出率为 1～50Hz，导航精度和性能与载体动力学有关，因而难以满足实时控制和高动态要求；高精度 INS 的初始化和对准需要十几分钟，但其数据延迟小、输出率高。两者组合可以实现快速的初始化和对准，数据的低延迟和高数据输出率，满足实时性和实时控制的要求。

(3) 在超紧组合或深组合系统中，用来自惯导的速度信息可以实现对 GNSS 接收机跟踪环路的辅助，提高了 GNSS 接收机跟踪卫星信号的能力，从而提高了接收机的动态特性与抗干扰能力。另外，GNSS 和 INS 组合为导航系统提供了余度，还可以实现 GNSS 完整性的检测，从而提高了整个系统的可靠性。

综上所述，GNSS 和 INS 组合可以构成一种比较理想的导航系统。随着 INS 技术的发展，GNSS 的不断建设、发展、完善与改进，以及 GNSS 接收机技术的发展，进一步推动了 INS 和 GNSS 组合技术的研究与应用。在要求精确可靠的速度、姿态及位置数据的应用中，惯性敏感器的精度是首要考虑的一个因素。INS/GNSS 组合系统所需的惯性敏感器等级在很大程度上由预期的 GNSS 中断持续时间决定，卫星信号干扰、市区环境中工作时“信号遮挡”，以及在军事应用中有可能导致其中断。如果可以不间断地使用 GNSS，就会有相当多的高精度、低成本 INS 与 GNSS 组合，以产生能够在多种条件下工作的低成本精确导航系统。对于干扰威胁极小的系统，含有 GNSS 的未来惯性系统将能提供 1m(圆概率误差)的导航精度。

12.2.1 惯性/卫星组合导航组合模式

GNSS 接收机和 INS 的组合，根据不同的应用要求，可以有不同层次和水平的组合，即组合的程度和深度不同。组合的程度和深度部分取决于是研制和生成一个新的组合导航系统，还是在现有的导航系统上增加 GNSS 辅助。按照两者在组合使用中耦合程度和深度的不同，可以把组合模式大体分为 4 种：非耦合组合或称简易组合(easily integration)、松耦合(loose coupling)组合、紧耦合(tight coupling)组合或称紧密组合、超紧耦合组合或称深组合。

1. 非耦合组合

非耦合组合是一种简单的组合方式。在非耦合组合系统中，通常使用 GNSS 的定位结果每隔一定的时间对 INS 指示的位置进行重新设置或将两者的导航输出转换到相同坐标系后加权平均。因此，非耦合组合通常有两种工作方式：

(1) 用 GNSS 接收机输出的位置、速度信息直接重置惯导，如图 12-3 所示。实际上，就是在 GNSS 工作期间，导航系统显示的是 GNSS 的位置和速度。当 GNSS 停止工作时，以 GNSS 停止工作瞬时的位置和速度作为 INS 的初值，导航系统输出重置后惯导的导航数据。

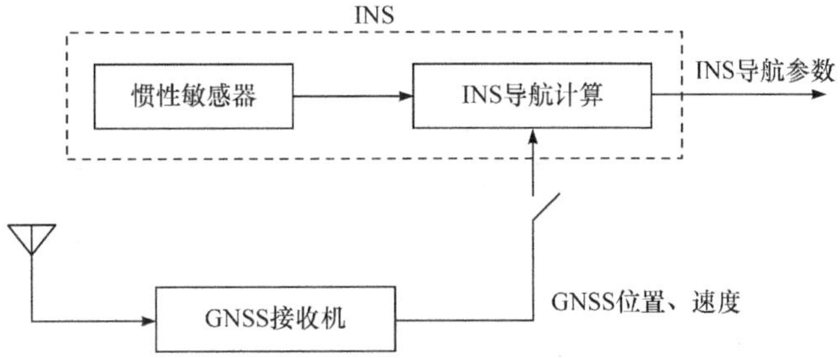

图 12-3　GNSS 重置惯导

(2) 把 INS 和 GNSS 输出的位置和速度信息进行加权平均，其原理框图如图 12-4。

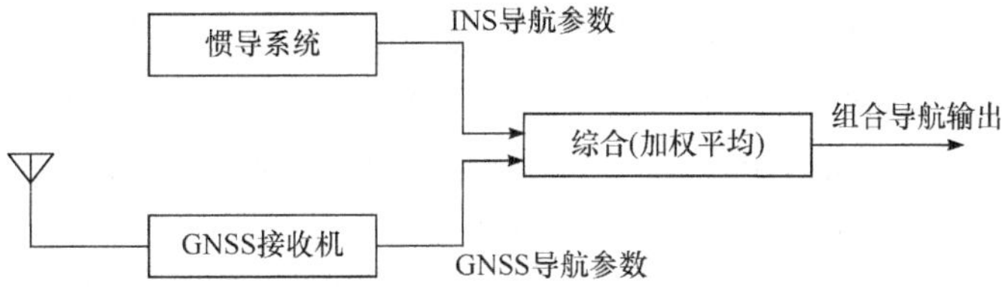

图 12-4　GNSS 和 INS 加权平均

在短时间工作的情况下，第二种工作方式精度较高，而长时间工作时，由于惯导误差随时间增长，惯导输出的权重随工作时间增长而减小，因此第二种工作方式的性能和第一种工作方式基本相同。

2. 松耦合组合

松耦合组合是将 INS 和 GNSS 接收机各自输出的位置估值和速度估值进行比较，得到的差值作为滤波器(如卡尔曼滤波器)的测量输入值，对惯导系统提供测量更新。使用位置、速度信息的松耦合组合原理框图如图 12-5 所示。在这种系统组合中，GNSS 接收机和 INS 输出的位置和速度信息的差值作为量测值，经组合导航滤波器，生成 INS 误差估值，这些估值可在每次测量更新后对 INS 进行修正，以提高惯性导航的精度。GNSS 仅用 INS 信息辅助卫星信号的捕获和加快选星过程。

松耦合组合模式的两个主要优点是实现简单和有冗余度。在松耦合结构中，两个系统仍独立工作，通常还提供一个可独立应用的 GNSS 导航方案。冗余导航方案可用于监控组合方案的完整性，并在需要时协助滤波故障的恢复。任何 INS 和 GNSS 接收机都可以采用这种松耦合组合方法，因此该方法非常适用于系统改装的情况。

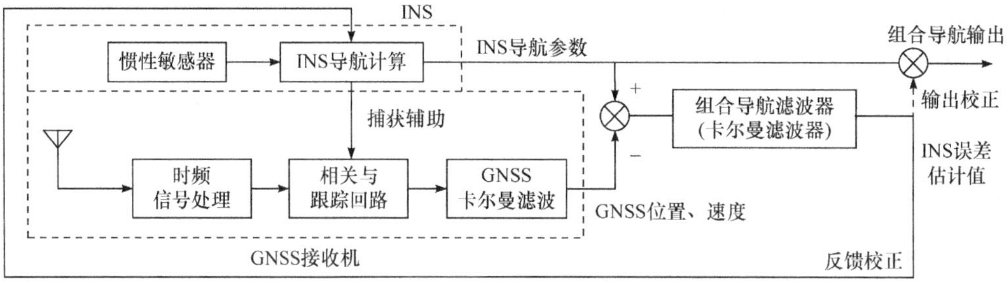

图 12-5 松耦合组合原理框图

松耦合组合模式中，虽然可以单独使用位置更新对 INS 进行辅助，但通常会同时使用位置测量值和速度测量值，以便获得更可靠的导航方案。因为 INS 的姿态误差和敏感器零偏之间的误差传递环节较少，这些误差作为速度误差会传播得较快。因此，速度测量值能够使敏感器零偏和姿态误差的估值更及时地获取。但是，单独使用速度测量值会降低 INS 位置误差的观测能力。由于这些原因，所以在大多数松耦合组合算法中，既使用 GNSS 的位置更新，也使用速度更新，以更好地辅助 INS。由于松耦合组合使用 INS 和 GNSS 接收机导航计算提供的位置和速度估值作为组合滤波器的测量值，因此，松耦合组合也称为位置速度组合。

INS 和 GNSS 松耦合组合存在的主要问题是使用串联的(卡尔曼)滤波器产生的输出，即 GNSS 卡尔曼滤波器的输出用作组合滤波器的测量输入。因为，在构建卡尔曼滤波器时，隐含的假设测量误差是不相关的，即测量噪声是“白噪声”。对于 GNSS 接收机内部应用卡尔曼滤波器的组合结构来说，这种假设不一定是正确的。例如，当组合算法的 GNSS 数据采样速度比跟踪回路提供独立测量值的速度快时，会出现卡尔曼滤波器的测量误差与时间相关的情况。通过多路径效应，会出现进一步的时间相关。因此，组合滤波器测量更新时间间隔的选择是至关重要的。

为了解决这一问题，可以增加测量更新的时间间隔直到测量误差不再相关，或者把相关误差作为马尔可夫过程进行建模，并将相关时间作为附加状态扩充到卡尔曼滤波系统状态模型中，从而推导和估计出相关误差估值。通过增加组合滤波器的测量更新时间间隔，使组合滤波器滤波迭代周期超过误差的相关时间，在这个周期内把测量误差作为白噪声处理，是解决测量误差相关问题的常用方法。GNSS 接收机卡尔曼滤波器输出值的相关时间随跟踪回路的带宽而变化，动态接收机的位置相关时间可达 10s，速度相关时间为 0.1～1.0s。由于 GNSS 的位置误差和速度误差相关时间长短不同，因此可以分别处理位置量测和速度量测，从而形成位置信息和速度信息交替使用的工作方式。这种工作方式的精度比位置信息和速度信息同时使用时有所降低，但计算工作量却大大减小，因而这种工作方式在实用中是可取的。通常取位置信息的采样时间为 10～20s，速度信息的采样时间为 1.0s。

使用松耦合组合系统时还应当考虑的另外一个因素是虽然 3 颗卫星可以维持短期内低质量要求的导航，但是形成并保持 GNSS 导航数据需要来自至少 4 颗卫星的信号。因此，在“看到”少于 4 颗卫星的情况下，通常不能用 GNSS 辅助 INS 导航。此外，组合滤波器需要知道 GNSS 滤波器输出的协方差，它随卫星的几何分布和可用性的变化而改变，并且对于很多 GNSS 接收机来说，协方差数据是不可靠的，或者根本不能得到。

3. 紧耦合组合

紧耦合组合是将 GNSS 接收机的伪距测量值和伪距率测量值，与利用 INS 导航输出计算出的相应伪距估计值和伪距率估计值进行比较，得到的差值形成(卡尔曼)滤波器的测量输入值，经组合导航滤波器，生成惯导系统的误差估值，这些估值可在每次测量更新后对惯导系统进行修正，以提高惯性导航的精度。由于这种组合使用 GNSS 测量的伪距测量值和伪距率测量值以及与 INS 导航结果相应的伪距估计值和伪距率估计值作为组合滤波器的测量值，因此这种紧耦合组合也称为伪距、伪距率组合。在这种情况下，组合作用体现在 GNSS 接收机和 INS 的相互辅助。通常，将这种利用 INS 速率信息辅助 GNSS 跟踪回路的紧耦合组合系统，也称为紧密组合系统。

紧耦合组合原理框图如图 12-6 所示。在图 12-6 中，用 GNSS 接收机提供的星历数据、INS 计算的位置和速度以及估计的接收机时钟误差计算相应于惯导位置和速度的伪距 ρ_I 和伪距率 $\dot{\rho}_I$。把 ρ_I 和 $\dot{\rho}_I$ 与 GNSS 测量的 ρ_G 和 $\dot{\rho}_G$ 相比较作为滤波器的量测值，通过组合导航滤波器估计惯性敏感器和 INS 的误差以及 GNSS 接收机的误差，对两个子系统进行开环校正或反馈校正。由于 GNSS 的测距误差容易建模，因而可以把它扩充为状态，通过组合滤波加以估计，然后对 GNSS 接收机进行校正。因此，伪距、伪距率组合模式比位置、速度组合模式具有更高的组合导航精度。在图 12-6 中，GNSS 利用 INS 信息辅助卫星信号的捕获和加快选星过程，也可利用修正的 INS 数据和原始 INS 数据辅助 GNSS 的跟踪回路。

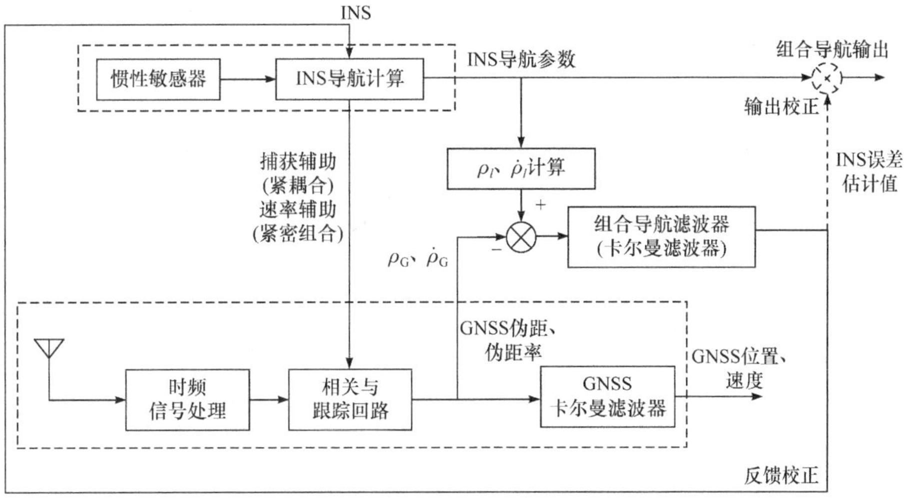

图 12-6　紧耦合组合原理框图

紧耦合组合既适用于系统改装的情况，也适用于新系统的研制。在这种组合模式中，GNSS 接收机只提供星历数据和伪距、伪距率即可，可以省去导航计算处理部分；也可保留导航计算部分，作为备用导航信息，使导航信息具有余度；也可将 GNSS 卡尔曼滤波器变成组合滤波器的一部分。紧耦合组合要求接收机具有输出原始测量信息和接收速率辅助信息的能力，它以牺牲子系统的独立性为代价获取高性能，实现起来比较复杂。

虽然可以单独使用伪距或伪距率测量值，但通常的做法是两者同时使用。伪距来自GNSS 跟踪回路，而伪距率主要来自精度较高但可靠性较差的载波跟踪回路，因此，这两个测量值是互补的。

采用紧耦合组合方法克服了松耦合系统的缺点。与松耦合组合相比，紧耦合组合的主要优点是不存在将一个卡尔曼滤波器的输出用作第二个滤波器的测量输入时所产生的问题；隐含完成 GNSS 位置和速度协方差的交接；组合系统不需要用完整的 GNSS 数据来辅助 INS，即使只跟踪到单个卫星信号，GNSS 数据也会输入滤波器，用于估计 INS 的误差，从而增加了 GNSS 使用的灵活性，但是在这种情况下估计精度下降很快。

4. 超紧耦合组合

有些文献也称超紧耦合组合为深组合。超紧耦合组合的基本模式：在伪距、伪距率组合基础上，用 INS 的位置和速度对 GNSS 接收机跟踪环路进行辅助；用软件实现传统接收机除射频信号接收和处理以外的大部分功能，将 GNSS 信号跟踪处理器和 INS/GNSS 组合导航计算合并成一个处理器。其中，用 INS 速度信息辅助 GNSS 接收机跟踪环路是深组合系统的主要标志。用 INS 速度信息辅助 GNSS 接收机跟踪环路可以有效地提高接收机跟踪环路的等效带宽，提高接收机的抗干扰能力，提高接收机跟踪和捕获的性能，减小动态误差。通常，高精度、高动态用户 INS/GNSS 组合导航系统中的接收机采用惯性速度辅助接收机跟踪环路。

以软件接收机为标志的深组合方法目前还正在研究之中，尽管许多作者已经发表了大量有关理论和仿真结果的文章，但是在公开的文献中还没有看到有关整个系统实现和应用的报道。图 12-7 为两种超紧耦合组合原理框图。

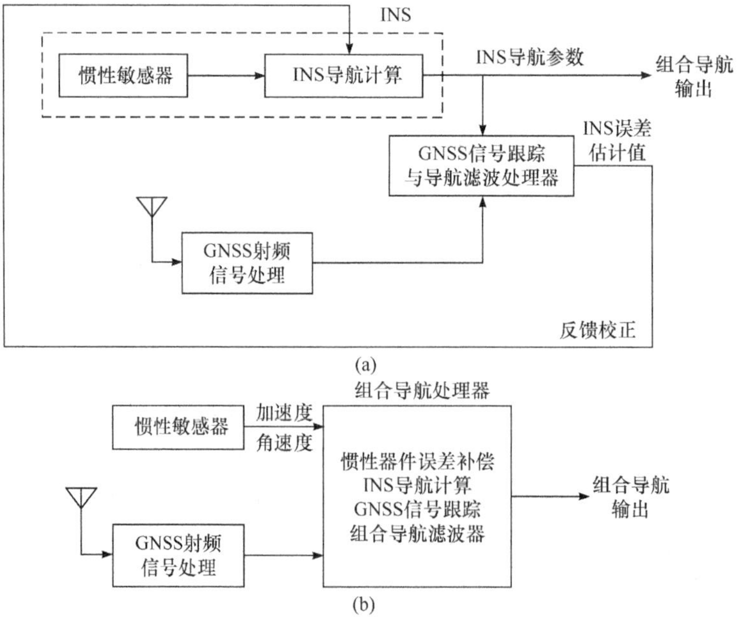

图 12-7　超紧耦合组合原理框图

12.2.2 INS 和 GPS 接收机的误差模型

1. INS 误差方程

以东-北-天地理坐标系为建立动力学方程的基准坐标系。INS 的主要误差包括速度误差、姿态角误差和位置误差。设 δv_x、δv_y、δv_z 分别为沿东、北、天三个方向的速度误差；ϕ_x、ϕ_y、ϕ_z 为平台的姿态角误差；δL、$\delta\lambda$、δh 分别为纬度误差、经度误差、高度误差；ε_x、ε_y、ε_z 为等效到东-北-天地理坐标系三个轴向的陀螺仪的随机漂移；∇_x、∇_y、∇_z 为等效到东-北-天地理坐标系三个轴向的加速度计随机误差。

(1) 速度误差方程：

$$\left.\begin{aligned}
\delta\dot{v}_x &= \left(\frac{v_y \tan L}{R_{\mathrm{V}}+h}-\frac{v_z}{R_{\mathrm{N}}+h}\right)\delta v_x+\left(2\omega_{ie}\sin L+\frac{v_x\tan L}{R_{\mathrm{V}}+h}\right)\delta v_y-\left(2\omega_{ie}\cos L+\frac{v_x}{R_{\mathrm{N}}+h}\right)\delta v_z \\
&\quad -f_z\phi_y+f_y\phi_z+\left(2\omega_{ie}v_z\sin L+2\omega_{ie}v_y\cos L+\frac{v_xv_y\sec^2 L}{R_{\mathrm{N}}+h}\right)\delta L+\nabla_x \\
\delta\dot{v}_y &= -\left(\frac{2v_x\tan L}{R_{\mathrm{N}}+h}+2\omega_{ie}\sin L\right)\delta v_x-\frac{v_z}{R_{\mathrm{M}}+h}\delta v_y-\frac{v_y}{R_{\mathrm{M}}+h}\delta v_z+f_z\phi_x-f_x\phi_z \\
&\quad -\left(2\omega_{ie}\cos L+\frac{v_x\sec^2 L}{R_{\mathrm{N}}+h}\right)v_x\delta L+\nabla_y \\
\delta\dot{v}_z &= \left(2\omega_{ie}\cos L+\frac{2v_x}{R_{\mathrm{N}}+h}\right)\delta v_x+\frac{2v_y}{R_{\mathrm{M}}+h}\delta v_y-f_y\phi_x+f_x\phi_y \\
&\quad -2\omega_{ie}v_x\sin L\delta L+\frac{2g_0}{R_{\mathrm{M}}}\delta h+\nabla_z
\end{aligned}\right\} \tag{12-1}$$

式中，

$$\begin{aligned}
R_{\mathrm{M}} &= R_{\mathrm{e}}\left(1-2f+3f\sin^2 L\right) \\
R_{\mathrm{N}} &= R_{\mathrm{e}}\left(1+f\sin^2 L\right)
\end{aligned} \tag{12-2}$$

R_{M} 为参考椭球子午圈上各点的曲率半径；R_{N} 为卯西圈(它所在的平面与子午面垂直)上各点的曲率半径。参考椭球参数取为美国国防部地图局于 1984 年制定的世界大地坐标系(WGS-84)，赤道平面半径 R_{e} = 6378137m，椭圆度 f = 1/298.257。

(2) 平台姿态角误差方程：

$$
\left.\begin{aligned}
\dot{\phi}_x &= -\frac{\delta v_y}{R_M+h}+\left(\omega_{ie}\sin L+\frac{v_x\tan L}{R_N+h}\right)\phi_y-\left(\omega_{ie}\cos L+\frac{v_x}{R_N+h}\right)\phi_z+\varepsilon_x\\
\dot{\phi}_y &= \frac{\delta v_x}{R_N+h}-\left(\omega_{ie}\sin L+\frac{v_x\tan L}{R_N+h}\right)\phi_x-\frac{v_y}{R_M+h}\phi_z-\delta L\omega_{ie}\sin L+\varepsilon_y\\
\dot{\phi}_z &= \frac{\delta v_x}{R_N+h}\tan L+\left(\omega_{ie}\cos L+\frac{v_x}{R_N+h}\right)\phi_x+\frac{v_y}{R_M+h}\phi_y+\left(\omega_{ie}\cos L+\frac{v_x\sec^2 L}{R_N+h}\right)\delta L+\varepsilon_z
\end{aligned}\right\}
\tag{12-3}
$$

(3) 位置误差方程：

$$
\left.\begin{aligned}
\delta\dot{L} &= \frac{\delta v_y}{R_M+h}\\
\delta\dot{\lambda} &= \frac{\sec L}{R_N+h}\delta v_x+\frac{v_x}{R_N+h}\delta L\sec L\tan L\\
\delta\dot{h} &= \delta v_z
\end{aligned}\right\}
\tag{12-4}
$$

(4) 惯性仪表(陀螺仪和加速度计)误差模型。

惯性仪表误差包括安装误差、刻度因子误差和随机误差。为简单起见，这里只考虑随机误差。

对于某种具体型号的陀螺仪，其漂移误差模型是通过对大量的测试数据进行数据处理得到的。在组合导航中，常用的处理方法是把陀螺仪漂移看作是由随机常数、一阶马尔可夫过程和白噪声组成的，即

$$
\varepsilon_i=\dot{\varepsilon}_{bi}+\dot{\varepsilon}_{gi}+w_{gi},\quad i=x,y,z \tag{12-5}
$$

式中，$\dot{\varepsilon}_{bi}=0$；$\dot{\varepsilon}_{gi}=-\dfrac{\varepsilon_{gi}}{T_{gi}}+w_{ci}$，$T_{gi}$ 为 ε_{gi} 的相关时间常数。

加速度计误差模型同陀螺仪漂移误差模型类似。在组合导航中，通常为分析简单起见，把加速度计误差考虑为一阶马尔可夫过程，即有

$$
\nabla_{ai}=-\frac{\nabla_{ai}}{T_{ai}}+w_{\nabla_i},\quad i=x,y,z \tag{12-6}
$$

式中，T_{ai} 为 ∇_i 的相关时间常数。

考虑捷联惯导系统(SINS)三个轴向的陀螺仪漂移和加速度计误差都为指数相关的随机过程，把陀螺仪和加速度计的误差和惯导系统的误差一起作为状态考虑，可得 INS 的误差状态方程为

$$
\dot{\boldsymbol{X}}_I(t)=\boldsymbol{F}_I(t)\boldsymbol{X}_I(t)+\boldsymbol{W}_I(t) \tag{12-7}
$$

式中，状态矢量：

$$
\boldsymbol{X}_I(t)=\begin{bmatrix}\delta v_x & \delta v_y & \delta v_z & \phi_x & \phi_y & \phi_z & \delta L & \delta\lambda & \delta h & \varepsilon_{xb} & \varepsilon_{yb} & \varepsilon_{zb} & \nabla_{xb} & \nabla_{yb} & \nabla_{zb}\end{bmatrix}^{\mathrm{T}} \tag{12-8}
$$

共 15 个误差状态，下标 x、y、z 分别代表东、北、天三个轴向；下标 xb、yb、zb 分别代

表机体坐标系三个轴向；δv_x、δv_y、δv_z 分别代表沿东、北、天方向的速度误差；ϕ_x、ϕ_y、ϕ_z 代表平台的姿态角误差；δL、$\delta\lambda$、δh 分别代表纬度误差、经度误差、高度误差；ε_{xb}、ε_{yb}、ε_{zb} 分别代表机体坐标系三个轴向的陀螺仪的随机漂移(考虑为一阶马尔可夫过程)；∇_{xb}、∇_{yb}、∇_{zb} 分别代表机体坐标系三个轴向的加速度计的随机漂移。

$$\boldsymbol{W}_{\mathrm{I}}(t)=\begin{bmatrix} w_{xa} & w_{ya} & w_{za} & w_{xg} & w_{yg} & w_{zg} & 0 & 0 & 0 & w_{x\varepsilon} & w_{y\varepsilon} & w_{z\varepsilon} & w_{x\nabla} & w_{y\nabla} & w_{z\nabla} \end{bmatrix}^{\mathrm{T}} \tag{12-9}$$

$$\boldsymbol{F}_{\mathrm{I}}(t)=\begin{bmatrix} \boldsymbol{F}_{\mathrm{N}}(t) & \boldsymbol{F}_{\mathrm{S}}(t) \\ 0 & \boldsymbol{F}_{\mathrm{M}}(t) \end{bmatrix}_{15\times15} \tag{12-10}$$

式中，$\boldsymbol{F}_{\mathrm{N}}(t)$ 为对应于 9 个基本导航参数的系统矩阵，其非零元素为

$$F(1,1)=\frac{v_y\tan L}{R_{\mathrm{N}}+h}-\frac{v_z}{R_{\mathrm{N}}+h},\quad F(1,2)=2\omega_{ie}\sin L+\frac{v_x\tan L}{R_{\mathrm{N}}+h}$$

$$F(1,3)=-\left(2\omega_{ie}\cos L+\frac{v_x}{R_{\mathrm{N}}+h}\right),\quad F(1,5)=-f_z$$

$$F(1,6)=f_y,\quad F(1,7)=\left(2\omega_{ie}v_z\sin L+2\omega_{ie}v_y\cos L+\frac{v_xv_y\sec^2 L}{R_{\mathrm{N}}+h}\right)$$

$$F(2,1)=-\left(\frac{2v_x\tan L}{R_{\mathrm{N}}+h}+2\omega_{ie}\sin L\right),\quad F(2,2)=-\frac{v_z}{R_{\mathrm{M}}+h}$$

$$F(2,3)=-\frac{v_y}{R_{\mathrm{M}}+h},\quad F(2,4)=f_z$$

$$F(2,6)=-f_x,\quad F(2,7)=-\left(2\omega_{ie}\cos L+\frac{v_x\sec^2 L}{R_{\mathrm{N}}+h}\right)v_x$$

$$F(3,1)=2\omega_{ie}\cos L+\frac{2v_x}{R_{\mathrm{N}}+h},\quad F(3,2)=\frac{2v_y}{R_{\mathrm{M}}+h}$$

$$F(3,4)=-f_y,\quad F(3,5)=f_x$$

$$F(3,7)=-2\omega_{ie}v_x\sin L,\quad F(3,9)=\frac{2g_0}{R_{\mathrm{M}}}$$

$$F(4,2)=-\frac{1}{R_{\mathrm{M}}+h},\quad F(4,5)=\omega_{ie}\sin L+\frac{v_x}{R_{\mathrm{N}}+h}\tan L$$

$$F(4,6)=-\omega_{ie}\cos L-\frac{v_x}{R_{\mathrm{N}}+h}$$

$$F(5,1)=\frac{1}{R_{\mathrm{N}}+h},\quad F(5,4)=-\omega_{ie}\sin L-\frac{v_x}{R_{\mathrm{N}}+h}\tan L$$

$$F(5,6)=-\frac{v_y}{R_{\mathrm{M}}+h},\quad F(5,7)=-\omega_{ie}\sin L$$

$$F(6,1)=\frac{\tan L}{R_{\mathrm{N}}+h},\quad F(6,4)=\omega_{ie}\cos L+\frac{v_x}{R_{\mathrm{N}}+h}$$

$$F(6,5)=\frac{v_y}{R_{\mathrm{M}}+h},\quad F(6,7)=\omega_{ie}\cos L+\frac{v_x}{R_{\mathrm{N}}+h}\sec^2 L$$

$$F(7,2)=\frac{1}{R_{\mathrm{M}}+h}$$

$$F(8,1)=\frac{\sec L}{R_{\mathrm{N}}+h},\quad F(8,7)=\frac{v_x}{R_{\mathrm{N}}+h}\sec L\tan L$$

$$F(9,3)=1$$

$\boldsymbol{F}_{\mathrm{S}}(t)$ 为 9 个基本导航参数与陀螺仪和加速度计漂移之间的变换矩阵，其维数为 9×6，对于捷联式系统，$\boldsymbol{F}_{\mathrm{S}}(t)$ 的表达式如下：

$$\boldsymbol{F}_{\mathrm{S}}(t)=\begin{bmatrix}\boldsymbol{O}_{3\times3} & \boldsymbol{C}_b^n\\ \boldsymbol{C}_b^n & \boldsymbol{O}_{3\times3}\\ \boldsymbol{O}_{3\times3} & \boldsymbol{O}_{3\times3}\end{bmatrix}\tag{12-11}$$

式中，$\boldsymbol{C}_b^n$ 为从体坐标系到东-北-天导航坐标系的变换矩阵，$\boldsymbol{C}_b^n=(\boldsymbol{C}_n^b)^{\mathrm{T}}$。

$$\boldsymbol{C}_n^b=\begin{bmatrix}\cos\psi\cos\gamma+\sin\psi\sin\theta\sin\gamma & -\sin\psi\cos\gamma+\cos\psi\sin\theta\sin\gamma & -\cos\theta\sin\gamma\\ \sin\psi\cos\theta & \cos\psi\cos\theta & \sin\theta\\ \cos\psi\sin\gamma-\sin\psi\sin\theta\cos\gamma & -\sin\psi\sin\gamma-\cos\psi\sin\theta\cos\gamma & \cos\theta\cos\gamma\end{bmatrix}\tag{12-12}$$

式中，ψ、θ、γ 分别为飞行器飞行过程中体坐标系相对于导航坐标系的偏航角、俯仰角、滚转角。$\boldsymbol{F}_{\mathrm{M}}(t)$ 为与陀螺仪和加速度计漂移对应的系统矩阵，是一个维数为 6×6 的对角线矩阵，可表示如下：

$$\boldsymbol{F}_{\mathrm{M}}(t)=\mathrm{diag}\left[-1/T_{gx}\quad -1/T_{gy}\quad -1/T_{gz}\quad -1/T_{ax}\quad -1/T_{ay}\quad -1/T_{az}\right]\tag{12-13}$$

式中，各元素分别为陀螺仪与加速度计误差的时间常数。

2. GPS 接收机误差模型

GPS 接收机给出的位置和速度误差一般是时间相关的，为有色噪声，建模比较困难。在位置、速度组合模式中，一般不用增加状态的方法处理，而采用加大滤波器更新周期的方法，将其误差按白噪声处理。

在伪距、伪距率组合模式中，GPS 误差状态通常取两个：一个是等效时钟误差相应的距离 δt_{u}；另一个是等效时钟频率误差相应的距离变化率 δt_{ru}，它们的微分方程为

$$\begin{cases}\delta\dot{t}_{\mathrm{u}}=\delta t_{\mathrm{nu}}+w_{\mathrm{tu}}\\ \delta\dot{t}_{\mathrm{ru}}=-\dfrac{1}{\tau_{\mathrm{tru}}}\delta t_{\mathrm{ru}}+w_{\mathrm{tru}}\end{cases}\tag{12-14}$$

式中，τ_{tru} 为相关时间常数；w_{tu} 、w_{tru} 为白噪声。因此，GPS 卫星导航接收机的误差状态方程可表示为

$$\dot{\boldsymbol{X}}_{\text{G}}(t)=\boldsymbol{F}_{\text{G}}(t)\boldsymbol{X}_{\text{G}}(t)+\boldsymbol{G}_{\text{G}}\boldsymbol{W}_{\text{G}}(t) \tag{12-15}$$

式中，

$$\boldsymbol{X}_{\text{G}}(t)=\begin{bmatrix}\delta t_{\text{u}} & \delta t_{\text{ru}}\end{bmatrix}^{\text{T}},\quad \boldsymbol{F}_{\text{G}}(t)=\begin{bmatrix}0 & 1\\ 0 & -\dfrac{1}{\tau_{\text{tru}}}\end{bmatrix}$$

$$\boldsymbol{G}_{\text{G}}(t)=\begin{bmatrix}1 & 0\\ 0 & 1\end{bmatrix},\quad \boldsymbol{W}_{\text{G}}(t)=\begin{bmatrix}w_{\text{tu}} & w_{\text{tru}}\end{bmatrix}^{\text{T}}$$

12.2.3 位置、速度组合的状态方程和观测方程

1. 组合系统的状态方程

在位置、速度组合模式中，可将 GPS 接收机输出的位置、速度误差视为量测噪声，则位置、速度组合系统的状态方程与 INS 的误差状态方程相同，即为式(12-7)。

2. 组合系统的观测方程

1) 位置观测方程

在 GPS/SINS 组合系统中，SINS 给出的实时位置是地理经纬度和高度，但含有误差。设 L_1 是 SINS 输出的飞行器的纬度，λ_1 是 SINS 输出的飞行器的经度，h_1 是 SINS 输出的飞行器的高度，L 是飞行器所处的真实纬度，λ 是飞行器所处的真实经度，h 是飞行器所处的真实高度，则表示惯导系统的位置信息为

$$\left.\begin{aligned}L_1&=L+\delta L\\ \lambda_1&=\lambda+\delta\lambda\\ h_1&=h+\delta h\end{aligned}\right\} \tag{12-16}$$

设 N_x、N_y、N_z 分别为 GPS 接收机沿东、北、天方向的距离测量误差，L_{G}、λ_{G}、h_{G} 分别为 GPS 接收机输出的飞行器纬度、经度和高度，则

$$\left.\begin{aligned}L_{\text{G}}&=L-\frac{N_y}{R_{\text{M}}+h}\\ \lambda_{\text{G}}&=\lambda-\frac{N_x}{(R_{\text{V}}+h)\cos L}\\ h_{\text{G}}&=h-N_z\end{aligned}\right\} \tag{12-17}$$

取 SINS 和 GPS 的位置差作为观测量时，位置观测方程可由式(12-18)表示：

$$\boldsymbol{Z}_p(t)=\begin{bmatrix}(L_1-L_G)(R_M+h)\\(\lambda_1-\lambda_G)(R_N+h)\cos L\\h_1-h_G\end{bmatrix}=\begin{bmatrix}(R_M+h)\delta L+N_y\\(R_N+h)\cos L\delta\lambda+N_x\\\delta h+N_h\end{bmatrix} \tag{12-18}$$

式(12-18)可表示为

$$\boldsymbol{Z}_p(t)=\boldsymbol{H}_p(t)\boldsymbol{X}(t)+\boldsymbol{V}_p(t) \tag{12-19}$$

式中，

$$\boldsymbol{H}_p(t)=\begin{bmatrix}\boldsymbol{O}_{3\times6} & \mathrm{diag}\begin{bmatrix}(R_M+h) & (R_N+h)\cos L & 1\end{bmatrix} & \boldsymbol{O}_{3\times6}\end{bmatrix} \tag{12-20}$$

$$\boldsymbol{V}_p(t)=\begin{bmatrix}N_x & N_y & N_z\end{bmatrix}^{\mathrm{T}} \tag{12-21}$$

距离测量噪声作为白噪声处理，其标准差分别为

$$\left.\begin{aligned}\sigma_{\rho x}&=\sigma_\rho \mathrm{HDOP}_x\\\sigma_{\rho y}&=\sigma_\rho \mathrm{HDOP}_y\\\sigma_{\rho h}&=\sigma_\rho \mathrm{VDOP}\end{aligned}\right\} \tag{12-22}$$

式中，σ_ρ 为伪距测量误差；HDOP 为水平精度衰减因子；VDOP 为垂直精度衰减因子。

2) 速度观测方程

SINS 给出的实时速度沿导航坐标系东、北、天方向，设 v_{1x}、v_{1y}、v_{1z} 分别是 SINS 输出的飞行器的东向速度、北向速度和天向速度；v_x、v_y、v_z 分别是飞行器真实的东向速度、北向速度和天向速度，则惯导表示的速度信息为

$$\left.\begin{aligned}v_{1x}&=v_x+\delta v_x\\v_{1y}&=v_y+\delta v_y\\v_{1z}&=v_z+\delta v_z\end{aligned}\right\} \tag{12-23}$$

设 N_{vx}、N_{vy}、N_{vz} 分别为 GPS 接收机沿东、北、天方向的速度测量误差，v_{Gx}、v_{Gy}、v_{Gz} 分别是 GNSS 接收机输出的飞行器的东向速度、北向速度、天向速度，则

$$\left.\begin{aligned}v_{Gx}&=v_x-N_{vx}\\v_{Gy}&=v_y-N_{vy}\\v_{Gz}&=v_z-N_{vz}\end{aligned}\right\} \tag{12-24}$$

取 SINS 和 GPS 的速度差作为观测量，观测方程可由式(12-25)表示：

$$\boldsymbol{Z}_v(t)=\begin{bmatrix}v_{1x}-v_{Gx}\\v_{1y}-v_{Gy}\\v_{1z}-v_{Gz}\end{bmatrix}=\begin{bmatrix}\delta v_x+N_{vx}\\\delta v_y+N_{vy}\\\delta v_z+N_{vz}\end{bmatrix}=\boldsymbol{H}_v(t)\boldsymbol{X}(t)+\boldsymbol{V}_v(t) \tag{12-25}$$

式中，

$$\boldsymbol{H}_v(t)=\begin{bmatrix}\operatorname{diag}[1\quad 1\quad 1] & \boldsymbol{O}_{3\times 12}\end{bmatrix} \tag{12-26}$$

$$\boldsymbol{V}_v(t)=\begin{bmatrix}N_{vx} & N_{vy} & N_{vz}\end{bmatrix}^{\mathrm{T}} \tag{12-27}$$

速度测量噪声作为白噪声处理，其标准差分别为

$$\left.\begin{aligned}\sigma_{\dot\rho x}&=\sigma_{\dot\rho}\mathrm{HDOP}_x\\ \sigma_{\dot\rho y}&=\sigma_{\dot\rho}\mathrm{HDOP}_y\\ \sigma_{\dot\rho z}&=\sigma_{\dot\rho}\mathrm{VDOP}\end{aligned}\right\} \tag{12-28}$$

式中，$\sigma_{\dot\rho}$为伪距率测量误差。

12.2.4　仿真实例

仿真采用的导航设备误差参数如表 12-1 所示。仿真采用速度和位置的松组合模式，校正方式为反馈校正。飞行器的姿态、速度和位置如图 12-8 所示。最后组合导航误差，滤波估计误差如图 12-9 所示。陀螺仪漂移及加速度计偏置估计，如图 12-10 所示。

表 12-1　导航设备误差参数设置

传感器	误差源	误差值
陀螺仪	陀螺仪漂移	0.03°/h
	陀螺仪随机游走噪声	$0.001°/\sqrt{\mathrm{h}}(1\sigma)$
加速度计	加速度计偏置	100μg
	加速度计随机游走噪声	$5\mu\mathrm{g}/\sqrt{\mathrm{Hz}}(1\sigma)$
GPS	位置误差	$1\mathrm{m}(1\sigma)$
	速度误差	$1\mathrm{m/s}(1\sigma)$

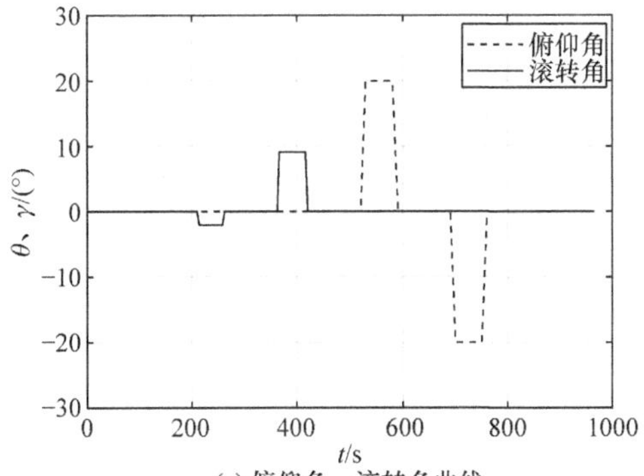

(a) 俯仰角、滚转角曲线

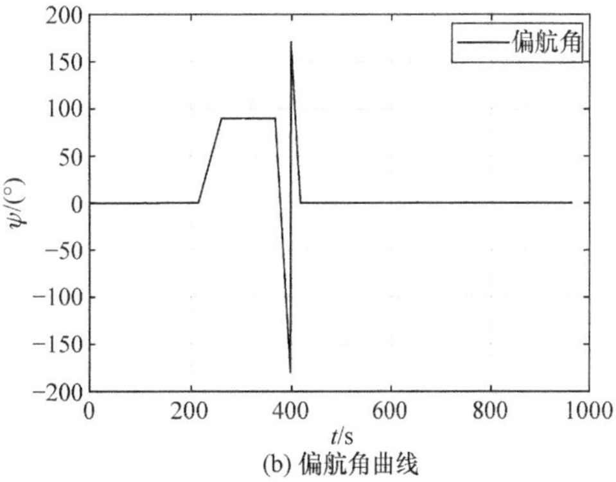

(b) 偏航角曲线

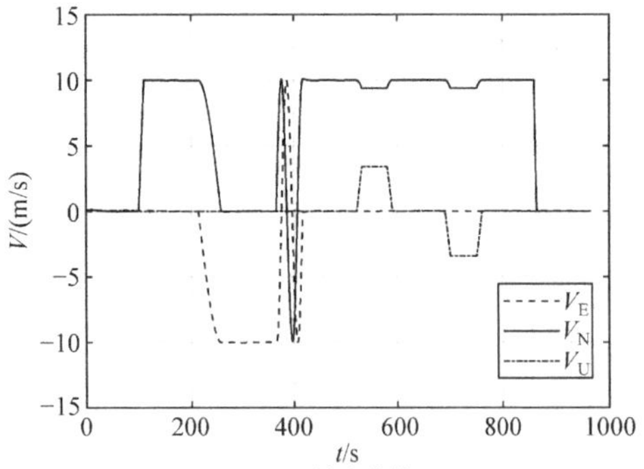

(c) 速度曲线

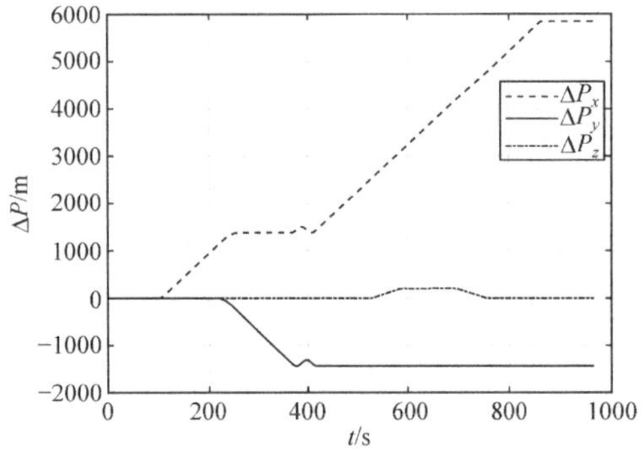

(d) 位置曲线

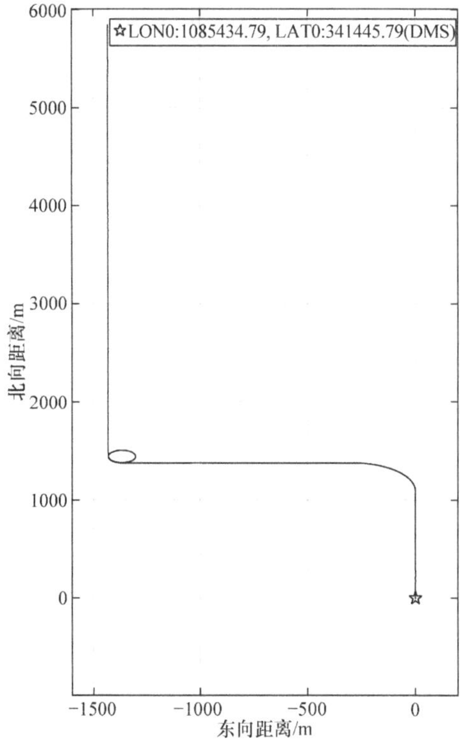

(e) 距离曲线

图 12-8　飞行轨迹图

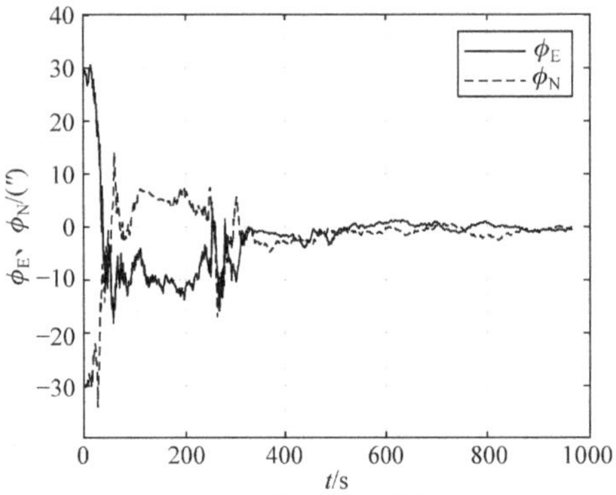

(a) 东、北向失准角

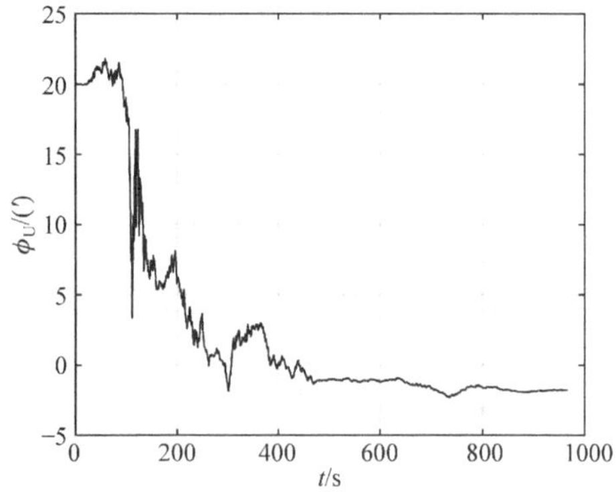

(b) 天向失准角

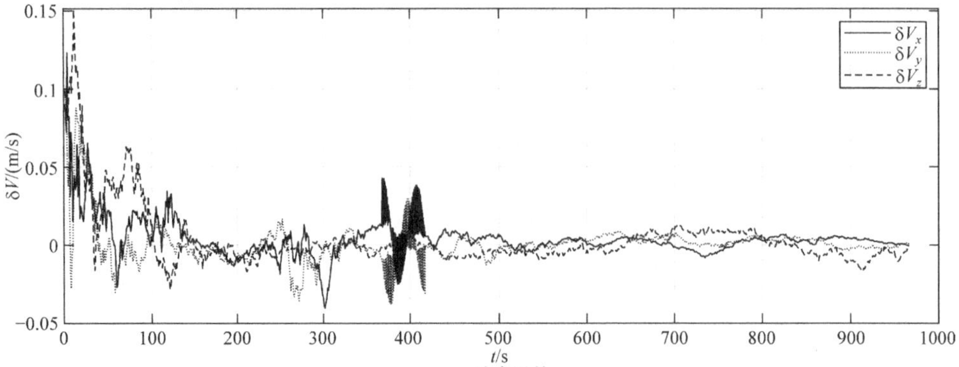

(c) 速度误差

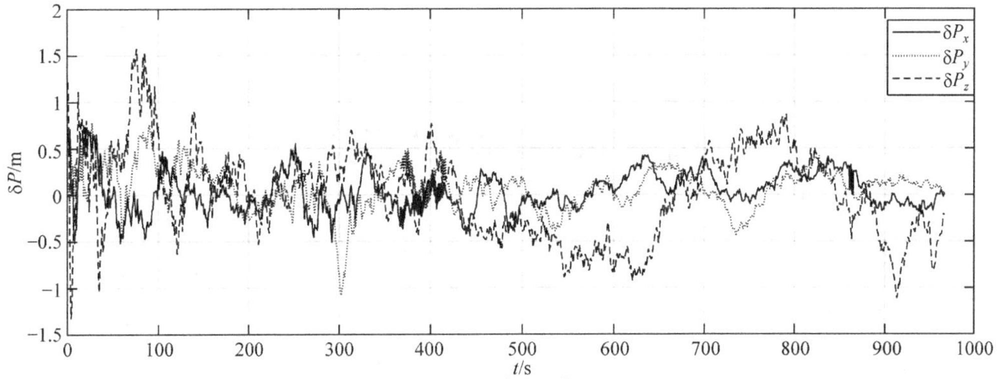

(d) 位置误差

图 12-9　滤波估计误差

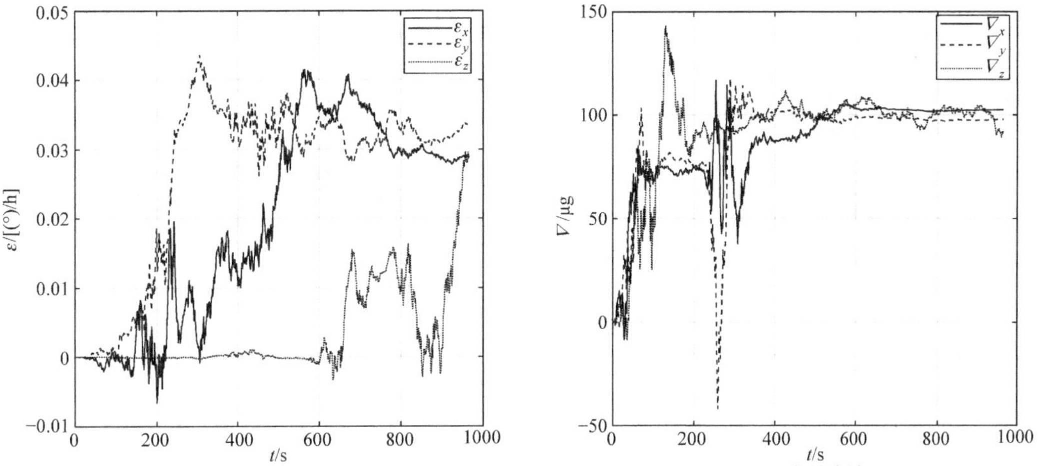

(a) 陀螺仪　　(b) 加速度计

图 12-10　陀螺仪漂移及加速度计偏置估计

思　考　题

12.1　组合导航的主要任务是什么?

12.2　惯性卫星组合导航的组合模式有哪些?

12.3　给出速度、位置组合的观测方程。

12.4　给出应用最优滤波实现组合导航的主要过程。

参 考 文 献

[1] 王明光. 空地导弹制导控制系统设计[上][M]. 北京: 中国宇航出版社, 2019.

[2] 程国采. 战术导弹导引方法[M]. 北京: 国防工业出版社, 1996.

[3] 祁载康. 战术导弹制导控制系统设计[M]. 北京: 中国宇航出版社, 2018.

[4] GEORGE M S. 导弹制导与控制系统[M]. 张天光, 王丽霞, 宋振锋, 等, 译. 北京: 国防工业出版社, 2010.

附录　弹道导数计算公式

$$n_{11}=\frac{\partial V}{\partial V_x}=\frac{V_x}{V}$$

$$n_{12}=\frac{\partial V}{\partial V_y}=\frac{V_y}{V}$$

$$n_{13}=\frac{\partial V}{\partial V_z}=\frac{V_z}{V}$$

$$n_{34}=\frac{\partial r}{\partial x}=\frac{x}{r}$$

$$n_{35}=\frac{\partial r}{\partial y}=\frac{R+y}{r}$$

$$n_{36}=\frac{\partial r}{\partial z}=\frac{z}{r}$$

$$n_{41}=\frac{\partial \gamma_H}{\partial V_x}=\frac{V_{xH}a_{31}-V_{zH}a_{11}}{V_{xH}{}^2+V_{yH}{}^2}$$

$$n_{42}=\frac{\partial \gamma_H}{\partial V_y}=\frac{V_{xH}a_{32}-V_{zH}a_{12}}{V_{xH}^2+V_{yH}^2}$$

$$n_{43}=\frac{\partial \gamma_H}{\partial V_z}=\frac{V_{xH}a_{33}-V_{zH}a_{13}}{V_{xH}^2+V_{yH}^2}$$

$$n_{44}=\frac{\partial \gamma_H}{\partial x}=\frac{V_{xH}b_{23}n_{64}-V_{zH}(n_{64}b_{12}+n_{54}b_{11})}{V_{xH}^2+V_{zH}^2}$$

$$n_{45}=\frac{\partial \gamma_H}{\partial y}=\frac{V_{xH}b_{23}n_{65}-V_{zH}(n_{65}b_{12}+n_{55}b_{11})}{V_{xH}^2+V_{zH}^2}$$

$$n_{46}=\frac{\partial \gamma_H}{\partial z}=\frac{V_{xH}b_{23}n_{65}-V_{zH}(n_{66}b_{12}+n_{56}b_{11})}{V_{xH}^2+V_{zH}^2}$$

$$n_{54}=\frac{\partial \beta_r}{\partial x}=\cot\beta_r\cdot\frac{x}{r^2},\quad n_{64}=-\frac{z}{x^2+z^2}=\frac{\partial \gamma_r}{\partial x}$$

$$n_{55}=\frac{\partial \beta_r}{\partial x}=\cot\beta_r\left(\frac{R+y}{r^2}-\frac{1}{R+y}\right),\quad n_{65}=\frac{\partial \gamma_r}{\partial y}=0$$

$$n_{56}=\frac{\partial \beta_r}{\partial z}=\cot\beta_r\frac{z}{r^2},\quad n_{66}=\frac{\partial \gamma_r}{\partial z}=\frac{x}{x^2+z^2}$$

$a_{11}=\cos\upsilon_r\cos\beta_r$　　$a_{12}=-\sin\beta_r$　　$a_{13}=\sin\upsilon_r\cos\beta_r$

$a_{21}=\cos\upsilon_r\sin\beta_r$　　$a_{22}=\cos\beta_r$　　$a_{23}=\sin\upsilon_r\sin\beta_r$

$a_{31}=-\sin\upsilon_r$　　$a_{32}=0$　　$a_{33}=\cos\upsilon_r$

$$n_{21}=\frac{\partial \theta_H}{\partial V_x}=\mathrm{tg}\,\theta_H\left(\frac{a_{21}}{V_{yH}}-\frac{n_{11}}{V}\right)$$

$$n_{22}=\frac{\partial \theta_H}{\partial V_y}=\mathrm{tg}\,\theta_H\left(\frac{a_{22}}{V_{yH}}-\frac{n_{12}}{V}\right)$$

$$n_{23}=\frac{\partial \theta_H}{\partial V_z}=\mathrm{tg}\,\theta_H\left(\frac{a_{23}}{V_{yH}}-\frac{n_{13}}{V}\right)$$

$$n_{24}=\frac{\partial \theta_H}{\partial x}=\frac{\mathrm{tg}\,\theta_H}{V_{yH}}(b_{22}n_{64}+b_{21}n_{54})$$

$$n_{25}=\frac{\partial \theta_H}{\partial y}=\frac{\mathrm{tg}\,\theta_H}{V_{yH}}(b_{22}n_{65}+b_{21}n_{55})$$

$$n_{26}=\frac{\partial \theta_H}{\partial z}=\frac{\mathrm{tg}\,\theta_H}{V_{yH}}(b_{22}n_{66}+b_{21}n_{56})$$

$b_{11}=-V_{yH}$ $b_{12}=-(a_{13}V_{xH}-a_{11}V_{zH})$ $b_{21}=V_{xH}$

$b_{22}=-(a_{23}V_{xH}-a_{21}V_{zH})$ $b_{23}=-(a_{33}V_{xH}-a_{31}V_{zH})$

$$\frac{\partial\phi}{\partial\varphi_f}=(\sin\varphi_f\cos\varphi_s\cos\tilde{\lambda}_f-\cos\varphi_f\sin\varphi_s)/\sin\phi$$

$$\frac{\partial\phi}{\partial\tilde{\lambda}_f}=\cos\varphi_f\cos\varphi_s\sin\tilde{\lambda}_f/\sin\phi$$

$$\frac{\partial\psi_\phi}{\partial\phi}=-\mathrm{tg}\psi_\phi\cot\phi$$

$$\frac{\partial\psi_\phi}{\partial\varphi_f}=-\mathrm{tg}\psi_\phi\mathrm{tg}\varphi_f$$

$$\frac{\partial\varphi_f}{\partial\beta_c}=(\cos\varphi_k\cos\beta_c\cos\psi_{\beta c}-\sin\varphi_k\sin\beta_c)/\cos\varphi_f$$

$$\frac{\partial\varphi_f}{\partial\psi_{\beta c}}=-\cos\varphi_k\sin\beta_c\sin\psi_{\beta c}/\cos\varphi_f$$

$$\frac{\partial\varphi_f}{\partial\varphi_h}=(\cos\varphi_k\cos\beta_c-\sin\varphi_k\sin\beta_c\cos\psi_{\beta c})/\cos\varphi_f$$

$$\frac{\partial\tilde{\lambda}_f}{\partial\varphi_f}=\mathrm{tg}\varphi_f\mathrm{tg}\left[\left(\lambda_f-\lambda_k\right)+\omega_3t_n\right]$$

$$\frac{\partial\tilde{\lambda}_f}{\partial\beta_c}=\cot\beta_c\,\mathrm{tg}\left[\left(\lambda_f-\lambda_k\right)+\omega_3t_n\right]$$

$$\frac{\partial\tilde{\lambda}_f}{\partial\psi_{\beta c}}=\cot\psi_{\beta c}\,\mathrm{tg}\left[\left(\lambda_f-\lambda_k\right)+\omega_3t_n\right]$$

$$\frac{\partial\tilde{\lambda}_f}{\partial\tilde{\lambda}_k}=1$$

$$\frac{\partial\tilde{\lambda}_f}{\partial t_n}=-\omega_3$$

$$\frac{\partial\varphi_k}{\partial\beta_r}=(\cos\varphi_s\cos\beta_r\cos\psi_{\beta r}-\sin\varphi_s\sin\beta_r)/\cos\varphi_k$$

$$\frac{\partial\varphi_k}{\partial\psi_{\beta r}}=-\cos\varphi_s\sin\beta_r\sin\psi_{\beta r}/\cos\varphi_k$$

$$\frac{\partial\tilde{\lambda}_k}{\partial\varphi_k}=\mathrm{tg}\varphi_k\,\mathrm{tg}\left(\tilde{\lambda}_k+\omega_3t_k\right)$$

$$\frac{\partial\tilde{\lambda}_k}{\partial\beta_r}=\cot\beta_r\,\mathrm{tg}\left(\tilde{\lambda}_k+\omega_3t_k\right)$$

$$\frac{\partial\tilde{\lambda}_k}{\partial\psi_{\beta r}}=\cot\psi_{\beta r}\,\mathrm{tg}\left(\tilde{\lambda}_k+\omega_3 t_k\right)$$

$$\frac{\partial\tilde{\lambda}_k}{\partial t_k}=-\omega_3$$

$$\frac{\partial\psi_A}{\partial\varphi_k}=\mathrm{tg}\varphi_k\,\mathrm{tg}\psi_A$$

$$\frac{\partial\psi_A}{\partial\psi_{\beta r}}=\cot\psi_{\beta r}\cdot\mathrm{tg}\psi_A$$

$$\frac{\partial\beta_c}{\partial V_H}=\frac{4R\left(1+\mathrm{tg}^2\theta_H\right)\sin^2\frac{\beta_c}{2}\mathrm{tg}\frac{\beta_c}{2}}{V_H\varepsilon_H\left(r_H-R+R\,\mathrm{tg}\theta_H\,\mathrm{tg}\frac{\beta_c}{2}\right)}$$

$$\frac{\partial\beta_c}{\partial\theta_H}=\frac{2R\left(1+\mathrm{tg}^2\theta_H\right)\left(\varepsilon_H-2\,\mathrm{tg}\frac{\beta_c}{2}\mathrm{tg}\theta_H\right)\sin^2\frac{\beta_c}{2}}{\varepsilon_H\left(r_H-R+R\,\mathrm{tg}\theta_H\,\mathrm{tg}\frac{\beta_c}{2}\right)}$$

$$\frac{\partial\beta_c}{\partial r_H}=\frac{\left[\varepsilon_H+\frac{2R}{r_H}\left(1+\mathrm{tg}^2\theta_H\right)\sin^2\frac{\beta_c}{2}\right]\mathrm{tg}\frac{\beta_c}{2}}{\varepsilon_H\left(r_H-R+R\mathrm{tg}\theta_H\mathrm{tg}\frac{\beta_c}{2}\right)}$$

$$\frac{\partial t_n}{\partial V_H}=\frac{\partial t_n}{\partial\beta_c}\frac{\partial\beta_c}{\partial V_H}+\frac{\partial t_n}{\partial\beta_2}\frac{\partial\beta_2}{\partial V_H}+\frac{\partial t_n}{\partial e}\frac{\partial e}{\partial V_H}+\frac{\partial t_n}{\partial p}\frac{\partial p}{\partial V_H}+\frac{\partial t_n}{\partial c}\frac{\partial c}{\partial V_H}$$

$$\frac{\partial t_n}{\partial\theta_H}=\frac{\partial t_n}{\partial\beta_c}\frac{\partial\beta_c}{\partial\theta_H}+\frac{\partial t_n}{\partial\beta_2}\frac{\partial\beta_2}{\partial\theta_H}+\frac{\partial t_n}{\partial e}\frac{\partial e}{\partial\theta_H}+\frac{\partial t_n}{\partial p}\frac{\partial p}{\partial\theta_H}+\frac{\partial t_n}{\partial c}\frac{\partial c}{\partial\theta_H}$$

$$\frac{\partial t_n}{\partial r_H}=\frac{\partial t_n}{\partial\beta_c}\frac{\partial\beta_c}{\partial r_H}+\frac{\partial t_n}{\partial\beta_2}\frac{\partial\beta_2}{\partial r_H}+\frac{\partial t_n}{\partial e}\frac{\partial e}{\partial r_H}+\frac{\partial t_n}{\partial p}\frac{\partial p}{\partial r_H}+\frac{\partial t_n}{\partial c}\frac{\partial c}{\partial r_H}$$

$$\frac{\partial t_n}{\partial\beta_2}=\frac{t_n}{A}\left[\frac{e\left(\cos\beta_2-e\right)}{\left(1-\cos\beta_2\right)^2}+\frac{2}{\sqrt{1-e^2}}\frac{Q_2}{1+Q_2^2}\frac{1}{\sin\beta_2}\right]-\frac{\partial t_n}{\partial\beta_c}$$

$$\frac{\partial t_n}{\partial\beta_c}=\frac{t_n}{A}\left[\frac{e\left(\cos\beta_1-e\right)}{\left(1-\cos\beta_1\right)^2}+\frac{2}{\sqrt{1-e^2}}\frac{Q_1}{1+Q_1^2}\frac{1}{\sin\beta_1}\right]$$

$$\frac{\partial t_n}{\partial e}=\frac{2et_n}{1-e^2}+\frac{t_n}{A}\left[\frac{\sin\beta_1}{\left(1-\cos\beta_1\right)^2}+\frac{\sin\beta_2}{\left(1-\cos\beta_2\right)^2}\right.$$
$$\left.+\frac{1}{1-e^2}\frac{2}{\sqrt{1-e^2}}\left(\mathrm{etg}^{-1}Q_1+\mathrm{etg}^{-1}Q_2+\frac{Q_1}{1+Q_1^2}+\frac{Q_2}{1+Q_2^2}\right)\right]$$

$$\frac{\partial t_n}{\partial p}=\frac{2t_n}{p}$$

$$\frac{\partial t_n}{\partial c}=-\frac{t_n}{c}$$

$$\frac{\partial \beta_2}{\partial V_H}=\frac{2\mathrm{tg}\beta_2}{V_H\left(1+\mathrm{tg}^2\beta_2\right)\left(1-\varepsilon_H\cos^2\theta_H\right)}$$

$$\frac{\partial \beta_2}{\partial \theta_H}=\frac{\mathrm{tg}\beta_2\cot\theta_H\left(1-\varepsilon_H\mathrm{tg}^2\theta_H\right)}{\left(1+\mathrm{tg}^2\beta_2\right)\left(1-\varepsilon_H\cos^2\theta_H\right)}$$

$$\frac{\partial \beta_2}{\partial r_H}=\frac{\mathrm{tg}\beta_2}{r_H\left(1+\mathrm{tg}^2\beta_2\right)\left(1-\varepsilon_H\cos^2\theta_H\right)}$$

$$\frac{\partial e}{\partial V_H}=-\frac{2\left(1-\varepsilon_H\right)\varepsilon_H\cos^2\theta_H}{eV_H}$$

$$\frac{\partial e}{\partial \theta_H}=\frac{1-e^2}{e}\mathrm{tg}\theta_H$$

$$\frac{\partial e}{\partial r_H}=-\frac{\left(1-\varepsilon_H\right)\varepsilon_H\cos^2\theta_H}{er_H}$$

$$\frac{\partial p}{\partial V_H}=\frac{2p}{V_H}$$

$$\frac{\partial p}{\partial \theta_H}=-2p\mathrm{tg}\theta_H$$

$$\frac{\partial p}{\partial r_H}=2p/r_H$$

$$\frac{\partial c}{\partial V_H}=r_H\cos\theta_H$$

$$\frac{\partial c}{\partial \theta_H}=-r_H V_H\sin\theta_H$$

$$\frac{\partial c}{\partial r_H}=V_H\cos\theta_H$$